U0141325

元華文創

印刷傳媒與宋詩特色研究

兼論圖書傳播與詩分唐宋

雕版印本之流通，與傳統寫本競奇爭輝，具易成、難毀、節費、便藏諸優勢。傳播、閱讀、接受、反應之殊異，左右宋詩特色的建構、影響詩分唐宋的形成。

張高評——著

自序：印刷文化史之探討
學科整合之研究

　　有關宋詩特色之研究，關連到若干課題，如唐宋詩之源流正變、唐宋詩之異同、唐宋詩之紛爭、詩分唐宋等等，確實錯綜複雜、觸手紛綸。清葉燮《原詩》推崇「相異而真」，貶斥「相似而偽」，發現「惟正有漸衰，故變能啟盛」，於是主張「唐詩則枝葉垂蔭，宋詩則能開花，而木之能事方畢」云云，對於探討上述課題，自有啟發。

　　一代有一代之文學，一家有一家之風格，此自明公安派、清顧炎武、近代王國維，多所主張。清尤侗〈吳虞升詩序〉所謂「勿問其似何代，自成其本朝之詩；勿問其似何人，自成其本人之詩而已！」筆者曾綜考清初十家宗唐詩話，其嚴詞批評所謂宋詩之習氣者，如出奇、務離、趨異、去遠、矜新、變革、疏硬、如生、尖巧、詭特、粗硬槎牙、奪胎換骨等等，相對於唐詩而言之諸般「不是」，即是雅各布森、姚斯、什克洛夫斯基等學者所倡，具有「陌生化美感」之詩歌語言。換言之，宗唐詩話大加撻伐者，為與唐詩、唐音趣味不同之「非詩」特色，如以文為詩、以賦為詩、以史入詩、詩中有畫、以禪喻詩、以禪為詩、以文字為詩、以議論為詩、以才學為詩、以及翻案詩、理趣詩等等。其實，這種破體出位之詩思，盡心致力於新奇之組合，跨際之會通，深具獨到性與創發性，符合詩歌語言，文學語言之要求；和創造思維（creative thinking）注重反常、辯證、開放、獨創、能動性，可以相互發明。

　　姑不論歷代宗唐詩話以本色當行、詩學典範看待唐詩，亦不論宗宋詩話以新變自得，自成一家標榜宋詩；且說宋人生於唐後，雖然開闢真難為，宋代詩人仍盡心致力於學唐、因唐、變唐、發唐、開唐、新唐、拓唐，於是蔚為宋詩宋調之體性與風格。宋詩之發展，體性風格逐漸與唐詩殊異，最後分道揚鑣，附庸蔚為大國，因能新變而代雄唐詩。錢鍾書所謂「詩分唐宋」，遂平分詩國

之春光與秋色。試問：「詩分唐宋」之關鍵觸媒，究竟為何？除文學自身發展之規律外，客觀世界之文化生態，文化生態造就的宋代文明，對於宋詩特色之形成，是否亦有觸發或激盪？宋詩大家名家之盡心致力，成就了宋詩本色，蔚為自成一家，「詩分唐宋」之事實；其中之文化生態，筆者以為，乃宋朝之右文政策，具體表現在科舉考試與雕版印刷兩大方面。在右文政策下，兩者相輔相乘，相濟為用。其時，「為父兄者，以其子與弟不文為咎；為母妻者，以其子與夫不學為辱」，如《容齋四筆》卷五所稱饒州風俗者，大有人在。

習文博學，必須讀書；讀書應舉，可以獵取功名富貴，可以改變階級出身，蘇轍所謂「讀破文章隨意得，學成富貴逼身來」，堪作寫照。宋真宗〈勸學文〉所謂書中自有千鍾粟、自有黃金屋、自有顏如玉、車馬多如簇云云，可以想見誘因之效應。張端義《貴耳集》卷下稱：「滿朝朱紫貴，盡是讀書人」；祝穆《方輿勝覽》引詩，所謂「路逢十客九青衿」，「城裡人家半讀書」；其殊勝處，莆陽或「十室九書堂」，永福則「百里三狀元」。日本清水茂教授指出：「宋代福建地處偏遠，竟然學者輩出，人才如林；閩學更成為道學中心，主要和福建的出版業興盛有關」；按諸印刷文化史，此誠一針見血之精闢論述。當時，「福建本幾遍天下」，建北閩南藏書樓林立，拜圖書流通便捷之賜，不僅教育普及，讀書人口增多，而且刻書中心迅速成為文化學術重鎮。蓋讀書講學、科舉應試，都需要豐富多元之圖書、教材，而刻書中心正可以提供圖書資訊，滿足學者或士人之需求。由此觀之，科舉考試、雕版印刷，圖書傳播三位一體，可以相需相求，相濟為用。王國維、陳寅恪、錢穆、鄧廣銘、張舜徽研究文化史，多以為華夏文明歷二千年之演變，登峰造極於趙宋之世，且以為近代學術多發端於宋人。嚴復、趙鐵寒、王水照諸學者，亦有相近之論述。所以然者，印刷傳媒廣泛應用於圖書流通，最為其中關鍵。

宋代詩人大多出身科舉，朝廷既大規模開科舉士，蔚為文官政治，貢舉每年取士之多，號稱空前絕後。於是形成一個有才、有學、有閒，又不愁生計之文官群體。朝廷優禮文官，俸祿優厚，「入仕者不復以身家為慮」；因經濟寬裕，消費能力頗強，讀書著述、雅集酬唱之餘，對於購置圖書，刺激買氣，促成圖書流通，雕版印刷繁榮，自是一大助力。朝廷既右文崇儒，自館閣校勘經

史、國子監雕印善本，作為宣索賜予，與教濟眾之用，於是「板本大備，士大夫家皆有之」。州學書院，則刊書以助教養；甚或運用公帑，刊書牟利；陸游《老學庵筆記》稱：「近世士大夫所至，喜刻書版」；「至於細民，亦皆轉相模鋟，以取衣食」。魏了翁於南宋孝宗時，形容當時刻書業之繁榮：「極於近世，而閩、浙、蜀之鋟板遍天下」。相較於五代之前，圖書多寫本，動輒散佚；然而，雕版圖書有「易成、難毀、節費、便藏」諸利基，又有化身千萬，無遠弗屆之優勢，可藉以布之四方，傳諸永久；又可作為資鑑致用，度人金針，於是繁榮輝煌，盛極一時，天下未有一路不刻書。朝廷右文崇儒，勸勉讀書學文，宋真宗詔書所謂「將使庠序之下，日集于青衿；區域之中，咸勤於素業」；加上商品經濟供需相求之推波助瀾，誠如李致忠《古書版本學術概論》所云：「南北兩宋三百餘年間，刻書之多，地域之廣，規模之大，版印之精，流通之寬，都堪稱前所未有，後世楷模。」量多質精面廣，輝煌燦爛，於是張秀明《中國印刷史》稱宋代為「雕版印刷的黃金時代」。影響所及，形成印本文化，相較於雕版未發明使用前，圖書複製仰賴手鈔謄錄之寫本文化，無論閱讀、接受、反應、反饋，多有質與量之差異。印本文化發達，與傳統寫本初則競妍爭輝，繼而勢均力敵，終至壓勝領先，成為圖書傳播之新寵。其所生發之激盪迴響，究竟如何？此乃印刷文化史研究之範圍，世界漢學界於此開發不多，值得探討投入。

　　錢存訓首倡印刷文化史之研究，曾大膽推測：「印刷術的普遍運用，被認為是宋代經典研究的復興，及改變學術和著述風尚的一種原因。」試考察谷登堡（Gutenberg Johann, 1397-1468）發明活字版印刷術，於中古歐洲，改變了閱讀環境，影響了接受反應，加速了古老變革，重組了文學領域，催生了創新體類，當然徵存傳播了更多的傳統典籍。對照東方宋朝，雕版印刷繁榮發達，形成印本文化，相較於傳統寫本全靠手鈔謄錄複製圖書，印刷圖書之為傳媒，所生發之效應有何特殊處？對於文風士習，究竟生發哪些影響？就傳播、閱讀而言，筆者拈出八大層面，作為進一步探討之方向：一、雕版圖書之監控；二、閱讀習性之改易；三、讀書方法之注重；四、博觀厚積之追求；五、學問思辨之體現；六、地域文化之生成；七、版本校讎之興復；八、政教使命之落實。

就讀者之接受反應而言，宋代印刷傳媒亦生發八大效應：一、競爭超勝之發
用；二、自得自到之標榜；三、創意寫作之致力；四、創意詮釋之提倡；五、
講學撰述之昌盛；六、詩文法度之講究；七、詩話評點學之崛起；八、會通化
成之演示。發蹤指示，詳參本書第三章。

在西方，印刷術被稱為「神聖的藝術」，「文明之母」，又號稱「變革的
推手」；在東方日本，坂本太郎《日本史》亦稱贊印刷術，「是普及教育、普
及文化的有力手段」；張秀民《中國印刷史》即標榜宋代，推崇為「雕版印刷
的黃金時代」；試就此推想：則於南北兩宋生發之傳媒效應，較谷登堡之活字
印刷豈遑多讓？筆者亦不妨設疑提問：華夏民族之文化，歷數千年之演進，何
以「造極於趙宋之世」？宋代之印刷傳媒，是否助長日本京都學派所謂「唐宋
變革」？是否為「近世特徵」之促成者？可否作為「宋清千年一脈論」之佐證
者？唐宋詩之所以異同，雕版印刷是否為其中之催化劑？詩分唐宋、宋詩特色
之形成，印刷傳媒是否即是其中之關鍵觸媒？推而至於討論宋代之經學復興、
史學繁榮，悅禪慕道崇儒，以及宋學之創發，文學門類之多元，甚至詩話筆記
之流行，或許多與雕版印刷繁榮於宋代，「天下未有一路不刻書」關係密切。

關於宋詩、宋代詩學，筆者研究有年，曾分別從傳承與開拓、新變與代
雄、會通化成、自成一家、創意造語、創意發想、宋詩宋調諸層面，援引詩
歌、文集、詩話、筆記諸文獻，以論證宋詩、宋代詩學之特色與價值，旁及唐
宋詩之異同、唐宋詩之爭諸課題。近三年來，執行國科會專題研究計畫，深受
錢存訓有關印刷文化史論述之啟示，有鑑於前述議題值得開發，乃嘗試選擇
「印刷傳媒與宋詩特色」為研究主軸，旁及圖書傳播與詩分唐宋問題，完成本
書四十餘萬言之論著。再增多兩篇論文，即第二章、第三章。出版以來，廣受
好評，於是藉重版之便，研究文本，以北京大學《全宋詩》為主，《全宋文》
為輔，參考宋代詩話、筆記諸詩學資料，佐以《宋會要輯稿》、《續資治通鑑
長編》、《宋史》諸印刷史料，並借鑑版本學、目錄學、傳播學、閱讀學、接
受反應文論，以考察印刷傳媒對宋代詩人「傳播閱讀與接受反應」之可能作
用。由於大部分論文，先經學報期刊發表，故每章第一節涉及印刷史之概述，
置之全書之中，前後對照，難免相近，甚至重複；若獨立看待，作為每章主題

之背景說明，自亦渾然自足，不可或缺。

　　從印刷傳媒與圖書傳播視角，詮釋解讀宋詩特色之形成，筆者立論堪稱新奇獨特。為就教於學界同道，撰寫期間，曾公開發表相關論題之演講，獲得許多正面之迴響：如於四川大學文學與新聞學院講：「宋代印刷傳媒與文學發展」；北京清華大學歷史系王國維講座：「印刷傳媒與唐宋變革」；香港大學中文學院東西方研究國際研討會：「宋代雕版印刷之傳媒效應──以谷登堡活字印刷作對照」；香港大學中文系：「印刷傳媒與宋詩特色」；日本早稻田大學古籍文化研究所：「印刷傳媒與宋詩特色──兼論圖書傳播與唐宋變革」；日本文部省「文獻資料與東亞海域文化交流」研討會市立大阪大學基調演講：「海上書籍之路與日本之圖書傳播──以宋代雕版印刷之傳媒效應作對照」，請益交流，疑義相析，傾聽許多「可以攻錯」的建言。論文初稿先後投寄學報期刊，又得若干審查意見，可以拾遺補闕，有所廣益。衷心感謝邀約演講與研討的大學，謹記於此，以誌不忘。

　　錢存訓提出「印刷文化史研究」之課題，規劃對印刷術之發明、傳播、功能和影響等因果，加以探析探討。此中天地，值得開拓發展之空間極為寬廣。然而，二十年來海內外漢學界於此，著墨不多。這個課題意外吸引了異域之眼，北京大學中文系潘建國教授，為小說專業；浙江師範大學文學院前院長宋清秀教授，為詩學專業。異口同聲推崇本書。於是十四年之後，續成相關論文兩篇，是謂增訂重版。

　　本書正論十四章，前後分別發表於《宋代文學研究叢刊》、《成大中文學報》、香港大學《東西方研究》、國立中山大學《文與哲》、中央大學「兩岸三地人文社會科學論壇」、《漢學研究》、《陝西師範大學學報》、《江西師範大學學報》、山東大學《漢籍與漢學》、香港中文大學《中國文化研究所學報》、《東華漢學》、中正大學《中文學術年刊》，第十一屆《宋代文學國際研討會論文集》，謹此致謝。專題研究計畫「遺妍之開發與宋詩特色」，榮獲國科會三年期經費獎助，得以執行，亦一併申謝。

　　本書初版，承蒙里仁書局董事長徐秀榮雅意，接受本書發行，更銘感在心。書成，申請國科會人文學術研究中心專書補助，榮獲獎勵出版。初版已十

六年矣，再蒙元華文創主編李欣芳之雅意，加上陳欣欣編輯之精細校對，發行重版增訂本，嘉惠士林，感恩銘謝。出版有日，爰誌緣起如上，是為序。

成功大學中文系

2008 年 3 月 22 日

2024 年 12 月 30 日重版增訂

目　次

第一章　　緒論

第一節　有關「唐宋變革」之問題

　　自日本內藤湖南提出「唐宋變革」論,「宋代近世」說,其弟子宮崎市定證成其學,於是京都學派此一中國古史分期論,影響深遠。[1]陳寅恪稱:「華夏文明,歷數千年之演進,造極於趙宋之世」;鄧廣銘研究宋史,亦以為言。推而至於傅樂成判分唐型文化、宋型文化;繆鉞《詩詞散論》強調「唐宋詩殊異」說;錢鍾書《談藝錄》揭櫫「詩分唐宋」,以及王水照揭示「宋清千年一脈」論,皆可謂百慮一致,殊途同歸。[2]

　　考唐宋所以變革,內藤、宮崎析論多方,殊堪採信與參照,唯變革之催化劑與驅動力為何?雕版印刷之崛起繁榮,發揮多大影響?日本京都學派及其後學,並未觸及。陳寅恪、鄧廣銘、傅樂成、錢鍾書諸家推衍內藤學說者,亦未補充或論證。筆者最近關注印刷傳媒對宋人學古通變、文學創作、文學評論,及文學發展之影響,發現世界漢學界論著於此亦關注不多。

　　趙宋開國以來,實施「右文政策」,科舉考試與雕版印刷為其中二大施政措施,二者體現之成效有目共睹。歷來學界研討科舉考試、雕版印刷等所謂「右文政策」之論著,不可謂不多,然多專業分論,較少就印刷史、版本學、目錄學,以及應試圖書、學校教育、書院講學、科舉考試間,所引發之印刷傳

---

[1]　錢婉約:《內藤湖南研究》,(北京:中華書局,2004.7);張廣達:〈內藤湖南的唐宋變革說及其影響〉,《唐研究》第十一卷,(北京:北京大學出版社,2005),頁 5-71;柳立言:《何謂「唐宋變革」?》,《中華文史論叢》2006 年 1 期(總八十一輯),頁 125-171。

[2]　諸家學說,參考張高評:《會通化成與宋代詩學》,〈從會通化成論宋詩之新變與價值〉,(臺南:成功大學出版組,2000.8),頁 37,註 101。王水照:《鱗爪文輯》,卷三〈文史斷想・重提「內藤命題」〉,(西安:陝西人民出版社,2008),頁 173-178。

媒效應，作一整合研究。[3]雕版印刷形成印本文化，印本崛起，與寫本、藏本並行爭輝，對於宋代之閱讀接受、文學創作、詩學評論，乃至於學術風尚，究竟產生哪些激盪？發揮何種影響？這關係版本學、目錄學、傳播學、接受反應論，與文學，文論方面之學科整合研究。筆者以為上述學者所提文明造極、唐型文化、宋型文化、唐宋詩殊異、詩分唐宋、唐宋變革云云，大抵多與印刷傳媒所生發之效應密切相關。推而廣之，印刷傳媒對宋代文學、思想、史學、經學又各有何影響？每一層面，資源豐富，卻開發不多。此一學術園林，值得投注心力，耕耘墾拓。

第二節　研究背景與研究構想

一九八五年八月，成功大學文學院成立歷史語言研究所，筆者應聘擔任該所專任副教授，成立宋詩研究室，利用國家圖書館館藏善本、珍本、孤本，積極從事臺灣版《全宋詩》之編纂工作，[4]有機緣翻閱宋人之別集詩集，接觸版本學、目錄學、文獻學。臺灣版《全宋詩》有國家圖書館庋藏善本為基礎，其中不乏中國大陸圖書館藏所無之版本，無論質或量，自有其優勢與特色，堪與北京大學主編之《全宋詩》相互補充，相得益彰。[5]拙編《全宋詩》後來雖因故未能出版，然耗費七、八年寒暑，朝夕寢饋沉潛於斯，豈能無得？同時，筆者因與業師黃永武博士合作撰著《唐詩三百首鑑賞》，[6]研究興趣乃逐漸轉向唐詩；

3　依筆者管見，有關論著不多，李弘祺：《宋代官學教育與科舉》，第二章第五節〈印刷術的廣泛應用及大眾教育的發展〉，（臺北：聯經出版事業股份有限公司，2004.2），頁 30-32；祝尚書：《宋代科舉與文學考論》，〈宋代科舉用書考論〉，（鄭州：大象出版社，2006.3），頁 261-283。二書部分章節，頗論印刷傳媒對科舉考試之影響，值得參考。

4　張高評：〈《全宋詩》之編纂與資料管理系統之建立〉，《漢學研究通訊》七卷九期，頁 138-140；張高評：〈研究宋詩的方便之門——《全宋詩》編纂與宋詩研究〉，《國文天地》6 卷 2 期（1990.5），頁 20-24。

5　張高評：〈會通化成與宋代詩學〉，〈兩岸《全宋詩》所據版本之比較研究——以北宋詩為例〉，（臺南：成功大學出版組，2000.8），頁 341-364。

6　黃永武、張高評：《唐詩三百首鑑賞》（上下），（臺北：黎明文化事業公司，1986.11），頁 1-

再因主編《全宋詩》之故，邇來二十年投入宋詩研究，遂十分強調宋詩文獻之充分掌握，其間自有關聯。黃師永武既勉勵研究宋詩，為「竭澤而漁」掌握有關前賢研究成果，曾先後主編《宋詩論文選輯》、《宋詩綜論叢編》兩種四冊，[7]兩岸三地斯學研究之成果，遂有機緣略知梗概。章學誠《文史通義·答客問上》論自成一家稱：「詳人之所略，異人之所同，重人之所輕，而忽人之所謹」，[8]向來為筆者學術研究，主題探討之追求標準。今本書選擇以印刷傳媒作為研究視角，正是基於此種理想抱負。

研讀前輩學者有關宋詩之論述，持續得出若干學界共同關注之議題，[9]大抵圍繞在宋詩之價值、宋詩之地位、宋詩之風格、宋詩之特色、唐宋詩之異同、唐宋詩之優劣、詩分唐宋，以及唐宋詩之紛爭諸宏觀層面上。上述課題，可分可合；筆者以為，百慮一致，殊途同歸，其關鍵問題可以一言蔽之，曰宋詩特色。宋詩是否有「自成一家」之風格特色？可持「唐宋詩之異同」，以及宋詩之學唐、變唐、新唐、拓唐考察之，切忌以源流優劣軒輊高下。[10]宋詩苟有新變，相較於唐詩之本色當行，那麼，宋詩就有「相異而真」的特色，猶如李白、杜甫學六朝詩，而有自家風格；韓愈、李商隱學杜甫詩，卻又「學古通變」，蔚為一家詩風然。唯有論證宋詩有其殊異於唐詩之特色，錢鍾書《談藝錄》所倡「詩分唐宋」論題，乃可能釋疑解惑，成為大道之公論。唯有多方論證宋詩以學古為步驟、為過程，其眼光目的要在新變自得與自成一家；唯有宋詩之特色昭然若揭，方能取信於學界士林。宋詩既有其特色，於是宋詩之價值與地位，不疑而具；「宋詩特色」之論述，既有其公信力，於是南宋以來，勢同水火冰炭之「唐宋詩之爭」，乃可能息爭休兵。

1050。

7 黃永武、張高評主編：《宋詩論文選輯》（上、中、下），（高雄：復文圖書出版社，1988.5），頁1-551，頁1-534，頁1-558；《宋詩綜論叢編》，（高雄：麗文文化公司，1993.10），頁1-652。

8 清·章學誠著，葉瑛校注：《文史通義校注》，卷五，〈答客問上〉，（北京：中華書局，2014），頁545-546。

9 同註5，拾，〈宋詩研究的面向和方法〉，頁325-340。

10 張高評：〈從「會通化成」論宋詩之新變與價值〉，《漢學研究》16卷1期（1998年6月），頁254-261。

　　研究主軸既已推敲選定，近程、中程、遠程之專題研究，亦次第規劃，於是二十年來，執行國科會專題計畫，參加研討會發表論文，大抵聚焦於「宋詩特色」為軸心考察，再輻射旁通到相關問題。已先後出版有關宋詩研究之論著五種：《宋詩之傳承與開拓》[11]、《宋詩之新變與代雄》[12]、《會通化成與宋代詩學》、《宋詩特色研究》[13]、《自成一家與宋詩宗風》[14]；其他，尚有國科會之結案報告，以專書方式呈現者，亦有三種。[15]這些論著，大約在 200 萬字以上，萬山磅礴之主峰，龍袞九章之一領，即是聚焦於「宋詩特色」之主軸上。每本書之書名，即是「宋詩特色」之輻射與分題，如所謂「傳承開拓」、「新變代雄」、「會通化成」、「自成一家」云云，即是宋詩特色「雜然賦流形」、多層次之辯證：傳承開拓，強調宋詩學古繼往，而又拓展開創之價值；新變代雄，申說宋詩新變唐詩，而又代雄唐詩之諸多面向；會通化成，發掘求異追新，跨門類組合，為宋詩創意思維之一大主流，宋詩所以殊異於唐詩，此為要素之一；自成一家，論述宋詩有殊異唐詩，新變自得之特色，其中開發古籍整理、印本文化、創意造語、遺妍開發、史識體現、審美流變、學科整合等課題，為形成宋詩宗風之諸多因緣，促成宋詩所以殊異於唐詩之風格。上述之書，或取《全宋詩》之文獻為例，或援宋代之詩話、筆記、序跋為說，或詩歌文本與詩學思想交相映發，其要多歸於宋詩特色之闡發與論述。筆者既已出版有關「宋詩特色」研究之著作若干種，近來又選擇印刷傳媒為探討視角，撰成

---

[11] 張高評：《宋詩之傳承與開拓》，（臺北：文史哲出版社，1990.3），頁 1-604。

[12] 張高評：《宋詩之新變與代雄》，（臺北：洪葉文化事業公司，1995.9），頁 1-559。

[13] 張高評：《會通化成與宋代詩學》，（臺南：成功大學出版組，2000）。張高評：《宋詩特色研究》，（吉林長春：長春出版社，2002.5），頁 1-552。

[14] 張高評：《自成一家與宋詩宗風》，（臺北：萬卷樓圖書公司，2004.11），頁 1-438。2008 年之後，筆者又先後出版《印刷傳媒與宋詩特色》，（里仁書局，2008）。《創意造語與宋詩特色》，（臺北：新文豐出版公司，2008）。《茗溪漁隱叢話》與《宋代詩學典範》，（臺北：新文豐出版公司，2012）。《詩人玉屑與宋代詩學》，（臺北：新文豐出版公司，2012）。《宋詩特色之發想與建構》，（臺北：元華文創，2018）。《蘇軾黃庭堅詩與宋詩特色》，（海口：海南出版社，2025）。《蘇軾文學與宋型文化》，（海口：海南出版社，2025）。

[15] 《宋詩三百名家評傳》，（NSC81-0301-H-006-05）；《宋詩體派敘錄》，（NSC82-0301-H-006-1）；《王昭君形象之流變與唐宋詩之異同》，（NSC88-2411-H-006-004）。

本書四十餘萬言之書稿，亦皆「宋詩特色」研究之系列論著。

　　系統論、控制論、信息論，原為電子學術語，心理學、美學借用其說，標榜「反饋」、「反應回路」，以詮釋審美接受之歷程。所謂「反饋」（feed back），原指控制系統輸出的信息，作用於被控對象後，產生的結果，再輸送回來，又稱為「回授」、「返回傳入」、「回復」。文藝美學借用控制論中因果相互作用的反饋聯繫，指稱審美對象的反應，又反作用於審美對象。[16]時至宋代，圖書傳播之媒介，除寫本、藏本之知識流通外，又增加雕版印書之傳媒。印刷傳媒之圖書信息量如此豐富多元，傳播媒介如此化身千萬，無遠弗屆，宋代士人面對如此創新之知識觸媒衝擊，於是深信讀書精博有益於作文；「詩詞高勝，要從學問中來」之論調，成為宋人文學創作之口頭禪。蘇軾〈稼說送張琥〉稱：「博觀而約取，厚積而薄發」；黃庭堅〈與王觀復書〉云：「長袖善舞，多錢善賈」；陳善《捫蝨新話》謂：「讀書須知出入法」；嚴羽《滄浪詩話・詩辨》雖曰：「詩有別材，非關書也」，然亦強調「非多讀書、多窮理，則不能極其致」；詩學理論主張如此，遂接受反應於詩歌創作中。詩人又不斷根據效果來調整創作活動，於是宋人作詩而有以才學為詩者，有以議論為詩者，有資書為詩者，有破體為詩者，更有出位之思，橫跨詩、畫、禪、儒、道，合併重組，會通化成而為詩者。凡此，多與宋代圖書流通、印刷傳媒之快捷、經濟、便利、無遠弗屆息息相關，有可能即其反應回路。宋人作詩，經由學唐變唐之接受轉化歷程，固然有得於印本寫本傳媒之啟益；而新變自得，巍然成家，或撰成書稿，或付諸雕版，所謂學古通變、自成一家者，亦多為印刷傳媒，及圖書流通之反饋、回授。今試圖據此印刷傳媒之反饋，論述宋詩特色之生成。

　　本書探討印刷傳媒對宋詩特色形成之可能影響，兼論圖書傳播與詩分唐宋問題。研究文本，以北京大學《全宋詩》為主，論證闡發，企圖整合詩歌、詩

---

[16] 馮契主編：《哲學大辭典・美學卷》，〈反饋〉，（上海：上海辭書出版社，1991.10），頁 113-114；參考胡繩等主編：《中國大百科全書・哲學》，〈反饋〉，（北京、上海：中國大百科全書出版社，1987.10），頁 196-197。

學、印刷史、版本、目錄、文獻學、傳播學而一之,參考閱讀學、接受反應文論,以見印刷傳媒對「閱讀與接受」影響之一斑。全書分十四章,除緒論、結論外,第二章,論印刷書之傳媒效應,以谷登堡活字印刷作為對照,談雕版印刷之傳媒效應,與創新詮釋,據此論證印刷書堪稱「唐宋變革」之推手。第三章,從傳播閱讀、接受、反應所生發之諸多效應,呼應「唐宋轉型論」,論證「內藤命題」。第四、第五章論述雕版印刷對朝野之激盪,以及對學風文教之影響,文長分兩章,為本書相關問題之背景交待。其次第六、第七、第八章從詩集選集之整理雕印,看宋人之博觀約取、典範追尋。分論宋刊唐詩選集、唐詩別集、以及宋刊宋人詩集選集,就閱讀接受和審美品味角度,論宋詩之學唐變唐、新變自得,進而論證詩分唐宋。因印本與寫本圖書交相爭輝,於是蔚為讀詩詩質量之增多,第九、第十章就唐宋讀書詩、南北宋讀詩詩作比較,考察詩風之嬗變,論證北宋詩之學唐變唐,確立陶杜之詩學典範;南宋陸游讀詩詩卻跳脫詩學評論,從資書為詩,轉化為比興寄託。第十一、第十二章,就史書之刊刻流布,探論詠史詩在寫本印本爭輝、印本取代寫本之南宋,楊、范、陸三大家及晚宋陳普詠史詩寫作,相對於北宋《史記》雕版,詠史受容;史書刊刻,史家詠史之體現,以考察南宋詠史詩對印刷傳媒之反饋與新變。宋代印刷傳媒、圖書流通,促成「詩分唐宋」,左右「唐宋變革」,此乃本書之關鍵論點。

第三節　印刷傳媒之影響值得探究

　　紙張的輕薄短小,配合雕版印刷之「日傳萬紙」,對於知識流通,圖書傳播,必然產生推波助瀾之效應。就宋代而言,標榜右文崇儒,雕版印刷對於科舉考試有何影響?對於書院講學、教育普及、學風思潮、創作方式、審美情趣、生發何種效應?就歷史而言,內藤湖南、宮崎市定提出「唐宋變革」、

「宋代近世」說，[17]是否與雕版印刷有關？就文化類型而言，王國維稱美天水一朝之文化，「前之漢唐，後之元明，皆所不逮」；「近世學術，多發端於宋人」；陳寅恪亦有「華夏民族之文化，歷數千載之演進，造極於趙宋」之說；[18]傅樂成則提出唐型文化與宋型文化，[19]文化演變之不同，印刷傳媒居於何種地位？就詩歌而言，繆鉞《詩詞散論》標榜「唐宋詩異同」，[20]錢鍾書《談藝錄》強調「詩分唐宋」，[21]雕版印刷是否即是其中之關鍵觸媒？印刷傳媒在西方之繁榮發達，促成宗教革命、文藝復興；在宋代，印刷傳媒與寫本、藏本競奇爭輝，是否亦生發類似之激盪？目前學界尚未關注此一創新研究課題。

錢存訓為研究書史及印刷史之權威，參與李約瑟《中國科技史》之修纂，負責「印刷術」之撰稿。[22]有關近代中外學者對於印刷史之研究，錢氏歸納為三個主流，從而可見印刷史探討之大凡，權作研究現況之述評；下列兩個主流研究，為目前學界致力最多者：

> 近代中外學者對於印刷史的研究，大概可歸納為三個主流：一是傳統的目錄版本學系統，研究範圍偏重在圖書的形制、鑑別、著錄、收藏等方面的考訂和探討。另一個系統可說是對書籍作紀傳體的研究，注重圖書本身發展的各種有關問題，如歷代和地方刻書史、刻書人或機構、

---

[17] 內藤氏與宮崎氏論唐宋變革，宋代近世說，談及影響因素大概有十：政治、選舉、任官、黨爭、人民、經濟、學術、文藝、兵制、法律等，觸及印刷傳媒之議題幾乎沒有。參考張廣達：〈內藤湖南的唐宋變革說及其影響〉，《唐研究》第十一卷，（北京：北京大學出版社，2005），頁 5-71。

[18] 王國維：〈宋代之金石學〉，《靜安文集續編》，（上海：上海書店，1983），頁 70；陳寅恪〈鄧廣銘：〈《宋史・職官志》考證序〉，《金明館叢稿》，（臺北：里仁書局，1982），頁 245-246。

[19] 傅樂成：〈唐型文化與宋型文化〉，原載《國立編譯館館刊》一卷四期（1972.12）；後輯入《漢唐史論集》，（臺北：聯經出版公司，1977.9），頁 339-382。

[20] 繆鉞：《詩詞散論》，〈論宋詩〉，（臺北：開明書店，1977）。

[21] 錢鍾書：《談藝錄》，一、〈詩分唐宋〉，（臺北：書林出版公司，1988.11），頁 1-5。

[22] 錢存訓，英國李約瑟東亞科技史研究所研究員，中國印刷史博物館顧問，編著有《書于竹帛》、《中國科學技術史：紙和印刷》、《中國書籍、紙墨及印刷史論文集》、《中美書緣》等有關圖書目錄學、書史、印刷史、中西文化交流史之論著。

活字、版畫、套印、裝訂等專題的敘述和分析。[23]

傳統目錄版本學之研究，以及圖書本身發展之研究，學界論著繁夥，貢獻良多。[24]探討日本、韓國、越南之漢籍雕版，研究主題與焦點，亦不出上述兩大系統。至於探索印刷傳媒之影響與效應，所謂「印刷文化史」之研究，則關注不多，值得開發。錢存訓先生曾略作提示：

> 近年以來，更有一個較新的趨向，可稱為印刷文化史的研究，即對印刷術的發明、傳播、功能和影響等方面的因果加以分析，進而研究其對學術、社會、文化等方面所引起的變化和產生的後果。這一課題是要結合社會學、人類學、科技史、文化史和中外交通史等專業才能着手的一個新方向。至於印刷術對中國傳統文化和社會有沒有產生影響？對現代西方文明和近代中國社會所產生的影響又有什麼相同或不同？印刷術對社會變遷有怎樣的功能？這些都是值得提出和研究的新課題。[25]

試想：宋代之圖書傳播，除傳統之寫本、鈔本、藏本外，尚有「易成、難毀、節費、便藏」，化身千萬，無遠弗屆之雕版印刷（印本圖書）。圖書傳播之多元，尤其是印刷傳媒之激盪，究竟生發何種文化上之效應？學界論著用心

---

[23] 錢存訓：《中國紙和印刷文化史》，第一章〈緒論〉，四、〈中國印刷史研究的範圍和發展〉，（桂林：廣西師範大學出版社，2004.5），頁 20-21。

[24] 參考宋原放：《中國出版史料》（古代部分）第二卷，〈中國古代出版史料及有關論著要目〉，（武漢：湖北教育出版社，2004.10），頁 576-591。

[25] 同註 23。錢存訓於 1983 年 6 月，為張秀明《中國印刷史》出版作序時，關於印刷術的發明和應用，是否對中國傳統社會產生作用和影響，起初是持否定和保留的態度的。如云：「東西文化背景不同，因此印刷術的作用也有一定的差異。在降低成本、增加生產和知識普及方面，可能作用相似；至於對社會、思想上的變革，和印刷術本身的發展方面，東西方所產生的影響和作用，可能背道而馳」；又云：「至於中國和受中國文化影響的東亞其他國家，印刷術的使用，在社會和思想上，都沒有引起太大的變化，反而促進了文字的統一性和普遍性，成為維護傳統文化的一種重要工具」；不過，最後又總結說：「但這一問題，因素複雜，必須對學術、思想、社會等各方面在印刷術使用以前和以後，多找證據，根據史實，深入分析和比較，才能作出一個正確的答案。」張秀明：《中國印刷史》（上），錢存訓博士序，（杭州：浙江古籍出版社，2006.10），頁 002-003。

致力於此者實不多見。[26]相對於谷登堡（Gutenberg Johann，1397-1468）發明活字印刷術，基本影響為書價的降低和書的相對平凡化。另外，還影響到閱讀實踐的改變，加強了一種古老的變革，諸如「不同的稿本不再被採用，著作法規也在逐漸改變，文學領域進行重新組織（有關作者、文本和讀者）」。印刷的發展和通俗化，改變了閱讀的環境。正如蒙田所云：「為了醉心于狂熱的閱讀而沉浸書中，任由自己或遐想，或創新，或遺忘」。[27]法國年鑑學派大師費夫賀（Lucien Febvre）與印刷史學者馬爾坦（Henri-Jean Martin）合著《印刷書的誕生》（*The Coming of the Book*）強調：「印刷帶動文本的大規模普及」；「這顯然是種變遷，且變的腳步還頗快」，同時提出印刷書促成文化變遷結果之種種推測：

> 大眾究竟需要書商與印刷商提供他們哪類書刊？印刷究竟令傳統的中世紀文本，普遍到何種程度？這些舊時代的傳承物，又被印刷術保存住多少？印刷機驟然突破了既有的智識作品保存媒介，是否也助長了新的文類？或者情況正好相反，是早期的印刷機大量印刷了許多傳統的中世紀書籍，才讓這些作品的壽命意外地延長數十年，一如米什萊所言？我們將試著找出這些問題的答案。[28]

---

[26] 有關印刷文化史之研究，管見所及，有錢存訓：《中國紙和印刷文化史》，第十章（四）〈印刷術在中國社會和學術上的功能〉，頁 356-358；又，《中國古代書籍紙墨及印刷術》，〈印刷術在中國傳統文化中的功能〉，（北京：北京圖書館出版社，2002.12），頁 262-271；（日）清水茂著，蔡毅譯：《清水茂漢學論集》，〈印刷術的普及與宋代的學問〉，（北京：中華書局，2003.10），頁 88-99。（美）露西爾‧介（Lucile Chia）〈留住記憶：印刷術對宋代文人記憶和記憶力的重大影響〉，《中國學術與中國思想史》（《思想家》II），（南京：江蘇教育出版社，2002.4），頁 486-498；（日）內山精也：《傳媒與真相──蘇軾及其周圍士大夫的文學》，〈「東坡烏臺詩案」考──北宋後期士大夫社會中的文學與傳媒〉、〈蘇軾文學與傳播媒介〉，（上海：上海古籍出版社，2005.8），頁 173-292。

[27] （法）弗雷德里克‧巴比耶（Frederic Barbier）著，劉陽等譯：《書籍的歷史》（*Histoire DU Livre*），第六章，4，〈閱讀〉，（桂林：廣西師範大學出版社，2005.1），頁 132-133。

[28] 費夫賀、馬爾坦著，李鴻志譯：《印刷書的誕生》（*The Coming of the Book*），一〈從手鈔本到印刷書〉（桂林：廣西師範大學出版社，2006.12），頁 248-249。

　　士人的閱讀期待、審美品味和印刷書籍之品類，是否相互為用？印刷書之為傳媒，對於宋代教育之相對普及，影響程度如何？唐代及前代典籍經雕版流傳後世者，存留多少？印刷傳媒引發知識革命，是否催生新興的文類？或者更加保固傳統文體，而蔚為歷代文學創作之典範？凡此種種，覆案宋詩、宋代文學、及宋代詩學之研究，多可作為對照、觸發。雕版印刷在宋代之崛起繁榮，是否也有類似之效應？錢存訓所提「對印刷術的發明、傳播、功能和影響等方面的因果加以分析，進而研究其對學術、社會、文化等方面所引起的變化和產生的後果」，這一系列的創新研究課題，正是筆者草撰本文之企圖。筆路藍縷，文獻不足，此創新研究課題必然面對之共相，其中艱難實多，請學者方家多多指正。

第四節　　相關文獻評述

　　宋代號稱「雕版印刷的黃金時代」，尤其發展至南宋，幾乎天下未有一路不刻書。南北兩宋三百年間，「刻書之多，地域之廣，規模之大，版印之精，流通之寬，都堪稱前所未有，後世楷模」。[29]除傳統之寫本、藏本外，印本蔚然成為圖書傳播之新寵。北宋以來，與寫本藏本競奇爭輝；宋理宗時，已勢均力敵，平分圖書傳播之秋色；至宋末元初，印本已取代寫本，成為知識傳媒的主流。

　　宋代圖書傳播之豐富多元如此，印刷傳媒生發之效應，對於宋詩特色之促成，究竟有多廣大或多深遠之推助？向為筆者所留心與關注。雕版印刷、印本文化，與朝廷右文政策之依違關係；印刷傳媒之效應，對學風文教之影響如何？宋詩之學唐變唐，新變自得，與印刷傳媒之互動網絡又如何？詩歌體類中，讀書詩、詠史詩之創作，最受印刷傳媒之濡染；相較於唐詩，乃至於南北

---

[29]　參考張秀明：《中國印刷史》，〈宋代（960-1279）：雕版印刷的黃金時代〉，（杭州：浙江古籍出版社，2006.10），頁 040-161；李致忠：《古代版印通論》，第五章〈宋代的版印概況〉，（北京：紫禁城出版社，2000.11），頁 87-128。

宋詩之間，其消長嬗變又如何？南宋至清末之唐宋詩紛爭，宗唐宗宋，勢同水火，宋詩宋調之形成，是否即宋型文化知性理性之發用？是否為印刷傳媒效應之必然反饋？上述有關印刷傳媒與宋詩特色之議題，學界論著甚少，直接相關者只有：美國學者露西爾·介（Lucile Chia）〈留住記憶：印刷術對於宋代文人記憶和記憶力的重大影響〉，[30]日本內山精也〈《東坡烏臺詩案》流傳考──圍繞北宋末至南宋初士大夫間的蘇軾文藝作品收集熱〉、〈東坡烏臺詩案考──北宋後期士大夫社會中的文學與傳媒〉，及〈蘇軾文學與傳播媒介──試論同時代文學與印刷媒體的關係〉[31]，四篇論文而已。其他論文，值得參考者如：東華大學中文系曾主辦「傳播與接受」學術研討會，會後出版論文集名為《文學研究的新進階──傳播與接受》，其中柯慶明〈文學傳播與接受的一些理論思考〉（代序），以及大木康、王兆鵬、楊玉成發表論文，多值得參閱；[32]除外，楊玉成〈劉辰翁：：閱讀專家〉，〈文本、誤讀、影響的焦慮──論江西詩派的閱讀與書寫策略〉，[33]對於斯學，亦有開發之功。

　　筆者《自成一家與宋詩宗風》一書中，〈杜集刊行與宋詩宗風〉、〈《史記》版本與北宋詠史詩之嬗變〉二章，稍稍觸及印刷傳媒對宋人學唐變唐，蔚為宗杜詩風，形成宋詩特色；《史記》藏本、鈔本、印本之圖書傳播，閱讀接受，對於詠史詩寫作之求變追新，史識之別生眼目，有必然關聯，然多淺言即止，未作更深入與專題之探論。最近三年來，為探索雕版印刷在宋代應用繁榮後，作為知識之傳播媒介，究竟生發何種效應？於是閱讀學界有關印刷術之論著，如張秀民《中國印刷史》（插圖珍藏增訂版）、《中國印刷術的發明及其影響》、曹之《中國印刷術的起源》、宿白《唐宋時期的雕版印刷》、李致忠《古代版印通論》、錢存訓《中國古代書籍紙墨及印刷術》、《中國紙和印刷

30　《中國學術與中國思想史》（《思想家》II），（南京：江蘇教育出版社，2002.4），頁 486-498。

31　內山精也：《傳媒與真相──蘇軾及其周圍士大夫的文學》，（上海：上海古籍出版社，2005.8），頁 140-292。

32　東華大學中文系主編：《文學研究的新進階──傳播與接受》，（臺北：洪葉文化公司，2004.7）。

33　上述楊玉成之論文，依序分別刊載於《國文學誌》第三期，彰化師大國文系，1999.6，頁 199-246；《建構與反思──中國文學史的探索學術研討會》，（臺北：學生書局，2002.7），頁 329-427。

文化史》；同時參考費夫賀、馬爾坦《印刷書的誕生》、弗雷德里克‧巴比耶《書籍的歷史》（*Histoire du livre*）；發現上述論著，大抵主體論述為雕版印刷自身之歷史、發展、技術、形制、刻書機構、版印概況、裝幀藝術、刊書地點，以及印本書價、版權保護、出版禁忌等等，不一而足。除費夫賀、馬爾坦《印刷書的誕生》，及錢存訓所著二書外，較少論述印刷術之具體貢獻，對文明之衝擊，以及對社會、學術、創作，和閱讀接受、文風士習等文化之功能與作用。[34]

上述有關雕版印刷之論著，大多只提供本體之專業知識。目前僅有美國、日本、臺灣學者約 5-6 人，就傳播與接受視角研究文學或詩歌，發表十篇左右論文，可見此一領域有待開拓與發掘。如果欲進一步考求雕版圖書之刊行傳播，生發何種效益與影響？則轉而研讀《宋會要輯稿》、《續資治通鑑長編》、《宋史》、《玉海》諸書，以及宋人詩話、筆記、版本著錄。同時參考李瑞良《中國出版編年史》（上卷）、宋原放、王有朋輯注《中國出版史料》（第一卷），文獻彙編，便利啟發。日人清水茂教授《清水茂漢學論集》，有〈印刷術的普及與宋代的學問〉一文，論述印刷傳媒的普及，「當然會對學術的發展演變有所影響」，「有了刊印本，讀書的方法也發生了變化」；甚至斷言：「宋代福建之地學者輩出，人才如林，應該和福建出版業的興盛，有重要關係」，此誠一針見血之論，先得我心之所同然。

雕版印刷作為圖書傳媒，既存在一定之影響，考察當時傳播之概況，宋代之版本、目錄、文獻之學，不得不留心注意。晁公武《郡齋讀書志》、尤袤《遂初堂書目》、陳振孫《直齋書錄解題》、馬端臨《文獻通考》、鄭樵《通志‧藝文略》、《宋史‧藝文志》，以及今人所編《現存宋人別集版本目

---

34 同註 28，第八章〈印刷書：變革的推手〉，頁 248-338。錢存訓曾為李約瑟：《中國科學技術史》、《紙和印刷》一章執筆人。所著：《中國古代書籍紙墨及印刷術》前編，四、〈影響及功能〉，概述「印刷術在傳統文化中的功能」，（北京：北京圖書館，2002.12），頁 262-271；又著：《中國紙和印刷文化史》，第十章〈紙和印刷術對世界文明的貢獻〉，通論「印刷術對西方文明的衝擊」、「印刷術對中國書籍制度的影響」、「印刷術在中國社會和學術上的功能」，（桂林：廣西師範大學出版社，2004.5），頁 349-358。

錄》、《現存宋人著述總錄》、《中國古籍善本書目》，陳堅、馬文大《宋元版刻圖釋》，多可作為覆按參考。其他，如李致忠《宋版書敘錄》、張舜徽《中國古書版本研究》、曹之《中國古籍版本學》、程煥文編《中國圖書論集》、周寶榮《宋代出版史研究》、李明杰《宋代版本學研究》、張富祥《宋代文獻學研究》、嚴紹璗《日本藏宋人文集善本鈎沈》、《日本藏漢籍珍本追踪紀實》、方彥壽《建陽刻書史》，可作為翻檢入門書籍。南京大學鞏本棟教授最近發表〈宋人撰述流傳麗、鮮兩朝考〉、〈略論朝鮮時代的宋人詩文選本〉；復旦大學陳正宏教授亦發表〈域外漢籍及其版本鑑定概說〉、〈東亞漢籍版本學序說——以印本為中心〉，研究視野開闊，皆值得參考。萬曼《唐集敘錄》，考述唐人詩文集，多經宋人搜逸、整理、雕印、流傳，可推宋人對唐集之閱讀接受；[35]提示方向、啟發良多。可惜學界於此，闡發甚少。至於祝尚書《宋人別集敘錄》、《宋人總集敘錄》、王嵐《宋人文集編刻流傳叢考》，[36]尤可作為探討宋代印刷傳媒與宋代文學發展之佐證與觸發。

　　藏本、稿本、寫本、鈔本，為紙張發明後，傳統之圖書傳媒；宋初以來，雖有印刷傳媒崛起，傳統之藏本、寫本仍並行不廢。尤其是官府文化機構、私家藏書樓，提供借閱、傳鈔之便利，亦促成圖書之流通，知識之傳播，豐富而多元，相關論著如：宋程俱《麟臺故事》、清葉昌熾《藏書記事詩》、潘美月《宋代藏書家考》、方建新《宋代私家藏書補錄》、周少川《藏書與文化——古代私家藏書文化研究》、徐凌志《中國歷代藏書史》、曾貽芬《中國歷史文獻學史述要》、郭聲波《宋朝官方文化機構研究》、李更《宋代館閣校勘研究》，多值得參考借鏡。至於《中國版本文化叢書》，印行《中國書源流》、《宋本》、《稿本》、《佛經版本》、《家刻本》、《坊刻本》、《活字本》等書，以及楊渭生《兩宋文化史研究·宋代的刻書與藏書》，亦有啟益。

35　萬曼：《唐集敘錄》，（臺北：明文書局，1982.2）；參考周勛初：〈宋人發揚前代文化的功績〉，「宋代學者整理前人文集的功績」，《國際宋代文化研討會論文集》，（成都：四川大學出版社，1991），頁 53-68。

36　祝尚書：《宋人別集敘錄》，（北京：中華書局，1999.11）；又，《宋人總集敘錄》，（2004.5）；王嵐：《宋人文集編刻流傳叢考》，（南京：江蘇古籍出版社，2003.5）。

　　知識傳播，端賴圖書作為媒介，方能突破時空，經過流通而被閱讀、接受。參考嚴紹璗《漢籍在日本的流布研究》、李寅生《論宋元時期的中日文化交流及相互影響》，歎圖書傳播之無遠弗屆；翻閱李彬《唐代文明與新聞傳播》，感知識傳播之侷限與艱難。宋代印刷傳媒之崛起繁榮，與藏本、鈔本、寫本競妍爭輝，其化身千萬，無遠弗屆，視唐代為有過之，而無不及。於是參考圖書流通與傳播之論著，如周慶山《文獻傳播學》、李瑞良《中國古代圖書流通史》、董天策《傳播學導論》、李彬《傳播學引論》、周慶山《傳播學概論》、黃曉鍾、楊效宏、馮鋼《傳播學關鍵術語釋讀》，以及王兆鵬、尚永亮主編：《文學傳播與接受論叢》（一、二輯）、王兆鵬、潘碧華編：《跨越時空：中國文學的傳播》、王兆鵬：《宋代文學傳播探原》[37]等書。

　　對於傳播、媒介、傳者、受傳者、受眾、閱聽大眾、信息、有效傳播、媒介即訊息諸傳播學概念，有基本之認知，期能確切運用理論，解讀宋代之印刷傳媒。

　　圖書流通、知識傳播，更涉及閱讀與接受諸問題，值得參考之論著，如曾祥芹、韓雪屏主編《閱讀學原理》、《閱讀技法系統》、《文體閱讀法》、《古代閱讀論》，張必隱《閱讀心理學》、西槙光正編《語境研究論文集》、彭聃齡、張必隱《認知心理學》，多有助於閱讀學之了解。至於接受美學之論著，如朱立元《接受美學》、姚斯・R・C・霍拉勃著《接受美學與接受理論》（周寧、金元浦譯本）、金元浦《接受反應文論》、高辛勇《修辭學與文學閱讀》、龍協濤《文學讀解與美的再創造》、陳文忠《中國古典詩歌接受史研究》、尚學鋒《中國古典文學接受史》、鄧新華《中國古代接受詩學》等書，多方參閱，當有觸發。

　　探討圖書傳播，尤其是印刷傳媒之繁榮昌盛，對於宋詩疏離、跳脫唐詩本色，蔚為宋詩「自成一家」之風格，究竟發揮怎樣的推波助瀾效應，為本書研究之核心論題。採用文獻，大抵以北京大學《全宋詩》為主，參考宋代詩話、

---

[37] 王兆鵬：《宋代文學傳播探原》，（武漢：武漢大學出版社，2013）。又，日譯本，荻原正樹、松尾肇子、池田智幸譯：《宋代文學傳播探原》，（京都：朋友書店，2019 年 12 月）。

筆記之詩學論述，旁及宋代科舉考試、學校教育、書院講學、右文政策諸課題。宋人詩文集之版本流傳、書目著錄，尤其關心注目。自南宋後時時提論之「唐宋詩之爭」，無論宗唐禰宋詩學，要皆匯歸統攝於「印刷傳媒」命題中，以之解讀，以之詮釋，以之辯證，以之平議。

第五節　印刷傳媒與宋代文學研究

五代以後，雕版印刷漸漸運用於圖書典籍之刊刻，加上北宋右文崇儒，有心推廣印本，科舉考試、書院講學，佛道說法，作詩習文又皆需求豐富圖書，於是因時乘勢，雕版印刷與古籍整理、圖書流通、知識傳播結合，供需相求，遂形成「印本文化」（又稱「雕版文化」）之繁榮昌盛。論者稱：南北兩宋三百餘年間刻書之多，地域之廣、規模之大，版印之精，流通之寬，都堪稱前所未有，後世楷模。[38]知識的傳播媒介，從寫本轉為印本，不僅書籍加快製作速度，書籍複本增多流通數量，而且對知識信息之傳播交流，圖書文獻之保存積累，都有革命性之成長。印刷術號稱「神聖的藝術」，西諺有云：「印刷術為文明之母」，誠哉斯言！雕版印刷與商品經濟之密切結合，促使宋代文化蔚為華夏文明之登峰造極。宋型文化之所以與唐型文化不同，筆者以為，雕版印刷之繁榮，促成知識革命，形成尚理、重智、沈潛、內斂之士風與習性，為其中重要關鍵。

反饋，原是電子學術語，原指「被控制的過程對控制機構的反作用」，這種反作用足以影響過程和結果。應用在生理學或醫學上，指生理或病理之效應，反過來影響引起效應之原因。文藝學借用科學之控制論、信息論，而有「反饋」之說。[39]雕版印刷之繁榮與宋代文學之發展，兩者共存共榮，交相影

---

[38] 李致忠：《古書版本學概論》，第四章第一節〈雕版印刷術的發明與發展〉，（北京：北京圖書館出版社，2003.11），頁50。

[39] 參考王春元、錢中文主編：《文學理論方法論研究》，陳遼〈信息和文藝〉引信息論創始人維納之說：「信息，是人們在適應客觀世界，並使這種適應反作用於客觀世界的過程中，同客觀世界進行交換的內容的名稱」；因此，評論家、讀者不只是對文藝作品發出的信息作出反饋；而且，傑出的，偉

響，也自然形成一個反饋系統。唐代文學之輝煌燦爛，清代蔣士銓曾感慨「宋人生唐後，開闢真難為」。宋人面對此種困境，因應策略，首在汲取古人、尤其是唐人之優長，作為自我安身立命之養料；既已學古學唐為手段，復以變古變唐為轉化，終以自成一家為目的。從學習優長，到變古變唐，到自成一家，每一歷程都牽涉到大量閱讀書籍，方能因積學儲寶，出入古今，而斟酌損益，新變超勝。筆者以為：雕版印刷之崛起與繁榮，所觸發之圖書流通、知識傳播效應，是宋代文明登峰造極之推手，是宋型文化孕育之功臣，是「詩分唐宋」之重要觸媒，是「唐宋詩之爭」公案中之關鍵證人。筆者深信：就宋詩特色之形成來說，其中自有雕版印刷之推波助瀾，圖書流通之交相反饋諸外緣關係在。循是可以想見，宋詩之外，詞、文、賦、四六及其他宋代文學門類，及宋代經學、史學、理學、佛學禪宗、道家道教，標榜會通、集成、新變、代雄者，要皆與雕版印刷之繁榮，圖書之流通有關。北宋以來，印本與藏本寫本並行，圖書信息量必然超越盛唐中晚唐與五代；至南宋末理宗度宗時，印本逐漸取代寫本，對於閱讀接受、學習定向、文學創作與批評理論，甚至文化轉型，多有影響。至於影響之層面有多廣大？有多深遠？宋代有哪些學術門類最受衝擊？這都有待進一步考察與論證。

　　古籍整理、雕版印刷、圖書流通、閱讀接受、知識傳播，五者循環無端，交相反饋，形成宋代印本文化之網絡系統。就宋詩追蹤典範，擷取優長，到新變代雄，自成一家之歷程而言，近程目標是學古學唐，表現方式有三：其一，編輯唐人別集；其二，評注唐詩名家；其三，宋人選編唐詩。其次，為閱讀唐詩，撰成詩話筆記，推崇唐詩宗風，分享讀詩心得。於是有關唐人之別集、評注、詩選、詩格，皆先後雕印，攸關唐代詩學論述之詩話筆記亦次第刊行，雕版印刷提供宋人閱讀、學習、接受、宗法唐詩之諸多便利途徑。宋人作詩之學唐變唐，宋代詩話筆記之提倡學唐變唐，得印本圖書流通之便利，方能功德圓

大的評論家常常以其對文藝作品中的形象的理解進行「審美再創造」，傳輸出有關這一作品或這一作品中的某一藝術形象的新信息，從而豐富了文藝作品的這一信息源（信息庫），（長沙：湖南文藝出版社，1987.12），頁 162、179。

滿，水到渠成。又其次，詩話筆記提倡學唐變唐，藉雕版印刷之流傳，又反饋到詩歌之創作中。無論推崇蘇、黃，宗尚江西，或標榜盛唐，師法唐詩，詩學中豐厚的信息量，必然影響到宋詩諸家之宗唐或宗宋旆向。就文學作品之召喚結構而言，所作詩歌之詩思、語言、風格、意象、主題，和技法，每一階段從進行到完成，宋人多可以經由閱讀接受，進行創造性填補，和想像性聯接，所謂「有所法而後成，有所變而後大」。雕版印刷在宋代繁榮昌盛後，士人對圖書之閱讀接受，除唐朝以來之藏本、寫本、鈔本外，又多出量豐質高之印本圖書。此一新興之印刷傳媒，對於閱讀接受、創作論述之激盪，謂之「知識爆炸」，差可比擬。宋詩以師法唐詩之優長為過程、為手段，以新變代雄、自成一家為終極目標，傳承與開拓一舉完成，在在皆以唐詩為參照系統，很難不受印刷傳媒、圖書傳播之影響。因拜雕版印刷之賜，印本購求容易，圖書流通便利，宋人之學古通變，新變自得方成為可能。

　　再說，宋代詩學，極推重詩法，此乃宋人處窮必變之創意策略，此一文風習氣之形成，與印刷傳媒之效應關係亦極密切：就學養與識見言，學理之儲積，必須博覽群書；藝術之薰陶，得力於遍考前作；就師古與創新言，標榜「出入眾作，自成一家」，其中通變代雄，牽涉到藝術傳統之認同與超越；點鐵成金，關係到陳言俗語之點化與活化；奪胎換骨，致力於詩意原型之因襲與轉易；推而至於句法、捷法、活法、無法諸命題，所謂「規矩備具，而能出於規矩之外；變化不測，而亦不背於規矩」；筆者深信，上述詩學課題，皆與雕版印刷之繁榮，圖書傳播之便捷，公私藏書之豐富，士人得書讀書容易有關。試考察宋代詩話之鏤版、筆記之刊行、詩話總集之整理雕印，唐詩選、宋詩選之編輯刊刻，宋人編撰詩話、筆記、詩選之去取從違，無論提示詩美、宣揚詩藝、強調詩思、建構詩學，要皆可經鏤版，而流傳廣大長遠，「與四方學者共之」。誠如蘇軾〈李氏山房藏書記〉所言：「學者之於書，多且易致如此，其文詞學術，當倍蓰於昔人」。由此觀之，宋代詩話、筆記、詩選之雕版刊行，對宋詩特色之生成，當有推波助瀾之效用。

　　筆者以為：博覽群書，遍考前作，出入諸家，認同傳統，固然離不開圖書版本；即點化陳俗、轉換原型，甚至超常越規，自得成家，也無一不與圖書典

籍之閱讀與運用有關。宋代詩話筆記所載詩學觀念，部分來自閱讀心得，部分緣於創作經驗，多為因應盛極難繼，處窮必變之困境，所作之系列調整和變通，其目的在尋求出路與活路。於是宋人刊刻現當代詩家別集者多，詩人年譜、詩集評注亦隨之編著；於是又有宋代詩派詩選之編纂，宋人選評宋詩諸總集之雕印。宋人之學古變古，學唐變唐，終能超脫本色，而自成一家者，其中若無雕版印刷之觸媒推助，恐難以奏其效而竟其功。宋代詩人多蟠胸萬卷，學術多方；宋詩不同於唐詩之特色，在宋人廣用「破體為文」與「出位之思」諸創意組合手法；宋代大家名家之詩，多少有嚴羽《滄浪詩話·詩辨》所謂「以文字為詩，以議論為詩，以才學為詩」諸合併重組傾向，不止是蘇軾、黃庭堅、江西詩人而已。原因無他，雕版印刷之影響詩壇文壇，甚至經學、史學、思想界，乃勢所必至，理有固然，且無時不在，無遠弗屆也。職是之故，學界討論宋代文學，及其他宋代學術，自不能忽略雕版印刷、印本文化之因緣與激盪。為體現宋代文化之活動實況，學界研究宋代之文學，以及經學、史學、哲學、思想、科技，若能嘗試整合版本學、目錄學、文獻學而一之，研究視角獨特，成果必定新穎可觀。

雕版印刷在宋代之崛起，形成印本文化。於是宋代之圖書傳播，除隋唐以來傳統之寫本、鈔本、藏本外，又有「易成、難毀、節費、便藏」之印刷傳媒，其字體美觀大方，裝幀賞心樂目，其數量化身千萬，其傳播無遠弗屆，對於閱讀、創作、評論、著述，必有影響。宋代詩話、筆記、文集、及《續資治通鑑長編》、《宋會要輯稿》，多有一鱗半爪之提示，而會通化成，轉相發明，正有待乎來者。

第六節　印刷傳媒與「詩分唐宋」

陳寅恪稱：「華夏民族之文化，歷數千年之演變，造極於趙宋之世」，宋朝何以是華夏文化之登峰造極？何以宋代具有近世的特徵？何以宋型文化與唐型文化不同？筆者以為：其中因素，京都學派內藤湖南、宮崎市定已作若干提

示，現代漢學界唐宋文化研究專家學者，亦多所發揮；唯對雕版印刷之崛起，印刷傳媒生發之可能效應，缺乏應有之關注與考察。筆者以為：印刷傳媒之效應，是促成「宋代近世」、「唐宋變革」之關鍵因素。學界不妨以此觀點考察宋代之經學復興、史學繁榮、宋學創發，以及文學門類蠭起多元，甚至詩話筆記崛起。林林總總，筆者以為，多與兩宋「未嘗一路不刻書」有關；印刷傳媒效應的反饋，可看作「唐宋變革」之觸媒轉化劑。

繆鉞《詩詞散論・論宋詩》，對於唐宋詩之殊異，曾作較明確之列舉；對於宋詩之特色，亦作概括式之論述。所謂「唐宋詩殊異論」，以及因此而導致之「宋詩特色」論，若持印刷傳媒之作用與效應觀之，無不怡然理順，渙然冰釋，如云：

> 唐宋詩之異點，先揭略論之。唐詩以韻勝，故渾雅，而貴醞藉空靈；宋詩以意勝，故精能，而貴深折透闢。唐詩之美在情辭，故豐腴；宋詩之美在氣骨，故瘦勁。唐詩如芍藥海棠，穠華繁采；宋詩如寒梅秋菊，幽韻冷香。唐詩如啖荔枝，一顆入口，則甘芳盈頰；宋詩如食橄欖，初覺生澀，而回味雋永。譬諸修園林，唐詩則如疊石鑿池，築亭闢館；宋詩則如亭館之中，飾以綺疏雕檻，水石之側，植以異卉名葩。譬諸遊山水，唐詩則如高峰遠望，意氣浩然；宋詩則如曲澗尋幽，情境冷峭。唐詩之弊為膚廓平滑，宋詩之弊為生澀枯淡。雖唐詩之中，亦有下開宋派者，宋詩之中，亦有酷肖唐人者；然論其大較，固如此矣。（繆鉞《詩詞散論・論宋詩》）

> 宋詩之情思深微而不壯闊，其氣力收斂而不發揚，其聲響不貴宏亮而貴清冷，其詞句不尚蓄豔而尚樸澹，其美不在容光而在意態，其味不重肥醲而重雋永，此皆與其時代之心情相合，出於自然。（繆鉞《詩詞散論・論宋詩》）

繆鉞概論唐宋詩之殊異，似乎楚河漢界、判然有別。姑且不論唐宋詩之間，尚存在源流、正變、辨體、破體，以及傳承開拓諸問題。就繆鉞所提宋詩

特色，為「以意勝，故精能，而貴深折透闢」；為「如寒梅秋菊，幽韻冷香」；為「如食橄欖，初覺生澀，而回味雋永」；「譬諸修園林，宋詩則如亭館之中，飾以綺疏雕檻，水石之側，植以異卉名葩」；「譬諸遊山水，宋詩則如曲澗尋幽，情境冷峭」；「宋詩之弊，為生澀枯淡」云云；以及所謂情思深微、氣力收斂、聲響清冷、詞句樸澹、其美在意態、其味重雋永云云，衡以鍾嶸《詩品》之詩觀，唐詩率由「直尋」，宋詩多為「補假」；嚴羽《滄浪詩話・詩辨》評宋詩、斥江西，以為「以文字為詩、以議論為詩、以才學為詩」；龔鵬程論宋詩，有所謂「知性的反省」、「轉識成智」、「技進於道」諸特徵與型態，[40]足與繆鉞所論相互發明。筆者以為：凡此，要皆為印刷傳媒之發用與效應。推而至於錢鍾書論宋詩，標榜「詩分唐宋」，亦當與印本文化、印刷傳媒之繁榮昌盛，與藏本、寫本爭輝爭勝有關：

> 唐詩、宋詩，亦非僅朝代之別，乃體格性分之殊。天下有兩種人，斯分兩種詩。唐詩多以丰神情韻擅長，宋詩多以筋骨思理見勝。嚴儀卿首倡斷代言詩，《滄浪詩話》即謂「本朝人尚理，唐人尚意興」云云。曰唐曰宋，特舉大概而言，為稱謂之便。非曰唐詩必出唐人，宋詩必出宋人也。故唐之少陵、昌黎、香山、東野，實唐人之開宋調者；宋之柯山、白石、九僧、四靈，則宋人之有唐音者。

> 夫人秉性，各有偏至。發為聲詩，高明者近唐，沈潛者近宋，有不期而然者。故自宋以來，歷元、明、清，才人輩出，而所作不能出唐宋之範圍，皆可分唐宋之畛域。唐以前之漢、魏、六朝，雖渾而未劃，蘊而不發，亦未嘗不可以此例之。

> 且又一集之內，一生之中，少年才氣發揚，遂為唐體，晚節思慮深沉，乃染宋調。若木之明，崦嶬之景，心光既異，心聲亦以先後不侔。
> （錢鍾書《談藝錄》，〈詩分唐宋〉）

40　參考龔鵬程：〈知性的反省——宋詩的基本風貌〉、〈技進於道的宋代詩學〉，詳張高評主編：《宋詩論文選輯》（一），（高雄：復文圖書出版社，1988.5），頁134-215。

　　錢鍾書強調唐詩、宋詩，各有本色、各有風格，彼此可以分庭抗禮、平分詩國之秋色。文中所謂「非曰唐詩必出於唐人，宋詩必出宋人」云云，與前引繆鉞《詩詞散論》所言：「雖唐詩之中，亦有下開宋派者；宋詩中，亦有酷肖唐人者」，論點相通，此從唐宋詩之通同，凸顯傳承與開拓，唐宋各有大家名家間接論證「詩分唐宋」之事實。錢氏論宋詩特色，所謂「宋詩多以筋骨思理見勝」，此讀書、尚智之具體投影；所謂「本朝人尚理」，所謂「沈潛者近宋」，所謂「晚節思慮深沉，乃染宋調」云云；凡此，或接受讀書窮理之濡染使之然。蘇軾所謂「博觀而約取，厚積而薄發」，朱熹所謂「舊學商量，新知培養」，大抵多與印本文化之繁榮，印刷傳媒之激盪密切相關。

第二章　印刷書之普及與其傳媒效應——以谷登堡活字印刷作對照

摘要

　　宋代印本文化之形成，根基於右文政策。朝廷雕印圖書，提供宣索賜予，興教濟眾；期待布之四方，圖永其傳。同時，配合科舉之取士，追求博觀厚積，國子監、州學書院、民間書坊，多雕印圖書。於是盛況空前，天下未有一路不刻書。印刷書之為傳媒，與傳統寫本競奇爭輝，促成「唐宋變革」之生成。印本團書作為知識流通之傳媒，具有「易成、難毀、節費、便藏」種種便利。為考察宋代印本圖書生發之效應，乃借鏡谷登堡活字版印刷促成文藝復興、宗教革命之風潮，以論證印刷書堪稱「變革之推手」。活字印刷之傳媒效應有四：其一，恢復經典文本的原貌；其二，擺脫前賢之解釋評注；其三，重新詮釋古學、增添補述；其四，創前所未有、開後之無窮。雕版印本之傳媒效應，影響兩宋文風士習，多與活字版之於中古歐洲異曲同工。如促成唐宋經學之傳承嬗變、創造詮釋、疑傳改經；宋代史評史論之別裁特識、淑世致用；理學宋學體現議論、懷疑、創造、開拓、實用、內求、兼容諸精神；影響文學，則如詩思之發想創意，詩藝之新變自得，宋文、宋詞、宋賦之推陳出新，自成一家。要之，影響所及，造成「既有的學術傳統分流而並立」。宋代印本文化所生發之傳媒效應，凸顯印本、寫本之二元傳播，助長宋詩疏離唐詩，催生唐宋詩之異同，促成詩分唐宋之態勢。推而廣之，雕版印刷對於唐宋變革、唐宋詩異同、詩分唐宋、宋型文化與唐型文化，以及宋學與漢學之分途，大抵多有關聯。此乃印刷文化史之課題，值得深入探究，廣博開拓。

關鍵字

　　雕版印刷　傳媒效應　詩分唐宋　活字印刷　印本文化

　　自宋初太宗（939-997）注重訪求圖書，「遺編墜簡，宜在詢求」；「補正闕漏，用廣流布」，蓋朝廷以為「教化之本，治亂之原」，當取法圖書典籍。其後真宗、仁宗諸朝以來遵循故事，積極廣收圖籍，訪求亡逸，校定譌謬，募工傳寫，設官綜理，庶成其事。或以之置藏宣和殿、太清樓、秘閣三館，或以之鏤版刊行，化身千萬。到南宋紹興年間，三館藏書之盛，方能如此豐富。據文獻記載，兩宋官方古籍整理之圖書，無論刪繁補闕、重編新錄；或借本繕寫，精心讎校，終皆進呈三館典藏，[1]其中有藏本和印本之分。所謂藏本者，大抵皆為寫本或鈔本。訪得善本，「鏤版以為官書」者有之；公藏典籍能刻板雕印者相對於寫本，亦顯然有限，絕大部分的藏本都是寫本、鈔本。

　　真宗、仁宗朝推廣雕版印刷，已略具規模；至宋室南渡，高宗詔令「監中闕書，次第鏤版」，於是在南北宋之交，圖書傳播，印本與寫本交相爭輝，晁公武《郡齋讀書志》、尤袤《遂初堂書目》可以考見。由於商品經濟之繁榮，促使南宋刻本書激增，刊書地點擴展。考趙希弁撰成《郡齋讀書志·附志》於淳祐九年（1249），陳振孫《直齋書錄解題》完稿於淳祐九年致仕後，二書之所著錄，「刻本書超過了寫本書」，成為圖書流通、知識傳播之主角，時當十三世紀中期。[2]考察刻本由崛起、繁榮，到與寫本相互爭輝，到刻本書數量超過，甚至取代寫本，獨擅勝場，其中除朝廷科舉取士之右文政策外，自有商品經濟「供需相求」之催化與促成在。

　　學者研究指出：印本增多，便利私人藏書；印本崛起，對寫本、閱讀、庋藏，以及前代詩集整理，多有影響。而且書籍之廣泛流通，必然影響當時之思想與文學。[3]不過，搢紳家所藏稿本寫本善本，經官方雕印頒行，既可廣祕府之儲，且以傳播天下，有益圖書之流通。論者稱：「宋三百年間，鏤板成市，板

---

[1]　參考李更：《宋代館閣校勘研究》，第三章〈圖書校理運作分析〉，（南京：鳳凰出版社，2006.3），頁91-161。

[2]　宿白：《唐宋時期的雕版印刷》，〈南宋刻本書的激增和刊書地點的擴展〉引王重民之說，（北京：文物出版社，1999.3），頁106。

[3]　（美）艾·郎諾：〈書籍的流通如何影響宋代文人對文本的觀念〉，沈松勤 主編：《第四屆宋代文學國際研討會論文集》，（杭州：浙江大學出版社，2006.10），頁98-114。

本布滿於天下。而中秘所儲，莫不家藏而人有。無漢以前耳受之艱，無唐以前
手鈔之勤。讀書者事半而功倍，何其幸也。」所謂「士大夫不勞力而家有舊
典，此實千齡之盛」，[4]誠非虛言。金鍔〈漢唐以來書籍制度考〉亦云：「至板
本盛行，摹印極便，聖經賢傳乃得家傳而人誦，固亦有功名教矣！」[5]印本使用
之便利，傳播之快捷，知識流通之迅速，無論聖經賢傳，子史文集，多因此而
容易「家傳而人誦」，既有功於名教，自亦影響宋代之學術風尚。

依據《宋史·藝文志》統計：宋初開國，圖書才萬餘卷；仁宗慶曆十一年
（1041）纂修《崇文總目》，已著錄藏書 30669 卷；終北宋之世，圖書目錄，
凡 6705 部，73877 卷。[6]靖康之難，書亡滋多。紹興間詔求遺書，獻書，於是圖
籍漸備。南宋孝宗淳熙五年（1178）編次《中興館閣書目》，著錄藏書 44486
卷；寧宗嘉定十三年（1220），編修《中興館閣續書目》，再著錄 14943 卷。
《宋史·藝文志》所著錄四部典籍，共 9819 部，119972 卷。以宋代目錄專籍而
言，尤袤《遂初堂書目》著錄私家藏書版本，多達 3000 餘種。晁公武《郡齋讀
書志》著錄 1492 部，24500 卷。陳振孫《直齋書錄解題》著錄圖書 3096 種，
51180 卷。周密《齊東野語·書籍之厄》，載兩宋私人藏書，少則一、二萬卷，
亦有多至十萬卷者，皆不計在內。圖書質量倍數成長，除傳統之寫本（稿本、
鈔本）外，其中自有印本之書在。宋代刻書業興盛，不僅前人著作陸續開雕傳
世，以供研讀借鏡；即當代作品亦多印刷成書，因得流傳後世。宋代之版刻，
對於書籍之流布、知識之傳播，貢獻極大。詩話筆記因時乘勢，自然得心應
手，容易水到渠成。

4　宋·李燾：《續資治通鑑長編》，（北京：中華書局，2004）。卷 60〈景德二年五月戊辰朔〉，頁
　　1333；卷 74〈大中祥符三年十一月壬辰〉，頁 1694。

5　清·徐松輯，苗書梅點校：《宋會要輯稿·崇儒四》（開封：河南大學出版社，2001.9），引《孝宗
　　會要》淳熙十三年丙午，頁 259。章權才：《宋明經學史》（廣州：廣東人民出版社，1999.9），第二
　　章第二節〈鏤版印刷的發明與經籍的廣泛傳播〉，引吳澂說，頁 58。金鍔：《求古錄禮說》，袁咏秋
　　等：《中國歷代國家藏書機構及名家藏讀敘傳選》（北京：北京大學出版社，1997.12），頁 178。

6　元·脫脫等：《宋史》卷 202，《二十五史》點校本，（北京：中華書局，1990），〈藝文一〉，頁
　　5033。

第一節　宋代圖書流通促成唐宋之變革

　　錢存訓首倡印刷文化史之研究，曾大膽推測：「印刷術的普遍運用，被認為是宋代經典研究的復興，及改變學術和著述風尚的一種原因。」[7]佛郎西斯·培根（Francis Bacon, 1561-1626）標榜「知識就是力量」，曾推崇印刷術在文學之影響力，媲美火藥在戰爭，指南針在航海方面，對全世界面貌和狀態的改變。試考察谷登堡（Gutenberg Johann, 1397-1468）發明活字版印刷術，於中古歐洲，改變了閱讀環境，影響了接受反應，加速了古老變革，重組了文學領域，催生了創新體類，當然徵存傳播了更多的傳統典籍（詳後）。對照東方宋朝，雕版印刷繁榮發達，形成印本文化，相較於傳統寫本之仰賴手鈔謄錄複製圖書，印刷圖書之為傳媒，所生發之效應有何特殊處？清張之洞《書目答問·勸人刻書說》謂：刻書可以「傳先哲之精蘊，啟後學之困蒙」，對於文風士習，勢必造成一定之影響。

　　宋初開國之君，多尚文崇儒。宋太宗蒐集圖書，謂可以「勤求古道，啟迪化源」；強調「教化之本，治亂之源，苟非書籍，何以取法？」[8]於是繼續五代印刷圖書之事業，從事佛教《大藏經》開寶藏之雕印，國子監《七經》、《十七史》之精校刊行。風氣既開，於是官刻本之外，又有家刻本、坊刻本之倫。由於有利可圖，蔚為「天下未有一路不刻書」之盛況。於朝廷官方，要在提供「宣索賜予，興教濟眾」；而官刻、家刻、坊刻，亦無非期盼「布之四方，圖永其傳」。[9]本來，整理古籍，傳播文化，漢魏以來歷代多所提倡，宋朝並非首創。不過，宋人除寫本之傳播外，又推廣雕版印刷圖書。論者以為：「宋代在通過當代（雕版）技術，使文化傳統得以利用，以及對『學』的傳播上（這些

---

[7]　錢存訓：《中國紙和印刷文化史》，第十章（四）〈印刷術在中國社會和學術上的功能〉，（桂林：廣西師範大學出版社，2004.5），頁356。

[8]　清·徐松輯：《宋會要輯稿·崇儒》，四，〈太宗太平興國九年〉，頁234。

[9]　張高評：〈宋代雕版印刷之政教指向──印刷傳媒之控制研究〉，《成大中文學報》第20期（2008.4），頁195-202。

標準本文獻被傳播到州和縣），都超過了他們的五代前輩。」[10]圖書傳播挾雕版印刷之優勢，席捲文學界與學術界，如此激盪衝擊，必然引發「變革」性之影響與轉型的發展。

在西方，印刷術被稱為「神聖的藝術」、「文明之母」，又號稱「變革的推手」；在東方日本，坂本太郎《日本史》亦稱讚印刷術，「是普及教育、普及文化的有力手段」；張秀民《中國印刷史》既標榜宋代，推崇為「雕版印刷的黃金時代」；[11]則於南北兩宋生發之傳媒效應，較谷登堡之活字印刷豈遑多讓？筆者亦不妨設疑提問：宋代之印刷傳媒，是否助長日本京都學派所謂「唐宋變革」？是否為「近世特徵」之促成者？唐宋詩之所以異同，雕版印刷是否為其中之催化劑？詩分唐宋、宋詩特色之形成，印刷傳媒是否即其中之關鍵觸媒？推而至於討論宋代文學門類之多元，甚至詩話筆記之流行，或許多與雕版印刷繁榮於宋代，「天下未有一路不刻書」關係密切。

日本學者內藤湖南研究中國歷史分期，撰有〈概括的唐宋時代觀〉，提出「唐宋變革」說，指出「唐和宋在文化的性質上有顯著差異」，表現在政治、經濟以及學術、文學、繪畫、音樂等狹義文化方面尤其此疆彼界，壁壘分明。[12]宮崎市定為內藤之弟子，學術專攻宋代；內藤強調唐宋在文化上的分野，宮崎則進一步闡釋宋代所具備的「近世」特徵。師生分進合擊，於是「唐代是中世的結束，宋代是近世的開端」，「唐宋變革」論，「宋代近世」說，形成京都學派經典式之文化主張。這種變革，造成政治、經濟、社會、文化「根本的改變」，近乎革命性的重大轉變。論者曾列舉唐宋變革之面向，分政治、選舉任

---

[10] （美）包弼德（PeterK‧Bol）著，劉寧譯：《斯文：唐宋思想的轉型》（*This Culture of Ours: Intellectual Transition in T'ang and Sung China*），第五章〈文治政策與文學文化：宋代思想文化的開端〉，（南京：江蘇人民出版社，2001.1），頁 158-160。

[11] 張秀民：《中國印刷史》，上冊，第一章第三節〈宋代：雕版印刷的黃金時代〉，（杭州：浙江古籍出版社，2006.10），頁 99-100。

[12] 內藤湖南：〈概括的唐宋時代觀〉，初刊於《歷史與地理》第 9 卷第 5 號（唐宋時代研究號，1922.5），頁 1-12；後輯入《內藤湖南全集》，第 8 卷《東洋文化史研究》，（東京：筑摩書房，1969），頁 111-119。黃約瑟譯文，見劉俊文編：《日本學者研究中國史論著選譯》，第 1 卷〈通論〉，（北京：中華書局，1992），頁 10-18。

官、黨爭性質、人民地位、土地處分、貨幣經濟、工藝美術、學術文藝、交通資訊、科技發明、知識普及、兵制、法律等等，要皆可見唐宋變革之現象，宋代具備近世之特徵。[13]至於何種觸媒造成「唐宋變革」？何種機緣促進「宋代近世」？京都學派或闕而弗論，或語焉不詳，不無遺憾。

鄧廣銘探究趙宋王朝的「右文」政策，以為具體落實在科舉考試與刻版印書上；因此，宋代文化才能達到登峰造極的高度。[14]鄧廣銘討論宋代文化的高度發展，涉及雕版印書事業「由創始而漸流行」，「使得書籍的流通量得以增廣擴大」，已觸及問題焦點，可惜只順帶略提，並未作專題申說。十七年前，筆者出版《印刷傳媒與宋詩特色——兼論圖書傳播與詩分唐宋》一書，[15]從印刷文化史之視角切入，強調雕版印刷作為圖書傳播之媒介，與傳統寫本競奇爭輝。印本圖書挾其傳播優勢，對於兩宋士人之閱讀、接受、創作、論述，必然生發若干激盪。欲據此詮釋宋詩特色、唐宋詩異同、唐宋詩之爭、詩分唐宋，乃至於唐宋變革、宋代近世諸課題。推而廣之，或許可以解讀宋代經學之復興、史學之繁榮、理學之昌盛、文學之新變，其關鍵視角，亦在雕版印刷作為圖書傳播之媒介上。

就宋代而言，標榜右文崇儒，雕版印刷對於科舉考試有何影響？對於書院講學、教育普及、學風思潮、創作技術、評述法式、審美情趣、文風士習，生發何種效應？就歷史而言，內藤湖南、宮崎市定提出「唐宋變革」論、「宋代近世」說，雕版印刷是否為其中之催化劑？是否如谷登堡發明活字印刷一般，形成「變革的推手」？就文化類型而言，王國維稱美天水一朝之文化，「前之漢唐，後之元明，皆所不逮」；「近世學術，多發端於宋人」；陳寅恪亦有

---

[13] 張廣達：〈內藤湖南的唐宋變革說及其影響〉，《唐研究》第 11 卷，（北京：北京大學出版，2005.12），頁 5-71；柳立言：〈何謂「唐宋變革」？〉，《中華文史論叢》2006 年 1 期（總 81 輯（上海：上海古籍出版社，2006.3），頁 125-171。

[14] 鄧廣銘：《鄧廣銘治史叢稿》，〈宋代文化的高度發展與宋王朝的文化政策——《北宋文化史述論稿》序引〉，（北京：北京大學出版社，1997.6），頁 66-71。

[15] 張高評：《印刷傳媒與宋詩特色——兼論圖書傳播與詩分唐宋》，（臺北：里仁書局，2008.03），頁 1-631。為求全備，今再添加兩章，重版發行。

「華夏民族之文化，歷數千載之演進，造極於趙宋」之說；[16]傅樂成則提出唐型文化與宋型文化之分野，[17]文化演變之不同，印刷傳媒居於何種地位？就詩歌而言，繆鉞《詩詞散論》標榜「唐宋詩異同」，[18]錢鍾書《談藝錄》強調「詩分唐宋」，[19]雕版印刷是否即是其中之關鍵觸媒？谷登堡活字版流行，印刷傳媒在西方之繁榮發達，促成宗教革命、文藝復興，號稱「變革的推手」；在宋代，印刷傳媒與寫本、藏本競奇爭輝，是否亦生發類似之傳媒效應？

　　筆者翻檢《續資治通鑑長編》、《宋史》、《宋會要輯稿》，以及宋人之詩話、筆記、文集、序跋，善本目錄、牌記，或語焉不詳，或文獻無徵。今欲考求宋代印本崛起，與寫本競奇爭輝，究竟生發何種傳媒效應？對詩話筆記之編印刊行有何影響？對於詩歌創作、詩學評論，是否有所制約或導向？不妨參考谷登堡發明活字印刷，促成宗教革命、文藝復興，曾經生發種種傳媒效應，多可作為類比借鏡。

第二節　活字印刷、雕版印刷：變革之推手

　　知識傳播之媒介，從甲骨金文，一變而為竹簡縑帛，再變而為紙張鈔寫，已形成極大之飛躍。不過，鈔寫謄錄，曠日廢時，其事甚艱，其功難成，其書易毀，費用昂貴，收藏不便。為愛日省力，利用厚生，於是知識傳播之媒介四變而成雕版印刷。西方稱美印刷術，許為「變革之推手」；流傳於東土之雕版刻書，自不遑多讓。蘇軾曾理性預言印本圖書之傳媒效應，唐宋文化之分野，

---

[16] 王國維：〈宋代之金石學〉，《靜安文集續編》，（上海：上海書店，1983），頁 70；陳寅恪：〈鄧廣銘《宋史·職官志》考證序〉，《金明館叢稿》，（臺北：里仁書局，1982），頁 245-246。關於唐宋轉型，可再參考王水照：《鱗爪文輯》，卷 3〈文史斷想·39 重提「內藤命題」〉，（西安：陝西人民出版社，2008.3），頁 173-178。

[17] 傅樂成：〈唐型文化與宋型文化〉，原載《國立編譯館館刊》1 卷 4 期（1972·12）；後輯入《漢唐史論集》，（臺北：聯經出版公司，1977.9），頁 339-382。

[18] 繆鉞：《詩詞散論》，〈論宋詩〉，（臺北：開明書店，1977）。

[19] 錢鍾書：《談藝錄》，一、〈詩分唐宋〉，（臺北：書林出版公司，1988.11），頁 1-5。

已呼之欲出：

> 余猶及見老儒先生，自言其少時，欲求《史記》、《漢書》而不可
> 得。幸而得之，皆手自書，日夜誦讀，惟恐不及。近歲市人轉相摹刻諸
> 子百家之書，日傳萬紙。學者之於書，多且易致如此，其文詞學術，當
> 倍蓰於昔人。（《蘇軾文集》卷十一，〈李氏山房藏書記〉）

　　五代馮道刊刻《九經》以前，知識傳播均仰賴鈔錄謄寫。傳鈔艱難，圖書
複製不易，影響流通之效率。蘇軾〈李氏山房藏書記〉所謂「欲求而不可
得」，「幸而得之，皆手自書，惟恐不及」，堪稱實錄。迨宋初雕版印書盛
行，「日傳萬紙」，於是「學者之於書，多且易致如此」。東坡乃預告：「其
文詞學術，當倍蓰於昔人」，印本圖書之傳媒效益與影響，當十百倍於寫本，
此可以斷言。宋型文化之知性理性，東坡已作若干指點。雕版印刷之傳媒效
應，明胡應麟曾作精要提示，如云：

> 今人事事不如古，固也；亦有事什而功百者，書籍是也。三代漆文
> 竹簡冗重艱難，不可名狀；秦漢以還浸知鈔錄，楮墨之功簡約輕省，數
> 倍前矣。然自漢至唐猶用卷軸，卷必重裝，一紙表裏，常兼數番，且每
> 讀一卷或每檢一事，紬閱展舒甚為煩數，收集整比彌費辛勤。至唐末宋
> 初，鈔錄一變而為印摹，卷軸一變而為書冊，易成、難毀、節費、便
> 藏，四善具焉。遡而上之，至於漆書竹簡，不但什百而且千萬矣。士生
> 三代後，此類素為不厚幸也。（明・胡應麟《少室山房筆叢》卷四，
> 〈經籍會通四〉，頁45）

　　明胡應麟較論竹簡漆文、楮墨鈔錄之傳媒，初以為後來居上，其功「數倍
前矣」！至唐末宋初以來，「鈔錄一變而為印摹，卷軸一變而為書冊，易成、
難毀、節費、便藏，四善具焉。」印刷傳媒之為知識革命、變革推手，由此益
信。印本相較於寫本，乃至竹簡帛書，其傳播效益，「不但什百，而且千萬

矣」，良非虛言！

（一）活字印刷、雕版印刷與傳媒效應

試對照中古歐洲，在活字版印刷使用前後，複製《聖經》工時之快慢懸殊，從而可以想見印刷術為「變革推手」之所以然。活字印刷生發之傳媒效應，由此不難推知：

> 印刷機使歐洲可以更為廣泛地獲得書籍。從前，書籍是由手工再造出來的，而一個「鈔寫者」（通常是一個修道士）一年只能完成兩本書。因此，書籍稀少，而且非常珍貴，經常用鏈條扣在閱讀臺上。相比之下，一個使用谷登堡印刷機的印刷工人，一天就能生產一本書。所以，文藝復興是以一個使知識的獲得大大便利起來的發明開始啟動的。[20]

《聖經》等書籍之獲得，鈔寫「一年只能完成兩本書」；若使用谷登堡印刷機，則「一天就能生產一本書」。快速而便利獲得知識，這是印刷術對圖書傳播的革命性貢獻。谷登堡發明活字印刷術，促成中古歐洲的宗教革命、文藝復興，民族文字與文學建立，科學文化突飛猛進。錢存訓曾稱：印刷術的發明和使用，「還普及了教育，提高了閱讀能力，和增加了社會流動的機會。總之，幾乎現代文明的每一進展，都或多或少地與印刷術的應用和傳播發生關聯。」[21]因此，印刷術在西方，被稱為「神聖的藝術」、「文明之母」，以及「變革的推手」。[22]雕版印刷在東土，傳媒效應理應異曲同工。由於宋元之際傳世文獻載錄「看詳禁毀」之負面效應極夥，[23]正向推崇印刷傳媒，提供印刷文化

---

[20] （美）E・M・羅杰斯（Rogers, E. M.），殷曉蓉譯：《傳播學史：一種傳記式的方法》（*A History of Communication Study：A Biographical Approach*），第一部分〈傳播學的歐洲起源・文藝復興（1450-1600）〉，（上海：上海譯文出版社，2005.7），頁 30-31。

[21] 錢存訓：《中國紙和印刷文化史》，第十章（二）〈印刷術對西方文明的衝擊〉，頁 349。

[22] 張秀民：《中國印刷史》（上），頁 3、7。

[23] 張高評：〈宋代雕版印刷之政教指向——印刷傳媒之控制研究〉，《成大中文學報》第 20 期

史文獻者,卻一鱗半爪,徵存不豐。蓋習焉不察,民生日用而不覺。無已,只得採行類比推理方式,以谷登堡活字版印刷術在中古歐洲生發之種種變革,類比東土宋朝雕版印刷之傳媒效應。

印刷術流行,引發種種連鎖變革,基本影響為書價的降低和書籍的相對平凡化。另外,還影響到閱讀實踐的改變,加強了一種古老的變革,諸如「不同的稿本不再被採用,著作法規也在逐漸改變,文學領域進行重新組織(有關作者、文本和讀者)」。印刷的發展和通俗化,亦改變了閱讀的環境。法國年鑑學派大師費夫賀(Lucien Febvre)與印刷史學者馬爾坦(Henri-Jean Martin)合著《印刷書的誕生》(*The Coming of the Book*)強調:「印刷帶動文本的大規模普及」;「這顯然是種變遷,且變的腳步還頗快」,同時提出印刷書促成文化變遷結果之種種推測:

> 大眾究竟需要書商與印刷商提供他們哪類書刊?印刷究竟令傳統的中世紀文本,普遍到何種程度?這些舊時代的傳承物,又被印刷術保存住多少?印刷機驟然突破了既有的智識作品保存媒介,是否也助長了新的文類?或者情況正好相反,是早期的印刷機大量印刷了許多傳統的中世紀書籍,才讓這些作品的壽命意外地延長數十年,一如米什萊(Jules Michelet, 1798-1874)所言?我們將試著找出這些問題的答案。[24]

費夫賀、馬爾坦所著《印刷書的誕生》,第八章為〈印刷書:變革的推手〉,對於印刷術的神奇效應,作者畫龍點睛提示,讀者可以提綱挈領掌握。篇幅長達 90 餘頁,除宗教改革外,與人文、語言、藝術相關之論述,濃縮精華,摘錄片段如下,以便對照觸發:

(2008.4),頁 206-209。

[24] (法)費夫賀(Lucien Febvre)、馬爾坦(Henri-Gean Martin)著,李鴻志譯:《印刷書的誕生》(*The Coming of the Book*),第八章〈印刷書:變革的推手〉,一、〈從手鈔本到印刷書〉,(桂林:廣西師範大學出版社,2006.12),頁 248-249。

　　就知識份子而言，意圖指導輿論的行為，在 16 世紀初影響力最強。在這個獨尊古文學研究的時期裡，印刷的主要任務，在于傳播純正的古代經典。而且，以書本復興了人文思維，風行而草偃。（《印刷書的誕生》，頁 137）

　　阿默巴赫（Amerbachkor respondenz）屬於最早期的人文主義印刷商。他發現：經典文本的真知灼見，可以透過印刷，正確無誤地傳布、倡導。他替許多古書發行了史上最早的印刷版本，光是希臘作品的部分，就包括了亞里斯多德、亞里斯多芬、希羅多德、色諾芬，以及柏拉圖等人的著作。（同上，頁 138、140）

　　若在傳播新思維的奮戰中身先士卒，印刷商與書商就 無法迴避舊勢力下的迫害。還有什麼比重重懲罰散佈可疑書刊之人，更能鏟除異端？是以 16 世紀的教會法官，審判印刷商鮮少留情。（同上，頁 144）

　　谷登堡活字印刷的主要任務之一，為傳播純正的古代經典。五代馮道首倡雕版刊印《九經》，[25]北宋國子監刊刻《五經正義》、《七經義疏》，以及刊行監本《十七史》，落實崇儒右文之政策。宋初以來，前代或當代之文集詩集，多由專家學 者整理、校讎、編選、刊刻，尤其宋人為學古變古，學唐變唐，而整理編選唐人詩文集，徵存文獻，其功足多。[26]印刷術作為知識傳媒，影響力是龐大的；生發的效應是驚人的。東西方當權者不約而同，對於異端邪說，採行嚴懲嚇阻。宋代朝廷對雕版印刷之監控，輕則看詳，重則除毀。[27]畢竟，印刷書

---

[25] 後唐長興三年二月，中書門下奏：「請依石經文字刻《九經》印板。」宋‧王溥：《五代會要》（上海：上海古籍出版社，1978‧1），卷 8〈經籍〉，頁 128-129。「蜀母昭裔……請刻板印《九經》，蜀主從之。……唐明宗之世，宰相馮道、李愚請令判國子監田敏校定《九經》，刻板印賣，朝廷從之。」宋‧司馬光主纂：《資治通鑑》（臺北：世界書局，1986），卷 291。〈後周紀二〉，頁 9495；《冊府元龜》卷 608、《文獻通考》卷 17，文字略有出入。清‧葉德輝：《書林清話》，卷 1〈書有刻板之始〉，（上海：復旦大學出版社，2008.9），頁 21-23。

[26] 張高評：《印刷傳媒與宋詩特色》，第四章、第五章、第六章，（臺北：里仁書局，2008.3），頁 145-324。

[27] 同上註，第二章第三節〈朝廷對書坊雕印圖書之監控與禁毀〉，頁 51-76。

有化身千萬之可觀數量，有無遠弗屆之流通領域，又有迅速便捷之傳播效率，以及對世道人心、學風士習之深廣影響，故東西方當道者為思患預防，鮮少留情如此。哪一方面的中古歐洲鈔本，能贏取出版商青睞？這牽涉到書籍作為商品，首要目的就是營利。如何吸引讀者？如何保有利潤？當是基本考量。東方的雕版和西方的活字，也有共通的傾向，如：

> 印刷術的最直接效應，是讓手鈔本時代已然廣獲爭讀的作品，進一步擴大發行。印刷機大量複製書籍，促成書本數量的提升，更令選書變得嚴格。（《印刷書的誕生》，頁 249）
>
> 學習文情並茂的一流拉丁文體，閱讀師法早期基督教教父作品，乃是主要途徑。這些古代文豪的經典作品，無論原典翻譯、改寫本，付梓不少，版本繁多。（同上，頁 256）

宋人之學習接受唐詩，曾先後宗法白居易、李商隱、杜甫、韓愈、晚唐詩人，宋人整理雕版唐人詩文集，宋人之取決於審美品味，綜觀而論，多與雕印圖書趨向一致。[28]西方活字出版，選書嚴格，大凡一流文體、文豪經典、廣獲爭讀者、廣受歡迎者、能帶來利潤者，多能得印刷商喜愛。商品經濟，供需相求，東西方之印刷商並無不同：

> 喜劇作家、羅馬史家、哲學家之作品與論著，無論原典本、摘錄本、改寫本、翻譯本、演講稿，都有各種版本，多達 316 種，少則也有 40 種流傳。提供閱讀、欣賞、模仿、借鏡。（《印刷書的誕生》，頁 256-257）
>
> 印刷肇始之初，成千上萬的中世紀手鈔本，既不可能全部印製成書，書商基於暢銷和獲利考量，當時最多人感興趣的著作，往往列入優先考慮。（同上，頁 261）

---

[28] 張高評：〈北宋讀詩詩與宋代詩學〉，《漢學研究》第 24 卷第 2 期（2006.12），頁 191-223。

判定哪些作品值得一印，牽涉到孰存、孰廢的選擇。起初確是由 15
世紀的人憑借當代的品味，與輕重緩急拍板定案。（同上，頁 262）

「大宗消費與標準化之現代社會」，注重供需相求，蔚為商品經濟，作品
論著是否交付印刷，自然是憑藉當代之審美品味，與輕重緩急之抉擇。所謂圖
書出版的取捨、最多人感興趣的著作，以及提供閱讀與模仿的版本等等，多跟
宋代雕版印刷選本之取捨相近相似，一以「品味」為依歸。[29]《印刷書的誕生》
一書提出數據，「16 世紀出產的印刷書，足以讓所有識字的人，都有機會讀到
書」，「讀書的門檻則愈來愈低」，印刷圖書的便捷流傳，對於教育普及深具
意義，無論東西方，無論雕版或活字，《印刷書的誕生》一書述說極具體明
確。

法國弗雷德里克・巴比耶《書籍的歷史》，亦論述谷登堡發明印刷術之效
益；E・M・羅杰斯《傳播學史》更提出有力數據，說明活字印刷術促使社會變
化、啟動文藝復興，如：

谷登堡是第一個發明了印刷術的人，多虧了這印刷術……只要用金
屬活字的方法，圖書就被快速、準確、精美地印刷出來了。谷登堡的發
明……人們所說、所寫，能夠很快地被紀錄、複製下來，傳給後代。[30]

1500 到 1510 年間，印刷書取代了圖書館裡的手鈔本，使之屈居其
下。16 世紀出產的印刷書，其數額之多，已經足以讓所有識字的人，都
有機會讀到書，印刷革命之風行草偃可以想見。（同上，頁 263-264）

---

[29] 張高評：〈印刷傳媒與宋詩之學唐變革——博觀約取與宋刊唐詩選集〉，《成大中文學報》第 16 期
（2007 年 4 月），頁 24-41；〈印刷傳媒與宋詩之新變自得——兼論唐人別集之雕印與宋詩之典範追
尋〉，國立中山大學中文系《文與哲》第 10 期，（2007 年 6 月），頁 249-261。

[30] （法）弗雷德里克・巴比耶（Fre'de'ric Barbier）著，劉陽等譯：《書籍的歷史》（Histoire du
livre），第五章〈谷登堡和印刷術的發明〉引紀堯姆・費謝，（桂林：廣西師範大學出版社，
2005），頁 96。

在文藝復興最早的 50 年中，從 4 萬種不同種類的書籍中，大約複製出 2000 萬冊。印刷是一個非常重要的社會變化，所以它在歐洲的發明，就成為文藝復興開始的日子。然而，由於歐洲人的識字率不高，所以印刷機的整體影響並非是直截了當的。[31]有了印刷術，「圖書就被快速、準確、精美地印刷出來了」！十六世紀短短十年之間，「印刷書取代了圖書館裡的手鈔本」；印刷術之發明與應用，促成社會變革，啟動了歐洲之文藝復興，由此可見一斑。

（二）活字印刷、雕版印刷與創新詮釋

唐人文集流傳至今，多經宋人搜集、整理、編纂、刊印；[32]而宋人之古籍整理，多為學習、閱讀、宗法、評鑑而發。宋代之經學復興、史學繁榮、理學昌盛、文學獨到，應當與圖書傳播便捷，尤其是印本的傳媒效應有關。谷登堡發明活字印刷術之前，複製圖書全賴手工。一位修道士必須花費半年，才能鈔寫完成一本書。印刷術發明之後，一位印刷工人一天就能印製完成一本書。就速度效率而言，是 182：1，這是何等懸殊的比重？料想東方宋朝之雕版印刷，所造成之圖書刊行質量，亦相近不遠。

試看活字印刷之傳媒效應，一則在恢復文本的原貌，再則在擺脫前賢之解釋評注，三則對古代學說進行重新詮釋，甚至增添補述。反觀宋代之疑傳改經，[33]宋學之創造自得，開發遺妍，[34]多與中古歐洲異曲同工。尤其是「既有的學術傳統分流而並立」；雕版印刷對唐宋變革、唐宋詩異同，詩分唐宋、宋型文化與唐型文化，以及宋學與漢學之分途，是否亦有關聯，其中受印本圖書影

---

[31] （美）E・M・羅杰斯：《傳播學史：一種傳記式的方法》，第一部分〈傳播學的歐洲起源·文藝復興（1450-1600）〉，頁 31。

[32] 周勛初：〈宋人發揚前代文化的功績〉，北京大學、四川大學主編：《國際宋代文化研討會論文集》，（成都：四川大學出版社，1991.10），頁 59-63。

[33] 葉國良：《宋人疑經改經考》，《國立臺灣大學文史叢刊》，（1980 年 6 月）；楊新勛：《宋代疑經研究》，（北京：中華書局，2007.3）。

[34] 陳植鍔：《北宋文化史述論》，第三章第四節〈宋學精神〉，（北京：中國社會科學出版社，1992.3），頁 303-314。

響之情況如何？是否如活字版一般？此一課題，值得論證。又如：

　　人文主義所關心的，在於挽救並恢復古典理論文本的原貌，修編後
　　重新發行，徹底擺脫中世紀編輯者遺留下來的解釋與評注。（《印刷書
　　的誕生》，頁 278）

　　科學圖書之印刷出版，古典科學家的學說與教誨，總算有機會接受
　　重新詮釋、評注，甚至增添補述。於是奠基於古籍舊典的智識傳統就此
　　蓬勃，與既有的學術傳統分流而並立。（同上，頁 279）

　　由於雕版印刷之便捷，有「易成、難毀、節費、變藏」諸優長，[35]化身千
萬，無遠弗屆，於是促成士人「博觀而約取，厚積而薄發」，對於治學作文，
有本有源，提供許多方便，蔚為「華夏民族之文化，歷數千載之演進，造極於
趙宋之世」之盛況；試與活字印刷相較，亦殊途而同歸：

　　印刷書問世，發行量大幅提升，讓中世紀廣泛使用的文本，更加唾
　　手可得，替希臘羅馬古文學的鑽研預先古代文本歷經中世紀的缺漏、訛
　　傳之後，經過人文學者的重新發掘、校正、補遺，而廣泛流傳。（同
　　上，頁 254）

　　以宋代之經學復興而言，仁宗慶曆是一大分水嶺；學術風尚，仁宗慶曆朝
亦一大分野，宋人筆記、近人論述，多已隱約指陳，如：

　　慶曆以前，多尊章句注疏之學。至劉原甫為《七經小傳》，始異諸
　　儒之說。王荊公修《經義》，蓋本於原甫。（宋·吳曾《能改齋漫
　　錄》，卷二，〈注疏之學〉，頁 28）

　　陸務觀曰：唐及國初，學者不敢議孔安國、鄭康成，況聖人乎！自

---

[35] 明·胡應麟：《少室山房筆叢》，卷 4〈經籍會通四〉，（上海：上海書店，2001.8），頁 45。

慶曆後，諸儒發明經旨，非前人所及！（宋·王應麟《困學紀聞》卷
八，〈經說〉，文淵閣《四庫全書》第854冊，頁324）

大曆以還之新學，雖枝葉扶疏，而實未能一掃唐之舊派而代之。歷
五代至宋，風俗未能驟變也。舊者息而新者盛，則在慶曆時代，然後朝
野皆新學之流。（蒙文通《經史抉原·中國史學史》，〈《五代史》、
《唐書》之重修與新舊史學〉，頁308）

吳、陸二家之說，論唐宋經學之嬗變，以宋仁宗慶曆為分水嶺。促成嬗變
之因緣觸媒，是否即是宋初以來之右文政策、科舉考試、圖書流通、印本文
化？值得進一步推究。至於蒙文通觀察到「舊者息而新者盛」的盛衰消長風
氣，亦殊途同歸，異口同聲坐實慶曆時代。斯時，新學、洛學、蜀學蔚起，競
勝爭輝。朝廷崇儒右文，開科取士，官家雕版圖書，興教濟眾；家刻坊刻期許
布之四方，圖永其傳。[36]圖書信息量如此充沛多元，其生發之傳媒效應應當如之
何？谷登堡活字印刷術之發明推廣，除易於恢復古典原貌，取代過時版本外，
以印本替換寫本，重新發行，容易進行增補論述，發揮新詮釋、新評注。反觀
宋代，經典解釋權從官方的孔穎達，下放到士人或學者手中。於是雕版印刷之
崛起，圖書流通之便捷，促成學術傳統的分流與並立。學者士人既擁有經典解
釋權，於是各自表述，遂蔚為宋代經學之復興與史學之繁榮。

活字印刷的貢獻，在古籍經過整理，得以廣泛流傳，而且由於發行量大，
故閱讀文本，唾手可得。印刷術成為「變革之推手」，主要在它的無所不在，
化身千萬，此與雕版印刷之傳媒功能無異。活字印刷既便於傳播信仰，更利於
傳播訊息，於是促成宗教革命，有功語言定型，此不在話下：

印刷術的傳播功能，在於複製圖書，印量龐大可觀，便利傳播知
識，亦便於傳播信仰，更便於印製數以千計的傳單、海報，傳播訊息尤

---

36 張高評：〈宋代雕版印刷之政教指向——印刷傳媒之控制研究〉，《成大中文學報》第 20 期，
（2008.4）。

其得心應手，所以能助長宗教改革的苗壯。（《印刷書的誕生》，頁294-325）

　　由於印刷業的緣故，《聖經》越來越容易獲得，因而這一宗教（羅馬天主教）也受到了威脅。天主教牧師不再是《聖經》的唯一解釋者；修道院失去了對書籍再生產過程的控制，而天主教教會也因為印刷業而喪失了權力。……新教徒對於天主教教會的反抗就得助於印刷機，得助於資本主義的興起。[37]

　　印刷術之崛起，從此《聖經》獲得容易，於是《聖經》的解釋者，不再只有天主教教士，教會複製《聖經》的壟斷權也被打破；新教徒對於天主教教會的反抗，有了活字印刷術之幫助，更加如猛虎添翼，變本加厲。谷登堡活字印刷術生發之效應，對於雕版印刷在宋代，有何啟示？在唐代，官修《五經正義》，統一學術，猶中古歐洲操控《聖經》解釋權；中唐以後，方鎮割據，威權解體，啖助、趙匡新《春秋》學派獲得經典解釋權。至宋代，雖有國子監本《九經》、《十七史》，然家塾本、書坊本亦可雕印經、史。士人為參加科舉，每多自由參閱取讀，不主一家一本。雕版印刷繁榮，生發此種態勢，是否影響宋代之經學復興、史學繁榮、理學昌盛、文學新變？無一不值得探討。

　　宋代號稱「雕版印刷的黃金時代」，盡心致力推廣印本，於是因時乘勢，雕版印刷與古籍整理、圖書流通、知識傳播結合，供需相求，遂形成「印本文化」之繁榮昌盛。論者稱：雕版印刷在宋代之崛起與繁榮，產生了雙重之社會效果：其一，印本作為物質商品，於社會上產生重要之經濟效果；其二，印本作為精神產品，對文化教育生發積極之促進作用。[38]南北兩宋三百年間，「刻書之多，地域之廣，規模之大，版印之精，流通之寬，都堪稱前所未有，後世楷模」。[39]除傳統之寫本、藏本外，印本蔚然成為圖書傳播之新寵。印刷書的普

---

[37]　（美）E・M・羅杰斯：《傳播學史：一種傳記式的方法》，頁32。

[38]　李瑞良：《中國古代圖書流通史》，第五章第四節〈圖書流通的社會效果〉，（上海：上海人民出版社，2000.5），頁308-321。

[39]　張秀民：《中國印刷史》，〈宋代（960-1279）：雕版印刷的黃金時代〉，頁040-161；李致忠：《古

及，佐以傳統寫本之流通，圖書信息量之豐沛，作品之閱讀與接受，形成二大傾向：一則為學古通變，提供模仿欣賞；再則為自成一家，提供出入參悟，典範借鏡。就魏慶之《詩人玉屑》一書觀之，宋人蓋盡心乎意新語工，致力於自得自到，而以自成一家相期許。唐宋詩所以異同，詩所以分唐宋，此中頗有宋人自覺的消息。

　自日本京都學派提出「唐宋變革」論、「宋代近世」說，於是東瀛、西洋、中國、臺灣學界持此觀點論學者極夥。除王國維、陳寅恪、錢穆、繆鉞、傅樂成、錢鍾書外，就文學、美學、思想、經術、文化而言，近十年來相關論著不少。[40]或標榜轉型，或強調變革，或考察演變，或揭示建構；究竟是何種機緣促成唐宋之變革？又是何種媒介造就此種轉型？學界所著專書，或直探傳媒效應之於宋詩，或略述雕版印刷出版繁榮，影響宋代文學創作、傳播、閱讀；[41]其餘皆只陳述現象，均未探索原委，不無遺憾。「媒介即信息」（the mediais the message），此加拿大傳播學者麥克盧漢（Marshall Mcluhan）之提倡。[42]本書擬借鏡傳播與接受之理論，以探討宋代詩歌、詩話、筆記在寫本、印本雙重傳媒下，究竟生發何種信息？諸家詩歌、詩學，是否有如實之體現與反饋？所謂鄰壁之光，殊堪借照；異域之眼，足以觸發；他山之石，可以攻錯。

代版印通論》，第五章〈宋代的版印概況〉，（北京：紫禁城出版社，2000.11），頁87-128。

[40] 參見林繼中：《文化建構文學史綱：魏晉——北宋》，（北京：北京大學出版社，2005.4）。美‧包弼德：《斯文：唐宋思想的轉型》，頁158-160。劉寧：《唐宋之際詩歌演變研究》，（北京：北京師範大學出版社，2002.9）。曾祥波：《從唐音到宋調——以北宋前期詩歌為中心》，（北京：昆侖出版社，2006.3）。劉方：《唐宋變革與宋代審美文化轉型》，（上海：學林出版社，2009.4）。葛景春：《李杜之變與唐代文化轉型》，（鄭州：大象出版社，2009‧8）。田耕宇：《中唐至北宋文學轉型研究》，（北京：中國社會科學出版社，2009.7）。吳國武：《經術與性理——北宋儒學轉型考論》，（北京：學苑出版社，2009.3）。

[41] 劉方：《唐宋變革與宋代審美文化轉型》，第四章第三節〈印刷出版繁榮對於宋代文學創作、傳播、閱讀等方面的影響〉，頁253-267。

[42] 黃曉鍾、楊效宏、馮鋼主編：《傳播學關鍵術語解讀》，〈人物〉，「馬歇爾‧麥克盧漢（Marshall Mcluhan）」，（成都：四川大學出版社，2005.8），頁287-289。

結　論

　　谷登堡活字印刷，在中古歐洲生發之主要作用，在快速而大量複製經典文本，正確無誤傳播倡導真知灼見，提供圖書之閱讀、欣賞、模仿、借鏡，於是普及了教育，提高了閱讀能力，復興了人文思想。論其傳媒效應，大抵有四：一則在恢復文本的原貌，再則在擺脫前賢之解釋評注，三則對古代學說進行重新詮釋，甚至增添補述。四則真知灼見，經傳播、閱讀、接受、反應，可以創前未有、開後無窮。無論雕版、活版，「易成、難毀、節費、便藏」，是其優勢；化身千萬，無遠弗屆，是其效益。此種優勢與效益，足令統治者恐慌畏懼，愛恨交加。因此，中古歐洲之教會法官，重懲可疑書刊，藉機鏟除異端。此一活版印刷之負面傳媒效應，與宋朝對書坊雕印圖書之監控禁燬，東方西方如出一轍。

　　雕版印本之傳媒效應，形塑兩宋之文風士習，多與活字印刷影響中古歐洲之文明異曲同工。如促成唐宋經學之傳承嬗變、創造詮釋、疑傳改經；宋代史評史論之別裁特識、經世致用；理學宋學體現議論、懷疑、創造、開拓、實用、內求、兼容諸精神；[43]影響文學，則如詩思之發想創意，詩藝之新變自得，宋文、宋詞、宋賦之推陳出新，自成一家。形勢所趨，於是造成「既有的學術傳統分流而並立」。由此觀之，雕版印刷對於唐宋變革、唐宋詩異同、詩分唐宋、宋型文化與唐型文化，以及宋學與漢學之分途，多有觸發激盪之關係。

　　在唐代，官修《五經正義》統一學術，猶中古歐洲教會掌控《聖經》解釋權。中唐以後，方鎮割據，威權解體，啖助、趙匡新《春秋》學派獲得經典解釋權。至宋代，朝廷有國子監本《九經》、《十七史》，民間家塾本、書坊本亦雕印經籍史傳，鏤版諸子文集。士人為參加科舉，每多自由參閱取讀，不主一家一本。雕版印刷繁榮，生發此種態勢，必然影響宋代之經學復興、史學繁榮、理學昌盛、文學新變，蔚為宋型文化的特色，兩宋文明的登峰造極。自是

---

[43] 陳植鍔：《北宋文化史述論》，第三章第四節〈宋學精神〉，（北京：中國社會科學出版社，1992），頁 287-323。

勢所必至，理有固然。

騰寫鈔錄之傳統寫本鈔本，不可能悉數印製成書。就活字版印刷而言，作品論著是否交付印刷，取決於多數群眾感興趣之論著，以及能提供閱讀與模仿之版本。換言之，可否取捨之考量，全憑當代之審美品味，與輕重緩急。宋代社會已邁入商品經濟，講究供需相求，因此圖書雕版之可否選擇，亦以「品味」、「風尚」為依歸。如北宋詩人為學唐變唐、學古變古，所作之典範追求，聚焦於唐人古人之有宋調者，如李商隱、白居易、韓愈、杜甫、陶潛，如上諸家之詩文集雕印，宋代版本亦相對繁夥。學唐學古既是宋人之品味與風尚，於是出現「千家注杜、五百家注韓」之現象。宋代為學唐變唐、新唐拓唐，而刊刻宋人選唐詩，入選之詩人詩歌，多寡有無之取捨，亦以宋調為進退、為基準。

《周易》與《春秋》，於兩宋號稱顯學。宋代國勢不強，內憂外患，層出不窮。《周易》，乃憂患之學。為因應時勢，學《易》、讀《易》、研《易》、說《易》，自是一代之品味與風尚。於是，《周易》雕印之版本自多，傳播，閱讀、接受、反應之傳媒效應，頗值得探究。北宋開國，施行中央集權，故《春秋》學微言大義論述之主軸，隨時因勢，遂主張「尊王」，重於「攘夷」。遼國契丹，為北宋之外患；至南宋，金國儼然又一大外患。南宋《春秋》學微言大義闡發之主軸，於是定調為「攘夷」，較輕於「尊王」，亦因時乘勢也。今日所見，傳世宋刻經書注疏版本 104 種，《左傳》數量居冠，凡 27 種；《周易》刻本，亦多達 8 種。實際雕版數量，當不止如此。[44] 由此觀之，當代之品味與風尚，自然影響雕印之意向與抉擇。探討詮釋印刷術之傳播、閱讀、功能和影響，自是印刷文化史研究之長遠課題。[45]

---

[44] 張麗娟《宋代經書注疏刊刻研究》，〈緒論〉第二節〈宋代雕版印刷事業的繁榮與經書注疏的刊刻〉，頁 20-23；〈結語〉，頁 410-413。〈附錄：今存宋刻經書注疏本簡目〉，頁 415-439。

[45] 本文原載張高評：《《詩人玉屑》與宋代詩學》，第二章《《詩人玉屑》之編印與宋代詩學之傳播》，第一節〈印刷書之普及與其傳媒效應〉，（臺北：新文豐出版公司，2012.12），頁 15-36。

第三章　宋代印刷傳媒與傳播閱讀、接受反應

摘要

　　謄寫鈔錄的寫本文化，演變為雕版印刷書之印本文化，堪稱知識之革命。就傳播閱讀生發之傳媒效應而言，有八大面向值得探究：一、閱讀習性之改易；二、博觀厚積之追求；三、學問思辨之體現；四、讀書方法之注重；五、地域文化之生成；六、版本校讎之興復；七、政教使命之落實；八，雕版圖書之監控。就讀者之接受反應而言，印刷傳媒所生發之效應，影響於文風士習者，亦有八端：一，競爭超勝之發用；二，自得自到之標榜；三，創意寫作之致力；四，創意詮釋之提倡；五，講學撰述之昌盛；六，詩文法度之講究；七，詩話評點學之崛起；八，會通化成之演示。此皆印刷文化史之課題，值得深入開拓研究。

關鍵字

　　傳媒效應　雕版印刷　傳播閱讀　接受反應　印刷文化史

　　新工具之發明和應用，往往引發新事物之發展，以及傳統文化之變革。如機器發明之於工業革命，聽診器、X 光發明之於醫學醫療，谷登堡（Johannes Gutenberg，1400-1468）發明活字印刷之於宗教革命、文藝復興。雕版印刷廣泛運用於十世紀以後之東方宋朝，其傳媒效應究竟如何？此屬於印刷文化史研究之範疇，錢存訓大力提倡之，值得研究與關注。

　　知識流通之媒介，從謄寫鈔錄演變到印本傳播，堪稱知識革命。新工具之發明和應用，促成傳播媒介之改變，圖書流通之更加順暢，其所生發之傳媒效應，蔚為變革之推手，促成文化之轉型，值得投入心力研究。在傳統謄寫鈔錄之寫本文化中，加入雕版印刷印本圖書，就宋代圖書之傳播、閱讀，士人之接受、反應而言，究竟生發何種影響？兩宋後之元明清，印本與寫本爭輝，傳播、閱讀、接受、反應之際，亦涉及印刷文化史之課題。本文之研究，可作為爾後系列研究之發始。

第一節　唐宋轉型論與「內藤命題」

　　趙宋開國，守內虛外，重文輕武，政教實施所謂「右文政策」：一方面開科舉士，大量拔取人材；再方面推廣雕版印刷，便捷圖書流通。[1] 兩者交相為用，互為因果，因而促成知識革命，教育普及。雕版印刷作為圖書傳播之媒介，當居首功。[2] 宋太宗曾言：「夫教化之本，治亂之源，苟無書籍，何以取法？」[3] 君王之提倡，士人之回應，成為推助促成者。

---

[1]　鄧廣銘：《鄧廣銘治史叢稿》，〈宋文化的高度發展與宋王朝的文化政策〉：「至於所謂的『右文』，無非指擴大科舉名額，以及大量刻印書籍等類事體。」（北京：北京大學出版社，1997），頁71。

[2]　張高評：《印刷傳媒與宋詩特色——兼論圖書傳播與詩分唐宋》，第三章〈印刷傳媒對學風文教之影響〉，（臺北：里仁書局，2008）。頁 85-136；第十一章〈印刷傳媒之崛起與宋詩特色之形成〉，頁 545-577。張高評：《苕溪漁隱叢話與宋代詩學典範——兼論詩話刊行及其傳媒效應》，（臺北：新文豐出版公司，2012）。第三章〈宋代雕版印刷與傳媒效應〉，頁81-26；第四章〈宋代印刷傳媒與詩分唐宋〉，頁 127-151。

[3]　南宋·李燾：《續資治通鑑長編》，卷二十五，太宗雍熙元年，「上謂侍臣曰」，（北京：中華書

　　宋真宗曾作〈勸學文〉：「富家不用買良田，書中自有千鐘粟。安居不用架高堂，書中自有黃金屋。娶妻莫恨無良媒，書中自有顏如玉。出門莫恨無人隨，書中車馬多如簇。男兒欲遂平生志，《六經》勤向窗前讀。」[4] 真宗皇帝高舉千鐘粟、黃金屋、顏如玉、車馬多，作為勸學誘因。宋仁宗、司馬光、王安石、柳永、朱熹等人，亦皆先後撰文、作詩，亦以勸學、勵學為導向。[5] 所謂上有好者，下必有甚焉，影響所及，「為父兄者，以其子與弟不文為咎；為母妻者，以其子與夫不學為辱。其美如此。」[6] 天下滔滔，比比皆是，不獨饒州一處而已。讀書、應舉，成為士人生涯規劃之康莊大道、向上一路。風氣既開，於是「路逢十客九青衿」，「城裡人家半讀書」；其勝處，莆陽或「十室九書堂」，永福則「百里三狀元」。勸學與讀書之雙重效應，指向科舉取士，亦表現在朝廷任官方面，所謂「宰相必用讀書人」；張端義《貴耳集》所謂「滿朝朱紫貴，盡是讀書人」。[7]

　　日本漢學家清水茂觀察到：「福建地處偏僻，遠離中央朝廷，在宋代竟然學者輩出，人才如林；閩學更成為道學中心，主要和福建出版業的興盛有關。」[8] 雕版印刷之於兩宋，號稱黃金時代。宋代刻書中心，張秀民《中國印刷史》列舉有：成都府路（眉山）、兩浙東路、兩浙西路（杭州、紹興等），江南東路（南京、饒州等），江南西路（南昌、贛州），福建路（福州、建安、建陽、建寧）等等。[9] 刻書中心、藏書樓之所在，圖書傳播快速，知識流通便

　　局，1992），頁 571。

4　宋·黃堅選編，熊禮匯點校：《詳說古文真寶大全》，前集卷一，〈真宗皇帝勸學〉，（長沙：湖南人民出版社，2007），頁 14。

5　同上，前集卷一，選錄〈仁宗皇帝勸學〉、〈司馬溫公勸學歌〉、〈柳屯田勸學文〉、〈王荊公勸學文〉、〈白樂天勸學文〉、〈朱文公勸學文〉，韓愈〈符讀書城南〉，頁 14-17。

6　宋·洪邁：《容齋隨筆》，〈容齋四筆〉卷五，〈饒州風俗〉，（上海：上海古籍出版社，1978，1995），頁 666。

7　參考張高評：《苕溪漁隱叢話與宋代詩學典範——兼論詩話刊行及其傳媒效應》，頁 93-97。

8　（日）清水茂著，蔡毅譯：《清水茂漢學論集》，〈印刷術的普及與宋代的學問〉，（北京：中華書局，2003），頁 95-98。

9　張秀民著，韓琦增訂：《中國印刷史》，第一章〈雕版印刷術的發明與發展〉，「宋代（960-1279）雕版印刷的黃金時代」，（杭州：浙江古籍出版社，2006），頁 40-71。

捷，資訊之接受與交換快速而便利，往往成為人文薈萃，士人聚集之處。清葉德輝《書林清話》稱：「刻書，以便士人之購求。藏書，以便學徒之借讀。二者，固交相為用。」[10] 雕版印刷作為圖書之傳播媒介，對於人文化成，甚至於宋代文化之建構、文明之輝煌，有推波助瀾之貢獻。

日本京都學派內藤湖南，研究中國古代歷史分期，曾發表〈概括的唐宋時代觀〉一文。[11] 其弟子宮崎市定光大其說，提出：唐代為中古歷史的結束，宋代為近代歷史的開端之說，於是有所謂「唐宋變革論」、「宋代近世說」。[12]「內藤假說」，或稱「內藤命題」，王水照教授等推衍為「宋清千年一脈論」。[13]「內藤命題」是否為「假說」？四十年來，筆者以「唐宋詩之異同」驗證之，[14] 以「唐宋《春秋》學之變革」考察之，[15] 深信其說確切可信。

大體說來，唐代以接受外來文化為主，其文化精神及動態是複雜而進取的。到宋代，各派思想主流如佛、道、儒諸家，已漸趨融合，漸成一統之局，遂有民族本位文化的理學產生，其文化精神及動態，亦轉趨單純與收斂。[16] 為問：有何外在機緣，造成宋型文化體現融合、一統、收斂、內省的特色？筆者以為，雕版印刷加入圖書傳播、知識流通之場域，與傳統之寫本競奇爭輝，蔚

---

[10] 清・葉德輝著，李慶西標校：《書林清話》，卷八，〈宋元明官書許士子借讀〉，（上海：復旦大學出版社，2008），頁 194。

[11] （日）內藤湖南：〈概括的唐宋時代觀〉，原載《歷史と地理》9 卷 5 期（1922），頁 1-11。黃約瑟譯，劉俊文編：《日本學者研究中國史論著選譯》第 1 卷，（北京：中華書局，1992），頁 10-18。

[12] 日本宮崎市定：〈內藤湖南與支那學〉，載《中央公論》第 936 期。

[13] 相關論述，詳參張廣達：〈內藤湖南的唐宋變革說及其影響〉，《唐研究》第 11 卷，（北京：北京大學出版社，2005），頁 5-71。柳立言：〈何謂「唐宋變革」？〉，《中華文史論叢》2006 年 1 期（總八十一輯），（上海：上海古籍出版社，2006），頁 125-172。王水照：《鱗爪文輯》，〈重提「內藤命題」〉，（西安：陝西人民出版社，2008），頁 173-178。

[14] 張高評：《清代詩話與宋詩宋調》，第二章〈清初宋唐詩話與唐宋詩之爭——以「宋詩得失論」為考察重點〉，（臺北：萬卷樓圖書公司，2017），頁 15-74。

[15] 張高評：《北宋《春秋》學之創造性詮釋——從章句訓詁到義理闡發》，《中國典籍與文化論叢》第 19 輯，2018 年，頁 89-129。又，張高評：〈屬辭比事與《春秋》宋學之創造性詮釋〉，《杭州師範大學學報》，2019 年第 3 期，2019 年 5 月，頁 89-96。

[16] 傅樂成：〈唐型文化與宋型文化〉，原載《國立編譯館館刊》一卷 4 期，1972.12，後輯入所著《漢唐史論集》，（臺北：聯經出版公司，1977），頁 380。

為讀書博學，引發知識革命，有以促成之。

　　論者稱：兩宋三百年間，「刻書之多，地域之廣，規模之大，版印之精，流通之寬，都堪稱前所未有，後世楷模。」[17] 雕版印刷之繁榮傳播，影響到士人之閱讀、接受與反應，促成宋型文化之形成。唐型文化之向外馳求，與宋型文化之反向內省，頗有差異。宋型文化雜然賦流形，無所不在，表現在詠物詩詞、題畫詩、理趣詩、詠史詩、史論文方面，較為明顯。好學深思，心知其意者，不妨舉例論證之。其他，如：即目直尋，與用事補假；悲怨為美，與悲哀揚棄；比興寄託與用賦體直陳等課題，多可較論唐宋詩之異同。[18]至於以文字為詩、以學問為詩、唱和詩、集句詩、雜體詩、櫽括詩，以及六言詩，則純然為宋詩之特色無疑。

　　李約瑟（Joseph Needham，1900-1995）《中國科學技術史‧植物學》（*Science and Civilisation in China*）曾言：「宋代在文學、哲學、工業化生產、企業萌芽、海內外貿易、科舉取士、科學技術之巨大變化和進步，大概『沒有一個不是和印刷術這一主要發明相聯繫的』」。[19] 為此，筆者著作《印刷傳媒與宋詩特色》一書，分章論證這個說法。筆者以為：宋詩與唐詩雖然心氣一源，畢竟發展殊途，宋詩因為新變而能代雄，錢鍾書《談藝錄》所謂「詩分唐宋」，[20] 適切傳達了此中之消息。所以然者，關鍵在雕版印刷於宋代之廣泛運用，最便於學古通變。因為知識革命，有利於宋人之學古變古，於是印本圖書之「易成、難毀、節費、便藏」諸優勢，[21]生發出種種傳媒效應，促成宋詩特色

---

[17] 李致忠：《古書版本學概論》，第四章〈印刷術的發明與發展〉，（北京：北京圖書館，1990、2003），頁 50。

[18] 張高評：《印刷傳媒與宋詩特色──兼論圖書傳播與詩分唐宋》，第十一章〈印刷傳媒之崛起與宋詩特色之形成〉，（臺北：里仁書局，2008），頁 545-587。

[19] 李約瑟（Joseph Needham，1900-1995）：《中國科學技術史》（*Science and Civilisation in China*），第三十八章《植物學》，vi〈宋朝、元朝、和明朝的博物學和印刷業〉，（北京：科學出版社，2006），頁 279-281。

[20] 錢鍾書：《談藝錄》，一，〈詩分唐宋〉，（臺北：書林出版公司，1988），頁 1-5。

[21] 明‧胡應麟：《少室山房筆叢》，卷 4〈經籍會通四〉，（上海：上海書店，2001），頁 45。

之形成。[22]

印刷傳媒如何影響宋代詩歌？可供研究之論文選題極多，如：（一）杜集刊行與宋詩宗風；（二）古籍整理與宋代詠史詩之嬗變。[23]（三）本草博物圖書之刊行與藥名詠物詩。[24]（四），《爾雅》學刊本與以文字為詩。（五）〈演雅〉詩與宋代《爾雅》學。（六），《大藏經》之雕印與禪悅隱逸之風。[25]由此觸類而長，值得開拓之領域極多。除了以詩歌為領域外，亦可隅反到其他宋文、宋詞、宋賦、宋話本諸文學領域。尤其宋代號稱經學復興、史學空前繁榮、理學崛起成立之時代；所以然者，其中印本與寫本競奇爭輝，推波助瀾，蔚為知識革命，有以促成之。陳寅恪所謂：「華夏民族之文化，歷數千年之演進，造極于趙宋之世。」[26] 宋代文明所以登峰造極，雕版印刷術加入圖書傳播之市場，自是推手。學界探論不多，有待推廣與深入。

第二節　傳播、閱讀與宋代印刷傳媒之八大效應

就讀者之接受反應而言，印刷傳媒與寫本、鈔本、藏本爭輝，蔚為知識革命，教育相對普及。考求其所生發之效應，除了錢鍾書所提「詩分唐宋」論題

---

[22] 宋代圖書刊行，與傳統之寫本、藏本並行，所產生之傳媒效應，可參考註 18，張高評：《印刷傳媒與宋詩特色》。又，《苕溪漁隱叢話與宋代詩學典範——兼論詩話刊行及其傳媒效應》，（臺北：新文豐出版公司，2012.12）；張高評：《詩人玉屑與宋代詩學》，（臺北：新文豐出版公司，2012.12）。張麗娟：《宋代經書注疏刊刻研究》，（北京：北京大學出版社，2013），〈經籍雕版與宋代經學復興〉。

[23] 張高評：《自成一家與宋詩特色》，（臺北：萬卷樓圖書公司，2004）。第一章〈杜集刊行與宋詩宗風〉，頁 1-65。第四章〈古籍整理與宋代詠史詩之嬗變〉，頁 149-188。

[24] 參考李約瑟：《中國科學技術史》第六卷第一分冊《植物學》，（北京：科學出版社；上海古籍出版社，2006）。

[25] 參考李富華、何梅：《漢文佛教大藏經研究》，（北京：宗教文化出版社，2003）。李際寧：《佛經版本》，（江蘇古籍出版社，2002）。

[26] 陳寅恪：《金明館叢稿二編》，〈鄧廣銘宋史職官志考證序〉，（北京：三聯書店，2001），頁277。

以外，[27]就傳播閱讀之考察而言，其所生發傳媒效應，尚有八大面向，值得探究：一、閱讀習性之改易；二、博觀厚積之追求；三、學問思辨之體現；四、讀書方法之注重；五、地域文化之生成；六、版本校讎之興復；七、政教使命之落實；八，雕版圖書之監控。凡此，皆由於印本作為知識傳播之媒介，所生發之變革與促進。[28]

（一）閱讀習性之改易

漢唐人讀書，多手自錄，蓋以鈔書作為讀書之方法。宋葉夢得《石林燕語》卷八所謂「學者以傳錄之艱，故其誦亦精詳。」自從書籍刊鏤益多之後，「學者易於得書，其誦讀亦因滅裂。」一旦閱讀印本，手既未嘗施為，於是視而不見、心不在焉之情景，較容易發生。所以《朱子語類‧讀書法上》亦稱：「今緣文字印本多，人不著心讀。」又曰：「今人所以讀書苟簡者，緣書皆有印本多了。」又云：「今人連寫也自厭煩了，所以讀書苟簡。」由於閱讀印本書，不必手錄謄鈔，於是「人不著心讀」者有之，「讀書苟簡」者有之。誠所謂利之所在，弊亦生焉。

藏書成於手鈔，得之不易，故讀書不致鹵莽，此寫本文化之優長。待印本流行，得書甚易，於是讀書不復細心精密。明李日華《紫桃軒雜綴》稱：「手寫校勘，經幾番注意，自然融貫記憶，無鹵莽之失。」閱讀版印本，往往輕順，易於恣放：而鈔寫本繁重，成於艱辛，故時時出於謹嚴，此人情之常。

章學誠《乙卯箚記》以為：「古人藏書，皆出手鈔，故讀書不致鹵莽，良由得之之不易也。……讀書鹵莽，未必盡由印板之多；而板印之故，居其強半。作書繁衍，未必盡由紙筆之易；而紙筆之易，居其強半。」[29]清葉昌熾《藏

---

[27] 雕版印刷所生發的傳媒效應，影響於宋詩特色之形成，可參張高評：〈宋代印刷傳媒與詩分唐宋〉，《江西師範大學學報》第44卷第2期（2011年4月），頁39-48，《高等學校文科學術文摘》（2011年4月）。又，張高評：〈印刷傳媒與詩分唐宋〉，《漢籍與漢學》第5期，頁103-128。

[28] 傳播閱讀之八大傳媒效應，參考張高評，〈宋代雕版印刷之傳媒效應——以谷登堡活字印刷作對照〉，單周堯主編：《東西方研究》，（上海：上海古籍出版社，2011），頁88-114。

[29] 清‧章學誠：《章氏遺書》，外編，卷二，〈乙卯箚記〉，（臺北：漢聲出版社，1973），頁40，總

書紀事詩》有云：「古人得本皆親寫，至與貧兒暴富同。雕印流傳千百部，置書雖易馬牛風。」[30]寫本、印本之傳播，就接受、反應而言，態度之忽謹，得失之互見，有如此者。

（二）博觀厚積之追求

雕版印刷在宋代之風行，上自國子監，下至各路州縣、書院、書坊、祠堂，皆有鏤板刊行。李致忠《古書版本學概論》稱：「宋三百餘年間，刻書之多，地域之廣，規模之大，流通之廣，都堪稱前所未有，後世楷模。」宋人身際印本風行之便利，書價便宜，圖書取得容易，博觀厚積不難，自然提倡讀書博學。

王安石說詩，推崇杜甫之「讀書破萬卷，下筆如有神」。宋人學唐詩，宗法杜甫者，為數眾多，遠勝過李白，此亦原因之。蘇軾為文作詩，標榜「博觀而約取，厚積而薄發」；「博觀而約取，如富人之築大第」：以為「勤讀書而多為之」，詩藝自然精進。黃庭堅亦主張讀書精博，猶如「長袖善舞，多錢善賈。」宋代之詩話、筆記、文集、序跋，提倡學唐學古而通變之，尤為宋人之集體潛意識。張表臣《珊瑚鉤詩話》云：「古之聖賢，或相祖述。或相師法。…未能祖述憲章，便欲超騰飛翥，多見其嚘唈而狼狽矣。」可作為從閱讀到創作的理論代表。

（三）學問思辨之體現

以學問為本體，以思辨為工夫，此士人身處知識革命之宋代，治學為文之特色。呂本中《童蒙詩訓》稱蘇軾：「廣備眾體，出奇無窮」；稱黃庭堅「包括眾作，本以新意」，堪作典型。黃庭堅作詩，主張點鐵成金，所謂「古之能

頁 857。

[30] 清・葉昌熾撰，王鍔、伏亞鵬點校：《藏書紀事詩》，卷一〈周啓明昭回・高頔子奇〉，（北京：燕山出版社，1999），頁 21。

為文章者,真能陶冶萬物,雖取古人之陳言入於翰墨,如靈丹一粒,點鐵成金也。」點鐵成金之外,如奪胎換骨、以故為新、以俗為雅,亦然。皆是以學問為根柢,生發創造性思維,經由轉換通變,而體現於創作之中。南宋嚴羽《滄浪詩話》稱近代諸公:「以文字為詩,以議論為詩,以才學為詩」,其中何嘗不是學問思辨之力行實踐?又何嘗不是印刷傳媒之連鎖效應?

清翁方綱《石洲詩話》卷四稱:「宋人精詣,全在刻抉入裏,而皆從各自讀書來。」又云:「宋人之學,全在研理日精,觀書日富,因而論事日密。」要之,此皆學問思辨工夫之發用使然。清初詩學評論家葉燮《原詩》卷一謂:「宋人之心手,日益以啟,縱橫鉤致,發揮無餘蘊」;《原詩》卷二又稱:中國古典詩歌之發展,自《三百篇》為其根,至唐詩「則枝葉垂蔭,宋詩則能開花,而木之能事方畢」。若此之類,要皆印刷傳媒之效應,宋人學問思辨工夫之體現。

(四)讀書方法之注重

雕版印刷加入圖書傳播之市場,時尚之印本與傳統之寫本競奇爭輝,促成知識革命,蔚為教育之相對普及。書籍門類琳瑯滿目,目不暇給,欲求登堂入室,非有方法學之提示不可。於是宋人筆記、詩話、文集、書信、語錄、序跋、讀書詩,多喜談讀書方法,作為金針度人之津筏。《朱子語類》卷十、卷十一,載有〈讀書法〉兩卷。朱熹答弟子問,現身說法,極有參考價值。其他理學家,像邵雍、程頤,於讀書法都極講究與提倡。以朱熹論述讀書的方法為例,大抵有六:一、循序漸進;二、熟讀精思;三、虛心涵泳;四、切己體察;五、著緊用力;六、居敬持志。[31]由此可見一斑。

宋元名人之讀書法,可以分為十餘類。如一、勤讀法,邵雍、歐陽脩主之。二、精讀法,蘇軾、黃庭堅主之。三、背誦法,司馬光、許衡主之。四、

---

[31] 曹之:《中國古代圖書史》,第六章〈古代圖書的閱讀〉,(武漢:武漢大學出版社,2015),頁513-518。

鈔讀法，蘇軾主之。五、思讀法，程頤主之。六、博讀法，王安石、袁枢主之。七、定額法，鄭耕老、陳善主之。八、列表法，司馬光主之。九、聽讀法，孫覺主之。十、保護法，司馬光主之。十一、出入法，陳善提倡之。[32] 要之，多緣印本文化之生成，所作之因應對策。

（五）地域文化之生成

商品經濟，供需相求；雕印圖書，有利可圖。加上宋代右文政策宣導，政教合一，於是天下未有一路不刻書。北宋時期，有四大雕版印刷刻書中心：汴京、杭州、成都、福州。刻書中心所在，藏書樓往往林立，傳播閱方便之餘，接受反應於學風士習，於是形成地域文化，造就鄉邦人才。成都府之眉山，有三蘇父子，形成蜀學；福建路之福州建北，有朱熹及其門人，形成閩學，最具代表性。

印刷傳媒之效應，促進了地域文化之形成。其中，最為顯著者有浙學、蜀學、閩學。浙學：南宋遷都杭州，於是紹興府、慶元府、婺州、衢州、嚴州、湖州、平江府，多刊刻圖書。蜀學：成都府，於晚唐、五代早有刻本。宋初，又曾雕印《大藏經》5048 卷（《開寶藏》）。有成都本、廣都本、眉山本之倫，通稱蜀本、川本，可與杭本媲美。閩學：元豐間，福州刊刻《崇寧萬壽大藏》6434 卷。紹興間，又雕造《毗盧大藏經》。南宋時，建寧府建陽縣之麻沙、崇化等地，書坊林立。建本產量多，行銷廣，影響大，促成閩學之成立。

（六）版本校讎之興復

雕版圖書，動輒刷印百冊、千冊，甚至於萬本。版本之選擇，以完備、精善為上，成為當務之急。選本於消極方面，宜避免魯魚亥豕之訛誤，郭公夏五之殘闕，故雕印圖書極重視版本之完整與精善，版本學於焉成立。精注精校，版本美好，確有「一其文字，使學者不惑」之貢獻。

---

[32] 曹之：《中國古代圖書史》，第六章〈古代圖書的閱讀〉，頁 503-506。

印本取代寫本，若疏於校讎，勢將遺誤後學。葉夢得《石林燕語》卷八稱：「板本初不是正，不無訛誤。世既一以板本為正，而藏本日亡，其訛謬者遂不可正。」程俱《麟臺故事》卷二亦云：「墨本訛駁，初不是正，而後學者更無他本可以刊驗。」《宋會要輯稿・職官》二八記載大觀二年御批：「國子監印造監本書籍，差舛頗多，兼版缺之處，笔吏書填不成文理。頒行州縣，錫賜外夷，訛謬何以垂示？仰大司成專一管勾，分委國子監、太學、辟雍官屬正、錄、博士、書庫官，分定工程，責以歲月，刪改校正，疾速別補。内大段損缺者，重別雕造。」宋代國子監本，口碑甚佳，向稱善本，精校精注故也。

（七）政教使命之落實

雕版圖書之推廣，本為落實朝廷右文政策。執行此一政策之中央單位，為國子監。所印行之版本，世稱監本，有平準書價之功能。淳化五年，國子監始置書庫監官，以京朝官充，掌印經史群書，以備朝廷宣索賜予之用。及出鬻而收其直，以上于官（《宋史・職官五》）。

《宋大詔令集》卷150，宋真宗宣諭：「曩以群書，鏤于方版。冀傳函夏，用廣師儒。期于向方，固靡言利。」對於曾經劫後復得之圖書，哲宗指示：「下尚書工部雕刻印板，送國子監依例摹印施行。所貴濟眾之功，溥及天下。」同時下詔：「不可不宣布海内，使學者誦習。」李心傳《建炎以來朝野記・監本書籍》云：「監本書籍者，紹興末年所刊也。張彥實待制為尚書郎，始請下諸道州學，取舊本書籍，鏤版頒行。上謂秦益公曰：『監中其它闕書，亦令次第鏤板，雖重有所費，蓋不惜也。』繇是經籍復全。」《宋會要輯稿・職官》載：「宋徽宗御批亦稱：國子監印造書籍，用以頒行州縣，錫賜外夷。」印本圖書之落實政教，由此可知。

（八）雕版圖書之監控

印本圖書化身千萬，無遠弗屆之傳播效應，令古今中外之統治者擔心恐懼。為了防範意外，故宋朝與中古歐洲都對雕版圖書實施監看管控。

　　宋朝對書坊雕印圖書之監控與禁毀，大抵有四：（1）以洩露機密為由，實施看詳禁止；（2）以搖動眾情為由，進行監控除毀；（3）牽涉威信、機事、異端、時諱，毀板禁止；（4）科舉用書，為杜絕懷挾僥倖，禁止施行。[33]谷登堡發明活字印刷，印刷書的誕生，引發不少莫名的恐懼。如：

> 很多人抨擊印刷術，因為他們害怕它會散播謊言與反叛思想。在他們眼中，印刷品能讓不具判斷力的讀者心靈腐化，還能讓異端邪說散播得比從前更廣。[34]

　　明・胡應麟《少室山房筆叢・經籍會通四》，揭示印本圖書之效益，以為具有「易成、難毀、節費、便藏」諸優勢。於是，印本圖書無遠弗屆，化身千萬之傳播效力，促使古今中外之統治者十分擔心、害怕，甚至恐慌。監看管控唯恐不嚴密，即此之故。

第三節　接受反應與宋代印刷傳媒之八大效應

　　接受反應之視角而言，印本文化作用於士人，其效應亦有八端：（一）競爭超勝之發用；（二）自得自到之標榜；（三）創意寫作之致力；（四）創意詮釋之提倡；（五）講學撰述之昌盛；（六）詩文法度之講究；（七）詩話評點學之崛起；（八）會通化成之演示。於印刷傳媒之觸發激盪，而促成宋代知識之革命。在在影響宋型文化之建構，蔚為宋代物質文明繁榮，以及精神文明之優越。論述如後：

---

[33] 同註 18，第二章第三節，（2008），頁 51-76。

[34] 馬丁・萊恩斯（Martyn Lyons）：《書的演化史》（*Books: A Living History*），第二章〈印刷書的新文化〉，（臺北：大石國際文化公司，2016），頁 55。

（一）競爭超勝之發用

程頤曾宣稱：「本朝有超越古今者五事」，呂大防列舉祖宗家法十一事，邵雍亦稱揚「本朝五事，自唐虞而下所未有者」；劉克莊則標榜「本朝五星聚奎，文治比漢唐尤盛」；《警世通言·趙太祖千里送京娘》，特提宋朝有三事超勝漢唐；顧炎武《日知錄》推崇宋世有「漢唐之所未及者」四事。[35] 宋代文化，富有超勝之集體意識，文集、筆記所述，可作見證。

宋代圖書資訊豐富，傳播多元，李約瑟（Joseph Needham）《中國科學技術史（植物學卷）》稱：宋代之巨大變化和進步，「沒有一個不是和印刷術這一主要發明相聯繫的。」[36]因此，士人經由圖書傳承文化遺產之餘，見賢思齊，取法乎上，於是引發宋人集體潛意識，自覺自信自我之優越，足以超勝他人他朝如此。[37]

嚴羽《滄浪詩話·詩辯》稱：「國初之詩，尚沿襲唐人，王黃州學白樂天，楊文公劉中山學李商隱，盛文肅學韋蘇州，歐陽公學韓退之古詩，梅聖俞學唐人平淡處。至東坡山谷，始自出己意以為詩，唐人之風變矣。山谷用工尤為深刻，其後法席盛行，海內稱為江西宗派。」[38]宋人之學古論，歷經學唐、變唐、新唐、拓唐之歷程，即是競爭超勝意識之表現。所謂「為文章者，有所法而後能，有所變而後大。」[39]欲可大可久，必須學古而通變之，夫人而知之。唯宋代印本寫本競奇爭輝，學古通變，遂成為可能。

---

[35] 分見《宋史·呂大防傳》、《日知錄》卷 15。《警世通言》，（臺北：聯經出版事業公司，1983），頁 45-47。邵伯溫《邵氏聞見錄》卷 18，〈康節先公謂本朝五事〉，《宋元筆記小說大觀》（上海：上海古籍出版社，2001），頁 1818-1819。劉克莊：《後村先生大全集》《四部叢刊》正編，（臺北：臺灣商務印書館，1967），卷 98〈平湖集序〉。參考楊聯陞：〈國史諸朝興衰芻論·附錄：朝代間的比賽〉，載氏著：《國史探微》，（臺北：聯經出版公司，1983、1997），頁 43-59。

[36] 李約瑟：《中國科學技術史》第六卷第一分冊（第三十八章）《植物學》，（d）文獻，（vi）〈宋朝元朝和明朝的博物學和印刷業〉，頁 237-240。詳參《中國科學技術史》第五，第三十二章。

[37] 張高評：〈超勝意識、創意發想與宋詩特色〉，浙江大學中文系《惟學學刊》，第二輯（2023 年 12月），頁 40-66。

[38] 宋·嚴羽著，郭紹虞校釋：《滄浪詩話校釋》，（北京：人民文學出版社，2005），頁 26-27。

[39] 清·程晉芳引周永年（編修）語，見姚鼐《惜抱軒文集》卷八，〈劉海峰先生八十壽序〉。

　　建構新變典範，追求自成一家，為宋代詩人之理想目標與實踐綱領。於是命意遣詞，期許不經人道，古所未有；詩思修辭，則追求因難見巧，精益求精；為振衰啟盛，而破體為文，即事寫情：運用以文為詩、以賦為詩、以文字為詩、以議論為詩、以才學為詩，於是詩體新生，風格新奇。[40]為補偏救弊，而有出位之思：參酌以禪入詩、詩中有畫、以仙道入詩、以老莊入詩、以書法入詩、以書道入詩、以戲劇入詩、交通理學、借鏡經史，其最著者焉。[41]

　　藉眾多益寡，而會通融合；因新奇化成，而體格改良，然後可以競爭，足以超勝。若非印刷書之化身千萬、無遠弗屆傳播，居中媒合詩、文、詞、賦、繪畫、佛禪、仙道、老莊、書法、書道、戲劇、理學。士人博觀厚積，經會通化成，而競爭超勝，又談何容易！

（二）自得自到之標榜

　　宋人生於唐詩輝煌燦爛之後，普遍存有「影響之焦慮」。[42]學習古詩唐詩優長之餘，深知欲自成一家之詩，必須以新變為手段，以自得自到為終極追求。致力於陳言務去，為其步驟過程；盡心於言必己出，乃其目標目的。宋代 50 餘種詩話，論詩談文，一言以蔽之，曰陳言務去，言必己出。其實，不過就韓愈所倡古文而恢廓之而已。

　　務去陳言，固然必須以博學廣識作為取捨之規準；言必己出，亦必先腹有詩書，再視圖書為禁臠，擺落諸家，悖離成規，然後自出己意，創新出奇。1976 年諾貝爾獎得主丁肇中說：「基本的知識，是別人給的。要學會推開書

---

[40] 張高評：《宋詩之新變與代雄》，貳，〈自成一家與宋詩特色〉，（臺北：洪葉文化公司，1995），頁 75-141。

[41] 張高評：《清代詩話與宋詩宋調》，第二章〈清初宗唐詩話與唐宋詩之爭〉，（臺北：萬卷樓圖書公司，2017），頁 19。

[42] 布魯姆著，徐文博譯：《影響的焦慮：詩歌理論》，（臺北：久大文化，1990），頁 3。羅洛·梅著，朱侃如譯：《焦慮的意義》，（臺北：立緒文化出版社，2004），頁 21。參考〔美〕艾朗諾（Ronald C. Egan）著，杜斐然等譯：《美的焦慮：北宋士大夫的審美思想與追求》，（上海：上海古籍出版社，2013）。

本，向前走！」與此同一機杼。雕版印刷「易成、難毀、節費、便藏」之傳媒效應，促成知識信息量爆增，宋代士人相對於唐人，博學多識之餘，提供了對照取捨之左券，形成了依違離合之規準，落實了「陳言務去」之禁令，推動了「言必己出」之標榜，進而達成了「自得自到」之理想。

宋祁《宋景文公筆記》稱：「夫文章必自名一家，然後可以傳不朽。若體規畫圓，準方作矩，終為人之臣僕。古人譏屋下作屋，信然。」[43] 清袁枚〈答沈大宗伯論詩書〉云：「唐人學漢魏，變漢魏；宋學唐，變唐。其變也，非有心於變也，乃不得不變也。使不變，不足以為唐，亦不足以為宋也。」[44] 此之謂也。宋人所以能學唐、變唐，乃至於新唐、拓唐者，印刷書作為傳播媒介，堪稱主因之一。

宋人說詩評詩，每好言自得自到。蘇軾讚賞曹植、劉楨之「自得」，蔡啟、朱熹稱揚陶淵明之閑遠「自得」、超然「自得」，嚴羽欣賞杜甫「自得」之妙。《西清詩話》云：「作詩者，陶冶物情，體會光景，必貴乎自得。」魏慶之《詩人玉屑》引《漫齋語錄》：「詩吟函得到自有得處，如化工生物，千花萬草，不名一物一態。」[45] 張鎡《仕學規範》：「大凡文字須是自得獨到，不可隨人轉也。」[46]金王若虛〈論詩詩〉亦云：「文章自得方為貴，衣缽相傳豈是真。已覺祖師低一著，紛紛法嗣復何人？」[47] 因此，為學古通變，詩思多追求創意，作品則致力造語。唯有自得自到，方能自成一家。是否自得自到？是否自成一家？亦持前人傳世之圖書，作為較短量長的規準與依據。

歐陽脩因雪賦詩，禁用體物語；蘇軾〈江上值雪〉、〈聚星堂雪〉師法歐

[43] 宋·宋祁：《宋景文公筆記》，《全宋筆記》，第一編第五冊，卷上，（鄭州：大象出版社，2008），頁47。

[44] 清·袁枚：《袁枚全集·小倉山房文集》，卷17，〈答沈大宗伯論詩書〉，（南京：江蘇古籍出版社，1993），頁284。

[45] 宋·魏慶之：《詩人玉屑》，卷10〈自得·要到自得處方是詩〉，引《漫齋語錄》，頁220。

[46] 宋·張鎡：《仕學規範》，卷38，（上海：上海古籍出版社，1993），頁189。

[47] 宋·蘇軾〈書黃子思詩集後〉，《蘇東坡全集·後集》，卷九。蔡啟《蔡寬夫詩話》、胡仔《苕溪漁隱叢話》前集卷五十六、胡仔《苕溪漁隱叢話》後集卷二十三、姜夔《白石詩說》、黎靖德《朱子語類》、嚴羽《滄浪詩話·詩評》、金王若虛〈論詩詩〉，《滹南遺老集》卷四十五。

公白戰詠雪，禁體物語，精工美妙，要皆能「於艱難中特出奇麗」。[48] 詠雪、詠荔支、詠物如此，是皆追求自得自到，新變代雄。此所謂「白戰」、「禁體物語」者，大前提是：對前賢相關作品已耳熟能詳，方能以之為絜度、作為超脫之基準點。《苕溪漁隱叢話》引《石林詩話》，稱歐公語其子棐，較論〈廬山高〉、〈明妃曲〉後篇與前篇，太白、杜子美之能為與莫能為。[49] 其自鳴得意處，追求自得自到之境界可知。圖書傳播已流通四布，方能進行校量能與不能，方可評騭是否自得自到。凡此，若文獻殘缺不足徵，將不可得而論評之。

宋人追求自得自到，體現於詩作，見諸《全宋詩》所載，則讀書詩、題畫詩、詠史詩、論詩詩、唱和詩，以及史論文，最具代表性。而記述自得自到之理念與論證，則雜然賦流形，散諸詩話、筆記、詞話、文話、評點、序跋、書學、畫論之中。苟用心董理之，可以見證所言非誣。

（三）創意寫作之致力

清代蔣士銓曾言：「宋人生唐後，開闢真難為。」[50]魯迅亦宣稱：「我以為：一切好詩，到唐已被做完。此後，倘非能翻出如來掌心之齊天大聖，大可不太動手。」[51] 宋人面對此一困境，乃以學習唐詩、新變唐詩、拓展唐詩作為指向，發揮創造性思惟，以「自成一家」作為終極追求。

唐人文集之傳於今者，多經宋人傳鈔、整理、編纂、刊刻。[52] 如宋人先後學習白居易、李商隱、韓愈、陶潛、杜甫、晚唐詩，故此數家詩文集，於宋代

---

[48] 宋・胡仔著，廖德明校點：《苕溪漁隱叢話》前集，卷二十九，〈六一居士上〉，頁202-203。參考張高評：〈白戰體與宋詩之創意造語：禁體物詠雪詩及其因難見巧〉，香港中文大學《中國文化研究所學報》第49期（2009.05），頁173-212。

[49] 宋・胡仔著，廖德明校點：《苕溪漁隱叢話》後集，卷二十三，〈六一居士〉，頁166-167。

[50] 清・蔣士銓：〈辯詩〉，見《忠雅堂詩集》（上海：上海古籍出版社，1993），頁936。

[51] 魯迅：〈致楊霽雲〉，《魯迅全集》，（北京：人民文學出版社，1991），第12卷〈書信〉，1934年12月20日，頁612，

[52] 周勛初：〈宋人發揚前代文化的功績〉，《國際宋代文化研討會論文集》，（成都：四川大學出版社，1991），頁59-67。

之刊刻版本繁夥。[53]蓋「書商基於暢銷和獲利考量，當時最多人感興趣的著作，往往列入優先考慮」；判定哪些作品值得一印？確是「憑藉當代的品味，與輕重緩急拍板定案」。[54] 雕版圖書作為商品經濟，不離供需相求之原則，於此可見。宋人不以學習唐詩之優長為已足，而志在變化唐詩、創新唐詩，甚至拓展唐詩之規模。[55]於創意寫作致力學習典範方面，可見一斑。

梅堯臣、歐陽脩作詩，追求「意新語工」；東坡作文，提倡因難見巧、出藍更青。立意、造境、修辭皆刻意與人遠。清方東樹《昭昧詹言》卷一所謂：「韓（愈）、黃（庭堅）之學古人，皆求與之遠，故欲離而去之以自立。」卷十一亦云：「坡詩每於終篇之外恒有遠境，非人所測，於篇中又有不測之遠境。為尋常胸中所無有，不似山谷於句上求遠也。」[56] 宋詩名家盡心於創意，致力於造語，於此可見一斑。

梅堯臣、王安石、蘇軾、黃庭堅，為宋詩之典範與形塑者，大抵運用組合、開放、獨創、求異、反常諸思維以為詩。詩思如此，發用如彼，於是創作開拓出若干翻出唐詩掌心之作品。[57]宋胡仔《苕溪漁隱叢話》謂：「詩人詠物形容之妙，近世為最。」於是列舉宋人詠茶、詠荔支、詠蓮花、詠酴醾、詠水仙

---

[53] 梁崑：《宋詩派別論》，二，〈香山派〉，頁 12-19；三，〈晚唐派〉，頁 12-19；四，〈西崑派〉，頁 20-31；五，〈昌黎派〉，頁 32-41；八，〈江西派〉，頁 63-107。（臺北：東昇出版公司，1980），參考張高評《印刷傳媒與宋詩特色》，第五章〈印刷傳媒與宋詩之新變自得〉，陶集、杜詩，頁 248-252，第七章〈北宋讀詩詩與宋代詩學〉，李白詩、白居易詩、韓愈詩、晚唐詩、陶淵明詩、杜甫詩，頁 340-371，（臺北：里仁書局，2008）。

[54] （法）費夫賀（LucienFebvre）、馬爾坦（Henri-GeanMartin）著，李鴻志譯：《印刷書的誕生》（The Coming of the Book），第八章〈印刷書：變革的推手〉，一、〈從手鈔本到印刷書〉，（桂林：廣西師範大學出版社，2006.12），頁 261-262。

[55] 張高評：《印刷傳媒與宋詩特色——兼論圖書傳播與詩分唐宋》，第四章第三節〈宋人選唐詩與宋詩之學唐變唐〉，頁 182-194；第五章第三節〈前代詩文集之整理雕印與宋詩典範之追求〉，頁 240-252；第六章第二節〈宋刊宋詩別集與宋詩特色〉，頁 282-301，（臺北：里仁書局，2008）。

[56] 清·方東樹：《昭昧詹言》，（北京：人民文學出版社，1961、1984）。卷一，頁 18；卷十一，頁 241。參考張高評：《清代詩話與宋詩宋調》，第六章〈方東樹《昭昧詹言》論創意造語〉，頁 211-254。

[57] 張高評：《宋詩特色之發想與建構》，第四章〈組合、開放、獨創思維與宋詩之創新〉，頁 81-113；第五章〈求異思維、反常思維與宋詩特色〉，頁 115-140，（臺北：元華文創公司，2018）。

花、詠桃花之名篇，皆自得自到之作。[58]宋費袞《梁溪漫志》卷七云：「詩人詠史最難，須要在作史者不到處，別生眼目。自唐以來，本朝詩人最工為之。」[59]列舉張安道（方平）、王荊公（安石）、蘇東坡（軾）詠史之作，要皆見處高遠，以大議論發之於詩。

清初宗唐詩話論宋詩之習氣，如出奇、務離、趨異、去遠、矜新、變革。疏硬、如生、尖巧、詭特、粗硬槎牙、奪胎換骨等等，諸般「不是」，相對於唐詩而言，即是雅各布森（Roman Jakobson，1896-1982）、姚斯（Hans-Robert Jauss，1921-）、什克洛夫斯基（Vitor Shklovsky，1893-1984）等學者所倡，具有「陌生化美感」之詩歌語言。宗唐詩話大加撻伐者，為與唐詩、唐音趣味不同之「非詩」特色，如以文為詩、以賦為詩、以史入詩、以禪喻詩、以禪為詩、以文字為詩、以議論為詩、以才學為詩、以及翻案詩等。相較於唐詩，這種詩思追新求異，深具獨到與創發性，跟創造思維（creative thinking）注重反常、辯證、開放、獨創、能動性，可以相互發明。[60] 與明代宗唐詩學之求同求似，流於模擬，會當有別。

宋詩之特色，是以唐詩為對照組，從唐詩入，而不從唐詩出得來的。宋詩之創新，指不蹈唐人舊習，能推陳出新，創前未有，開後無窮而言。唐人詩文集，猶如模特兒，是觀摩效法的對象；也是鐵門檻，應思跳脫超越。觀摩效法，需要豐富多元的印刷書；跳脫超越，需要針對圖書作睿智的取捨依違，始能獨到創發、自成一家。宋人整理、雕印唐人詩文集，匯歸學唐、變唐、新唐、拓唐而一之，堪稱水到渠成，順理成章。

（四）創意詮釋之提倡

印本化身千萬，無遠弗屆，作為知識流通、圖書傳媒，所生發之效應，更

---

[58] 宋・胡仔著，廖德明校點：《苕溪漁隱叢話》前集，卷四十七，〈山谷上〉，頁325。

[59] 宋・費袞：《梁溪漫志》，文淵閣〈四庫全書〉本，冊864，卷七，頁2，（臺北：臺灣商務印書館，1983），總頁738。

[60] 張高評：《清代詩話與宋詩宋調》，第二章〈清初宗唐詩話與唐宋詩之爭〉，頁72-73。

促成宋代經學之復興。中唐啖助、趙匡以前之漢唐，經學詮釋注重章句名物、訓詁、考據。至宋人研究經學，立足前人訓詁考據之基礎上，進一步致力於性理、義理之闡釋，發展出與漢學殊途之宋學。其中，宋代朝廷之經筵講義，乃義理講經之具體而微者，可窺其一斑。[61]

宋代經書注疏之刊刻，傳世之版本有 104 種，其中經注附釋文本最多，其次為單經注本，其次為注疏合刻本，單疏本最少，基本反映南宋時期經書注疏刊刻之實況。其中，《左傳》數量居冠，共 27 種；其次為《禮記》18 種、《周禮》14 種、《尚書》10 種，《周易》、《毛詩》各 8 種。其餘經書 2 至 4 種不等，《儀禮》已無宋本存世。[62] 經書刊刻數量之多寡有無，取決學風之流行走向、與士人之愛憎好惡，折射在圖書市場之接受反應上。

明心見性、性體圓融、無情有性諸心性說、本體論，為佛學之優勢強項；傳統儒學既寡有其說，六朝時佛教東傳，儒與釋交鋒，自非其敵手。儒學興復之策略，厥在入室操戈，以增益其所不能。就《春秋》學而言，如孫復《春秋尊王發微》、程頤《春秋傳》，乃至胡安國《春秋傳》，漸漸形成理學化之經學。儒學得道多助，強化心性本體之研究，於是蔚為性理學之昌盛，形成宋學重要內涵之一。[63] 體現義理、性理之宋學，遂漸漸與專務訓詁考據之漢學，分道揚鑣。宋代為經典復興之時代，《春秋》學之創造性詮釋如此，推而至於其他經典，或史學之繁榮，理學之昌盛，文學之自覺，亦同理可知。

雕版印刷作為圖書傳播之媒介，具有「易成、難毀、節費、便藏」諸利多，其傳媒效應，推助創意之發用。不特《春秋》宋學之以義理解經，其他如朱熹之《四書章句集注》，融訓詁義理而冶之，亦新意紛披，時有所見，可詳錢穆著《朱子新學案》。[64] 印刷術作為知識傳媒，於宋代經學之復興，與有功

---

[61] 林慶彰主編：《中國歷代經書帝王學叢書‧宋代編》（1-4），（臺北：新文豐出版公司，2012）。

[62] 張麗娟：《宋代經書注疏刊刻研究》，〈緒論〉第二節「宋代雕版印刷事業的繁榮與經書注疏的刊刻」，頁 20-23；〈結語〉，頁 410-413；〈附錄：今存宋刻經書注疏本簡目〉，頁 415-439。

[63] 張高評：〈北宋〈春秋〉學之創造性詮釋──從章句訓詁到義理闡發〉，《中國典籍與文化論叢》第 19 輯（2018 年），PP.89-129。

[64] 錢穆：《錢賓四先生全集》，臺北：聯經出版公司，1998 年。《朱子新學案》第五冊 ，《朱子之校

焉。

（五）講學撰述之昌盛

朱熹〈衡州石鼓書院記〉云：「前代庠序之教不修，士病無所於學，往往相與擇勝地，立精舍，以為群居講習之所。而為政者，乃或就而褒表之。」[65] 宋代開國以來，海內向平，文風日起。儒生往往依山林，即閑曠以講授。書院講學自由，傳統寫本、新興印本爭妍競秀，圖書流通便捷而多元，獲得容易。讀書博學，能為家國培育人才。興復文教，又不時得朝廷賜錫圖書，普受贊譽，書院遂極興盛。

書院圖書來源之一，「其得請於朝，或賜額，或賜御書，及間有設官者。」自北宋以來，國子監本、《大藏經》諸本印行，書院不時得朝廷「賜御書」。書院為教學需求，亦刊刻圖書，如朱熹教學著述於武夷，考亭書院即出版多種印本。又得地利之便，福州、麻沙、建北刻書中心之印本藏本加持，於是人文薈萃，形成了閩學。其他，如四川成都、浙江杭州、江西南昌等地，書院成立與雕印圖書、知識流通，多有相互依存之關係。

宋代書院，約 650 所。其中，北宋書院 92，南宋 365，南北宋不分者 194。其中，以應天府書院、白鹿洞書院、嵩陽書院、嶽麓書院、石鼓書院、茅山書院，較為知名。[66] 書院林立，促成教育之相對普及。印本圖書之傳播，與寫本相互輝映，功莫大焉。

兩宋文明之登峰造極，體現為經學之復興，史學之繁榮，理學之成立發展，文學之新變代雄。因印刷傳媒之運用，引發傳播、閱讀、接受、反應之效應，具體表現為多元與質量之均高。《宋史·藝文志》稱：「終北宋之世，圖

勘學》，《附朱子韓文考異》，頁 255-256。又，《朱子之考據學》，頁 331。

[65] 宋·朱熹著，郭齊、尹波點校：《朱熹集》，卷七十九〈衡州石鼓書院記〉，（成都：四川教育出版社，1996），頁 4123。

[66] 苗春德主編：《宋代教育》，〈第三·學校編·宋代的書院〉，（開封：河南大學出版社，1992），頁 86-107。

書較宋初多兩倍；北宋書亦為唐代之兩倍。」《四庫全書總目》《日講春秋解義》提要稱：「說《春秋》者，莫夥於兩宋。」此只就《春秋》經學而言。宋代文士撰述之勤勉而多元，可以想見。若就文學論，但觀傳世之《全宋詩》七十二冊，《全宋文》三百六十冊，《全宋筆記》一〇二冊，《宋詩話全編》十鉅冊，宋人撰述之蓬勃昌興，可見一斑。宋代史學之空前繁榮，見於著錄或傳世著述亦眾，自不在話下。

（六）詩文法度之講究

宋人學習古人之優長，為追求事半功倍，其始也，往往講究法度規矩。然後盈科而後進，始能超常越規，創新出奇。因此，書道學習，太宗朝頒行《淳化閣帖》。紹興初，第三次重模。建築，有《營造法式》；工藝美術設計，製作「模」與「樣」。[67]學風士習如此，於是為文，注重文法；作詩，講究詩法。

宋張表臣《珊瑚鉤詩話》稱：「古之聖賢，或相祖述，或相師友。……未能祖述憲章，便欲超騰飛鶩，多見其嚘喑而狼狽矣！」[68] 所謂相祖述、相師友者何？法度規矩而已。讀書博學，可以知法度、識規矩。而印本寫本作為載體，相互爭輝，其於知識流通，足以推助促成之。

雖然，「體規畫圓，準方作矩」，便於初學入門，有可能致遠恐泥。然而，千里之行起於足下，法度規矩，創造性模仿，正不可少。作為入門初階，由於有法有尋，有門可入，故深受歡迎。誠如姜夔《白石道人詩說》所云：「《詩說》之作，非為能詩者作也，為不能詩者作，而使之能詩；能詩，而後能盡我之說，是亦為能詩者作也。」[69]為不能詩者作，是詩話寫作之初衷；為能詩者作，是指出向上一路之追求。其中，自有模範、法式之意義存焉。

---

[67] 張高評：《詩人玉屑與宋代詩學》，第二章第三節〈法式、法帖、書法、字說與詩格、詩法〉，頁53-61。

[68] 清·何文煥編：《歷代詩話》，宋張表臣〈珊瑚鉤詩話〉卷一，（北京：人民文學出版社，1982），頁450。

[69] 宋·姜夔：《白石道人詩說》，載清何文煥編：《歷代詩話》本，頁683。

　　詩話之作，起於趙宋，傳世者大約五十餘種。大抵受右文政策之影響，圖書傳播便捷之觸發，士人閱讀廣博，接受多元，有所心得反應，於是回饋為記述與評論。印本圖書加入知識流通之市場，與寫本、藏本爭輝，於是詩話筆記之撰作雲蒸而霞蔚。宋代詩話傳世者，大約五十餘種。多為金針度人之著作。其作用與意義，大抵如姜夔所云。集大成彙編之詩話總集，如阮閱《詩話總龜》、胡仔《苕溪漁隱叢話》、計有功《唐詩紀事》、魏慶之《詩人玉屑》、蔡正孫《詩林廣記》等，[70]類編諸家詩話、筆記、日記、傳記、詩集、文集，數量如此龐大，門類如此繁多，可以微觀宋代圖書傳播之脈絡。法度規矩之講究，自以博觀厚積為基始。

　　〔美〕阿黛爾・里克特（Adele A. Rickett）：〈法則和直覺：黃庭堅的詩論〉稱：「宋人生唐後，為精益求精，以發掘未經人道為目標，遂遠較唐詩講究文學技巧，這是文學的事實。」對這個事實產生推波助瀾的，是詩話、筆記的大量出現，總結了詩歌的創作經驗，提供了鑒賞文藝的原理原則。詩作與詩話之講究技巧，因圖書流通而相互影響。清初宗唐詩話謂：「『宋人有詩話而詩亡』，『宋人不工詩而詩話多』，皆非持平之論。蘇、黃及江西諸子作詩，注重煉字、琢句、標榜法度規矩，追求天工人巧，其中已啟示若干詩歌之規律和法則，如詩眼、捷法、活法、無法之倫，恐不能一概視為『死法』、『非法』，捕風捉影、或黏皮帶骨。」[71] 這段話，可視為宋代詩文講究法度之佐證。

　　詩話、筆記的大量出現，促成詩歌創作經驗之總結，鑒賞文藝原理原則之揭示，詩作與詩話之講究技巧，皆因圖書流通而相互影響，阿黛爾・里克特所言，切合文學發展的事實。

---

[70] 張高評：《苕溪漁隱叢話與宋代詩學典範──兼論詩話刊行及其傳媒效應》，第五章〈宋詩話之傳播與詩分唐宋〉──以宋刊詩話總集為例〉，頁 155-206。

[71] 阿黛爾・里克特（Adele A. Rickett）：〈法則和直覺：黃庭堅的詩論〉，原載《中國的文學研究──從孔子到梁啟超》，（普林斯頓大學出版社，1978），莫礪鋒譯文，發表於〈文藝理論研究〉1983 年 2 期，頁 63-71。參考陳莊、周裕鍇：〈語言的張力──論宋詩話的語言結構批評〉，《四川大學學報》1989 年 1 期，頁 59-65。

（七）詩話評點學之崛起

詩話之作，起於趙宋。大抵受右文政策之影響，圖書傳播便捷之觸發，士人閱讀廣博，接受多元，有所心得反應，於是回饋為記述與評論之筆記。印本圖書加入知識流通之市場，與寫本、藏本爭輝，圖書取得便利，於是詩話、筆記、評點之撰作，雲蒸而霞蔚，對於建構宋型文化，自是源頭活水。

宋代詩話，堪稱宋人討論文學之筆記。或分享讀書心得，或揭示創作經驗，或發表文藝評論，或記錄文人雅集，多為金針度人之著作。[72]其作用與意義，大抵如姜夔所云。郭紹虞《宋詩話考》，收錄宋人詩話 139 種。傳世者 88 種，散佚不全者約 50 種。清息翁《蘭叢詩話·序》稱：「詩之有話，自趙宋始，幾乎家有一書。余少學朱竹垞先生家，見《草堂詩話》之專言杜者，凡五十家。他可知也」。集大成彙編之詩話總集，如《唐宋分門名賢詩話》20 卷、《詩話總龜》100 卷、《苕溪漁隱叢話》100 卷、《唐詩紀事》81 卷、《詩人玉屑》20 卷、蔡正孫《詩林廣記》十卷等。[73]

《苕溪漁隱叢話》，刊行於紹熙甲寅（1194 年）；《唐詩紀事》，刻版於嘉定甲申（1224 年）；《詩話總龜》，雕印於紹定己丑（1229 年）；《詩人玉屑》，刊刻於淳祐甲辰（1244 年）。[74]換言之，在西元 13～14 世紀，東方宋朝詩學評論之總集，已先後傳播，士人已次第閱讀，影響讀者之接受、反應，乃勢所必至，理有固然。宋人類編諸家詩話、筆記、日記、傳記、詩集、文集，數量如此龐大，門類如此繁多，可以微觀宋代圖書傳播之脈絡，以及接受、反應之資訊。

以文學美感視角，欣賞經部、史部、子部著作，是所謂評點學，興起於南宋。劉辰翁評點詩歌、散文、小說，最稱大家。其他，如呂祖謙《古文關

---

[72] 蔡鎮楚：《中國詩話史》，第三章〈詩話的學術價值與歷史地位〉，（長沙：湖南文藝出版社，1988），頁 23-36。

[73] 張高評：《詩人玉屑與宋代詩學》，頁 13-382。

[74] 張高評：《苕溪漁隱叢話與宋代詩學典範——兼論詩話刊行及其傳媒效應》，第五章第二節，〈宋代詩話總集之編纂與傳播〉，頁 182-202。

鍵》、《東萊博議》；樓昉《崇古文訣》、真德秀《文章正宗》、謝枋得《文章軌範》，皆是評點學之經典作品。

詩話，不過是評詩談文之筆記。評詩、談文、論藝、說樂，見諸筆記者尤多。上海師大主編《全宋筆記》一百又二冊，值得探究。宋代圖書傳播之多元，孕育激蕩詩、詞、文、賦、音樂、書法、繪畫之蓬勃發展，產生數量龐大之筆記。宋人之文化印記，以及集體意識，此中有之。

（八）會通化成之演示

谷登堡發明活字版印刷，使中古歐洲更廣泛地獲得書籍，促成宗教革命、文藝復興。印刷術，遂成變革之推手。[75] 早於中古歐洲五世紀之東方宋朝，已然應用雕版印刷，門類廣博，版本多元，提供閱讀、欣賞、模仿、借鏡之資，亦勢必引發知識之革命。其中，打破專業聯想之障礙，促成不同學科、相異領域之交流整合，亦值得稱道。

時至宋代，詩、文、詞、賦等文體，早已各自獨立，且又互有交際；繪畫、書道、佛禪、老莊、仙道、經史等學科之間，由於印本寫本之交相傳播，士人居於仲介，相互借鏡、參考、滲透、移植之結果，遂促成不同領域之特色互相碰撞融合，蔚為「破體」和「出位」之跨際會通。此種跨際會通、新奇組合之現象，稱為「梅迪奇效應」。[76]「梅迪奇效應」作為創造性思維，宋代文化之會通化成近之。理學之形成，最為顯例；文學之成家，亦為明證。

相較於唐型文化，宋型文化較落實會通諸家，以化成自我。印本圖書與寫本、藏本、鈔本爭輝，其閱讀效益，當如蘇軾所云：「學者之於書，多且易致

---

[75] （美）E. M.羅傑斯（Rogers, E. M.），殷曉蓉譯：《傳播學史：一種傳記式的方法》（*A History of Communication Study: A Biographical Approach*），第一部分〈傳播學的歐洲起源・文藝復興（1450-1600）〉：文藝復興「是以一個使知識的獲得大大便利起來的發明開始啟動的」〉，（上海：上海譯文出版社，2005.7），頁30-31。

[76] 約翰森（Frans Johansson）著，劉真如譯本：《梅迪奇效應》（*The Medici effect: breakthrough insights at the intersection of ideas, concepts, & cultures*），〈序言・引爆梅迪奇效應〉，（臺北：商周出版社，2005 年），頁 6-13。

如此，其文詞學術，當倍蓰於昔人」。[77]閱讀之廣度與深度，則如宋呂本中《童蒙詩訓》論蘇軾、黃庭堅詩所云：「廣備眾體」、「包括眾作」，出入百家，斷以己意。於是，新奇組合之思維，發用落實為賦詩、作畫、行文，因而逐漸促使宋人成為「能翻出如來掌心之齊天大聖」。學唐、變唐外，又能拓唐、新唐。

　　五代為山水畫之黃金時代，北宋繼之。畫作既多，傳播稱便，於是北宋《宣和畫譜》卷七，論杜甫作〈縛雞行〉以為：不在雞蟲之得失，乃在於「注目寒江倚山閣」之時；李公麟畫陶潛〈歸去來兮圖〉，不在於田園松菊，乃在於臨清流處。蓋深得杜甫作詩體製，而移於畫，此之謂以詩為畫。[78]《西清詩話》謂：「丹青吟詠，妙處相資」。[79]所云畫中有詩、詩中有畫，詩畫相資，錢鍾書謂之出位之思。[80]

　　佛教《大藏經》卷帙龐大，動輒五千餘卷。自北宋太祖雕印第一部大藏經《開寶藏》起，至元代末年，據傳曾有各種經版 20 餘副。[81]不過，傳世之漢文《大藏經》，宋遼金前後所雕印，有《開寶藏》、《契丹藏》、《崇寧藏》、《毗盧藏》、《圓覺藏》、《資福藏》、《趙城藏》、《磧砂藏》，共八大部。宋代之佛教世俗化，加上佛藏作為圖書傳媒，佛跡禪影遂與士人結歡喜緣。《蔡百衲詩評》、《西清詩話》論黃庭堅詩：「妙脫蹊徑，言謀鬼神。所恨務高，一似參曹洞下禪。」[82]嚴羽《滄浪詩話‧詩辨》稱：「論詩如論禪」，

---

[77] 宋‧蘇軾著，孔凡禮點校：《蘇軾文集》，卷十一，〈李氏山房讀書記〉，（北京：中華書局，1986），頁 359。

[78] 于安瀾編：《畫史叢書》，冊一，宋逸名：《宣和畫譜》卷七，〈李公麟〉，（臺北：文史哲出版社，1974，1994），頁 448。

[79] 宋‧蔡絛《西清詩話》，見郭紹虞：《宋詩話輯佚》，〈詩畫相資〉，（臺北：文泉閣出版社，1972），頁 358。參閱胡仔《苕溪漁隱叢話》前集卷三十、何汶《竹莊詩話》卷九；郭紹虞〈宋詩話輯佚〉，頁 358。

[80] 詳參張高評：《創意造語與宋詩特色》，第六章〈詩畫相資與宋詩之創造思維〉，頁 231-285；第七章〈蘇軾黃庭堅題畫詩與詩中有畫〉，頁 287-349；第八章〈蘇軾題畫詩與意境之拓展〉，（臺北：新文豐出版公司，2008）。頁 341-387。

[81] 《中國大百科全書》，「《漢文大藏經》」條。轉錄自 google「佛弟子文庫」。

[82] 宋‧蔡絛：《西清詩話》，見郭紹虞：《宋詩話輯佚》，〈山谷詩似曹洞禪〉，頁 364。

「大抵禪道惟在妙悟，詩道亦在妙悟。惟悟乃為當行，乃為本色。」[83]宋代以禪為詩、以禪喻詩、以禪論詩、以禪入詩諸詩禪交融之風氣，[84] 與佛教〈大藏經〉之八次雕版，《金剛經》、《楞嚴經》等之單本傳播，引發禪思與詩思之會通交融，進而生發推助玉成之作用。

《四庫全書總目》稱：「說《春秋》者，莫夥于兩宋」，[85] 故《春秋》學於兩宋，與《易經》並稱顯學。《梁溪漫志》卷七稱賞李義山〈驪山〉詩：「此則婉而有味，《春秋》之稱也。」[86]楊萬里《誠齋詩話》欣賞「《詩》與《春秋》紀事之妙」。稱李義山詩：「侍宴歸來宮漏永，薛王沉醉壽王醒。可謂微婉顯晦，盡而不汙矣。」[87]此以《春秋》書法論詩之例。以《春秋》書法論詩評詩之風氣，尤其屢見於詩話、筆記之中。往往以詩作運用《春秋》書法之有無、多寡，評騭詩人成就之優劣工拙。[88] 就史學與詩歌會通而言，以史筆為詩，形成宋代特色之一；詩話筆記，亦多以史家筆法品評詩歌。[89] 詩歌與藝術之會通，除詩畫相資以外，文藝評論方面，尚有以書道喻詩：以書道明喻詩道，因書法暗通詩法之實例。[90]

就理學而言，蓋由儒、釋、莊老、仙道會通化成而來。歷經六朝至四唐之

---

[83] 宋·嚴羽著，郭紹虞輯校：《滄浪詩話·詩辨》，頁 11、頁 12。

[84] 張高評：〈禪思與詩思之會通：論蘇軾、黃庭堅以禪為詩〉，浙江大學中文系編《中文學術前沿》第二輯（2011.11），頁 91-101。

[85] 清·紀昀等主纂：《四庫全書總目》，卷 29〈經部二十九〉，《日講春秋解義》提要，頁 1，（臺北：藝文印書館，1974），總頁 592。

[86] 宋·費袞：《梁溪漫志》卷七，〈陳子高觀甯王進史圖詩〉，文淵閣《四庫全書》本，冊 864，頁 8-9，總頁 741。

[87] 宋·楊萬里：《誠齋詩話》，丁福保輯：《歷代詩話續編》，（北京：人民文學出版社，1983），頁 139。

[88] 張高評：《會通化成與宋代詩學》，貳，〈《春秋》書法與宋代詩學——以宋人筆記為例〉，頁 55-91。參，〈會通與宋代詩學——宋詩話「以《春秋》書法論詩」〉，（臺南：成功大學出版組，2000），頁 93-128。

[89] 同上，肆，〈和合化成與宋詩之新變——從宋詩特色談「以史筆為詩」之形成〉，頁 129-152。伍，〈史家筆法與宋代詩學——以宋人詩話筆記為例〉，頁 153-194。

[90] 同上，陸，〈蘇黃「以書道喻詩」與宋代詩學之會通〉，頁 195-234。

衝突與調適，儒者發現「以儒通佛，援佛入儒」，堪作復興儒學可大可久之超勝策略。運用於「老佛顯行，聖道不斷如帶」之中唐，可以救亡圖存；倡行於「儒門淡薄，收拾不住，皆歸釋氏」之北宋，亦足以會通化成，新變代雄。[91]

另外，文體之交融會通，亦進行多元之新奇組合。如自中唐以來，即有韓愈以文為詩，杜甫以詩為文，陳善《捫虱新話》深以為然：「文中要自有詩，詩中要自有文，亦相生法也。文中有詩，則句法精確；詩中有文，則詞調流暢。謝玄暉曰：『好詩圓美流轉如彈丸』，此所謂詩中有文也。」唐子西曰：「古人雖不用偶儷，而散句之中，暗有聲調步驟馳騁，亦有節奏，此所謂文中有詩也。」[92] 歐陽脩學韓愈，發揚以文為詩傳統，於是又有以賦為詩、以詞為詩之創作。自蘇軾以詞為詩，而後有周邦彥以賦為詞，[93]辛棄疾以文為詞。[94]

詩、文、詞、賦，打破體製，進行不同之文體基因混血，重組體格，或以文為詩、以文為賦、以文為詞；或以詩為詞、以詩為文、以詞為詩；或以賦為文、以賦為詩、以賦為詞，以及以文為四六等等，[95]不一而足。此種破體為文，文體相互交叉，滲透、稼接、融鑄的結果，形成移花接木式的聯姻，互相借鏡，擷長補短，猶如合金，勝過純元素；又如動植物之雜交，衍生優良品種；介於導電與絕緣間之半導體，促成電子工業之新紀元。[96]文學之破體，造就文體之新生與發展。於是突破創新，有利於文體之生存與發展。

---

[91] 張高評：〈北宋《春秋》學之創造性詮釋——從章句訓詁到義理闡發〉，《中國典籍與文化論叢》第十九輯，頁 89-94。

[92] 宋·余鼎孫、余經編：《儒學警悟》，陳善〈捫虱新話〉卷一，頁 3-4，（香港：龍門書店，1967），總頁 176。

[93] 袁行霈：〈以賦為詞——試論清真詞的藝術特色〉，《北京大學學報》（哲學社會科學版），1985 年第 5 期，頁 69-74。

[94] 李家欣：〈論辛棄疾「以文為詞」的得失〉，《武漢教育學院學報》1987 年第 3 期。

[95] 張高評：〈破體與創造性思維——宋代文體學之新詮釋〉，廣州中山大學《中山大學學報》（社會科學版）2009 年第 3 期第 49 卷（總 219 期），頁 20-31。

[96] 張高評：《宋詩之新變與代雄》，叁，〈破體與宋詩特色之形成〉，（臺北：洪葉文化事業公司，1995），頁 161-162。

第四節　結論及餘論

　　要之，印刷文化促成宋代經學之復興、史學之繁榮，理學之成立，文學之新變。王國維「近世學術多發端於宋人」。陳寅格稱：「華夏文明歷數千年之演進，造極於趙宋之世。」文化之生成，印刷傳媒之變革，知識流通之質量，在在觸激盪士人反應，有以致之。

　　知識流通之媒介，從謄寫鈔錄演變到印本傳播，媒介改變所生發之傳媒效應，屬於印刷文化史研究之範疇。探討印刷文化，或有助於論證日本京都學派內藤湖南、宮崎市定、王水照等所提「唐宋變革」論、「宋代近世」說、「宋清千年一脈論」諸命題，是否可以成立？印刷傳媒所生發之文化現象，確實值得經學界、史學界、思想界、學界之關注。

　　雕版印刷廣用於趙宋，號稱黃金時代。印本與寫本，競奇爭輝，有助於宋人知識之建構，宋型文化之形成。自圖書刊行，到知識流通，印本作為傳播媒介，如何影響閱讀習性？左右其接受與反應？此一印刷文化之課題，頗富挑戰性，值得持續關注與深究。

　　抑有進者，宋學的精神，注重創造開拓、崇尚反省內求、致力會通相容。詩歌的創作形態，由天分轉向學力，自直尋轉向補假，從緣情轉向尚意。美學主潮，則超脫形似，追求寫意；破棄絢爛，歸於平淡；用心於本位，更致力於出位之思；用心於辨體，更致力於破體為文；用心於專業純粹，更致力於集成融合。宋人作詩，無不學唐，亦無不期許變唐、新唐、拓唐，以自成一家。[97]

　　陳植鍔《北宋文化史述論》，歸納宋學之精神有七：議論精神、懷疑精神、創造精神、開拓精神、實用精神、內求精神、相容精神。[98] 筆者以為：凡此宋學諸精神，雖古有之，於宋為烈，要皆印刷傳媒有以促成之，而轉化體現為宋代之

---

[97] 張高評：《創意造語與宋詩特色》，第六章〈詩畫相資與宋詩之創造思維〉，頁 235。

[98] 陳植鍔：《北宋文化史述論》，（北京：中國社會科學出版社，1992），第三章第四節〈宋學精神〉，頁 287-323。

學風士習。士人閱讀、接受之餘,生發連鎖效應,進而形成宋型文化。[99]

攸關印刷傳媒與唐宋變革諸課題,下列研究論文選題亦值得關注:(一)因革損益與詩分唐宋;(二)李杜接受與典範轉移;(三)李杜優劣論與文化審美;(四)絢爛平淡與審美流變;(五)由雅入俗與雅俗相濟等等。由此觀之,錢鍾書《談藝錄》、「詩分唐宋」之論述,蓋暗合內藤假說之唐宋變革論,可以彼此相互發明。筆者深受二氏啟發,有關宋詩研究之論著,相對於唐詩,多在凸顯宋詩之特色、價值,與地位。

筆者有關宋詩研究專著之書名,如傳承與開拓、新變與代雄、會通化成、自成一家、創意造語、轉化創新、詩學典範、宋詩宋調、特色發想諸課題,多為研究核心之濃縮敘事,皆所以證成錢鍾書所提「詩分唐宋」之說,以及內藤湖南、宮崎市定所謂「唐宋變革」之論。[100]

---

[99] 有關此一方面之論述,可以參閱繆鉞:《詩詞散論》,〈論宋詩〉,(上海古籍出版社,1982),頁 36-44。錢鍾書:《談藝錄》,〈詩分唐宋〉,(臺北:書林出版公司,1988),頁 1-5。吉川幸次郎:《宋詩概說》,(聯經出版公司,1977)。羅聯添:〈從兩個觀點試釋唐宋文化精神的差異〉,《唐代文學論集》,(臺北:學生書局,1989),頁 231-250。葛景春:《李杜之變與唐代文化轉型》,(大象出版社,2009)。劉方:《唐宋變革與宋代審美文化轉型》,(學林出版社,2009)。張高評:《宋詩特色研究》,(長春出版社,2002);張高評:《印刷傳媒與宋詩特色》(里仁)、張高評:《創意造語與宋詩特色》。

[100] 本文由兩篇論文合成:其一,〈從傳播、閱讀到接受、反應——圖書刊行與文風詩潮〉,原刊《承前啟後——中國文化講座續編》,(香港:學海書樓,2019),頁 1-28。其二,〈宋代印刷傳媒與讀者之接受反應〉,載《第十一屆宋代文學國際研討會論文集》,(上海:復旦大學出版社,2021),頁 304-317。

第四章　宋代雕版印刷之繁榮與朝廷之監控

摘要

　　印本之繁榮於宋代，筆者稱為知識革命，其中自有商品經濟供需相求之作用在。本論文梳理宋代印刷史料，討論雕版圖書在宋代之發展，有正反兩極之力量，相互拉抬牽扯。其一，是朝廷及民間對雕版印刷之推廣與普及；其二，是朝廷對書坊雕印圖書之監控與禁毀。首述雕版印刷之推廣與普及：雕版印刷價廉物美，傳播便捷，既有利可圖，又切合朝廷教養之意，於是右文政策獲得推動，印本文化於焉形成。印本流通，與寫本藏本競妍爭輝，影響傳播與接受；古籍整理之蓬勃，圖書雕版之繁榮，促成宋代文明之發達。次論朝廷對書坊刻書之監控與禁毀，雕版印刷之崛起，對於學術思潮、文化文明究竟生發哪些效應？傳世文獻多語焉不詳。唯朝廷對印本圖書之監控，徵存於《宋會要輯稿》、《續資治通鑑長編》等書中，大抵有洩露機密之虞者、有搖動眾情之慮者，多實施看詳禁毀。或因文集日記牽涉威信、機事、異端、時諱，亦毀板禁止；類編之科舉用書，忘本尚華、便利檢閱懷挾，助長僥倖者，亦禁止施行。從書肆雕版印刷之「日輯月刊，時異而歲不同」，又動輒遭受監控禁毀，從可推想印本之化身千萬，無遠弗屆，深入人心，所生發之種種傳媒效應。

關鍵詞

　　雕版印刷　印本文化　知識革命　圖書監控　右文政策

第一節　雕版印刷之崛起與知識革命

　　一個時代的政治、經濟、教育、科技，直接關涉到當代的文風和思潮。文風和思潮的走向，往往決定古籍整理與雕版印刷的門類和質量。寫本和印本，是古籍整理的成果，經過流通傳播，自然產生回饋，激盪當代的文風和思潮，往往轉變創作的定向，影響學風和思潮。尤其是雕版印刷大量刊刻圖書，對於保存文獻、紹介經驗、闡揚思想、宣傳理念、流通知識、傳播文化，皆有鼓勵和推動的作用。

　　雕版印刷之發明，造紙術和製墨術之成熟運用，為其先決之物資條件；石刻傳拓、璽印鐫刻、鏤版印布，則提供觸發之技術條件。[1]加上知識傳播之文化需求，「利用厚生」之市場導向，雕版印刷遂應運而生。學界研究指出：印刷術發明於隋唐，就考古發現印刷品實物而言，韓國新羅景德王十年（751）雕版《無垢淨光大陀羅尼經》；《陀羅尼經咒》有唐至德二年（757）成都龍池坊卞家刻本，及日本稱德天皇（770）印製本。唐懿宗咸通九年（868）王玠印造《金剛經》，這些佛教經文咒語，都緣於民生日用之市場需求。由此可見，佛教經典傳播之推助，是圖書複製新技術催生之一大主因，雕版圖書之崛起與發展，與供需相求大有關係。圖書之刊刻，則自五代馮道雕印監本《九經》，毋丘裔刊刻《文選》始。佛教大藏經自太祖開寶四年（971）《開寶藏》以來，先後有《契丹藏》、《崇寧萬壽藏》、《毗盧藏》、《思溪圓覺藏》、《思溪資福藏》、《越城藏》、《磧砂藏》、《普寧藏》九部藏經，對於雕版專才之培育、雕版印刷之發展、刻書中心之形成、印本圖書之傳播，以及對文風思潮之觸發激盪，在在產生巨大之推動力。[2]

---

[1]　李致忠：《古代版印通論》，第二章〈雕版印刷的發明〉，（北京：紫禁城出版社，2000.11），頁 8-16。

[2]　參考方豪：〈宋代佛教對中國印刷及造紙的貢獻〉，原刊《大陸雜誌》41 卷 4 期（1981），後輯入《宋史研究集》第七冊（1985）；李際寧：《佛經版本》，上編〈早期刻印本佛典〉，（南京：江蘇古籍出版社，2002.12），頁 21-25；宋原放主編：《中國出版史料》第一卷，蕭東發〈漢文大藏經的刻印及雕版印刷的發展〉，（武漢：湖北教育出版社，2004.10），頁 425-451。

　　論者稱「入宋之後，始可真正稱作圖書出版的開始」；印刷技術既有很大進步，因此，「兩宋可以說是中國雕版印刷的黃金時代」。[3]科技的發明和應用，改變了人類的文明。雕版印刷崛起，刊印典籍，訊息流通，無遠弗屆，隨時易得，轉換了知識傳播和接受的方式，於是藏本寫本文化逐漸變成印本文化。印本以量多、質高、物美價廉、閱讀便利、傳播快迅，促成知識革命，蔚為宋型文化之特色。論者稱：印刷術傳入歐洲後，變成新教的工具，變成復興的手段，變成精神發展創造必要前提的最大槓桿，中國印刷術有助於歐洲「文藝復興」，確實可考。同理可推：宋學與宋詩之形成，印刷術之繁榮，圖書之雕印刊行，自有推波助瀾之效應。[4]

　　就宋代而言，由於城市之繁榮，商品經濟之發展，市民階層之壯大，科舉考試取士眾多，各級教育相對普及，於是從中央到地方，從監本、公使庫本到坊刻本、家刻本，專業書商風起雲湧，古籍整理之成果易於保存原貌；雕版印刷及時刊出，可以減低亡佚，加以傳流當代，與文風思潮交相作用，彼此觸發，於是蔚為華夏文明的「登峰造極」。[5]宋代雕版印書，大抵分官刻本、家刻本、坊刻本三大類。官刻本中央以國子監所刻最知名，正經正史多出於監本。地方刻本則有公使庫本，州軍學、郡齋、郡庠、郡學、縣齋、縣學、學宮及各州府縣書院，亦皆有刻本。家刻本則由私人出資校刊，如南宋岳珂相臺家塾所刻《五經》，廖瑩中世綵堂刻《五經》及《韓集》、《柳集》，四川廣都費氏

[3]　說見尾崎康：〈宋代刊刻的發展〉，潘美月〈台灣收藏宋蜀刻本述略〉，故宮博物院主辦「宋元善本圖書學術研討會」論文集，2001 年 12 月 17-18 日。

[4]　筆者曾以宋人宗杜學杜成風，杜詩蔚為宋詩典範為例，撰成：〈杜集刊行與宋詩宗風──兼論印本文化與宋詩特色〉一文，約 50000 餘言，發表於「中國中世文學與文獻學國際學術研討會」，復旦大學古代文學研究中心，成功大學文學院、北京大學古文獻研究中心合辦，上海，2004 年 8 月 26-27 日。胡道靜：〈雕版印刷的重要文物──宋雕本〉引馬克思《機器‧自然力和科學的應用》，《中國印刷》第 14 期，1986 年 11 月。

[5]　王國維：〈宋代之金石學〉，《王國維遺書》第 5 冊，《靜安文集續編》，（上海：上海書店，1983），頁 70；陳寅恪：〈鄧廣銘《宋史職官考證‧序》〉，《金明館叢稿》二編，（臺北：里仁書局），頁 245-246；鄧廣銘：〈宋代文化的高度發展與宋王朝的文化政策〉，《鄧廣銘學術論著自選集》，（北京：首都師範大學出版社，1994），頁 162-171。《周勛初文集》第三冊，《文史知新》，〈宋人發揚前代文化的功績〉，（南京：江蘇古籍出版社，2000.9），頁 502-505。

進修堂刻《資治通鑑》、建安黃善夫家塾刻《史記》、《漢書》、眉山程舍人宅刻《東都事略》，皆為宋版精品。坊刻本指一般書商所刻書籍，兩宋書坊刻書，以浙江、福建、四川三地最盛，浙江如臨安府棚北大街陳宅「書棚本」，福建余仁仲萬卷堂所刻《春秋三傳》，福建麻沙、崇化書坊編刊纂圖互注重言重意之經書、子書，及科舉考試用書，多切合圖書市場之需求。[6]

　　筆者以為：文獻整理與經學、史學、哲學、文學之交互反饋，兩漢以來固然代代有之，而於趙宋一朝，最為凸顯。印本崛起，與寫本爭輝相得，於是印本文化與藏書文化相互為用，推波助瀾，蔚為知識之爆炸與革命，宋型文化所以與唐型文化不同，宋代經典研究之復興，學術著作風尚之改變，以及宋詩所以能於登峰造極之唐詩之後「自成一家」，形成錢鍾書所謂「詩分唐宋」之態勢，種種變革，印本文化之繁榮，自是其中一大關鍵。

　　學界針對古籍整理、圖書流通、雕版印刷、印本文化討論雖繁夥，然多謹守專業，就題論文。甚少由此引申發揮，研討古籍整理和圖書刊行所造成的文學效應、學術風潮，和文化形態。[7]經學界、史學界、思想界、文學界研究討論宋代各專業課題，亦往往忽略版本學、目錄學、文獻學，更遑論雕版印刷崛起後之圖書流通，知識之傳播與接受，引發之種種效應。筆者不敏，姑以此篇為嚆矢，嘗試作文獻學與文學間之學科整合研究，探討雕版印刷對宋代文風，尤其是宋詩特色生成之可能影響，分推廣普及、監看管控等方面論述之。

6　參考潘美月：〈宋刻唐人文集的流傳及其價值〉，國家圖書館、中央研究院歷史語言研究所、國立臺灣大學中國文學系編印《屈萬里先生百歲誕辰國際學術研討會論文集》，2006.12，頁178。

7　北宋刊本流傳，「對於中國儒家傳統文化的復興和宋學的產生及其發展所帶來的影響，遠不止於書院之勃興這一點，也不限於記誦之學變為義理之學，還有文化創造活動豐富的物質條件，文化傳承形式之多樣化、文化傳播速度之革命等等。」可惜只略提，未嘗論證。參考陳植鍔：《北宋文化史述論》，第一章第五節〈教育改革對宋學的推動〉，（北京：中國社會科學出版社，1992），頁142。李瑞良：《中國古代圖書流通史》，第四節〈圖書流通的社會效果〉，列舉印本書四大效益：一、促進商品經濟的發展；二、促進藏書體系之形成和藏書理論之發展；三、促進文獻學之發展；四、促進圖書市場的管理，頁308-331，並未談及文學或學術效應。尚學峰等：《中國古典文學接受史》，第五章第五節〈宋代的文獻整理與文學接受〉，（濟南：山東教育出版社，2000.9），則專就宋學之「懷疑精神和創造精神」作提示，亦未作論證。

第二節　宋代雕版印刷之推廣與普及

　　文學史之研究，不能畫地自限地局促在文學創作本身。應該採取宏觀之視
野，學科整合之方法，將研究觸角擴展到文學接受史、文學研究史，和文學思
想史各方面。就文學接受之研究而言，宋代文獻宏富，門類多樣，成為文獻學
史上繁榮昌盛的黃金時代。宋人對文獻整理的熱衷和投入，跟整個宋代圖書文
化事業的發達，息息相關。經、史、文、哲文獻之搜集、整理、編年、箋注、
評點，促進了宋代文學之學古通變，自成一家。論者稱：唐人文集流傳至今
者，應歸功於宋人之整理與刊行。宋人多方整理與研究唐代文集，或整理重
編、或裒集佚作、或版本校刊、或注解訓釋、或編年考證、或匯編點評；[8]筆者
以為：遍參諸本，有助於學古通變；出入眾作，方足以自成一家。宋代詩學常
強調學問之精粗、及器識之賢否，此皆與宋代之古籍整理與圖書刊行有關。因
為在整理古籍、閱讀文獻之餘，出入去取之間，自然接受傳承古籍的優長，既
可新變風格，代雄前人，更可開發特色拓展自我。古籍整理之成果，往往雕版
刊行，因此，對文學風尚之形成，具有催化作用，這是無庸置疑的。

（一）右文政策與雕版印刷

1. 雕印圖書，切合朝廷教養之意

　　宋代印本文化的形成，跟官府與民間皆盡心圖書編纂，致力圖書刊刻有
關。昭文館、史館、集賢院合稱三館，三館和祕閣，簡稱館閣，「掌凡邦國經
籍圖書」編纂、典藏、校勘、出版事宜。宋太宗淳化五年（994），國子監李至
上奏，建言將經史要籍刻版印刷，太宗從其議，於是國子監設官分職，掌理經
史雕印：

---

[8] 陶敏、李一飛：《隋唐五代文學史料學》，第二節〈宋元時期隋唐五代別集的整理與刊刻〉，（北
　　京：中華書局，2001.11），頁 31-37。

> （李至奏言：）「五經書疏已板行，惟二傳、二禮、《孝經》、
> 《論語》、《爾雅》、七經疏義未審，豈副仁君垂訓之意！今直講崔頤
> 正、孫奭、崔偓佺皆勵精強學，博通精義，望令重加讎校，以備刊
> 刻。」從之。（《宋史·李至傳》）

> 始置書庫監官，以京朝官充，掌印經史群書，以備朝廷宣索賜予之
> 用及出鬻而收其直以上于官。（《宋史·職官五》）

朝廷為推廣雕版印刷，國子監所刊書籍（監本）特准百姓出錢刷印，所謂
「許人納紙墨價錢收贖」。攸關民生日用之醫書，特別體恤「醫人無錢請
買」，故另行出版小字印本。大字監本外，雕印小字本，「只收官紙、工墨本
價，許民間請買」之變通措施，目的也只在「用廣流布」，如：

> （新校定《說文解字》）書成上奏，克副朕心。宜遣雕鐫，用廣流
> 布。……仍令國子監雕為印板，依《九經》書例，許人納紙墨價錢收
> 贖。（王國維《五代兩宋監本考》，《說文解字》十五卷，〈中書門下
> 牒〉）

> 今有《千金翼方》、《金匱要略方》、《王氏脈經》、《補注本
> 草》、《圖經本草》等五件醫書，日用而不可缺。本監雖見印賣，皆是
> 大字，醫人往往無錢請買，兼外州軍尤不可得。欲乞開作小字，重行校
> 對出賣，及降外州軍施行。（同上，《脈經》十卷，〈國子監准監關准
> 尚書禮部符〉）

自淳化五年至嘉祐六年（1061），北宋國子監整理刊印七經五義、《十七
史》、《資治通鑑》及醫書等，多下杭州鏤板。王國維《五代兩宋監本考》述
兩宋監本得 182 種，雕印校勘皆極精良，堪稱印本之典範。[9]監本在宋代雕版印

---

[9] 王國維：《五代兩宋監本考》，原載北京大學《國學季刊》一卷一期（1923.1），後輯入《王忠愨公
遺書》中。宋原放：《中國出版史料》第一卷，全文轉載，（武漢：湖北教育出版社，2004.10），頁
230-299。

刷之意義，除精校精印外，尚有推廣流通，平準書價之作用，如下列真宗朝及
哲宗朝之奏議所示：

> 曩以群書，鏤于方版，冀傳函夏，用廣師儒。期于向方，固靡言
> 利。將使庠序之下，日集于青襟；區域之中，咸勤于素業。敦本抑末，
> 不其盛歟！其國子監經書更不增價。（《宋大詔令集》卷一五〇，天禧
> 元年九月癸亥；《全宋文》第六冊，卷二五五，宋真宗四四，〈國子監
> 經書更不增價詔〉，頁 714）
>
> 天禧元年（1017）癸亥，上封有言，國子監所鬻書，其值甚輕，望
> 令增定。帝曰「此固非為利，正欲文籍流布耳。」不許。（清畢沅《續
> 資治通鑑》卷三十三，〈宋紀三十三〉）
>
> 右臣伏見國子監所賣書，向用越紙而價小。今用裏紙而價高。紙既
> 不迫，而價增於舊，甚非聖朝章明古訓以教後學之意。臣愚欲乞計工紙
> 之費，以為之價。務廣其傳，不以求利，亦聖教之一助。伏候敕旨。
> （陳師道《後山居士文集》卷十一，〈論國子賣書狀〉）

宋真宗時，上奏者將本求利，擬調高圖書價格，真宗以群書之鏤版，「冀
傳函夏，用廣師儒」，詔令「國子監經書更不增價」，敦本而抑末，固靡言
利。維持書價不增長，無異鼓勵讀書，「將使庠序之下，日集于青襟；區域之
中，咸勤于素業」，此段詔令與真宗〈勸學文〉，命意一致（詳下）。一言以
蔽之，真宗下詔不增書價：「固非為利，正欲文籍流布」二語，指示國子監鏤
版經書當「敦本抑末」，「固靡言利」，對雕版印刷之書價，自有平準之作
用。哲宗時（1086-1093），監本書價再因用紙高下，又擬提高。陳師道上奏，
重申「聖朝章明古訓」，以為監本圖書當謹守「務廣其傳，不以求利」之原
則，強調「所冀學者益廣見聞，以稱朝廷教養之意」。[10]由此觀之，雕版印刷之

---

[10] 陳師道：〈論國子賣書狀〉貼黃云：「臣惟諸州學所買監書，係用官錢買充官物。物之高下，何所損
益？而外學常苦無錢，而書價貴。以是在所不能有國子之書，而學者聞見亦寡。今乞止計工紙，別為
之價，所冀學者益廣見聞，以稱朝廷教養之意」可以互參。

繁榮，實與朝廷之「右文」政策有關。

太祖太宗以來，標榜崇儒右文，具體措施有二：印刷傳媒與科舉取士，而中介環節則是讀書博學。北宋知識傳播，除六朝以來傳統之寫本、藏本外，又增加了雕版印刷，為宋代士人參加科舉應試，詩人創作學古通變，提供絕佳之閱讀文本。真宗又御撰〈勸學文〉鼓吹之，其文曰：

> 富家不用買良田，書中自有千鐘粟。安居不用架高堂，書中自有黃金屋。出門莫恨無人隨，書中車馬多如簇。娶妻莫恨無良媒，書中自有顏如玉。男兒欲遂平生志，六經勤向窗前讀。（真宗皇帝〈勸學文〉，《古文真寶》前集卷首，日本宮內廳書陵部藏詳說大全本）

真宗推廣雕版圖書，發揮「朝廷教養之意」，又下詔勸學，以富貴榮華，如花美眷利誘鼓舞天下士人。於是教育普及，蔚為讀書風氣：「為父兄者，以子與弟不文為咎；為母妻者，以子與夫不學為辱」。習文與為學，非有充足之圖書教材不為功，雕版印刷之化身千萬，無遠弗屆，正可以滿足都會或鄉野士人之殷切需求。

所謂「朝廷教養之意」，除貫徹右文政策外，「利用厚生」之民生實用需求，更是雕版印刷繁榮之一大誘因。試觀唐代日曆之印刷，律令、兵法、考試用書，以及宗教信仰如佛像、佛經、經咒，由手繪手鈔而鏤版印行，到宋代發展為大規模之佛藏道藏之雕版印刷，即是顯例。宋仁宗朝整理校定醫書，先後「奉聖旨鏤版施行」，所謂「人命至重，有貴千金；一方濟之，德諭於此」，亦與民生日用有關：

> 大凡醫書之行於世者，皆仁廟朝所校定也。案《會要》：嘉祐二年，置校正醫書局於編修院……每一書畢即奉上，億等皆為之序，下國子監板行。並補注《本草》、修《圖經》、《千金翼方》、《金匱要略》、《傷寒論》，悉從摹印，天下皆知學古方書。嗚呼！聖朝仁民之意溥矣。（陳振孫《直齋書錄解題》卷十三，《外臺秘要方》四十卷按

語）

　　王安石變法後，於神宗熙寧九年（1076）設立大醫局，促進醫學教育之獨立發展，如王惟一著《銅人腧穴針灸圖》、裴宗元、陳師文撰《太平惠民和劑局方》五卷，即其顯著成果。熙寧十年，校正刊刻大批醫書，如《黃帝內經》、《難經》、《傷寒論》、《金匱要略》、《脈經》、《諸病源候論》、《千金要方》、《千金翼方》、《外臺秘要方》等，整理醫方驗方，流傳至今，活人無數，於國計民生最具實用價值。民間書肆雕印者，亦多為日常必備、民生日用之書，如啟蒙書、隨身寶、醫藥方、陰陽術數、科舉程文、農業動植等等，要皆切合民生需求，而雕版無數，雕版印刷對知識之普及，自有貢獻。

　　大部頭類書叢書之修纂與刊刻，對於知識傳播、圖書流通、文學創作與評論，以及印本文化之形成，亦有激盪催化之功。如宋太宗（939-997）敕修《太平御覽》1000 卷、《太平廣記》500 卷、《文苑英華》1000 卷；真宗（968-1022）敕修《冊府元龜》1000 卷，號稱為「宋朝四大書」，即是北宋館閣圖書編纂刊行的政績。這四部大型圖書的整理，先是寫本，後來刊刻印行，堪稱北宋文化界的盛事：《太平御覽》載百家，《太平廣記》載小說，《文苑英華》載辭章，《冊府元龜》載史事。

　　類書之編纂，使「操觚者易於檢尋，註書者利於剽竊」，在右文崇儒之宋朝，由於士林需求殷切，故數量不少，見諸《四庫全書總目》著錄，除上述四大類書外，尚有學者士林新編類書，如吳淑《事類賦》三十卷、高承拱《事物紀原》十卷、馬永易《實賓錄》十四卷。存目類亦琳瑯滿目，如晏殊《類要》一百卷，徐晉卿《春秋經傳類對賦》一卷、劉邠《文選類林》十八卷，方龜年《記事新書》七十卷、呂祖謙《詩律武庫前後集》三十卷、詹光大《群書類句》二十七卷、蕭元登《古今詩材》八卷、周守忠《姬侍類稿》一卷、劉達先《璧水群英待問會元選要》八十二卷、劉應李《翰墨大全》一百二十五卷、楊萬里《四六膏馥》七卷、劉班《兩漢蒙求》、裴良甫《十二先生詩宗集韻》二十卷，不著撰人之《裁纂類函》一百六十卷、《萬卷精華》一九四卷、《敏求

機要》十六卷等 35 種。其中，考試參考用書尤其熱門。如任廣《書敘指南》二十卷、葉廷珪《海錄碎事》二十二卷、鄧名世《古今姓氏書辨證》四十卷、唐仲友《帝王經世圖譜》十六卷、孫逢吉《職官分紀》五十卷、呂祖謙《歷代制度詳說》十二卷、祝穆《事文類聚》二三六卷、潘自牧《記纂淵海》一百卷、章定《名賢氏族言行類稿》六十卷、陳景沂《全芳備祖》五十八卷、章如愚《山堂考索》二二二卷、謝維新《古今合璧事類備要》三六六卷、黃履翁《源流至論》四十卷、王應麟《玉海》二百卷、《小學紺珠》十卷、楊伯嵒《六帖補》二十卷、陰時夫《韻府群玉》二十卷等，方便世用，令人目不暇給。[11]

　　宋朝中央十分重視圖書傳播，先後設置許多圖書機構，分別職掌圖書之收藏、整理、編寫、雕印等文化工作。自秘書省、崇文院、提舉所、秘閣、校勘所、編校所、補寫所外，又有著作局、史館、實錄院、編修院、會要所、國史院、政典局、印經院、書板庫、印曆所等官方圖書機構。[12]為古籍整理與圖書刊行之文化工程，進行示範、推動之作用。林林總總，藉此實現「以文德致治」、「以文化成天下」的理想，本是宋太宗的政治策略；這跟宋朝開國以來一貫倡導的「崇儒右文」政策是完全切合的。[13]雕版印刷在宋代，官府部門，自中央國子監，到各路、州、縣，甚至學校，多有刻書；其中，國子監所刻，尤稱量多質佳。民間出版事業，亦活躍多元，舉凡書坊、家塾、書院、寺廟、社團，亦多刊行圖書，其中尤以坊刻、家刻、書院刻書較具特色，[14]蔚為宋版書之主體。

---

[11] 永瑢等：《欽定四庫全書總目》卷一百三十六、一百三十七，〈子部類書類〉，（臺北：藝文印書館，1974.10），頁 2649-2668，頁 2686-2694。

[12] 郭聲波：《宋朝官方文化機構研究》，第四章〈宋朝官方圖書機構〉，（成都：天地出版社，2000.6），頁 87-128。

[13] 姚瀛艇主編：《宋代文化史》，第一章〈宋廷的右文政策〉，（開封：河南大學出版社，1992.2），頁 16-26。崇儒右文，見《宋會要輯稿》宣和四年詔，紹興十四年，上曰：「崇儒尚文，治世急務。」參考明·陳邦瞻：《宋史紀事本末》，卷七〈太祖建隆以來諸政〉，卷十七〈太宗致治〉，（上海：上海古籍出版社，1994.7），頁 14、頁 35-36。

[14] 同註 1，第五章第二節〈宋代的刻書機構與版印概況〉，按其投資和經營性質，分為官刻、私刻，和民間刻三大系統，頁 90-111。參考周寶榮：《宋代出版史研究》，第二章〈繁榮的圖書出版〉，（鄭州：中州古籍出版社，2003.8），頁 58-90。

2. 價廉物美，傳播便捷，印本有利可圖

　　紙張未發明之前，知識流通、文化傳播或刻之甲骨，或銘之鐘鼎，或書之縑帛，或筆之竹簡。帛書成本高，簡書材質重，皆不便於民，所謂「惠施其書五車」，蓋指竹簡而言。東漢蔡倫改良造紙技術，於是知識傳播進入寫本時代。紙張書寫雖較縑帛竹簡便利，然圖書複製數量小、速度慢，未能滿足讀者、作者，以及消費者之需求，顧炎武曾言：

　　　　唐以前書卷，必事傳寫，甚至編韋續竹、裁蒲葺柳；而浮屠之言亦
　　惟山花貝葉，綴集成文。學者於時，窮年筆札，不能聚其一，難矣！
　　（清顧炎武《金石文字記》卷二十八）
　　　　今人事事不如古，固也；亦有事什而功百者，書籍是也。三代漆文
　　竹簡冗重艱難，不可名狀；秦漢以還浸知鈔錄，楮墨之功簡約輕省，數
　　倍前矣。然自漢至唐猶用卷軸，卷必重裝，一紙表裏，常兼數番，且每
　　讀一卷或每檢一事，紬閱展舒甚為煩數，收集整比彌費辛勤。至唐末宋
　　初，鈔錄一變而為印摹，卷軸一變而為書冊，易成、難毀、節費、便
　　藏，四善具焉。遡而上之，至於漆書竹簡，不但什百而且千萬矣。士生
　　三代後，此類素為不厚幸也。（明胡應麟《少室山房筆叢》卷四，〈經
　　籍會通四〉）

　　無論書之竹帛，或寫於紙張，圖書傳寫、知識複製之速度及數量，總是緩不濟急。不能滿足作者與讀者之需求，亦不能滿足藏書家與書商之期待，尤其是宗教信仰、日用醫藥、學校教育、書院講學、科舉程文方面的市場需求，更加迫切。自從雕版印刷用來刊印圖書，書籍複製之質量暴增，傳播知識更快速、更精準，不但無遠弗屆，且容易流傳，不致散佚。顧炎武、胡應麟感慨竹簡、帛書傳寫之艱難，知識傳播之事倍功半，印本與之相較，則「事什而功百」。胡應麟提及雕版印刷帶來書籍裝幀之改變，尤其強調印本具備「易成、難毀、節費、便藏」四大優長。因此，對於心得之傳承、理念之宣揚、創意之開發，以及人類文明之增進，皆有貢獻，很值得大書特書。

　　仁宗慶曆年間（1041-1048），畢昇（？-1051？）發明活字版印刷，沈括《夢溪筆談》卷十八〈技藝〉稱：活字版「若止印三二本，未為簡易；若印數十百千本，則極為神速」，更是圖書流通史、印本文化史上值得大書特書的事件，可惜活字成本過高，一時未能推廣，致傳世印本稀少。就雕版刊刻的數量成效而言，「若止印三二本，未為簡易；若印數十百千本，則極為神速」，與活字印刷同功。何況裝幀講究、文字精確、美觀大方、而又賞心悅目。再就雕印之範圍而言，北宋刻書，已遍及經、史、子、文、哲各圖書部類，[15]圖書產量急遽增加，因為成本下降，導致書價低廉，購求容易。試觀宋真宗（968-1022）與國子祭酒邢昺（932-1010）之問對、與資政殿大學士向敏中（949-1020）之對話，即可窺見其中端倪：

　　　　（真宗景德二年，1005）幸國子監閱書庫，問祭酒邢昺「書版幾何？」昺曰：「國初不及四千，今十餘萬，經史正義皆具。臣少時業儒，觀學徒能具經疏者百無一二，蓋傳寫不給。今板本大備，士庶家皆有之，斯乃儒者逢時之幸也。」（南宋李燾《續資治通鑑長編》卷六十，景德二年五月戊辰朔，頁1333）
　　　　（真宗皇帝）謂（向）敏中曰：「今學者易得書籍。」敏中曰：「國初惟張昭家有三史。太祖克定四方，太宗崇尚儒學，繼以陛下稽古好文，今三史、《三國志》、《晉書》皆鏤板，士大夫不勞力而家有舊典，此實千齡之盛也。」（同上，卷七十四，大中祥符三年十一月壬辰，頁1694）

　　邢昺回答真宗問經版，所謂「國初不及四千，今十餘萬」，可見刻本書籍到真宗朝成長25倍，真宗朝自是北宋刻本印書激增之時。至於邢昺所謂「傳寫不給」，即是指寫本售價高昂，購書不易而言。當時士人讀書少，藏書不多可

---

[15] 李瑞良：《中國古代圖書流通史》，第五章第一節〈圖書生產的重大變革〉，一、〈雕版印刷的繁榮〉；二、〈刻書業的特點〉，（上海：上海人民出版社，2000.5），頁246-263。

以想見。反觀宋真宗時，「學者易得書籍」，「士大夫不勞力而家有舊書典」，即是拜雕版印刷發達之恩賜。詩人生於「逢時之幸」、「千齡之盛」的真宗仁宗朝，圖書流通如此迅速，知識獲取又如此便捷而豐厚，自然衝擊文學表現的方式，牽動文學批評理論的主張和走向，甚至影響宋學的產生，以及宋文化的形成，這是可以斷言的。

依據《續資治通鑑長編》卷一○二，仁宗天聖二年（1024）十月辛巳條引王子融之言稱：「日官亦乞模印曆日。舊制，歲募書寫費三百千；今模印，止三十千」；由此可知：手工鈔寫較雕版印刷昂貴 10 倍，印本書的價格只需寫本的十分之一。以宋代監本書價而言，宋真宗堅持「固非為利，正欲文籍流布」之目的；陳師道上書哲宗，反對監本增價，亦強調「務廣其傳，不亦求利」之教養意義。一般而言，印本書價大約與印刷工本費相當，監本以外的其他圖書也大抵如此。到了南宋，雕版更加流行，版本既多，市場競爭激烈，於是書價更加便宜，試看沈虞卿黃州郡齋刊本《小畜集》序、象山縣學刻本《漢雋》題記、舒州公使庫本之牒文：

> 竊見王黃州《小畜集》，文章典雅，有益後學，所在未曾開板。今得舊本，計一十六萬三千八百四十八字。……今具雕造《小畜集》一部共八冊，計四百五十二板，合用紙墨工價等項：印書紙並副板四百四十板。表楷碧紙一十一張，大紙八張，共錢二百六文足；賃板棕墨錢五百文足；裝印工食錢四百三十文足。除印書紙外，共計錢一貫一百三十六文足。見成出賣，每部價錢五貫文省。右具如前。（南宋高宗紹興十七年沈虞卿黃州郡齋刊本《小畜集》〈序〉）
>
> 象山縣學《漢雋》，每部二冊，見賣錢六百文足。印造用紙一百六十幅，碧紙二幅，賃板錢一百文足，工墨裝背錢一百六十文足。（象山縣學刻本《漢雋》題記）
>
> 舒州公使庫雕造所：本所依奉台旨校正到《大易粹言》，雕造了畢。……今具《大易粹言》壹部計貳拾冊，合用紙數印造工墨錢下項：紙副耗共壹仟參百張，裝背繞青紙參拾張，背青白紙參拾張，棕墨糊藥

> 印背匠工食等錢共壹貫五百文足，憑板錢壹貫貳百文足，本庫印造見錢
> 出賣每部價錢捌貫文足。下為右具如前。淳熙三年正月□日雕造所貼司
> 胡至和具。（舒州公使庫本《大易粹言》牒文）

　　研究指出：北宋嘉祐四年（1059），一部《杜工部集》在蘇州售價為 100
文，熙寧八年（1075），蘇州米價每石（120 斤）500 文，每部杜詩，相當 24
斤米的價錢。南宋高宗紹興十七年（1147），刻印一部《小畜集》30 卷，成本
費為 290 文，而售價 3850 文，盈利為 2780 文；換言之，每售出一部，即有 233
％之高利潤。《漢雋》全書凡十卷，「見賣錢六百文足」，是購買成書的價
錢；一部書售價 600 文足，扣除工本費 356 文，盈餘為 244 文，利潤高達 70
％。《大易粹言》凡十卷，一部二十冊，成本費為貳貫柒百文；公使庫本賣出
「每部價錢捌貫文足」，可見每賣一部，即有伍貫參百文之利潤。論者研究指
出：北宋時，每人每月生活費需三貫，南宋時應為六貫，官員的消費應高於
此。[16]宋代刻書成本與利潤的比例，較諸每月生活費指數，其利潤之優厚由此可
見一斑。圖書出版的利潤雖高，然與其他百業相比，並非最高。總而言之，宋
代的書價是便宜的，雕版印刷技術之進步，使圖書出版業者能以低成本、高效
率獲得利潤，因此能刺激買氣，活絡圖書市場，間接也促成了文風與學風之轉
向。[17]

　　宋代既大規模開科舉士，蔚為文官政治，貢舉每年取士之多，號稱空前絕
後。[18]於是形成一個有才、有學、有閒，又不愁生計之文官群體，於公餘之暇，

---

[16] 日本學者衣川強撰，鄭樑生譯本：《宋代文官俸給制度》，以宋代米價及其消費量、士兵與太學生之
　　副食錢，推算宋人之消費指數，（臺北：商務印書館，1977.1）。

[17] 印本書價與寫本之比，參考錢存訓：《中國古代書籍紙墨及印刷術》，〈中國發明造紙和印刷術早於
　　歐洲的原因〉，（北京：北京圖書館出版社，2002.12），頁 243；陳植鍔：《北宋文化史述論》，第
　　一章第五節〈教育改革對宋學的推動〉，（北京：中國社會科學出版社，1992.3），頁 139-141。至於
　　雕版印刷諸刊本的書價，可參考曹之：《中國印刷術的起源》，第十章第四節〈宋代書業貿易之發
　　達〉，「宋代的書價」，（武昌：武漢大學出版社，1994.3），頁 434-436；袁逸：〈中國歷代書價
　　考〉，《編輯之友》1993 年 2 期。

[18] 張希清：〈論宋代科舉取士之多與冗官問題〉，《北京大學學報》1987 年第 5 期。

得以投身文化學術活動。朝廷優禮文官，俸祿優厚，《古今合璧事類備要‧後集》卷六論俸祿，所謂「國朝之待臣甚厚，養吏甚優，此士大夫自一命以上，皆樂於為用，蓋以有養其身而固其心也」。清趙翼《廿二史札記》卷二十五，論〈宋制祿之厚〉亦謂：宋廷「待士大夫可謂厚矣！唯其給賜優裕，故入仕者不復以身家為慮，各自勉其治行」。由此觀之，宋代上至朝臣，下至地方官吏，所謂士大夫者，要皆科舉出身，享有優厚之俸祿。士大夫俸祿優厚，經濟寬裕，消費能力強，對於圖書購買，雕版印刷繁榮，自然是一大助力。

（二）古籍整理與雕版印刷

1. 圖書雕版之繁榮與宋代文明之發達

宋代古籍整理之成果，或以刻本流通，或以寫本傳鈔，品類繁多，幾乎囊括經學、史學、方伎、哲學、文學各門類。朝廷印書，搜訪校勘，殫精竭力，務在推廣流傳，始終如一，於是促成宋代印本之繁榮，如：

（《說文解字》）歷代傳寫，偽謬實多，六書之踪，無所法取；若不重加刊正，漸恐失其源流。爰命儒學之臣，其詳篆籀之迹。……商榷是非，補正闕漏……用廣流布。（雍熙三年（986）御批雕印《說文解字》，葉德輝《書林清話》卷二引）

余猶及見老儒先生，自言其少時，欲求《史記》、《漢書》而不可得；幸而得之，皆手自書，日夜誦讀，惟恐不及。近歲市人轉相摹刻諸子百家之書，日傳萬紙。學者之於書，多且易致如此，其文詞學術，當倍蓰於昔人。（《蘇軾文集》卷十一，〈李氏山房藏書記〉）

太宗皇帝始則編小說而成《廣記》，纂百氏而著《御覽》，集章句而製《文苑》，聚方書而譔《神醫》。次復刊廣疏于九經，較闕疑于三史，修古學于篆籀，總妙言于釋老，洪猷丕顯，能事畢陳。朕適遵先志，肇振斯文，載命群儒，共司綴緝。……凡一千卷。（《玉海》卷五四，《全宋文》卷二六二，宋真宗《冊府元龜‧序》）

整理古籍，而後雕版印行，為宋人繼承文化遺產的兩大學術工程：[19]御批雕印《說文解字》所謂「商榷是非，補正闕漏」，是古籍整理的重點；版本「刊正，用廣流布」，是古籍整理之目標。在蘇軾（1036-1101）身處之神宗哲宗朝，已有「市人轉相摹刻諸子百家之書，日傳萬紙」之雕版書籍流傳；「烏臺詩案」亦可能因蘇詩傳鈔雕版，印刷流傳而罪證確鑿。[20]從而可見，雕版印刷對圖書流通、信息傳播之神奇能量。四部要籍所以流傳後世，沾溉無窮，宋人之整理古籍與雕版印刷兩位一體之學術工程，當居首功。宋初以來，崇尚文治，持續編纂雕印《太平廣記》、《太平御覽》、《文苑英華》、《冊府元龜》、醫書、經籍、史志、字書、佛老，亦先後刊刻出版，傳播流通。自北宋開國以來，整理古籍，搜羅亡佚；精選善本，鏤版流傳，始終不遺餘力，如：

> 國家用武開基，右文致治。自削平於僭偽，悉收籍其圖書，列聖相承，明詔屢下，廣行訪募，法漢氏之前規；精校遺亡，按開元之舊目。大闢獻書之路，明張立賞科，簡編用出於四方，卷秩遂充於三館，藏書之盛視古為多。艱難以來散失無在，朕雖處干戈之際，不忘典籍之求。每令下於再三，十不得其四五，今幸臻于休息，宜益廣于搜尋。（《宋會要輯稿》〈崇學四〉，高宗紹興十三年（1143）七月九日詔書）

> 紹興之初，已下借書分校之令，至十三年詔求遺書，十六年又定獻書推賞之格，圖籍於是備矣。然至今又四十年，承平滋久，四方之人益以典籍為重。凡搢紳家世所藏善本，監司郡守搜訪得之，往往鋟板以為官書，所在各自板行。（《宋會要輯稿》〈崇學四〉，孝宗淳熙十三年（1186）九月二十五日祕書郎莫叔光言）

---

19 張舜徽稱：宋代學者氣象博大，學述途徑至廣，治學方法至密，舉凡清代樸學家所矜為條理縝密，義據湛深的整理舊學的方式與方法，悉不能超越宋代學者治學的範圍。並且每門學問的講求，都已由宋代學者們創闢了途徑，準備了條件。《張舜徽學術論著選》，〈論宋代學者治學的廣闊規模及替後世學術界所開闢的新途徑〉，（武漢：華中師範大學出版社，1997），頁184-216。

20 （日）內山精也：〈蘇軾文學與傳播媒介──試論同時代文學與印刷媒體的關係〉，文中呼籲研究宋詩之學者，「有必要以印刷媒體為一個視點，來探討作者的表現意圖」，可謂先得我心之所同然，《新宋學》第一輯，（上海：上海辭書出版社，2001.10），頁251-262。

　　北宋圖書流傳至南宋洪邁時（1123-1202），「無傳者十之七八，藏書多寫本孤行，極易亡佚故。」由此可以間接推知：雕版印刷在北宋尚未普及；否則，印本圖書複本大量流通，亡佚無傳之情況，將不如是之嚴重。論者以為：雕版印刷之普及，時間當在南北宋交替之際。[21]尤其靖康之難，圖書亡佚滋多，高宗再三下詔，廣求典籍，卻「十不得其四五」。尋又詔求遺書，定獻書推賞之格，於是圖書大備。至孝宗淳熙間，搜訪「搢紳家世所藏善本」，「往往鋟板以為官書」。朝廷搜羅亡佚，劍及履及若此；善本鋟板，化身千百，推廣普及又若彼，監本圖書遂成為其他官刻本、坊刻本、家刻本、書院刻本之楷模，對於印本圖書與寫本爭輝，甚至取代寫本，壟斷圖書市場，蔚為印本文化，確有推波助瀾之效應。

　　雕版印刷之普遍繁榮，提供科舉取士、庠序教育、書院講學、古籍整理、著書立說、創作批評，以及其他民生日用諸多便利。知識之傳播與接受，除傳統之寫本外，更增加印本之快捷便利。宋代學術，興盛一時，無論經學、史學、理學、文學、繪畫、書法、考古或科技方面，皆極有成就。論者以為：「印刷術的普遍運用，被認為是宋代經典研究的復興，及改變學術和著述風尚的一種原因」；[22]筆者亦以為：宋代士人較諸唐人，於寫本圖書之外又接受更多印本書籍，勢必引發學習心態、閱讀習慣、創作技巧、批評視角、著述策略，以及思維方法上，諸多發明與新變，是否因此塑造宋型文化之輝煌，有待論證。不過，前輩學者對宋代文化與文明之發展，皆持高度贊揚：陳寅恪稱：「華夏民族之文化，歷數千年之演變，造極於趙宋之世」；鄧廣銘亦謂：「兩宋期內的物質文明和精神文明所達到的高度，可以說是空前絕後的！」筆者以為，此與雕版印刷空前繁榮於兩宋，彼此相濟為用，其中自有因果關係。

---

[21] 洪邁：《容齋隨筆》卷七，〈國初文籍〉，（上海：上海古籍出版社，1995.3），頁 884-885。參考同註 15，曹之：《中國印刷術的起源》，頁 364-371。

[22] 錢存訓：《中國紙和印刷文化史》，第十章，四、〈印刷術在中國社會和學術上的功能〉，（桂林：廣西師範大學出版社，2004.5），頁 356-358。

2. 印本流通，與寫本爭輝，影響傳播與接受

　　自宋初太宗（939-997）注重訪求圖書，「遺編墜簡，宜在詢求」；「補正闕漏，用廣流布」，蓋朝廷以為「教化之本，治亂之原」，當取法書籍。其後真宗、仁宗諸朝以來遵循故事，積極廣收圖籍，訪求亡逸，校定訛謬，募工傳寫，設官綜理，庶成其事。或以之置藏宣和殿、太清樓、秘閣三舘，或以之鏤板刊行，化身千萬，到南宋紹興年間，三舘藏書之盛，方能如此豐富。據文獻記載，兩宋官方古籍整理之圖書，無論刪繁補闕、重編新錄；或借本繕寫，精心讎校，終皆進呈三舘典藏，其中有藏本和印本之分。所謂藏本者，大抵皆為寫本或鈔本，訪得善本，「鋟版以為官書」者有之，公藏典籍能刻板雕印者相對於寫本，亦顯然有限，絕大部分的藏本都是寫本、鈔本。

　　考真宗仁宗朝推廣雕版印刷，已略具規模；至宋室南渡，高宗詔令「監中闕書，次第鏤版」，於是在南北宋之交圖書傳播，印本與寫本交相爭輝，晁公武《郡齋讀書志》、尤袤《遂初堂書目》可以考見。由於商品經濟之繁榮，促使南宋刻本書激增，刊書地點擴展。考趙希弁撰成《郡齋讀書志・附志》於淳祐九年（1249），陳振孫《直齋書錄解題》完稿於淳祐九年致仕後，二書之所著錄，「刻本書超過了寫本書」，成為圖書流通、知識傳播之主角，時當十三世紀中期。[23]考察刻本由崛起、發達，到與寫本相互爭輝，到刻本書數量超過，甚至取代寫本，獨擅勝場，其中自有商品經濟「供需相求」之催化與促成在。

　　學者研究指出：印本增多，便利私人藏書；印本崛起，對寫本、閱讀、庋藏，以及前代詩集整理，多有影響。而且書籍之廣泛流通，必然影響當時之思想與文學。[24]不過，搢紳家所藏稿本寫本善本，經官方雕印頒行，既可廣祕府之儲，且以傳播天下，有益圖書之流通。論者稱：「宋三百年間，鋟板成市，板本布滿於天下。而中秘所儲，莫不家藏而人有。無漢以前耳受之艱，無唐以前

---

[23] 宿白：《唐宋時期的雕版印刷》，〈南宋刻本書的激增和刊書地點的擴展〉，引王重民之說，（北京：文物出版社，1999.3），頁106。

[24] （美）艾・郎諾：〈書籍的流通如何影響宋代文人對文本的觀念〉，沈松勤主編：《第四屆宋代文學國際研討會論文集》，（杭州：浙江大學出版社，2006.10），頁98-114。

手鈔之勤。讀書者事半而功倍，何其幸也。」所謂「士大夫不勞力而家有舊
典，此實千齡之盛」，誠非虛言。金鶚〈漢唐以來書籍制度考〉亦云：「至板
本盛行，摹印極便，聖經賢傳乃得家傳而人誦，固亦有功名教矣！」[25]印本使用
之便利，傳播之快捷，知識流通之迅速，無論聖經賢傳，子史文集，多因此而
容易「家傳而人誦」，既有功於名教，自影響宋代之學術風尚。

依據《宋史·藝文志》統計：宋初開國，圖書才萬餘卷；仁宗慶曆十一年
（1041）纂修《崇文總目》，已著錄藏書 30,669 卷；終北宋之世，圖書目錄，
凡 6,705 部，73,877 卷。南宋孝宗淳熙五年（1178）編次《中興館閣書目》，著
錄藏書 44,486 卷；寧宗嘉定十三年（1220），編修《中興館閣續書目》，再著
錄 14,943 卷。《宋史·藝文志》所著錄四部典籍，共 9,819 部，119,972 卷。以
上，但就官方公藏圖書而言，已如此琳瑯滿目，汗牛充棟。南宋周密所述私人
藏書之豐富，直可媲美公家度藏，然亦不免於散佚，如云：

> 宋承平時，如南都戚氏、歷陽沈氏、盧山李氏、九江陳氏、鄱陽吳
> 氏、王文康、李文正、宋宣獻、晁以道、劉壯輿，皆號藏書之富。邯鄲
> 李淑五十七類二萬三千一百八十餘卷，田鎬三萬卷，昭德晁氏二萬四千
> 五百卷，南都王仲至四萬三千餘卷。而類書浩博，若《太平御覽》之
> 類，復不與焉。次如曾南豐、及李氏山房，亦皆一、二萬卷。……至若
> 吾鄉故家，如石林葉氏、賀氏，皆號藏書之多，至十萬卷。其後齊齋倪
> 氏、月河莫氏、竹齋沈氏、程氏、賀氏，皆號藏書之富，各不下數萬餘
> 卷，亦皆散失無遺。近年惟直齋陳氏書最多……至五萬一千一百八十餘
> 卷……近亦散失。（周密《齊東野語》卷十二，〈書籍之厄〉）

---

[25] 《宋會要輯稿·崇儒四》引《孝宗會要》淳熙十三年丙午，（開封：河南大學出版社，2001.9），頁
259。章權才：《宋明經學史》，第二章第二節〈鏤版印刷的發明與經籍的廣泛傳播〉，引吳激說，
（韶關：廣東人民出版社，1999.9），頁 58。金鶚：《求古錄禮說》，卷十五〈漢唐以來書籍制度
考〉，《中國哲學書電子化計劃》，維基百科。袁咏秋等：《中國歷代國家藏書機構及名家藏讀敘傳
選》，（北京：北京大學出版社，1997.12），頁 178。

　　南北宋藏書如此豐富繁多，仍不免於散佚，其中若為寫本、鈔本，複本不多，則亡佚後將難以恢復舊觀；若屬印本刻本，則同時複本在 100 部以上，此佚他存，書籍之散佚危厄將不如是之甚。幸宋代刻書業興盛，不僅前人著作陸續開雕傳世，以供研讀借鏡；即當代作品亦多印刷成書，因得流傳後世。宋代之版刻，對於書籍之流布，知識之傳播，貢獻極大。王世貞《朝野異聞錄》載：明權相嚴嵩被抄家時，發現家藏宋版書 6853 部，可見明代宋版書流傳之一斑。宋版書存世於今者，日本阿部一郎教授考察，全世界約有 2120 種，凡 3230 部以上。由宋代之藏書目錄，明代宋版書之流傳，以及當代海內外宋版書之著錄，可以推想宋代圖書流傳之盛況。[26]

　　據此，考察嚴羽《滄浪詩話·詩辨》所謂「詩有別材，非關書也；詩有別趣，非關理也。然非多讀書、多窮理，則不能極其至。」筆者以為：此或針對印本圖書流行，購求容易，「學者易得書籍」，「士大夫不勞力而家有舊典」而發。嚴羽《滄浪詩話》一書編成於理宗時代，據陳振孫《直齋書錄解題》著錄，此時刻本書已超過寫本書；知識傳播既更加便利，勢必對讀書窮理、創作評論生發許多影響。何況，嚴羽為福建邵武人，紹武東鄰麻沙，坊刻圖書亦極興盛。福建建陽建安為當時雕版印刷重鎮，知名之刻書中心；刻書既豐富多元，藏書家亦隨之興起。圖書信息充沛如此，江西詩風「以文字為詩、以議論為詩、以才學為詩」遂因時乘勢流行。嚴羽蓋深體圖書與創作之依違成敗關係，故下此轉語。謂作詩「非多讀書、多窮理，則不能極其至」，可見印本寫本爭輝，文學創作、文學評論自有接受與影響。

　　由此觀之，有印本藏本圖書提供豐富資料，容易造成宋人「資書以為詩」，「總在圈繢中求活計」之習氣，影響所及，詩歌創作和文學評論遂產生嚴羽《滄浪詩話》所謂「以文字為詩、以才學為詩、以議論為詩」；強調「字字求出處」，「讀書破萬卷」；主張學古變古、點鐵成金、奪胎換骨、以故為

---

[26] 楊渭生等：《兩宋文化史研究》，第十一章〈宋代的刻書與藏書〉，二、〈版本的流傳〉，（杭州：杭州大學出版社，1998.12），頁 485-487。陳堅、馬文大：《宋元版刻圖釋》，〈宋代版刻述略〉，（北京：學苑出版社，2000），頁 21。

新、死蛇活弄，而以「出入眾作，自成一家」為依歸。圖書的雕版刊行，影響文學風尚，可謂勢所必至，理有固然！

第三節　朝廷對書坊雕印圖書之監控與禁毀

鈔本寫本作為圖書複製之方法，一則費時費力，不能滿足市場需求；再則效率不彰，短時間很難傳鈔大量複本；三則卷帙龐大，翻閱攜帶不便；四則價格昂貴，流傳不廣，較易散佚；五則文字錯漏，未經校刊，準的難依。於是從中央到地方，從官府到民間，從作者到讀者，從賣書者到買書者，包括借書、鈔書者，藏書家、閱讀者，都期盼圖書複製新技術之產生，可以化身千萬，無遠弗屆。由於社會的需求，消費的導向，雕版印刷乃應運而生。

自雕版印刷崛起，印本圖書相較於寫本鈔本，無論閱讀、研究、攜帶、流傳，皆有許多「便於人」的傳播功能；印本發行數量龐大，圖書版本多元，由於書價低廉易得，裝幀印刷賞心悅目，所以廣受讀書人歡迎，能夠滿足市場需求。不僅化身千萬，無遠弗屆，而且資訊傳播迅速，影響層面廣大而深遠。印本崛起，與寫本並行，對於知識之傳播與接受，圖書之流通與典藏；閱讀之態度、研究之視角、創作之方向、學術之風氣，在在都有其影響；對於科舉之取士、書院之講學、教育之普及、文化之轉型，筆者以為：多與印本之繁榮發達有關。印本之崛起，筆者稱為知識之革命，上述課題，多值得深思與探討。

不過，話說回來，翻檢宋代有關文獻史料，明顯稱賞、充分肯定雕版印刷之功能者十分有限，或者民生日用而不自知，或者習慣成自然；總之，直接正面、明確詳實之推崇雕版印刷之功能者不多。相形之下，朝廷對書坊雕印圖書之監察管控，文獻資料反而較豐富。梳理資料，考察問題，朝廷對書坊雕刻圖書，大抵採取四大手段：一、以洩露機密為由，實施看詳禁毀；二、以搖動眾情為由，進行監控除毀；三、雕印文字牽涉威信、機事、異端、時諱，毀板禁止；四、科舉用書，為杜絕懷挾僥倖，禁止施行。朝廷對雕版之禁令僅管嚴切

有加，結果「禁愈嚴而傳愈多」，「禁愈急，其文愈貴」，何也？[27]吾人不妨作逆向思考：雕版圖書若非有化身千萬之可觀數量、無遠弗屆之流通領域、迅速便捷之傳播效率，以及對世道人心、學風士習之深廣影響，朝廷當不致監控、甚至禁毀如此。論述如下：

（一）以洩露機密為由，實施看詳禁止

「鏤版鬻賣，流布中外」之雕印文書，崛起流行於宋代，蔚為流通圖書，傳播知識與「搖動眾情」，「泄漏機密」的兩面刃。尤其到了南宋，中央到地方之官府、學校，以及寺觀、書院、私家和書坊，多從事刻書。論者宣稱：南北兩宋三百餘年間，刻書之多，地域之廣，規模之大，版印之精，流通之寬，都堪稱空前未有，後世楷模！[28]面對流傳快速，獲得容易之雕印文書，朝廷只察覺到「傳播街市，流布四遠」，可能洩露機密，搖動眾情的負面效應，並未欣賞雕版印刷對於閱讀接受、經典復興、學術研究、著述風尚諸方面「利用厚生」，澤被天下的傳播功能。因此，態度趨向於干涉管控，甚至於看驗禁燬。據《宋會要輯稿》及宋代文獻觀之，雕版印書，例需「先經所屬看詳，又委教官討論；擇其可者，許之鏤版」；「有益於學者，方許鏤版」；「儻有可傳為學者式」，乃「降旨鏤版頒行」。朝廷對於雕版文書之管控，所以如此劍及履及，主要是印本化身千萬，無遠弗屆所引發之傳播效應，可能因而「泄漏機密」，很容易「搖動眾情」。先談「泄漏機密」，《宋會要輯稿》云：

> 訪聞在京無圖之輩及書肆之家，多將諸色人所講邊機文字，鏤版鬻

---

[27] 天文與兵書，是太祖至仁宗百年間禁書的兩大主題，「不得藏于私家，有者並送官」；「匿而不言者論以死，募告者賞錢十萬」，由於載於《宋刑統》，又聖諭下詔再三，因此，不可能有雕版機會。參考安平秋、章培恆主編：《中國禁書大觀》，三、〈文治的陰影：宋代禁書面面觀〉，（上海：上海文化出版社，1990.3），頁 34-37。

[28] 李致忠：〈宋代刻書述略〉，程煥文編《中國圖書論集》，（北京：商務印書館，1994.8），頁 196。又，《古書版本學概論》，第四章第一節〈雕版印刷術的發明與發展〉，（北京：北京圖書館出版社，2003.11），頁 50-56。

賣，流布於外。委開封府密切根捉，許人陳告，勘鞫奏聞。（《宋會要輯稿·刑法二》，康定五年（1040））

　　臣伏見朝廷累有指揮，禁止雕印文字，非不嚴切，而近日雕版尤多，蓋為不曾條約書鋪販賣之人。臣竊見京城有雕印文集二十卷名為《宋文》者，多是當今議論時政之言。……雕印之人不知事體，竊恐流布漸廣，傳入虜中，大於朝廷不便。及更有其餘文字，非後學所須，或不足為人師法者，并在編集，有誤學徒……。（《歐陽修全集》卷一百八，《奏議十二》，清寧元年（1055））

　　禮部言：凡議時政得失邊事軍機文字，不得寫錄傳布；本朝會要、國史、實錄，不得雕印，違者徒二年。許人告，賞錢一百貫。內國史、實錄，仍不得傳寫。即其他書籍欲雕印者選官詳定，有益於學者方許鏤板，候印訖送秘書省。如詳定不當取勘施行，諸戲褻之文不得雕印。違者杖一百。委州縣監司國子監覺察。從之。（《宋會要輯稿·刑法禁約》，元祐五年（1090）七月二十五日）

　　訪聞虜中多收蓄本朝見行印賣文集書冊之類，其間不無夾帶論議邊防兵機夷狄之事，深屬未便。其雕印書鋪，昨降指揮，令所屬看驗，無違礙然後印行。可檢舉行下：不經看驗校定之書，擅行印賣，告捕條例頒降，其沿邊州軍仍嚴行禁止。及販賣、藏匿、出界者，并照銅錢出界法罪賞施行。（《宋會要輯稿》，大觀二年（1108））

　　由於宋代積貧積弱，又強敵環伺：北宋有契丹、西夏，南宋有金人、蒙古，加上域外之高麗、日本，對於這些敵國鄰國，朝廷都心存戒心，志在防患。禮部申言《刑法禁約》：「凡議時政得失，邊事軍機文字，不得寫錄傳布；本朝會要、國史、實錄，不得雕印」；因此，「邊機文字，鏤版鬻賣，流布於外」者，當「勘鞫奏聞」；所謂《宋文》，《續資治通鑑長編》卷一七九作《宋賢文集》，此一當代文集之雕印，「多是當今議論時政之言」，「雕印之人不知事體，竊恐流布漸廣，傳入虜中，大於朝廷不便」。契丹遼國所以「多收蓄本朝見行印賣文集書冊之類」，由於「其間不無夾帶論議邊防兵機夷

狄之事」，事涉機密洩露，因此，雕印「深屬未便」。於是紛紛建言：印本必經「看驗校定」，否則，禁止「擅行印賣，及販賣、藏匿、出界」。朝中賢達建言：禁止雕版印行之文字傳播。雕版文字嚴禁流傳域外如遼國、高麗，蘇軾蘇轍兄弟之奏議，可作代表：

> 本朝民間開版印行文字，臣等竊料北界無所不有。臣等初至燕京，副留守邢希古相接送，令引接殿侍元辛傳語臣轍云：「令兄內翰《眉山集》已到此多時，內翰何不印行文集，亦使流傳至此？」及至中京，度支使鄭顒押宴，為臣轍言：先臣洵所為文字中事迹，頗能盡其委曲。及至帳前，館伴王師儒謂臣轍：「聞常服茯苓，欲乞其方。」蓋臣轍嘗作〈服茯苓賦〉，必此賦亦已到北界故也。臣等因此料本朝印本文字，多已流傳在彼。其間臣僚章疏及士子策論，言朝廷得失、軍國利害，蓋不為少。兼小民愚陋，惟利是視，印行戲褻之語，無所不至。若使盡得流傳北界，上則洩露機密，下則取笑夷狄，皆極不便。訪聞此等文字販入虜中，其利十倍。人情嗜利，雖重為賞罰，亦不能禁。惟是禁民不得擅開板印行文字，令民間每欲開板，先具本申所屬州，為選有文學官二員，據文字多少立限看詳定奪，不犯上件事節，方得開行。仍重立擅開及看詳不實之禁，其今日前已開本，仍委官定奪，有涉上件事節，並令破板毀棄。如此庶幾此弊可息也。（蘇轍《欒城集》卷四十二，〈北使還論北邊事劄子五道·一論北朝所見於朝廷不便〉）

雕版印刷，對於複製圖書、傳播資訊來說，確實快速而便捷，精確而完善。沈括《夢溪筆談》卷十八稱美活版印刷「若止印三、四本，未為簡易；若印數十百千本，則極為神速」，在宋代，雕版文書與活版印刷異曲同工，運用更加普遍。相較於寫本，印本之化身千萬，無遠弗屆，令人憂心它的負面效應，紛紛建言「看詳定奪」，甚者不惜「破板毀棄」。蘇轍（1039-1112）於元祐四年（1089）遣為賀遼主生辰國信使，奉使北還，論北朝所見「不便事」；其一為「宋朝印本文字，多已流傳在彼」，其中有「臣僚章疏及士子策略，言

朝廷得失，軍國利害」，更有「印行戲褻之語」，耽心「若使盡得流傳北界，上則洩露機密，下則取笑夷狄，皆極不便」云云，基於國家安全之理由，雕版印書流傳敵國，只知其害，未見其利。蘇軾於閱讀接受主張「博觀而約取，厚積而薄發」，然於高麗人「要買國子監文書，請詳批印造，供赴當所交割」一事，於條陳高麗人使之「五害」外，準宋朝對契丹「禁出文書」之例，高麗人購買印本，控管亦甚嚴，如云：

> 元祐八年二月初一日，端明殿學士兼翰林侍讀學士左朝奉郎禮部尚書蘇軾劄子奏。……今來只因陳軒等不待申請，直牒國子監收買諸般文字，內有《冊府元龜》歷代史及敕式。國子監知其不便，申稟都省送下禮部看詳。……臣聞河北榷場，禁出文書，其法甚嚴，徒以契丹故也。今高麗與契丹何異？若高麗可與，即榷場之法亦可廢。……一、今來高麗人使所欲買歷代史、《冊府元龜》及《敕式》，乞並不許收買。………一、近據館伴所申，乞與高麗使鈔寫曲譜。臣謂鄭衛之聲，流行海外，非所以觀德。若朝廷特旨為鈔寫，尤為不便，其狀臣已收住不行。（《蘇軾文集》卷三十五，〈論高麗買書利害劄子三首〉其一）

蘇軾對高麗使者購買監本《冊府元龜》、《歷代史》及《敕式》，持積極反對態度：一則曰當「送禮部看詳」，再則曰「乞朝廷詳酌指揮」，三則曰「不許收買」，四則曰「若令外夷收買，事體不便」，因此比照河北榷場「禁出文書」之例，不與高麗購買監本諸書。主要在防範政治情報之窺探，杜絕機密謀畫之洩露。筆者發現：雕版印刷複製圖書快捷、書價低廉、校勘精確、賞心悅目、傳播廣遠、留存較多諸優長，不知何故，《宋會要輯稿》、宋代史傳、別集皆著墨不多，不無遺憾。自北宋至南宋，朝廷大臣之建言，一致而百慮，殊途而同歸，官方對待雕版印刷關於奏議、章疏、封事、程文者，多堅持「機謀密畫，不可洩露」，因而多所監控與干涉，如云：

> （臣僚上言：）「朝廷大臣之奏議，臺諫之章疏，內外之封事，士

子之程文，機謀密畫，不可泄漏。今乃傳播街市，書坊刊行，流布四遠，事屬未便，乞嚴切禁止。」於是詔命：⋯⋯其書坊見刻板及已印書，并日下追取，當官禁毀。具已焚毀各件，申樞密院。今後雕印文書，須經本州委官看定，然後刊行。仍委各州通判專切覺察，如或違戾，取旨責罰。（《宋會要輯稿·刑法禁約》，紹熙四年（1193）六月十九日）

　　《宋史·孝宗本紀》淳熙七年（1180）五月己卯，有「申飭書坊擅刻書籍之禁」；於是紹熙四年（1193）六月十九日所頒〈刑法禁約〉，對於所謂「擅刻書籍」，曾有明列，舉凡「朝廷大臣之奏議，臺諫之章疏，內外之封事，士子之程文」，事屬「機密謀畫，不可泄漏」者，皆不得雕版傳播，嚴切禁止流布四遠。若有違詔命，則「日下追取，當官禁毀」。為了貫徹「機密謀畫，不可泄漏」之詔命，於是有防患未然的審查制度，規定「今後雕印文書，須經本州委官看定，然後刊行」。又有事後稽查、違禁處分之約束，所謂「仍委各州通判專切覺察，如或違戾，取旨責罰」。北宋時，宋遼對峙；南宋時，宋金對抗，時勢所趨，有不得不然者在。
　　南宋寧宗時，韓侂冑準備北伐金國，遂又重申禁令，加強書坊雕印之監控：「將事干國體及邊機軍政利害文籍，各州委官看詳」；若有違禁令，則「所有板本，日下並行毀劈」：

　　　　應有書坊去處，將事干國體及邊機軍政利害文籍，各州委官看詳。如委是不許，私下雕印，有違見行條法，指揮並仰拘收，繳申國子監。所有板本，日下並行毀劈，不得稍有隱漏及憑借騷擾。仍仰沿邊州軍常切措置關防，或因事發露，即將興販經山地及印造州軍不覺察官吏根究，重作施行。委自帥、憲司嚴立賞榜，許人告捉，月具有無違戾。（《宋會要輯稿》，嘉泰二年（1202））
　　　　（臣僚上言）國朝令申雕印時政、邊機文書者皆有罪。近日書肆有《北征讜議》、《治安藥石》等書，乃龔日章、華岳投進書札。所言間

涉邊機，乃筆之書，鋟之木，鬻之市，泄之外夷。事若甚微，所關甚大，乞行下禁止。取私雕龔日章、華岳文字，盡行毀板。其有已印賣者，責書坊日下繳納，當官毀壞。從之。（《宋會要輯稿》，嘉泰二年（1202））

韓侂冑北伐失敗，宋金議和，於是雕版文書之禁忌，除「時政、邊機文書」外，新增不得涉及「北征」事宜。因此，龔日章《北征讜議》、華岳《治安藥石》等書，「所言間涉邊機」，乃「鋟之木，鬻之市，泄之外夷。事若甚微，所關甚大」；必須禁止，「盡行毀板」，以杜絕後患。南宋由北伐轉為議和，雕版印刷之示禁，亦有所體現。

朝廷對於雕版圖書之傳播流通，儘管假借「事屬不便」、「機密洩露」名義，進行嚴格監管，尤其對於遼、金及高麗國之購買中原圖書，或「送下看詳定奪」，或不許鈔寫收買。然印本之便利傳播，讀者之需求接受，足以衝破一切管控和禁令，宋代圖書遠傳至高麗及日本者，仍不在少數。八、九百年以來，漢籍宋版珍本留存於天壤間者，日本皇宮書陵部有宋刊本 20 種、國會圖書館有宋刊本 7 種、國家公文書館有宋刊本 11 種、東京國立博物館有寫本 5 種、宋刊本 5 種，東洋文庫藏唐寫本 3 種、宋刊本 2 種，足利學遺迹圖書館宋刊本 4 種，金澤文庫藏宋刊本 2 種，靜嘉堂文庫藏宋刊本 22 種，其他杏雨書屋、天理圖書館、尊經閣文庫、御茶之水圖書館、真福寺、東福寺等，所藏宋刊本凡 43 種以上。[29]流傳海外如是之多。雕版印刷之輕便悅目，有利傳播廣遠，即使朝廷監管嚴切，亦易於流傳海外。域外留存文化寶藏，當拜雕版印刷之賜。

（二）以搖動眾情為由，進行監控除毀

雕版文書對於知識傳播、思想教育之影響，較諸鈔本、寫本，更加廣博與

---

[29] 嚴紹璗：《日本藏漢籍珍本追綜紀實——嚴紹璗海外訪書志》，（上海：上海古籍出版社，2005.5）。

深遠。雕印書籍既有利可圖，故上至國子監、州縣，下至寺觀、書院，多有刻本，書坊刊印尤多。為避免浮濫乖違，於是紹興十五年（1145）太學正孫正鰲言：「自今民間書坊刊行文籍，先經所屬看詳，又委教官討論，擇其可者，許之鏤板」（《宋會要輯稿》）；若有「搖動眾情，傳惑天下」；「不純先王之道，去道逾遠」；「言涉訛妄，意要惑眾」；「撰造事端，妄作朝報」之印本，則令有司「速行禁止」，「當官棄毀」，如《宋會要輯稿》所云：

　　　監察御史張戩上言：竊聞近日有奸佞小人，肆毀時政，搖動眾情，傳惑天下。至有矯撰敕文，印賣都市。乞下開封府，嚴行根捉造意雕賣之人行遣。從之。（《宋會要輯稿》，治平三年（1066））

　　　新差權發遣提舉淮南西路學事蘇棫劄子：諸子百家之學非無所長，但以不純先王之道故禁止之。今之學者程文短晷之下，未容無忤，而鬻書之人急於錐刀之利，高立標目，鏤板誇新，傳之四方，往往晚進小生以為時之所尚，爭售編誦，以備文場剿竊之用，不復深究義理之歸，忘本尚華，去道逾遠。欲乞今後一取聖裁，儻有可傳為學者式，願降旨付國子監并諸路學事司鏤板頒行。餘悉斷絕禁棄，不得擅自買賣收藏。從之。（《宋會要輯稿》，大觀二年（1108）七月二十五日）

　　　近據廉州張壽之繳到無圖之輩撰造《佛說末劫經》，言涉訛妄，意要惑眾，雖已降指揮，今湖南北路提點刑獄司，根就印撰之人，取勘具案聞奏。其民間所收本，限十日赴所在州縣鎮寨繳納焚訖，所在具數申尚書省。竊慮上件文字亦有散在諸路州軍，使良民亂行傳誦，深為未便。詔令刑部實封下開封府界及諸路州軍，仔細告諭民間，如有上件文字，并仰依前項朝旨焚毀訖，具申尚書省。（《宋會要輯稿》，崇寧三年（1104））

　　　近撰造事端，妄作朝報，累有約束，當定罪賞。仰開封府檢舉，嚴印差人緝捉，並進奏官密切覺察。……（朝報）始自都下，傳之四方，甚者鑿空撰造，以無為有，流布近遠，疑誤群聽。……常程小事，傳之不實，猶未為害；倘事干國體，或涉邊防，妄有流傳，為害非細。

（《宋會要輯稿》，大觀四年（1110））

「肆毀時政」，「矯撰敕文」，印賣於都市，真足以搖動眾情，傳惑天下。此種妄作之朝報，「始自都下，傳之四方。甚者鑿空撰造，以無為有，流布近遠，疑誤群聽」；其中「倘事干國體，或涉邊防，妄有流傳，為害非細」，為維護國家安全與機密，宜在禁止之列。而科舉考試之「程文」，攸關仕祿之途，最為文場小生追求之時尚，由於有極大之市場需求，因此書商「高立標目，鏤板誇新，傳之四方，爭售編誦」，朝廷以為如此而買賣收藏，閱讀應試，勢將「忌本尚華，去道逾遠」，學子將「不復深究義理之歸」，故列為禁棄之列。至於宗教迷信圖書之印撰，設若「言涉訛妄，意要惑眾」，「良民亂行傳誦，深為未便」，亦當焚毀。「撰造事端，妄作朝報」，印本作偽不實者，亦「密切覺察，累有約束」。由此觀之，為安定人心，教育大眾，雕版印書苟涉禁忌，必遭當局之看詳、約束，與棄毀。除外，傳習妖教，蠱惑人心；曲學邪說，朦朧學者；語錄傳習，欺世盜名；主張偽學，欺惑天下，雕印圖書苟涉上述之一者，「須經本州委官看定，然後刊行」；如或違戾，輕者責罰，重則毀劈。《宋會要輯稿》云：

> 河北州縣傳習妖教甚多，雖加之重辟，終不悛革。聞別有經文，互相傳習，蠱惑致此。雖非大文圖讖之書，亦宜立法禁戢。仰所收之家，經州縣投納，守令類聚繳申尚書省。或有印板石刻，並行追取，當官棄毀。應有似此不根經文，非藏經所載，准此。（《宋會要輯稿》，政和四年（1114））
>
> 左修職郎趙公傳言：近年以來，諸路書坊將曲學邪說不中程之文擅自印行，以朦朧學者，其為害大矣。望委逐路運司差官討論，將見在版本不繫六經子史之中，而又是非頗繆於聖人者，日下除毀。從之。
> （《宋會要輯稿》，紹興十七年（1147）六月十九日）

異端邪說，「不純先王之道」，故當禁止之。而妖言惑眾蠱人，偽書欺世

盜名，擅自雕印，為害甚大。故圖書出版當監控查驗，苟無違礙，然後印行；若觸忌犯諱，則當責罰棄毀。如上所列河北妖教傳習經文，印版石刻；諸路書坊擅自印行「曲學邪說不中程之文」，「不繫六經子史之中，而又是非頗謬於聖人」之版本。如紹興十四年（1144），高宗下詔查禁野史，於是李光、李孟堅父子因私撰史書，安置昌化，發配峽州。[30]蓋有司以為搖動眾情，朦朧學者，皆在禁毀書目之列。宋代朝廷關切統治威權，維護六經子史、儒學聖訓，由雕版圖書之監控查察，由此可見一斑。

宋朝一統學術思想，標榜純乎先王之道的「道學」，國子監風諭天下士子：為學「專以《語》《孟》為師，以六經子史為習」；因此，「見在版本不繫六經子史之中，而又是非頗謬於聖人者，日下除毀」。妄傳語錄，即是欺世盜名：

> （國子監上言）已降指揮，風諭士子，專以《語》、《孟》為師，以六經子史為習。毋得復傳語錄，以滋盜名欺世之偽。所有進卷侍遇集，並近時妄傳語錄之類，並行毀板。其未盡偽書，並令國子監搜尋名件，具教聞奏。今搜尋到七先生《奧論發樞百煉真隱》，李無綱《文字》，劉子翬《十論》，潘浩然子《性理書》，江民表《心性說》，合行毀劈。乞評本監行下諸州及提舉司，將上件內書板當官劈毀。從之。（《宋會要輯稿》，慶元二年（1196））

> （臣僚上言）福麻沙書坊見刊《太學總新》文體內，丁巳太學春季私試都魁郭明卿問定國事、問京西屯田、問聖孝風化，本監尋將安籍施照，得郭明卿去年春季策試，即不曾中選，亦不曾有前項問目。及將程文披閱，多是撰造怪辟虛浮之語。又妄作祭酒以下批鑿，似主張偽學，欺惑天下，深為不便。乞行下福建運司，追取印板赴國子監繳納。已印未賣，當官焚之。仍將雕行印賣人送獄根勘，依供申取旨施行。從之。

---

30 王彬：《禁書‧文字獄》第一章，〈宋高宗與秦檜禁野史〉，（北京：中國工人出版社，1992.9），頁46。

（《宋會要輯稿‧刑法二》，宣和五年（1196））

　　朱熹嘗劾治唐仲友，[31]仲友姻家宰相王淮由此怨熹，乃鼓動朝臣上疏，言「道學欺世盜名，不宜信用」，論「熹本無學術，徒竊緒餘，為浮誕宗主，妄自推尊」云云。寧宗即位，宰相趙汝愚推薦朱熹為煥章閣待制兼侍講。趙汝愚既與外戚韓侂胄交惡，朱熹為汝愚所汲引，且曾奏侂胄之奸，故亦遭嫌惡。韓侂胄為相，乃設偽學之目，「以網括汝愚、朱熹門下知名之士」，於是監察御史劉德秀奏請罷去道學，請求將道學家語錄之類「盡行除毀」；「是科取士，稍涉義理者悉皆黜落；《六經》、《語》、《孟》、《中庸》、《太學》之書，為世大禁」。[32]慶元四年（1198），又以道學為逆黨，斯時稍以儒學聞名者，無所容其身。由此觀之，上引《宋會要輯稿》所謂「語錄」、「偽書」，當官劈毀；程文「怪辟虛浮」，「似主張偽學」，即「追取印板」，「將雕行印賣人送獄根勘」，皆緣於黨爭衍生之書禁，堪稱南宋儒學發展之大不幸。蓋「偽學」之名既定，於是相關人等所著語錄之什，皆成「偽書」，如引文所列《七先生奧論》、李無綱《文字》、劉子翬《十論》、潘浩然子《性理書》、江民表《心性說》等，皆「當官劈毀」。甚至福建麻沙書坊見刊《太學總新》，擅自印行，亦依例除毀。管控之嚴屬急切，有如此者。

（三）雕印文字牽涉威信、機事、異端、時諱，毀板禁止

　　南宋高宗即位，任用秦檜為相，曾有三波禁絕野史之詔令。紹興十四年（1144），秦檜提議「靖康以來，私記極不足信」，如徽宗禪位說，一時私傳如李綱《靖康傳信錄》所云，將有損王朝威信；司馬光《涑水紀聞》，言者以

---

[31] 參看郭齊、尹波點校本，《朱熹集》卷十八、卷十九，〈按知台州唐仲友第一狀〉，及第二、三、四、五、六狀，〈乞罷黜狀〉、〈又乞罷黜狀〉等等，（成都：四川教育出版社，1996.10），頁 725-772。

[32] 李燾：《續資治通鑑長編》卷一百五十四。參考李心傳：《建炎以來朝野雜記》甲集卷六，〈道學興廢〉，（北京：中華書局，2000.7），頁 137-138；陳邦瞻：《宋史紀事本末》卷八十，〈道學崇黜〉，（上海：上海古籍出版社，1994.7），頁 238-241。

為邪說惑眾；李光、李孟堅父子，秦檜指為「陰懷怨望」，「語涉譏謗」，於是父子撰述被控傳播私史，昭告天下。寧宗嘉泰二年（1202）春，有鑑於私史猖獗，於是言官上奏，詔令禁止私史流傳與雕版。據李心傳《建炎以來朝野雜記》甲集卷六，嘉泰間「奏禁私史」，波及《續資治通鑑長編》、《東都事略》、《九朝通略》、《丁未錄》及諸家傳「下史官考訂」，或不許刊行，或悉皆禁絕（詳下）。其他，如皇帝御書、國史、會要、實錄、法令、日曆等，牽涉王朝威信者，例皆不得摹刻、雕印、傳鈔或販賣：

> 詔開封府：「自今有摹刻御書字而鬻賣者，重坐之。」（李燾《續資治通鑑長編》卷一百九十三，嘉祐六年正月癸丑，仁宗詔書，頁4662）

> 本朝會要、實錄不得雕印。違者徒二年，告者賞緡錢十萬。內國史、實錄仍不得傳寫。（《宋會要輯稿》，〈刑法二〉）

> 諸雕或盜印律、勅令、格式、續降條例、曆日者，各杖壹佰。許人告。（《慶元條法事例》）

御書、法令、日曆為王權之象徵，豈容他人置喙或分享？國史、會要、實錄牽涉許多政治忌諱、敏感問題，不容書坊或士人上下其手，抑揚予奪於其間，否則，將有失王朝之威信。朝廷之禁印與許告，不難理解。

文字獄興盛於兩宋，自宋初李後主詞案、蘇軾烏臺詩案、蔡確車蓋亭詩案、黃庭堅秦觀實錄案、張商英、陳瓘文字獄、胡銓、李光、吳元美、程瑀、沈長卿、趙鼎、趙汾大逆案、江湖詩案等等，[33]是其顯例。論者稱：作為黨同伐異與高壓政治之凸出表現，「文字獄」與「文禁」在有效抑制異議與禁錮政敵上，發揮了關鍵性之作用。[34]如《宋會要輯稿》所言王安石《日錄》等書：

---

[33] 胡奇光：《中國文禍史》，（上海：上海人民出版社，1993.10），頁40-80。

[34] 沈松勤：《南宋文人與黨爭》，第九章第一節，（北京：人民出版社，2005.4），頁406。

　　（趙子畫奏言：）竊聞神宗皇帝正史多取故相王安石《日錄》，以為根柢。其中兵謀政術，往往具存，然則其書固應共密。近者賣書籍人，乃有《舒王日錄》出賣，臣愚竊以為非便，願賜禁止。無使國之機事，傳播閭閻，或流入四夷，於體實大。從之。仍令開封府及諸路州軍毀板禁止。如違，許諸色人告，賞錢一百貫。（《宋會要輯稿》，宣和四年（1122））

　　元祐諸公皆有日記之作，周煇《清波雜志》卷八：「凡榻前奏對語，及朝廷政事，所歷官簿，一時人材賢否，書之惟詳」；陳振孫《直齋書錄解題》卷七稱司馬光《溫公日記》：「凡朝廷政事，臣僚差除，及前後奏對，上所宣論之語，以及聞見雜事皆記之」。《清波雜志》卷二〈王荊公日錄〉條，曾稱：「《神宗實錄》後亦多采《日錄》中語增修」，此與《宋會要輯稿》宣和四年奏言所謂「神宗皇帝正史多取王安石《日錄》」相符，加上其中具存兵謀政術，牽涉政治機密極多。有人雕版出賣，乃使「國之機密，傳播閭閻，流入四夷」，茲事體大，自當毀板禁止。

　　異端邪說，孟子之所批駁；搖動眾情之印版文字，亦宋代官方之所毀禁。至於鏤版傳播之別集眾製，若辭涉浮華，有玷名教者，朝廷亦下詔誡約，以免貽誤後學，而有辱斯文。由宋真宗大中祥符二年詔書，可見朝廷對雕版印刷之關心與管控：

　　國家道涵天下，化成域中。敦百行于人倫，闡六經于教本，冀斯文之復古，期末俗之還淳。而近代已來，屬辭之弊，侈靡滋甚，浮豔相高，忘祖述之大猷，競雕刻之小技。爰從物議，俾正源流。咨爾服儒之文，示乃為學之道。夫博聞強識，豈可讀非聖之書；修辭立誠，安得乖作者之制？必思教化為主，典訓是師，無尚空言，當遵體要。仍聞別集眾製，鏤版已多，儻許攻乎異端，則亦誤于後學。式資誨誘，宜有甄明。今後屬文之士，有辭涉浮華，玷于名教者，必加朝典，庶復素風。其古今文集可以垂範，欲雕印者，委本路轉運使選部內文士看詳，可者

即印本以聞。（《宋大詔令集》卷一九一，《宋史》卷七〈真宗紀〉，
《全宋文》第六冊，卷二三五，宋真宗〈誡約屬辭浮豔令欲雕印文集轉
運使選文士看詳詔〉，頁 341）

宋真宗關切近代以來「侈靡滋甚，浮豔相高，忘祖述之大猷，競雕
刻之小技」之文風，對於「別集眾製，鏤版已多」，表示憂心。真宗詔示古今文集
「必思教化為主，典訓是師，無尚空言，當遵體要」，如此，文可以垂範，有
益名教。因此，欲雕印文集者，「委本路轉運使選部內文士看詳，可者，即印
本以聞」。據石介《徂徠石先生文集》卷十九〈祥符詔書記〉，真宗此詔，實
針對翰林學士楊億及錢惟演、劉筠西崑體「詞多浮豔」文風而發，尤其楊億為
文章宗主二十年，「破碎大道，雕刻元質」，斯文流弊當代。真宗下詔，亟思
正本清源，變風救弊，已深切體會雕版印刷對於傳播接受之重要，文風教化皆
繫焉。

北宋新舊黨爭，在哲宗改元紹聖之後，召用新黨，責降元祐舊黨。[35]在實施
元祐黨禁之同時，亦全面禁毀「元祐學術」。徽宗宣和五年（1123），詔毀蘇
軾、司馬光文集雕版；次年冬天，再重申嚴禁蘇、黃文集，片文隻字，在所
「禁毀勿存」，有敢違抗者以「大不恭敬」論處。哲宗、徽宗朝禁毀元祐學
術，大抵如下列宋代文獻史料所載：[36]

紹聖初，以詩賦為元祐學術，復罷之。政和中，遂著于令，士庶傳
習詩賦者杖一百。畏謹者，至不敢作詩。（葛立方《韻語陽秋》卷五）
詔焚毀蘇軾《東坡集》并《後集》。（宋李燾著，清黃以周輯《續
資治通鑑長編·拾遺》卷二一，崇寧二年四月丁巳條）
詔三蘇（洵、軾、轍）集及蘇門學士黃庭堅、張耒、晁補之、秦觀

---

[35] 沈松勤：《北宋文人與黨爭》，第四章〈北宋黨爭的特點與文人和文化的命運〉，（北京：人民出版
社，1998.12），頁 115-180。

[36] 同註 27，〈文治的陰影：宋代禁書面面觀〉，頁 38-43。

及馬涓《文集》、范祖禹《唐鑑》、范鎮《東齋記事》、劉攽《詩話》、僧文瑩《湘山野錄》等印版，悉行焚毀。（同上，乙亥條）

詔程頤，追毀出身以來文字，除名。其入山所著書，令本路監司常切覺察。（同上，戊寅條）

王安石變法，以經義替代詩賦取士；元祐更化，盡廢新法，恢復以詩賦取士。迨新黨復起，乃「以詩賦為元祐學術，復罷之」，傳習者至「杖一百」。崇寧間所禁，更擴大禁忌時諱至詩話、史論、文集，大抵多元祐舊黨之著述，如《宋史·藝文志》所載《四學士文集》五卷，收黃庭堅、晁補之、張耒、秦觀所著詩文，徽宗時嘗遭毀板嚴禁，紹興年間重新刊行。《中山詩話》亦遭禁毀，主要因劉攽參與司馬光《資治通鑑》之編撰，又與蘇軾詩詞唱和頗多所致。由元祐學術、延伸到元祐政事，觸犯之著作印版「悉行焚毀」。雕版印刷，複製圖書量大質高、價廉悅目、傳播迅速、流通便捷。無遠弗屆之傳播流通，無限時空之閱讀接受，影響人心之久遠博大，引發宋代執政者不得不下詔禁止，甚至斬草除根，明令毀板。試觀蘇軾詩文之「禁愈嚴而傳愈多」，可見雕版印刷於知識傳播之魅力：

東坡詩文落筆輒為人所傳誦。……崇寧大觀間，（東坡）海外詩盛行，後生不復有言歐公者。是時朝廷雖嘗禁之，賞錢增至八十萬，禁愈嚴而傳愈多，往往以多相誇。士大夫不能誦坡詩，便自覺氣索，而人或謂之不韻。（朱弁《曲洧舊聞》卷八）

宣和間，申禁東坡文字甚嚴，有士人竊攜《坡集》出城，為閽者所獲，執送有司。見集後有一詩云云，京尹義其人，且畏累己，因陰縱之。（費袞《梁谿漫志》卷七，〈禁東坡文〉）

……獨一貴戚家刻板印焉，率黃金斤易《坡文》十，蓋其禁愈急，其文愈貴也。（楊萬里《誠齋集》卷八十三，〈棱溪居士集序〉）

崇寧「元祐學術」之禁，大體「因人廢書」，詩文內容未必觸忌犯諱。徽

宗崇寧二年（1103），下詔禁毀《東坡集》四十卷，《後集》二十卷，《內制集》十卷，《外制集》三卷、《奏議》十五卷、《和陶集》四卷，皆在東坡生前已刊行。宣和五年（1123），再下詔禁毀蘇軾著作匯總和分類之刊本，可能是《東坡大全集》，或《東坡備成集》，今已不可考。東坡謫居海外（儋州）三年，所撰詩文，尤其盛行。朝廷雖「嚴立賞榜，許人告捉」，士人對於東坡詩文之賞愛，卻非責罰禁止所可改變，朱弁《曲洧舊聞》所謂「禁愈嚴而傳愈多」，楊萬里《誠齋集》所謂「禁愈急，其文愈貴」，固然是東坡詩文造詣之精絕，令讀者甘冒大不韙；而雕版印刷之便利，圖書流通之快捷，亦有以促成之。《梁谿漫志》所載「竊攜《坡集》出城」之士人，及「義其人」，「陰縱之」之京尹，要可見讀者對東坡詩文集之賞愛接受，與同情了解。雕版印刷之精美便利，滿足大量讀者之需求，商品經濟供需相求的結果，更助長印本圖書流通，知識傳播之衝破禁忌，無遠弗屆。蘇軾詩文集於崇寧書禁稍後，已遠傳高麗、日本，影響彼邦之詩壇文壇。[37]印本圖書之魅力與威力，由此可見。

　　所謂「元祐學術」，起初專指舊黨人所作詩賦，其後，演變為「元祐政事」，則又涉及舊黨之政治與人物，如蘇軾、司馬光等人之文集，亦不得傳習、印造和出賣，所謂詩禁、史禁，多與新舊黨爭有關：

　　　　史與詩之所以遭斥者，以有涑水《通鑑》、蘇、黃之酬唱也。（馬
　　端臨《文獻通考》卷九，〈選舉考四〉）

　　　　（中書省上言：）勘令福建等路，近印造蘇軾、司馬光文集等，詔
　　今後舉人傳習元祐學術，以違制論。印造及出賣者與同罪。著為令。見
　　印賣文集，在京令開封府、四川路、福建路，今諸州軍毀板。（《宋會
　　要輯稿·刑法二》，宣和五年（1123））

　　　　了齋陳瑩中，為太常博士。薛昂、林自徒為正錄，皆蔡卞之黨也。

競尊王荊公，而擠排元祐，禁戒士人不得習元祐學術。卞方議毀《資治
通鑑》板，陳聞之，因策士題，特引序文，以明神宗有訓。於是林自駭
異，而謂陳曰：「此豈神宗親製耶？」陳曰：「誰言其非也！」（周煇
《清波雜志》卷九）

　　崇寧二年（1103），令州縣立〈元祐黨籍碑〉，禁學「元祐學術」，施行
詩、史之禁，詔毀范祖禹《唐鑑》、及蘇洵、蘇軾、蘇轍、黃庭堅、秦觀諸人
文集。政和五年（1115）四月，「詔東宮講讀官罷讀史」。詩獄、詩禍、詩
禁、史禁與北宋國祚共始終，良可歎息！至於元祐學術、元祐政事列為禁令，
通告「開封府、四川路、福建路」週知；因為，上述三處，都是當時知名而繁
榮的刻書中心。正本清源，釜底抽薪，管控雕印出版，從各地刻書中心入手，
可謂掌握本末，知所先後矣。「元祐學術」之禁，因人廢書，蔡卞等甚至曾經
「議毀《資治通鑑》板」；幸賴神宗曾賜序，司馬光等所編撰《資治通鑑》方
能免於毀板之劫。圖書之禁毀，對知識傳播之影響，可謂深遠。時至南宋，歷
經紹興更化、紹興黨禁、慶元黨禁，到端平更化。[38]又有江湖詩禍，以詩為謗，
劈《江湖集》板，又是一椿文字獄，嚴重影響文獻之徵存，詩篇之傳播，學界
早有定論，不贅。文風士風與政治之密切相關，亦由此可見。[39]

（四）科舉用書，為杜絕懷挾僥倖，禁止施行

　　右文崇儒，為宋初以來既定政策；北宋科舉考試取士之多，號稱空前絕
後，此乃右文政策之具體落實。[40]科舉可以改變出身，可以學優則仕，可以平步

---

[38] 沈松勤：《南宋文人與黨爭》，第九章第一節〈高壓政治的表現形態之一：專制文化政策與文獻〉，
（北京：人民出版社，2005.4），頁 406-425。

[39] 張宏生：《江湖詩派研究》，附錄三，〈江湖詩禍考〉，（北京：中華書局，1994.7），頁 358-370。
參考常紹溫：〈北宋詩風士風與政治——淺談時君好尚舉士措施及黨爭黨禁的影響〉，陳樂素主編：
《宋元文史研究》，（肇慶：廣東人民出版社，1988.9），頁 104-152。蕭慶偉：《北宋新舊黨爭與文
學》，（北京：人民文學出版社，2001.6），亦值得參考。

[40] 所謂「右文」，無非指擴大科舉名額，以及大量刻印書籍等類事體。說見鄧廣銘：《鄧廣銘治史叢

青雲，可以出將入相，故天下士人多趨之若鶩，入其彀中。宋代科舉與唐代相較，徹底取消了門第限制，《宋會要輯稿》〈選舉〉載：無論士農工商，或邊遠地區，只要具備「奇才異行，卓然不群」者，皆可應舉入仕，取士範圍明顯擴大。於是入宋之後，讀書人數遽增，當與科舉取士息息相關。參加省試的舉人，從太祖朝的 2000 人，到太宗朝第一次貢舉已增至 5300 人，真宗朝第一次貢舉（998 年），已達到近 20000 人，遠超過唐代科舉全勝時期人數的總和。[41]

科舉考試是分級進行的，宋太祖開寶六年（973），在隋唐解試、[42]省試兩級上，又加殿試一級成為三級考試。[43]可以想見，士人從通過鄉試（解試）、到前往省試、到參加殿試，應考科目離不開圖書之閱讀。無論蒙學、家塾、私人講學、書院教育，州郡府縣地方官學，國子監、太學、四門學、宗學、武學、算學、曆學、書學、畫學、醫學等中央官學，學生為數眾多，當然需要量多而質精的教材及參考用書。[44]因為其終極目標，幾乎都為參加科舉考試而發。蓋科舉考試，是一種擇優錄取，拔尖任用的選官制度；因此，學者研究宋代官學教育指出：科舉制度對宋代教育，尤其是政府教育有著巨大的影響。宋代教育的重要問題，便是應當怎樣將它與科舉連結起來。[45]要之，無論蒙學、塾學、書院、私學、官學之知識傳媒，教材文本，都必須是書籍。特別是雕版印刷崛起於宋代後，很快就成為圖書傳播之新寵。論者指出：印刷術的廣泛使用，使科

稿》，〈宋代文化的高度發展與宋王朝的文化政策〉，（北京：北京大學出版社，1997.6），頁 71。

[41] 何忠禮：《科舉與宋代社會》，〈論科舉制度與宋學的勃興〉，（北京：商務印書館，2006.12），頁 76-77，頁 99-100。

[42] 所謂解試，相當州縣一級的鄉試，指取得解送京師參加省試資格的考試。在宋代，解試又主要包括諸州府試、國子監試和轉運司試。參考張希清：〈宋代科舉中的轉運司試〉，張其凡主編：《歷史文獻與傳統文化》，（蘭州：蘭州大學出版社，2003.7），頁 106-117。

[43] 同註 41，〈宋代省試制度述略〉、〈宋代殿試制度述略〉，頁 24-43，頁 44-66。

[44] 李國鈞主編：《歷代教育制度考》（上），〈宋遼金元編〉，第二章〈官學制度〉，第三章〈蒙學、家塾和私人講學〉，第四章〈書院教育〉，《中國教育大系》本，（武漢：湖北教育出版社，1994.7），頁 747-956。

[45] 李弘祺：《宋代官學教育與科舉》，第十章第三節〈總的結論〉，（臺北：聯經出版事業公司，1994.6），頁 308。

舉考試的學生人數大量增多，使科舉制度的重要性得到同樣的提高。[46]印刷術既如此便利，科舉考試規模宏大，應試舉子人數又多，供需相求，於是雕版科舉考試用書，成為印本圖書熱點。徽宗大觀二年（1108 年）七月，提舉淮南西路學事蘇械上奏札子，建言科舉用書由朝廷統編，交付官方鏤板；鄭起潛於理宗淳祐元年（1241 年）上尚書省札子，呈請《聲律關鍵》初版官刻，繼之則書商坊刻；官私爭相刊行科舉用書如此，兔園冊焉得不熱絡：

> 諸子百家之學，非無所長，但以不純先王之術，故禁止之。今之學者程文，短晷之下，未容无忤，而鬻書之人急于刀錐之利，高立標目，鏤板夸新，傳之四方。往往晚近小生，以為時之所尚，爭售編誦，以備文場剽竊之用，不復深究義理之歸。忘本尚華，去道彌遠。欲乞今後一取聖裁，倘有可傳為學者式，願降旨付國子監并諸路學事司鏤板頒行。餘悉斷絕禁棄，不得擅自賣買收藏。（《宋會要輯稿·刑法》二之四八）

> 尚書省札子：……起潛初任吉州教官，嘗刊賦格……名曰《聲律關鍵》，建寧書肆亦自板行。欲望朝廷札下吉州，就學取上《聲律關鍵》印板，付國子監印造，分授諸齋誦習，庶還前輩典型之舊。其于文治，不為無補。伏候指揮。（鄭起潛《聲律關鍵》卷首，《宛委別藏》本）[47]

宋初進士科考試，「但以詩賦進退」。其後雖有試賦策論之爭、詩賦經義之爭，但詩賦一直是舉子應試的主要科目。[48]考試決定教材，考試用書因為有利可圖，遂成為雕版刊行的商品。鄭起潛《聲律關鍵》，除了有吉州刊本、建寧書坊刊本外，還建請朝廷，為誦習典型，有補文治，取印板「付國子監印

---

[46] 同上註，第二章第五節〈印刷術的廣泛使用及大眾教育的發展〉，頁 30。

[47] 參考詹杭倫等：《唐宋賦學新探》，第十章〈聲律關鍵校理〉，（臺北：萬卷樓圖書公司，2005.3），頁 263-264。

[48] 參考祝尚書：《宋代科舉與文學考論》，〈宋代進士科考試的詩賦經義之爭〉，（北京：中華書局，2006.3），頁 190-209。

造」。科舉用書發行量之大，影響之深，蔚為非凡的文化現象，朝廷（尚書省）的態度是一大關鍵。蘇械所上奏札，一方面批評科舉用書鏤板傳播，書商牟利；再方面又批評科舉用書「以備文場剽竊之用，不復深究義理之歸。忘本尚華，去道彌遠」，故主張「斷絕禁棄，不得擅自賣買收藏」。朝廷為了標舉範式，端正學風，往往精選時文、程文，「可傳為式，鏤板頒行」；「付書肆板行，以為四方學者矜式」，像白居易《白氏六帖》，曾有國子監刊本，用心可謂良苦。這些協助舉子參加科舉而類編之書，主要在提供記問之學，不免空疏無根，捨本逐末。學官或士人往往裨販陳編，而不讀書。黃潛善曾於徽宗政和四年（1114年）奏章建請禁毀；至南宋岳珂（1183-理宗朝-？）亦撰文批判此一流弊，如云：

> 「士宜彊學待問，以承休德。而比年以來，於時文中採摭陳言，區別事類，編次成集，便於剽竊，謂之《決科機要》。媮惰之士，往往記誦以欺有司，讀之則似是，究之則不根，於經術本源之學為害不細。臣愚欲望聖斷特行禁毀，庶使人知自勵，以實學待選。」詔立賞錢壹百。（岳珂《愧郯錄》卷九引，文淵閣《四庫全書》本，頁865-156）
>
> 自國家取士場屋，世以決科之學為先，故凡編類條目，撮載綱要之書，稍可以使檢閱者；今充棟汗牛矣。建陽書肆，方日輯月刊，時異而歲不同，以冀速售，而四方轉致傳習，率携以入棘闈，務以眩有司，謂之懷挾，視為故常。珂嘗攷承平時事，蓋已嘗有禁。（同上）

對於「採摭陳言，區別事類，編次成集，便於剽竊」之科舉用書，黃潛善稱為《決科機要》；「編類條目，撮載綱要」，頗便檢閱者，岳珂謂之「懷挾」，其實一也。此種類編科舉用書之熱絡暢銷，數量用「充棟汗牛」形容之，當時影響之廣大，可以想見。學者之所以提倡禁毀，理由有三：其一、便於媮惰之士記誦，以欺有司；其二、書坊雕版，四方傳習，携入場屋，以眩有司；其三、士宜彊學待問，以實學待選。為端正學風，杜絕僥倖，凡便於場屋懷挾作弊者，一概「禁止施行」。祝尚書教授研究宋代科舉用書，於此舉例頗

為詳備，[49]如云：

　　臣僚言：「鬻書者以《三經新義》并《莊》、《老子說》等作小冊
刊印，可置掌握，人競求賣，以備場屋檢閱之用。……印行小字《三經
義》，亦乞嚴降睿旨，禁止施行。」徽宗從之。（《宋會要輯稿·選
舉》四之七，徽宗政和二年（1112）正月二十四日）

　　臣僚言：「甚者以經史纂輯成類，或賦、論全篇，刊為小本，以便
場屋。巧于傳錄者既已幸得，而真有學問者未免見遺。……乞申明戒
敕，嚴挾書之禁。」寧宗從之。（《宋會要輯稿·選舉》六之二七，寧
宗嘉定九年（1216）九月二十七日）

　　國子博士楊璘言：「邇來士習卑陋，志在苟得，編寫套類備懷挾，
一入場屋，群趨窗前，以上請為名，移時方散，人數叢雜，私相檢閱，
抄于卷首，旋即擲棄。巡案無從檢察，所作率多雷同，極難選取，僥倖
者眾。今書坊自經史子集事類，州縣所試程文，專刊小板，名曰夾袋
冊，士子高價競售，專為懷挾之具，則書不必讀矣。……乞申嚴（懷）
挾之禁。」（《宋會要輯稿·選舉》六之五０，寧宗嘉定十六年（1223）
七月十日）

　　雕版圖書所以「小冊刊印」、「刊為小本」、「專刊小板」，如後世所謂
巾箱本者，主要是為了「便場屋」、「備場屋檢閱之用」、「為懷挾之具」。
志在功名利祿，這種科舉考試用書「人競求買」，「士子高價競售」。影響所
及，書坊「日輯月刊，時異而歲不同」，舉子則「巧于傳錄者既已幸得，而真
有學問者未免見遺」；「所作率多雷同，僥倖者眾」。科舉選官制度，務在拔
擢真才實學，如岳珂《愧郯錄》所謂「士宜彊學待問，以實學待選」，因此，
凡是便於場屋懷挾作弊之小冊、小本、小板，自然在申明戒勅，禁止施行之
列。

───────────
[49] 同上註，〈宋代科舉用書考論〉，頁 266-267。

第四節　結論

　　宋初開國以來，標榜右文崇儒，科舉考試與雕版印刷相輔相成，推助右文政策之實施。雕版印刷崛起於宋代，蔚為圖書傳播之新寵，與寫本、藏本並行，競爭爭輝，蔚為知識革命，形塑宋代之文明與文化，引發唐宋變革，遂與唐型文化分道揚鑣。本文討論雕版印刷在宋代之繁榮，獲得下列觀點：

　　雕版圖書在宋代之發展，有正反兩極之力量，相互拉抬牽扯：其一，是朝廷及民間對雕版印刷之推廣與普及；其二，是朝廷對書坊雕印圖書之監控與禁毀。

　　圖書之流通，知識之傳播，中唐以前多仰賴手寫謄鈔，既耗時費事，書價昂貴，又傳播不廣，動輒散佚。自五代以雕版複製圖書，印本有「易成、難毀、節費、便藏」諸優點，不僅化身千萬，無遠弗屆，而且資訊傳播迅速，影響層面廣大而深遠。

　　印本崛起，與寫本並行，對於知識之傳播與接受，圖書之流通與典藏；閱讀之態度、研究之視角、創作之方向、學術之風氣，在在都有其影響；對於科舉之取士、書院之講學、教育之普及、文化之轉型，多與印本之繁榮發達有關。

　　雕版印刷價廉物美，傳播便捷，既有利可圖，又切合朝廷教養之意，於是形成印本文化，落實右文政策。印本流通，與寫本藏本競妍爭輝，影響傳播與接受；古籍整理之蓬勃，圖書雕版之繁榮，促成宋代文明之發達。而雕版印刷之崛起，對於學術思潮、文化文明究竟生發哪些效應？傳世文獻卻多語焉不詳，造成研究上許多困難。

　　唯朝廷對印本圖書之監控，《宋會要輯稿》、《續資治通鑑長編》諸書多有徵存，大抵有洩露機密之虞者、有搖動眾情之慮者，多實施看詳禁毀。或因文集日記牽涉威信、機事、異端、時諱，亦毀板禁止；類編之科舉用書，忘本尚華、便利檢閱懷挾，助長僥倖者，亦禁止施行。從雕版印刷之「日輯月刊，時異而歲不同」，又動輒遭受監控禁毀，從可推想印本生發之種種傳媒效應。

第五章　印刷傳媒對宋代學風文教之影響

摘要

　　印本圖書對於閱讀、研究、典藏、流傳方面，較寫本便利許多。由於雕版圖書有「易成、難毀、節費、便藏」諸優長，數量上可以化身千萬，空間上又能夠無遠弗屆，頗能滿足宋代士人之博觀厚積，學子之科舉應試，供需相求，於是蔚為宋代雕版印刷盛況空前。刻書印賣有利可圖，於是各地紛紛設立書坊，「細民亦皆轉相模鋟，以取衣食」，致全國未有一路不刻書，對學風文教之影響，可謂深遠廣大。圖書之刊刻，藏書家或兼理校書刊書，促成校讎學之興盛；雕印之選擇，關係傳播與接受，往往與文風思潮相映發；宋人選刊唐詩宋詩，志在學古通變，自成一家；印本既多，世不知重，讀書法之倡導遂應運而生；如此課題，皆值得進一步論證研討。至於印本圖書之繁榮，引發五大效應：一、印本寫本爭輝，促成知識革命；二、州學書院刊書，提供教養自助；三、運用公帑，藉以刊書營利；四、民間鋟版，或任意刪節，擅自刊行；五、保護版權，則申明約束，禁止翻印。雕版圖書之繁榮，亦由此可見。

關鍵詞

　　雕版印刷　　印本文化　　知識革命　　版權保護　　讀書法

　　宋代大規模開科舉士，蔚為文官政治，貢舉每年取士之多，號稱空前絕後。[1]於是形成一個有才、有學、有閒，又不愁生計之文官群體，於公餘之暇，得以投身文化學術活動。朝廷優禮文官，俸祿優厚，《古今合璧事類備要‧後集》卷六論俸祿，所謂「國朝之待臣甚厚，養吏甚優，此士大夫自一命以上，皆樂於為用，蓋以有養其身而固其心也」。清趙翼《廿二史札記》卷二十五，論〈宋制祿之厚〉亦謂：宋廷「待士大夫可謂厚矣！唯其給賜優裕，故入仕者不復以身家為慮，各自勉其治行」。由此觀之，宋代上至朝臣，下至地方官吏，所謂士大夫者，要皆科舉出身，享有優厚之俸祿。士大夫俸祿優厚，經濟寬裕，消費能力強，對於圖書購買，雕版印刷繁榮，自然是一大助力。

　　宋初開國以來，崇儒右文，提倡讀書。世傳宋真宗〈勸學文〉所謂：「富家不用買良田，書中自有千鍾粟；安房不用架高梁，書中自有黃金屋；娶妻莫恨無良媒，書中有女顏如玉；出門莫愁無人隨，書中車馬多如簇。男兒欲遂平生志，六經勤向窗前讀。」[2]旨在強調讀書可以富貴榮華，此即宋代科舉大量拔取人才，布衣可以卿相之形象描述。由於科舉考試無論貢舉或制舉、詞科，多各有其應考科目。士人應舉，欲求勝出，就得「六經勤向窗前讀」，所謂「十年寒窗無人問，一舉成名天下知」，於是上至國子監、太學，下至州縣府學、公使庫、蒙學、私人講學、書院教育，對圖書質量之需求遂變成十分迫切，因此圖書複製技術之革命，勢在必行。傳統之寫本外，雕版印刷之崛起與繁榮，足以因應這種變革。

　　鈔寫謄錄作為複製圖書之方法，自紙張發明以後，持續沿用相當久遠。以鈔寫複製圖書，莫盛於佛教徒於敦煌鈔寫《妙法蓮華經》、《大般若經》、《金剛經》。[3]由於費時費力，容易出現錯漏，而又緩不濟急，短時間內很難生產大量複本。為了因應當時社會需求，尤其為了滿足佛教傳播教義的迫切需

1　張希清：〈論宋代科舉取士之多與冗官問題〉，《北京大學學報》1987 年第 5 期。

2　宋真宗：〈勸學文〉，《古文真寶》前集，卷首，日本皇宮書陵部藏本。

3　宋原放、王友朋輯注：《中國出版史料》（古代部份，第一卷），白王岱：〈敦煌遺書與我國古代的圖書翻譯及鈔寫〉，（武漢：湖北教育出版社，2004.10），頁 33-43。

要，於是發明雕版印刷，大量複製佛經經文與圖像，也促成民生日用及儒家經典、四部要籍之複製與流傳。[4]雕版印刷之為圖書複製技術，具有「易成、難毀、節費、便藏」諸優長，而且化身千萬，無遠弗屆，配合北宋右文崇儒政策，故順風揚帆，發展迅速。從寫本到印本，在在牽涉圖書購求之便利，知識傳播之快捷，士人方能「博觀而約取，厚積而薄發」。士人需求圖書如此熱切，市場圖書消費量如此龐大，加上士大夫制祿優厚，經濟寬裕，有絕佳之購書能力。雕版印書作為圖書複製技術至宋初已臻成熟，於是印本圖書以成本低、利潤高，誘使中央到地方官府刻書，書坊、書院、寺觀、家塾亦紛紛雕印圖書。論者宣稱：南北兩宋三百餘年間刻書之多，地域之廣，規模之大，版印之精，流通之寬，都堪稱前所未有，後世楷模。[5]

　　據版本學家統計，宋代雕版圖書存留於今者，大概中國大陸有 1000 種，1500 部；日本有 620 種，890 部；臺灣有 500 種，840 部。其他散播在蘇、美、英、德各國者，亦所在多有。由今日存留之多，可以想見兩宋當時傳播之盛。而中國圖書傳播由寫本、藏本與刻本競妍爭輝，到寫本文化嬗變為印本文化，乃勢所必至，理有固然。

第一節　雕版印刷之崛起與興盛

（一）以竹紙板片雕版印刷，成本低廉

　　試考察雕版印刷之崛起與發達，除朝廷右文政策之實踐外，廣大消費市場對印本圖書之強烈需求，為一大誘因。無論著者、讀者，鈔書者、書商、藏書家，乃至於宗教祈福，學術交流、民生日用，在在需求殷切。在造紙技術成熟、製墨技術精良之客觀條件下，業者往往選擇樹材竹林遍布，不虞匱乏之東

---

[4]　同上註，蕭東發：〈中國印刷圖書文化的起源〉，頁 199-201。

[5]　李致忠：《古書版本學概論》，第四章第一節〈雕版印刷術的發明與發展〉，（北京：北京圖書館出版社，2003.11），頁 50。

南或西北丘陵地區，成為刻書中心，如江浙之湖州、蘇州、杭州、衢州、婺州，四川之成都、平江、眉山，福建之麻沙、崇化、建陽、福州、建寧，以及江淮湖廣，多先後成立刻書中心，從事監本、書坊本、家刻本之雕印。蓋中國古代造紙原料，從大麻、黃麻、亞麻、苧麻，到藤、穀、楮、桑；唐中葉以降，逐漸以竹子為造紙之主要原料。《東坡志林》卷九稱：「今人以竹為紙，亦古所無有也」；周密《癸辛雜識》卷一亦云：「淳熙末始用竹紙」，可見遲至十一、十二世紀之宋代，竹紙始盛行用於雕印圖書。竹，廣泛生長於長江流域，與南方之江蘇、浙江、福建、廣東之丘陵地帶。竹材纖維修長，生長快速，且數量眾多，取得容易，印刷紙材成本低廉。[6]

　　除印刷用紙外，雕版所採用之木料，大抵選擇落葉木材製作板片，取其紋理細密，質地均勻，易於雕刻；刻書業者為顧及貨源，往往就地取材，不但資源豐富，而且價格低廉。如梨木、棗木、黃楊木、銀杏木、梓木、皂莢木等等，或硬度適中，紋理細緻；或木質堅硬適合精細雕刻，故印刷術語，有所謂災梨、鋟棗、付梓，職是之故。生長於北方，或高緯度之針葉林木，木料雖質地柔軟，紋理直順，然樹幹多疤節，難以鐫刻；而且樹脂含量過多，容易翹曲，經不起三刷五刷，筆道紋路即模糊變形，故不適合選作雕版用材。葉夢得《石林燕語》卷八稱雕版印書，「蜀與福建多以柔木為之，取易成而速售，故不能工。福建本幾遍天下，正以其易成故也。」[7]上述梨木、棗木、黃楊、梓木、皂莢、銀杏等雕版用材，江浙、福建、四川、江、淮、湖、廣之山丘多盛產之，所謂「茂林修竹，所在皆有」，就地取材，資源豐富，相形之下，雕版

6　錢存訓：《中國古代書籍紙墨及印刷術》，〈造紙與製墨〉，「中國古代的造紙原料」，（北京：北京圖書館出版社，2002.12），頁 76-82。

7　錢存訓：《中國紙及印刷文化史》，第六章（一）〈雕版印刷的材料和工序〉，（桂林：廣西師範大學出版社，2004.5），頁 176-177。以福建本而言，世稱建本、閩本，或麻沙本，為建陽書坊刻本，其中以余、劉、陳、王、鄭五姓書商最為知名。蓋建陽號稱「竹鄉林海」之鄉，以八百年後之今日觀之，林地面積猶佔 20.6 萬公頃，林木蓄積量 1429.3 萬立方米，森林覆蓋率為 75.1%，毛竹蓄積量4800 多萬根。建本多為柳體刻字，圖文並茂，雅俗共賞，時稱建本「紙墨精瑩，字郎質堅，筆畫清勁」；朱熹〈建陽縣學藏書記〉稱：「建陽麻沙版本書籍，行四方者，無遠不至」，宋熊禾：〈建陽同文書院上樑文〉稱麻沙本「書籍高麗、日本通」，可見其流傳之廣遠。參考徐肖劍主編：《大武夷覽勝》，〈建陽市〉，（福州：福建人民出版社，2001.10），頁 92、109-110。

成本低廉，利潤即較豐厚。

　　書籍之雕版印刷，依據前所引沈虞卿黃州郡齋刊本《小畜集》序、象山縣學刻本《漢雋》題記、舒州公使庫本《大易粹言》諜文，雕版之成本費指印書紙費、刻版費、工墨裝背錢；每部印本圖書售價扣除成本費，始稱盈餘。據此言之，每售出一部《小畜集》，即有 233％之高利潤；一部《漢雋》印本圖書，利潤亦高達 70％。每賣一部《大易粹言》，公使庫即有五貫三百文之利潤；而當時民眾每月生活費約在三貫至六貫之間。按諸民生消費指數而言，雕版印刷利潤之優渥，促使中央到地方、私宅、家塾到書坊、書肆、書院、寺院而道觀、祠堂，紛紛刻書鏤版。論者稱：「南北兩宋三百餘年間，刻書之多，地域之廣，規模之大，版印之精，流通之寬，都堪稱前所未有，後世楷模」；[8]成本低，利潤高，圖書生產蔚為商品經濟，為主要誘因。

（二）圖書傳播與印本之推廣

　　雕版印刷對圖書流通有極大貢獻，當在仁宗嘉祐六年（1061）之後；前此，雕版印刷卻仍未普及，宋初以來仍是寫本書和印本書並行。葉夢得（1077-1148）《石林燕語》、張鎡（1153-1211）《仕學規範》，提示了印本書流布，逐漸取代寫本，從而影響古籍整理和學習態度的情形：

　　　　唐以前，凡書籍皆寫本，未有摹印之法，人以藏書為貴。人不多有，而藏者精于讎對，故往往皆有善本。學者以傳錄之難，故其誦讀亦精詳。五代時，馮道始奏請官鏤六經板印行。國朝淳化中，復以《史記》、《前》、《後漢》付有司摹印，自是書籍刊鏤者益多，士大夫不復以藏書為意。學者易于得書，其誦讀亦因減裂，然板本初不是正，不無訛誤。世既一以板本為正，而藏本日亡，其訛謬者遂不可正，甚可惜

也。……今天下印書，以杭州為上，蜀本次之，福建最下。京師比歲印板，殆不減杭州，但紙不佳；蜀與福建多以柔木刻之，取其易成而速售，故不能工。福建本幾遍天下，正以其易成故也。（葉夢得《石林燕語》卷八）

凡亡闕之書，購求備至；每於藏書之家借本，必令置籍出納。傳寫既畢，隨便給還，靡有損失，故奇書祕籍，悉無隱焉。國學，館閣經史有未印版者，悉令刊刻。（《宋會要輯稿‧職官》七之一四）

忠憲公少年家貧，學書無紙。莊門前有大石，就上學書，至晚洗去。遇烈日及小雨，即張敝傘以自蔽，時世間印板書絕少，多是手寫文字，每借人書，多得脫落舊書，必即錄甚詳，以備檢閱，蓋難再假故也。仍必如法縫粘，方繼得一觀，其艱苦如此。今子弟飽食放逸，印書足備，尚不能觀，良可愧恥。（張鎡《仕學規範》卷二，引《韓莊敏公遺事》）

大約在宋仁宗皇祐年間（1049-1054），圖書流通仍以寫本為主，張鎡《仕學規範》所謂「時（仁宗嘉祐年間）世間印版書絕少，多是手寫文字」者是也。即以北宋官私藏書言之，亦多手鈔寫本；[9]洪邁（1123-1202）感慨北宋圖書至南宋，「無傳者十之七八」，也是受限於寫本不能「化身千萬」，廣為流傳之故。蘇軾（1036-1101）曾手書《史記》、《漢書》，晁說之（1059-1129）曾傳寫《公羊傳》、《穀梁傳》，可以為證。尤其朝廷中央秘閣三館藏書，善本多為寫本；即私人藏書家，亦往往手鈔傳寫珍本秘笈，作為庋藏之特色。[10]印本之普及，大抵在南北宋之交。由於宋太宗淳化（990-994）以來對印本之推廣；宋真宗購求亡闕，刊刻經史；至南北宋之際，葉夢得撰《石林燕語》時，已是「書籍刊鏤者益多」，有所謂杭本、蜀本、建本之目，而「福建本幾遍天

---

9 曹之：《中國古籍版本學》，第二編第一章，三、〈宋元寫本〉，（武昌：武漢大學出版社，1992.5），頁111-119。

10 參考（美）艾‧郎諾：〈書籍的流通如何影響宋代文人對文本的觀念〉，沈松勤主編：《第四屆宋代文學國際研討會論文集》，（杭州：浙江大學出版社，2006.10），頁98-114。

下」。雕版印刷之流行，由此可見。

自北宋太宗、真宗以來，有心推廣雕版圖書，或「許人納紙墨價錢收贖」，或「只收官紙、工墨本價，許民間請買」，故真宗紹令「國子監經書更不增價」，「此固非為利，正欲文籍流布耳」，國子監印本既有平準書價之功能，最有利於圖書之推廣與流通，直接影響坊刻與家刻之書價。靖康之難（1127），國子監所貯書版，盡為金人劫掠毀棄。南宋高宗紹興九年（1139），下詔重新校刻經史群書；二十一年，「監中闕書，次第鏤版」，論者以為：朝廷此舉，「說明雕版書已成為國家藏書主體」：[11]

> 監本書籍者，紹興末年所刊也。國家艱難以來，固未暇及。九年九月，張彥實待制為尚書郎，始請下諸道州學，取舊監本書籍，鏤版頒行。從之。然所取諸書多殘缺，故胄監刊《六經》無《禮記》，正史無《漢》、《唐》。二十一年五月，輔臣復以為言，上謂秦益公曰：「監中其它闕書，亦令次第鏤版，雖重有所費，蓋不惜也。」繇是經籍復全。先是，王瞻叔為學官，嘗請摹印諸經義疏及經典釋文，許郡縣以贍學或係省錢各市一本，置之於學。上許之。今士大夫仕於朝者，率費紙墨錢千餘緡，而得書於監云。（李心傳《建炎以來朝野雜記》甲集卷四，〈監本書籍〉）

宋室南渡後，秘閣藏書缺佚甚多，紹興五年（1135），尚書兵部侍郎王居正言：「四庫書籍多闕，乞下諸州縣將已刊到書版，不論經、史、子、集、小說，各印三帙，赴本省。係民間，官給紙墨工賃之值」，從之。其後，詔從張彥實之請，「取舊監本書籍，鏤版頒行」；又其後，高宗詔令「監中闕書，次第鏤版」，甚至不惜「重有所費」，如此慘澹經營，盡心致力，「繇是經籍復

---

[11] 李瑞良：《中國出版編年史》上卷，（福州：福建人民出版社，2004.5），頁306。兩宋監本182種，「北宋監本刊于杭者，殆居泰半」，說見王國維：《兩浙古刊本考・序》。高宗南渡，移都臨安（杭州），於是官刻、坊刻、家刻繁盛，書肆、書攤林立，且印本品類多元，應有盡有。其他，蜀刻、建本亦多。

全」，這真是監本書籍刊刻典藏之大事。論者稱：國子監印本發行量極為龐大，但「所鬻書，其值甚輕」。進入國子監讀書之士人，不論出身貴賤，繫籍與否，目的皆為參加科舉考試。國子監生與鄉貢進士，皆是監本最主要之購買者。「及科場罷日，則生徒散歸」（《文獻通考》卷四十二，〈學校考三・太學〉），無論榜上有名或名落孫山，成千上萬之監本圖書，將隨士子之返回故鄉而傳播天下各地。[12]

官刻除監本外，尚有公使庫本、州縣學刻本；民間出版品，則大致分為坊刻本、家刻本，以及書院刻本。南宋刻書業尤其繁榮，家刻本多精品，書院刻書尤其別具特色。

（三）雕版印刷盛況空前，未有一路不刻書

研究宋代文獻學、版本學、宋版書之學者發現：從現存大量的南宋刻本書籍和版畫中，可以看出雕版印刷業在南宋是一個全面發展的時期。中央和地方官府、學官、寺院、私家和書坊都從事雕版印刷，雕版數量多，技藝高，印本流傳範圍廣，不僅是空前的，甚至有些方面明清兩代也難與之相比。[13]大抵雕版印刷業較發達的地區，大都是當時經濟繁榮、文化發達和盛產紙張的地點，如以行在所臨安附近為中心的兩浙，以及福建地區和四川成都附近。

據張秀民考證：北宋刻書之地可考者，不過 30 餘處，南宋刻書地點可考者共 173 處。南宋刻書地之分布，兩浙路 42 處最多，其次江南東西路 37 處，荊湖南北路 24 處，其次福建路 21 處，廣南東西路較少。要之，南宋行政轄區 15 路，幾乎沒有一路不刻書。當時刊刻圖書「無所不在」之盛況，可以想見。再以藏書目錄觀之，私家藏書頗著錄圖書版本，如南宋尤袤《遂初堂書目》，藏書三千二百餘種，著錄之版本計有成都石刻本、杭本、舊監本、京本、高麗本、江西本、川本、嚴州本、吉州本、越州本、越本、湖北本、舊杭本、川本

---

[12] 何忠禮：〈科舉制度與宋代文化〉，二、（二）〈書籍的大量流布〉，《歷史研究》1990 年 5 期；袁小盾策劃：《歷代教育制度考》上卷，（武漢：湖北教育出版社，1994.7），頁 1033。

[13] 宿白：《唐宋時期的雕版印刷》，〈南宋的雕版印刷〉，（北京：文物出版社，1999.3），頁 84。

小字、川本大字、朱子新定、舊本、朱墨本等等。陳振孫（？-約 1261）《直齋
書錄解題》，著錄圖書五萬一千一百八十卷，所著錄版本計有浙本、閩本、川
本等地方刻本與官刻本、某某私家刻本、某某私坊刻本、及書院、寺院刻本，
以及親自傳錄之手鈔本。由此觀之，可見尤、陳二家收藏圖書之豐富，而印本
繁榮，與寫本爭輝，從而可推圖書版本之眾多，知識傳播之便捷。而且，南宋
時雖印本盛行，然公私庋藏亦不乏名鈔善本，可見寫本與印本蓋並行流布。[14]手
鈔、傳寫雖費時耗神，自是讀書有得之一法；手書之，亦不妨博極群書，遍考
前作，對於師古與創新，亦有觸發與啟益。印本刊行，促使公私藏書質量暴
增；印本加上藏本（寫本），對於充實館藏，大有裨益。圖書豐富如此，藏書
家以之博采、販售，固甚便捷；學者專家以之著述、校勘，亦相得益彰；史
家、文家以之編纂、創作，更利於據依與觸發。印本刊行，影響藏書文化，亦
左右文學風尚，與學術思潮。

　　雕版印刷之崛起，緣於朝廷印書，務在推廣；其後昌盛繁榮，則與商品經
濟「供需相求」的效應有關。北宋太宗雍熙三年（986），國子監印本已「許人
納紙墨價錢收贖」，說明監本書籍已可買賣。《宋會要輯稿・職官・國子監》
載：「雍熙四年十月，詔國子監應賣書，價錢依舊置帳，本監支用，三司不得
管繫。……至道三年（997）十二月，詔國子監經書，外州不得私造印版」；外
州所以私印盜版，依商品經濟供需相求原理，表明國子監經書印本已無法滿足
士子之購求，以及市場之需要。「私造印版」猖獗，才需下詔禁止。據《宋
史・職官志》五〈國子監〉：「淳化五年（994）判國子監李志言：國子監舊有
印書錢物所……乞改為國子監書庫官……掌印經史群書，以備朝廷宣索賜予之
用，及出鬻而收其直，以上於官」，由國子監書庫官之職掌業務，可以想見印

14 傅璇琮、謝灼華主編：《中國藏書通史》，第三章〈宋代士大夫的私家藏書〉，（寧波：寧波出版
　社，2001），頁 387、頁 393。雕版印刷普及之時間，參考曹之：《中國印刷術的起源》，第九章〈唐
　代發明雕版印刷的旁證（上）〉，第四節〈從時間周期分析〉，（武昌：武漢大學出版社，
　1996.3），頁 361-371。曹氏論斷：雕版印刷在北宋尚未普及，真正達到普及，約在南北宋交替之際。
　南宋刻書地點之分布，參考張秀民：〈南宋刻書地域考〉，原載《圖書館》1961 年第 3 期。

書與銷售之繁忙與利多。[15]由監本圖書之供不應求，可以推想雕版印刷在兩宋圖書市場廣受歡迎之盛況。官刻本、家刻本，坊刻本、書院刻本所以風起雲湧，相互爭輝，以至於南宋行政轄區十五路，幾乎沒有一路不刻書，圖書市場供需相求所致。論者稱：宋代圖書出版，刻書、發行大抵一體化。刻書與發行合一，刻書所在，即是圖書市場所在。當時書市貿易地區，遍布浙江、福建、四川、江西、湖北、湖南、江蘇、安徽、河南、山西、廣東等地，幾乎涵蓋全國。其中，又以汴京、浙江、福建、四川、江西、湖北、湖南為書業貿易中心。[16]出版市場如此熱絡蓬勃，其中自有宋代商品經濟，追逐錢財之驅動力在。李之彥《東谷隨筆》載言：「錢之為錢，人所共愛」，一葉知秋，可悟宋人崇尚貨殖之風習。

（四）南宋刻書之興盛與寫本印本之消長

北宋開國以來，推廣雕版印刷，從中央到地方，從監本到家刻本、坊刻本，朝野不遺餘力。歷經真宗仁宗朝之經營，高宗朝之「監中闕書，次第鏤版」，加上商品經濟之因時乘勢，遂蔚為南宋刻版書籍之暴增。傳播的載體，除傳統之寫本鈔本外，又增添質量能滿足士人期待之雕版圖書。於是印本、寫本之數量，由互有消長，而平分秋色，最終而印本取代寫本。其間印本、寫本交相流行，提供士人購求之便利，官刻、坊刻、家刻齊頭並進，促成印本品類及數量之急遽增長。程俱《麟臺故事》卷二曾言：「至太宗朝，又摹印司馬遷、班固、范曄諸史，與六經皆傳，於是世之寫本悉不用」，此所謂「於是世之寫本悉不用」，蓋專指國子監所刊諸史與六經，其他圖書則或為刊本，或為寫本。

王明清（1128-？）《揮麈後錄》卷七載其先祖留心典籍，「所藏書逮數萬卷，士大夫多從而借傳」；《揮麈前錄》卷一則稱：「近年來所至郡府，多刊

---

[15] 陳堅、馬文大：《宋元版刻圖釋》，（北京：學苑出版社，2002），頁9-10。

[16] 同註14，曹之：《中國印刷術的起源》，第十章，四、〈宋代書業貿易之發達〉，頁420-434。

文籍，且易得本傳錄。仕宦稍顯者，家必有書數千卷」。考《揮麈前錄》作於
南宋孝宗乾道二年（1166），其時「郡府多刊文籍」，仕宦之家，「必有書數
千卷」，雕版印刷在南宋之盛況，可見一斑。相較其先祖在北宋時，藏書萬
卷，藏本（寫本）提供士大夫借傳，實不可同日而語。陸游（1125-1210）《老
學庵筆記》稱：「近世士大夫所至，喜刻書板」；「至於細民，亦皆轉相模
鋟，以取衣食」；魏了翁（1178-1237）於孝宗年間，形容當時刻書業之繁榮，
稱：「（印書）極於近世，而閩、浙、蜀之鋟版遍天下」；時至南宋晚期，刻
書蔚為一時風氣，其中自有商品經濟之作用在。

由此看來，似乎雕版印刷至南北宋之交已取代寫本，南宋時業已一枝獨
秀？其實不然！甫完成之書稿，或大部頭之經典新著，或劫灰所存之孤本，往
往進納上獻，重寫校勘，或詔藏史館，或詔送秘閣，大抵多為寫本或鈔本，
如：

> 五月九日，禮部侍郎兼同修國史李燾言：「今詢得吏部侍郎徐度有
> 自著《國紀》一百餘卷，其子行簡見在湖州寄居，乞下所屬給札鈔錄，
> 赴院以備參照。」（《宋會要輯稿‧崇儒四》，淳熙三年（1176））

> 七月二十九日，禮部尚書謝克家等言：「今祖禹之子前宗正少卿
> 冲，寓居衢州，望下本州，給以筆劄，令冲勘讀（《仁皇訓典》、《帝
> 書》）投進。」從之。（同上，建炎四年（1130））

> 八月二十九日，四川制置汪應展劄子：「竊見左朝散郎李燾所著
> 《續資治通鑑長編》……精密切當，皆有依據，其送秘書省校勘，藏之
> 秘閣。」故詔從之。（同上，乾道三年（1167））

> 八年夏，榮王宮火，延爇崇文院秘閣，所存無幾。五月，又於皇城
> 外別建外院，重寫書籍。翰林院學士陳彭年請內降書充本，先遣官詳正
> 定本，然後鈔寫，命館閣群官及擇吏部常選人校勘。（程俱《麟臺故
> 事》卷二中之一四）

> 嘉祐四年正月，右正言祕閣校理吳及言：「……請選館職三兩人，
> 分館閣吏人編寫書籍。……」……又置編校官四人，以《崇文總目》收

聚遺逸，刊正訛謬而補寫之，又以黃紙寫別本以絕蠹敗。至嘉祐六年三
館祕閣所寫黃本書六千四百九十六卷，補白書二千九百五十四卷。（同
上，卷二中之一七）

　　袁同禮〈宋代私家藏書概略〉稱：北宋一百六十年間，屢下詔徵求遺書。
凡獻書者，或支絹，或給錢，或補官，莫不以利誘之。所獻書，最少須傳鈔一
部典藏，是為寫本。試觀北宋仁宗朝，雕版印刷已十分蓬勃發展；然孝宗乾道
淳熙間、高宗建炎間，獻書詔藏史館，詔送祕閣前，仍需「給以筆削，勘
讀」，「給箚鈔錄」。乾道四年詔書更明言：取李燾所著《續資治通鑑長編》
「令有司繕寫校勘，藏於祕閣」，六年詔書：「令依《通鑑》紙樣及字樣大
小，繕寫《續通鑑長編》一部」；嘉祐六年（1061）三館祕閣所寫黃本書六千
餘卷，補白書二千餘卷，皆為寫本。由此可見，雕版印刷流行之同時，書稿
本、鈔寫本一直並行不廢。畢竟雕版印刷之過程宜看詳校勘、補闕訂誤，處理
更曠日廢時。一切印本，最初多以稿本、寫本形態存藏，歷經選擇，方成印本
刊本。

　　儘管雕版印刷流行於宋代，然傳寫謄鈔作為圖書製作之傳統方式，仍持續
不斷，並未消歇。宋代崇文院等藏書機構，除印本外，寫本仍佔重大比例。程
俱《麟臺故事》卷二中〈書籍〉稱：太宗、高宗時，廣求圖書，不願進獻者，
朝廷「借本繕寫，即時給還」；真宗時，搜訪遺籍，「借取傳寫，遣使送
還」，「其闕少者，借本抄填」；仁宗時，詔借《道藏》，亦差人鈔寫。神宗
時，詔置補寫所，徽宗宣和五年（1123）詔令搜訪士民字藏書籍，「悉上送
官，參校有無，募工繕寫，藏之御府」。宋代私人藏書家可考者有 450 餘人，
其所藏書，「多手自繕錄，故所藏之書，鈔本為多」。[17]由此可見，館閣所傳，
私家所藏之珍籍，大多為寫本。雕版印刷已繁榮發達，何以鈔本寫本仍有市
場？細究其因，大概有五：以手工鈔寫圖書，為長期以來之複製圖書技術，是

---

[17] 參考袁同禮：〈宋代私家藏書概略〉，《圖書館季刊》二卷一期，轉引自袁咏秋、曾季光：《中國歷
　　代國家藏書機構及名家藏讀敘傳選》，（北京：北京大學出版社，1997.12），頁 329-336。

其一；宋人以手鈔圖書，作為書法家練習之手段，是其二；宋人講究以鈔書增進學習成效，宋祁嘗自言：「手鈔《文選》三過，始見佳處」；洪邁亦言：「手鈔《資治通鑑》三過，始究其得失」，是其三；書稿新作，單篇零卷，或名篇佳作，未正式雕版前，仍以手鈔傳寫流通，是其四；「手工繕錄」圖書，仍不失學者或藏書家整理古籍之手段，是其五。因此，寫本鈔本仍是圖書製作不可或缺之手段。北宋至南宋中葉，寫本與印本相互爭輝，在圖書製作，知識流通，理念宣揚，經驗傳遞，文獻保存方面，貢獻良多。

中國古代圖書的流通，由寫本文化逐漸演變為印本文化，南北宋之交實居關鍵地位。[18]時至北宋，雕版印刷有官刻、坊刻、家刻三大系統，地域分布遼闊，刊刻品目繁多。[19]就學界考察書刻牌記及圖錄觀之，宋代家刻本多強調「用皮紙印造，務在流通」；「不欲私藏，庸鋟木以廣其傳」；或提供應試利器、創作參考，所謂「用是為詩戰之具，固可以掃千軍而降勁敵，不欲秘藏，刻梓以淑諸天下」。坊刻本臨安榮六郎紹興二十二年刻《抱朴子》刻書牌記尤其難得，其文曰：「舊日東京大相國寺東榮六郎家，見寄居臨安府中瓦南街東開印輸經史書籍舖，今將京師舊本《抱朴子》內篇校正刊行，的無一字差訛，請四方收書好事君子幸賜藻鑒。」據此刻書牌記，可以印證北宋東京（開封）東門大街刻書業之興盛。而靖康之難，中原淪陷，大批北方刻工南渡，造成南宋浙江地區刻書業之空前興盛發達，榮六郎特其中印刷業者之一而已。由此可見，

---

18 張秀民論述雕版印刷之發展，「到了宋朝，因政府及民間之提倡，書坊到處設立，幾乎無書不刻版，無處不刻版，刻書達到全盛時代。」說見氏作〈中國印刷術的發明及其對亞洲各國的影響〉，輯入程煥文編：《中國圖書論集》，（北京：商務印書館，1994.8），頁 167。宋代印本文化之繁榮，可參考李致忠：〈宋代刻書述略〉，張秀民：〈南宋刻書地域考〉，並見前揭程煥文所編：《中國圖書論集》，頁 196-236。

19 程千帆、徐有富：《校讎廣義・版本編》，第四章第三節〈按刻書單位區分〉，分為官刻本、家刻本、坊刻本，（濟南：齊魯書社，1991.7），頁 261-263；頁 271-273；頁 278-286。張秀民：《中國印刷史・宋代》，〈雕版印刷的黃金時代〉，述刻書地點有開封、杭州、紹興府、慶元府、婺州、衢州、嚴州、湖州、平江府、建康府、成都、福州、建寧等地；刻本內容有經部、史部、子部、集部、科技書、醫藥書、宗教書（佛藏、道藏）等，（上海：上海人民出版社，1989.9），頁 53-158。清・葉德輝《書林清話》卷八，〈宋元明書許士子借讀〉，備列宋代官刻本、家刻本及坊刻本之清單，堪稱琳瑯滿目，其中，監本居上，地方官刻本、家刻本次之，坊刻本較劣。（臺北：世界書局，1988），頁 60-88。

此一牌記，實是一份商品推銷廣告，「開印書籍鋪」，已然成為宋代商品經濟之一行業；[20]商品經濟供需相求之機制，對於雕版印刷的空前繁榮，確有激盪作用。論者估計，終宋之世，刊刻圖書，當有數萬部之多。[21]

　　儘管印本圖書既多，世不知重，可能造成士人「讀書苟簡」的負面態度，這固然是不可否認的事實。但雕版印刷之崛起，複製圖書之質與量大幅提高，書籍流通更為便利，知識傳播空前便捷，對於士人之閱讀、治學、創作、欣賞、評鑑、接受，勢必生發許多前所未有之效應。儘管雕版印刷的優勢，可能便利洩露國家機密；無遠弗屆的印本傳播也很容易「搖動眾情」；政敵的「異端邪說」，以及一切「事屬不便」的出版品，朝廷實施「看詳禁止」、「監控除毀」，然政治勢力之介入監控雕印圖書，抵擋不了商品經濟，供需相求之風潮。所謂「野火燒不盡，春風吹又生」，差堪比擬宋王朝對雕印圖書之監看，以及印本圖書由崛起、發展，到繁榮昌盛的曲折歷程。圖書出版業既以低成本、高效率獲得利潤，因此能刺激買氣，活絡出版市場。因此，宋代雕版數量之多，技藝之高，印本流傳範圍之廣，不僅是空前的，甚至某些方面明清兩代也難望其項背。北宋元祐以來，寫本與印本互有消長；尤袤撰《遂初堂書目》時，寫本尚多於刻本，至寧宗（1195-1224 在位）、理宗（1225-1264 在位）時，刻本書數量已超過寫本，王重民於此曾有論說：

　　　　後人一致認為《遂初堂書目》著錄了不同的刻本是一特點，並且開創了著錄版本的先例。但尤袤是以鈔書著名的，而且在他的時代，刻本書的比量似乎還沒有超過寫本書。而且《遂初堂書目》內記版本的僅限於九經、正史兩類，由於著錄簡單，連刻本的年月和地點都沒有表現出

---

[20] 林申清編著：《宋元書刻牌記圖錄》，上編〈宋刻本〉，牌記之廣告意義，如饒州董應夢集古堂紹興三十年刻《重廣眉山三蘇先生文集》，麻沙鎮劉仲吉宅乾道間刻《類編增廣黃先生大全集》，宋佚名無年號刻《東萊先生詩武庫》；坊刻如：臨安榮六郎紹興二十二年刻《抱朴子》，（北京：北京圖書館出版社，1999.7），頁6、8、10、11。

[21] 宋代刊印圖書，當有數萬部，參考楊渭生等：《兩宋文化史研究》，第十一章〈宋代的刻書與藏書〉，二、〈版本的流傳〉，（杭州：杭州大學出版社，1998.12），頁467-487。

來。只有到了趙希弁（《郡齋讀書志・附志》）和陳振孫（《直齋書錄解題》）的時代，刻本書超過了寫本書，他們對於刻本記載方才詳細。當然，尤袤的開始之功是應該肯定的。（王重民《中國目錄學史》第三章第五節，中華書局，1984，頁 120）

趙希弁（1249 年在世）《郡齋讀書志・附志》、陳振孫（1183-1249）《直齋書錄解題》之著錄，可看出雕版圖書成長之快速。至宋度宗咸淳間（1265-1274），廖瑩中世綵堂校刻《九經》，取校 23 種版本，周密《志雅堂雜抄》卷下稱：「凡用十餘本對定，各委本經人點對，又圈句讀，極其精妙」，尤其難能可貴者，清一色為刻本，無一寫本。從此之後，印本書籍幾乎取代寫本，成為圖書出版市場之主流；手稿本、鈔寫本之傳播流通，屈居第二線，其中不無商品經濟「供需相求」之效應在。

第二節　商品經濟促成印本激增，影響學風時尚

雕版印刷，是複製圖書既快又多之文化產業，對於傳播知識，記錄心得，宣揚思想，圖書流通，文化推廣，迅速而便捷。在右文政策、科舉取士政策下，士大夫俸祿優厚，有錢有閒，積極從事文化學術活動，遂直接促成雕版圖書成為消費商品，蔚為商品經濟文化產業之繁榮。雕版圖書成為商品經濟之一環，首先考慮低成本，其次為高利潤，其中牽涉到市場競爭、產品價格、流行風潮，以及消費心理等等。趙宋承五代戰亂兵火之後，人民修養生息之餘，經濟進步，工商發達，形成所謂商品經濟之繁榮。王安石變法，制定均輸法、免役錢、鹽鈔法，皆與工商業有關；政府又為之制定市易法、常平倉法等，以防市場之壟斷。至北宋末年，商業稅收幾佔全國歲入七分之一，可見經濟之雄厚實力。學界論述北宋商品經濟之繁榮與發展不少，可以參看，[22]唯專論圖書出版

---

[22] 何應忠：〈北宋商品經濟發展中存在的幾個問題〉，《中日宋史研討會中方論文選編》，（石家莊：河北大學出版社，1991.5），頁 121-132；孫克勤：〈宋代商品經濟論析〉，《雲南民族學院學報》

與商品經濟之論著不多。筆者嘗試論述圖書商品化之後,對宋代學風時尚之影響:

(一)印本繁榮與校讎學之勃興

宋代校讎學之興起,與國家級圖書館藏書先經覆勘校理,再轉交國子監雕版印行有關。而且,朝廷右文崇儒,注重古籍整理,故校勘圖書蔚為風氣。尤其寫本、鈔本開雕成印本圖書後,圖書勢將「一以板本為正」,為避免版本訛舛、脫略、闕疑、亡失,無論秘閣校理善本、學者整理文獻,或私家藏書刊書,都追求完備精善,校讎學遂因雕版印刷之繁榮,而雲蒸霞蔚。分論如下:

宋初承五代喪亂,下詔獻書,館閣鈔存,必經校勘。大中祥符八年四月,因王宮火災,三館秘閣圖籍多成灰燼,真宗詔以太清樓副本重新寫錄,選官詳覆校勘。宣和四年四月十八日徽宗詔:「三館閣之富,而歷歲滋久,簡編脫落,字畫訛舛,較其卷帙,尚多逸遺,甚非所以崇儒右文之意。」於是設置「補完校正御前文籍局」。由於古籍整理,手鈔傳錄珍籍善本,故南北宋國家級之圖書館設有圖書整理機構,寫本、傳鈔本、藏本交付國子監雕版印刷前,先經詳覆校勘、增修校正、補寫校理、補完校對、書寫校勘,如宋徽宗之詔示,對差舛訛謬者,加以刪改校正;大段損缺者,重別雕造:

> 淳化五年(994)兼判國子監。至上言:「《五經》書疏已板行,惟《二傳》、《二禮》、《孝經》、《論語》、《爾雅》七經疏未備,豈副仁君垂訓之意?今直講崔頤正、孫奭、崔偓佺等皆勵精強學,博通經義,望令重加讎校,以備刊刻。」從之。後又引吳淑、舒雅、杜鎬檢正訛謬,至與李沆總領而裁處之。(《宋史》卷二百六十六,〈李至傳〉)

　　（大觀二年，1108）八月二十七日上批：國子監印造監本書籍，差
舛頗多，兼版缺之處，筆吏書填不成文理。頒行州縣，錫賜外夷，訛謬
何以垂示？仰大司成專一管勾，分委國子監、太學、辟雍官屬正、錄、
博士、書庫官，分定工程，責以歲月，刪改校正，疾速別補。內大段損
缺者，重別雕造，仍于每集版末注入今來校勘官職位、姓名。候一切了
畢，印造一監，令尚書禮部覆行抽稿，總檢有無差舛，保明聞奏。今後
新行書籍，仰強淵明，不得奏乞差官置局。今貽改《毛詩》一冊降出。
（《宋會要輯稿・職官》二八之一八）

　　《七經疏》於國子監鏤版刊行前，李至奏言：先令博通經義之士，「重加
讎校」；其次「檢正訛謬」，終則李至與李沆「總領而裁處之」，然後方能
「以備刊刻」。其間過程，即「是正版本」之校讎課題。據《宋會要輯稿・崇
儒》等文獻，國子監監本開雕前，必先覆勘校理：因此，八年，設置都大提舉
校勘館閣書籍所；嘉祐二年，設置校正醫書局；嘉祐四年，設置三館秘閣編校
所；元祐二年，設置校對黃本書籍所；宣和元年，設補完御前書籍所；四年，
置補完校正御前文籍所；紹興十四年，設置補寫所。[23]由此可見，無論三館秘閣
庋藏之寫本鈔本，必經覆勘校理；即交付國子監雕版印行，補完校對等古籍整
理程序，亦不能鹵莽闕略。朝廷藏書與印書，覆勘校理之程序如此繁瑣慎重，
功夫如此精密講究，自然影響士人之古籍整理，書坊之刊刻圖書，以及私人藏
人家校書、印書、藏書之三位一體。

　　葉夢得《石林燕語》卷八，稱北宋雕印圖書，蜀本建本「幾遍天下」，蓋
「多以柔木為之，取其易成而速售」。「易成而速售」，既是圖書商品化之必
然趨勢，如何兼顧「版本是正」，避免謬奪闕劣？此乃校讎學之課題。宋代雕
版印刷繁榮，直接促進校讎學之發展，宋代文獻有言：

---

[23] 郭聲波：《宋朝官方文化機構》，第四章〈宋朝官方圖書機構〉，第三節〈圖書整理機構〉，（成
　　都：天地出版社，2000.6），頁101-105。

　　　　議者以為，前代經史皆以紙素傳寫，雖有舛誤，然尚可參讎。至五
　　　代，官始用墨版摹《六經》，誠欲一其文字，使學者不惑。至太宗朝，
　　　又摹印司馬遷、班固、范曄諸史，與《六經》皆傳，于是世之寫本悉不
　　　用。然墨版訛駁，初不是正，而後學者更無他本可以刊驗。（程俱《麟
　　　臺故事》卷二之一一）

　　由於雕版圖書印量極大，影響自然深遠，因此，刊行出版前之覆刊校理十
分重要。尤其刊本既行，寫本日亡，如果「墨版訛駁，初不是正」，影響所
及，將使「後學者更無他本可以刊驗」，校讎學隨雕版印刷發達而應運產生，
自然是勢所必至，理有固然。監本之刊行，三館秘閣置所設局覆勘校理圖書，
良有以也。官方雕印圖書，設有專職專人校讎文字，故監本精良，足為典範；
至於唯利是圖之坊刻本，則不必然。岳珂（1183-1234）《愧郯錄》卷九亦稱：
「建陽書肆日輯月刊，時異而歲不同，以冀速售」，因為「學者易于得書」，
所以「士大夫不復以藏書為意」。這不僅牽連到藏書之意願，更影響到讀書態
度：「誦讀亦因滅裂」，同時左右了古籍整理：「一以板本為正，而藏本（即
寫本、鈔本）日亡」所衍生之問題，於是促成南宋後版本校勘學之勃興，開啟
後世藏書家兼理校書、刻書之風氣。

　　書籍校勘之學，漢代以後，唯宋人為最勤、範圍亦最廣。就程俱（1078-
1144）《麟臺故事》記載，自太宗淳化五年（994）至仁宗景祐二年（1035），
三館秘閣置所設局，校勘之書籍有：《史記》、《前漢書》、《後漢書》、
《三國志》、《晉書》、《唐書》、《周禮》、《儀禮》、《公羊傳》、《穀
梁傳》、《孝經》、《論語》、《爾雅》、《尚書》、《南華真經》、《莊子
注》、《列子沖虛真經》、《文選》、《南史》、《北史》、《隋書》、《文
苑英華》等等，尤其對《史記》、《漢書》、《論語》、《孝經》、《爾
雅》，多進行反覆之校勘。王應麟《玉海》著錄宋代校刊群書，如開寶校經籍
釋文，端拱校《五經正義》，淳化校《三史》，嘉祐校《七史》，咸平校定
《七經義疏》、三館書籍，景德刊正《四經》、校諸子，康定校《群經音
辨》，至和與嘉祐刊刻石經，熙寧是正文字，紹興校御府書籍等等，可見朝廷

為是正版本，所作持續性之校讎工作。朝廷倡導於上，故天下隨之。至於私人校書之風亦盛行，成就亦頗有可觀。如劉放《東漢刊誤》四卷、吳縝《新唐書糾謬》二十卷、《新五代纂誤》五卷，廖瑩中《九經總例》、彭叔夏《文苑英華辨證》十卷、方崧卿《韓集舉正》十卷、朱熹《昌黎先生集考異》十卷、張淳《儀禮識誤》三卷等，要皆校讎學之經典著作。校勘書籍所以特別發達，當與雕版印刷之繁榮，密切相關。[24]

印本圖書果真校勘精善，版本美好，則確實有「一其文字，使學者不惑」之知識傳播貢獻。迨雕版印刷流行昌盛，促使寫本不用而日亡。若印本「初不是正」，寫本又淪亡，將引發「更無它本可以刊驗」之危機。因此，宋代藏書家多精於校書，否則，寧可不藏書：

> 承平時，士大夫家如南都戚氏、歷陽沈氏……俱有藏書之名，今皆散佚。近年來所至郡府，多刊文籍，且易得本傳錄。仕宦稍顯者，家必有書數千卷，然多失于校讎也。吳明可帥會稽，百廢俱舉，獨不傳書。明清嘗啟其故，云：「此事當官極易辦，但僕既簿書期會，賓客應接，無暇自校；子弟又方令為程文，不欲以此散其功；委以他人，孰肯盡心？漫盈箱篋，以誤後人，不若已也。」（王明清《揮塵前錄》卷一）

藏書所以多散佚，蓋緣圖書多為寫本。雕版圖書化身千萬，較有機會保全傳世。唯印本崛起，取代寫本，若「失于校讎」，勢將貽誤後學。宋代藏書家所藏書「多手自繕錄」，且精心校讎，其鈔本之精良，誠可「一其文字，使學者不惑」，故藏書家之傳鈔本多稱善本，職是之故。

---

[24] 張君和：《張舜徽學術論著選》，〈論宋代學者治學的廣闊規模及替後世學術界所開闢的新途徑〉，丙、〈校勘群書的工作〉，（武昌：華中師範大學出版社，1997.12），頁 197-200；曾貽芬、崔文印：《中國歷史文獻學史述要》，〈宋代對歷史文獻的校勘〉，（北京：商務印書館，2000.4），頁 274-301。

（二）宋人選刊唐詩宋詩，志在學唐變唐，自成一家

雕版印刷之圖書選擇，大抵與兩宋之文風思潮相呼應，此亦商品經濟供需相求之必然效驗。《易》為憂患之學，《春秋》為經世之書，故兩宋經學之刊行，唯《易》與《春秋》為顯學。

陳寅恪稱：「中國史學莫盛於宋」，表現在國史之記述，舊史之整理，大部編年史《資治通鑑》、李燾《續資治通鑑長編》之完成等等，或重直書實錄，或重經世資鑑，大多雕版成書，刊印流傳。就宗教思想而言，佛教藏經在宋代雕版印刷，存留九種版本；道藏亦鏤版刊行，宋人之崇佛、禪悅、好道，印本圖書之出版，自有迴響。試觀宋代詩學講究通變、言意；詩話筆記標榜《春秋》書法，史家筆法，於是詩歌創作亦往往以《春秋》書法入詩，以史家筆法入詩。佛教，尤其禪宗之影響宋代詩話，蔚為以禪喻詩、以禪論詩，創作則以禪語入詩、以禪思為詩思，及以禪學入詩諸現象。道家道教影響宋代詩學與詩歌，如自然、平淡、樸拙、清空、超脫等之體現，奪胎換骨、點鐵成金之借用與轉化，皆是經學、史學、佛道思想影響於詩學詩歌，信而有徵者。

宋人詩集、文集之刊行，宋代詩話筆記之雕印，以及宋人為學唐變唐，而整理唐人別集；為學古通變，妙悟自得，亦編選唐人詩、選刊宋人詩，其中自有宋人典範之追尋，自成一家之期待在也。吾人皆知宋型文化不同於唐型文化，筆者以為：其中重大關鍵在印本文化之影響，促成圖書流通之便捷，知識傳播之快速，蔚然引發許多「異場域之碰撞」，[25]不同文類、殊異學科間之會通整合，形成創意開發之無限。因雕版印刷流行，知識傳播快速而多元，促成許多「會通交融」之機會，對於宋詩面對唐詩之盛極難繼，處窮必變，印本之流通傳播，提供了許多開發之生機。論述如下：

學界研究確認，唐人詩文集，傳流後世者，多經宋人整理刊行。筆者更發

---

25 所謂「異場域碰撞」，指不同領域的交會，是一種跨學科之思考技術；異場域之碰撞所爆發的驚人創新，稱為梅迪奇效應（The medici effect）。梅迪奇是中古歐洲義大利佛羅倫斯一位銀行家，曾經資助科學家、詩人、畫家、哲學家、雕刻家經費，促成和金融家、建築師濟濟一堂，彼此交會、切磋、觸發、激盪，於是打破彼此範疇和文化藩籬，其中之創新觀念，促成了文藝復興。參考 Frans Johnsson 著，劉真如譯：《梅迪奇效應》，（臺北：商周出版，2005.10）。

現：宋人整理雕印前代詩文集，是講究選擇的，一言以蔽之，多與宋人追求詩歌典範的歷程合拍。如宋詩歷經學白、學晚唐、學韓、學杜、學陶之過程，於是《白氏文集》、李商隱、李賀、賈島詩集，先後雕印之版本較多；尤其宋代有千家注杜，著錄之宋版杜集尚有 129 種；五百家注韓，宋元韓集尚有 102 種；《陶淵明集》兩宋版本大約在 16 種以上。《滄浪詩話·詩體》所列白體、晚唐體、昌黎體，宋人之版本目錄多有體現；清沈曾植稱：「宋詩導源於韓」；徐復觀謂：「北宋詩人都有白詩的底子」；陶淵明詩、杜工部詩為蘇黃及江西詩派所宗法追慕，奉為典範學習。自北宋元祐後至南宋，江西詩風席捲天下，舉世宗杜學陶。就商品經濟供需相求之原理推之，流行風潮即是市場導向，雕版印刷與文學風尚，固相互為用，相得益彰也。

　　就宋人選唐詩而言，其中自有學習唐詩優長，追尋詩學典範，建構宋詩宗風，鼓吹詩派風尚之意義在。如李昉等奉勅編撰《文苑英華》一千卷，見宋人之師古學唐；王安石編選《四家詩選》、《唐百家詩選》，見宋詩之宗杜；洪邁編選《萬首唐人絕句》體現江湖之詩風；周弼《三體唐詩》，見宋人之宗法三唐；孫紹遠《聲畫集》，見宋人「詩畫相資」之出位會通；劉克莊《分門纂類唐宋時賢千家詩選》，見南宋「唐宋兼采」之詩風旂向；其他，如趙孟奎《分門纂類唐歌詩》，元好問《唐詩鼓吹》，要皆標榜唐詩，宗法中晚唐，所謂「學唐變唐，而出其所自得」，上述唐詩總集之編選刊刻，可作如是觀。宋人以學唐為手段，為變唐為過程，以自成一家為目標，編選刊印唐人別集總集，自有市場價值。詩歌總集之版本刊印，可詳祝尚書《宋人總集敘錄》。

　　再就宋人選宋詩而言，亦可見宋詩體派之流衍。考《四庫全書》集部總集類，宋人編選刊刻之詩選總集，有《西崑酬唱集》、《三蘇先生文粹》、《坡門酬唱集》、《江西宗派詩集》、《四靈詩選》、《江湖集》前集、後集、續集、《兩宋名賢小集》、《瀛奎律髓》，從可見西崑體、東坡體、江西詩派、四靈詩派、江湖詩派，以及江西詩派標榜「一祖三宗」之詩學取向。祝尚書《宋人總集敘錄》，於此頗有著錄。乃至於宋詩別集之編纂刊行，從可見宋詩大家名家之風起雲湧，「江山代有才人出」：如王禹偁之《小畜集》、《小畜外集》，蘇舜欽之《蘇子美集》，梅堯臣《宛陵先生文集》、歐陽脩《歐陽文

忠公集》、邵雍《伊川擊壤集》、王安石《臨川先生文集》、《王荆文公詩李
壁注》、蘇軾《東坡集》、《王狀元集注東坡詩》、施顧《注東坡先生詩》；
黃庭堅《豫章先生文集》、《山谷黃先生大全詩注》、《山谷外集詩注》、
《山谷別集詩注》；陳師道《後山居士集》、陳與義《增廣箋注簡齋詩集》、
《須溪先生評點簡齋詩集》；楊萬里《誠齋集》、范成大《石湖居士集》、陸
游《劍南詩稿》、朱熹《晦庵先生朱文公文集》、劉克莊《後村先生大全
集》、戴復古《石屏詩集》等等，生前或稍後，或手訂雕版，或弟子、家族、
學侶代為勘定刊印。[26]宋詩之大家名家創作，雖或當下傳鈔，畢竟影響有限；若
經雕版印刷，以印製精美之圖書形態面世，其傳播流通之廣大快速深入，絕非
手鈔謄寫所可比擬。圖書傳播既便捷如此，於是「奇文共賞，疑義相析」，必
然影響詩話筆記之載錄與體現。詩話筆記所載錄內容與詩歌創作指向，交相映
發，共同激盪宋詩特色之形成。

　　筆者曾撰有〈宋代詩話之傳寫刊刻與詩分唐宋〉一篇文稿，其中略謂：宋
人治學，志在博覽群書，遍考前作；出入諸家，而又回歸傳統，在在離不開圖
書版本，如點化陳俗，轉換原型，甚至超常越規，透脫自在，也無一不與圖書
典籍之閱讀與運用有關。宋代詩人追求學古變古，學唐變唐，終能超脫本色，
而自成一家詩風者，其中若無雕版印刷之觸媒推助，恐難以奏其效而竟其功。
詩話筆記之撰寫與編纂，一則記錄讀書心得，再則分享創作經驗，三則提出詩
學主張，四則評論詩人詩作，此其大要也。蘇軾〈稼說送張琥〉所謂：「博觀
而約取，厚積而薄發」，可借以說明詩話編寫之過程與策略。因此，詩話（含
筆記）之編寫，與圖書傳播、知識流通，關係十分密切。詩話從搜集資料，到
去取從違，到編寫校讎，到雕版印行，若非通都大邑、經濟繁榮、文化發達、
藏書豐富、書坊林立地區，何從借鈔、購書，以及相與討論？若非公家私人藏
書，刻書中心書籍流通頻繁，而品類眾多，又何得「出入眾作，而自成一
家」？

26　參考祝尚書：《宋人總集敘錄》（上下），（北京：中華書局，1999.11）；又，王嵐：《宋人文集編
　　刻流傳叢考》，（南京：江蘇古籍出版社，2003.5），亦頗有發明。

北宋真宗以來，提倡雕版印刷，所謂「板本大備，士庶家皆有之」，加上公藏鈔本，民間藏書家庋藏豐富多元，自然有利於詩話筆記之編印刊行。就詩話總集而言，有佚名《唐宋分門名賢詩話》二十卷、阮閱《詩話總龜》一百卷、計有功《唐詩紀事》八十二卷、尤袤《全唐詩話》、胡仔《苕溪漁隱叢話》前後集一百卷、魏慶之《詩人玉屑》二十卷、蔡正孫《詩林廣記》前後集二十卷，皆曾雕版印行，對當時之文風思潮自有激盪。其他，又有見諸著錄，後世亡佚者，如李頎《古今詩話錄》七十卷、佚名《唐宋名賢詩話》二十卷、任舟《古今類總詩話》五十卷等等，可參郭紹虞《宋詩話考》。就錢鍾書「詩分唐宋」之說言之，宋代詩話之傳寫刊刻，其消長因革，大抵與唐音宋調之辯證有關。自北宋元祐，宋詩特色形成後，於是宗唐或宗宋之爭隱然成為詩學討論之重要課題。

大較而言，宋代詩話編寫內容，有推崇蘇軾、黃庭堅，發揚江西詩派詩學理論者，則為主宋調之詩話，如陳師道《後山詩話》、周紫芝《竹坡詩話》、朱弁《風月堂詩話》、張表臣《珊瑚詩話》、吳可《藏海詩話》、范溫《潛溪詩眼》、吳幵《優古堂詩話》、許顗《彥周詩話》、《王直方詩話》、《洪駒父詩話》、《潘子真詩話》、唐庚《唐子西語錄》、蔡絛《西清詩話》、呂本中《紫薇詩話》、《呂氏童蒙訓》、曾季貍《艇齋詩話》、陳巖肖《庚溪詩話》、趙與虤《娛書堂詩話》、葛立方《韻語陽秋》、劉克莊《後村詩話》等等。

正當蘇黃詩風盛行，江西詩法風行天下之際，別有一派，以反對蘇黃、非薄江西、或修正江西相標榜，如魏泰《臨漢隱居詩話》、蔡居厚《蔡寬夫詩話》、葉夢得《石林詩話》、張戒《歲寒堂詩話》、黃徹《碧溪詩話》、嚴羽《滄浪詩話》等等。更有出入諸家，折衷於唐宋詩之優長者，如釋惠洪《冷齋夜話》、楊萬里《誠齋詩話》、陸游《老學庵筆記》、吳子良《荊溪林下偶談》、姜夔《白石道人詩說》、范晞文《對床夜語》、敖陶孫《敖器之詩話》等等。

宋代詩話於宋調唐音，無論標榜、反對、或折衷，都與時代風潮相呼應；其編寫雕版之情形，所謂消長榮枯，亦與市場導向、消費心理息息相關。胡仔

《苕溪漁隱叢話》為綜合性質之詩話匯編；方深道《集諸家老杜詩評》、計有功《唐詩紀事》、尤袤《全唐詩話》，則為專輯性質之詩話彙編。上述宋代詩話，或鈔本流傳，絕大部分都經雕版印行，沾溉當代，影響後世。[27]

要之，詩話之編寫刊印，與流行風潮有關；流行風潮左右消費心理，消費心理決定市場導向。詩話其書既經雕印，即是商品，既是商品則涉及成本、價格、利潤、市場競爭、投資風險諸問題。於是供需相求之詩話雕版，與詩學之流行風潮合拍，消長盈虛之間，自然相輔相乘，相得益彰。

（三）印本既多，世不知重，讀書苟簡

雕印圖書，可省手鈔之勞，所謂「士大夫不勞力而家有舊典」，得之容易，習見以為常，反而不認真研讀，實亦無可奈何。宋代圖書傳播，除寫本之外，印本流行普及，於是引發學習態度與讀書方法之討論。葉夢得《石林燕語》對於印本崛起所引發之閱讀效應，曾有強調與感慨，如：

> 唐以前，凡書籍皆寫本，未有摹印之法，人以藏書為貴。人不多有，而藏者精於讎對，故往往皆有善本。學者以傳錄之艱，故其誦讀亦精詳。……國朝淳化中，復以《史記》《前後漢》付有司摹印，自是書籍刊鏤者益多，士大夫不復以藏書為意。學者易於得書，其誦讀亦因滅裂，然板本初不是正，不無訛誤。世既一以板本為正，而藏本日亡，其訛謬者遂不可正，甚可惜也。（葉夢得《石林燕語》卷八）

> 東坡自鈔兩《漢書》，既成，夸以為貧兒暴富。唯手寫校勘，經幾番注意，自然融貫記憶，無鹵莽之失。今人買印成書，連屋充棟，多亦不讀，讀亦不精。書日多而學問日虛疏，子弟日愚，可嘆也！（明李日

---

[27] 有關宋代詩話之主要內容，及編寫刊印情況，可參郭紹虞：《宋詩話考》，（北京：中華書局，1979.8）；張連第、漆緒邦等編著：《中國歷代詩詞曲論專著提要》，（北京：北京師範學院出版社，1991.10）；蔣祖怡主編：《中國詩話辭典》，〈詩話內容評析〉，（北京：北京出版社，1996.1）；李裕民：《宋史新探》，〈宋詩話叢考〉，（西安：陝西師範大學出版社，1999.1），頁341-362。

華《紫桃軒雜綴》卷一）

　　古人得本皆親寫，至與貧兒暴富同。雕印流傳千百部，置書雖易馬牛風。（清葉昌熾《藏書紀事詩》卷一，〈周啟明〉）

　　由於寫本「精於讎對」，故往往皆有善本；傳鈔費時費力，艱難非常，得來不易，故士人「誦讀亦精詳」。至於藉鈔書以讀書，因為「手寫校勘，經幾番注意，自然融貫記憶」，閱讀吸收之豐碩有效，蘇軾遂夸以為「貧兒暴富」，比況頗為傳神。宋代書籍刊鏤既多，「學者易於得書，其誦讀亦因滅裂」。傳寫謄鈔，則誦讀精詳；雕版印刷，則誦讀滅裂，印本之取代寫本，利之所在，弊亦生焉，竟衍生鹵莽草率之讀書態度。宋羅璧《識遺》於此頗感遺憾，其言曰：

　　蔡氏云：「古書自篆籀多而為隸，竹簡變而為縑素，縑素變而為紙，紙變而為模印，模印便而書益輕。後生童子習見以為常，與器物等，藏之者祇觀美而已。」余謂書少而世不知讀，固可恨；書多而世不知重，尤可恨也。唐末書未有模印，多是傳寫，故古人書不多而精審。……後唐明宗長興二年宰相馮道李愚始令國子監田敏校《六經》，板行之世，方知鏤甚便。宋興，治平以前猶禁擅鏤，必須申請國子監。熙寧後，方盡弛此禁。然則士生於後者，何其幸也。（羅璧《識遺》卷一，〈成書得書難〉，文淵閣《四庫全書》本）

　　《識遺》引蔡氏之說，歷舉知識傳播之媒介演變，既推崇模印之便利，更感歎世人對印本之未加珍視，藏印本書只作玩物，「觀美而已」。羅璧一方面慨歎「書多而世不知重」，為尤可恨之事；一方面又稱美鏤版印書之便利，士生於熙寧間（1068-1077）雕版「弛禁」後，尤其深感慶幸。雕版圖書於南宋之流行，逐漸與寫本書相埒，其「得之容易」之便利性，與「讀書苟簡」之率意性間，如何兩全其美，引發諸多討論。葉夢得、張鎡之遺憾，《朱子語類》載錄朱熹對於印本增多而士不知重之隱憂，可見一斑。

　　朱熹為南宋大儒，《朱子語類》卷十、卷十一，弟子曾載錄其讀書方法若干條，對於知識之學習、閱讀、領會、接受，皆極重視。朱熹於讀書講學之餘，又從事刻書與販書。有鑑於當時濫刻成風，故於刊刻圖書，「摹印流傳」，十分慎重，如云：

> 　　平日每見朋友輕出其未成之書，使人摹印流傳，而不之禁者，未嘗不病其自任之重，而自期之不遠也。（《朱熹別集・答楊教授》）
>
> 　　《論語集注》已移文兩縣，并作書囑之矣。今人得書不讀，只要賣錢，是何見識？苦惱殺人，奈何奈何！余隱之所刊聞之久矣，亦未之見。此等文字不成器，將來亦自消滅，不能管得也。（《朱熹集》卷四十五，〈答廖子晦之六〉）

　　著書立說，固可以流傳不朽，然書非深造有得，不可謂「成」，若冒然摹印，則災及梨棗；若輕易流傳，則貽誤後學，自暴其短。朱子對雕版印書是慎重而認真的：朱子講學，刊印圖書只為便利自助，不為營利。故對純粹書商「得書不讀，只要賣錢」，批評其「苦惱殺人，奈何奈何」，深感不以為然！朱子蓋以知識傳播為重，商品經濟帶來之暴利，非所追求。

　　朱熹（1130-1200）批評「得書不讀，只要賣錢」之書商，對於印本便利，導致「不着心讀」，「讀書苟且」之惡習，亦嚴詞糾正，提示改善之道。朱熹〈嘉禾縣學藏書記〉曾說：「建陽板本書籍，上自六經，下及訓傳，行四方者，無遠不至」。其後不過五、六十年，張鎡（1153-1211）著《仕學規範》時，已是「印書足備」，而感慨「子弟飽食放逸，尚不能觀」，此與葉夢得、朱熹同聲喟歎，可見印本流傳，對於學習態度，閱讀策略，自有激盪。[28]《朱子語類》所載，提示若干印本普及對學術傳播、讀書方法諸方面之負面影響，如云：

---

[28] 參考（美）露西爾・介：〈留住記憶：印刷術對於宋代文人記憶和記憶力的重大影響〉，《中國學術與中國思想史》（《思想家》II），（南京：江蘇教育出版社，2002.4），頁486-498。

　　書只貴讀，讀多自然曉，今即思量得，寫在紙上底，也不濟事，終非我有，只貴乎讀。……嘗思之讀便是學。夫子說「學而不思則罔，思而不學則殆」，學便是讀。讀了又思，思了又讀，自然有意。……今之記得者，皆讀之功也。老蘇只取《孟子》、《論語》、韓子與諸聖人之書，安坐而讀之者七八年，後來做出許多文字如此好。他資質固不可及，然亦如此讀。知書只貴熟讀，別無他法。（黎靖德《朱子語類》卷十，〈讀書法上〉，僩錄，頁170，中華書局本）

　　讀書之法：讀一遍了，又思量一遍；思量一遍，又讀一遍。讀誦者，所以助其思量，常教此心在上面流轉。若只是口裏讀，心裡不思量，看如何也記不子細。又云：「今緣文字印本多，人不着心讀。漢時諸儒以經相授者，只是暗誦，所以記得牢。故其所引書句，多有錯字。如《孟子》所引《詩》《書》亦多錯，以其無本，但記得耳。」（同上）

　　今人所以讀書苟簡者，緣書皆有印本多了。如古人皆用竹簡，除非大段有力底人方做得。若一介之士，如何置？所以後漢吳恢欲殺青以寫《漢書》，其子吳祐諫曰：「此書若成，則載之車兩。昔馬援以薏苡興謗，王陽以衣囊徵名，正此謂也。」如黃霸在獄中從夏侯勝受書，凡再踰冬而後傳。蓋古人無本，除非首尾熟背得方得。至於講誦者，也是都背得，然後從師受學。如東坡作〈李氏山房藏書記〉，那時書猶自難得。晁以道嘗欲得《公》《穀》傳，遍求無之，後得一本，方傳寫得。今人連寫也自厭煩了，所以讀書苟簡。（同上，銖錄，頁171，中華書局本）

　　朱熹教人讀書，著重朗讀、背誦，如此則有助於記憶、理解與寫作，所謂「書只貴讀，讀多自然曉」，「讀便是學」，「學便是讀」，「今之記得者，皆讀之功也」，「知書只貴熟讀，別無他法」；因此對於雕版印本多，「人不着心讀」，「讀書苟簡」，提出關切與告誡，並非反對印本流傳。《朱子語類》記錄三段朱熹談話，主要側重讀書態度與學習成效而言：書籍傳播，得書

容易，正直接反映印本之繁多，印本書現成具有，省略傳鈔謄寫，於是「人不
着心讀」、「讀書苟簡」。鈔本寫本閱讀接受時，生發手到、眼到、心到諸學
習效應；閱讀印本圖書則不然，或已省略歷練，或可以視而不見，或可能心不
在焉，較諸傳鈔謄寫式之閱讀接受，效率大打折扣。因此，朱子以為「今人連
寫也自厭煩了，所以讀書苟簡」，大抵就比較來說的。南宋時，儘管印本流
布，並未能完全取代寫本。清葉德輝《書林清話》卷八稱：「刻書（印本），
以便士人購求；藏書（寫本、鈔本），以便學徒之借讀。二者固交相為用」，
從傳鈔到摹刻，其中以閱讀為中介，形成了閱讀流通之渠道。印本書籍提供閱
讀諸多便利，固然造成「人不着心讀」、「讀書苟簡」的負面效應，不過，拜
印刷術之福，減少了記憶訛誤的缺陷；印本流行時代，即使不是「大段有力底
人」，一介書生也有能力購置圖書，進而擁有自己的書籍。宋人讀書，既「無
漢以前耳受之艱」，又「無唐以前手鈔之勤」，知識獲取便捷，為學成材較容
易事半功倍，宋代詩人詞人多學養深厚，以此。[29]

　　雕版印刷流行，與藏本、鈔本相互爭輝，勢必改變士人之閱讀習慣和學習
心態。蘇軾〈李氏山房讀書記〉提問所謂：「紙與字畫日趨於簡便，而書益
多，士莫不有，而學者益以苟簡，何也？」寫本時代已發生「書益多，而學者
益以苟簡」之惡習；至雕版印書，「日傳萬紙，學者之於書，多且易致如
此」，苟能善加利用，文詞學術超勝古人不難，不料「後生科舉之士，皆束書
不觀，遊談不根」，蓋得之容易，不知珍惜，良可慨歎。東坡為救治讀書膚
淺、速成，苟簡無根柢之病，特提出「八面受敵」讀書法：

　　　　王庠應制舉時，問讀書之法於眉山，眉山以書答云……卑意欲少年
　　為學者，每一書皆作數次讀之。書之富如入海，百貨皆有，人之精力不
　　能盡取，但得其所求者爾。故願學者每次作一意求之，如欲求古今興亡
　　治亂，聖賢作用，且只以此意求之，勿生餘念。又別作一次求事跡，故

---

[29]　（日）清水茂：《清水茂漢學論集》，蔡毅譯本：〈印刷術普及與宋代的學問〉，（北京：中華書
　　局，2003.10），頁 89-90。

實典章文物之類亦如此，它皆倣此。此雖似迂純，而他日學成，八面受敵，與涉獵者不可同日而語也。甚非速化之術，可笑可笑！承下問不敢不盡也。前輩教人讀書如此，此豈膚淺求速成，苟簡無根柢者所能哉！（沈作喆《寓簡》卷八）

案《蘇軾文集》中不載「八面受敵」讀書法，試與〈李氏山房讀書記〉相較，關注之問題相通：皆是感慨苟簡求速成，膚淺無根柢的讀書態度。如此惡習大概起於「書多易致」，蓋因雕版圖書流行引發之負面學習效應。理學家如邵雍、程子、朱子等，亦多熱衷提示讀書法。蓋印本圖書至兩宋「多且易致如此」，琳瑯滿目，無所適從，自然需要方法指點，缺失預防，及效率強調；《朱子語類》卷十、卷十一載有〈讀書法〉二卷，最為顯著。南宋陳善《捫蝨新話》，更提出「讀書須知出入法」：

讀書須知出入法，始當求所以入，終當求所以出。見得親切，此是入書法；用得透脫，此是出書法。蓋不能入得書，則不知古人用心處；不能出得書，則又死在言下。惟知出知入，乃盡讀書之法。（陳善《捫蝨新話》上集卷四）

入出讀書法講究「見得親切，用得透脫」，此與宋代詩學學古通變、漸知妙悟之課題，可以相互發明。由此可見，印本之繁榮，藏書之豐富，促成讀書法之重視與講究，學者往往不吝金針度人。另外，筆者更以為：宋人治學，多重博通；文學創作，或破體、或出位、或資書以為詩、或以議論為詩、以文字為詩，總緣讀書多元，學養豐厚之故。雕版印刷對於教育普及，科舉取士、讀書成效、學風文風之影響，多有關係。循是以推，宋學之注重創造發明，未嘗非雕版印刷激盪乘除之功。

第三節　印本圖書之繁榮及其聯鎖效應

（一）印本圖書與知識革命

　　論者稱「入宋之後，始可真正稱作圖書出版的開始」；印刷技術經五代至兩宋既有很大之飛躍，因此，「兩宋可以說是中國雕版印刷的黃金時代」。[30]科技的發明和應用，改變了人類的文明。雕版印刷崛起，刊印典籍，訊息流通，無遠弗屆，轉換了知識傳播和接受的方式，於是藏本寫本文化逐漸變成印本文化。印本以量多、質高、閱讀便利、傳播快迅，促成知識革命，蔚為宋型文化之特色，促成唐宋變革之契機。論者稱：印刷術傳入歐洲後，變成新教的工具，變成復興的手段，變成精神發展創造必要前提的最大槓桿，中國印刷術有助於歐洲「文藝復興」，確實可考。同理可推：宋學與宋詩之形成，印刷術之繁榮，圖書之雕印刊行，自有推波助瀾之效應。[31]

　　就宋代而言，由於城市之繁榮，商品經濟之發展，市民階層之壯大，專業書商之風起雲湧，古籍整理之成果易於保存原貌；雕版印刷及時刊出，可以減低亡佚，加以傳流當代，與文風思潮交相作用，彼此觸發，於是蔚為華夏文明的「登峰造極」。[32]筆者以為：文獻整理與經學、史學、哲學、文學之交互反饋，兩漢以來固然代代有之，而於趙宋一朝，最為凸顯。印本崛起，與寫本平

---

[30] 說見尾崎康：〈宋代刊刻的發展〉，潘美月：〈台灣收藏宋蜀刻本述略〉，故宮博物院主辦「宋元善本圖書學術研討會」論文集，2001 年 12 月 17-18 日。

[31] 筆者曾以宋人宗杜學杜成風，杜詩蔚為宋詩典範為例，撰成：〈杜集刊行與宋詩宗風——兼論印本文化與宋詩特色〉一文，約 50000 餘言，發表於「中國中世文學與文獻學國際學術研討會」，復旦大學古代文學研究中心，成功大學文學院、北京大學古文獻研究中心合辦，上海，2004 年 8 月 26-27 日。胡道靜：〈雕版印刷的重要文物——宋雕本〉引馬克思《機器・自然力和科學的應用》，《中國印刷》第 14 期，1986 年 11 月。

[32] 王國維：〈宋代之金石學〉，《王國維遺書》第 5 冊，《靜安文集續編》，（上海：上海書店，1983），頁 70；陳寅恪：〈鄧廣銘《宋史職官考證・序》〉，《金明館叢稿》二編，（臺北：里仁書局），頁 245-246；鄧廣銘：〈宋代文化的高度發展與宋王朝的文化政策〉，《鄧廣銘學術論著自選集》，（北京：首都師範大學出版社，1994），頁 162-171。《周勛初文集》第三冊，《文史知新》，〈宋人發揚前代文化的功績〉，（南京：江蘇古籍出版社，2000.9），頁 502-505。

分秋色，於是印本文化與藏書文化相互為用，推波助瀾，蔚為知識之爆炸與革命，宋型文化所以與唐型文化不同，宋詩所以能於登峰造極之唐詩之後「自成一家」，形成錢鍾書所謂「詩分唐宋」之態勢，印本文化之繁榮，自是其中一大關鍵。

鈔本寫本作為圖書複製之方法，一則費時費力，不能滿足市場需求；再則效率不彰，短時間很難傳鈔大量複本；三則卷帙龐大，翻閱攜帶不便；四則價格昂貴，流傳不廣，較易散佚；五則文字錯漏，未經校刊，準的難依。相形之下，雕版印刷圖書之崛起，是為了補偏救弊，企圖改善上述寫本之缺失而發，於是從中央到地方，從官府到民間，從作者到讀者，從賣書者到買書者，包括借書者、鈔書者，藏書家、閱讀者，都期盼圖書複製新技術之產生，可以化身千萬，無遠弗屆。由於政策的倡導，社會的需求，學術之思潮，文學之風尚，消費的導向，商品經濟之促成，雕版印刷作為文化產業，乃應運而生。印本圖書相對於寫本，有價廉、物美、精緻、便利諸優點；相較於傳統之鈔本藏本，印本更利於知識之接受與傳播，士人可以隨時隨地閱讀、接受、傳播，不太受時間與空間之限制。因此，圖書從寫本發展為印本，是讓知識之傳播，走出公私圖書館、藏書樓，散布到公府、官邸、書齋、寺觀、旅店、津渡，甚至伴隨士人宦遊、登覽、遷謫、騰達，印本圖書可以不拘時空，博觀厚積、開卷有益。無論舊學商量，新知培養，都可以心想事成，無入而不自得。因此，兩宋文化與文明之登峰造極，印本之繁榮，與寫本爭輝，是一大催化劑。

易言之，雕版印刷崛起，印本圖書相較於寫本鈔本，無論閱讀、研究、典藏、流傳，皆有許多「便於人」的傳播功能；印本發行數量龐大，圖書版本多元，由於書價低廉易得，裝幀印刷賞心悅目，所以廣受讀書人歡迎，能夠滿足市場需求。不僅化身千萬，無遠弗屆，而且資訊傳播迅速，影響層面廣大而深遠。印本崛起，與寫本並行，對於知識之傳播與接受，圖書之流通與典藏；閱讀之態度、研究之視角、創作之方向、學術之風氣，在在都有其影響；對於科舉之取士、書院之講學、教育之普及、文化之轉型，筆者以為：多與印本之繁榮發達有關。印本之崛起，筆者稱為知識之革命，上述課題，多值得深思與探討。

雕版印刷之繁榮，與藏本寫本相互爭輝，在宋代右文崇儒政策推動下，宋人重視讀書，強調學問：蘇軾提示讀書要「博觀而約取，厚積而薄發」；黃庭堅強調「詞意高勝，要從學問中來」；陳善《捫蝨新話》揭櫫「讀書須知出入法」，方能見得親切，用得透脫；嚴羽《滄浪詩話‧詩辨》雖稱「詩有別材，非關書也」；其轉語卻謂：「然非多讀書，則不能極其至」。宋代印本文化之形成，與藏書文化、寫本文化交相輝映，於是蔚為華夏文明之登峰造極，重視讀書，強調學問，不過是此中具體而微消息之反應罷了！

（二）州學書院刊書，教養自助

雕版印刷之發展與繁榮，官刻本、坊刻本、家刻本無所不在，天下未有一路不刻書。無論中央之國子監，或各州縣學，仁宗以後，紛紛印書牟利。尤其江南及福建地區，竹紙、版木就地取材，不虞匱乏，為雕版印刷提供諸多便利。由元祐間蘇軾之奏章，紹聖間慕容彥逢之刊印《三史》，可見州學刊印圖書之一斑：

> 前知州熊本，曾奏乞用廢罷市易務書板，次與州學，印賃收錢，以助學糧；或乞賣與州學，限十年還錢。……伏望聖慈特出宸斷，盡以市易書板賜與州學，更不估價收錢，所貴稍服士心以全國體。貼黃：臣勘會市易務元造書板用錢一千九百五十一貫四百六十九文，自今日以前所收淨利，以計一千八百八十九貫九百五十七文。今若賜與州學，除已收淨利外，只是實破官本六十一貫五百一十二文，伏乞詳酌施行。（《蘇軾文集》卷二十九，〈乞賜州學書板狀〉）
>
> 遷淮南節度推官，越州州學教授，推所以教諸生，孜孜不倦，南方士喟然興於學。益繕治黌舍，刊印《三史》，讎教精審，遂為善書，四方士大夫購求之，鬻以養士，迨今蒙利焉。（《永樂大典》卷五三九，容字韻引蔣瑎〈文友公（慕容彥逢）墓誌〉，中華書局本第一冊，頁77）

蘇軾知杭州時，當元祐年間，杭州已是全國重要刻書中心之一。[33]蘇軾為州學請命，要求朝廷將廢罷之書版賜與州學，「以助學糧」；蓋州學印書鬻賣，每年約有二百八十貫之收入。由此可見，東坡對於雕版印書之經濟效益，早有所見。慕容彥逢（1067-1117）於州學刊印《三史》，號為善本，於是四方爭相購求，澤被士人，足以上體朝廷教養之意。州學鬻賣廢罷書版，以及刊印善本圖書，多有利可圖，可以資助學糧，更可以興學養士。由此觀之，雕版印書於文化產業之利潤，不可小覷，值得重視。

時至南宋，朱熹於講學著述之餘，亦熱衷倡導刻書，籌劃刻書事宜，致力書籍印賣，以補俸祿之不足。朱子自稱：「百事節省，尚無以給旦暮」，所謂「文字錢」者，即是提供「接續印造」之資金：

> 又此數時艱窘不可言，百事節省，尚無以給旦暮，欲致薄禮，比亦出手不得。已與其弟說，擇之處有文字錢，可就彼兌錢一千官省，並已有狀及香茶在其弟處。……文字錢除前日發來者外，更有幾何在彼？擇之為帶得幾何過古田？千萬早示一數于建寧城下，轉托晉叔寄來為幸。……此中束手以俟此物之來，然後可以接續印造。不然，便成間斷費力也。千萬早留意為妙。（朱熹《朱文公文集·別集》卷六〈答林擇之〉，郭齊、尹波點校本《朱熹集》，四川教育出版社，1996 年 10 月，頁 5471-5472）

> 有紙萬張，欲印經子及《近思》、《小學》、《二儀》。然比板樣，為經子則不足，為四書則有餘。意欲先取印經子分數，以其幅之大半印之，而以其餘少半者印他書，似亦差便。但紙尚有四千未到，今先發六千幅，便煩一面印造，仍點對，勿令脫板乃佳。餘者亦不過三五日可遣也。工墨之費，有諸卒借請，已懇高丈送左右，可就支給，仍別借

---

[33] 王國維：《兩浙古刊本考·序》稱：「及宋有天下，南并吳越，嗣後國子監刊書，若七經正義，若史漢三史，若南北朝七史，若《唐書》，若《資治通鑑》，若諸醫書，皆下杭州鏤板。北宋監本刊于杭者，殆居泰半。」宋原放：《中國出版史科》第一卷，（武漢：湖北教育出版社，2004.10），頁300。

兩人送至此為幸。借請餘錢卻還，盡數為買吉貝，並附來。然須得一的
當人乃佳，不然，又作周昇矣。……庫中墨刻亦各煩支錢買紙，打數十
本。……恐印不辦，即續發來不妨，但吉貝早得禦冬為幸耳。所印書但
以萬幅之大半印經子，其餘分印諸書，平分看得幾本。此無版數，見不
得多少也。臨行時令庫中刻一書目，如已了，幸寄來也。（朱熹《朱文
公文集・別集》卷五〈答學古〉，同上，頁 5444）

　　朱熹（1130-1200）經營刻書業，具體作法是自己出資，交托其女婿劉學
古、季子朱在和，與門人林擇之負責經營，分別負責購買紙張、聯繫刻印場所
（大多委託當地書坊）、工錢支付和書籍售賣等。在建陽先後刻印《論孟精
義》、《程氏遺書》、《上蔡語錄》、《游氏妙旨》等師友著述，以及《近思
錄》等 10 多種；在漳州任上，於紹熙元年（1190），曾刊刻《易》、《詩》、
《書》、《春秋》四經，及《論語集注》、《孟子集注》、《大學章句》、
《中庸章句》四書。加上於南康、潭州等地所刻書籍，共有 30 多種。[34]朱熹運
用雕版印刷營利所得，以濟助講學之開支。張栻（1133-1180）〈答朱元晦秘
書〉所謂「刊小書板以自助」者也：

　　比聞刊小書板以自助，得來諭乃敢信。想是用度大段逼迫，某初聞
之，覺亦不妨；已而思之，則恐有未安者，來問之急，不敢以隱。今日
此道孤立，信向者鮮，若刊此等文字，取其贏以自助，竊恐見聞者別作
思惟，愈無靈驗矣。雖是自家心安，不恤它說，要是於是理終有未順
耳。為貧之故，寧別作小生事不妨。此事某心殊未穩，不識如何？（張
栻《張栻全集》卷二十一，〈答朱元晦秘書〉其十六，長春出版社，
1999.12，楊世文、王蓉貴點校本，頁 853）

---

[34] 李瑞良：《中國出版編年史》上卷，（福州：福建人民出版社，2004.5），頁 338-339。參考方彥壽：
〈朱熹與建陽刻書〉，《歷代刻書概況》，《中國印刷史料選輯》之三，（北京：印刷工業出版社，
1991.9），頁 156-158。

欽夫頗以刊書為不然，卻云「別為小小生計卻無害」，此殊不可
曉。別營生計，顧恐益猥下耳。（《朱熹別集》卷六，〈答林擇之〉其
七）

張栻字欽夫，為南宋中興名將張浚之子，湖湘學派代表，與朱熹之閩學、
呂祖謙之婺學，合稱東南三賢。治學與為人，講究品格教育，以聖賢自期。[35]曾
著《孟子解》，以為思慮未周，不欲刊行，建寧書坊出現盜版之《癸巳孟子
解》，張栻曾致書朱熹，請求協助抹去刻版，只為「刪改不停，恐誤學者」，
於是派專人前往建寧，「面看劈版」。張栻為人如此，故獲聞朱熹將刊印經
子，《近思》、《四書》等書，初覺不妨「刊小書板以自助」，終則指斥其
「刊此等文字，取其贏以自助，竊恐見聞者別作思惟」，不以為然；朱熹未接
受其意見，以為「別營生計，顧恐益猥下耳」，毅然決然，仍選擇刊書自助。
雕版印書之利潤，亦由此不難想見。此董仲舒所謂「正其誼不謀其利，明其道
不計其功」歟？相形之下，朱熹深知雕版印刷之經濟效益，大可以「取其贏以
自助」，將可能解決書院講學「用度大段逼迫」之窘境。何況自印教材，推廣
學說，傳播知識，流通圖書，皆頗具積極意義。朱熹未接受張栻「理有未順」
之勸止，毅然決然購買紙張，雕印圖書。筆者以為：雕版印刷之於文化產業、
知識傳播，誠所謂「正其誼而謀其利，明其道而計其功」，朱子之刊書，非通
權達變，聖協時中者歟？

（三）運用公帑，刊書營利

雕印圖書，既有相當豐厚之利潤；尤其是圖書作為商品經濟，因應市場需
求，將本求利，其利實多。在社會風氣競逐利益，以貨殖為尚的氛圍中，宋高
宗曾感歎士大夫「奉公者少，營私者多」（《宋史·曹彬傳》）；地方官員往
往「為吏而商」，「與民爭利」（《嘉祐集·申法》）。宋代崇尚貨殖，形成

---

[35] 陳谷嘉：《張栻與湖湘學派研究》，（長沙：湖南教育出版社，1991.8）。

商品經濟。「人情嗜利」之風既成，利益所在，州郡或妄用公帑，刊行私書；清葉昌熾《藏書紀事詩》卷一所謂：「宋時諸家公使庫，刻書常有羨餘緡。家書自比官書善，何不精雕付手民。」公使庫本即其一例。惟不肖官員或假公濟私，藉雕印圖書，謀取暴利，雖加重處罰，亦不能禁，如下列文獻所示：

> 將（建寧府）書坊日前違禁雕賣策試文字，日下盡行毀板，仍立賞格，許人陳告。……其餘州郡無得妄用公帑，刊行私書，疑誤後學，犯者必罰無赦。從起居郎諸葛延瑞請也。（《宋會要輯稿》第一六五冊）
>
> 仲友自到任以來，關集刊字工匠在小廳側雕小字賦集，每集二千道。刊板既成，搬運歸本家書坊貨賣。其第一次所刊賦板印賣將漫，今又關集工匠，又刊一番。凡材料、口食、紙墨之類，並是支破官錢，又乘勢雕造花板，印染斑襴之屬，凡數十片，發歸本家彩帛鋪，充染帛用。（朱熹《朱熹集》卷十八〈按唐仲友第三狀〉，罪狀之十三）

無論「妄用公帑，刊行私書」，或是「支破官錢，雕造花板」，建寧府與唐仲友所以鋌而走險者，凸顯宋代官私刻書均有極高利潤，奇貨可居，因而趨之若鶩。據朱熹〈按唐仲友第六狀〉：唐仲友利用台州公使庫錢，命偽作官會人蔣輝「開雕荀、揚、韓、王四子印版」，裝成六〇六部，每部十五冊，其中三百七十五部（五六二五冊）「唐仲友逐旋盡行發歸婺州住宅」，其貪贓不法有如此者。朱熹彈劾唐仲友者，在假公濟私謀利，非關刻書傳播本身。唐仲友假公濟私，妄用公帑刻書，可見刊刻圖書，有絕佳之利潤，不肖官員鋌而走險者，以此。

在宋版書中，「公使庫本」為地方官刻之一種。公使庫，專門提供出差官員飲食、住宿、交通之方便，而且承擔其費用。由於公使錢不敷使用，因此，在印本崛起發展中，公使庫往往利用刻書作為開拓財源之手段，積累豐厚資金，反饋公使庫之餘，更促進公使庫投入刻書事業，彼此為用，有助於印本之

流傳。[36]如北宋時蘇州公使庫王琪於嘉祐四年（1059）刊刻杜甫詩集，堪稱杜詩傳播史之盛事：

> 宋王琪守州，假庫錢數千緡，大修設廳，既成，漕司不肯破除。琪家有《杜集》善本，即俾公使庫鏤板，印萬本，每部直千錢，士人爭買之。既賞省庫，羨餘以給公廚，此又大裨帑費，不但文雅也。（清王士禛《居易錄》卷七）

由王琪運用蘇州公使庫錢，刊印《杜工部集》十八卷看來，「印萬本，每部直千錢，士人爭買之」，雕版圖書作為文化產業，價廉物美，士人樂於購買；文化產業，有利可圖，公使庫、書坊趨之若鶩，商品經濟供需相求，於是促成印本圖書之蓬勃發展。利為兩面刃，王琪運用公使庫錢刊印《杜工部集》，「既賞省庫，羨餘以給公廚，此又大裨帑費」；而唐仲友開雕《四子書》，卻不免於按告罷黜，要之存心之善否而已！雕版印刷之優渥利潤，圖書市場之供需相求，促使宋代印本文化之形成，此自是極大之驅動力。

（四）民間鋟版，任意刪節，擅自刊行

雕版印書之優勢，為化身千萬，無遠弗屆，印數無限，傳播遼闊。書坊印書，唯利是求，於是良本劣本雜揉，紊亂了圖書出版市場，產生了印本圖書之負面效應。其中較嚴重者，為民間鋟版，罔顧版本完整，任意割裂刪節原著，如蘇軾《錢塘詩》、《大蘇小集》之強迫出版，皆書商牟利，擅加刪節組合，以迎合消費市場者：

> 《錢塘詩》皆率然信筆，一一煩收錄，祇以暴其短爾。某方病市人

---

[36] 除台州公使庫外，蘇州、吉州、明州、沅州、撫州、舂陵、信州、泉州、鄂州、婺州等地公使庫都刊刻圖書，其中尤以撫州公使庫刻《十二經》最知名。參考曹之：《中國古籍版本學》，第四章〈宋代刻書〉，二、〈公使庫刻書〉，（武漢：武漢大學出版社，1992.5），頁200-205。

　　　逐於利，好刊拙文，欲毀其板，矧更令人刊耶？（《蘇軾文集》卷五十

　　三，〈答陳傳道五首〉其二）

　　蘇軾《錢塘詩》、《超然集》、《黃樓集》，為好事者編輯成書，雕版流
傳，皆未經東坡授權手訂。王闢之《澠水燕談錄》卷七，更記載《大蘇小
集》，已在遼國范陽書肆販賣流傳。這些刊本由於未經作者取捨刪存審定，全
憑書商掇拾編綴，其中不無缺失，致蘇軾憤而「欲毀其板」。蘇軾〈答劉沔都
曹書〉所謂「世之畜軾詩文者多矣，率真偽相半，又多為俗子所改竄，讀之使
人不平」（《蘇軾文集》卷四十九），可見民間雕版，固然有益於圖書流通，
知識傳播，然任意刪節，以偏概全，似是而非，又不能無害。
　　雕印圖書作為文化產業，至南宋已發展為商品經濟。刊刻書籍既有利可
圖，於是以營利為目的之書坊往往未經作者同意，即行出版，待著作廣為流
傳，作者始知，完全未有著作權或版權之觀念。如洪邁《容齋隨筆》之刊刻、
販賣、流傳，即是一例：

　　　是書先已成十六卷，淳熙十四年八月在禁林日，入侍至尊壽皇聖帝

　　（宋孝宗）清閒之燕，聖語忽云：「近見甚齋隨筆。」邁悚而對曰：

　　「是臣所著《容齋隨筆》，無足采者。」上曰：「煞有好議論！」邁起

　　謝。退而詢之，乃婺女所刻，賈人販鬻於書坊中，貴人買以入，遂塵乙

　　覽。書生遭遇，可謂至榮。（洪邁《容齋隨筆》卷一，自序）

　　洪邁《容齋隨筆》十六卷，遭婺女書坊擅自刊印流通，作者竟然毫不知
情，要待「退而詢之」，方知「婺女所刻，賈人販鬻於書坊中」者。著作權、
人格權遭侵犯，洪邁尚不以為意，竟陶醉於該印本之曾得御覽，以為「書生遭
遇，可謂至榮」。此一榮寵，觸發洪邁撰寫續筆、三筆、四筆、五筆，弄拙成
巧，堪稱文壇佳話。
　　再如朱熹，著有《大學》、《中庸》、《論語》、《孟子》、《四書章句
集註》，復以諸家之說紛錯不一，因設為問答，以明所以；不意竟為書肆合併

刊行：

> 《論語集註》，蓋某十年前本，為朋友傳去，鄉人遂不告而刊。及
> 知覺，則已分裂四出而不可收矣。其間多所未穩，煞誤看讀。（王懋竑
> 《朱子年譜》卷二，淳熙四年（1177）四十八歲）
>
> 《四書章句集註》，……其書非一時所著。《中庸或問》原與輯略
> 俱附章句之末，《論語》、《孟子》則各自為書，其合為一帙，蓋後來
> 坊賈所併也。中間《大學或問》用力最久。……後人或遂執《或問》以
> 疑《集註》，不知《集註》屢經修改，至老未已，而《或問》則無暇重
> 編，故《年譜》稱：「《或問》之書，未嘗出以示人。書肆有竊刊行
> 者，亟請於縣官，追索其板。」（紀昀等《四庫全書總目》卷三十五，
> 〈經部四書類一〉）

《四書或問》既與《四書集註》不同，乃「五十歲前文字，與今說不
類」，朱熹卻又「久無工夫修得」。既是「未定之書」，故朱子「未嘗出以示
人」。書坊刊書，唯利是圖，擅加合併，「不告而刊」，已嚴重侵犯作者之著
作權與著作人格權。朱子亟請於官，「追索其板」，處置可謂明快，可免讀者
之紛錯與困擾。

南宋李燾《續資治通鑑長編》，寧宗嘉泰間之流傳本與李燾原始之進呈
本，詳略刪存已大不相同，致言官建請「下史官考訂，不許刊行」，以免誤導
讀者，李心傳言：

> 頃秦丞相既主和議，始有私史之禁。……近歲私史益多，郡國皆鋟
> 本，人競傳之。嘉泰二年春，言者因奏禁私史，且請取李文簡《續通鑑
> 長編》、王季平《東都事略》、熊子復《九朝通略》、李丙《丁未錄》
> 及諸家傳等書，下史官考訂，或有禆於公議，乞即存留，不許刊行，其
> 餘悉皆禁絕，違者坐之。（李心傳《建炎以來朝野雜記》甲集卷六，
> 〈嘉泰禁私史〉）

　　李燾《續資治通鑑長編》凡九百八十卷，完成於孝宗淳熙十年（1183），二十年之後（嘉泰三年，1203）言官建請寧宗「下史官考訂，不許刊行」，蓋因坊本流傳，詳略不同，疑經刪節而致闕漏。論者稱：《長編》成書之後，有九朝本藏於秘府，有鈔寫本流播於士大夫間，除外，尚有詳略不同之刻本五朝《長編》流傳於坊間。淳熙中秘書省依《通鑑》紙樣，只繕寫一部。既未經鏤版，故流播日稀。[37]《四庫全書總目提要》稱「自元以來，世鮮傳本」，由此可見，即時雕版，化身無數，方能減少散佚，傳播知識，而存留文獻。對照寫本之輕易散失，印本圖書之複製百千，傳播久遠，真不可同日而語。

　　李心傳所謂「近歲私史益多，郡國皆鋟本，人競傳之」者，主要在因應科舉考試，場屋用書，有利可圖。蓋自熙寧變法以來，科舉取士自禮闈至殿前策試，每以宋朝當代國史為考題；然國史依法「不許私自傳習」，於是私家取材於官修史書，以之去取予奪，此為私修當代史風氣盛行因素之一，試觀孝宗淳熙十四年（1187），及嘉泰元年（1201）臣僚奏疏，即可考見一斑：

　　　　仰惟祖宗事實載在國史，稽諸法令，不許私自傳習。而舉子左掠右取，不過採諸傳記、雜說，以為場屋之備，牽強引用，類多訛舛，不擇重輕。（《宋會要輯稿‧選舉》五之十）

　　　　國朝正史與凡實錄、會要等書，崇護惟謹，人間私藏，具有法禁。惟公卿子弟，或因父兄得以竊窺，而有力之家冒禁傳寫，至於寒遠士子，何緣得知？而近時乃取本朝故事，藏匿本末，發為策問，是責寒遠之士從素所不見之書，欲其通習，無乃不近人情。（《宋會要輯稿‧選舉》五之二五）

　　國朝之正史、實錄、會要等書，既「崇護惟謹」，不許私自傳習，「人間私藏，具有法禁」；而近代科舉考試，卻時時「取本朝故事，藏匿本末，發為

策問」，為因應考試需求，於是私家纂修當代史蔚為風氣，[38]大抵參考國史，「採諸傳記、雜說」，「左掠右取」，「以為場屋之備，牽強引用，類多訛舛，不擇重輕」，因此而有私史之禁。不過，編纂雕印私史既然有利可圖，自然禁不勝禁。其他與科舉場屋有關之用書，如律令、兵法、醫藥、書畫、曆算，亦多雕印待用。[39]由此可見，雕版印刷之繁榮與民生日用關係密切，供需相求，固商品經濟之不二原理也。

（五）保護版權，申明約束，禁止翻印

書坊雕印圖書，作為文化產業，無論作者或編者，皆奉獻智慧精神在先，其後書坊集資、雕版、選紙、取材、用墨、校讎，始能開雕印行，傳播流通。著作者，固然是「平生精力，畢于此書」；書坊刊行則「今來雕版，所費浩瀚」，勞心勞力密切合作如此，方能促成宋代雕版印刷之發展與繁榮。因此，著作權之保護，版權之擁有，深具意義。

由於雕印圖書之高利潤，引發不肖書商鋌而走險，未經同意，翻版圖利：或改換名目，或節略攙奪，或竄易首尾，或增損音義，或任意割讓，或擅自併吞，嚴重侵犯著作權、人格權，以及原雕印書坊之權益，故至南宋，而有版權觀念之提出。南宋雕版印刷既普遍繁榮，由於有利可圖，自然產生盜版侵權之情事，從可見當時出版業逐利之風與競爭之盛。於是印本書籍出現保護版權，禁止翻印的宣告，所謂「已申上司，不許覆板」，「乞行約束，庶絕翻版」云云，如：

---

[38] 私人修撰當代史之風氣，自北宋後期起亦頗盛行。傳世者有曾鞏《隆平集》、熊克《中興小紀》、李燾《續資治通鑑長編》、王稱《東都事略》、李心傳《建炎以來繫年要錄》、留正《中興兩朝聖政》、佚名《兩朝綱目備要》、楊仲良《續資治通鑑長編紀事本末》、彭百川《太平治迹統類》、陳均《九朝編年備要》、李埴《皇宋十朝綱要》、劉時舉《續宋編年資治通鑑》等近三十種，成果堪稱空前。

[39] 何忠禮：〈科舉制度與宋代文化〉，二、〈科舉制度推動了宋代文化的普及〉，《歷史研究》1990 年第 5 期；林平：《宋代史學編年》，〈前言·私人修史〉，（成都：四川大學出版社，1994.11），頁10-13。

眉山程舍人宅刊行，已申上司，不許覆板。（宋板眉山程氏刊本
《東都事略》牌記，轉引自清陸心源《皕宋樓藏書志》、丁丙《善本室
藏書志》）

兩浙轉運司錄白：「據祝太傅宅幹人吳吉狀：本宅見雕諸郡志名曰
《方輿勝覽》及《四六寶苑》、《事文類聚》凡數書，並係本宅進士私
自編輯，積歲辛勤。今來雕板，所費浩瀚。竊恐書市射利之徒，輒將上
件書板翻開，或改換名目，或以《節略輿地紀勝》等書為名，翻開攙
奪，致本宅徒勞心力，枉費錢本，委實切害。照得雕書，合經使台申
明，乞行約束，庶絕翻版之患。乞給榜下衢、婺州雕書籍處，張挂曉
示。如有此色，容本宅陳告，乞追人毀板，斷治施行。」（祝穆《方輿
勝覽》書首榜文，清葉德輝《書林清話》卷二引）

行在國子監據迪功郎新贛州會昌縣丞段維清狀：《叢桂毛詩集
解》，獨羅氏得其繕本，校讎最為精密。今其侄漕貢樾鋟板以廣其傳。
維清竊惟先叔刻志窮經，平生精力，畢于此書。儻或其他書肆嗜利翻
板，則必竄易首尾，增損音義，非惟有辜羅貢士鋟梓之意，亦重為先叔
明經之玷。今狀披陳，乞備牒兩浙、福建路運司備詞約束，乞給據付羅
貢士為照。未敢自專，伏候台旨。呈奉台判牒，仍給本監。除已備牒兩
浙路、福建路運司備詞約束所屬書肆，取責知委文狀回申外，如有不遵
約束違戾之人，仰執此經所屬陳乞，追板劈毀，斷罪施行。須至給據
者，右出給公據付羅貢士樾收執照應。淳祐八年七月□日給。（宋刻段
昌武《毛詩集解》三十卷〈行在國子監禁止翻版公據〉，轉引自曹之
《中國印刷術的起源》，頁 367-368。）

眉山程氏刊本《東都事略》牌記：「已申上司，不許覆板」，猶近世版權
頁所云：「版權所有，翻印必究」，此為迄今所見世界最早保護版權之宣示。
祝穆《新編四六必用方輿勝覽》七十卷，有兩浙轉運司、及福建路傳運司文
告，強調此書「私自編輯，積歲辛勤；今來雕板，所費浩瀚」，呼籲「射利之
徒」不要「翻開攙奪」，以免損害作者及出版商權益。羅樾刻本《叢桂毛詩集

解》，更請出國子監文告，除推崇作者「刻志窮經」外，又肯定板本「校讎精密」，警告其他書肆倘或「嗜利翻板」，絕對「追板劈毀，斷罪施行」。祝穆《方輿勝覽》及段昌武《毛詩集解》，為保護版權，特別備牒兩浙路、福建路轉運司，尤其是浙江之衢州、婺州，福建之建陽、崇化、麻沙等地，皆當時刻書中心。書坊既林立，陳請約束，可以維護版權之所有，可謂擒賊先擒王。蓋版權是圖書市場競爭之產物，出版商為了捍衛版權，打擊盜印，作出如是明確之宣告，則南宋雕版印刷之昌盛，商品經濟之繁榮，可以想見。

第四節　結論

　　圖書之流通，知識之傳播，中唐以前多仰賴手寫謄鈔，既耗時費事，書價昂貴，又傳播不廣，動輒散佚。自五代以雕版複製圖書，印本不僅化身千萬，無遠弗屆，而且資訊傳播迅速，影響層面廣大而深遠。印本崛起，與寫本並行，對於知識之傳播與接受，圖書之流通與典藏；閱讀之態度、研究之視角、創作之方向、學術之風氣，在在都有其影響；對於科舉之取士、書院之講學、教育之普及、文化之轉型，多與印本之繁榮發達有關。印本之繁榮於宋代，筆者稱為知識之革命，其中自有商品經濟之作用在。本文梳理宋代印刷史料，首述雕版印刷之推廣與普及，次論朝廷對書坊刻書之監控，後論雕版印刷之盛行及其對學風時尚之影響，據此以見印本文化於宋代之形成。

　　質言之，雕版印刷圖書，作為文化產業，由興起、推廣、而普及、繁榮，是切合朝廷崇儒右文政策的；作為知識傳播之媒介，價廉物美，流通便捷，激盪知識革命，更體現朝廷教養之意。無論整理古籍，或徵存當代；為學古通變，或發表理念，皆仰賴雕版印刷之便利與快捷，於是宋人知識之傳播與接受，方有別於六朝四唐之寫本文化。宋代雕版印刷盛況空前，致全國未有一路不刻書，論其對學風時尚之影響，亦可得而言：圖書之刊刻，藏書家或兼理校書刊書，促成校讎學之興盛；雕印之選擇，關係傳播與接受，往往與文風思潮相映發；宋人選刊唐詩宋詩，志在學古通變，自成一家；印本既多，世不知

重，讀書法之倡導遂應運而生；如此課題，皆有待研討。至於印本圖書之繁榮，引發六大效應：印本寫本爭輝，促成知識革命，是其一；州學書院刊書，提供教養自助，是其二；運用公帑，藉以刊書營利，是其三；民間鋟版，或任意刪節，擅自刊行，是其四；保護版權，則申明約束，禁止翻印，是其五。其他觸及之課題尚多，姑舉如上，以概其餘。

宋代雕版印刷之繁榮昌盛，官刻、家刻、坊刻崢嶸競秀，蔚為書業市場之熱絡。影響所及，造成宋代公私藏書豐富，書目編纂亦隨之繁多，一代圖書庋藏及流通之大凡，此中可窺見一斑。印本書崛起，與藏（寫）本並行流通，於是「刻書以便士人之購求，藏書以便學子之借讀」，刻書藏書雙重便利，勢必造成宋代之知識革命。此種圖書傳播方式，也自然衝擊創作生態與學術風尚。宋代詩人之創作，自編或他編為詩集，藉助雕版印行流通者多，祝尚書《宋人別集敘錄》、《宋人總集敘錄》二書，已敘論其大凡。知識傳播既便捷，「奇文共賞，疑義相析」，鼓舞砥礪，於是名家大家輩出。錢鍾書所提，學界所論宋詩之「破體」現象，「出位之思」與「會通化成」，是宋詩重要創作傾向之一，其中自有印本文化與藏書文化之交互作用。宋代詩人無不學古，學古所以通變成家。宋代詩話筆記刊刻流行，詩人往往藉此與讀者分享創作經驗，提示詩歌藝術，表述鑑賞與批評觀點。於是創作策略與詩學指向交相為用，透過雕版印刷，圖書流通，蔚為知識革命，在在影響宋詩宋調，及宋文化之形成。

宋代知識之傳播，圖書之流通，在印本勃興，與寫本爭輝，進而平分秋色，幾乎取代寫本之氛圍中，士人之閱讀習慣、思維定向、創作策略，論述方式，相較於六朝四唐之寫本時代，勢有不同。蘇軾〈稼說〉所謂「博觀而約取，厚積而薄發」，只是其中較耳熟能詳之表述而已。試考察宋代詩話之鋟版、筆記之刊行、詩話總集之整理雕印，唐詩選、宋詩選之編輯刊刻，宋代詩歌總集、別集、詩選中之去取從違，無論提示詩美、宣揚詩藝、強調詩思、建構詩學，要皆可經鋟版，而流傳廣大長遠，「與四方學者共之」。由此觀之，宋代詩話、筆記、詩選之雕版刊行，對宋詩特色之生成，自有推波助瀾之效用。蓋宋代詩人創作，注重學古通變，於是博覽群書，遍考前作，出入諸家，認同傳統，固然離不開圖書版本；即點化陳俗、轉換原型，甚至超常越規，透

脫自在，也無一不與圖書典籍之閱讀與運用有關。

　　自北宋葉夢得《石林詩話》、南宋張戒《歲寒堂詩話》、劉克莊《後村詩話》、嚴羽《滄浪詩話》宗法唐詩，批評宋詩，釀成唐宋詩優劣得失之爭。在宗唐尊唐之觀點下，因雕版印刷、印本文化之觸發或激盪，所形成之宋詩特色，向來遭學界漠視、誤解，甚至非議。[40]考日本漢學家內藤湖南（1866-1934），率先提出「唐宋變革」說、「宋代近世」說，影響陳寅恪、鄧廣銘、傅樂成、錢鍾書等學者之歷史、文化論述，影響十分深遠。[41]筆者深信：宋型文化與唐型文化之不同，宋詩宋調與唐詩唐音之殊異，其主要關鍵，還在於雕版印刷所引發之知識革命與反思內省。此一觀點，上述諸家論著多未觸及。於是擬定《雕版印刷與唐宋變革》為研究選題，將開展系列探討。筆者曾撰文強調：「論宋詩，當以新變自得為準據，不當以異同源流定優劣」；[42]雕版印刷、印本文化促成宋詩之新變與自得，此一研究視點，有待進一步論證。[43]

---

[40] 參考張高評：〈清初宗唐詩話與唐宋詩之爭〉，《中國文學與文化研究學刊》，（臺北：學生書局，2002.6），頁 83-158；張高評：〈清初宋詩學與唐宋詩之異同〉，《第三屆國際暨第八屆清代學術研討會論文集》上，高雄：國立中山大學清代學術研究中心，頁 87-122。

[41] 錢婉約：《內藤湖南研究》，第四章〈宋代近世說〉，（北京：中華書局，2004.7），頁 96-122；又，張廣達：〈內藤湖南的唐宋變革說及其影響〉，《唐研究》第十一卷，（北京：北京大學出版社，2005.12），頁 5-71。

[42] 張高評：〈從「會通化成」論宋詩之新變與價值〉，《漢學研究》十六卷一期（總第 31 號，1998 年 6 月），頁 254-261。

[43] 本文初稿發表於《宋代文學研究叢刊》第十二期，題目為：〈雕版印刷之繁榮與宋代印本文化之形成——兼論印本圖書對學風文教之影響〉，（高雄：麗文文化公司，2006.6），頁 1-44。今調整章節，稍加修訂，而成此篇。

第六章　印刷傳媒與宋詩之學唐變唐——博觀約取與宋刊唐詩選集

摘要

　　宋代雕版印刷崛起，知識傳播便捷，加上寫本藏本之流通，圖書信息之豐富多元，形成印本文化，促使經典復興，史學繁榮，宋學創發，文學新變，蔚為知識革命。宋人深信讀書博學有助於下筆有神，於是博觀約取、能入能出，奉為閱讀與作詩之圭臬。宋詩「破體」、「出位」之現象，著眼於「異場域碰撞」；創造性之合併重組，引發「梅迪奇效應」，對於宋詩特色之生成，自有推波助瀾之作用。唐詩之輝煌燦爛，名家輩出，提供宋人典範追求、及詩材儲備之便利。於是宋人致力編選刊刻唐詩總集選集，作為學唐變唐之觸媒，或標榜學李宗杜、或推崇意新語工，或凸顯詩畫相資，或宗法中晚唐，或標榜盛唐，或兼採唐宋，同時宋人亦整理雕版唐詩別集，從閱讀、接受、飽參，進而宗法、新變、自得，將傳承優長與開拓本色畢其功於一役。日本內藤湖南所倡「唐宋變革」說，錢鍾書所提「詩分唐宋」說，乃至於傅樂成、陳寅恪所謂宋型文化、文化造極云云，就知識傳播而言，多可從宋代之印刷傳媒、圖書流通視角切入，作為詮釋解讀之一大面向。

關鍵詞

　　博觀約取　宋詩　學唐變唐　宋刊唐詩選集　印刷傳媒

第一節　印刷傳媒之激盪與知識革命

　　紙張的輕薄短小，配合雕版印刷之「日傳萬紙」，對於知識流通，圖書傳播，必然產生推波助瀾之效應。就宋代而言，標榜右文崇儒，雕版印刷對於科舉考試有何影響？對於書院講學、教育普及、學風思潮、創作方式、審美情趣、生發何種效應？就歷史而言，內藤湖南、宮崎市定提出「唐宋變革」、「宋代近世」說，[1]是否與雕版印刷有關？就文化類型而言，王國維稱美天水一朝之文化，「前之漢唐，後之元明，皆所不逮」；「近世學術，多發端於宋人」；陳寅恪亦有「華夏民族之文化，歷數千載之演進，造極於趙宋」之說；[2]傅樂成則提出唐型文化與宋型文化，[3]文化演變之不同，印刷傳媒居於何種地位？就詩歌而言，繆鉞《詩詞散論》標榜「唐宋詩異同」，[4]錢鍾書《談藝錄》強調「詩分唐宋」，[5]雕版印刷是否即是其中之關鍵觸媒？印刷傳媒在西方之繁榮發達，促成宗教革命、文藝復興；在宋代，印刷傳媒與寫本、藏本競奇爭輝，是否亦生發類似之激盪？目前學界尚未關注此一創新課題。

　　錢存訓為研究書史及印刷史之權威，參與李約瑟《中國科技史》之修纂，負責「印刷術」之撰稿。[6]有關近代中外學者對於印刷史之研究，錢氏歸納為三

---

[1] 內藤氏與宮崎氏論唐宋變革，宋代近世說，談及影響因素大概有十：政治、選舉、任官、黨爭、人民、經濟、學術、文藝、兵制、法律等，觸及印刷傳媒之議題幾乎沒有。參考錢婉約：《內藤湖南研究》，（北京：中華書局，2004.7）；張廣達：〈內藤湖南的唐宋變革說及其影響〉，《唐研究》第十一卷，（北京：北京大學出版社，2005），頁 5-71；柳立言《何謂「唐宋變革」？》，《中華文史論叢》2006 年 1 期（總八十一輯），頁 125-171。

[2] 王國維：〈宋代之金石學〉，《靜安文集續編》，（上海：上海書店，1983），頁 70；陳寅恪：〈鄧廣銘《宋史‧職官志》考證序〉，《金明館叢稿》，（臺北：里仁書局，1982），頁 245-246。

[3] 傅樂成：〈唐型文化與宋型文化〉，原載《國立編譯館館刊》一卷四期（1972.12）；後輯入《漢唐史論集》，（臺北：聯經出版公司，1977.9），頁 339-382。

[4] 繆鉞：《詩詞散論》，〈論宋詩〉，（臺北：開明書店，1977）。

[5] 錢鍾書：《談藝錄》，一、〈詩分唐宋〉，（臺北：書林出版公司，1988.11），頁 1-5。

[6] 錢存訓，英國李約瑟東亞科技史研究所研究員，中國印刷史博物館顧問，編著有：《書于竹帛》、《中國科學技術史：紙和印刷》、《中國書籍、紙墨及印刷史論文集》、《中美書緣》等有關圖書目錄學、書史、印刷史、中西文化交流史之論著。

個主流，從而可見印刷史探討之大凡，權作研究現況之述評；下列兩個主流研究，為目前學界致力最多者，誠《莊子‧天下》所謂「多得一察焉以自好」，「皆有所明，不能相通」：

> 近代中外學者對於印刷史的研究，大概可歸納為三個主流：一是傳統的目錄版本學系統，研究範圍偏重在圖書的形制、鑑別、著錄、收藏等方面的考訂和探討。另一個系統可說是對書籍作紀傳體的研究，注重圖書本身發展的各種有關問題，如歷代和地方刻書史、刻書人或機構、活字、版畫、套印、裝訂等專題的敘述和分析。[7]

傳統目錄版本學之研究，以及圖書本身發展之研究，學界論著繁夥，貢獻良多。[8]探討日本、韓國、越南之漢籍雕版，研究主題與焦點，亦不出上述兩大系統。至於探索印刷傳媒之影響與效應，所謂第三個主流的「印刷文化史」之研究，則關注不多，值得開發。[9]錢存訓先生曾略作提示：

> 近年以來，更有一個較新的趨向，可稱為印刷文化史的研究，即對印刷術的發明、傳播、功能和影響等方面的因果加以分析，進而研究其對學術、社會、文化等方面所引起的變化和產生的後果。這一課題是要

7　錢存訓：《中國紙和印刷文化史》，第一章〈緒論〉，四、〈中國印刷史研究的範圍和發展〉，（桂林：廣西師範大學出版社，2004.5），頁 20-21。

8　參考宋原放：《中國出版史料》（古代部分）第二卷，〈中國古代出版史料及有關論著要目〉，（武漢：湖北教育出版社，2004.10），頁 576-591。

9　有關印刷文化史之研究，管見所及，有錢存訓：《中國紙和印刷文化史》，第十章（四）〈印刷術在中國社會和學術上的功能〉，頁 356-358；又，《中國古代書籍紙墨及印刷術》，〈印刷術在中國傳統文化中的功能〉，（北京：北京圖書館出版社，2002.12），頁 262-271；（日）清水茂著，蔡毅譯：《清水茂漢學論集》，〈印刷術的普及與宋代的學問〉，（北京：中華書局，2003.10），頁 88-99。（美）露西爾‧介（Lucile Chia）：〈留住記憶：印刷術對宋代文人記憶和記憶力的重大影響〉，《中國學術與中國思想史》（《思想家》II），（南京：江蘇教育出版社，2002.4），頁 486-498；（日）內山精也：《傳媒與真相──蘇軾及其周圍士大夫的文學》，〈「東坡烏臺詩案」考──北宋後期士大夫社會中的文學與傳媒〉、〈蘇軾文學與傳播媒介〉，（上海：上海古籍出版社，2005.8），頁 173-292。

結合社會學、人類學、科技史、文化史和中外交通史等專業才能著手的
一個新方向。至於印刷術對中國傳統文化和社會有沒有產生影響？對現
代西方文明和近代中國社會所產生的影響又有什麼相同或不同？印刷術
對社會變遷有怎樣的功能？這些都是值得提出和研究的新課題。[10]

　　試想：宋代之圖書傳播，除傳統之寫本、鈔本、藏本外，尚有「易成、難
毀、節費、便藏」，化身千萬，無遠弗屆之雕版印刷（印本圖書）。圖書傳播
之多元，尤其是印刷傳媒之激盪，究竟生發何種文化上之效應？學界論著用心
致力於此者實不多見。相對於谷登堡（Gutenberg，Johann 1397-1468）發明活字
印刷術，基本影響為書價的降低和書的相對平凡化。另外，還影響到閱讀實踐
的改變，加強了一種古老的變革，諸如「不同的稿本不再被採用，著作法規也
在逐漸改變，文學領域進行重新組織（有關作者、文本和讀者）。印刷的發展
和通俗化，改變了閱讀的環境。正如蒙田所云：為了醉心於狂熱的閱讀而沉浸
書中，任由自己或遐想，或創新，或遺忘」。[11]法國年鑑學派大師費夫賀
（Lucien Febvre）與印刷史學者馬爾坦（Henri-Jean Martin）合著《印刷書的誕
生》（*The Coming of the Book*）強調：「印刷帶動文本的大規模普及」；「這顯
然是種變遷，且變的腳步還頗快」，同時提出印刷書促成文化變遷結果之種種
推測：

　　　　大眾究竟需要書商與印刷商提供他們哪類書刊？印刷究竟令傳統的
　　　　中世紀文本，普遍到何種程度？這些舊時代的傳承物，又被印刷術保存
　　　　住多少？印刷機驟然突破了既有的智識作品保存媒介，是否也助長了新
　　　　的文類？或者情況正好相反，是早期的印刷機大量印刷了許多傳統的中
　　　　世紀書籍，才讓這些作品的壽命意外地延長數十年，一如米什萊所言？

---

[10] 同註8。

[11] （法）弗雷德里克‧巴比耶（Frederic Barbier）著，劉陽等譯：《書籍的歷史》（*Histoire DU
Livre*），第六章，4，〈閱讀〉，（桂林：廣西師範大學出版社，2005.1），頁 132-133。

我們將試著找出這些問題的答案。[12]

　　士人的閱讀期待和印刷書籍之品類，是否相互為用？印刷書之為傳媒，對於宋代教育之相對普及，影響程度如何？唐代及前代典籍經雕版流傳後世者，存留多少？印刷傳媒引發知識革命，是否催生新興的文類？或者更加保固傳統文體，而蔚為歷代文學創作之典範？凡此種種，覆案宋詩、宋代文學、及宋代詩學之研究，多可作為對照、觸發。雕版印刷在宋代之崛起繁榮，是否也有類似之效應？錢存訓所提「對印刷術的發明、傳播、功能和影響等方面的因果加以分析，進而研究其對學術、社會、文化等方面所引起的變化和產生的後果」，這一系列的創新研究課題，正是筆者草撰本文之企圖。筆路藍縷，文獻不足，此創新研究課題必然面對之共相，其中艱難實多，請學者方家多多指正。

　　知識跨越時空，無遠弗屆流傳，大概與書寫之形制，傳播之媒介，圖書之流通，以及商品經濟之繁榮密切相關。從甲骨文、鐘鼎文，經竹簡、帛書，到紙墨寫本，知識傳播已歷經無數進步與飛躍；相形之下，寫本之輕巧便利，實造就唐代文學之輝煌，唐型文化之宏偉豪邁。[13]下迨兩宋，寫本、鈔寫仍佔圖書複製市場之要角；唯雕版印刷崛起於其間，成為圖書消費市場之新寵，知識傳播注入另股活水能源。寫本印本從競奇爭輝，到此消彼長，形成知識革命，助長唐宋變革。寫本藏本如何影響知識傳播，學界探討固然不多；至於雕版印刷生發那些傳媒效應？此攸關印刷文化史之討論，為值得提出和深究之新課題，學界探討更少。由於宋代印刷史料載存有限，文獻不足，不得已而作若干推想。論證發揮，正期待學界同好。

　　《宋史》卷二百二，〈藝文志一〉稱：「周顯德中，始有經籍刻板，學者無筆札之勞，獲覩古人全書」，於是五代以後，雕版印刷運用於圖書典籍之刊

---

[12] 費夫賀、馬爾坦著，李鴻志譯：《印刷書的誕生》（*The Coming of the Book*），一、〈從手鈔本到印刷書〉，（桂林：廣西師範大學出版社，2006.12），頁 248-249。

[13] 程煥文編：《中國圖書論集》，二、〈簡帛文化〉；三、〈寫本文化〉，（北京：商務印書館，1994.8），頁 62-150。

刻。北宋朝廷右文崇儒，有心推廣印本，又大量傳鈔善本。科舉考試、書院講學，佛道說法，作詩習文又皆需求豐富圖書，何況宋人勇於發明自得，紛紛著書立說，蔚為稿本撰述之滋多，於是因時乘勢，雕版印刷與古籍整理、圖書流通、知識傳播結合，供需相求，遂形成「印本文化」（又稱「雕版文化」）之繁榮昌盛。宋代雕版印刷之繁榮昌盛，國子監設官掌理，具有示範意義；尤其監本圖書之刊行，發揮調節平抑書價之功能。如云：

> 始置書庫監官，以京朝官充，掌印經史群書，以備朝廷宣索賜予之用及出鬻而收其直以上于官。（《宋史·職官五》）

> 右臣伏見國子監所賣書，向用越紙而價小，今用襄紙而價高。紙既不迮，而價增於舊，甚非聖朝章明古訓以教後學之意。臣愚欲乞計工紙之費，以為之價。務廣其傳，不以求利，亦聖教之一助。伏候敕旨。（陳師道《後山居士文集》卷十一，〈論國子賣書狀〉）

> 曩以群書，鏤于方版，冀傳函夏，用廣師儒。期于向方，固靡言利。將使庠序之下，日集于青襟；區域之中，咸勤于素業。敦本抑末，不其盛歟！其國子監經書更不增價。（《宋大詔令集》卷一五○，天禧元年九月癸亥；《全宋文》第六冊，卷二五五，宋真宗四四，〈國子監經書更不增價詔〉，頁714）

國子監設官分職，掌理經史群書；曾因印刷用紙成本增加，而擬調漲書價。陳師道（1053-1102）上奏，建議「乞計工紙之費，以為之價」，只收工本費即可；且強調朝廷刻書，「務廣其傳，不以求利」之「聖教」真諦。於是真宗下詔：「經書更不增價」，[14]宣示圖書鏤版「冀傳函夏，用廣師儒。期于向方，固靡言利」之「敦本抑末」右文政策。影響所及，與商品經濟結合，國子監以外，全國各路州縣官府、書坊、書院、家塾因有利可圖，無不雕印書籍，

---

[14] 宋代印本圖書，價格低廉，印本書價大抵只有寫本十分之一，參考翁同文：〈印刷術對於書籍成本的影響〉，《清華學報》六卷一期、、二期（1967年），頁35-43。

蔚為印本圖書之蓬勃發展，促成寫本與印本圖書之此消彼長，印刷傳媒之影響
文壇、士林，不可小覷，如云：

> 唐以前，凡書籍皆寫本，未有摹印之法，人以藏書為貴。人不多
> 有，而藏者精于讎對，故往往皆有善本。學者以傳錄之難，故其誦讀亦
> 精詳。五代時，馮道始奏請官鏤六經板印行。國朝淳化中，復以《史
> 記》、《前》、《後漢》付有司摹印，自是書籍刊鏤者益多，士大夫不
> 復以藏書為意。學者易于得書，其誦讀亦因減裂，然板本初不是正，不
> 無訛誤。世既一以板本為正，而藏本日亡，其訛謬者遂不可正，甚可惜
> 也。（葉夢得《石林燕語》卷八）
>
> 余猶及見老儒先生，自言其少時，欲求《史記》、《漢書》而不可
> 得；幸而得之，皆手自書，日夜誦讀，惟恐不及。近歲市人轉相摹刻諸
> 子百家之書，日傳萬紙。學者之於書，多且易致如此，其文詞學術，當
> 倍蓰於昔人。（《蘇軾文集》卷十一，〈李氏山房藏書記〉）
>
> 忠憲公少年家貧，學書無紙。莊門前有大石，就上學書，至晚洗
> 去。遇烈日及小雨，即張敝傘以自蔽，時世間印板書絕少，多是手寫文
> 字，每借人書，多得脫落舊書，必即錄甚詳，以備檢閱，蓋難再假故
> 也。仍必如法縫粘，方繼得一觀，其艱苦如此。今子弟飽食放逸，印書
> 足備，尚不能觀，良可愧恥。（張鎡《仕學規範》卷二，引《韓莊敏公
> 遺事》）

圖書複製技術，唐以前「人以藏書為貴」，由於借書之艱難，傳錄之苦
辛，故鈔本寫本之於知識傳播，對士人造成諸多不便與困擾。自五代以來，書
籍摹刻刊刻益多，「日傳萬紙，學者之於書，多且易致如此」，於是讀書態度
隨之改變，文學創作、文學評論，或治學論學，亦往往有所改觀。明胡應麟
《少室山房筆叢》卷四，以為雕版印刷發明，有「易成、難毀、節費、便藏」
四大優點，蓋雕版作為圖書複製之技術，知識傳播之媒介，造成出版多元，發
行量龐大，不僅化身千萬，讀書容易，而且無遠弗屆，留存不少。裝幀賞心悅

目，翻讀便利，猶其餘事。雕版印刷於宋代之繁榮與中央官府以身作則，躬與其事有密切關係，此即「右文政策」之落實：

> 　　太宗皇帝始則編小說而成《廣記》，纂百氏而著《御覽》，集章句而製《文苑》，聚方書而譔《神醫》。次復刊廣疏于《九經》，較闕疑于《三史》，修古學于篆籀，總妙言于釋老，洪猷丕顯，能事畢陳。朕通遵先志，肇振斯文，載命群儒，共司綴緝。……凡一千卷。（《玉海》卷五四，《全宋文》卷二六二，宋真宗《冊府元龜·序》）
>
> 　　國家用武開基，右文致治。自削平於僭偽，悉收籍其圖書，列聖相承，明詔屢下，廣行訪募，法漢氏之前規；精校遺亡，按開元之舊目。大闢獻書之路，明張立賞科，簡編用出於四方，卷秩遂充於三館，藏書之盛視古為多。艱難以來散失無在，朕雖處干戈之際，不忘典籍之求。每令下於再三，十不得其四五，今幸臻于休息，宜益廣于搜尋。（《宋會要輯稿》〈崇學四〉，高宗紹興十三年（1143）七月九日詔書）
>
> 　　紹興之初，已下借書分校之令，至十三年詔求遺書，十六年又定獻書推賞之格，圖籍於是備矣。然至今又四十年，承平滋久，四方之人益以典籍為重。凡搢紳家世所藏善本，監司郡守搜訪得之，往往鋟板以為官書，所在各自板行。（《宋會要輯稿》〈崇學四〉，孝宗淳熙十三年（1186）九月二十五日祕書郎莫叔光言）

《太平廣記》500 卷，《太平御覽》1000 卷，《冊府元龜》1000 卷、《文苑英華》1000 卷，為太宗朝所編四大工具書，其他尚有《九經》之刊行，《三史》、篆籀、佛藏、道藏之校理編纂，或以鈔本、寫本庋藏於館閣，或先後刊刻流傳於士林，對於文獻史料徵存，圖書傳播流通，以及「右文政策」之宣示，極富意義。靖康之難，亦圖書流傳之一厄，幸賴高宗朝、孝宗朝，先後「益廣于搜尋」典籍，再三詔求遺書，「凡搢紳家世所藏善本，監司郡守搜訪得之，往往鋟板以為官書，所在各自板行」。上有好者，下必有甚焉，於是南北兩宋刻書之多，地域之廣，規模之大，版印之精，流通之寬，都堪稱前所未

有，後世楷模。[15]知識的傳播媒介，從寫本轉為印本，不僅書籍製作速度加快，
書籍複本流通數量增多，而且對知識信息之傳播交流，圖書文獻之保存積累，
皆有革命性之成長。西諺有云：「印刷術為文明之母」，誠哉斯言！試觀真宗
景德、祥符年間，雕版圖書興盛之效益：

> （真宗景德二年，1005）幸國子監閱書庫，問祭酒邢昺「書版幾
> 何？」昺曰：「國初不及四千，今十餘萬，經史正義皆具。臣少時業
> 儒，觀學徒能具經疏者百無一二，蓋傳寫不給。今板本大備，士庶家皆
> 有之，斯乃儒者逢時之幸也。」（南宋李燾《續資治通鑑長編》卷六
> 十，景德二年五月戊辰朔，頁 1333）
>
> （真宗皇帝）謂（向）敏中曰：「今學者易得書籍。」敏中曰：
> 「國初惟張昭家有《三史》。太祖克定四方，太宗崇尚儒學，繼以陛下
> 稽古好文，今《三史》、《三國志》、《晉書》皆鏤板，士大夫不勞力
> 而家有舊典，此實千齡之盛也。」（同上，卷七十四，大中祥符三年十
> 一月壬辰，頁 1694）

從邢昺（932-1010）之對答，可見印本圖書至真宗朝（998-1022 在位）較國
初成長 25 倍，北宋雕版書籍激增，當在此時。邢昺所謂「今板本大備，士庶家
皆有之，斯乃儒者逢時之幸也」；向敏中所謂「今《三史》、《三國志》、
《晉書》皆鏤板，士大夫不勞力而家有舊典，此實千齡之盛也」。雕版印刷蔚
為印刷傳媒，形成印本文化，與寫本文化、藏書文化交相作用，促使宋代文化
蔚為華夏文明之登峰造極。

依據《宋史‧藝文志》之統計，宋初圖書才萬餘卷，歷太祖、太宗、真宗
三朝，為 3327 部，39142 卷；其次仁宗、英宗兩朝，1472 部，8446 卷；其次神
宗、哲宗、徽宗、欽宗四朝，為 1906 部，26289 卷。上述數據，歷朝並未重複

---

[15] 李致忠：《古書版本學概論》，第四章〈印刷術的發明與發展〉，（北京：北京圖書館出版社，
2003.11），頁 50。

登載，而是「錄其所未有者」，終北宋之世，圖書數量「為部六千七百有五，為卷七萬三千八百七十有七焉」。相形之下，「唐人所自為書，幾三萬卷，則舊書之傳者，至是蓋亦鮮矣」，[16]北宋圖書所以多唐代兩倍餘，印本圖書、右文政策是關鍵。就宋代書目著錄言之，景祐中（1034-1037）新修《崇文總目》，藏書凡 30669 卷，淳熙五年（1178）修《中興館閣書目》，著錄 44486 卷；嘉定十三年（1220）上《館閣續書目》，亦有 14943 卷。[17]要之，北宋元祐以來，寫本與印本互有消長；至南宋尤袤（1127-1194）撰《遂初堂書目》時，寫本尚多於刻本。至趙希弁（1249 年在世）撰《郡齋讀書志‧附志》、陳振孫（1183-1249）撰《直齋書錄解題》時，時當寧宗、理宗朝（1195-1264），刻本書數量已超過寫本。[18]

日本京都學派內藤湖南（1866-1934）、宮崎市定（1901-1995），先後研究中國歷史分期，提出「唐宋變革」說，「宋代近世」說。[19]一時陳寅恪、鄧廣銘、傅樂成、繆鉞、錢鍾書研究歷史和詩歌，皆受其影響。考京都學派所謂「唐宋變革」之分野，宋代之為「近世」之特徵，學界歸納京都學派之說，其項目如：政治、科舉、文官、黨爭、平民、經濟、兵制、法律、學術、科技、文藝；特別強調宮崎市定補充：知識普及，和印刷術發明。[20]筆者以為，印刷術發明，助長知識普及，促成科舉取士、落實右文、崇儒之政策。印刷圖書之為傳媒，對於宋朝以前及當代的文獻典籍，頗能作較完整而美好的保存，從而有助於流傳與發揚，對於文化傳承，貢獻極大。對於宋代士人而言，雕版印刷改

---

[16] 《宋史》卷二百二，〈藝文一〉，《二十五史》點校本，（北京：中華書局，1990），頁 5032-5033。

[17] 晁公武撰，孫猛校證：《郡齋讀書志校證》卷九，（上海：上海古籍出版社，2005.10），頁 402；陳振孫：《直齋書錄解題》卷八，（上海：上海古籍出版社，1987.12），頁 236。

[18] 王重民：《中國目錄學史》，第三章第五節，（北京：中華書局，1984），頁 120。

[19] 內藤湖南、宮崎市定之「宋代近世說」，蓋以唐宋之際「轉型論」為核心，自然推導出「宋代文化頂峰論」及「自宋至清千年一脈論」，說見王水照主編：《日本宋學研究六人集》，〈前言〉，淺見洋二：《距離與想像——中國詩學的唐宋轉型》，（上海：上海古籍出版社，2005.12），頁 2-5。

[20] 參考錢婉約：《內藤湖南研究》，（北京：中華書局，2004.7）；張廣達：〈內藤湖南的唐宋變革說及其影響〉，《唐研究》第十一卷，（北京：北京大學出版社，2005），頁 5-71；柳立言：〈何謂「唐宋變革」？〉，《中華文史論叢》2006 年 1 期（總八十一輯），頁 125-171。

變知識傳播的方法和質量，進而影響閱讀的態度和環境、創作的習性和法度、評述的體式、審美的觀念，和學術的風尚，對宋代之文風士習頗多激盪，堪稱唐宋變革的催化劑，宋代之為近世特徵之促成者。影響是否如此深遠？值得關注與探討。

筆者據此推想：宋型文化形成尚理、重智、沈潛、內斂之士風與習性，與唐型文化不同；可能因此與唐宋詩有別，詩分唐宋、唐宋變革諸研究課題有關。當然，影響上述課題之內因外緣，觸類紛紜，學界於宋代文化與文學之研究，目前尚未開發此一領域。本文只關注雕版印刷一個面向，如何促成知識革命，[21]面面俱到論證，請俟異日。

第二節　博觀厚積與宋詩之新變自得——
　　　　讀書博學與宋詩特色

宋詩所以不同於唐詩，就內涵與思想而言，「詩思」之差異是其中一大關鍵。所謂「詩思」，指詩人對客觀世界或外在環境影響感發之反應與構思。以鍾嶸《詩品‧序》準之，唐詩之妙，率由「直尋」；宋詩之美，或出於「補假」。前者向外馳求，以天地、自然、社會、人生為詩材、為詩胎；後者反思內省，以圖書、學問、知識、文化，藉為取資與觸發。王夫之《薑齋詩話》卷二曾批評宋人「除卻書本子，則更無詩」，「總在圈繢中求活計」，率指此等。平情而論，據此苛責宋人作詩習氣，蓋有意無意間忽略雕版印刷之發達，印本文化之蓬勃；以及由此而衍生之學古、閱讀、熟參、出入諸問題。大抵宋代詩人多兼學者，或學者多能賦詩，由於印本書籍與寫本爭輝，圖書資訊之接受豐富而多元，故宋代士人肯定讀書與作詩之相得益彰，大多如蘇軾所云：

21　張高評：〈雕版印刷與宋代印本文化之形成〉（上、下），其中論及：一、雕版印刷與知識革命；二、雕版圖書之推廣與控管；三、雕版印刷之盛行及其對學風時尚之影響。原發表於《宋代文學研究叢刊》第十一期、第十二期（高雄：麗文文化公司，2005 年 12 月、2006 年 6 月），頁 1-36，頁 1-44。後經修改調整，輯入本書第四章。

「博觀而約取，厚積而薄發」；又如陳善《捫蝨新話》上集卷三所提「讀書須知出入法」：「見得親切，此是入書法；用得透脫，此是出書法」，蓋出入眾作，倘佯書卷，下筆吟詠，資書以為詩、以才學為詩、以議論為詩、乃至於以文為詩、以賦為詩、以《春秋》書法入詩、以史家筆法入詩，遂勢所必至，理有固然。由此觀之，學古、補假、出位、破體諸詩思，雖「自古有之」，然聯結知識流通、印刷傳媒之效應，於宋代堪稱「於今為烈」。

（一）讀書博學與宋詩之新變自得

宋人面對唐詩之輝煌燦爛，必定憂喜參半。喜的是，古典詩歌的典範巍然樹立，頗便於學習師法；憂的是，詩家林立輩出，詩篇琳瑯滿目，難於比肩與超越。宋人深知「有所法而後成，有所變而後大」之道，於是學唐變唐，追求變態自得。宋陳巖肖《庚溪詩話》稱：「本朝詩人與唐世相抗，其所得各不同，而俱自有妙處，不必相蹈襲也」；吳可《藏海詩話》稱：「如貫穿出入諸家之詩，與諸體俱化，便自成一家，而諸體皆備。若只守一家，則無變態，雖千百首，皆只一體耳。」清吳之振《宋詩鈔‧序》謂：「宋人之詩變化於唐，而出其所自得」；皆點出宋人之困境與突破。筆者以為，宋詩所追求者有二：變態，是既有體質的轉化；自得，是前賢成就的超脫。無論變態或自得，皆以唐詩之優長和典範為對照系統。

唐代文學之輝煌燦爛，清代蔣士銓曾感慨「宋人生唐後，開闢真難為」。宋人面對此種困境，因應策略，首在汲取古人，尤其是唐人之優長，作為自我生存發展之養料；既以學古學唐為手段，復以變古變唐為轉化，終以自得成家為目的。從學習優長，到變古變唐，到自成一家，每一歷程都牽涉到大量閱讀書籍。唯有出入古今，深造有得，方能因積學儲寶，而斟酌損益，新變超勝。歐陽脩〈試筆〉曾言：「作詩須多誦古今人詩」，以儲備詩材，試觀其他宋人之讀書論，可悟其妙：

　　　有問荊公：老杜詩何故妙絕古今？公曰：老杜固嘗言之：「讀書破

萬卷，下筆如有神。」（魏慶之《詩人玉屑》卷十四，引《東皐雜錄》）

　　盍嘗觀於富人之稼乎，其田美而多，其食足而有餘。……嗚呼，吾子其去此而務學也哉。博觀而約取，厚積而薄發。（蘇軾《蘇軾文集》卷十，〈稼說送張琥〉）

　　僕嘗悔其少作矣，然著成一家之言，則不容有所悔。當且博觀而約取，如富人之築大第，儲其材用，既足，而後成之，然後為得也。（蘇軾《蘇軾文集》卷五十三，〈與張嘉父七首〉其七）

　　李父仲山在揚州時，事東坡先生。聞其教人作詩曰：「熟讀《毛詩·國風》與《離騷》，曲折盡在是矣。」僕嘗以謂此語太高，後年齒益長，乃知東坡先生之善誘也。（許顗《彥周詩話》，《歷代詩話》本）

　　王安石詩，堪稱宋詩特色開山之一，引述杜甫〈奉贈韋左丞丈二十二韻〉所言，強調讀書萬卷與下筆有神間，存在必然之互動關聯。蘇軾（1037-1101）為宋詩大家之代表，推崇讀書足以變化氣質，有助於人格涵養，所謂「腹有詩書氣自華」者是。同時，又十分注重讀書與創作之相互關係，〈稼說〉強調讀書務學，所謂「博觀而約取，厚積而薄發」；〈與張嘉父〉更以「富人之築大第」，儲足材用為喻，以解說「博觀而約取」。而且更現身說法，揭示讀書與作詩之相得，所謂「別來十年學不厭，讀破萬卷詩愈美」；所謂「舊書不厭百回讀，熟讀深思子自知」；所謂「退筆如山未足珍，讀書萬卷始通神」。[22]《彥周詩話》載東坡教人讀《毛詩》、《離騷》，體味其中曲折，於作詩可謂「善誘」。黃庭堅（1045-1105）與蘇軾齊名，合稱蘇黃，同為宋詩特色之代表，強調讀書對作詩之啟益，論說更加具體可行，如：

---

[22] 蘇軾：〈和董傳留別〉、〈送任伋通判黃州兼寄其兄孜〉、〈送安惇秀才失解西歸〉、〈柳氏二外甥求筆跡二首〉其一，《蘇軾詩集》卷五、卷六、卷十一，（臺北：學海書局，1985.9），頁 221-222；頁 233-234；頁 247；頁 543。

所送新詩皆興寄高遠，但語生硬不諧律呂，或詞氣不逮初造意時，
此病亦只是讀書未精博爾。「長袖善舞，多錢善賈。」不虛語也。（黃
庭堅《豫章黃先生文集》卷十九，〈與王觀復書〉其一）

寄詩語意老重，數過讀不能去手，繼以歎息，少加意讀書，古人不
難到也。……自作語最難，老杜作詩，退之作文，無一字無來處，蓋後
人讀書少，故謂韓杜自作此語耳！古之能為文章者，真能陶冶萬物，雖
取古人之陳言，入於翰墨，如靈丹一粒，點鐵成金也。（同上，黃庭堅
〈答洪駒父書〉三首之二）

詩政欲如此作，其未至者，探經術未深，讀老杜、李白、韓退之詩
不熟耳。（同上，黃庭堅〈與徐師川書〉）

知識是一種工具，經由閱讀接受，儲備能量，透過轉化、發用，形成創作
和評論的利器。山谷作詩，極強調學問根柢，藉豐厚之書卷，以陶養優美之人
格，故以「長袖善舞，多錢善賈」形象語，比擬「讀書精博」。蘇黃皆主張博
極群書，以儲積學理，啟發詩思，昇華人格，山谷所謂「胸中有萬卷書，筆下
無一點塵俗氣」；「使胸中有數百卷書，便當不愧文與可矣」是也。同時，山
谷以為遍考前作，可以取法優長，接受薰陶茹染，故教人「加意讀書」、「深
探經術」。〈與徐師川書〉勉人熟讀老杜、李白、韓愈詩；〈答洪駒父書〉更
提出陶冶萬物、點鐵成金，作為「能文章」之指標，而其關鍵，亦在「多讀
書」。蘇黃作詩，注重多讀書，出入眾作，化變諸體，方有可能自得成家，其
中不無圖書傳播，印刷傳媒之作用。宋詩自歐陽脩、王安石、蘇軾、黃庭堅以
下，多注重勤讀博學，以儲備詩材：蘇軾答孫莘老（覺）問作詩，云：「無他
術，唯勤讀書而多為之，自工」；韓駒批評時人：「不肯讀書，但要作詩到古
人地位；殊不知古人未有不讀書者」（《詩人玉屑》卷五）。推而至於其他宋
代詩家詩論，如陳師道《後山詩話》、羅大經《鶴林玉露》卷六、《唐子西語
錄》、《滄浪詩話‧詩辯》等論著，對於讀書與作詩之相得益彰，亦多有殊途

同歸之論述。[23]

　　反饋，又稱「回授」，原是電子學術語，原指「被控制的過程對控制機構的反作用」，這種反作用足以影響過程和結果。應用在生理學或醫學上，指生理或病理之效應，反過來影響引起效應之原因。應用在心理學或文藝學，指創作與接受間，「不斷地根據效果來調整活動」，形成「反應回路」，於是效果回應活動，活動再生發效果，彼此循環無端。[24]雕版印刷蔚為印刷傳媒，與宋代文學之發展，兩者共存共榮，交相影響，也自然形成反應回路、反饋系統。[25]宋代文體學之變革，從「尊體」衍變為「破體」，從「本位」發展為「出位」，有可能是圖書傳播、博觀厚積之反饋：宋人作詩，多有以文為詩、以賦為詩、以詞為詩、以議論為詩、以才學為詩之習氣；更多「出位之思」，致力將繪畫、禪學、經學、儒學、史學、老莊、仙道、書道、雜劇等，作跨領域、跨學門之整合交融、進而會通化成，蔚為宋詩之特色，以及宋調之風格。[26]筆者以為：宋詩特色之形成，無論「破體」或「出位」，皆是博觀到約取的「入出」接受和反應。換言之，是閱讀、飽參、會通、組合、求異、創新之系列歷程，頗似「異場域碰撞」（Breakthrough Insights at the Intersection of Idea，Concept and Cultures）。創意產業提倡「梅迪奇效應」（The Medici Effect），強調學科整合，提示跨際思考的技術，策動不同領域、不同學科間的交會碰撞。其效應在擺脫單一、慣性、專業之聯想障礙，促使潛在觀念自由碰撞，隨機組合，從而引爆出創新和卓越的構想或發明。[27]今綜觀宋詩之「破體」和「出位」，確有

---

[23]　參考周裕鍇：《宋代詩學通論》，乙編，〈詩法篇〉，（成都：巴蜀書社，1997 年 1 月），頁 146-163。

[24]　參考余秋雨：《觀眾心理學》，第三章〈反饋流程〉，（臺北：天下遠見出版公司，2006.1），頁 67-70。

[25]　圖書傳播、閱讀接受，如何反饋到詩歌創作？可參張高評：〈北宋讀詩詩與宋代詩學——從傳播與接受之視角切入〉，《漢學研究》第二十四卷第二期（總第 49 號，2006.12），頁 191-223。

[26]　張高評：《宋詩之新變與代雄》，貳，〈自成一家與宋詩特色〉，（臺北：洪葉文化公司，1995.9），頁 89-112。

[27]　Frans Johansson 著，劉真如譯：《梅迪奇效應》（The Medici Effect），（臺北：商周出版社，2005.10），頁 6、頁 129。

上述之效應與創發。林林總總，要皆受圖書流通、尤其是印刷傳媒激盪而體現之反饋與效應。

（二）以會通論詩，為多元傳媒之反饋

宋人於唐詩輝煌之後，思與唐人比肩，作詩策略在於學唐、變唐、自得、成家；其先決條件，必須有豐富而多元之圖書傳媒，提供詩人選擇、師法、參照、觸發、借鑑、脫換。在這方面，宋人除傳統之寫本、鈔本、藏本外，又增加了「節費、便藏」，化身千萬，無遠弗屆之印刷傳媒。諸本競妍爭輝，士人博觀厚積，飽參妙悟，詩思心裁，自然與唐人不類。嚴羽《滄浪詩話‧詩辨》號稱：「詩有別材，非關書也」，但又強調「非多讀書，多窮理，則不能極其至」。宋人提倡讀書博學，於是詩思從「尊體」入，從「破體」出，極力發揮「求異追新」之創造思維，往往能改造詩歌之體質與本色，形成自家之風格與特質，此蕭統《昭明文選‧序》所謂：「踵其事而增華，變其本而加厲」。如下列詩話筆記所云：

> 詩不可無體，亦不可拘於體。蓋詩非一家，其體各異，隨時遣興，即事寫情，意到語工則為之。豈能一切拘於體格哉？（俞文豹《吹劍錄》正錄）

> 韓以文為詩，杜以詩為文，世傳以為戲。然文中要自有詩，詩中要自有文，亦相生法也。文中有詩，則句法精確；詩中有文，則詞調流暢。謝玄暉曰：「好詩圓美流轉如彈丸」，此所謂詩中有文也。（蔡夢弼《草堂詩話》卷一引陳善《捫蝨新話》，今本《捫蝨新話》在《儒學警悟》卷之三十二，上集卷一）

> 後村謂文人之詩與詩人之詩不同，味其言外，似多有所不滿，而不知其所乏適在此也。文人兼詩，詩不兼文也。杜雖詩翁，散語可見；惟韓蘇傾竭變化，雷霆河漢，可驚可快，必無復可憾者，蓋以其文人之詩也。（劉辰翁《須溪集》卷六，〈趙仲仁詩序〉）

　　宋代詩人多蟠胸萬卷，學術多方；宋詩不同於唐詩之特色，在宋人廣用以文為詩、以詞為詩、以賦為詩諸「破體為文」技藝，進行資書以為詩、以才學為詩之知識會通工程；文體疆界既經打破、稼接、搏合、化成，體質自然獲得改造、新生。蘇軾「以詩為詞」，成功改造《花間集》以來詞的本色體質，將婉約詞新變為豪放詞。[28]此乃會通諸體，破體成功之著名案例，堪稱詞壇之盛事，若非圖書流通快速，知識傳播便捷，[29]恐未必有此創舉。以詞例詩，亦同理可證：試看俞文豹《吹劍錄》，主張「詩不可無體，亦不可拘於體」；陳善《捫蝨新話》、蔡夢弼《草堂詩話》討論「以文為詩」、「以詩為文」之優長；劉辰翁批評劉克莊對「文人之詩」之不滿，稱揚杜甫「以文為詩」之美妙成效。杜甫〈奉贈韋左丞丈二十二韻〉深信：「讀書破萬卷，下筆如有神」，身體力行，深造有得，故其資書為詩、以文為詩，多卓絕可觀，下開韓愈、歐陽脩、蘇軾、黃庭堅作詩門徑。蘇軾所謂「博觀而約取，厚積而薄發」，正是上承杜甫所示讀書博厚，有助於作詩之啟發。時值真宗朝雕版圖書激增流行，於寫本、鈔本、藏本外，又多一知識傳媒，激盪閱讀、創作、評論、著述之風氣，促成印本文化，知識革命。「破體為文」現象在宋代文學界之流衍，多元之圖書傳播反饋，可見一斑。

　　「合併重組」，是產品開發之常法。愛因斯坦曾言：「組合作用，似乎是創造思維的本質特徵」。將原本完美自足，獨立不倚之元素，經過「合併重組」之策略運作，往往可以培育異種，化成新品。[30]筆者以為：「會通化成」，為宋型文化特色之一，發用為文學詩學，即是多元傳媒交相映發之「出位之思」。「出位之思」由錢鍾書率先提出，專指「詩中有畫」與「畫中有詩」。[31]

───────────

[28] 劉石：〈試論「以詩為詞」的判斷標準〉，《詞學》第十二輯，（上海：華東師範大學出版社，2000.4），頁 20-33。

[29] 王兆鵬：〈宋代詩文別集的編輯與出版──宋代文學的書冊傳播研究之一〉，《第三屆宋代文學國際研討會論文集》，（銀川：寧夏人民出版社，2005.7），頁 298-307。

[30] 張永聲主編：《思維方法大全》，〈組合法〉，（南京：江蘇科學技術出版社，1990.6），頁 16-18；劉仲林：《中國創造學概論》，第一篇第四章〈組合系列技法〉，（天津：天津人民出版社，2001.5），頁 93-117。

[31] 錢鍾書：〈中國詩與中國畫〉，《文學研究叢編》第一輯，（臺北：木鐸出版社，1981.7），頁 86-

其後，筆者引伸發揮，觸類而長，發現宋人作詩論詩，亦多汲取經學、儒學、道家、道教、禪學，甚至參考借鏡繪畫、書道、史法、雜劇、字書，而作「出位之思」。蘇軾〈李氏山房藏書記〉描述宋代雕版印刷「轉相摹刻，日傳萬紙。學者之於書，多且易致如此。其文詞學術，當倍蓰於前人」；宋人之尚博學、重會通，良有以也。相較於唐代之詩壇文苑，尚未有此優勢。跨學科之整合化成，猶跨科技之合併重組，表現於論詩與作詩方面，促成宋詩內涵充實而多元，宋詩特色不同於唐詩，如下列詩話、筆記、文集資料所揭示：

> ……李義山〈驪山〉詩云：「平明每幸長生殿，不從金輿祇壽王。」此則婉而有味，《春秋》之稱也。〈費袞《梁谿漫志》卷七〉
>
> 太史公曰：「〈國風〉好色而不淫，〈小雅〉怨悱而不亂」；《左氏傳》曰：「《春秋》之稱，微而顯，志而晦，婉而成章，盡而不汙」，此《詩》與《春秋》紀事之妙也。近時陳克詠李伯時〈寧王進史圖〉云：「汗簡不知天上事，至尊新納壽王妃」，是得謂為微、為晦、為婉、為不汙穢乎？惟李義山云：「侍宴歸來宮漏永，薛王沉醉壽王醒」，可謂微婉顯晦，盡而不汙矣。（楊萬里《誠齋詩話》）
>
> 龜父筆力可扛鼎，它日不無文章垂世。要須盡心於克己，不見人物臧否，全用其輝光以照本心，力學有暇，更精讀千卷書，乃可畢茲能事。（黃庭堅《豫章黃先生文集》卷三〇，〈書舊詩與洪龜父跋其後〉）
>
> 篇章以含蓄天成為上，破碎雕鎪為下。如楊大年西崑體，非不佳也，而弄斤操斧太甚，所謂「七日而混沌死」也。（張表臣《珊瑚鉤詩話》卷一）
>
> 作詩貴雕琢，又畏有斧鑿痕；貴破的，又畏黏皮骨，此所以為難。……劉夢得稱白樂天詩云：「郢人斤斫無痕跡，仙人衣裳棄刀

87。《錢鍾書作品集》、《七綴集》，（臺北：書林出版公司，1990.5）；《錢鍾書集》、《七綴集》，（北京：三聯書店，2001.1），皆未見「出位之思」之說，異哉！

尺……」，若能如是，雖終日斫而鼻不傷，終日射而鵠必中，終日行於
規矩之中，而其跡未嘗滯也。（葛立方《韻語陽秋》卷三）

　　山谷云：「詩意無窮而人之才有限，以有限之才，追無窮之意，雖
淵明，少陵不得工也。然不易其意而造其語，謂之換骨法；窺入其意而
形容之，謂之奪胎法。」（釋惠洪《冷齋夜話》卷一）

　　陸放翁，茶山上足。自《劍南藁》後，有萬餘首詩。在京樓有詩
曰：「小樓一夜聽春雨，深巷明朝賣杏花。」〈橋南書院〉云：「春寒
催喚客嘗酒，夜靜臥聽兒讀書。」〈感秋〉云：「玉階蟋蟀吟深夜，金
井梧桐辭故枝。」隳括《道藏》語也。（張端義《貴耳集》卷上）

　　《梁谿漫志》推崇李商隱〈驪山〉詩，《誠齋詩話》稱揚李商隱〈龍池〉
詩，皆以「微婉顯晦」之《春秋》書法為準的。黃庭堅勉洪龜父作詩，盡心克
己，光照本心，是以儒學為權衡。《珊瑚鉤詩話》標榜含蓄天成，而戒弄斤操
斧；《韻語陽秋》強調無痕跡，棄刀尺，是以老莊喻詩。《冷齋夜話》載明
「奪胎法」、「換骨法」，與黃庭堅〈答洪駒父書〉所謂「點鐵成金」，都是
以仙道喻詩法。《貴耳集》評論陸游三首詩則直指隳括《道藏》語，化用為
詩。推而廣之，宋人作詩，或援書法、或染儒學、或入老莊、或見仙道，要皆
宋人之「出位之思」，跨界之創作或理論組合，此非有豐富而多元之圖書傳媒
不為功。

　　就文獻學、目錄學而言，上述「出位之思」，可視為圖書傳播與接受之反
饋。就《春秋》而言，元‧馬端臨《文獻通考‧經籍考》著錄百餘種，《宋
史‧藝文志》著錄專著約二百四十種，清‧朱彝尊《經籍考》著錄約四百種以
上；《四庫全書》《春秋》類著錄，宋人著述 38 部、689 卷；佔總數 114 部
1838 卷三分之一份量。其中有藏本寫本，更多的是刊印本。《四庫全書總目》
卷二十九，《日講春秋解義》稱：「說《春秋》者，莫夥於兩宋」，實乃信而
有徵之言。就道家而言，元‧馬端臨《文獻通考》卷三十八〈子‧道家〉，稱
引歷代著錄：《宋三朝志》43 部 250 卷，《宋兩朝志》8 部 15 卷，《宋四朝
志》9 部 32 卷，《宋中興志》47 家 52 部 187 卷。就仙道而言，《文獻通考》

卷五十一、五十二〈子·神儒〉、〈子·神儒家〉稱引道教著錄：《宋三朝志》97 部 625 卷，《宋兩朝志》413 部，《宋四朝志》20 部，《宋中興志》396 家 447 部 1321 卷。《宋史》卷二百五十〈藝文四〉，著錄道家類 102 部 359 卷；神仙類 394 部 1216 卷。由此觀之，道教典籍遠較道家多，大抵在八與一之比例。圖書流通傳播，自然影響閱讀接受與創作評論。經由讀書博學，以儲備詩材，詩思既不由「直尋」，率多「補假」，於是宋代文學與詩學，體現為以《春秋》書法入詩、論詩，[32]反饋為以仙道入詩論詩，以老莊入詩喻詩。蘇軾所謂「博觀而約取，厚積而薄發」，正指此等。

（三）出位與會通，乃博觀約取之體現

就宋詩之創作而言，「出位之思」是立足於詩歌，又跳出詩歌本位，將詩思伸展到其他學科，汲取化用其優長與特色，作為詩歌創作之參考與借鏡。由此可見，「出位之思」牽涉到學科整合，而「會通化成」、「自成一家」自是其效應與結晶。宋代詩人盡心「出位之思」的超越，分別與儒學、仙道、老莊、禪宗、繪畫進行「會通化成」；[33]在詩思詩法方面亦致力超越本色，將觸角伸展到經學、史學、藝術、思想諸異質學科領域，汲取、借鏡、稼接、轉化學科之特質，做為建立自我本色之養料。宋人作詩論詩每多「出位之思」，博觀厚積是其功夫，約取薄發乃其致用，唯其注重合併重組、會通化成，所以能改造宋詩體質，促使宋詩疏離唐詩之本色。其中之催化劑，雕版印刷之繁榮，印本圖書流通之便捷，自是其中一大關鍵。除上所述外，以禪入詩、以禪喻詩、以禪論詩諸「會通」與「出位」課題，以及其他以合併重組為創作詩思者，亦多所體現與發揮，如詩禪交融之現象：

---

[32] 張高評：《自成一家與宋詩宗風》，第五章〈書法史筆與北宋史家詠史詩〉，（臺北：萬卷樓圖書公司，2004.11），頁 189-247。

[33] 張高評：《會通化成與宋代詩學》，壹、〈從「會通化成」論宋詩之新變與價值〉，三、〈宋詩「自成一家」與宋型文化之「會通化成」〉，（臺南：成功大學出版組，2000.8），頁 16-27。

黃太史詩妙脫蹊徑，言謀鬼神，唯胸中無一點塵，故能吐出世間語；所恨務高，一似參曹洞下禪，尚墮在玄妙窟裏。（《蔡百衲詩評》、《西清詩話》、《詩林廣記》後集卷五、《竹莊詩話》卷一、《苕溪漁隱叢話》後集卷三十三）

學詩渾似學參禪，頭上安頭不足傳。跳出少陵窠臼外，丈夫志氣本衝天。（吳可〈學詩詩〉，《詩人玉屑》卷一）

禪家者流，乘有小大，宗有南北，道有邪正，學者須從最上乘，具正法眼，悟第一義。若小乘禪，聲聞，辟支果，皆非正也。論詩如論禪，漢魏晉與盛唐之詩，則第一義也。大曆以還之詩，則小乘禪也，已落第二義矣。晚唐之詩，則聲聞、辟支果也。學漢魏晉與盛唐詩者，臨濟下也。學大曆以還之詩者，曹洞下也。大抵禪道惟在妙悟，詩道亦在妙悟。……惟悟乃為當行，乃為本色。然悟有淺深，有分限，有透徹之悟，有但得一知半解之悟。……（嚴羽《滄浪詩話‧詩辨》）

所謂活法者，規矩備具，而能出於規矩之外；變化不測，而亦不背於規矩也。是道也，蓋有定法而無定法，無定法而有定法。（劉克莊《後村先生大全集》卷九十五，〈江西詩派小序‧呂紫薇〉，又丁福保《歷代詩話續編》本，頁485）

宋代士大夫好禪、習禪、參禪、說禪、禪悅風氣極盛，或推崇禪宗人生觀，或喜好禪學形式，或參與燈錄語錄之編撰，尤其禪學的文字化，更招徠士人之沉潛投入，樂在其中。[34]禪悅風氣既開，博觀禪籍，厚積禪學，於是受容發用，遂反應於宋詩創作與宋代詩學理論中，或追求空靈之意境，或選擇機智之語言，或抒發自由之性靈，或以禪入詩、或以禪論詩；宋詩之「出位」與「會通」，詩禪交融最具成效。試觀上列詩話、評點，《苕溪漁隱叢話》論黃庭堅

---

[34] 魏道儒：《宋代禪宗文化》，二，〈士大夫與禪宗〉，（鄭州：中州古籍出版社，1993.9），頁42-51；洪修平：《中國禪學思想史綱》，第九章第三節〈士大夫參禪與文字禪〉，（南京：南京大學出版社，1994.9），頁238-243。

詩，所謂「一似參曹洞下禪」；劉克莊引述呂本中「活法」之說，皆是以禪擬詩。吳可〈學詩詩〉，是以禪參詩；嚴羽《滄浪詩話》，前半以禪品詩，後半以禪論詩；[35]要之，皆宋代詩禪交融、具體而微之例證。試考察宋代佛經禪藏之編纂雕印，即可推想佛教禪宗典籍之傳播接受。

　　漢文大藏經，曾反覆雕印、多次出版，每部卷帙皆在 5000 卷以上。自宋太祖開寶四年（971）雕印蜀本大藏經（《開寶藏》5048 卷）以來，終宋之世，又先後刊刻《契丹藏》5790 卷、《崇寧萬壽藏》6434 卷、《毗盧大藏》6117 卷、《思溪圓覺藏》5480 卷、《思溪資福藏》5740 卷、《越城藏》7000 卷、《磧砂藏》6362 卷、《普寧藏》6017 卷等藏經。[36]傳世藏經十六部，兩宋開雕九部，部數過半，盛況可以想見。北宋中央又設有傳法院，掌譯經潤文，為官方之翻譯佛經機構。自太宗朝至仁宗朝前期所譯經典，有《祥符錄》、《天聖祿》、《景祐錄》殘存，《元豐錄》已佚。計北宋傳法院譯成佛教經典可考者，共 263部，740 卷。[37]南宋理宗淳祐十二年冬（1252），杭州靈隱寺僧普濟集取釋道原《景德傳燈錄》、駙馬都尉李遵勗《天聖廣燈錄》、釋惟白《建中靖國續燈錄》、釋道明《聯燈會要》、釋正受《嘉泰普燈錄》，撮其要旨，匯為一書，名為《五燈會元》，於寶祐元年刊竣，世稱寶祐本。[38]由集成匯編本之編刻，可知圖書市場之求全求備。就道教經典之編纂言，宋太宗曾勅編《道藏》3737卷；真宗朝，命王欽若整理道教經典 4359 卷，目錄獻上，御賜名為《寶文統錄》；張君房增多 206 卷，而成《天宮寶藏》，凡 4565 卷。徽宗號稱道君皇帝，詔求天下道經，命道士校定，編成《道藏》共 5378 卷，於政和年間（1111-

---

[35] 周裕鍇：《中國禪宗與詩歌》，第四、五、六、七、八章〈以禪喻詩概說〉，（高雄：麗文文化公司，1994.7），頁 113-260；頁 295-323。張晶：《禪與唐宋詩學》，第六章〈禪與宋詩〉，（北京：人民文學出版社，2003.6），頁 120-151。

[36] 李際寧：《佛經版本》，下編〈歷代大藏經〉，（南京：江蘇古籍出版社，2002.12），頁 58-83，頁 114-140。

[37] 梁天賜：〈北宋漢譯佛經之類別、部卷、譯者及譯成時間考〉，張其凡：《歷史文獻與傳統文化》，（蘭州：蘭州大學出版社，2003.7），頁 53-55。

[38] 蘇淵雷：〈燈錄與《五燈會元》〉，宋普濟《五燈會元》點校本，附錄二，（臺北：文津出版社，1986.5），頁 1412-1415。

1118）悉數雕版印行。其後，金代明昌三年（1192 年），北京天長觀（即今白雲觀）增補編成《道藏》6455 卷，題為《大金玄都寶藏》，簡稱為金代《道藏》。[39]宋代大藏經之開雕九部，傳法院之譯經潤文計 263 部 740 卷，集成匯編本《五燈會元》之刊行，以及宋代金代《道藏》之編纂雕版，圖書之傳播流通，士人之閱讀接受，勢必反饋在創作與詩學中，如奪胎換骨、點鐵成金等等。宋代詩禪之「會通」與「出位」，與士人對佛經禪籍之博觀厚積密切相關。

　　宋代文藝之會通、重組，最膾炙人口，成效斐然者，莫過於蘇軾〈書摩詰藍田煙雨圖〉所謂「詩中有畫」與「畫中有詩」，錢鍾書所謂「出位之思」，初專指此而已。所謂無形畫、有形詩；無聲詩、有聲畫，如下列畫論、詩話所言，多指向「詩畫相資」。此一學科整合之倡導者，如郭熙、李公麟、蘇軾，大多能詩善畫，詩畫兼善，自身已作「出位」與「會通」，故能創意化成如此，如云：

　　　　更如前人言：「詩是無形畫，畫是有形詩」，哲人多談此言，吾人所師。（郭熙《林泉高致‧畫意》）
　　　　大抵公麟以立意為先，步置緣飾為次，其成染精緻，俗工或可學焉；至率略簡易處，則終不近也。蓋深得杜甫作詩體製，而移於畫。如甫作〈縛雞行〉，不在雞蟲之得失，乃在於「注目寒江倚山閣」之時；公麟畫陶潛〈歸去來兮圖〉，不在於田園松菊，乃在於臨清流處。甫作〈茅屋為秋風所拔歎〉，雖衾破屋漏非所恤，而欲「大庇天下寒士俱歡顏」。公麟作〈陽關圖〉，以離別慘恨為人之常情，而設釣者於水濱，忘形塊坐，哀樂不關其意。其他種種類此，唯覽者得之。（《宣和畫譜》卷七，〈李公麟〉，《畫史叢書》本，冊一，頁448）
　　　　《西清詩話》云：丹青吟詠，妙處相資。昔人謂「詩中有畫，畫中

---

[39]（日）福井康順、山崎宏等監修：《道教》第一卷，〈道教經典〉，（上海：上海古籍出版社，1990.6），頁 75-79。

有詩」者，蓋畫手能狀，而詩人能言之。（胡仔《苕溪漁隱叢話》前集
卷十五，魏慶之《詩人玉屑》卷十五）

　　詩人所以能盡人情物態者，非筆端有口，未易到也。詩家以畫為無
聲詩，詩為有聲畫，誠哉是言。（李頎《古今詩話》，《宋詩話輯佚》
本）

　　就詩畫相資而言，《林泉高致》及《宣和畫譜》，側重強調「畫中有
詩」；《苕溪漁隱叢話》、《古今詩話》，則兼談詩畫之交融相通，詩畫之為
姐妹藝術，由此可見。[40]試考察蘇軾〈書摩詰藍田煙雨圖〉，所謂「詩中有畫，
畫中有詩」，實指王維之山水詩、山水畫而言。五代與北宋，論者評價為「山
水畫的黃金時代」，南宋則為「山水畫的白銀時代」，[41]畫家畫作之雲興霞蔚，
可以想見。以《宣和畫譜》，著錄畫家 231 人，6396 軸，其中山水門 41 人
1108 軸，可見一斑。畫家如李成、范寬、燕文貴、許道寧、崔白、郭熙、李公
麟、王詵、蘇軾、朱芾、李唐、馬遠、夏圭、梁楷，先後競秀爭流。[42]其中詩人
擅畫，或畫家能詩者不少。何況詩與畫皆各有侷限，因此吳龍翰序楊公遠《野
趣有聲畫》，而有「畫難畫之景，以詩湊成；吟難吟之詩，以畫補足」之說，
所謂詩情畫意，相得益彰，於是題畫詩、詩意畫應運而生，亦是合併重整，會
通化成之創意體現。

　　「出位」與「會通」之創造思維，最便於詩人跳出本位之外，汲取會通其
他學科之資源，進行補償、吸收、借鏡、化用。詩歌與其他學科經過交融整
合、會通、化成，遂見推陳出新，脫胎換骨之美。對唐詩樹立之詩歌典範而

---

[40] 參考伍蠡甫：《中國畫論研究》，〈試論畫中有詩〉，（北京：北京大學出版社，1983.7），頁 194-
242；錢鍾書：《七綴集》，〈中國詩與中國畫〉，（臺北：書林出版公司，1990.5），頁 1-34；張高
評：《宋詩之傳承與開拓》，〈宋代詩中有畫的傳統與創格〉，第一章第二節〈論詩畫之異迹而同
趣〉，（臺北：文史哲出版社，1990.3），頁 279-301。

[41] 參考李霖燦：《中國美術史稿》，〈山水畫的黃金時代〉（上、下），〈山水畫的白銀時代〉，（臺
北：雄獅圖書公司，1989.4），頁 79-104。

[42] 王遜：《中國美術史》，第五章〈宋元時期的美術〉，（上海：上海人民美術出版社，1989.6），頁
307-358。

言，是創造性地損害標準與本色，是逆轉、疏離、突破、改造了唐詩建構的本色，而蔚為新、奇、陌生之詩歌美感。筆者以為，無論出位或會通，非有豐厚之圖書信息不為功。而崛起宋代之印本文化，改變知識流通的慣性，可以提供宋詩創作者無盡藏之圖書資源與豐厚之知識信息量。在雕版印刷盛行，印本購求容易；公私藏書豐富多元，閱讀信息量暴增，知識能量無限廣大之兩宋文化界，進行文學創作和評論，勢不得不勤於閱讀，妙於飽參。唯有博觀厚積，方有益於詩材之儲備，詩思之觸發。

就唐宋詩之異同而言，宋詩較注重技巧之經營；宋代詩學，與宋詩相互輝映，則在推重詩法，此乃宋人處窮必變之創意策略，試考察宋人之詩話、筆記，即可知之：就學養與識見言，學理之儲積，必須博覽群書；新變之觸媒，得力於遍考前作；就師古與創新言，標榜「出入眾作，自成一家」，其中通變自得，牽涉到藝術傳統之認同與超越；點鐵成金，關係到陳言俗語之點化與活化；奪胎換骨，致力於詩意原型之因襲與轉易；推而至於句法、捷法、活法、無法諸命題，呂本中所謂「規矩備具，而能出於規矩之外；變化不測，而亦不背於規矩」；筆者深信，上述詩學課題，皆與印刷傳媒之發用，圖書傳播之便捷，公私藏書之豐富，士人之得書讀書容易有關。

試考察唐詩選、宋詩選之編輯刊刻，宋代詩話之鏤版、筆記之刊行、詩話總集之整理雕印，其中之去取從違，無論提示詩美、宣揚詩藝、強調詩思、建構詩學，要皆可經鏤版，而流傳廣大長遠，「與四方學者共之」。由此觀之，宋代詩選、詩話、筆記之編纂、傳鈔、雕版、刊行，對宋詩特色之生成，自有推助激盪之效用。蓋博覽群書，遍考前作，出入諸家，紹述傳統，固然離不開圖書版本；即點化陳俗、轉換原型，甚至超常越規，透脫自得，也無一不與圖書典籍之閱讀與化用有關。宋代詩話筆記所載詩學觀念，部分來自閱讀心得，部分緣於創作經驗，多為因應盛極難繼，處窮必變之困境，所作之系列調整和變通，其目的在為宋詩尋求出路與活路。於是宋人整理刊刻現當代詩家別集者多，詩人年譜、詩集評注亦隨之編著；於是有宋人選編刊印唐詩別集與總集，

又有宋代詩派詩選之編纂,以及宋人選評宋詩諸總集之雕印。[43]宋人之學古變古,學唐變唐,終能超脫本色,而自成一家者,其中若無多元傳媒,尤其是雕版印刷之觸媒推助,恐難以奏其效而竟其功。當然,朝廷之右文崇儒政策,亦功不可沒。

清袁枚〈答沈大宗伯論詩書〉稱:「唐人學漢魏,變漢魏;宋學唐,變唐。」「使不變,不足以為唐,亦不足以為宋也。」[44]於是「詩分唐宋」,在唐詩唐音之氣象風格之外,宋詩又別闢谿徑,形塑另類之當行本色。宋詩所以為宋詩,在「變化於唐,而出其所自得」,已論述於前;唯「變化」與「自得」之際,印本圖書之傳播,實居媒介之關鍵。論者多認同:唐人詩文集,多經宋人輯佚、整理、校勘、雕印,始得流傳後世。[45]而宋人整理刊刻唐人詩文集,目的則在於「學唐」,而後「變唐」;其終極目標,在新變代雄,自得成家。從閱讀、接受、飽參、宗法、新變、自得,藏書文化、雕版印刷實居轉化推助之功。試翻檢宋代文學發展史,當知宋詩特色之形成,歷經學杜少陵、學陶靖節諸典範之追尋。因此,李商隱、白居易、韓愈,以及陶潛、杜甫諸家詩集之整理與刊行,亦風起雲湧,相依共榮;詩風文風之走向,與典籍整理,圖書版本流傳相互為用。[46]錢穆論近代學術曾稱:「宋學精神,厥有兩端:一曰革新政令;二曰創通經義」;[47]「革新」與「創通」之宋學精神,為宋型文化之主體本色,自亦體現於宋詩之內涵與特質中。夷考其實,亦是「博觀而約取,厚積而薄發」之具體效驗而已。

---

[43] 宋人編纂刊刻當代詩文別集、詩歌總集,可參祝尚書:《宋人別集敘錄》,(北京:中華書局,1999年11月);祝尚書:《宋人總集敘錄》,(北京:中華書局,2004年5月)。

[44] 袁枚:《小倉山房文集》卷十七,〈答沈大宗伯論詩書〉,(上海:上海古籍出版社,1988),頁1502。

[45] 陳伯海主編:《唐詩學史稿》,第二編第二章第一節〈作為文學遺產的唐詩文獻整理工作〉,第三章第一節〈「千家注杜」與唐詩文獻學的深化〉,(石家莊:河北人民出版社,2004.5),頁196-206,頁236-246。

[46] 同註28,第一章〈杜集刊行與宋詩宗風——兼論印本文化與宋詩特色〉,壹、〈古籍整理與文學風尚之交互作用〉,頁1-11。

[47] 錢穆:《中國近三百年學術史》,第一章〈引論〉,(臺北:商務印書館,1976.10),頁6。

印本圖書與寫本爭輝，對於讀書精博，胸中萬卷，自有推助促成之功。因此，筆者以為：雕版印刷之崛起與繁榮，是宋代文明登峰造極之推手，是宋型文化孕育之功臣，是「詩分唐宋」之重要觸媒，是「唐宋詩之爭」公案中之關鍵證人，是唐宋變革之內在驅動力，是宋代蔚為近世文明濫觴之催化劑。就宋詩特色之形成來說，其中自有雕版印刷之推波助瀾，圖書流通之交相反饋諸外緣關係在。北宋以來，印本與藏本寫本並行，圖書信息量必然超越盛唐中晚唐與五代；至南宋末理宗（1225-1264 在位）度宗時咸淳間（1265-1274），印本逐漸取代寫本，對於閱讀接受、學習定向、文學創作與批評理論，甚至文化轉型，多有影響。循是可以想見，宋詩之外，詞、文、賦、四六、文學評論，及其他宋代文學門類，及宋代經學、史學、理學、佛學禪宗、道家道教，標榜會通、集成、新變、代雄者，要皆與雕版印刷之繁榮，圖書之流通有關。

第三節　宋人選唐詩與宋詩之學唐變唐

古籍整理、雕版印刷、圖書流通、閱讀接受、知識傳播，五者循環無端，交相反饋，形成宋代印本文化之網絡系統，蔚為知識革命，促進唐宋變革，造就詩分唐宋。宋代詩人無不學習古人，蓋以學習優長為手段，以通變成家為終極目標。博觀約取，是學習古人優長之必經歷程，故以嚴羽《滄浪詩話》之標榜興趣、妙悟、羚羊掛角，仍強調讀書學古，如云：

> 工夫須從上做下，不可從下做上。先須熟讀《楚辭》，朝夕諷詠以為之本；及讀《古詩十九首》，樂府四篇，李陵、蘇武、漢魏五言皆須熟讀，即以李、杜二集枕藉觀之，如今人之治經，然後博取盛唐名家，醞釀胸中，久之自然悟入。雖學之不至，亦不失正路。（嚴羽《滄浪詩話·詩辨》）
>
> 夫詩有別材，非關書也；詩有別趣，非關理也。然非多讀書，多窮理，則不能極其至。……國初之詩尚沿襲唐人；王黃州學白樂天，楊文

公劉中山學李商隱，盛文肅學韋蘇州，歐陽公學韓退古詩，梅聖俞學唐
人平澹處。至東坡山谷始自出己意以為詩，唐人之風變矣。（同上）

嚴羽《滄浪詩話》討論讀詩學詩，主張廣見、博取、熟參，而後方能醞釀
胸中，自然悟入。大抵詩道猶如禪道，惟在妙悟；而所以妙悟者，則在飽參、
熟參。由此可見，飽參、熟參，為宋人學唐變唐之觸媒，東坡山谷所以能「自
出己意以為詩」者，何嘗不是出於妙悟。無論熟參、妙悟，或學古、變風，其
間之知識傳媒，離不開寫本或印本之圖書。宋初學習唐人詩，故樂天體、義山
體、昌黎體先後風行，而同時三家詩集傳鈔亦多，雕版亦盛。論者以為：北
宋前期是一個編書、儲才和模仿的時代，主流寫作在模仿和雕飾，喜俗白者
學白居易，務苦吟者學賈島、姚合，求華豔者學李商隱；致力揣摩學習，汲
取精華，為元祐時期之蘇軾、黃庭堅之通變創造，而博觀厚積乃其熟參、醞
釀之工夫。布魯姆（Harold Bloom）所謂影響之焦慮（anxiety influence），
宋初詩人有之。[48]試想：宋代詩人面對豐富多元之圖書資訊時，如何將閱讀
接受和創作發表兼顧而不偏廢，進而相互為用，相得益彰？取捨依違之間，
當有其策略與目的。這涉及到「博觀」和「約取」的讀書與作詩課題，同時
也是「厚積」和「薄發」的「入出」問題。《石林詩話》、《唐子西語錄》
討論詩材儲備，有一致之觀點，如：

前輩詩材，亦或預為儲蓄，然非所當用，未嘗強出。余嘗從趙德麟
假《陶淵明集》本，蓋東坡所閱者，時有改定，末有手題兩聯云：「人
言盧杞似姦耶，我覺魏公真嫵媚。」又「槐花黃，舉子忙，促織鳴，懶
婦驚。」不知偶書之也，或將以為用也。然子瞻詩不見有此語，則固無
意於必用矣。（胡仔《苕溪漁隱叢話》前集卷三十五，引葉夢得《石林
詩話》卷中）

---

[48] 楊義：《中國古典文學圖志》，第二章〈宋詩在挑戰館閣詩風中起步〉，（北京：三聯書店，
2006.4），頁 63。

　　凡作詩平居須收拾詩材以備用，退之作〈范陽盧殷墓銘〉云：「於書無所不讀，然正用資以為詩」，是也。《詩疏》不可不閱，詩材最多，其載諺語如「絡緯鳴，懶婦驚」之類，尤宜入詩用。《樂府解題》須熟讀，大有詩材。余詩云：「時難將進酒，家遠莫登樓。」用《古樂府》名作對也。（同上，引唐庚《唐子西語錄》）

　　熟讀文集、《詩疏》、《樂府》，即是儲備詩材，聊供詩用。韓愈〈范陽盧殷墓銘〉所謂「於書無所不讀，然正用資以為詩」，猶〈進學解〉所謂「牛溲馬勃，俱收並蓄，待用無遺」者；《石林詩話》所謂「預為儲備，固無意於必用」也。黃庭堅〈題王觀復所作文後〉，推崇「博極群書，左右逢其原」；〈論作詩文〉更強調：「詞意高勝，要從學問中來」。凡此，咸認讀書有助「收拾詩材以備用」，東坡所謂「厚積而薄發」，陳善所謂「讀書須知出入法」，宋代印本文化、藏書文化崢嶸，圖書傳播便捷，最有助於詩人平居儲備詩材。宋詩之捨「直尋」，就「補假」，以至於「資書以為詩」、「以學問為詩」，或由於此。

　　博觀厚積之道，儲備詩材之法，除讀書外，整理古籍、編纂詩集等學術工程，更是宋人之常法。蓋沈潛斟酌，優游倘佯，以至於表裡精粗都到，自然深造有得。如歐陽脩作為古文，「因出所藏《昌黎集》而補綴之，求人家所有舊本而校定之」，[49]故歐公之詩文似韓、變韓，而又自成一家；黃庭堅學杜宗杜，亦嘗作《杜詩箋》一卷。葉夢得對王安石詩風「晚年始盡深婉不迫之趣」，以為與「盡假唐人詩集，博觀而約取」有關，如云：

　　　　荊公少以意氣自許，故詩語為其所向，不復更為涵蓄，如……皆直道其胸中事。後為群牧判官，從宋次道盡假唐人詩集，博觀而約取，晚年始盡深婉不迫之趣。（胡仔《苕溪漁隱叢話》前集卷三十四，引葉夢

---

[49] 《歐陽修（脩）全集》、《居士外集》卷二十三，〈記舊本韓文後〉，（北京：中國書店，1986.6），頁536。

得《石林詩話》卷中）

　　王荆公之詩風，少年晚年迥異，葉夢得以為其關鍵分野在「假唐人詩集，博觀而約取」，編成《唐百家詩選》，蓋沈潛玩味，抑揚去取之間，自有別裁；閱讀、接受、厚積、薄發之際，自有妙悟。嚴羽《滄浪詩話・詩辨》所謂：「詩有別裁，非關書也；然非多讀書，則不能極其至。」此之謂也。宋代編選唐人詩集、編印宋人詩集，乃至於整理、箋注、編年、評點、雕印詩文別集，多各有其典範選擇和期待視野，值得深入探討。就宋詩追蹤典範，擷取優長，到新變代雄，自成一家之歷程而言，學古學唐乃必經之步驟，必要之手段，宋人表現方式有三：其一，編輯唐人別集；其二，評注唐詩名家；其三，選編唐詩名家名篇。其次，為閱讀唐詩，撰成詩話筆記，汲取唐詩養分，分享讀詩心得。於是有關唐人之別集、評注、詩選、詩格，皆先後雕印，攸關唐代詩學論述之詩話筆記亦次第刊行，雕版印刷提供宋人閱讀、學習、接受、宗法唐詩之諸多便利途徑。[50]

　　總而言之，宋人作詩有兩大進路：始以學唐為進階，終以變唐為極致；因此，往往以博觀厚積為手段，以約取薄發為目的。表現在外，即是唐代詩文集之整理、雕印、刊行，蓋藉此作為典範之追求，提供約取薄發之資源；[51]同時編印出版唐詩總集選集，作為宗法唐詩優長之讀本；加上公私藏書傳鈔借閱之開放，與印本圖書流通之雙重便利，學古通變方能功德圓滿，水到渠成。又其次，唐詩別集、唐詩總集，宋代詩話筆記之提倡學古通變，藉雕版印刷之流傳，又反饋到詩歌創作之中，詩學中豐厚的信息量，影響到宋詩之語言、風格、意象、主題，和技法。宋詩以師法唐詩之優長為過程、為跳板，以代雄唐詩、自成一家為終極目標。傳承與開拓一舉完成，在在皆以唐詩為參照系統，以之挑戰典範、跳脫傳統、疏離本色，進而追求創意造語、新變自得，於是能

---

[50] 唐人詩文集，多經宋人整理傳世，詳參萬曼：《唐集敘錄》，（臺北：明文書局，1982.2）。

[51] 這方面的研究，筆者曾完成：〈印刷傳媒與宋詩之新變自得——兼論唐人別集之雕印與宋詩之典範追尋〉一文，發表於「中國古文獻學與文學國際學術研討會」，北京大學古文獻研究中心承辦，2006.11.28-29，北京香山大飯店，頁1-28。

與唐詩平分詩國之秋色，蔚為「詩分唐宋」之文學事實。此皆拜雕版印刷之賜，印本購求容易，圖書流通便利，有以致之。

　　郭紹虞〈詩話叢話〉論選集，以為「通於詩話」。因為選集與文學批評，本有部份標準相同：「選集欲汰劣以存優，批評欲貶劣而褒優。」梁元帝《金樓子・立言》云：「欲使卷無瑕玷，覽無遺功」，此指選集言者；梁簡文帝與〈湘東王書〉云：「辨茲清濁，使如涇渭；論茲月旦，類彼汝南。朱丹既定，雌黃有別，使夫懷鼠知慚，濫竽自恥。」[52]宋人選唐詩，刊行唐詩選集，其去取抑揚之間，即有文學批評之意味，此乃郭紹虞所謂廣義之詩話也。自《昭明文選》以來，選本成為文學批評體式之一，因為篩選作品，選擇作家本身，取捨多寡之間，實無異文學批評或價值判斷。選本之為書，往往具有重大之批評價值，表現自身之批評機制；而且潛藏豐富、多樣、靈活之批評方式。[53]以唐人選唐詩而言，諸本之取捨，其中自有編選者之審美情趣在也。蓋選本流傳，必然引發閱讀接受與作品發表之連鎖反應，蔚為一代風潮，進而形成閱讀定勢。如：

　　　　宋姚寬《西溪叢話》：「殷璠為《河嶽英靈集》，不載杜甫詩；高
　　　　仲武為《中興間氣集》，不取李白詩；顧陶為《唐詩類選》，如元、
　　　　白、劉、柳、杜牧、李賀、張祜、趙嘏，皆不收；姚合作《極玄集》，
　　　　亦不收李白、杜甫，彼必各有意也。」余謂李杜諸人，在今日則光芒萬
　　　　丈矣，在當日亦東家丘耳，或遭擯棄，初不足怪。（清俞樾《茶香室叢
　　　　鈔》卷八，〈唐人選唐詩〉）

　　　　國初尚《文選》，當時文人專意此書，故草必稱王孫，梅必稱驛
　　　　使，月必稱望舒，山水必稱「清暉」。至慶曆後，惡其陳腐，諸作者始
　　　　一洗之。方其盛時，士子至為之語曰：「《文選》爛，秀才半。」建炎
　　　　以來，尚蘇氏文章，學者翕然從之，而蜀士尤盛。亦有語曰：「蘇文

---

[52] 郭紹虞：《照隅室雜著》，〈隨筆・詩話叢話〉，（上海：上海古籍出版社，1986.9），頁272-274。

[53] 鄔雲湖：《中國選本批評》，〈導言〉，（上海：三聯書店，2002.7），頁4-10。

熟，喫羊肉；蘇文生，喫菜根。」（陸游《老學庵筆記》卷八）

　　詩歌選集之去取予奪，確實存在「彼必各有意」之符碼，其中涉及別識心裁、審美品味，值得探究。宋初崇尚《文選》，蔚為一代學風，蓋自後蜀毋氏已有刻本流傳所致。宋代右文崇儒，《文選》李善注本有大中祥符四年監本、天聖七年雕本、尤袤池陽郡齋鋟本。五臣注本《文選》，有二川印本、兩浙印本、天聖四年四川平昌孟氏本、紹興八年刻明州本（二十八年重修本）、杭州貓兒橋家印本、錢塘鮑洵書字本。六臣注《文選》，則有元祐九年秀州學刊本、廣都斐宅印賣本、南宋監本、江南西路本、張之綱贛州刊本、建寧本。日本皇宮書陵部更有明州刊本及贛州刊本《六臣注文選》六十卷，尚留存於今。[54]版本琳瑯滿目，自是圖書傳播、閱讀接受，與學風思潮之交相作用。宋室南渡以後，文壇盛行蘇軾文風，《蘇軾文集》因時乘勢，刊行版本亦隨之繁夥多元，所謂「家有眉山書」。[55]換言之，由書籍雕印版本之琳瑯滿目，可以推見當時之閱讀定勢，管窺文風之指向，此筆者可以斷言。

　　就宋代詩歌選本而言，尤其蘊含有學習唐詩優長，追尋詩學典範，建構宋詩宗風，鼓吹詩派風尚之作用在。今考宋元書目、《宋史‧藝文志》、方志經籍志，宋人所編唐詩選本，大抵在三十種以上。宋人選唐詩，選本如是之多，正可見宋代士人學習唐詩、閱讀唐詩風氣之一斑。選本無論分體、分門、分家、分類，要皆萬中選千，千中選百，百裡挑一，挑選過程自有尊崇取向、審美意識在也。宋人選唐詩，據孫琴安考證，亡佚不傳於今者佔三分之二，如楊蟠《唐百家詩選》、佚名《唐五言詩》、《唐七言詩》、《唐賢詩範》、《唐名僧詩》、佚名重輯《唐詩主客集》、張九成《唐詩該》、佚名《唐三十二僧

---

[54] 張秀明：《中國印刷史》上，第一章第三節〈宋代，雕版印刷的黃金時代〉，（杭州：浙江古籍出版社，2006.10），頁 99-100。嚴紹璗：《日本藏漢籍珍本追踪紀實》，一、〈在皇宮書陵部訪「國寶」〉，（上海：上海古籍出版社，2005.5），頁 28-37。

[55] 劉尚榮：《蘇軾著作版本論叢》，（成都：巴蜀書社，1988.3），頁 1-102。曾棗莊等：《蘇軾研究史》，第二章第一節〈「家有眉山書」——南宋蘇軾著述刊刻述略〉，（南京：江蘇古籍出版社，2001.3），頁 118-155。

詩》、《景宋鈔寒山拾得詩》、《唐雜詩》、劉充《唐詩續選》、孫伯溫《大
唐風雅》、魯蒼山《魯蒼山選唐詩》、林清之《唐絕句選》、柯夢得《唐賢絕
句》、劉克莊《唐五七言絕句》、劉克莊《唐絕句續選》、時少章《續唐絕
句》、時少章批《王安石唐百家詩選》、陳德新《選唐詩》等等。[56]除外，傳世
現存之唐詩選本，有王安石《唐百家詩選》、《四家詩選》、洪邁《萬首唐人
絕句》、趙師秀《眾妙集》、《二妙集》，李龏《唐僧弘秀集》，趙蕃、趙淲
選、謝枋得注《注解選唐詩》、趙孟奎《分門纂類唐歌詩殘本》、劉辰翁《王
孟詩評》、胡次焱《贅箋唐詩絕句》、周弼《三體唐詩》等書。唐詩選本之競
秀爭妍，顯示宋人學唐宗唐之詩風，閱讀接受，期待視野、審美觀照，多以唐
詩為典範，以唐音相標榜。唯宋人選唐詩，其書或存或亡，或傳或佚，其中消
息胡應麟以為可見諸書目之著錄：

> 當宋盛時，相去（唐）不遠，（宋人選唐詩）存者應眾。第尤延之
> 畜書最富，《全唐詩話》已無一見采；計敏夫摭拾甚詳，《唐詩紀事》
> 亦俱不收。至陳、晁二氏書目，概靡譚及者，見諸選自南渡後，湮沒久
> 矣。（明胡應麟《詩藪·雜編》卷二）

　　胡應麟感慨唐詩選本，「《全唐詩話》已無一見采」，「《唐詩紀事》亦
俱不收」，「陳、晁二氏書目，概靡譚及」，於是推論「諸選自南渡後，湮沒
久矣！」至於諸唐詩選本在南宋初何以「湮沒久矣」，胡氏未明言。筆者以
為：其中關鍵，在唐詩選本之刊行與否。唐詩編選，固然因應學風時尚，卻未
必多付雕印。宋人選唐詩若經雕版印刷，則印本化身千萬，無遠弗屆，可以減
少亡佚，便利流傳。

　　今以印刷傳媒為研討核心，考察有關詩總集之宋人選唐詩，較具知名者有
下列八種：（一）王安石編《四家詩選》、《唐百家詩選》；（二）洪邁編

---

[56] 孫琴安：《唐詩選本六百種提要》，（西安：陝西人民教育出版社，1987.9），頁 38-79；孫琴安：
　　〈宋元唐詩選本考〉，《唐代文學研究》第一輯，（太原：山西人民出版社，1988.2），頁 435-445。

《萬首唐人絕句》；（三）周弼編《三體唐詩》；（四）孫紹遠編《聲畫集》；（五）劉克莊編《分門纂類唐宋時賢千家詩選》；（六）趙孟奎編《分門纂類唐歌詩》；（七）元好問編《唐詩鼓吹》諸選本。至於宋末元初方回（1227-1307）編選《瀛奎律髓》四十九卷，兼取唐宋名家律詩，論詩宗法江西詩派，樹立杜甫為詩家初祖，黃庭堅、陳師道、陳與義為江西詩派三宗。詩學旅向一般歸入宋詩派，筆者將別撰〈宋人詩集選集之雕版與宋詩宗風之促成——宋代印本文化與詩分唐宋〉一文討論，今從略。吾人理析上述選詩取向，考察其版本流傳，探查其書目著錄，則一代之詩風士習，宋人之學唐詩又變化唐詩之心路歷程，即器求道，得以窺知。至於雕版圖書生發那些具體作用與效應？宋代印刷史料語焉不詳，文獻不足徵，論證暫付闕如。

（一）王安石選編《四家詩選》、《唐百家詩選》與宋詩學唐

　　杜甫其人其詩，蔚為宋代詩學普遍而最高之典範，推尊為「詩聖」，稱揚為「詩史」，贊譽其詩歌造詣為「集大成」，若是之桂冠，皆為宋人之冊封與表彰。[57]王安石曾編《四家詩選》，標榜杜甫詩，列於首位，依次為歐陽脩、韓愈，而以李白殿後。此中有宋代詩學課題「李杜優劣論」之微意在。[58]王安石《四家詩選》，排序次第為：「杜甫第一，永叔次之，退之又次之，李白為第四」，抑揚予奪之間，以為存有深意者多。[59]李白詩所以屈居第四者，《鍾山語錄》與《冷齋夜話》皆以為「白識見污下，十首九說婦人與酒」；《遯齋閒

---

[57] 同註28，第一章，叁、〈印本文化與宋代杜詩典範之形成〉，頁43-62。

[58] 「李杜優劣論」參考胡仔：《苕溪漁隱叢話》前集卷六，引《王直方詩話》、《鍾山語錄》、《遯齋閒覽》，（臺北：長安出版社，1978.12），頁37。張伯偉編校：《稀見宋人詩話四種》，（南京：江蘇古籍出版社，2002.4），載錄日本五山板：《冷齋夜話》卷五，〈舒王編四家詩〉，頁49。

[59] 陳振孫：《直齋書錄解題》卷十五，《四家詩選》條稱：「其置李於末，而歐反在上，或亦謂有所抑揚云。」（上海：上海古籍出版社，1987.12），頁444。亦有以為四家次第，「初無高下」者，如王定國《聞見錄》云：黃魯直嘗問王荊公：「世謂四家詩，丞相以歐、韓高於李太白邪？」荊公曰：「不然，陳和叔嘗問四家之詩，乘間簽示和叔，時書史適先持杜詩來，而和叔送以其所送先後編集，初無高下也。李、杜自昔齊名者也，何可下之。」魯直歸問和叔，和叔與荊公之說同。今乃以太白下歐、韓而不可破也。（同上，《苕溪漁隱叢話》前集卷六引，頁37。）

覽》則評論李白歌詩，「豪放飄逸，人固莫及；然其格止於此而已，不知變也」。相形之下，杜甫詩「則悲歡窮泰，發斂抑揚，疾徐縱橫，無施不可」，《遯齋閒覽》論述極詳。[60]南北宋之際，李綱〈讀《四家詩選》序〉，闡說尤其精要，如：

> 介甫選四家之詩，第其質文以為先後之序。予謂子美詩閎深典麗，集諸家之大成；永叔詩溫潤藻豔，有廊廟富貴之氣；退之詩雄厚雅健，毅然不可屈；太白詩豪邁清逸，飄然有凌雲之志：皆詩傑也。其先後固自有次第，誦其詩者可以想見其為人……。（李綱〈讀《四家詩選》四首·序〉，《全宋詩》卷一五四七，頁 17573）

李綱拈出「質文」作為判定四家詩先後順序之準據，亦各言其志耳。學界研究王安石詩，以為深受杜甫及晚唐詩人之影響；所謂「荊公體」者，既體現宋詩特徵，亦體現復歸唐詩之傾向；[61]其《四家詩選》唐人居其三，良有以也。而歐陽脩主盟詩壇，指引宋詩特色之趨向；韓愈詩，為宋詩開山之一，沈曾植所謂「宋詩源於歐蘇，歐蘇從韓悟入」者是。[62]杜甫既為王安石、蘇軾、黃庭堅及江西詩人所師法，前後標榜推揚，於是蔚為宋詩之典範。此自宋人選唐詩，杜甫詩廣受青睞，可以知之。

試比較《四家詩選》選詩之多寡、排序之先後，詩人優劣高下之價值判

---

[60] 胡仔：《苕溪漁隱叢話》前集卷六，引《遯齋閒覽》：或問王荊公云：「編四家詩，以杜甫為第一，李白為第四，豈白之才格詞致不逮甫也？」公曰：「白之歌詩，豪放飄逸，人固莫及；然其格止於此而已，不知變也。至於甫，則悲歡窮泰，發斂抑揚，疾徐縱橫，無施不可，故其詩有平淡簡易者，有綺麗精確者，有嚴重威武若三軍之帥者，有奮迅馳驟若泛駕之馬者，有淡泊閒靜若山谷隱士者，有風流醞藉若貴介公子者。蓋其詩精密而思深，觀者苟不能臻其閫奧，未易識其妙處，夫豈淺近者所能窺哉？此甫所以光掩前人，而後來無繼也。元稹以謂兼人所獨專，斯言信矣。」同上，頁 37。

[61] 莫礪鋒：〈論王荊公體〉，《南京大學學報》1994 年第一期；後輯入氏著《推陳出新的宋詩》，一、〈北宋詩論〉，2.〈論王荊公體〉，（瀋陽：遼寧古籍出版社，1995.5），頁 20-47。

[62] 黃濬：《花隨人聖盦摭憶》，〈沈子培以詩喻禪〉，其中又云：「歐蘇悟入從韓，證出者，不在韓，亦不背韓也，如是而後有宋詩」，（上海：上海書店，1998.8），頁 364。

斷，杜甫為宋人之詩歌典範，已隱含其中，王安石之詩學取向亦已具體而微表
出。仁宗嘉祐五年（1060），王安石更別擇唐詩之精者，編為《唐百家詩選》
二十卷，其去取抉擇，是否富有別裁？《邇齋閒覽》云：

> 荊公〈百家詩選序〉云：「予與宋次道同為三司判官，次道出其家
> 所藏唐百家詩，請予擇其善者。廢日力於此，良可悔也。雖然，欲觀唐
> 人詩，觀此足矣。」今世所傳《百家詩選》印本，已不載此序矣。然唐
> 之詩人，有如宋之問、白居易、元稹、劉禹錫、李益、韋應物、韓翃、
> 王維、杜牧、孟郊之流，皆無一篇入選者。或謂公但據當時所見之集詮
> 擇，蓋有未盡見者，故不得而徧錄。其實不然。公選此詩，自有微旨，
> 但恨觀者不能詳究耳。公後復以杜、歐、韓、李別有《四家詩選》，則
> 其意可見。（胡仔《苕溪漁隱叢話》前集卷三十六，引《邇齋閒覽》）

文中有「今世所傳《百家詩選》印本」云云，可見此部唐詩選集北宋時已
雕印流傳。《邇齋閒覽》相信「公選此詩，自有微旨」，蓋舉《四家詩選》類
推同證。晁公武《郡齋讀書志》稱《唐百家詩選》：選唐代詩人 108 家，詩
1246 首，不選大家名家之作。選詩標準與其他唐詩選家大異其趣，若以選本批
評之觀點看待《唐百家詩選》，論者已指出：確有深意存焉，並非「絕不可
解」：或者選詩旨趣，在矯正西崑之失，故「多取蒼老一格」，大半為晚唐
詩，而「缺略初、盛」。或者荊公認同歐陽脩所倡「意新語工」詩美，故選錄
作品「雜出不倫」，風格多樣。宋初以來詩風，無不學唐，或者荊公欲藉《詩
選》提示宋詩特色之門徑，當力避陳熟，追求新變，故未選王維、元稹、白居
易、韋應物、韓翃、劉長卿、劉禹錫、李商隱、杜牧諸家之詩。[63]王安石於《唐
百家詩選》中之去取從違，不可能「無所為而為」，不可能「事出有因，查無

---

[63] 同註 48，第三章〈宋元的文學思潮與選本〉，二、〈《唐百家詩選》的批評〉，頁 75-78。參考嚴
羽：《滄浪詩話・考證》、明何良俊《四友齋叢說》卷二十四，清何焯〈跋王荊公百家詩選〉、沈德
潛《說詩晬語》卷下、葉德輝《郋園讀書志》卷十五。陳振孫《直齋書錄解題》卷十五、余嘉錫《四
庫提要辨證》卷二十四，皆以為：其中未必有深意微旨。

實據」；從荊公詩學之思想旐向，宋詩學唐變唐之宗風解讀之，雖不近，諒亦不遠。

王安石《唐百家詩選》編成，當時必有鈔本流傳，刻本傳播，提供士林閱讀學習之便。傳世之宋版書，如北宋哲宗元符元年（1098），楊蟠曾刻《唐百家詩選》，日本靜嘉堂文庫今猶存北宋刊本；南宋孝宗乾道五年（1169），倪仲傳為推揚《唐百家詩選》，亦「鏤版以新其傳」，是所謂乾道本。若非雕版印刷之傳播廣遠，荊公選詩之旨趣，不致形成議題，引發諸多討論，如倪仲傳《唐百家詩選・序》、陳政敏《遁齋閑覽》、朱弁《風月堂詩話》卷下、徐度《却掃編》卷中、趙彥衛《雲麓漫鈔》、朱熹〈答鞏仲至〉、嚴羽《滄浪詩話・考證》、劉克莊《後村詩話・續集》，多所揣測與論述。[64]晁公武《郡齋讀書志》、陳振孫《直齋書錄解題》，亦有著錄與臆斷。在宋詩學唐變唐，追求「自成一家」中，選本之去取，詩家之依違，關係師法之偏向，與體派之主張。《唐百家詩選》傳世之刻本，《皕宋樓藏書志》稱：有殘本十一卷，宋刊本，汲古閣舊藏；《增訂四庫簡明目錄標注》謂「黃丕烈有殘宋本」，《滂喜齋藏書記》亦載：北宋殘刻本九卷，元符戊寅（1098）刊本。今傳世之版本，有宋紹興撫州刻本，上海圖書館藏，存九卷；日本靜嘉堂文庫藏宋刻本，存十卷；北京圖書館藏，宋刻遞修本，存八卷。[65]版本之多樣，表徵流傳之廣大，供需之頻繁，以及影響之深遠。宋人之自覺學習唐詩，所謂「泛覽諸家，出入眾作」者，於此可見一斑。

（二）洪邁選編《萬首唐人絕句》與宗法中晚唐

洪邁（1123-1202）於淳熙間，選錄唐人五七言絕句 5400 首進御，其後補輯

---

[64] 參考：《王安石年譜三種》，清蔡上翔《王荊公年譜考略》卷八，嘉祐五年庚子，年四十，《唐百家詩選》，（北京：中華書局，1994.1），頁 340-350。參考查屏球：〈王荊公《唐百家詩選》の宋における傳播と受容——時少章《唐百家詩選》評點の詩學的淵源について〉，（日本）宋代詩文研究會，《橄欖》第十三號，早稻田大學，2005 年 12 月，頁 165-187。

[65] 陳伯海、朱易安：《唐詩書錄》，載《唐百家詩選》二十卷、《王荊公唐家詩選》二十卷，（濟南：齊魯書社，1988.12），頁 27-30。

得滿萬首為百卷，於光宗紹熙三年（1192）進上，帝降勅褒嘉，以為「選擇甚精，備見博洽」，題其書曰《萬首唐人絕句》，於是刻板蓬萊閣中。是書專選唐人絕句，數量高達一萬首，選編絕句總集，規模之大，堪稱空前，唐人絕句或賴此得以保全不佚。從洪邁「時時教稚兒誦唐人絕句」，到「取諸家遺集，一切整匯」，到御勅嘉名，到「刻板蓬萊閣中」，在在可見南宋淳熙前後數十年間，閱讀、學習、宗法唐詩之一斑。

洪邁〈重華宮投進札子〉云：當時五十四卷本《唐人絕句》投進時，「嘗於公庫鏤版」；迨百卷本編成，「輒以私錢雇工接續雕刻，今已成書」；後又謂「刻板蓬萊閣中」；所謂「頒賜文臣，垂之永久」，圖書既經公私鏤版雕刻，傳播流通，自有影響。明萬曆甲辰（1604）黃習遠〈重刻《萬首唐人絕句》跋〉稱：「原板一百一卷，半刻于會稽，半刻于鄱陽。嘉定辛未（1211），趙守汪公綱合鄱陽之刻于會稽，而加修補焉。」是書於南宋之雕版流傳，由此可見一斑。[66]此書因卷帙浩大，難免瑕瑜互見：《直齋書錄解題》著錄之，指其「不深考」；《文獻通考·經籍考》斥其「抄類成書」，無所去取。[67]《天祿琳瑯書目後編》，宋版集部亦著錄此書；江標《宋元本行格表》卷上、汪士鍾《藝芸書舍宋元本書目》、李盛鐸《木樨軒藏書題記及書錄》，亦皆著錄之；1955 年文學古籍刊行社影印明嘉靖本《萬首唐人絕句》，當是仿宋本。從雕刻成書，到頒賜文臣，到圖書流通，到版本著錄，到討論得失，多可見每一層面之影響。

江西詩風大行天下後，滋生若干流弊，於是學唐宗唐之風蔚然興起。孝宗曾面諭洪邁：「比使人集錄唐詩」，於是先後進《唐詩絕句》萬首。洪邁此書編選重點，在凸出中晚唐詩：五言絕句，中唐詩入選四卷，1226 首；晚唐詩二卷，622 首；盛唐二卷，397 首；初唐一卷，267 首。七言絕句亦中晚唐詩居

---

66 霍松林主編：《萬首唐人絕句校註集評》，收錄《萬首唐人絕句》詩序、〈重華宮投進札子〉、〈謝表〉，（太原：山西人民出版社，1991.12），頁 1565-1567。

67 趙宧光：〈《萬首唐人絕句》刊定題詞〉：「洪公旋錄旋奏，略無詮次，代不攝人，人不領什。或一章數見者有之，或彼作誤此者有之，或律去首尾者有之，或析古一解者有之。至若人采七八而遺二三，或全未收錄而家并遺。若此掛誤，莫可勝記。」同上註，頁 1568。

冠，計十二卷 5950 首，其次晚唐詩十一卷 3199 首，盛唐 492 首又其次，初唐只 128 首，最少。中唐詩人白居易七絕佔三卷 687 首，其他元稹、劉禹錫、施肩吾，皆收錄 180 首以上。唐宋文學「雅俗之變」，由中唐之「由雅入俗」到宋代之「化俗為雅」，是一大課題。[68]中唐白居易、元稹、劉禹錫、施肩吾七絕於《萬首唐人絕句》入選特多，唐宋詩歌審美情趣轉變關鍵在中唐，由選詩之取捨多寡，亦可概見。《萬首唐人絕句》成書獻上，鏤版流通之後五、六十年理宗紹定寶祐年間，《江湖前、後、續集》始編纂流傳。[69]迨江湖詩派崛起，繼四靈詩派後，反對江西，變革詩風，故追求纖巧之美，真率之情，通俗之風，以及清新、清寂、清瘦、清和之趣味，[70]遂與中唐詩風分途。絕句詩之特點，主要在情感真摯、興會淋漓、神與境會、境從句顯、景溢目前、意在言外，簡短而韻長，語近而情遙，神味淵永，興象玲瓏，令人一唱三歎，低回想像於無窮。[71]由此觀之，洪邁編選唐詩，特鍾情於絕句，下開江湖詩派風尚；偏愛白居易、元稹中唐詩歌，為宋詩之「化俗為雅」提示諸多門徑。

（三）劉克莊選編《分門纂類唐宋時賢千家詩選》與唐宋兼采

劉克莊（1187-1269），為江湖詩派之領袖，其詩今存 4000 餘首，足與陸游、楊萬里匹敵。為矯正當時宗晚唐、學四靈之流弊，於是引入江西詩風，進而調和晚唐與江西，追求不拘一格，生新創變之詩風。其詩論主張，推崇唐詩外，又贊賞黃庭堅、陳師道等北宋詩人。批評宋代「文人多，詩人少」，「或尚理致，或負材力，或逞博辨」，以為「皆經義策論之有韻者」，[72]所謂愛而知

---

[68] 林繼中：《文化建構文學史綱（魏晉－北史）》，第六章第一節〈由雅入俗的新浪潮〉第二節〈化俗為雅的回旋運動〉（北京：北京大學出版社，2005.4），頁 170-206。

[69] 胡念貽：《中國古代文學論稿》，〈南宋《江湖前、後、續集》的編纂和流傳〉，（上海：上海古籍出版社，1987.10），頁 277-294。

[70] 張宏生《江湖詩派研究》，第四章〈審美情趣〉，（北京：中華書局，1994.7），頁 88-134。

[71] 同註 60，〈前言〉，頁 4。

[72] 王明見：《劉克莊與中國詩學》，〈風格‧體裁篇〉，〈創作‧煆煉篇〉，〈師法‧創新篇〉，（成都：巴蜀書社，2004.2），頁 95-220。

其惡，惡而知其美者。

兩宋詩人無不學古，學古所以通變自得，或宗晚唐，或學江西，大抵從閱讀詩篇，出入眾作著手，於是編選詩集，成為詩教推廣之務本工程。《分門纂類唐宋時賢千家詩選》二十卷，《後集》十卷，編選者究竟為誰？是否為江湖詩派領袖劉克莊手編？由於《後村文集》及親友學侶為文集作序，皆未提及劉克莊曾編纂本《千家詩選》，於是引發質疑爭議。[73]從學界研究看來，《分門纂類唐宋時賢千家詩選》雖非劉克莊手編，然唐詩宋詩兼採並收，未嘗軒輊，與劉氏詩風相近。乃雕版印刷業者彙集劉氏編就刊行之唐詩宋詩絕句選本，重加分門纂類而成。非其手編，而標舉其名姓者，在以廣招徠，便於刊印行銷。日本斯道文庫所藏元刊本《千家詩選後集》牌記稱：「兩坊詩編充棟汗牛，獨是編，詩人莫不稱賞」，可以想見受歡迎之盛況。清阮元《四庫未收書提要》提及此書編者，稱：「克莊在宋時固有選詩之目，此則疑當時輾轉傳刻，致失其緣起耳」，推測甚得理實。[74]留傳至今之傳本有四，其一，為十五卷，《後集》五卷殘本，傅增湘《經眼錄》稱為「宋刊本，宋諱不避，殆宋末坊刻」；繆荃孫《後集‧跋》謂：「宋刊原本楊惺吾得之日本」，今藏北京大學圖書館，唯著錄作元刻本。

考《千家詩選》材料之來源與使用，除別集、總集、選集外，尚有詩話、筆記、類書、雜著；若非印本刊行便利，藏本寫本豐富，圖書流通便捷諸客觀條件具備，如何能薈萃成編？論者稱此書之編纂約當劉克莊之晚年（1255-1270）；而刊刻印行，較成書稍晚，約在宋末元初。姑從之。

---

[73] 《分門纂類唐宋時賢千家詩選》，有李更、陳新校證本，參考「點校說明」，（北京：人民文學出版社，2002.12），頁 1-8。又，李更：〈《分門纂類唐宋時賢千家詩選》的兩種早期版本〉，《中國典籍與文化論叢》第七輯，（北京：北京大學出版社，2002.10），頁 100-112。

[74] 同上，四、〈成書、刊刻與價值定位〉，頁 902-906；又，程章燦：〈所謂《後村千家詩》〉，《中國詩學》第四輯，（南京：南京大學出版社，1995），頁 154-162。

（四）孫紹遠選編《聲畫集》與「詩畫相資」之風氣

　　詩歌與繪畫，號稱姊妹藝術，一重時間律動，一重空間設計，本來各自發展，不相關涉。至宋人文藝創作注重會通化成，時時作「出位之思」，於是蘇軾評論王維山水詩與山水畫，乃有「詩中有畫，畫中有詩」之言。影響所及，有所謂「詩是有聲畫，畫是無聲詩」；「詩是無形畫，畫是有形詩」；「丹青吟詠，妙處相資」諸說，蔚為宋人作詩論詩，畫作畫論之課題。[75]「詩畫相資」之課題既形成，此中集大成之詩總集，實為《聲畫集》。考《聲畫集》八卷，為南宋孫紹遠（？-1187-？）所編選。據〈自序〉，本書完成於孝宗淳熙十四年（1187）十月：

　　　　入廣之明年，因以所攜行前賢詩及借之同官，擇其為畫而作者編成
　　　　一集；分二十六門，為八卷，名之曰《聲畫》。因有聲畫、無聲詩之意
　　　　也。

　　孫紹遠，殆與藏書家陳振孫同時，然《直齋書錄解題》未嘗著錄《聲畫集》。最早著錄，見於尤袤《遂初堂書目》，然未載卷數。民初傅增湘《經眼錄》卷十七稱：「《聲畫集》八卷，明寫本。此書日本有宋刊本，惜未能一校」。就有關文獻著錄言，此書鈔本多於刻本，[76]南宋詩壇畫苑流行「詩畫相資」之風氣，由此可見。

　　孫紹遠《聲畫集》曾自述其書編選之旨趣，謂「士大夫因詩而知畫，因畫以知詩，此集與有力焉！」可見自杜甫創作大量詠畫詩，至宋初畫論融攝詩論，蘇軾楬櫫「詩中有畫，畫中有詩」之命題後，「有聲畫，無聲詩」、「詩畫相資」之「出位之思」，至南宋已有長足發展。所謂「有聲畫」，指詩中有畫；「無聲詩」，即「畫中有詩」，詩畫相資，孫氏編選《聲畫集》，堪稱集

---

[75] 錢鍾書：《七綴集》，〈中國詩與中國畫〉，（北京：三聯書店，2001.1），頁 5-8；伍蠡甫：《中國畫論研究》，〈試論畫中有詩〉，（北京：北京大學出版社，1983.7），頁 194-242。

[76] 祝尚書：《宋人總集敘錄》，卷四《聲畫集》，（北京：中華書局，2004.5），頁 152-156。

大成之資料佐證。[77]北宋以來流行題畫詩、詩意畫，《聲畫集》為集大成之總集；同時禪宗影響繪畫，而有文人畫、士人畫、水墨畫、寫意畫之目，要皆藉畫抒情寫志，所謂「畫中有詩」者也。詩畫相資為用，影響所及，明姜紹書有《無聲詩史》七卷，清代陳邦彥有《御定歷代題畫詩類》一百二十卷之編選，對於探討宋代詩畫相資等畫學，多有發揮。就宏觀而言，題畫文學、山水文學、田園文學、紀遊文學、登覽文學、必然涉及詩中有畫、詞中有畫、文中有畫，《聲畫集》堪稱文獻之淵藪，與考察之基始。選集之內容，足以反映當代之文風士習，提供「辨章學術，考鏡淵流」之文本，亦由此可見。

（五）周弼選編《三體唐詩》與盛唐詩美

自葉夢得《石林燕語》、張戒《歲寒堂詩話》標榜唐詩，批評蘇軾、黃庭堅詩風習氣。然而南宋初年詩學，仍由江西詩派主盟多年。其後四靈派、江湖派厭棄江西之「預設法式」，於是詩學典範從宗江西，轉變為學晚唐；或者由江西入，而不從江西出，詩風為之一變。其間，最能體現此種詩風嬗變之烙記者有二書，嚴羽《滄浪詩話》、周弼《三體唐詩》是也。《滄浪詩話》為南宋詩學經典論著，固無論矣，周弼《三體唐詩》企圖修正江西、四靈、江湖掉弄玄虛之風，使之回歸「憑藉物象，托寄興味」之詩學傳統。[78]

周弼（1194-1257）生當宋末元初，編選《三體唐詩》，專選唐人七絕、七律、五律，故名「三體」。各體不以詩人時代先後編次，而以格相分；七絕分為實接、虛接、用事、前對、後對、拗體、側體七格；七律分為四實、四虛、前虛後實、前實後虛、結句、詠物六格；五律分為四實、四虛、前虛後實、前實後虛、一意、起句、結句七格。《三體唐詩》十分強調詩歌之藝術性，總結

---

[77] 李栖：《兩宋題畫詩論》，第四章〈創作觀〉，第五章〈鑑賞觀〉，（臺北：學生書局，1994.7），頁 129-230；張高評：《宋詩之傳承與開拓》，下篇〈宋代「詩中有畫」之傳統與風格〉，第一章，四、五、六各節論詩畫交融，（臺北：文史哲出版社，1990.3），頁 266-279。

[78] 參考陳伯海主編：《唐詩學史稿》，第三章第五節〈詩話、評點與《三體唐詩》〉，（石家莊：河北人民出版社，2004.5），頁 287-290。

前人創作之格式，提示所謂章法、句法、字法、起法、對法、收法、四實、四虛等藝術構思，對於紹述唐詩之優長，傳承晚唐、北宋之詩格，反對江西詩派「以學問為詩」，提供後人學詩之津梁，尤其在討論「虛實」法等藝術結構、藝術手法方面，有較大之貢獻。范晞文《對牀夜語》有極貼切之評價：

> 周伯弜選唐人家法，以四實為第一格，四虛次之，虛實相半又次之。其說「四實」，謂中四句皆景物而實也。於華麗典重之間有雍容寬厚之態，此其妙也。昧者為之，則堆積窒塞，而寡於意味矣。是編一出，不為無補後學，有識高見卓不為時習薰染者，往往於此解悟。間有過於實而句未飛健者，得以起或者窒塞之譏。然刻鵠不成尚類鶩，豈不勝於空疏輕薄之為？使稍加探討，何患不古人之我同也。（范晞文《對牀夜語》卷二，《歷代詩話續編》本）

《三體唐詩》以四實為第一格，范晞文以為妙在「於華麗典重之間，有雍容寬厚之態」，頗有補於後學，可救治「空疏輕薄之為」，《四庫全書總目》卷一八七稱：「弜是書，蓋以救江湖末派油腔滑調之弊」，信有其徵。在提倡學習唐詩，反對江西末流詩風方面，與葉適永嘉四靈相近；[79]故其書標榜才情、詩性、骨格、氣象、音節、韻律，追求華麗典重、雍容寬厚之美，主張師法中晚唐，更重視盛唐強調化實為虛，間以情思，凸顯詩性與美感。此從《三體唐詩》中唐入選 66 人，晚唐入選 52 人；盛唐雖只 16 人，王維最被推崇，可以知之。[80]周弜論詩，崇尚骨格氣象，反對枯瘠與輕俗，此最近盛唐之詩歌審美特質。南宋後期宗唐抑宋，南宋詩壇反江西之詩學思潮，《三體唐詩》多有具體而鮮明之體現。周弜所倡「骨格論」、「氣象論」，對嚴羽《滄浪詩話》開示

---

[79] 同註 51，第三章第五節〈反「江西潮流」與《三體唐詩》〉，頁 99-107。參考張智華：〈從《唐三體詩》看周弜的詩學觀——兼論南宋後期宗唐詩學思潮的演變〉，《文學遺產》1999 年第五期，頁 25-37。

[80] 汪群江、史偉：〈論《三體唐詩》刊刻及其價值〉，《中國學研究》第五輯，（濟南：濟南出版社，2002.6），頁 110-120。

許多門徑。

今傳有元釋圓至注選《箋注唐賢三體詩法》二十卷，日本靜嘉堂文庫藏元
刻本；北京圖書館藏有明火錢刻本、上海圖書館藏有明嘉靖二十八年吳春刻
本。流傳版本繁多，顯示傳播之興盛，與影響之深遠。

（六）其他唐詩選集之刊行

1. 趙孟奎選編《分門纂類唐歌詩》與宗法唐詩

趙孟奎，宋太祖十一世孫，寶祐丙辰（1256）文天祥榜進士。曾編選《分
門纂類唐歌詩》，原書凡一百卷，據〈自序〉言，此書選錄唐代詩人 1352 家，
詩篇 40791 首，分天地山川、朝會宮闕、經史詩集、城郭園廬、仙釋觀寺、服
食器用、兵師邊塞、草木蟲魚八大類編排。收錄詩篇之多，已逼近清康熙御編
《全唐詩》，為兩宋所編規模最為宏大之唐詩總集。《中國版刻圖錄》圖版 45
載有本書，稱「宋刻本」，惜已殘佚不全。據《絳雲樓舊藏過錄》、《邵亭知
見傳本書目》，此書僅存「天地山川類」五卷、「草木蟲魚類」六卷。北京圖
書館藏有殘宋刻本十一卷；清初毛氏汲古閣影宋鈔本，存七卷。[81]

晚宋遺民詩，大抵宗法唐詩，如文天祥學杜甫，謝翱「有唐人之風」；林
景熙詩尚興寄，近唐音；方鳳之詩，徑由江湖，而宗主唐人；鄭思肖論詩主靈
氣，似晚唐、四靈詩派；汪元量詩長於紀事，實亡宋之詩史；真山民詩格，出
於晚唐，長短得失亦因是。[82]趙孟奎《分門纂類唐歌詩》一百卷之編選刊行，可
見唐人詩集於晚宋詩壇之流傳，無論印本或寫本，皆已積累豐厚，編選者始能
出入眾作，擇精取妙，纂組成編；而晚宋詩壇宗法唐詩之情況，亦得以窺見一
斑。

2. 元好問選編《唐詩鼓吹》與中晚唐詩

金人元好問（1190-1257），有〈論詩絕句三十首〉，極膾炙人口。由於南

---

[81] 同註 60，陳伯海、朱易安：《唐詩書錄》，載《分門纂類唐歌詩》，頁 36-37。

[82] 梁昆：《宋詩派別論》，〈一二、晚宋派〉，（臺北：東昇出版事業公司，1980.5），頁 134-140。

宋江西詩派末學之流弊，促使元好問論詩作詩易弦改轍，重新自《詩》、《騷》、盛唐之詩學傳統中，尋求出路，於是而有回歸詩、騷傳統，而又宗法唐詩，批判地繼承蘇、黃詩風之詩學傾向。[83]

元好問宗法唐詩，選編《唐詩鼓吹》十卷，編輯唐代詩人 96 家，七律 597 首，所選以中唐、晚唐詩人居多。《四庫全書總目·提要》卷一八八稱其「去取謹嚴，軌轍歸一，大抵遒健宏敞，無宋末江湖、四靈瑣碎寒儉之習」，以為價值當在方回《瀛奎律髓》四十九卷之上。其書編次凌亂，或以為非元好問所編。考元好問生於金元之際，所作律詩多感時觸事，事關國家，沈摯悲涼之聲調，正與中晚唐律詩「傷時感懷」精神相符合。清錢謙益《唐詩鼓吹評注·序》稱：「余諦視此集，探珠搜玉，定出良弓哲匠之手。遺山之稱詩，主於高華鴻朗，激昂痛快，其指意與此集符合，當是遺山巾箱篋衍吟賞紀錄。好事者重公之名，繕寫流傳，名從主人，遂以遺山傳也。」肯定《唐詩鼓吹》為元好問編選。[84]元代有郝天挺為之作注，今傳元京兆日新堂刻本、沖和書堂刻本、至大元年（1308）浙省儒司刻本、日本靜嘉堂元刻明修本，可見流傳之盛況。宋末元初詩風之旂向，亦得以覽焉。

詩歌選集之編纂，反映特定之時空生態，表現彼時之詩壇風尚。一般選集之編纂，大抵以詩歌總集、詩人別集、詩歌選集、類書雜著為對象，進行取捨篩選，以凸顯編選者之別識心裁、詩觀詩美，一代詩風士習亦藉此體現。如王安石《唐百家詩選》，以宋敏求家藏一百餘種唐人別集，作為取捨素材；洪邁《萬首唐人絕句》，「取唐人文集雜說，令人抄類成書」，再另行精挑細選而成。《分門纂類唐宋時賢千家詩選》除參用大量唐宋絕句選外，又裁取如《詩話總龜》、《錦繡萬花谷》等類書雜著之材料，一代詩歌文獻往往賴以徵存。

宋詩特色之形成，大抵在北宋元祐年間，蘇軾、黃庭堅詩風之流播影響，及於江西詩派陳師道、陳與義諸家。宋人學唐變唐之結果，逐漸蔚為宋詩「自

83 中國元好問學會編：《紀念元好問 800 誕辰文集》，盧興基：〈萬古騷人嘔肺肝，乾坤清氣得來難——從金源詩風看元遺山詩歌藝術〉，（太原：山西人民出版社，1992.5），頁 14-18。

84 錢牧齋、何義門評注，韓成武等點校：《唐詩鼓吹評注》，〈前言〉，（保定：河北大學出版社，2000.7）。

成一家」之本色。試看《西崑酬唱集》、《坡門酬唱集》、《江西宗派詩集》、《四靈詩選》、《江湖集》、《兩宋名賢小集》、《瀛奎律髓》諸總集選集之編纂、傳鈔、刊行，傳播，以及當代大家名家詩文集之整理雕印，多可見圖書流通對宋詩特色形成之推助。筆者發表〈雕版印刷與宋代印本文化之形成〉一文，論證寫本、鈔本，及雕版印刷之傳播流行，以及對詩風之激盪與影響，此不贅述。

由此觀之，選編詩歌或文學選本，作為詩材之別集、總集、詩選、文選、類書、雜著之數量與質量，必須多元而美善，方能從中擇精取妙，纂組成編，此非有深廣之閱讀經驗，豐富之圖書典藏，以及流通之圖書資訊不為功。北宋開國以來之「右文」政策，促使公私藏書質量激增；而印本圖書之價廉、物美、精確、便利，促使雕版印刷在仁宗皇祐以後之繁榮發達，對於編輯詩選，推廣詩教，自然具有因風乘勢，推波助瀾之成效。不但一人、一時、一體、一派之詩學藉此體現，即唐音宋調之此消彼長，[85]宋詩特色之因革損益，亦不難從中窺知盈虛消息。

第四節　結論

圖書複製技術，五代以前大多為寫本鈔本；趙宋開國，提倡右文，雕版印刷遂因時乘勢崛起。由於印本圖書有「易成、難毀、節費、便藏」諸多優點，造成知識傳播便利而快捷。於是宋人閱讀圖書，吸收知識，除傳統之寫本鈔本藏本外，更增添價廉物美、無遠佛屆之雕版圖書。錢存訓論斷：「印刷術的普遍運用，被認為是宋代經典研究的復興，及改變學術和著述風尚的一種原

---

[85] 關於唐詩宋調之消長，可參看劉寧：《唐宋之際詩歌演變研究》，（北京：北京師範大學出版社，2002.9）；曾祥波：《從唐音到宋調──以北宋前期詩歌為中心》，（北京：昆侖出版社，2006.3）。筆者撰有二文，其一，〈清初宗唐詩話與唐宋詩之爭──以「宋詩得失論」為考察重點〉，《中國文學與文化研究學刊》第 1 期，（臺北：學生書局，2002.6），頁 83-158；其二，〈清初宋詩學與唐宋詩之異同〉，《第三屆國際暨第八屆清代學術研討會論文集》（上），高雄：中山大學清代學術研究中心，2004.7，頁 87-122。

因」；[86]筆者據此推想：宋人之讀書、詩思、寫作、論著，諸如閱讀之定勢、思
維之模式、創作之詩材、評論之趨向，是否因此多受印本文化之影響，而體現
宋詩宋調之特色？詩分唐宋，印刷術是否即是其中之關鍵觸媒？

　　北宋真宗朝，雕版書籍激增，於是印本與寫本爭輝，蔚為知識革命，無論
閱讀、接受、詩思、創作、論著，多受到制約與激盪。就詩思而言，唐詩之
妙，率由「直尋」；宋詩之美，或出於「補假」，詩分唐宋，此為一大關鍵。
自歐陽脩、王安石、蘇軾、黃庭堅諸大家名家，多主張勤讀博學，杜甫「讀書
破萬卷，下筆如有神」，尊奉為創作之至理名言，大量閱讀書籍，出入古今，
深造有得，方能因積學儲寶，而斟酌損益，而新變超勝。蘇軾謂：「博觀而約
取，厚積而薄發」，黃庭堅稱：「長袖善舞，多錢善賈」，多強調讀書博學，
儲備詩材，對於作詩作文，有點鐵成金般之效益，所謂「退筆如山未足珍，讀
書萬卷如通神」；所謂「胸中有萬卷書，筆下無一點塵俗氣」，可見強調讀書
與創作之相得益彰，雖自古有之，然於兩宋最為普遍而顯著。蘇黃等宋詩代
表，或資書以為詩、或以學問為詩，職是之故。

　　以蘇軾為代表之宋詩大家，多認同「博觀而約取，厚積而薄發」之讀書作
文論。此或有賴於寫本、鈔本、藏本與印本競妍爭輝，圖書傳播流通便捷，有
以致之。尤其是多元傳媒之反饋，促成宋代文體學之變革，從「尊體」衍變為
「破體」，從「本位」發展為「出位」：宋人作詩，多有以文為詩、以賦為
詩、以詞為詩、以議論為詩、以才學為詩之習氣；更多「出位之思」，致力將
繪畫、禪學、經學、儒學、史學、老莊、仙道、書道、雜劇等，作跨領域、跨
學門之整合交融、進而會通化成，蔚為宋詩之特色，以及宋調之風格。筆者以
為：宋詩特色之形成，無論「破體」或「出位」，皆是博觀到約取的「入出」
接受和反應。換言之，是閱讀、飽參、會通、組合、求異、創新之系列歷程，
頗似「異場域碰撞」（Breakthrough Insights at the Intersection of Idea，Concept
and Cultures）。創意產業提倡「梅迪奇效應」（The Medici Effect），強調學科

---

[86] 錢存訓：《中國紙和印刷文化史》，第十四章（四）〈印刷術在中國社會和學術上的功能〉，（桂
　　林：廣西師範大學出版社，2004.5），頁 356-358。

整合，提示跨際思考的技術，策動不同領域、不同學科間的交會碰撞。其效應
在擺脫單一、慣性、專業之聯想障礙，促使潛在觀念自由碰撞，隨機組合，從
而引爆出創新和卓越的構想或發明。今綜觀宋詩之重學古、多補假，體現「破
體」和「出位」，雖或「自古有之」，卻「於今為烈」。確有上述之效應與創
發。林林總總，要皆受多元傳媒、尤其是印刷傳媒激盪而體現之反饋與效應。

就宋詩追蹤典範，擷取優長，到新變代雄，自成一家之歷程而言，學古學
唐乃必經之步驟，必要之手段。始以學唐為進階，終以變唐為極致；宋人蓋以
博觀厚積為手段，以約取薄發為目的。其表現方式有三：其一，編輯唐人別
集；其二，評注唐詩名家；其三，選編唐詩名家名篇。其次，為閱讀唐詩，撰
成詩話筆記，汲取唐詩養分，分享讀詩心得。於是有關唐人之別集、評注、詩
選、詩格，皆先後雕印，攸關唐代詩學論述之詩話筆記亦次第刊行，雕版印刷
提供宋人閱讀、學習、接受、宗法唐詩之諸多便利途徑。本文論述宋人選唐
詩，刊行唐詩選集，對於宋詩之學唐變唐，當有推波助瀾之效應。

選本之為書，往往具有重大之批評價值，表現自身之批評機制；而且潛藏
豐富、多樣、靈活之批評方式。就宋代詩歌選本而言，尤其蘊含有學習唐詩優
長，追尋詩學典範，建構宋詩宗風，鼓吹詩派風尚之作用在。有關詩總集中之
宋人選唐詩，較具知名者有下列八種：王安石編《四家詩選》、《唐百家詩
選》；洪邁編《萬首唐人絕句》；劉克莊編《分門纂類唐宋時賢千家詩選》；
孫紹遠編《聲畫集》；周弼編《三體唐詩》；趙孟奎編《分門纂類唐歌詩》；
元好問編《唐詩鼓吹》諸選本。吾人理析其選詩取向，考察其版本流傳，探查
其書目著錄，則一代之詩風士習，宋人之學唐詩又變化唐詩之心路歷程，即器
求道，得以窺知。

宋人致力編選刊刻唐詩總集，作為學唐變唐之觸媒，或標榜盛唐李杜、或
推崇意新語工，或凸顯詩畫相資，或宗法中晚唐詩，或揭示盛唐詩美，或兼採
唐宋，宋人選編刊行唐詩選集，從閱讀、接受、飽參，進而宗法、新變、自
得，傳承優長與開拓本色畢成功於一役。由此觀之，古籍整理、圖書流通、雕
版印刷、閱讀接受、知識傳播，五者循環無端，交相反饋，形成宋代印本文化
之網絡系統，蔚為知識革命，促進唐宋變革，造就詩分唐宋。推而廣之，不只

錢鍾書所提「詩分唐宋」，日本內藤湖南所倡「唐宋變革」說，乃至於傅樂成、陳寅恪所謂宋型文化、文化造極云云，或可從宋代之圖書流通、印本文化視角切入，作為詮釋解讀之一大面向。[87]

---

[87] 本文初稿，曾公開發表 2006 年 8 月 16-18 日，四川大學、北京大學、復旦大學合辦之「宋代文化國際研討會」，初名〈博觀約取與宋詩之學唐變唐——梅迪奇效應與宋刊唐詩選集〉；後經修改增訂，刊登於《成大中文學報》第十六期（2007 年 4 月），頁 1-44。今再稍加潤色，而成此篇。

第七章　印刷傳媒與宋詩之新變自得——兼論唐人別集之雕印與宋詩之典範追尋

摘要

　　宋人面對「菁華極盛，體製大備」之唐詩典範，因應之道，在以學唐為手段，以通變為策略，盡心於「破體」，致力於「出位」，從事「會通化成」，講究「意新語工」，追求新變自得，期許自成一家。凡此，多與讀書萬卷，學問精博相互為用。宋人整理雕印杜甫、李白、韓愈、白居易、李商隱等唐代詩文集，以及陶淵明集，作為典範之觀摩與學唐變唐之觸媒；加上寫本藏本之流通，圖書信息之豐富多元，於是宋人從閱讀、接受、飽參，進而宗法、新變、自得，將傳承優長與開拓本色畢其功於一役。印刷傳媒之崛起，圖書流通之便捷，對於宋詩特色之生成，自有推波助瀾之效應。推而廣之，對於南宋以來張戒、嚴羽所斥「奇特解會」，明清宗唐詩話所譏「非詩」習氣，以及一切「唐宋詩之爭」課題；錢鍾書所提「詩分唐宋」說，乃至於日本內藤湖南所倡「唐宋變革」說，陳寅恪、傅樂成所謂宋型文化、文化造極云云，多可從宋代之雕版印刷切入，作為詮釋解讀之試金石。

關鍵詞

　　印刷傳媒　宋詩典範　學古通變　新變自得　唐詩別集總集

第一節　宋代雕版印刷之繁榮與印本文化之形成

　　《後漢書》卷七十八〈蔡倫傳〉稱：蔡侯紙未發明之前，書寫工具「縑貴而簡重，並不便於人」，基於傳播與文化目的，於是蔡倫改良造紙技術，而發明紙張。相較於縑帛與竹簡，紙張在書寫、閱讀、典藏、攜帶方面，有諸多「便於人」之傳播功能，於是天下「莫不從用」。[1]書籍之複製形式從手鈔發展為雕版印刷，也是因應「便於人」之現實功能考量。

　　雕版印刷之發明，確切時代頗多爭議。據出土文物考證，日人藏有吐魯番所出《妙法蓮華經》一卷，當是現存世界最早之印刷品，學界斷為武則天（684-705）時代之雕版物，遠較敦煌發現之《金剛經》早一百多年。[2]至五代後唐時，宰相馮道奏請「校正九經，刻版印賣」，從此刻書不限於佛經日曆，官府提倡雕版，監本成為範式，印刷出版蔚為流行風尚。國子監以身作則，雕印精美圖書，「務廣其傳，不以求利」，發揮極大之推廣作用：

> 　　始置書庫監官，以京朝官充，掌印經史群書，以備朝廷宣索賜予之用及出鬻而收其直以上于官。（《宋史・職官五》）
>
> 　　曩以群書，鏤于方版，冀傳函夏，用廣師儒。期于向方，固靡言利。將使庠序之下，日集于青襟；區域之中，咸勤于素業。敦本抑末，不其盛歟！其國子監經書更不增價。（《宋大詔令集》卷一五〇，天禧元年九月癸亥；《全宋文》第六冊，卷二五五，宋真宗四四，〈國子監經書更不增價詔〉，頁714）

---

[1]　蔡倫發明紙之文獻記載，又見於《東觀漢記》卷十八〈蔡倫傳〉。參考劉光裕：〈論蔡倫發明「蔡侯紙」〉，《出版發行研究》2000年1、2期；宋原放主編：《中國出版史料》第一卷轉載，（武漢：湖北教育出版社，2004.10），頁9-32。

[2]　長澤規矩也：《和漢書之印刷及其歷史》。另有南朝鮮慶州佛國寺發現漢譯本《無垢淨光大陀羅尼經咒》，學界以為乃長安至天寶年間（704-751）之印刷品。兩者皆較斯坦因於敦煌發現唐咸通九年（868）之《金剛經》印刷品為早。參考程煥文編：《中國圖書論集》，查啟森：〈介紹有關書史研究之新發現與新觀點〉，（北京：商務印書館，1994.8），頁57-59。

　　國子監所刊雕版圖書，「冀傳函夏，用廣師儒。期于向方，固靡言利」，
以印本作為傳媒，有「化身千萬，無遠弗屆」之效益，為「敦本抑末」，真宗
下詔「國子監經書更不增價」。此一平準書價之詔示，對於雕版圖書在宋代之
繁榮，自有影響。朝廷既提倡雕版圖書，於是上至國子監，下至州縣多有官刻
本，其他又有坊刻本，家刻本之目。同時，稿本、鈔本、寫本、傳錄本仍佔大
多數。朝廷既實施右文，於是撰述繁多，琳瑯滿目之撰著，不可能立即刊行，
也不可能都交付雕印。書稿或鈔本若無印本流傳，當然得「全仗抄本延其命
脈」，「抄本之不可廢，其理甚為明白」。[3]要之，北宋之圖書流通，與知識傳
播，關鍵在印本之崛起風行，與藏本寫本相輔相成，相互爭輝。北宋蘇軾〈李
氏山房藏書記〉、葉夢得《石林燕語》卷八，稍稍論述寫本藏本與印本刊本之
消長，以及因此而衍生之閱讀態度轉變：

　　　　余猶及見老儒先生，自言其少時，欲求《史記》、《漢書》而不可
　　得；幸而得之，皆手自書，日夜誦讀，惟恐不及。近歲市人轉相摹刻諸
　　子百家之書，日傳萬紙。學者之於書，多且易致如此，其文詞學術，當
　　倍蓰於昔人。（《蘇軾文集》卷十一，〈李氏山房藏書記〉）
　　　　唐以前，凡書籍皆寫本，未有摹印之法，人以藏書為貴。人不多
　　有，而藏者精於讎對，故往往皆有善本。學者以傳錄之艱，故其誦讀亦
　　精詳。五代時，馮道始奏請官鏤六經版印行。國朝淳化中，復以《史
　　記》、《前》、《後漢》付有司摹印，自是書籍刊鏤者益多，士大夫不
　　復以藏書為意。學者易於得書，其誦讀亦因減裂，然版本初不是正，不
　　無訛謬者遂不可正，甚可惜也。（葉夢得《石林燕語》卷八）

　　中華雕版印刷大概源起於中唐，但以官府雕刻經典，印行天下，則始於五
代後唐馮道。葉夢得稱：「唐以前，凡書籍皆寫本，未有摹印之法」，徵諸敦
煌漢文遺書，九成五以上多為寫本卷子，雕版印刷實物不多，可見葉氏之說大

---

[3] 毛春翔：《古書版本常談》，〈抄本〉，（北京：中華書局，1962），頁 73-81。

抵可信。蘇軾所謂老儒先生，手自鈔書，日夜誦讀；又稱印刷圖書，「日傳萬紙，多且易致」，可見印本崛起之後，寫本藏本仍然並行不廢。對於雕版印刷作為圖書傳播之利器，蘇軾預期宋人之「文詞學術，當倍蓰於昔人」，葉夢得關心印刷傳媒引發之「誦讀滅裂」、「版本不正」問題。印刷傳媒崛起，文學創作、學術風尚、閱讀心態、版本校讎諸相關課題，亦伴隨產生。印本圖書作為傳播媒介，筆者稱之為知識革命，職此之故。

　　書籍之傳播流通，中唐以前大多仰賴手寫謄鈔。鈔寫謄錄圖書，既耗時費事，故書價昂貴，又傳播不廣，動輒散佚。鈔本、寫本、稿本在閱讀、保存、攜帶、典藏、書價、文化傳播方面，有諸多「不便於人」之困境，急待改善與突破。雕版印書發明，作為傳媒，胡應麟《少室山房筆叢》卷四，以為有「易成、難毀、節費、便藏」四大優點，於是，知識傳播產生革命性之轉變：因為圖書出版多元，發行數量龐大，不僅化身千萬，讀書容易，而且無遠弗屆，留存較多。鈔寫本、雕印本作為圖書複製之手段，兩者在質量方面，有極大之懸殊：

　　　　兒子（過）到此（儋州），抄得《唐書》一部，又借得《前漢》欲抄。若了此二書，便是窮兒暴富也。（蘇軾《蘇軾文集》卷五十五，〈與程秀才三首〉其三）

　　　　板印書籍，唐人尚未盛為之。自馮瀛王始印五經，已後典籍，皆為板本。慶曆中，有布衣畢昇，又為活版。……若止印三、二本，未為簡易，若印數十百千本，則極為神速。（沈括《夢溪筆談》卷十八，〈技藝〉）

　　　　忠憲公少年家貧，學書無紙。……時世間印板書絕少，多是手寫文字，每借人書，多得脫落舊書，必即錄甚詳，以備檢閱，蓋難再假故也。仍必如法縫粘，方繼得一觀，其艱苦如此。今子弟飽食放逸，印書足備，尚不能觀，良可愧恥。（張鎡《仕學規範》卷二，引《韓莊敏公遺事》）

　　鈔錄謄寫，作為圖書複製之手段，其艱苦費時，誠如張鎡《仕學規範》所云，而蘇軾謫遷儋州，兒子蘇過手鈔《唐書》、《漢書》，致喻為「窮兒暴富」，蓋就閱讀效益而言。鈔本之為圖書複製，與雕版、活字相較，數量、效益自然懸殊。沈括《夢溪筆談》所謂「若止印三、二本，未為簡易，若印數十百千本，則極為神速」，此雖論活字印刷，亦可移用作雕版印刷在數量與速率方面之優勢。

　　北宋開國以來，右文崇儒，科舉取士人數急遽暴增。論者稱：宋代科舉取士之多，在中國歷史上「是空前絕後的」；士人通過科舉，獲取功名，進入仕途，改變身份。以北宋貢舉為例，「平均每年取士人數之多，在科舉史上是空前的，也是絕後的」。[4]博覽群書，有助於科舉及第，因此，科舉考試促成書院講學之風潮，影響閱讀接受之行為，助長雕版印刷之繁榮，圖書流通之便捷，知識信息之革命。真宗更下詔勸學，有所謂「書中自有黃金屋，書中自有千鍾粟，書中自有顏如玉」之言。蘇轍〈寄題蒲傳正學士閫中藏書閣〉所謂「讀破文章隨意得，學成富貴逼身來」，可見知識之神秘能量，與現實之榮顯利益，皆因印刷傳媒之崛起繁榮，而更加相得益彰。

　　太宗（939-997）注重訪求圖書，「遺編墜簡，宜在詢求」，「補正闕漏，用廣流布」。真宗（968-1022）時，「版本大備，士庶家皆有之」，「學者易得書籍」，「士大夫不勞力而家有舊典」，已見雕版印刷發達之便利。仁宗皇祐年間（1049-1054），圖書流通雖以寫本為主，然官方文化機構整理典籍，訪佚校勘，鏤版印行，推廣不遺餘力。靖康之難（1127），監本書版盡為金人劫掠毀棄。高宗紹興年間（1139-1151）下詔重刻經史群書，「監中闕書，次第鏤版」，於是雕版書逐漸成為公家藏書主體。論者指出，南宋為雕版印刷全面發展時期：中央和地方官府、書院、寺觀、私家、書坊，多有刻本。由於監本平準圖書價格，故印本較寫本價廉，書價約為寫本書十分之一而已。物美價廉之印本圖書，就商品經濟而言，尤其有利可圖。高宗紹興十七年（1147）刊刻

---

[4]　張希清：〈論宋代科舉取士之多與冗官問題〉，《北京大學學報》1987 年第 5 期；又，〈北宋貢舉登科人數考〉，《國學研究》第二卷（1994 年 7 月）。

《小畜集》30 卷，每售出一部，即有 233%之高利潤。《漢雋》全書凡十卷，每售出一部，利潤高達 70%。圖書出版業既以低成本、高效率獲得利潤；因此能刺激買氣，活絡出版市場。[5]職是之故，宋代雕版數量之多，技藝之高，印本流傳範圍之廣，不僅是空前的，甚至有些方面明清兩代也很難與之相比。[6]王重民《中國目錄學史》，從藏書目錄考察南宋寫本書與刻本書之消長，略云：

> 後人一致認為《遂初堂書目》著錄了不同的刻本是一特點，並且開創了著錄版本的先例。但尤袤是以鈔書著名的，而且在他的時代，刻本書的比量似乎還沒有超過寫本書。而且，《遂初堂書目》內記版本的僅限於九經、正史兩類。由於著錄簡單，連刻本的年月和地點都沒有表現出來。只有到了趙希弁和陳振孫的時代，刻本書超過了寫本書，他們對於刻本記載方才詳細。當然，尤袤的開始之功是應該肯定的。[7]

晁公武（約 1105-1180）《郡齋讀書志》、尤袤（1127-1194）《遂初堂書目》、趙希弁（1249 年在世）《郡齋讀書志·附志》、陳振孫（1183-1249）《直齋書錄解題》，為現存南宋四大私家藏書目錄。由四大藏書著錄觀之，南宋前期印本書以經史兩類為主，後期子集兩類急遽增加，集部激增尤著。[8]北宋元祐以來，寫本與印本互有消長，迨尤袤撰《遂初堂書目》時，刻本書之數量尚未超過寫本書；但至趙希弁及陳振孫著錄書目時，刻本書之數量已超過了寫本書。咸淳間（1265-1274），廖瑩中世綵堂校刻《九經》，取校 23 種版本，清一色為印本，無一寫本。從此之後，刻本書籍取代寫本，幾乎壟斷了圖書市場。明胡應麟《少室山房筆叢》卷四曾云：「凡書市中無刻本，則抄本價十

5　曹之：《中國印刷術的起源》，〈宋代的書價〉，（武漢：武漢大學出版社，1994.3），頁 434-436；袁逸：〈中國歷代書價考〉，《編輯之友》，1993 年 2 期。

6　宿白：《唐宋時期的雕版印刷》，〈南宋的雕版印刷〉，（北京：文物出版社，1999.3），頁 84。

7　王重民：《中國目錄學史》，第三章第五節，（北京：中華書局，1984），頁 120。

8　同註 6，〈南宋刻本書的激增和刊書地點的擴展——限於四部目錄書的著錄〉，頁 105-110。

倍；刻本一出，則抄本咸廢不售矣」，印本刻本之價廉物美，成為圖書傳播之
寵愛，乃勢所必至，理有固然。不過，不是所有的書稿藏本都有印本，大凡
「非讀者所急，好事家以備多聞」者，多為鈔錄之本，因此鈔本藏本一直跟印
本刻本並行流傳。鈔本藏本之價值，有時並不亞於印本圖書。不過，寫本與印
本之消長，影響圖書流通與知識傳播，這是可以斷言的。

藏本、寫本作為圖書傳播媒介，自東漢蔡侯紙作為書寫材料起，至近代善
本複製，猶存此法。宋代雕版印刷繁榮，活字版印刷試行，作為圖書流通，更
是「值得信賴」之有效傳播（Effective Communication）。宋代雕版印刷作為圖
書傳播，相較於五代以前，自是一種創新之傳媒。印刷傳媒具有新的功能、新
的速度、新的準則，勢必改變士人固有之思維、行為與習慣。[9]如何以優異之傳
播性能，與廣大群眾之需求作完美之結合，乃是媒介傳播學永恆之課題。雕版
印刷以「便於人」為主要目的，達成圖書流通之最佳效益，符合傳播學之理
念，於是崛起、發展，漸漸印本取代寫本。雕版印刷之繁榮，加上寫本鈔本與
印本之並行，蔚為藏書文化之形成，上述圖書傳播方式的革新和多元，勢必影
響閱讀接受之行為，更可能轉變創作審美之方向。[10]在宋代，圖書之典藏、教育
之普及、科舉之取士、學術之風尚、文化之轉型，或多可能與雕版印刷之崛起
息息相關。錢存訓評價印刷術之功能，曾言：「印刷術的普遍應用，被認為是
宋代經典研究的復興，及改變學術和著述風尚的一種原因。」[11]與筆者管見，足

---

[9] 黃曉鐘、楊效宏、馮鋼主編：《傳播學關鍵術語釋讀》，〈媒介即訊息〉（The Media is the
Message），（成都：四川大學出版社，2005.8），頁 43。

[10] （法）弗雷德里克・巴比耶著，劉陽等譯：《書籍的歷史》，第二部分〈谷登堡的革命〉，第四章，
3，〈手鈔業復興〉略謂：谷登堡發明印刷術，使得 15 世紀中葉出現了「第一次圖書革命」；「主要
反映在出版的圖書更多，發行量更大上。與此同時，社會藝術形式，文化興趣，也發生巨大變遷。」
第六章，4，〈閱讀〉略謂：「活字印刷術從根本上改變了圖書生產的條件，及圖書的物質形態，同樣
也改變了其適應環境。」「印刷術發明，基本上的影響，在於它帶來了書價的降低和書的相對平凡
化。在文化實踐方面，由於閱讀實踐的改變，活字印刷術標誌著一個漫長的演變過程的完結。」雖述
說西洋活字印刷，亦可供東土雕版印刷之參考。（桂林：廣西師範大學出版社，2005.1），頁 88-89，
頁 132-134。

[11] 錢存訓：《中國紙和印刷文化史》，第一章〈紙和印刷術對世界文明的貢獻〉，（四）〈印刷術在中
國社會和學術上的功能〉，（桂林：廣西師範大學出版社，2004.5），頁 356-358。

以相發明。可惜此一課題，學界或專述印刷史，或專論版本學、文獻學，或專說圖書傳播，未有將上述專業研究與閱讀、接受、創作、批評作學科整合研究者，詳人之所略，異人之所同，此中頗值得關注。

　　就宋代而言，文化傳播之開展，其關鍵媒介在書籍之流通，鈔書、印書、藏書、借書、購書，是知識藉以取得之途徑；而讀書、教書、著書、校書、刻書、販書，則為知識賴以流通傳播之環節。兩者相輔相乘，蔚為兩宋文明之輝煌燦爛。由此觀之，此一知識之革命，傳播之效應，對於學術文化必然帶來衝擊與影響。日本內藤湖南（1866-1934）提出「唐宋變革說」、「宋代近世說」；[12]陳寅恪、鄧廣銘推崇「華夏民族之文化，歷數千年之演變，造極於趙宋之世」；「兩宋時期的物質文明和精神文明所達到的高度，可以說是空前絕後的」；[13]乃至於傅樂成判分唐型文化、宋型文化；錢鍾書主張「詩分唐宋」；[14]筆者深信，其中促成變革、造極、空前絕後，分唐分宋之關鍵觸媒，當是雕版印刷之崛起，與寫本藏本爭輝，促成傳播、接受之雙向變革有以促成之。解讀上述「唐宋變革說」諸議題，學界尚未結合印本文化進行論述，值得嘗試。

第二節　厚積而薄發與宋詩之新變

（一）熟讀博學與宋詩困境之突破

　　雕版印刷在宋代之繁榮昌盛，提供宋詩學唐變唐之便利和契機，盡心於求變，致力於追新，終而自成一家，與唐詩分庭抗禮，平分詩國之秋色。唐詩之

---

[12] 張廣達：〈內藤湖南的唐宋變革說及其影響〉，《唐研究》第十一卷，（北京：北京大學出版社，2005.12），頁 5-71；錢婉約：《內藤湖南研究》，第四章〈宋代近世說〉，（北京：中華書局，2004.7），頁 96-122。

[13] 陳寅恪：〈鄧廣銘《宋史職官考證·序》〉，《金明館叢稿》二編，（臺北：里仁書局，1982），頁 245-246；鄧廣銘：《鄧廣銘學術論著自選集》，〈宋代文化的高度發展與宋王朝的文化政策〉，（北京：首都師範大學出版社，1994），頁 162-171。

[14] 傅樂成：〈唐型文化與宋型文化〉，《漢唐史論集》，（臺北：聯經出版公司，1977.9），頁 339-382；錢鍾書：《談藝錄》，一、〈詩分唐宋〉，（臺北：書林出版公司，1988.11），頁 1-5。

輝煌燦爛，誠如清沈德潛《唐詩別裁集·凡例》所謂「菁華極盛，體製大備」。因為「能事有止境，極詣難角奇」，所以，蔣士銓〈辯詩〉感歎「宋人生唐後，開闢真難為」。當年王安石身處北宋詩文革新之際，早已看清「世間好語言，已被老杜道盡；世間俗語言，已被樂天道盡」的困境；清翁方綱所謂：「天地之精英，風月之態度，山川之氣象，物類之神致，俱已為唐賢占盡」，亦同聲感慨宋詩生存發展之困窮。[15]

宋人面對唐詩之輝煌璀璨，大抵採行兩大因應策略：以學唐為手段，而以變唐為目的。學唐，即是模仿、繼承、接受、汲取唐詩之優良傳統；變唐，卻是自覺的刻意轉化、修正、調整唐詩建構之典範與本色，從事更新、重寫、創造，遂形成宋詩特色之風格。大抵宋代詩人多有布魯姆（Harold Bloom，1930-）所謂之「影響的焦慮」（The Anxiety of Influence），既接受唐詩，又挑戰唐詩；既受其影響，又思脫穎而出，取得獨立性、創造性。「渴求中斷前驅詩人永無止境的影響，以代替前驅詩人而彰名於世」，[16]宋詩之學古通變，期許自成一家近似之。

宋人致力學古通變，期許自成一家，其終極成就果然疏遠了唐詩之本色，逆轉了唐人建構之詩歌語言，蔚為「詩分唐宋」之局面，所謂「唐音」與「宋調」者是。[17]宋詩所以能逆轉唐詩影響，取而代之，而別子為宗，平分詩國之秋色者，宋王朝「擴大科舉名額，以及大量刻印書籍等」所謂「右文政策」，[18]是其中之推手與助力。由於右文政策之實施，教育普及，朝野上下讀書蔚為風氣，所謂「滿朝朱紫貴，盡是讀書人」；「路逢十客九青衿」，「城裡人家半讀書」。在所謂「右文政策」下，宋人作詩自然關切到讀書與博學。由於雕版

15 《陳輔之詩話》引王安石語，《宋詩話輯佚》本，（臺北：文泉閣出版社，1972.4）；胡仔：《苕溪漁隱叢話》前集卷十四，（臺北：長安出版社，1978.12），頁 90。翁方綱：《石洲詩話》卷四，《清詩話續編》本，（臺北：木鐸出版社，1983.12），頁 1428。

16 哈羅德·布魯姆著，徐文博譯：《影響的焦慮》，（北京：三聯書店，1989），頁 11，頁 57-72。參考金元浦：《接受反應文論》，第八章第三節〈布魯姆：誤讀與焦慮〉，（濟南：山東教育出版社，1998.10），頁 306-314。

17 錢鍾書：《談藝錄》，〈詩分唐宋〉，（臺北：書林出版公司，1988.11），頁 1-5。

18 陳植鍔：《北宋文化史述論》，鄧廣銘〈序引〉，（北京：中國社會科學出版社，1992.3），頁 6。

圖書之崛起，形成印本文化，與寫本文化、藏書文化相互輝映，促成宋代士人認同：讀書博學有助於作詩作文，蘇軾所謂「博觀而約取，厚積而薄發」，尤具有代表意義：

> 盍嘗觀於富人之稼乎，其田美而多，其食足而有餘。……流於既溢之餘，而發於持滿之末，此古之人所以大過人，而今之君子所以不及也。……嗚呼，吾子其去此而務學也哉！博觀而約取，厚積而薄發。（蘇軾《蘇軾文集》卷十，〈稼說送張琥〉）
>
> 頃歲孫莘老識歐陽公，嘗乘間以文字問之。云：「無他術，唯勤讀書而多為之，自工。世人患作文字少，又懶讀書，每一篇出，即求過人。如此，少有至者。」（蘇軾《蘇軾文集》卷六十六，〈記歐陽公論文〉）
>
> 王庠應制舉時，問讀書之法於眉山，眉山以書答云：「……卑意欲少年為學者，每一書皆作數次讀之。書之富如海，百貨皆有，人之精力不能盡取，但得其所求者爾，故願學者每次作一意求之。如……此雖似迂鈍，而他日學成，八面受敵，與涉獵者不可同日而語也。……前輩教人讀書如此，此豈膚淺求速成，苟簡無根柢者所能哉！」（沈作喆《寓簡》卷八，《四庫全書》本，冊864，頁156）

杜甫〈奉贈韋左丞丈二十二韻〉：「讀書破萬卷，下筆如有神」，為宋人提倡讀書有益於作文所遵奉之名言；蘇軾發皇其說，以美稼、流水、發箭為喻，而稱：「博觀而約取，厚積而薄發」。博觀，指閱讀對象之廣博多元；厚積，指學問涵養之積累豐厚。博觀泛覽，而有別識心裁，是謂「約取」；學養豐厚，而作慎微之發用，是謂「薄發」，可見積學儲寶，讀書有益於作文。歐陽脩稱作文：「無他術，唯勤讀書而多為之，自工」，亦是同理。至於蘇軾答王庠書，提出「八面受敵」讀書法，所謂「每一書皆作數次讀之，每次作一意求之」，講究深植根柢，不求速成，亦是「博觀、厚積」之精神。

宋代士人閱讀圖書，除傳統之寫本、藏本外，又有價廉、物美、悅目、便

藏之印本書籍，圖書資訊豐富而多元，對於閱讀、接受、詩思、創作之間，較
之唐代，遂有顯著不同。宋代詩人自歐陽脩、王安石、蘇軾、黃庭堅，多主張
勤讀、熟讀、博學、遍參，儲備精博之詩材，以資助創作表述，如：

> 有問荊公：老杜詩何故妙絕古今？公曰：老杜固嘗言之：「讀書破
> 萬卷，下筆如有神。」（魏慶之《詩人玉屑》卷十四，引《東皐雜
> 錄》）

> 僕嘗悔其少作矣，然著成一家之言，則不容有所悔。當且博觀而約
> 取，如富人之築大第，儲其材用，既足，而後成之，然後為得也。（蘇
> 軾《蘇軾文集》卷五十三，〈與張嘉父七首〉其七）

> 所送新詩皆興寄高遠，但語生硬不諧律呂，或詞氣不逮初造意時，
> 此病亦只是讀書未精博爾。「長袖善舞，多錢善賈。」不虛語也。（黃
> 庭堅《豫章黃先生文集》卷十九，〈與王觀復書〉其一）

> 讀書不虛，用日多，得古人著意處，文章雄奇，能轉古語為我家
> 物。（黃庭堅《沈氏三先生集‧雲巢集》卷八，〈雲巢詩序〉）

王安石標榜杜甫〈戲為六絕句〉：「讀書破萬卷，下筆如有神」；蘇軾強
調「博觀而約取，厚積而薄發」；黃庭堅提倡讀書精博，得古人著意處，能轉
古語為我家物，所謂「長袖善舞，多錢善賈」；劉辰翁評黃庭堅詩：「矯然特
出新意，真欲盡用萬卷，與李杜爭能於一辭一字之頃」，[19]讀書萬卷與作詩「特
出新意」間，自有相得益彰之效應。清翁方綱《石洲詩話》卷四稱：「宋人精
詣，全在刻抉入裡，而皆從各自獨書學古中來，所以不蹈襲唐人」，此之謂
乎！要之，諸家之說皆以為勤讀書，學問精博，有助於詩材之儲備，詩思之處
發。

嚴羽《滄浪詩話》，說詩宗尚盛唐，主張興趣、妙悟，其論作詩工夫，強

---

[19] 劉辰翁：《增廣箋註簡齋詩集》卷首，《四部叢刊》影宋本，白敦仁《陳與義校箋》附錄五，（上
　海：上海古籍出版社，1990.8），頁 1016。

調「須從上做下」，亦不離「熟讀」與「遍參」、「熟參」；與蘇軾「博觀而約取，厚積而薄發」，異曲同工：

> 工夫須從上做下，不可從下做上。先須熟讀《楚辭》，朝夕諷詠以為之本；及讀《古詩十九首》，樂府四篇，李陵蘇武漢魏五言，皆須熟讀，即以李杜二集枕藉觀之，如今人之治經，然後博取盛唐名家，醞釀胸中，久之自然悟入。（嚴羽《滄浪詩話・詩辨》）

> 惟悟乃為當行，當為本色。詩道如是也。若以為不然，則是見詩之不廣，參詩之不熟耳。試取漢魏之詩而熟參之，次取晉宋之詩而熟參之，次取南北朝之詩而熟參之，次取沈、宋、王、楊、盧、駱、陳石遺之詩而熟參之，次取開元天寶諸家之詩而熟參之，次獨取李杜二公之詩而熟參之，又取大曆十才子之詩而熟參之，又取元和之詩而熟參之，又盡取晚唐之詩而熟參之，又取本朝蘇、黃以下諸家之詩而熟參之，其真是非自有不能隱者。（同上）

嚴羽《滄浪詩話・詩辨》標榜妙悟、興趣，雖稱：「詩有別裁，非關書也」，而轉語卻云：「然非多讀書，則不能極其至」，則主「羚羊掛角，無跡可尋」之嚴羽，亦認同「厚積而薄發」。試觀嚴羽之學古論，在熟讀古代優秀作品，熟參、遍參漢魏六朝古詩，初、盛、中、晚唐詩，及宋代蘇軾、黃庭堅諸家詩，辨識體製家數，熟悉流派與作品，經過鑽研體會，「醞釀胸中，久之自然悟入」；詩藝之真是真非，由熟讀而遍參而熟參，經漸修，終而妙悟。此即韓駒〈贈趙伯魚〉詩所謂：「學者當如初學禪，未悟且遍參諸方。一朝悟罷正法眼，信手拈出皆成章。」與蘇軾之「博觀而約取，厚積而薄發」相較：熟讀、遍參與博觀、厚積之功夫相近，熟參、妙悟與約取、薄發之境界相當。

（二）博觀約取與宋詩之蹊徑別闢

黃宗羲《明儒學案・自序》稱：「讀書不多，無以證斯理之變化」；然多

讀書，當為詩用，不作詩累，庶幾開卷有益。否則，豐富圖書只供詩人撏撦獺祭、蹈襲剽掠，不能去陳、化變、出新、入妙，是亦枉然。雕版印書、右文政策之施行，閱讀態度、創作風格亦隨之改觀。宋代士人面對「宋人生唐後，開闢真難為」之困境，大家名家紛紛發言，分別留心於詩思、命意、語言、學養之講究；尤其針對唐詩所建構之敘述視角、描述過程、時空關係、語言形式，[20]經由多讀書而博觀約取，而厚積薄發，而轉化新變，在在提示文學生存發展之道，如梅堯臣、歐陽脩、王安石、蘇軾、黃庭堅諸代表詩人所提示「會通化成」之道，以及「意新語工」之方，要皆以求異思維、創意造語為依歸，如：

> 孔老異門，儒釋分宮；又於其間，禪律相攻。我見大海，有北南東；江河雖殊，其至則同。（蘇軾《蘇軾文集》卷六十三，〈祭龍井辯才文〉，p.1961）

> 物一理也，通其意，則無適而不可。分科而醫，醫之衰也；占色而畫，畫之陋也。（同上，卷六十九，〈跋君謨飛白〉）

> 聖俞嘗語余曰：「詩家雖率意，而造語亦難。若意新語工，得前人所未道者，斯為善也。必能狀難寫之景，如在目前；含不盡之意，見於言外，然後為至矣。」（歐陽脩《六一詩話》）

> 本朝詩人與唐世相抗，其所得各不同，而俱自有妙處，不必相蹈襲也。至山谷之詩，清新奇峭，頗造前人未嘗道處，自為一家。此其妙也。（陳巖肖《庚溪詩話》）

> （宋詩）至王介甫創撰新調，唐人格調始一大變。蘇、黃繼起，古法蕩然。（胡應麟《詩藪》外編卷五）

理一分殊，為宋代思想之核心論題；會通化成，為宋型文化特色之一。細

---

[20] 葛兆光：《漢字的魔方》，七、〈從古典詩到現代詩：詩歌語言的再度轉變〉，（一）〈以文為詩，從唐詩到宋詩〉，（香港：中華書局，1989.12），頁205-226。

考之，自亦體現於宋詩之創作與評論中。[21]觀東坡之說，所謂「江河雖殊，其至則同」；所謂「物一理也，通其意則無適而不可」，此理一分殊，會通化成之說也。詩、文、賦、詞、畫、禪，既為宋代文化之「雜然賦流形」，自然容易會通化成，而有以文為詩、以賦為詩、以詞為詩、詩中有畫、畫中有詩、以禪為詩諸文藝現象。宋詩之體質，經過異類之融入、互補、改造，於是化變、生新，蔚為殊異於唐詩本色之體格。上述系列合併重組、會通化成之歷程，頗似異場域碰撞（Breakthrough Insights at the Intersection of Idea，Concept and Cultures），暗合梅迪奇效應（The Medici Effect）：會通、組合、求異、創新，是其思維策略；其效應在跳脫單一、慣性、本色、當行之聯想障礙，而有變異、新奇、創造、發明之觀。[22]明胡應麟《詩藪》所謂「創撰新調」、「格調大變」，所謂「古法蕩然」，即是「求異」、「創造」諸詩思之發用，其中自有圖書流通、印本激盪，所引起之反思、應變、轉化、超越在。《六一詩話》標榜梅堯臣「意新語工，得前人所未道」之說，《庚溪詩話》強調「本朝詩人與唐世相抗，其所得各不同，而俱自有妙處，不必相蹈襲也。」可見宋詩求異與創新思維之一斑。

　　追求意新語工，留心「古人不到處」之詩意，創作「古今不經人道」之詩語，是宋詩大家名家面對唐詩輝煌之應變與作為。宋人之困境，在突破唐詩之規矩，跳脫唐詩之方圓；苕溪漁隱胡仔所謂：「若循習陳言，規摹舊作，不能變化，自出新意，亦何以名家？」堪稱宋詩創作與批評之共同課題。其中之規矩方圓、陳言舊作，即是前代或當代詩人之優長與典範，經由圖書傳播、閱讀接受形成規矩準繩，詩人既厭棄陳窠，擺脫匡架，於是由此而生發、轉化，而創意、造語、而作古今新變。如：

---

[21] 張高評：《會通化成與宋代詩學》，壹、〈從會通化成論宋詩之新變與價值〉，四、〈「理一分殊」與宋詩之會通化成〉，（臺南：成功大學出版組，2000.8），頁 27-37。學界研究儒學，亦獲致相近之論點，如石訓、楊翰卿等：《宋代儒學與現代東亞文明》，第四章第三節〈整體思維，群體意識〉，第五節〈開放兼容、融會創新〉，（鄭州：河南人民出版社，2003.4），頁 113-130；頁 148-161。

[22] Frans Johansson 著，劉真如譯：《梅迪奇效應》，第二篇〈創造梅迪奇效應〉，（臺北：商周出版社，2005.10），頁 52-145。

唐詩：「長因送人處，憶得別家時。」又曰：「舊國別多日，故人無少年。」舒王東坡用其意，作古今不經人道語。舒王詩曰：「木末北山煙冉冉，草根南澗水泠泠。綠成白雪桑重綠，割盡黃雲稻正青。」坡曰：「桑疇雨過羅紈膩，麥隴風來餅餌香。」如《華嚴經》舉果知因，譬如蓮花，方其吐花而果具蕊中。造語之工，至於舒王東坡山谷，盡古今之變。（釋惠洪《冷齋夜話》卷五，彭乘《墨客揮犀》卷八）

意匠如神變化生，筆端有力任縱橫。須教自我胸中出，切忌隨人腳後行。（戴復古《石屏詩集》卷七，〈論詩十絕〉其四）

文章必自名一家，然後可以傳不朽。若體規畫圓，準方作矩，終為人之臣僕，古人譏屋下架屋，信然。陸機曰：「謝朝花於已披，啟夕秀於未振。」韓愈曰：「惟陳言之務去。」此乃為文之要。苕溪漁隱曰：「學詩亦然，若循習陳言，規摹舊作，不能變化，自出新意，亦何以名家？」魯直詩云：「隨人作計終後人。」又云：「文章最忌隨人後。」誠至論也。（魏慶之《詩人玉屑》卷五）

山谷云：「詩意無窮，而人之才有限；以有限之才，追無窮之意，雖淵明、少陵不得工也。然不易其意而造其語，謂之換骨法；窺入其意而形容之，謂之奪胎法。」（釋惠洪《冷齋夜話》卷一）

古之能為文章，真能陶冶萬物，雖取古人之陳言入於翰墨，如靈丹一粒，點鐵成金也。（黃庭堅《豫章黃先生文集》卷十九，〈答洪駒父書〉三首其二）

考察《冷齋夜話》、《墨客揮犀》、《苕溪漁隱叢話》、戴復古〈論詩十絕〉、《詩人玉屑》，大抵以唐詩或先唐詩作為對照系統，如所謂循習陳言，規摹舊作、隨人作計、不能變化、隨人腳後行云云；又如自出新意、不經人道、盡古今之變、自名一家、自我胸中出云云，其中自以唐詩之本色與典範為參照系統。宋人面對唐詩之高峰，消極工夫是「不肯雷同剿襲，拾他人殘唾，死前人語下」；積極策略是「處窮必變」、「自出手眼，各為機局」。其策略多方，要以追新求變，自成一家為依歸。宋代詩學之課題，如點鐵成金、奪胎

換骨、以故為新、化俗為雅，以及提倡句法、捷法，標榜活法、透脫，體現翻
案、破體、出位諸現象，大抵多以傳承繼往優長為手段，而以開來拓新自家風
格為極致，一舉而解決承繼傳統和建立本色之雙重使命。上述宋代詩學議題，
無論繼承傳統，或開拓新變，無不以圖書傳播為前提，知識革命為手段。因為
宋代詩學課題所謂雷同、剽襲、他人殘唾、前人語下、鐵、胎、故、俗，以及
相對應之死法、辨體、本位，其參照系統為唐詩，即是激盪宋人追新求變，自
成一家之古典詩歌本色與典範。若圖書流通不廣，知識傳播不暢，何所依傍憑
據而求變、而追新？

　　宋代雕版印刷崛起，與寫本爭輝，宋代詩人為汲取古人之優長，建構自家
特色，故作詩主張博觀厚積，讀書詩之寫作，讀書法之講究，蔚為一代風尚。[23]
蘇過在儋州，曾手鈔《唐書》、《前漢書》，蘇軾曾謂：「若了此二書，便是
窮兒暴富」，[24]蓋手鈔默識，經幾番注意，有助於融貫記憶故也。何況印本圖書
價廉、便藏，得之容易，讀之或生吞活剝，或未經熟讀妙悟，故其失或流於資
書以為詩，以學問為詩。為避免此病，宋人乃標榜不蹈陳跡、不為不襲，追求
自出己意、別闢谿徑，此非有厚積薄發、熟參妙悟之工夫不可，如：

> 　　齊梁以來，文士喜為樂府辭，然沿襲之久，往往失其命題本
> 意。……惟老杜〈兵車行〉、〈悲青坂〉、〈無家別〉等數篇，皆因事
> 自出己意，立題略不更蹈前人陳跡，真豪傑也。（蔡啟《蔡寬夫詩話‧
> 樂府辭》，《宋詩話輯佚》本，劉鳳誥《杜工部詩話》引此作蔡絛語）

> 　　至於詩，則山谷倡之，自為一家，並不蹈古人町畦。象山云：「豫
> 章之詩，包含欲無外，搜抉欲無秘，體製通古今，思致極幽眇，貫穿馳
> 騁，工夫精到。雖未極古之源委，而其植立不凡，斯亦宇宙之奇詭也。
> 開闢以來，能自表見於世若此者，如優鉢曇華，時一現耳。」楊東山嘗

---

[23] 張高評：〈北宋讀詩詩與宋代詩學──從傳播與接受之視角切入〉，刊載於《漢學研究》第廿四卷第
二期（2006.12），頁191-223。

[24] 蘇軾：《蘇軾文集》卷五十五，〈與程秀才三首〉其三，（北京：中華書局，1986），頁1629。

謂余云：「丈夫自有衝天志，莫向如來行處行。」豈惟制行，作文亦然。如歐公之文，山谷之詩，皆所謂「不向如來行處行」者也。（羅大經《鶴林玉露》卷三）

　　元祐詩人詩，既不為楊、劉崑體，亦不為九僧晚唐體，又不為白樂天體，各以才力雄於詩。山谷之奇，有崑體之變，而不襲其組織。（方回《瀛奎律髓》卷二十一〈雪類・詠雪奉呈廣平公〉評語）

　　《蔡寬夫詩話》推崇杜甫〈兵車行〉等樂府詩，「皆因事自出己意，立題略不更蹈前人陳跡」；羅大經《鶴林玉露》稱揚黃庭堅詩，謂其「自為一家，並不蹈古人町畦」；又引楊萬里之說，證成山谷詩「不向如來行處行」。案：上列論述所謂前人陳跡、古人町畦、如來行處，概指圖書所載名篇佳作之典範或優長而言，閱讀學習，作為反思創發之資助可也，若「循習陳言，規摹舊作、不能變化、自出新意」，則非宋代詩人學古之初衷。試觀方回《瀛奎律髓》評述元祐詩人詩：「既不為楊、劉崑體，亦不為九僧晚唐體，又不為白樂天體」，此三「不為」，即是各體派之詩學典範與陳跡町畦。黃庭堅等元祐詩人之雄奇，即在「變而不襲」、「自為一家」，此楊萬里所謂「丈夫自有衝天志，莫向如來行處行」；實則，此乃「博觀而約取，厚積而薄發」之閱讀接受歷程，亦是文學創作「窮變通久」之因應原則，宋人探討頗多。當別撰一文，以探賾索隱。

　　肇始於南北宋之際之唐宋詩紛爭，歷明代前後七子、清初宗唐宗宋之對話，至葉燮（1627-1703）《原詩》、翁方綱（1733-1818）《石洲詩話》、朱庭珍（1841-1923）《筱園詩話》，對於宋詩之優長與特色，有較明確之提示。夷考其實，亦多與印刷傳媒之效應、圖書傳播之反饋有關，如云：

　　　　愈嘗自謂陳言之務去，……故晚唐詩人亦以陳言為病，……至於宋人之心手，日益以啟，縱橫鈎致，發揮無餘蘊，非故好為穿鑿也。譬之石中有寶，不穿之鑿之，則寶不出。（葉燮《原詩》卷一，〈內篇上〉，《清詩話》本）

宋人精詣，全在刻抉入裏，而皆從各自讀書學古中來，所以不蹈襲
唐人也。……唐詩妙境在虛處，宋詩妙境在實處。……宋人之學，全在
研理日精，觀書日富，因而論事日密。（翁方綱《石洲詩話》卷四，
《清詩話續編》本）

宋人承唐人之後，而能不襲唐賢衣冠面目，別闢門戶，獨樹壁壘，
其才力學術，自非後世所及。如蘇黃二公，可謂一朝大家，前無古人，
後無來者也；半山、歐公、放翁亦皆一代作手，自有面目，不傍前賢籬
下。（朱庭珍《筱園詩話》卷二）

葉燮推崇宋人縱橫鉤致，穿鑿發揮；翁方綱稱讚宋人刻抉入裏，不襲唐
人，其說同歸一揆，要「皆從各自讀書學古中來」。宋人「研理日精，觀書日
富」，此與寫本、藏本之閱讀流通，印刷圖書作為新興而值得仰賴之傳媒有
關。朱庭珍肯定蘇、黃、王、歐、陸諸大家「自有面目，不傍前賢籬下」；又
推崇宋人承唐人之後，「不襲唐賢衣冠面目，別闢門戶，獨樹壁壘」。凡此，
多以唐詩名家名篇作為對照標準；如果宋人未整理刊行唐人詩文集，印刷傳媒
不如是之繁榮，只仰賴藏本之傳鈔、寫本之流通，圖書資訊既封閉難得，借鏡
參考無從，宋人詩歌將是另一番局面與風格。

（三）知入知出與宋詩之新變自得

印本圖書之快捷便利，有助於知識傳播，加上寫本、藏本圖書之資訊流
通，宋人之閱讀接受、詩思詩作，遂不得不受影響。尤其面對唐詩大家名家之
輝煌成就，經圖書閱讀、反思內省，宋人遂盡心於「破體」，致力於「出
位」，以「會通化成」為策略，以「意新語工」為效應。關切創意造語，其求
異思維體現為別闢蹊徑、獨具隻眼；不經人道，古所未有。[25]其途徑為多讀書，

---

[25] 張高評：《宋詩之新變與代雄》，貳、〈自成一家與宋詩特色〉，第二節〈宋人期許獨創成就〉，第
三節〈宋詩追求自成一家〉，（臺北：洪葉文化公司，1995.9），頁68-137。

學問精博；出入眾作，嫻熟古人之氣格、法度、句法、詩律，方能變而不襲，
自得成家。如下列筆記詩話所云：

> 《雪浪齋日記》云：「為詩：欲詞格清美，當看鮑照、謝靈運；渾
> 成而有正史以來風氣，當看淵明；欲清深閑淡，當看韋蘇州、柳子厚、
> 孟浩然、王摩詰、賈長江；欲氣格豪逸，當看退之、李白；欲法度備
> 足，當看杜子美；欲知詩之源流，當看《三百篇》及《楚辭》、漢、魏
> 等詩。前輩云：『建安方六七子，開元數兩三人。』前輩所取，其難如
> 此。予嘗與能詩者論書止於晉，而詩止於唐。蓋唐自大曆以來，詩人無
> 不可觀者，特晚唐氣象衰爾耳。」（胡仔《苕溪漁隱叢話》前集卷二，
> 何汶《竹莊詩話》卷一）
>
> 看詩且以數家為率，以杜為正經，餘為兼經也。如小杜、韋蘇州、
> 王維、太白、退之、子厚、坡、谷、四學士之類也。如貫串出入諸家之
> 詩，與諸體俱化，便自成一家，而諸體俱備。若只守一家，則無變態，
> 雖千百首，皆只一體耳。（吳可《藏海詩話》，《歷代詩話續編》本）

胡仔《苕溪漁隱叢話》前集刊行於紹興十八年（1148），何汶《竹莊詩
話》成書於開禧二年（1206 年）。雕版圖書在南宋，始則與寫本競秀爭妍，中
則平分秋色，終至取代寫本，而壟斷圖書傳播市場。觀《雪浪齋日記》所云
「為詩與看書」之論述，所謂「建安方六七子，開元數兩三人」；「唐自大曆
以來，詩人無不可觀者」，可見宋人博觀約取之一斑。呂本中（1084-1145）
《童蒙詩訓》稱：「遍考精取，悉為吾用，則姿態橫出，不窘一律」；吳可
（？-1119-1174-？）《藏海詩話》亦稱：「如貫串出入諸家之詩，與諸體俱
化，便自成一家，而諸體俱備」；凡此，皆與東坡「博觀而約取，厚積而薄
發」之說異曲同工。要之，其要多歸於杜甫「讀書破萬卷，下筆如有神」之
說。惟讀書萬卷與下筆有神間，關鍵環節在自得自到，自成一家，如云：

> 讀書須知出入法。始當求其所以入，終當求所以出。見得親切，此

是入書法；用得透脫，此是出書法。蓋不能入得書，則不知古人用心
處；不能出得書，則又死在言下。惟知出知入，乃盡讀書之法。（陳善
《捫蝨新話》上集卷四）

《西清詩話》云：「作詩者，陶冶物情，體會光景，必貴乎自得；
蓋格有高下，才有分限，不可強力至也。」（胡仔《苕溪漁隱叢話》前
集卷五十六）

大凡文字須是自得自到，不可隨人轉也。（張鎡《詩學規範》卷十
四）

不蹈襲最難，必有異稟絕識，融會古今文字於胸中，而灑然自出一
機軸方可。不然則雖臨紙雕鏤，只益為下耳。（吳氏《林下偶談》卷
三，《叢書集成》本）

文章自得方為貴，衣鉢相傳豈是真。已覺祖師低一着，紛紛法嗣復
何人？（金王若虛〈論詩詩〉，《滹南遺老集》卷四十五，《叢書集
成》本）

詩吟函得到自清有得處，如化工生物，千花萬草，不名一物一態。
若模勒前人，無自得，只如世間剪裁諸花，見一件樣，只做得一件也。
（《詩人玉屑》卷十引《漫齋語錄》）

圖書傳播多元，資訊接受豐富，詩人以書卷為詩材，最易流於規摹舊作，
循習陳言，蹈襲前人，模擬典範，如此隨人作計，不知變態，勢必死於句下，
而失其所以為詩。宋代詩人無不學古，亦無不博覽精讀古書，蓋藉此為手段，
以擷取傳統精華，而增益其所不能。陳善《捫蝨新話》上集卷四強調「讀書須
知出入法」，所謂「見得親切，此是入書法；用得透脫，此是出書法」，惟能
入能出，方稱自得自到。宋代詩話、筆記、詩文集如《西清詩話》、《苕溪漁
隱叢話》、《詩學規範》、《漫齋語錄》、《詩人玉屑》以及王若虛〈論詩
詩〉，多極力標榜自得自到，自出機軸，而以蹈襲、雕鏤，模勒前人為鑑戒。
筆者以為，宋詩從學古通變，到求異、創新，到自得自到，以至於自成一家，
除文學自身之演化外，雕版印刷、圖書傳播所引發之效應，當是詩分唐宋、唐

宋變革之關鍵因素。前引錢存訓之說，以為「印刷術的普遍應用，被認為是改變學術和著述的一種原因」，筆者深以為然。

宋詩於唐詩之後，能自得自作，自成一家，因而文學史有宋詩、宋調，蓋別子為宗，可與唐詩、唐音相提並論。此一分野，與宋代印刷術之繁榮有關，已如上述。宋代詩風之新變代雄，明清詩論家多有洞見與提示：明袁中道考察宋人之詩歌創作，得出宋人面對困境，所作消極與積極的因應之道，以及解決良方；清袁枚、蔣士銓諸家，則肯定「唐宋皆偉人，各成一代詩」。關於宋詩之特色與價值，袁枚提出學唐變唐，蔣士銓以為「變出不得已」，朱庭珍特提「別闢門戶，獨樹壁壘」：

> 宋元承三唐之後，殫工極巧，天地之英華，幾洩盡無餘。為詩者處窮而必變之地，寧各自出手眼，各為機局，以達其意所欲言，終不肯雷同剿襲，拾他人殘唾，死前人語下。於是乎情窮，而遂無所不寫；景窮，而遂無所不收。（袁中道《珂雪齋文集》卷十一，〈宋元詩序〉）
>
> 唐人學漢魏，變漢魏；宋學唐，變唐。其變也，非有心於變也，乃不得不變也；使不變，不足以為唐，亦不足以為宋也。……變唐詩者，宋元也；然學唐詩者莫善於宋元，莫不善於明七子，何也？當變而變，其相傳者心也；當變而不變，其拘守者跡也。（袁枚《小倉山房文集》卷十七，〈答沈大宗伯論詩書〉）
>
> 唐宋皆偉人，各成一代詩。變出不得已，運會實迫之。格調苟相襲，焉用雷同詞？宋人生唐後，開闢真難為。一代只數人，餘子故多庇。敦厚旨則同，忠孝無改移。元明不能變，非僅氣力衰；能事有止境，極詣難角奇。（蔣士銓《忠雅堂詩集》卷十三，〈辨詩〉）

袁中道、袁枚、蔣士銓論宋詩，異口同聲凸顯「變」字，既論定宋詩之歷史地位，亦作為詩分唐宋之權衡，與清初宗宋詩派持「新變」論詩，可謂前後

一揆。[26]蔣士銓〈辨詩〉稱:「宋人生唐後,開闢真難為」,「能事有止境,極
詣難角奇」,宋人困境在「處窮而必變」,深知「變出不得已」,於是「各自
出手眼,各為機局」,「終不肯雷同剿襲,拾他人殘唾,死前人語下」,袁枚
所謂「宋學唐,變唐」,宋人富有競爭精神,表現超勝意識有以致之。宋代雕
版印刷當令,因此,「宋人之學,全在研理日精,觀書日富」,影響所及,宋
詩所作傳承與開拓,會通與化成,往往如陸機《文賦》所謂「或襲故而彌新,
或沿濁而更清」;〈遂初賦〉所謂「擬遺跡以成規,詠新曲於故聲」,因長於
推陳出新,遂能自成一家、新變而代雄。

雕版印刷之繁榮,藏本寫本之相互爭輝,蔚為知識傳播之便捷,詩人隨心
所欲閱讀接受大量信息,讀書破萬卷成為可能,宋人講究知入知出,期許自得
自到,盡心求異創造,致力會通化成,自然改變文學的創作風格,如以文字為
詩、以議論為詩、以才學為詩、以文為詩、以賦為詩、以詞為詩等合併重組之
文學體製。宋人追求此類「非詩」之詩思,其實深具獨到與創發性,與創造思
維(Creative Thinking)注重反常、辯證、開放、獨創、能動性,[27]可以相互發
明。文學批評之風尚和類型,亦因印本文化之繁榮、圖書傳播之推助而轉向,
如主張奪胎換骨、點鐵成金、以故為新、傳神、天工、清新、枯澹、活法、透
脫、翻案、自得、破體、出位等等,於宋詩代表性之體派與作品中,亦多有所
表現。由此觀之,雕版印刷、圖書傳播,與宋詩特色之形成、宋代詩學之宗
尚,關係密切,不可分割。

雕版印刷大盛於真宗朝,而宋詩特色之形成大抵在哲宗元祐(1086-1094)
前後;南宋高宗紹興(1131-1162)年間,刊本與寫本相互爭輝,晁公武《郡齋
讀書志》、尤袤《遂初堂書目》可以考見。至理宗淳祐(1241-1252)年間,陳
振孫《直齋書錄解題》成書時,刻本已超過寫本。由此可見,宋人圖書流通,

---

[26] 張高評:〈清初宋詩學與唐宋詩學之異同〉,第三屆國際暨第八屆《清代學術研討會論文集》
(上),貳、一、〈標榜新變的風格〉,(高雄:中山大學清代學術研究中心,2004.7),頁 93-
105。

[27] 田運主編:《思維辭典》,〈創造性思維轉換〉、〈創造思維〉,(杭州:浙江教育出版社,
1996),頁 204-205、207-208。

除寫本、鈔本、藏本外,印本傳播之質量最值得重視。筆者以為,唐宋詩紛爭興起於南北宋之交,至南宋而愈演愈烈,當與寫本印本之消長,印本文化之激盪、宋詩特色之形成有關。圖書雕印,得之容易,讀之苟簡,於是讀書法之講究、讀書詩之蠭起、唱和詩之競作、詩話筆記之編印、學古通變之覺悟,乃至於詩思、詩材之由直尋變為「補假」;論著風尚從「述」轉向「作」;詩歌詩學亦從學古傳承,走向自得創發,凡此多受讀書博學之影響而使然。

　　南宋後之唐宋詩紛爭,初始只斤斤於分體劃派,往往為左右祖,其後或因源流、異同而定優劣高下;或持本色、典範而軒輊唐宋。試考察宋、明、清之詩話、筆記、文集、序跋,即可見諸家所論唐詩宋詩之短長,更可見唐音、宋調之取捨與消長。其中關鍵性之分野,即是雕版印刷之影響、圖書傳播之推助。

　　為辨章學術,考鏡淵流,筆者曾撰有〈清初宗唐詩話與唐宋詩之爭〉一文,[28]選擇清初賀裳、吳喬、馮班、施閏章、王夫之、毛先舒、毛奇齡、王士禛、何世璂、田同之等十家宗唐詩話,約 60 餘條資料作為文本,從文學語言、詩歌語言之觀點切入,以考察宗唐詩話評論宋詩、宋調、宋人之是非曲直,廓清其疑似,期能還原宋詩宋調之價值真相,且為唐宋詩之爭提供另類之新異視角。初步探討,獲得下列結論:宋詩之變異與陌生化,自得與創發性,筆者以為,多與印刷傳媒、圖書傳播所衍生之效應有關:

　　　　變異與陌生化:宗唐詩話論宋詩之習氣,如出奇、務離、趨異、去遠、矜新、變革、疏硬、如生、尖巧、詭特、粗硬槎牙、奪胎換骨等等,諸般「不是」,就「菁華極盛,體製大備」之唐詩而言,固是易、變、遠、新的一種手段,亦即什克洛夫斯基(Viktor Shklovsky 1893-1984)、雅各布森(Romon Jakobson 1896-1982)、姚斯(Hans-Robert Jauss 1921-)等學者所倡,具有「陌生化美感」(Defamiliarization)之詩

---

[28] 張高評:〈清初宗唐詩話與唐宋詩之爭——以「宋詩得失論」為考察重點〉,《中國文學與文化研究學刊》第 1 期,(臺北:學生書局,2002.6),頁 83-158。

歌語言。

　　自得與創發性：宗唐詩話針對蘇黃詩風與江西詩派，大加撻伐者，為與唐詩、唐音趣味不同之「非詩」特色，如以文為詩、以詞為詩、以賦為詩、以史入詩、以禪喻詩、以禪為詩、以文字為詩、以議論為詩、資書以為詩，以及「反其意而用之」的翻案詩。這些特色，唐代詩人如杜甫、韓愈、及晚唐詩人中隱含宋調者間亦為之，不過論特色遠不如宋人與宋詩。

　　由此觀之，就是這種「皮毛剝落盡」的陌生化，「出人意表」的新鮮感，「著意與人遠」的奇異性，以及「挺拔不群」的自我期許，才能蔚為宋詩與宋調之獨闢谿徑、自得自到。

　　宋代詩人無不學古，學古多以唐詩大家名家為宗尚，此有賴圖書傳播，尤其是印刷傳媒之化身千萬、無遠弗屆方能完成。又以「變唐」、「變古」、自成一家為目標，亦以唐詩為參照對象。宋人學古通變，於是詩風變異，而有陌生化之美感；詩思詩語追求自得，而具創發性之成就。所謂「詩分唐宋」，分野、鑑別當在此等。權衡一代文學之價值，裁量詩人詩作之造詣，筆者標榜：「應以新變自得為準據，不當以異同源流定優劣」，此一標準適用於唐詩及李白、杜甫，自然也適用於宋詩及蘇軾、黃庭堅。

　　日本內藤湖南（1866-1934）研究中國近代史，著有〈概括的唐宋時代觀〉，提出「唐宋變革」說、「宋代近世說」，[29]論述唐宋在文化方面之顯著差異，包括政治、社會、經濟、科舉、文學（古文、詩餘）、繪畫之不同。內藤之說，頗富創見與發明，影響世界漢學極大。內藤強調唐宋的分野，其弟子宮崎市定專研宋史，進一步闡釋宋代所具備的「近世」特徵，學說殊途同歸，於是接受內藤史學「唐宋變革」之名，且發揚光大，作為京都學派之主要學說。[30]

---

[29] 內藤湖南：〈概括的唐宋時代觀〉，黃約瑟譯，劉俊文編：《日本學者研究中國史論著選譯》第一卷〈通論〉，（北京：中華書局，1992）。

[30] 參考高明士：《戰後日本的中國史研究》，〈唐宋間歷史變革之時代性質的論戰〉，（臺北：東昇出版事業公司，1982.9），頁 104-111；柳立言：〈何謂「唐宋變革」？〉，《中華文史論叢》總第八十

筆者考察京都學派學說，似未將雕版印刷之崛起繁榮，印本文化之形成激盪，
圖書流通作為知識傳媒之效應，列為唐宋變革之基因、或作為宋代近世說之外
緣。深受內藤、宮崎學說影響者，如陳寅恪稱：「華夏民族之文化，歷數千載
之演進，造極於趙宋之世」；[31]傅樂成亦撰文，強調唐型文化與宋型文化之不
同；[32]二家立說，亦未提及雕版印書。鄧廣銘討論宋代文化的高度發展，提及右
文政策「指擴大科舉名額，以及大量刻印書籍」，[33]惜並未論證申說。日本清水
茂撰有〈印刷術的普及與宋代的學問〉一文，[34]亦未引伸發揮詮釋唐宋變革，或
詩分唐宋。筆者最近關注雕版印刷與宋代文學之互動，甚至宋代學術間之關
聯，曾撰〈博觀約取與宋詩之學唐變唐——梅迪奇效應與宋刊唐詩選集〉文
稿，[35]今再以唐人別集在宋代之雕印為論題，探討圖書傳播如何影響宋詩之新
變，如何造就詩分唐宋，如何促成唐宋變革諸課題，期望能補苴罅漏，張皇斯
學。還望博雅方家，不吝指教。

第三節　前代詩文集之整理雕印與宋詩典範之追求

　　華夏文明發展至宋代，堪稱登峰造極。就詩歌而言，六朝和四唐詩人之成
就，已樹立許多風格典範；因此，如何學習古人之優長，作為自我創作之觸發

一輯，（上海：上海古籍出版社，2006.1），頁 125-171。

[31] 陳寅恪：《全明館叢稿二編》，〈鄧廣銘《宋史職官志考證》序〉，（北京：三聯書店，
19922001.7），頁 277。參考王水照：〈陳寅恪的宋代觀〉，《宋代文學研究叢刊》第四期，（高雄：
麗文文化公司，1998.12），頁 1-15。

[32] 傅樂成：〈唐型文化與宋型文化〉，原載《國立編譯館館刊》一卷四期（1972.12）；後輯入《漢唐史
論集》，（臺北：聯經出版公司，1977.9），頁 339-382。

[33] 鄧廣銘：《鄧廣銘治史叢稿》，〈宋代文化的高度發展與宋王朝的文化政策〉，（北京：北京大學出
版社，1997.6），頁 66，頁 71。

[34] （日）清水茂著，蔡毅譯：《清水茂漢學論集》，〈印刷術的普及與宋代的學問〉，（北京：中華書
局，2003.10），頁 88-99。

[35] 張高評：〈印刷傳媒與宋詩之學唐變唐——博觀約取與宋刊唐詩選集〉，初稿修正，刊登於，《成大
中文學報》第十六期（2007 年 4 月），頁 1-44。

或借鏡，成為宋代詩學之重要課題。以蘇軾黃庭堅為首之「學古論」，強調多讀書可以有益於作文：[36]蘇軾提示讀書法，在「博觀而約取，厚積而薄發」；黃庭堅亦強調讀書貴在精博，所謂「詞意高勝，要從學問中來爾」。蘇、黃以此教人，頗影響江西詩派及其他宋人之創作與評論，所謂「以學問為詩」，所謂文人之詩者是；[37]《滄浪詩話‧詩辨》雖稱「詩有別材，非關書也」；但又說：「然非多讀書，則不能極其至。」可見讀書學古之關連與重要。

宋人以學古通變為手段，期許「自成一家」為目的，尋求典範遂成為宋代詩人的當務之急。至於典範之選擇，則關係到文學之閱讀接受諸活動；文學閱讀接受又牽涉到認知功能、審美體驗、價值詮釋，和藝術創發問題。[38]宋人追尋典範，曾歷經漫長而曲折之旅程：白體、崑體、昌黎體、少陵體、靖節體、晚唐體、太白體，先後管領風騷，贏得許多宋詩大家名家之閱讀、學習與宗法。[39]

唐人詩文集，多經宋人輯佚、整理、校勘、雕印，始得流傳後世。[40]宋人整理刊刻唐人詩文集，目的在於「學唐」，而後「變唐」，其終極目標，在新變

---

[36] 同註 24，《蘇軾文集》卷十，〈稼說送張琥〉，頁 340；《黃庭堅全集》第二冊《正集》卷十八，〈與王觀復書〉其一；第三冊《別集》卷十一，〈論作詩文〉其一，（成都：四川大學出版社，2001.5），頁 470，頁 1684。參考黃景進：〈黃山谷的學古論〉，臺灣大學中國文學研究所主編《宋代文學與思想》，（臺北：學生書局，1989.8），頁 259-283。

[37] 成復旺、黃保真、蔡鍾翔：《中國文學理論史》《二》，第四編第四章，第三節〈包恢與劉克莊〉，（北京：北京出版社，1987.7），頁 473-476；顧易生、蔣凡、劉明今：《宋金元文學批評史》，第二編第四章第二節〈劉克莊〉，二、〈詩非小技呈「本色」〉，（上海：上海古籍出版社，1996.6），頁 343-346。

[38] 金元浦：《接受反應文論》，第三章〈開拓者：從文學史悖論到審美經驗──姚斯的主要理論主張〉，第四節「走向文學解釋學」，（濟南：山東教育出版社，1998.10），頁 136-147。

[39] 蔡啟：《蔡寬夫詩話》第四十三則，〈宋初詩風〉；嚴羽《滄浪詩話‧詩辨》；元方回《桐江續集》卷三十二〈送羅壽可詩序〉；清宋犖《漫堂說詩》、全祖望《鮚埼亭集‧外編》卷二十六〈宋詩紀事序〉。

[40] 周勛初：〈宋人發揚前代文化的功績〉：「唐詩由于宋人的及時整理而得以保存原貌，又由于宋人的及時刊出而得以流傳後世」，《國際宋代文化研討會論文集》，（成都：四川大學出版社，1991.10），頁 67。陳伯海主編：《唐詩學史稿》，第二編第二章第一節〈作為文學遺產的唐詩文獻整理工作〉，第三章第一節〈「千家注杜」與唐詩文獻學的深化〉，（石家莊：河北人民出版社，2004.5），頁 196-206，頁 236-246。兩宋時代，四川地區曾刊印唐人六十家詩集，今藏北京國家圖書館，其後上海古籍出版社據此影印為《宋蜀刻本唐人集叢刊》，1994 年印行。

代雄，自成一家。從閱讀→接受→飽參→宗法→新變→自得，雕版印刷實居觸媒推助之功。試翻檢宋代文學發展史，當知宋詩特色形成之進程中，經歷學西崑體、學樂天體、學晚唐體、學昌黎體、學杜少陵、學陶靖節諸典範之追尋。因此，李商隱詩、白居易詩、韓愈詩，以及陶潛詩、杜甫詩之整理與刊行，亦風起雲湧，相依共榮；詩風文風之走向，與典籍整理，圖書版本刊行相互為用。試考察唐代詩人別集寫本刊本在宋代之傳播流傳，印合宋詩各期典範之追求，可見宋詩學古通變之一斑。

為體現宋代之文化活動實況，研究宋代之文學與學術，若能嘗試整合版本學、目錄學、文獻學而一之，研究視角既獨特，成果必定新穎可觀。此中天地，無限遼闊。綜觀詩歌創作之類型中，較受圖書閱讀、版本流傳諸因素影響者，莫如詠史詩與讀書詩，筆者曾發表相關論文若干篇，分別從古籍整理、圖書傳播、雕版印刷、版本目錄、閱讀接受諸角度切入考察，[41]以探討宋詩特色，以及詩分唐宋、唐宋詩異同諸課題，自信頗有發明。今再以宋人整理前代古籍，雕版印刷唐代詩文集為課題，續作探討。

（一）唐人別集之整理雕印與宋詩之學唐變唐

唐詩「菁華極盛，體製大備」，難怪清代蔣士銓感慨：「宋人生唐後，開闢真難為」，對於唐詩大家名家樹立之典範，宋人究竟如何進行超脫，是否可能取代？清人吳之振序《宋詩鈔》稱：「宋人之詩變化於唐而出其所自得」；葉燮《原詩》推崇宋詩穿鑿刻抉之成就為：「變唐人之所已能，而發唐人之所未盡」；試考察宋初以來宗唐詩風之流變，樂天、義山、太白、杜甫詩之各領風騷，可以知之：

---

41 張高評：〈北宋詠史詩與《史記》楚漢之爭──古籍整理與宋詩特色〉，《漢學研究國際學術研討會論文集》，雲林：雲林科技大學漢學資料整理研究所，2003.11，頁 419-441；〈印本文化與南宋陳普詠史組詩〉，臺灣大學中文系主編《唐宋元明學術研討會論文集》，（臺北：大安書局），頁 201-241，〈北宋讀書詩與宋代詩學──從傳播接受之視角切入〉，《漢學研究》第廿四卷第二期（總第49 號，2006.12），頁 191-223。

國初沿襲五代之餘，士大夫皆宗白樂天詩，故王黃州主盟一時。祥符天禧之間，楊文公、劉中山、錢思公專喜李義山，故崑體之作，翕然一變。……景祐慶曆後，天下知尚古文，於是李太白、韋蘇州諸人，始雜見於世。杜子美最為晚出，三十年來學詩者，非子美不道，雖武夫女子皆知尊異之。李太白而下，殆莫與抗。文章顯晦，固自有時哉！（蔡居厚《蔡寬夫詩話》，《宋詩話輯佚》本）

宋初詩風，先宗法白居易，其次李商隱、李白、韋應物，最終師法杜工部詩，所謂以「學古通變」為過程，而以「自成一家」為目標。綜合上述諸家之論，宋詩之特色與價值，在變唐發唐、取材廣博，命意生新，妙處自得。宋陳巖肖《庚溪詩話》云：「本朝詩人與唐世相抗，其所得各不同，而俱自有妙處，不必相蹈襲也。」嚴羽《滄浪詩話·詩辨》亦曰：「國初之詩尚沿襲唐人，至東坡山谷始自出己意以為詩，唐人之風變矣。」明曹學佺序《宋詩》謂：「取材廣而命意新，不勦襲前人一字」；所謂同歸而殊途，百慮而一致者是也。筆者以為，宋詩營造之特色，所以能與唐詩分庭抗禮，蔚為錢鍾書《談藝錄》所謂「詩分唐宋」之文學事實，不僅是宋人學古通變之效應，更是新變與自得之共識與發用。

就學唐變唐而言，圖書流通、知識傳播，必然左右典範選擇之對象；同時，審美接受、典範選擇，亦反映在雕版印刷、或寫本鈔本之取捨上，兩者交互為用，於是促成宋詩學唐、變唐、發唐、自得、成家。其中印刷傳媒對於助長圖書流通，有無遠弗屆之效，影響獨大。唐人詩文集多經宋人整理雕印，始能流傳後世，沾漑古今。宋人之雕印唐人詩文集，大抵與典範學習有關。筆者以為：整理雕印之目的，為學唐變唐發唐，與期許自成一家。試觀宋初以來之典範追尋，分別為白體、晚唐體、昌黎體、太白體、劉賓客體；而宋詩之終極典範，則在靖節體與少陵體，詩品人品之獲致了解接受，實得力於印刷傳媒之流布與促成。今依序論述如下，以見印刷傳媒對宋詩特色促成之關聯：

1.《白氏文集》之刊行與白體之發用

宋初，徐鉉、李昉、王禹偁等，詩學白居易（772-846）；蘇軾、張耒踵事增華，亦宗法樂天詩，號稱「白體」。梁昆《宋詩派別論》稱：「樂天詩派流行年代，自宋初建國至王禹偁（960-1001）卒」；[42]風氣既開，再經蘇軾、張耒之宗法，及宋詩話筆記之標榜與接受，於是白體與宋詩結下不解之緣。

在宋代，《白氏文集》有崇文院寫校本、北宋七十卷吳刊本、蜀刊本，傳七十一卷廬山本，及七十二卷景祐杭州刊本；南宋有蘇刊本、紹興刊本、蜀刊本等。[43]樂天詩學在宋代之接受反應，詩話、筆記、題跋、文集，所在多有。[44]徐復觀曾謂：「北宋詩人都有白詩的底子」；白樂天詩有如繪畫的粉本，「各家在此粉本上，再加筆墨之功」，故嚴羽《滄浪詩話·詩體》有所謂「白樂天體」。「白體」對宋代詩人之影響，樂天詩學在宋代之接受，不只蘇軾一人而已，其他尚多，[45]頗值得探討。

白居易生前，曾手訂詩文集，謄鈔五部，一本置廬山東林寺藏經院，一本置蘇州禪林寺經藏內，一本在東都聖善寺鉢塔院律庫樓，一本付姪龜郎，一本付外孫閣童。其他日本、新羅及中土士人傳寫者，不在此數。然經五代之喪亂，至宋初，上述五大鈔寫本皆已亡佚，不知所終。處心積慮保存寫本如此，尚不免散佚之劫難，此與寫本之難成、易毀、價昂，不便庋藏有關。由於宋代廣用雕版印刷圖書，大幅改善圖書複製技術，圖書信息交流快速，大眾傳播效率提高，促成知識革命。印刷傳媒有化身千萬，無遠弗屆，以及「易成、難

---

[42] 梁昆：《宋詩派別論》，〈香山派〉，（臺北：東昇出版事業公司，1980.5），頁 11。以下宋詩諸體流行年代，多參考此書，不贅。

[43] 萬曼：《唐集敘錄》，《白氏文集》敘錄，（臺北：明文書局，1982.2），頁 239-244。謝思煒《白居易集綜論》、《白氏文集》的傳布及「淆亂」問題辨析，（北京：中國社會科學出版社，1997.8），頁 3-31；日本岡村繁：《唐代文藝論》，第三篇第三章《白氏文集》的舊鈔本與舊刊本，（上海：上海古籍出版社，2002.10），頁 130-154。

[44] 參考陳友琴：《白居易資料彙編》，宋代份量佔全書近二分之一，（北京：中華書局，1986.1），頁 29-182。

[45] 徐復觀：《中國文學論集續篇》，〈宋詩特徵試論〉，（臺北：學生書局，1984.9），頁 31。朱易安：《唐詩學史稿》，〈白居易與詩歌批評視野的嬗變〉，「關於『白樂天體』」，（桂林：廣西師範大學出版社，2000.10），頁 100-104。

毀、節費、便藏」諸優長，促成圖書流播之便捷，知識獲取之豐厚而精實，對促進宋人學古通變之成功，自有推助之功。

2. 李賀、姚合、賈島、李商隱詩集之雕印與晚唐體之流衍

魏野、寇準、林逋、九僧作詩，學習晚唐李賀、姚合、賈島，號稱「晚唐體」。依梁昆《宋詩派別論》之見，晚唐詩派流行年代，似乎只在太平興國與天聖間（980-1026）。然學界論述指出：學習晚唐之詩風，幾乎籠罩南北宋。自宋初王禹偁用「唐李」，歐陽脩稱「唐之晚年」，劉邠《中山詩話》簡縮為「晚唐」。宋人所謂「晚唐」，大抵指懿宗咸通以後之唐末。梅堯臣構思極艱，詩風平淡清切，近似晚唐；王安石絕句亦學晚唐，對薛能、羅隱詩多所宗法。其後晚唐詩歷經蘇軾、黃庭堅之解讀，南宋陸游、楊萬里、江西、四靈詩人之汲取化變，至嚴羽《滄浪詩話》評價晚唐詩，多可見晚唐詩風之沾溉與影響。迨南宋末年，「晚唐體」作為一種風格或詩體的術語時，常指開創晚唐體之賈島、姚合，有時還包括宋初九僧、及南宋四靈。[46]

反應在版本學上，於是宋刻本李賀（790-816）詩集有京師本、蜀本、會稽姚氏本、宣城本、鮑欽止家本五種，南宋蜀刻《李長吉文集》四卷，今尚存，《宋蜀刻本唐人集叢刊》收錄之。姚合（775-855?）詩集宋代有浙本、川本兩種。晚唐體影響最大者為賈島，《蔡寬夫詩話》甚至將晚唐詩格稱為「賈島格」。賈島（779-843）《長江集》，有宋刊本兩種，為明仿宋刻祖本。[47]楊億、劉筠、錢惟演等西崑詩人宗法李商隱（813?-858），明刊本李詩，多出自北宋三卷刊本；《西清詩話》、《延州筆記》曾載劉克、張文亮註解李義山詩。《蔡寬夫詩話》稱：王荊公晚年喜稱義山詩；《石林詩話》引述王荊公言，以為學詩當先學商隱而後老杜；朱弁《風月堂詩話》卷下謂黃庭堅詩學：「乃獨

---

[46] 黃奕珍：〈宋代詩學中「晚唐」觀念的形成與演變〉，《宋代文學研究叢刊》第二期，（高雄：麗文文化公司，1996.9），頁 225-237；李定廣：〈「晚唐體」詳辨〉，《古代文學理論研究》第二十三輯，（上海：華東師範大學出版，2005.12），頁 312-318。

[47] 同註 43，《唐集敍錄》，《李賀歌詩》敍錄，頁 226-228；《姚少監集》敍錄，頁 263-265；《長江集》敍錄，頁 305-307。

用崑體工夫，而造老杜渾成之地」；義山詩之含蓄工細、包蘊密緻，在宋代之
接受或影響，可以考見。[48]當然，宋人學習晚唐詩「意新語工」之風氣，也體現
在晚唐詩人文集之整理上。從文獻整理、寫本傳鈔、印本刊行到詩歌創作、詩
學評論，構成宋人學唐變唐之網絡。

3. 五百家注韓與昌黎體之體現

　　追求詩語之新創，是中晚唐詩之普遍趨勢，致力於古典之新創，正是韓愈
一派之詩風。韓愈（768-824）作為古文家與詩人，沾溉宋人極多，此與宋人學
唐變唐、古籍整理，圖書流通關係密切。據《宋詩派別論》稱：北宋詩人學韓
者有穆修、石延年、余靖、石介、梅堯臣、蘇舜欽、歐陽脩諸家，號稱「昌黎
體」。

　　考昌黎詩派流行時期，在仁宗天聖、神宗熙寧間（1028-1072），開風啟習
影響深遠：宋人對韓愈詩文集之整理，有所謂五百家註韓之說，學界全面稽考
宋代之《韓愈文集》傳本，確認已經失傳之宋元韓集傳本大約 102 種；流傳至
今之宋元韓集傳本尚存 13 種。[49]宋代整理韓集之功臣，較著者有歐陽脩之校
勘，以及朱熹之《韓文考異》。就詩文集之出版而言，《昌黎先生文集》在北
宋，以祥符杭本最早。同時有蜀中刻本，有穆修刊印唐本《韓柳集》。其後又
有饒本、閣本、謝克家本、李昺本、洪興祖本、潮本、泉本諸本。由於文壇有
心提倡，因此傳世之《昌黎先生文集》宋刻本有十種之多，臺北故宮博物院更
有浙刻巾箱本。[50]四川地區刊刻，見上海古籍出版社影印《宋蜀刻本唐人集叢

48　同註 43，《唐集敘錄》，《李義山集》敘錄，頁 283-285。參考吳調公：《李商隱研究》，第八章，
　　一、〈從西崑體的因襲李詩之短，到王安石、黃庭堅善於吸收李詩的營養〉，（臺北：明文書局，
　　1988.9），頁 220-232；劉學鍇等：《李商隱資料彙編》，（北京：中華書局，2001.11），頁 11-
　　114。

49　參考劉真倫：《韓愈集宋元傳本研究》，第一編〈集本〉，（北京：中國社會科學出版社，
　　2004.6），頁 35-338。又，劉真倫：《韓愈《昌黎先生集》編次考》，《中國典籍與文化論叢》第八
　　輯，（北京：北京大學出版社，2005.1），頁 171-187。

50　同註 43，《唐集敘錄》，《昌黎先生文集》敘錄，頁 167-169；陳伯海、朱易安：《唐詩書錄》，
　　〈韓愈〉，（濟南：齊魯書社，1988.12），頁 337-338。劉琳、沈治宏：《現存宋人著述總錄·集部
　　別集類》，羅列《韓集舉證》等宋人對韓愈文集整理之刻本九種，（成都：巴蜀書社，1995.8），頁

刊》，有《昌黎先生文集》四十卷，《外集》十卷，為蜀刻十二行二十一字本；又有《新刊經進詳註昌黎先生文集》四十卷，《外集》十卷，《遺文》三卷，為蜀刻十行十八字本。杭州地區所刊，有咸淳間廖瑩中世綵堂刻本《昌黎先生集》四十卷，《外集》十卷，為九行十七字本，今藏北京國家圖書館。福建地區所刊，為南宋建安魏仲舉所刻《新刊五百家註音辯昌黎先生集》四十卷，《外集》十卷，《天祿琳瑯》載有兩部；要皆刊刻於慶元六年（1200），十行十八字本。[51]其他藏本、寫本，亦相對眾多，足見當時流傳之盛。

清沈曾植稱：「宋詩導源於韓」；又云：「歐蘇悟入從韓，證出者不在韓，亦不背韓也，如是而後有宋詩」；[52]韓詩之「以文為詩」、「以議論為詩」、以奇崛為詩、以雕鏤為詩、以義法為詩、以文為戲，對宋人尤其是歐陽脩、梅聖俞、王安石、王令、蘇軾、黃庭堅，以及江西詩人多有影響。試再考察宋代之詩話、筆記、題跋、文集於韓詩韓文之解讀、詮釋極夥，從中可見宋代之韓學接受與影響。論者稱，宋人對韓文的評論，與宋學自身的建設密不可分：宋人對韓愈思想之接受，促成宋學之發生；宋人對韓學之懷疑與批判，促成宋學之深化與成熟。宋代詩話 70 餘種，宋人筆記 100 餘種，雜說 100 餘種，於韓詩、韓文、韓學多所討論與發明。[53]筆者以為，宋人尊韓學韓，論韓闡韓，蔚為五百家注韓之大觀，《韓集》之刊行傳鈔，自是其中之觸媒與功臣。

4.《劉夢得文集》之刊刻傳播與宋調宗法

劉禹錫（772-842）品格端正，詩品一如其人。其詩作學習民歌，變革詩體，怨刺托諷，寓犀利於婉曲；法度嚴明，技藝精湛，用字講究來歷，論詩標榜斤斫無迹。宋代詩人如王安石、蘇軾、蘇轍、黃庭堅、陳師道、陳與義、楊

224-225。

[51] 潘美月：〈宋刻唐人文集的流傳及其價值〉，國家圖書館、中央研究院歷史語言研究所、國立臺灣大學中國文學系編印，《屈萬里先生百歲誕辰國際學術研討會論文集》，2006.12，頁 177-204。

[52] 黃濬：〈沈子培以詩喻禪〉，《花隨人聖盦摭憶》，（上海：上海書店，1998.8），頁 364。

[53] 吳文治：《韓愈資料彙編》，（臺北：學海出版社），頁 71-598。夏敬觀：〈說韓愈〉，《唐詩說》，（臺北：河洛圖書出版社，1975.12），頁 75-79；參考同註 49，第三編〈詩文評〉，上編「詩話」、中編「筆記」、下編「雜說」，頁 396-552。

萬里、范成大諸家，宋詩特色之建構與傳承者，多受其沾溉與影響。[54]

　　劉禹錫詩，先後得上述宋詩大家名家之喜愛推崇，學習師法，對於宋詩特色之形成，有推助作用。劉氏文集，自編為四十卷，其後刪為《集略》十卷，至宋，陳振孫《直齋書錄解題》卷十六著錄蜀刻本《劉夢得文集》三十卷，云：「集本四十卷，逸其十卷。」晁公武《郡齋讀書志》著錄《劉禹錫夢得集》三十卷，外集十卷；《崇文總目》著錄《劉賓客集外詩》三卷。元明以來，宋槧若存若亡，清黃丕烈得一宋刊殘本，另陸心源《皕宋樓藏書志》六十九著錄，係述古堂影宋本；《天祿琳琅》四著錄，係琴川毛氏影宋鈔本。《劉夢得文集》宋刊之全者，留存在日本，為平安福井氏崇蘭館藏書，今歸天理圖書館珍藏，共十二冊，四十卷，前三十卷題為《劉夢得文集》，書名同北京圖書館所藏宋刊本，後十卷題為《劉夢得外集》，與臺北故宮博物院所藏宋刊本《劉賓客文集》，及傳世之通行本無異。宋刊劉集之存於今者，北京圖書館僅存四卷，天理圖書館、臺北故宮圖書館四十卷，內外集皆全。[55]宋代印刷傳媒之刊行詩集，自是詩壇、文苑、士林師法唐詩優長之反應回路，猶形之於影、音之於響然。

5.《李太白文集》之刊印與李杜優劣論

　　王禹偁（954-1001）、歐陽脩（1007-1072）、蘇軾（1037-1101）、黃庭堅（1045-1105）、徐積（1028-1103）、郭祥正（1035-1113）、李之儀（1048-1117）、孔平仲（哲宗徽宗朝在世）諸家作詩，則兼學李太白（701-762），楊萬里《誠齋詩話》稱為「李太白詩體」，《滄浪詩話》稱為「太白體」。可見宋人接受李白詩蔚為流行時期，在太宗太平興國年間至徽宗崇寧大觀間，前後一百餘年。反映於古籍整理，版本流傳，亦可得而言。

---

[54] 蕭瑞峰：《劉禹錫詩論》，第九章第二節〈影響久遠的一代詩豪〉，（長春：吉林教育出版社，1995.9），頁 257-264。

[55] 同註 43，《劉賓客集》敘錄，頁 201-204；嚴紹璗：《漢籍在日本的流布研究》，第十章第四節、二、〈日本國寶宋刊本《劉夢得文集》與《歐陽文忠公集》〉，（南京：江蘇古籍出版社，1992.6），頁 329-330；劉衛林：〈日本天理圖書館所藏所刊《劉夢得文集》流傳概略〉，宋代文化國際研討會，成都：四川大學，2006.8。

傳世之《李太白文集》，多由宋人重輯、校勘、與增訂而來，其中樂史於咸平元年（998）編纂《李翰林集》二十卷、熙寧元年（1068）宋敏求重編增訂為三十卷、曾鞏編年考次宋敏求本為《李太白文集》三十卷，居功甚偉。元豐三年（1080），蘇州太守晏處善〈知止〉將宋敏求、曾鞏所整理交付刊印，世稱蘇本，是為李白集第一個刻本。其他鏤版傳世者尚有蜀刻多本，當塗本，南宋咸淳已巳本，以及竄亂之坊本；日本靜嘉堂文庫藏有《李太白文集》三十卷，正是北宋蜀刻本。宋晁公武《郡齋讀書志》、陳振孫《直齋書錄解題》皆提及元豐間晏處善蜀本《李太白文集》三十卷，清陸心源《儀顧堂集》〈北宋李太白文集跋〉以為此一蜀本「完善如新，可寶也。」《中國版刻圖錄》云：「此為李集傳世最古刻本」。[56]由於宋型文化與唐型文化不同，引發「李杜優劣論」在宋代之爭論：王禹偁〈李太白真讚並序〉、歐陽脩〈李白杜甫詩優劣說〉、蘇軾〈書黃子思詩集後〉、黃庭堅〈與徐師川書〉其一，對於李白杜甫齊名並稱，略有軒輊。至於徐積〈李太白雜言〉、李之儀〈李太白畫像贊〉、饒節〈李太白畫歌〉、尤袤〈李白墓〉，以及號稱「李白後身」之郭祥正作詩，大抵一致高度推揚李白詩之謫仙形象，風塵外物詩思與風骨。王安石《四家詩選》、釋惠洪《冷齋夜話》、胡仔《苕溪漁隱叢話》、陳善《捫蝨新話》，多主李不如杜；蘇轍《詩病五事》、李綱〈讀四家記〉、羅大經《鶴林玉露》諸書，更非議太白之思想與人格。[57]探討此一專題，除從唐宋審美之流變、期待視野之不同，影響典範選擇之殊異外，又可以考量從宋型文化、理學昌盛，以及古籍整理、圖書出版流通觀點解讀，不妨據此考察嘗試。

---

[56] 同註 43，《唐集敘錄》，《李翰林集》敘錄，頁 79-83。宋人整理李白詩文集，傳世者有北宋蜀刻本，日本靜嘉堂文庫、北京圖書館所藏，即是此一刊本，十一行，行二十字。又有南宋咸淳刊本《李翰林集》30 卷，楊齊賢《分類補注李太白詩》25 卷，詳參平岡武夫編：《李白的作品》，〈靜嘉堂本《李太白文集》〉，（上海：上海古籍出版社，1989.11），頁 1-11；郁賢皓主編：《李白大辭典・版本》，（桂林：廣西教育出版社，1995.1），頁 318-319。

[57] 馬積高：〈李杜優劣論和李杜詩歌的歷史命運〉，李白研究學會編《李白研究論叢》第二輯，（成都：巴蜀書社，1990.12），頁 289-300；蔡瑜：《宋代唐詩學》，第四章第二節，三、〈李白杜甫優劣說〉，（臺北：臺灣大學中國文學研究所博士論文，1989.6），頁 272-285。

（二）陶集、杜詩之整理刊行與宋詩典範之選擇

唐宋審美情趣各有宗尚，筆者以為，此乃唐型文化與宋型文化之發用，如響斯應，如影隨形。宋人姚寬《西溪叢語》已先發其蒙，清俞樾《茶香室叢鈔》，亦略道其然，惜皆未敘說所以然之故。其中曖而不明，鬱而不發處，正是問題關鍵處，姚寬云：

> 殷璠為《河嶽英靈集》，不載杜甫詩；高仲武為《中興間氣集》，不取李白詩；顧陶為《唐詩類選》，如元、白、劉、柳、杜牧、李賀、張祜、趙嘏，皆不收；姚合作《極玄集》，亦不收杜甫、李白。彼必各有意也。（宋姚寬《西溪叢語》卷上）

《河嶽英靈集》何以不載杜詩？《極玄集》何以并李杜詩皆不收？姚寬只模糊臆測：「彼必各有意也」；究竟取捨予奪之間，有何「意」趣，並未明說。俞樾《茶香室叢鈔》卷八〈唐人選唐詩〉條亦引述姚寬之言，略加闡釋云：「余謂李、杜諸人，在今日則光芒萬丈矣；在當日亦東家丘耳；或遭擯棄，初不足怪。」亦只就清初以來李杜「光芒萬丈」之事實陳說而已，在唐代何以「或遭擯棄」，「亦東家丘耳」？俞樾並未論辨推因。筆者考察宋代之古籍整理，以類推詩學風尚；[58]研究宋代讀書詩、宋人選唐詩，以鉤稽詩學典範，[59]其中牽涉到李杜優劣論、宋人之期待視野、唐宋之審美流變、以及宋人之學古通變諸問題，已嘗試作若干詮釋。今再就詩集之整理刊行，推測印刷傳媒可能引發之接受與反應，據以解讀陶集杜詩蔚為宋詩典範之所以然。

學古通變，是宋人傳承文學遺產，兼顧開拓發揚，達到自成一家之必經歷程。宋初以來，此消彼長之典範選擇，「從歐陽脩之推韓、李，到王安石、蘇軾、黃庭堅之倡陶杜，反映了審美意識從『發揚感動』到『覃思精深』；從

---

[58] 張高評：《自成一家與宋詩宗風》，〈杜集刊行與宋詩宗風——兼論印本文化與宋詩特色〉，（臺北：萬卷樓圖書公司，2004.11），頁 1-65。

[59] 同註 23、註 35。

『不平則鳴』、『窮而後工』到『悠然自得』、『無意為詩』的變化」；論者稱：陶淵明與杜甫詩學典範之形成，是以互補的形式集中體現了宋代詩人基本創作意識和審美理想，如「少陵有句皆憂國，陶令無詩不說歸」；「少陵雅健材孤出，彭澤清閒興最長」；「拾遺句中有眼，彭澤意在無弦」之類，[60]可作代表。筆者以為：陶詩與杜詩，蔚為宋代詩學典範，學習之、宗法之，此非有圖書之閱讀、接受、參照與轉化不為功。藏本、鈔本、寫本無論矣，印刷傳媒之化身千萬，無遠弗屆，將更有助於陶、杜典範之形成。

1.《陶淵明集》之整理刊刻與宋詩之典範

陶淵明（365-427）之人格風格，與杜甫先後輝映，蔚為宋人詩學之兩大典範，號稱「陶杜」。宋代詩人如徐鉉、林逋、梅堯臣、宋庠、王安石、蘇軾、蘇轍、黃庭堅、秦觀、陳師道、陸游、楊萬里、朱熹諸家，要皆為尊陶、學陶、和陶、宗陶之代表；其中蘇軾所作和陶詩 124 首，尤稱經典大宗。[61]至於評詩論人，稱許贊揚陶詩、陶公者，如蘇軾、王安石、黃庭堅、陳師道、晁補之、張戒、真德秀、汪藻、許彥周、劉克莊、何汶、嚴羽、陸游、辛棄疾、朱熹諸家，多稱揚人品之高潔，強調作品之價值，凸顯學陶之意義。[62]由此觀之，兩宋詩人對陶淵明詩之接受與反應，既普遍又持久，當是審美接受之「期待視野」相貼近之故。陶淵明之道德文章，備受宋人推崇，堪作師表。於是有關《陶淵明集》之藏本、寫本、印本亦因供需相求而版本多元，圖書傳播與典範選擇間，自有依存消長之關係。

古籍整理《陶淵明集》方面，據郭紹虞考證，北宋本已有七種，今只存其一；南宋本有九種，今亡佚其四。北宋開始對《陶淵明集》進行校訂翻刻，宋庠（996-1066）重刊十卷本《陶潛集》，僧思悅於治平三年（1066）將《陶集》

---

[60] 程杰：〈從陶杜詩的典範意義看宋詩的審美意識〉，《文學評論》1990 年 2 期。

[61] 朱靖華：《朱靖華古典文學史論集》，〈論蘇軾的〈和陶詩〉及其評價問題〉，（長春：吉林文史出版社，2003.10），頁 133-151。

[62] 參考北京大學、北京師大中文系合編：《陶淵明研究資料彙編》（《陶淵明卷》），（北京：中華書局，1959）。參考鍾優民：《陶學史話》，第三章〈高山仰止，推崇備至〉，（臺北：允晨文化公司，1991.5），頁 64-73。

重加整理付梓，其後洪邁、嚴羽、湯漢等人對作品亦多所考訂辨析。晁公武
《郡齋讀書志》稱：靖節先生集有七卷、十卷、九卷、五卷數本，可謂卷次互
異，版本紛呈，甚至出現攜帶方便之「巾箱本」《陶集》，終宋之世，陶集版
本大約在 17 種以上。[63]至於宋人對陶詩典範之追尋與接受，宋代詩話、筆記、
題跋等詩學亦多有體現。印刷史、版本學、文獻學之整合研究，宋代陶詩學值
得考察檢視。宋人之學古通變，大抵以唐詩為宗法對象，唯一例外，為師法陶
淵明，故附記於末。

2. 千家注杜、杜集編印，與宋詩宗杜風尚

　　杜甫（712-770）之人格與風格，與宋人之生命情調諸多契合，故自王禹偁
推尊杜詩成就，以為「子美集開詩世界」，王安石、蘇軾、黃庭堅、陳師道、
陳與義、陸游、文天祥、元好問、方回諸大家，及江西詩派諸子，要皆先後宗
主杜甫，推尊為詩學之典範，楊萬里《誠齋詩話》號稱「杜子美詩體」，而嚴
羽《滄浪詩話・詩體》稱為「少陵體」。[64]由此觀之，杜甫詩在宋代流行時期，
頗為漫長與持久，大抵從北宋太平興國年間，歷經南北宋之交，一直到南宋咸
淳景炎、及蒙元大德年間（976-1307），前後 300 餘年。由於杜甫之憂患、悲
憫、耿直、忠愛，在歷經喪亂、宋金對峙之南宋，詩人感同深受，於是與主流
詩人之期待視野不謀而合；杜詩之風格多樣、體兼眾妙與宋型文化之「會通化
成」合轍，故蔚為宋詩之最高典範。

　　就周采泉《杜集書錄》所云：宋代杜集之整理、刊刻、傳鈔，堪稱盛況空
前：計有全集校刊箋注類 36 種、存目 15 種；輯評考訂類 14 種、譜錄類 12
種、選本鈔寫類 13 種、選本輯佚類存目 5 種、集句類 7 種、石刻類 3 種、雜著

---

[63] 袁行霈：《陶淵集箋注》，書後羅列「主要參考書目」，關於兩宋刻本者傳世而參考者有六種，如宋
　　刻遞修本《陶淵明集》十卷本，有兩種；黃州刻本《東坡先生和陶淵明詩》四卷；紹興刻本，蘇體大
　　字，《陶淵明集》十卷；紹熙三年曾集刻本，《陶淵明詩》一卷，《雜文》一卷；湯漢注，淳祐元年
　　湯漢序刻本《陶靖節先生詩注》四卷，《補注》一卷。雕版印刷傳存於今者，尚有如此之多，可以想
　　見印刷傳媒對當時陶詩之傳播與接受之影響。（北京：中華書局，2003.4），頁 871。

[64] 曾棗莊：〈天下幾人學杜甫，誰得其皮與其骨——論宋人對杜詩的態度〉，輯入《唐宋文學研究》，
　　（成都：巴蜀書社，1999.10），頁 35-49。

類 3 種、偽書類 12 種、存疑類 12 種；以上杜集版本 129 種，總量 1240 卷以
上。南宋理宗寶慶二年（1226）董居誼為黃氏父子《千家註杜》作序時稱：
「近世鋟板，注以集名者，毋慮二百家」，可見其流傳之盛況，舉世之風靡。
杜集之傳鈔與刊刻，已橫跨南北兩宋矣；再就杜集刊刻之分佈而言，亦無所不
在：有蘇州刻本、洪州刻本、成都刻本、福唐刻本、建康刻本、建安刻本、興
國刻本、浙江刻本等等；其中又分官刻本、家刻本、坊刻本；除外，尚有若干
藏本、寫本，不計在內。於是閱讀、學習、宗法、評論杜詩蔚為風潮，歷經南
北兩宋。自始至終，皆與《杜甫詩集》之整理與刊行相輔相成，自是不爭的事
實。[65]

　　宋詩典範之選擇，歷經漫長之旅程，宋初，士大夫多宗白樂天詩，祥符天
禧間，楊億、劉筠專喜李義山；景祐慶曆後，李太白、韋應物諸人，始雜見於
世。其後蘇軾、黃庭堅學杜詩、尊杜甫，蘇軾更推崇陶淵明，江西門徒甚眾，
陶詩杜詩遂蔚為宋詩之詩學典範。[66]袁枚所謂「唐人學漢魏，變漢魏；宋學唐，
變唐。使不變，不足以為唐，亦不足以為宋也」；確定宋人學唐、變唐，而能
自成一家，猶唐人學漢魏、變漢魏，形成唐詩唐音之本色然。清吳之振《宋詩
鈔·序》稱：「宋人之詩變化於唐，而出其所自得」；學唐變唐，又出其所自
得，此非有圖書雕版、印行傳播不為功。宋代印本寫本並行，知識流通乃日新
月異，「詩分唐宋」，各造輝煌，始成為可能。

第四節　結論

　　雕版印刷，在宋代達到空前之繁榮，由於印本有「易成、難毀、節費、便
藏」之優勢，以及化身千萬，無遠弗屆之傳媒效應，因此，圖書流通快速，知
識傳播產生革命性之改變。終宋之世，刊刻圖書之數量，當在數萬部以上。[67]加

---

[65] 參考周采泉：《杜集書錄》，（上海：上海古籍出版社，1986.12）。

[66] 同註 42，《宋詩派別論》，〈分派法之商榷〉，頁 1-5。

[67] 同註 2，《中國圖書論集》，李致忠〈宋代刻書述略〉，頁 204-221；楊渭生：《兩宋文化史研究》，

上寫本、鈔本、藏本圖書，作為傳統閱讀書卷，與印本圖書並行爭妍，蔚為趙宋文明之輝煌。有這麼多豐富的圖書資料，造成閱讀和運用上極大之便利，處於知識爆炸之宋代，影響所及，自然容易造成「資書以為詩」，王夫之《薑齋詩話》所謂「總在圈繢中求活計」者是。於是在創作方面產生以文字為詩、以才學為詩、以議論為詩，所謂文人之詩者是；在詩學理論方面，標榜讀書博學，儲備詩材，強調「字字求出處」，主張學古變古，點鐵成金、以故為新、奪胎換骨，期許「出入眾作，自成一家」；朱熹論學所謂「舊學商量，新知培養」，其中自有圖書傳播與熟讀飽參之效應，尤其是印刷傳媒之作用在。

嚴羽身處印本書與寫本書爭輝之時，身居雕版印刷重鎮之福建邵武，又目睹江西末流之弊病，赫然發現宋詩之缺失：在試圖以「詩外」之物（書冊、學問）為詩，「役心向彼撥索」，忽略「直尋」，追求「補假」，這就是嚴羽所謂近代諸公的「奇特解會」。為矯正時弊，所以《滄浪詩話‧詩辨》提出：「詩有別材，非關書也」；下半段更作一轉語說：「然非多讀書，多窮理，則不能極其至」；終則標榜「自出己意以為詩」，作為變唐入宋之關鍵。其實，嚴羽明言「詩有別材，非關書也，……而古人未嘗不讀書」，說得本極清楚明白。自清代詩話易「書」為「學」，異議遂多。[68]

詩人作詩，牽涉到兩方面，一是別材問題，一是如何讀書和如何用書問題。尤其是後者，以宋代圖書文獻流通便利而言，詩人作詩所應講究者，乃「書為詩用，不為詩累」，以消納書卷為上，賣弄學問為下。在印本文化取代寫本，圖書流通迅速，知識獲得便利之情勢下，資書以為詩，以才學為詩，以流為源，注重補假；捨本逐末，而「不恤己情之所自發」，宋人這種「奇特解會」，的確是創前未有，開後無窮。以書卷、學問為觸發，學以致用，表現於詩作，在寫本文化之後，印本文化繁榮與當今之時，唐宋詩相比較，不失為獨到與創發。其中成敗優劣，與詩人之才能、悟性、素養關係最為密切；易言之，是個別詩人學以致用、消納轉化、圓融渾成諸問題，畢竟，「法在人」

第十一章〈宋代的刻書與藏書〉，（杭州：杭州大學出版社，1998），頁467-487。

[68] 參考郭紹虞：《滄浪詩話校釋》，〈詩辨〉，（北京：人民文學出版社，2005.12），頁33-37。

啊！試觀清代浙東詩派、桐城詩派、同光詩派論詩作詩，可悟其中道理。

黃宗羲《明儒學案‧自序》稱：「讀書不多，無以證斯理之變化」；然讀書多，當為詩用，不作詩累，庶幾開卷有益。否則，豐富圖書只供詩人摛撦獺祭、蹈襲剽掠，不能去陳、化變、出新、入妙，是亦枉然。雕版印書、右文政策之施行，閱讀態度、創作風格亦隨之改觀。宋代士人面對「宋人生唐後，開闢真難為」之困境，大家名家紛紛發言，分別留心於詩思、命意、語言、學養之講究；王安石標榜杜甫「讀書破萬卷，下筆如有神」；蘇軾楬櫫「博觀而約取，厚積而薄發」；黃庭堅取譬「長袖善舞，多錢善賈」；朱熹強調「舊學商量，新知培養」，可謂百慮一致，殊途同歸。其中東坡所云，最具代表性：博觀，指閱讀對象之廣博多元；厚積，指學問涵養之積累豐厚。博觀泛覽，而能別識心裁，是謂「約取」；學養豐厚，而作慎微之發用，是謂「薄發」，可見積學儲寶，讀書有益於作文。尤其針對唐詩所建構之敘述視角、描述過程、時空關係、語言形式，亦經由多讀書而博觀約取，而厚積薄發，而轉化新變。讀書博學，開卷有益，在在提示文學生存發展之道，如梅堯臣、歐陽脩、王安石、蘇軾、黃庭堅諸代表詩人所提示「會通化成」之道，以及「意新語工」之方，所謂獨創、自得，要皆以求異思維、創意造語為依歸。

宋人面對唐詩之輝煌璀璨，大抵採行兩大因應策略：以學唐為手段，而以變唐為目的。學唐，即是模仿、繼承、接受、汲取唐詩之優良傳統；變唐，卻是自覺的刻意轉化、修正、調整唐詩建構之典範與本色，從事更新、重寫、發揮、創造，而以形成宋詩特色之風格為極致。大抵宋代詩人多有布魯姆（Harold Bloom，1930-）所謂之「影響的焦慮」（The Anxiety of Influence），既接受唐詩，又挑戰唐詩；既受其影響，又思脫穎而出，進而取得獨立性、創造性。所謂「渴求中斷前驅詩人永無止境的影響，以代替前驅詩人而彰名於世」，宋詩之學古通變，期許自成一家近似之。宋人致力學古通變，期許自成一家，其終極成就果然疏遠了唐詩之本色，逆轉了唐人建構之詩歌語言，蔚為「詩分唐宋」之局面，所謂「唐音」與「宋調」者是。宋詩所以能逆轉唐詩影響，取而代之，而別子為宗，平分詩國之秋色者，趙宋王朝「擴大科舉名額，以及大量刻印書籍等」所謂「右文政策」，是其中之推手與助力。

　　唐人詩文集，多經宋人輯佚、整理、校勘、雕印，始得流傳後世。宋人整理刊刻唐人詩文集，目的在於「學唐」，而後「變唐」，其終極目標，在新變代雄，自成一家。從閱讀、接受、飽參，到宗法、新變、自得，雕版印刷實居觸媒推助之功。試翻檢宋代文學發展史，當知宋詩特色形成之進程中，經歷學西崑體、學樂天體、學晚唐體、學昌黎體、學杜少陵、學陶靖節諸典範之追尋。因此，李商隱、白居易、李賀、賈島、姚合、韓愈詩，以及陶潛、杜甫詩之整理與刊行，亦風起雲湧，相依共榮。詩風文風之走向，與典籍整理，圖書版本刊行相互為用。為體現宋代之文化活動實況，研究宋代之詩歌與詩學，本文嘗試整合版本學、目錄學、文獻學而一之，以考察唐代詩人別集之寫本、刊本在宋代之傳播流傳，印合宋詩各期典範之追求，自見宋詩學古通變之一斑。

　　南宋以來，宗唐詩話筆記對宋詩大加撻伐者，為與唐詩、唐音趣味不同之「非詩」特色。這些特色，不僅積極突破唐詩之「典範」；更刻意乖離唐詩之本色，創造性地破壞了唐詩之主體性，如以文為詩、詩中有畫、以詞為詩、以賦為詩、以史入詩、以禪喻詩、以禪為詩、以諢為詩、以書法入詩、以史筆為詩、以文字為詩、以議論為詩、以才學為詩、以及以翻案為詩、以活法為詩等等。宋人追求這種「非詩」之詩思、詩材、詩語、詩藝，於是體現「皮毛剝落盡」的陌生化，「出人意表」的新鮮感，「著意與人遠」的奇異性，以及「挺拔不群」的自我期許，因此能蔚為宋詩與宋調之獨闢谿徑，自得自到。這種獨到與創發性，跟創造思維（creative thinking）注重反常、辯證、開放、獨創、能動性，可以相互發明。而宋詩之所以呈現異趣殊味之「非詩」系列特色，在在跟印刷傳媒崛起，印本與寫本爭輝，甚至取代寫本有關。蓋圖書流通便捷，知識信息量暴增，提供學科整合會通之有利平臺，破體為文、出位之思之體現；學古通變、會通化成之發展，乃勢所必至，水道渠成。

　　綜要言之，宋人面對「菁華極盛，體製大備」之唐詩典範，因應之道，在以學唐為手段，以通變為策略，盡心於「破體」，致力於「出位」，從事「會通化成」，講究「意新語工」，追求自得自到，期許自成一家。凡此，多與讀書萬卷，學問精博相互為用。宋人整理雕印杜甫、李白、韓愈、白居易、劉禹錫、李商隱、李賀、賈島、姚合等唐代諸家詩文集，以及陶淵明集，作為典範

之觀摩、學唐變唐之觸媒，加上寫本藏本之流通，圖書信息之豐富多元，於是宋人從閱讀、接受、飽參，進而宗法、新變、自得，將傳承優長與開拓本色畢其功於一役。雕版印刷之崛起，圖書流通之便捷，對於宋詩特色之生成，自有推波助瀾之效應。推而廣之，對於南宋以來張戒、嚴羽所斥「奇特解會」，明清宗唐詩話所譏「非詩」習氣，以及一切「唐宋詩之爭」課題；錢鍾書所提「詩分唐宋」說，乃至於日本內藤湖南所倡「唐宋變革」說，陳寅恪、傅樂成所謂宋型文化、文化造極云云，多可從宋代之印刷傳媒切入，作為詮釋解讀之試金石。[69]

---

[69] 本文最初公開發表於 2006 年 11 月 28-12 月 1 日，北京大學古文獻中心承辦，成功大學文學院、復旦大學古代文學研究中心、中央研究院中國文哲研究所主辦之「中國古文獻學與文學國際學術研討會」中。後經修訂，刊登於國立中山大學中文系《文與哲》第十期（2007 年 6 月）。

第八章　宋人詩集選集之刊行與詩分唐宋
——兼論印刷傳媒對宋詩特色之推助

摘要

　　雕版印刷崛起繁榮於宋代，與寫本藏本爭輝爭勝，蔚為宋代圖書傳播之新寵，助長宋詩特色之形成，提供唐宋變革之觸媒，「詩分唐宋」自當以印刷傳媒作為催化劑。本文論述宋詩別集在宋代之雕版印行，發現騷人墨客之審美品味，攸關圖書市場之好惡取捨，而圖書版刻質量之優劣多寡，大抵與詩集選集傳播接受之寬廣度有關，更與宋詩之發展嬗變枹鼓相應。宋詩名家大家，如王禹偁、蘇舜欽、梅堯臣為宋詩特色之先導；歐陽脩、王安石、蘇軾、黃庭堅為宋詩宋調之建構；陳師道、陳與義、范成大、楊萬里、陸游，見江西詩風之嬗變；邵雍、朱熹詩歌，得理障理趣之消長；劉克莊、戴復古二家，知宋詩宋調之變奏；凡曾影響當代，流傳後世者，其圖書傳播除寫本、鈔本外，又皆有頗多之雕版印本作為圖書傳媒。宋人選刊宋代詩文總集，從審美品味與商品經濟，亦可考察宋詩體派之流衍，如《西崑酬唱集》之於西崑體，《三蘇先生文粹》、《坡門酬唱集》之於東坡體，《江西宗派詩集》之於江西詩派，《四靈詩選》之於四靈詩派，《江湖集》前、後、續集，《兩宋名賢小集》、《詩家鼎臠》之於江湖詩派，《瀛奎律髓》之於一祖三宗。雕版刊行，因有「易成、難毀、節費、便藏」之優長，以及化身千萬，無遠弗屆之利多，相較於寫本鈔本，印刷傳媒遂快速成為知識傳播之利器。

關鍵詞

　　印刷傳媒　宋詩特色　宋刊宋人詩集選集　詩分唐宋　圖書傳播

第一節　寫本印本之爭輝與宋朝之圖書傳播

　　自東漢蔡倫發明紙張，相較縑帛竹簡之貴重，更便利於書寫，於是天下風行，「莫不從用」。[1]至東晉，紙卷始普遍應用，始完全替代竹木簡牘，知識傳播進入「寫本」時代。[2]東晉傅咸撰寫〈紙賦〉，對於知識傳播之媒介由竹簡轉換為紙張，形成諸多優越與效能，尤其影響文學創作，多所強調，其文曰：

> ……既作契以代繩兮，又造紙以當策。夫其為物，厥美可珍，廉方有則，體潔性貞，含章蘊藻，實好斯文。取彼之淑，以為此新，攬之則舒，舍之則卷，可屈可伸，能幽能顯。若乃六親乖方，離群索居，麟鴻附便，援筆飛書，寫情于萬里，精思于一隅。（傅咸〈紙賦〉，《藝文類聚》卷五八，《漢魏六朝百三家集》卷四六，文字各有詳略）

　　紙張取代竹簡，使寫作思維更加流暢，使文本傳播更加便利而行遠，所謂「攬之則舒，舍之則卷，可屈可伸，能幽能顯」；「寫情于萬里，精思于一隅」，同時也促成文學觀念之轉變，與文體論之發達。[3]由此可見，知識載體之改變，必然影響寫作之思維方式，左右文學之審美價值，決定知識傳播之質量和範圍。寫卷相較於竹簡，有諸多便利。唐詩之傳播與當代接受，除唐人選唐詩外，傳世之敦煌寫本卷子，可作代表。[4]無論官府私家藏書，或士人鈔錄傳

---

[1] 范曄《後漢書》卷一百八，列傳六十八〈蔡倫傳〉：「自古書契多編以竹簡，其用縑帛者謂之為紙。縑貴而簡重，並不便於人。倫迺造意用樹膚；麻頭及敝布、魚網以為紙。元興元年奏上之，帝善其能，自是莫不從用焉，故天下咸稱蔡侯紙。」清王先謙《集解》本，（臺北：藝文印書館影印長沙王氏校刊本），頁 897。參考楊巨中：《中國古代造紙史淵源》，第三章〈東漢蔡侯紙〉，（西安：三秦出版社，2001.10），頁 107-158。

[2] 錢存訓著，鄭如斯編訂：《中國紙和印刷文化史》，第四章（一）〈書籍用紙〉，（桂林：廣西師範大學出版社，2004.5），頁 82-83。

[3] 查屏球：〈紙簡替代與漢魏晉初文學新變〉，復旦大學中文系編《朱東潤先生誕辰一百一十周年紀念文集》，（上海：上海古籍出版社，2006.11），頁 405-416。

[4] 參考傅璇琮編撰：《唐人選唐詩新編》，（西安：陝西人民教育出版社，1996.7）；黃永武：《敦煌

寫，撰稿作文，皆是寫本。寫本雖較帛書竹簡便利，然作為圖書傳播，仍存在
「難成、易毀、價昂」，及體積龐大、攜帶不變諸缺失。白居易生前手編詩文
集，鈔錄五部，三本分置廬山、蘇州、東都寺廟，一本付姪兒，一本付外孫，
唯恐散佚，[5]可謂思周慮密矣。然經五代喪亂，至北宋，白氏手訂寫本，已亡佚
不傳。[6]其他前代別集論著之稿本寫本，或只一、二本，散佚不可再得者，豈在
少數？降低圖書之散佚率，增加圖書之流通量，實有待雕版印刷之複製圖書。

　　日本內藤湖南（1866-1934）探討中國歷史分期，提出「唐宋變革」說，
「宋代近世」說；其弟子宮崎市定（1901-1995）證成其理論，發揚光大，形成
京都學派。[7]其說影響陳寅恪（1890-1969）推崇宋代，以為「華夏民族之文化，
歷數千載之演進，造極於趙宋之世」。[8]其後，傅樂成強調「唐型文化與宋型文
化」，[9]繆鉞區分唐詩與宋詩風格之異同，錢鍾書綜論歷代古典詩，標榜「詩分
唐宋」，[10]皆受內藤學說啟示而有所發揮。

　　唯京都學派及其後學，包含近現代研究中國歷史分期者，發微闡幽內藤學
說者眾，考察唐宋所以異同，宋代所以變成近代之開端，除論述政治、科舉、

的唐詩》，（臺北：洪範書店，1987.5）；項楚：《敦煌詩歌導論》，（臺北：新文豐出版公司，
　　1993.5）。

[5] 六十卷本《白氏文集》，奉納廬山東林寺經藏院；六十五卷本《白氏文集》，奉納洛陽聖善寺；六十
　　七卷本奉納蘇州南禪院；七十卷本送廬山東林寺。說見《白氏文集》卷六一，〈東林寺白氏文集
　　序〉、〈聖善寺白氏文集記〉、〈蘇州南禪院白氏文集記〉；卷六九〈送後集往廬山東林寺兼寄雲皋
　　上人〉。卷七一〈白氏集後記〉稱《白氏文集》有五本，除廬山、蘇州、東都各一本外，又「一本付
　　侄龜郎，一本付外孫談閣童。各藏於家，傳于後。」參謝思煒：《白居易集綜論》上編，（北京：中
　　國社會科學出版社，1997.8），頁 7-11。

[6] 萬曼：《唐集敘錄》，《白氏文集》敘錄，（臺北：明文書局，1982.2），頁 239-248。

[7] 錢婉約：《內藤湖南研究》，第四章〈宋代近世說〉，（北京：中華書局，2004.7），頁 96-122；張
　　廣達：〈內藤湖南的唐宋變革說及其影響〉，《唐研究》第十一卷，（北京：北京大學出版社，
　　2005.12），頁 5-56。

[8] 參考王水照：〈陳寅恪先生的宋代觀〉，《宋代文學研究叢刊》第四期，（高雄：麗文文化公司，
　　1998.12），頁 1-16。

[9] 傅樂成：〈唐型文化與宋型文化〉，原載《國立編輯館館刊》一卷四期（1972.12）；後輯入氏著：
　　《漢唐史論集》中，（臺北：聯經事業出版公司，1977.9），頁 339-382。

[10] 繆鉞：《詩詞散論‧論宋詩》，（臺北：開明書店，1977 年）；錢鍾書：《談藝錄》，一、〈詩分唐
　　宋〉，（臺北：書林出版公司，1988.11），頁 1-5。

任官、黨爭、經濟、學術、藝文、兵制、法律諸文化史因素外，[11]對於雕版印刷
在宋代之繁榮普及，影響知識傳播，促成文明昌盛，激盪政治、經濟、科舉、
學風，要皆闕而弗論。筆者最近搜集印刷史料，參考版本學、目錄學、論文集
資料，企圖以印刷傳媒為核心，加上寫本、藏本之流通傳播，以之詮釋唐宋詩
之異同，平議唐宋詩之紛爭，解讀唐宋詩之特色，進而論證錢鍾書所倡「詩分
唐宋」之說，或可提供內藤湖南所謂「唐宋變革」之補充論證。印刷傳媒發揮
之效用，究竟造成哪些影響？促成何種變革？生發何種轉變？多值得探索。

（一）雕版印刷之繁榮與圖書傳播

雕版印書，大抵起於隋唐之祭印刷佛像佛經。至五代馮道以之雕印經籍，
「隨帙刻印，廣布天下」；北宋國子監始設書庫監官，雕印經史群書，「冀傳
函夏，用廣師儒。期于向方，固靡言利」，此種「敦本抑末，務廣其傳」，被
視為「聖教之一助」。北宋監本印刷圖書有平準書價功能，遂影響各路州縣官
府、書院、寺觀，熱絡雕印圖書。太宗、真宗朝訪求遺佚，悉令刊刻：於是公
私版本流播海內，促成宋代印刷傳媒之勃興：

> 　　長興三年二月，中書門下奏：「請依石經文字刻《九經》印板。」
> 敕：「令國子監集博士生徒，將西京石經本，各以所業本經，廣為鈔
> 寫，子細校讀。然後雇召能雕字匠人，各部隨帙刻印，廣布天下。」
> （《五代會要》卷八，〈經籍〉）
> 　　淳化五年……（國子監）始置書庫監官，以京朝官充，掌印經史群
> 書，以備朝廷宣索賜予之用，及出鬻而收其直，以上于官。（《宋史》
> 卷一六五，〈職官五〉）
> 　　自太祖平定四方，天下之書悉歸藏室。太宗、真宗訪求遺逸，小則

---

[11] 參考柳立言：〈何謂「唐宋變革」？〉，《中華文史論叢》（總第八十一輯），（上海：上海古籍出
　版社，2006.1），頁125-171。

價以金帛,大則授之以官。又經書未有板者,悉令刊刻,由是大備,起秘閣貯之禁中。(王應麟《玉海》卷五十二)

　　陳師道請求監本書籍「止計工紙」,目的有兩個:其一,「冀學者益廣見聞」,其二,「稱朝廷教養之意」。真宗為「章明古訓,以教後學」,依從陳師道之奏議,詔示「國子監經書更不增價」,「務廣其傳,不以求利」,影響所及,公私板本流布海內,「士大夫往往以插架相誇」,盛況之空前,論者以「天下未有一路不刻書」形容之,於是宋代蔚然成為雕版印刷的黃金時代:[12]

　　　右臣伏見國子監所賣書,向用越紙而價小。今用襄紙而價高。紙既不迮,而價增於舊,甚非聖朝章明古訓以教後學之意。臣愚欲乞計工紙之費,以為之價。務廣其傳,不以求利,亦聖教之一助。伏候敕旨。(陳師道《後山居士文集》卷十一,〈論國子賣書狀〉)[13]

　　　曩以群書,鏤于方版,冀傳函夏,用廣師儒。期于向方,固靡言利。將使庠序之下,日集于青衿;區域之中,咸勤于素業。敦本抑末,不其盛歟!其國子監經書更不增價。(《宋大詔令集》卷一五〇,天禧元年九月癸亥;《全宋文》第六冊,卷二五五,宋真宗四四,〈國子監經書更不增價詔〉,頁714)

　　　唐以前藏書,皆出鈔寫。五代始有印板。至宋而公私板本流布海內。自國子監秘閣刊校外,則有浙本、蜀本、閩本、江西本,或學官詳校,或書坊私刊。士大夫往往以插架相誇。(清錢大昕《補元史藝文志序》)

---

[12] 張秀民:《中國印刷史》,第一章,〈宋代(960-1279),雕版印刷的黃金時代〉,插圖珍藏增訂本,(杭州:浙江古籍出版社,2006.10),頁40-161。

[13] 陳師道:〈論國子賣書狀〉貼黃云:「臣惟諸州學所買監書,係用官錢買充官物,價之高下,何所損益?而外學常苦無錢,而書價貴。以是在所不能有國子之書,而學者聞見亦寡。今乞止計工紙,別為之價。所冀學者益廣見聞,以稱朝廷教養之意。」《後山居士文集》卷十一,(上海:上海古籍出版社,1984.6),頁10。

　　印本之所以繁榮，關鍵在印刷術對於書籍之複製，有五大優勢：其一，產量增加；其二，成本降低；其三，形式統一；其四，流傳廣遠；其五，容易留傳後世。[14]版印圖書能化身千萬，打破時空，無遠弗屆，流傳後世，對士人尤有「愛日省力」的立即效應，因此，持續興盛不衰。加上印刷圖書，利潤豐厚，更引發書坊刻書之熱潮。[15]於是天下未有一路不刻書，先後紛紛形成開封、蘇州、杭州、建陽、成都、南昌諸刻書中心，致有官刻本、坊刻本、家刻本、書院刻本之目。學者強調：宋代為雕版印刷技術發展之黃金時代，南北宋三百餘年間，「刻書之多，地域之廣，規模之大，版印之精，流通之廣，都堪稱前所未有，後世楷模」。[16]印刷圖書作為傳媒，其影響士林、文苑、詩壇、學界，可以想見；而士林學界之反饋於印刷傳媒，助長其興盛繁榮，亦轉相挹注，形成反應回路。[17]朱熹於南宋，既檢舉唐仲友假公濟私，刻書牟利；抨擊書肆拼湊諸稿，「不告而刊」；然又籌劃出資刻書，致力書籍印賣，對建陽刻書業之繁榮，有促進貢獻。《朱子語類》卷十〈讀書法〉，稱：朱子十分憂心「今緣文字印本多，人不著心讀」；「今人所以讀書苟簡者，緣書皆有印本多了」，對於雕版印刷作為傳媒，堪稱沛然莫之能禦的時代文風趨勢，迎拒得失之際，朱子之舉動與論述可作代表。[18]由此觀之，閱讀心態、思維定勢、創作策略、發表方式，因知識傳媒由寫本轉為印本，而生發不同之效應；亦因上述效應之轉變，回過來指引和調整圖書傳媒，形成寫本和印本之此消彼長、勢均力敵，甚至印本取代寫本。

---

[14] 錢存訓：《中國古代書籍紙墨及印刷術》，〈印刷術在中國傳統文化中的功能〉，（一）〈印刷術對書籍製作的影響〉，（北京：北京圖書館出版社，2002.12），頁 263-266。

[15] 張高評：〈雕版印刷之繁榮與宋代印本文化之形成——印本之普及與朝廷之監控〉，《宋代文學研究叢刊》第十一期，（高雄：麗文文化公司，2005.12），頁 10-14。

[16] 李致忠：《古書版本學概論》，第四章第一節，（北京：北京圖書館出版社，2003.11），頁 50；參考李致忠：《古代版印通論》，第五章〈宋代的版印概況〉，（北京：紫禁城出版社，2000.11），頁 87-128。

[17] 余秋雨：《觀眾心理學》，第三章〈反饋流程〉，（臺北：天下遠見出版公司，2006.1），頁 66-67。

[18] 張高評：〈雕版印刷之繁榮與宋代印本文化之形成——兼論印本圖書對學風文教之影響〉（下），（三）〈印本圖書之繁榮及其連鎖效應〉，《宋代文學研究叢刊》第十二期，（高雄：麗文文化公司，2006.6），頁 18-36。

　　試考察《宋會要輯稿》、《續資治通鑑長編》、宋人筆記、《宋史》諸文獻之印刷史料：宋太宗倡導雕版印刷，至真宗朝而「版本大備，士庶家皆有之」；「士大夫不勞力而家有舊典」（李燾《續資治通鑑長編》卷六十）。靖康之難，典籍散佚，高宗朝定賞求書，至孝宗淳熙間，「凡搢紳家世所藏善本，往往鋟板以為官書」（《宋會要輯稿》〈崇學四〉），於是印本與寫本競妍爭輝，晁公武《郡齋讀書志》、尤袤《遂初堂書目》可以考見。其後印刷傳媒與商品經濟結合，促使南宋刻本書激增，漸漸而刻本數量超越寫本，趙希弁《郡齋讀書志‧附志》、陳振孫《直齋書錄解題》二書，可見其中消息。咸淳間（1265-1274），廖瑩中世綵堂校刻《九經》，取校 23 種版本，清一色為印本，無一寫本。從此之後，刻本書籍取代寫本，幾乎壟斷了圖書市場。明胡應麟曾云：「凡書市中無刻本，則抄本價十倍；刻本一出，則抄本咸廢不售矣」，印本刻本之價廉物美，成為圖書傳播之寵愛，乃勢所必至，理有固然。印本與寫本圖書之於知識傳播，由相得益彰、相互爭輝，而此消彼長，終而印本勝過寫本，印本圖書於知識傳媒之效能與影響，值得研究和重視。

　　雕版印刷作為圖書複製技術，繁榮而普遍運用於兩宋，與科舉取士搭配，成為趙宋右文政策之兩大頂門柱。由此觀之，宋代士人之閱讀圖書，除魏晉以來之寫本藏本外，更有「易成、難毀、節費、便藏」，化身千萬，無遠弗屆之印刷圖書，作為知識之傳播媒介。印刷傳媒在宋代之崛起，對於知識之傳播接受，圖書之流通與典藏，閱讀之心態、思維之策略、創作之方法、學術之風尚、論著之形制，勢必多有影響。推而至於科舉考試、書院講學、教育普及、文化轉型，多與印刷傳媒之繁榮發達有關。

　　依據《宋史‧藝文志》統計：宋初開國，圖書才萬餘卷；仁宗慶曆十一年（1041）纂修《崇文總目》，已著錄藏書三萬六百六十九卷；終北宋之世，圖書目錄，凡六七〇五部，七萬三千八百七十七卷。南宋孝宗淳熙五年（1178）編次《中興館閣書目》，著錄藏書四萬四千四百八十六卷；寧宗嘉定十三年（1220），編修《中興館閣續書目》，再著錄一萬四千九百四十三卷。《宋史‧藝文志》所著錄四部典籍，共九千八百十九部，十一萬九千九百七十二卷。宋代刻書業興盛，不僅前人著作陸續開雕傳世，以供研讀借鏡；即當代作

品亦多印刷成書，因得流傳後世。宋代之版刻，對於書籍之流布，知識之傳播，貢獻極大。王世貞《朝野異聞錄》載：明權相嚴嵩被抄家時，發現家藏宋版書 6853 部，可見雕版圖書作為知識傳媒，有利於流通與庋藏。宋版書存世於今者，日本阿部一郎教授考察，全世界約有 2120 種，凡 3230 部以上。由宋代之藏書目錄，明代宋版書之流傳，以及當代海內外宋版書之著錄，可以推想宋代圖書流傳之盛況。[19]

（二）圖書傳播與印刷傳媒之效應

北宋朝廷雖提倡雕版圖書，上至國子監，下至州縣多有官刻本，其他又有坊刻本，家刻本之目；然稿本、鈔本、寫本、傳錄本仍佔大多數。印本繁榮之時，寫本所以仍並存不廢，其主要來源大抵有四：或以鈔書為讀書，或為求書而謄錄，或為著書而手寫，或為編書而傳鈔；讀書、求書、著書、編書者既多，無論官府或私家，寫本、鈔本遂豐富多元，興盛不衰。[20]朝廷既實施右文，於是撰述繁多，琳瑯滿目之撰著，不可能立即刊行，也不可能都交付雕印。書稿或鈔本若無印本流傳，當然得「全仗抄本延其命脈」，「抄本之不可廢，其理甚為明白」。[21]印刷傳媒之繁榮昌盛，與寫本競妍爭勝，作為知識傳播之媒介，贏得更多之信賴與喜愛。然東晉六朝以來，寫本藏本之流通傳播，仍並存不廢。據《續資治通鑑長編》、《宋會要輯稿》、《麟臺故事》記載：宋代秘閣三館所藏，除印本外，「借本繕寫」之孤本善本尤多；民間藏書家，亦多手自傳鈔校讎，往往有善本完本。要之，北宋之圖書流通，與知識傳播，關鍵在印本之崛起風行，作為知識傳媒，印本與藏本寫本相輔相成，相互爭輝，相得益彰。

---

[19] 楊渭生等：《兩宋文化史研究》，第十一章〈宋代的刻書與藏書〉，二、〈版本的流傳〉，（杭州：杭州大學出版社，1998.12），頁 485-487。陳堅、馬文大：《宋元版刻圖釋》，〈宋代版刻述略〉，（北京：學苑出版社，2000），頁 21。

[20] 李瑞良：《中國古代圖書流通史》，第五章，四、〈宋元寫本〉，（上海：上海人民出版社，2000.5），頁 267-270。

[21] 張舜徽：《中國古書版本研究》，〈抄本〉，（臺北：民主出版社），頁 73-81。

　　無論創作、論述，或編纂類書、叢書、總集、別集，最初書稿，必定為寫本。寫本、鈔本、藏本若經雕版刊行流通，則成印本、刊本。官府私家藏書，則寫本印本兼收並蓄。由於雕版圖書之崛起與繁榮，配合科舉考試之實施，宋代藏書事業盛況空前。無論官府藏書、私家藏書、書院藏書、寺觀藏書，質量均十分可觀。舉凡藏書的品種數量，或藏書之內容、藏書之方式方法、藏書之利用、藏書之思想、理論，宋代皆超越前代。朝廷有三館秘閣，「掌凡邦國經籍圖書」之編纂、典藏、校勘、出版；各路州縣，官府或私人，亦有館藏圖書，可資借閱。宋代私家藏書可考者，約在 400 名以上；兩宋書院，近 400 餘所，亦皆有其藏書。佛寺道觀，屢印《藏經》、《道藏》，亦藏書豐富。[22]宋代四大藏書系統，蔚為輝煌之藏書文化，對於圖書傳播、閱讀接受、思維創發、論著方式、學風趨向，多有激盪與影響。

　　相較於六朝、四唐，宋代之圖書傳媒，有來自讀書、求書、著書、編書、校書之傳鈔本、書稿本；更有來自「易成、難毀、節費、便藏」，化身千萬，無遠弗屆之印刷傳媒。印本之為圖書傳媒，其生發之效應，較諸楮主墨簡帛，「不但什百而且千萬矣」，明胡應麟述說歷代書籍流變，於此論之極詳，其言曰：

　　　　今人事事不如古，固也；亦有事什而功百者，書籍是也。三代漆文竹簡冗重艱難，不可名狀；秦漢以還浸知鈔錄，楮墨之功簡約輕省，數倍前矣。然自漢至唐猶用卷軸，卷必重裝，一紙表裏，常兼數番，且每讀一卷或每檢一事，紬閱展舒甚為煩數，收集整比彌費辛勤。至唐末宋初，鈔錄一變而為印摹，卷軸一變而為書冊，易成、難毀、節費、便藏，四善具焉。遡而上之，至於漆書竹簡，不但什百而且千萬矣。士生三代後，此類素為不厚幸也。（明胡應麟《少室山房筆叢》卷四，〈經籍會通四〉）

---

22 徐凌志：《中國歷代藏書史》，第四章〈宋遼金時期藏書〉，（南昌：江西人民出版社，2004.7），頁 134-218。

六朝至晚唐五代，複製圖書必須躬自鈔錄，或假手傭書，既耗時費財，又緩不濟急。就閱讀而言，「紬閱展舒甚為煩數，收集整比彌費辛勤」，亦存在若干不便。到宋代雕版印刷時代，「鈔錄一變而為印摹，卷軸一變而為書冊」，印本圖書具備「易成、難毀、節費、便藏」四善，因此急速成為圖書傳媒之新寵。就知識傳播而言，無論傳統之寫本，或新興之印本，經官府、私家、書院、寺觀庋藏，既方便借閱利用，更達到保存、流通、傳播之效應。依加拿大傳播學家 M・麥克盧漢（Marshall Meluhan，1911-1980）「媒介即訊息」（the Media the Message）之提示，「媒介不僅是社會發展的基本動力，而且是區別人類社會不同形態的基本標誌」；因此，將西方近代史解釋為「建基于印刷文字的傳播上的偏頗，與知識上的壟斷的歷史」。[23]

衡諸印刷傳媒與寫本藏本圖書引發豐富而多元之傳播訊息，將可能促進宋代社會發展之動力，形成宋型文化與唐型文化之不同。蘇軾〈李氏山房藏書記〉稱：「學者之於書，多且易致如此，其文詞學術當倍蓰於昔人」；清翁方綱《石洲詩話》卷四謂：「宋人之學，全在研理日精，觀書日富，因而論事日密」；錢存訓亦斷言：印刷術的發明和應用，在中國和西方一樣，「對學術風尚和社會發展，可能都產生一定的作用」；印刷術的普遍運用，被認為是「宋代經典研究的復興，及改變學術和著述風尚的一種原因」。[24]李弘祺研究宋代教育，亦強調雕版印書之重大影響：「雕版印書對於大規模散播書籍，提供了經濟上的可行性（案：商品經濟，有利可圖），宋代因此從雕版印刷的發明中獲益良多。印刷術極為便利與經濟，它標誌著中國歷史上重要轉折點的出現」；[25]其中或暗示：雕版印書對唐宋變革具有催化作用。循此以推，雕版圖書作為知識傳媒，對於日本京都學派所指唐宋變革之內涵，如政治、科舉、黨爭、平

---

[23] 董天策：《傳播學導論》，第四章第二節〈媒介的性質〉，二、〈媒介即訊息〉，引 Marshall Meluhan《人的延伸——媒介通論》（*Understanding Media：The Exlensions of man*），（成都：四川大學出版社，2004.1），頁 70-71。

[24] 參考同註 2，第十章（四）〈印刷術在中國社會和學術上的功能〉，頁 356。

[25] 李弘祺：《宋代官學教育與科舉》，第二章第五節〈印刷術的廣泛應用及大眾教育的發展〉，（臺北：聯經出版事業公司，2004.2），頁 30。

民、經濟、學術、文藝、法律諸要項,豈無激盪?豈無影響?筆者以為,考察印刷傳媒之發用,有助於詮釋解讀唐宋變革、唐型文化與宋型文化,以及詩分唐宋。

　　圖書作為知識之傳媒,對於社會之發展,文明之演進,貢獻既深且遠。《淮南子‧本經訓》載:倉頡發明文字,「天雨粟,鬼夜哭」,何況知識之流通,由甲骨鐘鼎,而竹簡、帛書,再由竹簡、帛書,演進為寫本、鈔本?至趙宋一朝,實施右文,於寫本、藏本外,圖書複製之技術、知識傳播之渠道,又增多一雕版印刷之化身千萬,無遠弗屆。印本崛起繁榮,與寫本爭輝爭勝,終而取代寫本,成為圖書傳播之主流,對於教育、科舉、學術、藝文、思潮、風尚諸方面之激盪,主體影響如何?個別效應又如何?學界於上述之整合研究,探論不多,成果十分有限。筆者嘗試梳理印刷史料、版本著錄,摘引下列文獻,以見印刷傳媒之接受與推廣,自有其目的性與使命感,如:

　　　　元質頃游三館,蒐覽載籍,得《兩漢博聞》一書。記事纂言,真得提鉤之□,□其傳之不廣也。爰是正而芟約之。刻板□□熟郡齋。(胡元質乾道壬辰(八年)姑熟郡齋刻本《兩漢傳聞》,林申清《宋元書刻牌記圖錄》圖十六)

　　　　今得呂氏家塾手鈔《武庫》一帙,用是為詩戰之具,故可以掃千軍而降勍敵。不欲祕藏,刻梓以淑諸天下。收書君子,伏幸詳鑑。(宋佚名無年號刻《東萊先生詩武庫》,同上,圖二十五)

　　　　此書浙間所刊,止前錄四卷,學士大夫恨不得見全書。今得王知府宅真本全帙四錄,條章無遺,誠冠世之異書也。敬三復校正,鋟木以衍其傳,覽者幸鑒。(建陽龍山書院刻王明清《揮麈錄》,同上,圖三十七)

　　　　饒州德興縣莊谿書癡子董應夢重行校證,寫作大字,命工刊板,衡用皮紙印造,務在流通。使收書英俊得茲本板,端不負於收書矣。(饒州董應夢集古堂紹興三十年刻《重廣眉山三蘇先生文集》牌記)

　　胡元質刻板《兩漢傳聞》之目的，在避免如此好書「其傳之不廣」；佚名刻梓呂氏手鈔《武庫》，主要在提供科舉考試「詩戰之具」，不欲祕藏，可以「淑諸天下」。建陽刊刻王明清《揮麈錄》，由於獲得「真本全帙四錄，條章無遺」，此本最全，「誠冠世之異書」，目的亦在「鋟木以衍其傳」。饒州董氏紹興本《三蘇先生文集》之刊板，既重行校證，寫作大字，又用皮紙印造，「務在流通」成為雕版印刷之主要訴求。

> 　　求先生遺文，得所藏鈔本，多殘缺。明年得全集……板自閩中書窟，歲久亦訛。……遂與邑之文人共加參訂，選諸善書，鋟諸梓氏，圖永其傳焉。（孫甫〈直講李先生（覯）集序〉）
>
> 　　里人……嘗摹刻於家，而其間頗有舛訛，歷歲漸久，且將漫漶。輝嘗有意於校正……屬數僚士參核亥豕，因命仲子曄推次年譜，併鋟之木，庶幾有以慰子孫瞻慕之心也。（陳輝〈跋古靈先生（陳襄）文集〉）
>
> 　　今家藏《伐檀集》，……傳本尚未見於世。紹興中，我從兄……嘗欲盡刊我先生諸書，皆未果。………五十餘年之後，謹以是集鋟而傳之，非敢曰成我從兄之志，而太史（庭堅）「微言或絕」之懼，尚幾不泯焉。（黃{艸/拳}〈（黃庶）《伐檀集》跋〉）
>
> 　　麻沙鎮水南劉仲吉宅近求到《類編增廣黃先生大全文集》，計五十卷，比之先印行者增三分之一。不欲私藏，庸鑱木以廣其傳，幸學子詳鑑焉。（麻沙鎮劉仲吉宅乾道間刻本《類編增廣黃先生大全集》，林申清《宋元書刻牌記圖錄》之十八）

　　孫甫雕印李覯文集，從求遺文、得鈔本、得全集，到共加參訂、選諸善書，直到「鋟諸梓氏」，終極目標只在「圖永其傳」。《古靈先生文集》之家刻本，歷經校正舛訛、參核亥豕、推次年譜，然後鋟木出版，所以「慰子孫瞻慕之心」。黃庶《伐檀集》之刊印，鋟而傳之，微言可以不絕不泯。麻沙劉仲吉宅求得《類編增廣黃先生大全集》，內容份量增多三分之一，於是雕版刊印

「以廣其傳」。由此觀之，圖永其傳、傳之不絕、以廣其傳、子孫瞻慕云云，成為坊刻本之普遍共識，所謂化身千萬，無遠弗屆，正是雕版印刷生發之效應。又如：

> （蘇頌）平生著述凡若干卷……顯謨閣直學士張侯幾仲（近）出守當塗，欣慕前哲，欲刻之學官，布之四方，使來者有所矜式。（周必大〈《蘇魏公文集》後序〉）

> 以公（秦觀）之文易於矜式，搜訪遺逸，咀華涉源，一字不苟，校集成編。……板置郡庠，使一鄉善士其則不遠，可謂知設教之序矣。（林機〈《淮海閒居集》後序〉，乾道本）

> 紹興壬戌（十二年），毗陵周公葵……取公（陳與義）詩離為若干卷，委僚屬校讎，而命工刊版，且見屬為序。蓋將指南後學，而益永功名於不腐。（葛勝仲〈《陳去非詩集‧序》〉）

蘇頌之著述、秦觀之文章，陳與義之詩歌，多可作典範，足為矜式，故《蘇魏公文集》、《淮海閒居集》、《陳去非詩集》，當代已刊版印行。學風士習之趨向，審美品味之選擇，從著述文集之雕印，亦可見一斑。

要之，印刷之為傳媒，化身千萬，無遠弗屆，不愧為知識流播之利器。一旦鈔本、稿本、校本、藏本，付諸雕版，則「微言或絕之懼，尚幾不泯焉」；而且雕版印刷之為傳媒，布之四方，一則在「圖永其傳」；二則可以「慰子孫瞻慕之心」；三則可以「使來者有所矜式」；四則「其則不遠，可謂知設教之序」；五則在「指南後學，而益永功名於不腐」。要之，印刷圖書存亡繼絕之功能，流傳長遠之優勢，加上斯文在茲，孺慕思齊；有所矜式，其則不遠；指南後學，功名不朽諸效益，印刷傳媒廣獲士人學者之信賴與利用，故能因時乘勢，成為圖書傳播之新寵。因此，擔心文章湮滅散佚、欲求四海傳誦，流傳久遠，唯有雕版印刷能玉成其事。騷人墨客之審美品味，攸關圖書市場之好惡取捨，而圖書版刻質量之優劣多寡，又往往為詩集傳播接受寬廣度之反應，如下列文獻所云：

《歐陽文忠公集》，自汴京、江、浙、閩、蜀皆有之。（周必大〈跋《歐陽文忠公集》〉）

東坡文集行於世者，其名不一，惟《大全》、《備成》二集，詩文最多。誠如所言，真偽相半。其後居世英家刊大字《東坡前後集》，最為善本。世傳《前集》乃東坡手自編者，……《後集》乃後人所編。……山谷亦有兩三集行於世，惟大字《豫章集》並《外集》詩文最多。其後洪玉父別編《豫章集》……皆擇其精深者，最為善本也。（胡仔《苕溪漁隱叢話後集》卷二十八，〈東坡三〉）

坡之曾孫給事嶠季真刊家集於建安，大略與杭本同。蓋杭本當坡公無恙時已行於世矣。麻沙書坊又有《大全集》，兼載《志林》、《雜說》之類，……有張某為吉州，取建安本所遺盡刊之，而不加考訂……。（陳振孫《直齋書錄解題》卷十七，《東坡別集》四十六卷）

先是，汴京及麻沙《劉公（弇）》二十五卷。紹興初，予故人會昌尉羅良弼遍求別本，手自編纂，增至三十二卷……嘉泰三年賢守育章胡元衡……訪襄陽之耆舊，欲廣其書，激勵後學。予亟屬羅尉之子泌繕寫定本，授侯刻之。（周必大《劉公集·序》）

後村以文章名天下，有《前集》刊於莆，既而《後》、《續》、《新》三集復刊於玉融，四方□□。（劉希仁《後村大全集·序》）

歐陽脩為一代文宗，初，「其集遍行海內，而無善本」，至其後則版本繁多，《四庫提要》所列刻本有衢州、韶州、浙西、廬陵、綿州、蘇州、閩本、宣和吉本諸求；版本之多元，與圖書之接受熱絡大抵一致。蘇軾才高學博，「所作文章才落筆，四海已皆傳誦。下至閭閻田里，外至夷狄，莫不知名」；所以然者，此中有印刷傳媒發揮之效應在。《苕溪漁隱叢話》成書時（1148-1167），傳世之東坡詩文除手編本、他編本外，又有家刊本云云，所謂「其名不一」，從可見版本之繁多。陳振孫（？-1261）《解題》所言家刊本、杭本、麻沙本、吉州本，又增益若干版本。烏臺詩案之定讞，亦因「軾所為譏諷文字傳於世者甚眾，今獨取鏤版而鬻於世者進呈」，真是成敗都因印刷傳媒。至於

黃庭堅詩文集之版本，魏了翁（1178-1237）〈黃太史文集序〉稱山谷黃公之
文，「江、浙、閩、蜀間亦多善本，今古戍黃侯（申）又欲刻諸郡之妙墨
亭」，《豫章黃先生文集》之《內集》、《外集》、《別集》、《年譜》，於
北宋元祐後，亦版本繁夥，從可見黃庭堅詩及江西詩風之風行與流衍。劉弇
《劉公集》，有汴京本、麻沙本、羅良弼手編本、羅泌寫定本，胡元衡為「廣
其書，激勵後學」，於是嘉泰間付梓刊峻。圖書之必求雕版者，期待「布之四
方，使來者有所矜式」，其目標明確，使命具體，從可見選擇印刷作為傳媒，
自有目的與功能之考量。試看劉克莊「以文章名天下」，為江湖詩人之領袖，
其文集亦有莆本、玉融本、書坊翻刻本、巾箱本、家刻本，以及《詩集大全》
諸本。

　　印刷傳媒之崛起與繁榮，究竟生發哪些效應？這是印刷文化史研究之課
題。對於宋詩特色之促成，筆者已發表若干論文，最近撰成〈博觀約取與宋詩
之學唐變唐〉、〈印刷傳媒與宋詩之新變自得〉，分別從宋刊唐詩選集、宋刊
唐人別集，二方面作論證。本文則以宋刊宋人之詩集選集為議題，再論印刷傳
媒對宋詩特色之推助，嘗試從接受反饋、反應回路之視角切入，參考傳播學理
論，扣緊版本學、目錄學，以申說宋詩特色之形成與嬗變，進而論證錢鍾書
「詩分唐宋」之命題。

第二節　宋刊宋詩別集與宋詩特色

　　鄧廣銘教授研究宋史，指出：宋朝之右文政策，「無非指擴大科舉名額，
以及大量刻印書籍等類事體」，要皆順應社會發展所已具備的條件，因勢利便
而作出來的。[26]圖書傳播的媒介，在魏晉六朝以來之寫本藏本外，又增添雕版印
刷之印本圖書，創造了前所未有接觸書籍的機會，於是讀寫能力不斷提高，對

---

[26] 鄧廣銘：《鄧廣銘治史叢稿》，〈宋代文化的高度發展與宋王朝的文化政策〉，（北京：北京大學出
　　版社，1997.6），頁71。

知識傳媒之需求亦更加殷切，論者指出：「印刷術的發明及廣泛使用，無疑導致了中國知識分子態度的變遷」；[27]所謂「變遷」，應是多方面的。就文學而言，閱讀心態、思維策略、創作方法、論述模式，以及語言、體製、風格，或皆因印刷傳媒而有所調整與改變。

　　系統論、控制論、信息論，原為電子學術語，心理學、美學借用其說，標榜「反饋」、「反應回路」，以詮釋審美接受之歷程。所謂「反饋」（feed back），原指控制系統輸出的信息，作用於被控對象後，產生的結果，再輸送回來，又稱為「回授」、「返回傳入」、「回復」。文藝美學借用控制論中因果相互作用的反饋聯繫，指稱審美對象的反應，又反作用於審美對象。[28]時至宋代，圖書傳播之媒介，除寫本、藏本之知識流通外，又增加雕版印書之傳媒。印刷傳媒之圖書信息量如此豐富多元，傳播媒介如此化身千萬，無遠弗屆，宋代士人面對如此創新之知識觸媒衝擊，於是深信讀書精博有益於作文；「詩詞高勝，要從學問中來」之論調，成為宋人文學創作之口頭禪。蘇軾〈稼說送張琥〉稱：「博觀而約取，厚積而薄發」；黃庭堅〈與王觀復書〉云：「長袖善舞，多錢善賈」；陳善《捫蝨新話》謂：「讀書須知出入法」；嚴羽《滄浪詩話‧詩辨》雖曰：「詩有別材，非關書也」，然亦強調「非多讀書、多窮理，則不能極其致」；詩學理論主張如此，遂接受反應於詩歌創作中。詩人又不斷根據效果來調整創作活動，於是宋人作詩而有以才學為詩者，有以議論為詩者，有資書為詩者，有破體為詩者，更有出位之思，橫跨詩、畫、禪、儒、道，合併重組，會通化成而為詩者。凡此，多與宋代圖書流通、印刷傳媒之快捷、經濟、便利、無遠弗屆息息相關，有可能即其反應回路。宋人作詩，經由學唐變唐之接受轉化歷

---

[27] 同註25，頁31。

[28] 馮契主編：《哲學大辭典‧美學卷》，〈反饋〉，（上海：上海辭書出版社，1991.10），頁 113-114；參考胡繩等主編：《中國大百科全書‧哲學》，〈反饋〉，（北京、上海：中國大百科全書出版社，1987.10），頁 196-197。

程，固然有得於印本寫本傳媒之啟益；而新變自得，巍然成家，或撰成
書稿，或付諸雕版，所謂學古通變、自成一家者，亦多為印刷傳媒，及
圖書流通之反饋、回授。今試圖據此印刷傳媒之反饋，論述宋詩特色之
生成。

依傳播接受之「反饋」理論，文集雕版與閱讀接受間，形成「反應回
路」；圖書之接二連三雕印，與讀者接受之廣泛息息相關。宋詩大家名家之詩
集，考諸版本著錄，每見諸本紛呈，琳瑯滿目，寫本、鈔本、藏本、印本多元
流傳。試對照谷登堡（Gutenberg John，1397-1468）發明活字印刷，論者稱印刷
書為 15 世紀「變革的推手」。當時成千上萬的中世紀手鈔本，不可能立即全部
印製成書，是以個中的取捨，成為當務之急。取捨存廢之選擇，取決於 15 世紀
的品味與輕重緩急。[29]反觀東方中土宋朝，從眾多寫本藏本中選擇刊刻為雕版圖
書，亦取決於當時士人之審美品味與商品經濟。宋人之學唐變唐，杜甫、韓
愈、白居易詩集之寫本印本最可觀；宋詩特色之形成與發展，相關詩人別集之
雕印刊刻，其中之消息盈虛，亦隨之抑揚上下。印刷傳媒於文學發展，可謂呼
吸相通，影響相應。

清代蔣士銓〈辯詩〉曾感歎：「宋人生唐後，開闢真難為」；「能事有止
境，極詣難角奇」，[30]雖則如此，宋人學唐變唐，自成一家者，亦多有之，北宋
如王禹偁、歐陽脩、邵雍、王安石、梅堯臣、蘇軾、黃庭堅、郭祥正、秦觀、
張耒、陳師道；南宋如曾幾、姜夔、陳與義、楊萬里、陸游、范成大、朱熹、
劉克莊、戴復古、文天祥諸家，其詩集或手自編訂，生前雕印，啟發沾溉當
代；或後人纂成，身後刊行，影響接受無窮。雕版印書，化身千萬，無遠弗
屆，頗便於圖書之流通，以及知識之傳播；相較於藏本、寫本對文化事業之貢

---

[29] （法）費夫賀（Lucien Febvre）、馬爾坦（Henn-Jean Martin）著，李鴻志譯：《印刷書的誕生》，第
八章〈印刷書‧變革的推手〉，（桂林：廣西師範大學出版社，2006.12），頁 261-262。

[30] 蔣士銓：《忠雅堂詩集》卷十三，〈辯詩〉，（上海：中國大百科全書出版社，1987.10），頁 196-
197。

獻，真不可以道里計。今以上述二十家為例，參考祝尚書《宋人別集敘錄》、[31] 王嵐《宋人文集編刻流傳叢考》，[32]論述諸詩集之雕版刊行概況；從詩集之傳播接受，頗可推知宋詩之發展與嬗變。

為便於論述問題，暫依宋詩發展之歷程，分為五項：（一）宋詩特色之先導；（二）宋詩宋調之建構；（三）江西詩風之嬗變；（四）理障理趣之消長；（五）宋調之變奏；要之，宋詩之發展與流變，大抵與印刷傳媒相互作用、交相觸發。

（一）宋詩特色之先導

1. 王禹偁《小畜集》、《小畜外集》

宋初詩壇，士大夫皆宗白樂天詩，故王禹偁（954-1001）「主盟一時」（蔡居厚《蔡寬夫詩話》）。王禹偁曾云：「本與樂天為後進，敢期子美是前身」，下開有宋詩人學杜、學白之風氣。林逋稱：「縱橫吾宋是黃州」；吳之振「《宋詩鈔》稱其「獨開有宋風氣，於是歐陽文忠得以承流接響」。考之版本，南宋高宗紹興十七年（1147），沈虞卿將王禹偁生前編定之《小畜集》三十卷付梓，是為黃州刻本，金人蓋嘗翻刻。其《後集詩》三卷、《小畜外集》二十卷，《小畜外集》北宋末刻本尚存留三分之一，南宋沈虞卿黃州刻本今亦有三分之一殘本傳世。《小畜集》之傳播，見於宋人書目著錄者，有晁公武《郡齋讀書志》衢本卷十九之《王元之小畜集》三十卷，尤袤《遂初堂書目》之《王元之小畜集》，陳振孫《直齋書錄解題》卷十七之《小畜集》三十卷。[33]

2. 蘇舜欽《蘇子美集》

蘇舜欽（1008-1049）於寶元、慶曆間有詩名，筆力奔放豪健，以超邁橫絕為奇，其詩之冷峻沈鬱、雄奇悲壯尤為歐陽脩所推許。與穆修、歐陽脩、梅堯

---

[31] 祝尚書：《宋人別集敘錄》，（北京：中華書局，1999.11）。

[32] 王嵐：《宋人文集編刻流傳叢考》，（南京：江蘇古籍出版社，2003.5）。

[33] 同註31，《小畜集》，頁27-32；同註32，《王禹偁集》，頁23-27。

臣等往來唱和，反對西崑，革新文體，與梅堯臣齊名，合稱蘇梅、或梅蘇。清葉燮頗尊崇之，以為開宋詩一代之特色。[34]有《蘇子美集》十五卷，為南宋孝宗乾道辛卯（1171）施元之三衢刻本。[35]晁公武《郡齋讀書志》衢本卷十九、陳振孫《直齋書錄解題》卷十七，均著錄蘇舜欽文集，為《滄浪集》十五卷；《宋史》卷二〇八〈藝文七〉，則著錄《蘇舜欽集》十六卷。南宋呂祖謙《宋文鑑》、鄭虎臣《吳都文粹》，元方回《瀛奎律髓》選失，蘇舜欽詩均有入選。觀其刊本寫本之多，選本之入圍，從可推其流傳之盛。

3. 梅堯臣《宛陵先生文集》

梅堯臣（1002-1060）追求「文質半取，風騷兩挾」之文學傳統，力倡平淡深遠之詩美，對於促成宋詩平淡美境之形成，頗具意義。明道元年（1032），歐陽脩曾鈔寫《梅聖俞詩稿》，謝景初曾編纂《梅堯臣詩集》十卷，其後，歐陽脩亦編選《梅堯臣詩集》十五卷，歐陽脩〈梅聖俞墓誌銘〉稱：「其文集四十卷」。上述四種本子雖未傳世，然至哲宗元符間，已有刻版流傳，南宋時又有《外集》、《別集》流傳。紹興十年（1140），宣州知州汪伯彥重新鏤版印行《宛陵先生文集》六十卷（紹興本），宋代書目著錄梅堯臣詩集，多作六十卷本，《宋史‧藝文志》亦然。今所見傳世最早之本子，當為嘉定十六年（1223）殘宋本，（嘉定本存三十卷）。從上述版本之編纂雕刻印狀況，亦足推詩壇接受，詩風流布之大凡。[36]

（二）宋詩宋調之建構

1. 歐陽脩《歐陽文忠公集》

歐陽脩（1007-1072）師法韓愈、李白，作詩以格為主，一洗西崑浮豔詩

---

[34] 傅平驤、胡問濤：《蘇舜欽集編年校注》，〈前言〉，（成都：巴蜀書社，1991.3），頁 21-25。

[35] 同註 31，卷五，《蘇學士文集》，頁 193-194；又同註 32，《蘇舜欽集》，頁 114-115。

[36] 同註 31，卷三《宛陵先生文集》，頁 138-141；又同註 32，九《梅堯臣集》，頁 60-63。朱東潤：《梅堯臣集編年校註》，〈敘論三，梅堯臣集的版本〉，（臺北：源流出版社，1983.4），頁 47-50。

風，推動詩文革新運動，為北宋中葉文壇領袖；開宋代以文為詩、以議論為詩風氣。宋詩至歐公，波瀾始大，逐漸而自成一家。

歐陽脩詩文集，除其子歐陽發編定稿，及歐陽脩手訂集外，兩宋尚有編集多種，在各地廣為流傳，《直齋書錄解題》卷十七所謂「其集遍行海內，而無善本」：如《歐陽文忠公集》八十卷，《盧陵歐陽先生集》六十一卷，《歐陽修集》五十卷，《別集》二十卷，《六一集》七卷等等，至周必大用諸本編校，始有《六一居士集》一百五十三卷刊行。其他，則據稱：汴京官局、閩、綿州、吉州、蘇州、衢州、杭州亦皆有刻本行世。[37]周必大《歐陽文忠公集》跋語稱編刊之作用：「既以補鄉邦之闕，亦使學者據舊鑒新，思公所以增損移易；則雖與公生不同時，殆將如升堂避席，親承指授，或因是稍悟為文之法」，神交古人，開卷有益，知識傳媒之效應，可見一斑。由此觀之，詩集版本之多寡，流傳之遠近，與詩人成就之高下，影響力之大小，皆有相互對應之關係。文獻學與文學之整合研究，當於此中開展論題。

2. 王安石《臨川先生文集》、《王荊文公詩李壁注》

王安石（1021-1086）提倡明而不華、平淡自然之詩風。晚年論詩，主張韻味；詩歌創作，約一千五百餘首，為宋詩之巨擘，後人許為「東京之子美」，足與梅、歐並駕、蘇黃比肩，其詩《滄浪詩話・詩辨》稱為「王荊公體」。

北宋徽宗時，薛昂、王棣先後編定《臨川先生文集》。至南宋，《王安石文集》在高宗紹興年間，刊刻多次：有閩刻本、浙刻本，又有詹太和撫州刻本（即重刊《臨川文集》，又稱臨川本），盧州舒城《王文公文集》一百卷刻本（原本，又稱龍舒本，今尚存兩種殘帙）。紹興二十一年（1151），王珏重新刊刻《臨川先生文集》，一百卷，是為杭本（遞修本）。另外，宋刊尚有眉山杜仲容紹興刻本《大成集》，及一百六十卷本宋刊《臨川集》。[38]《王荊文公詩李壁注》，宋代前後刊刻三次：嘉定七年（1214）最初刻本，嘉定甲申

---

[37] 同註32，十一《歐陽修集》，頁86-91。

[38] 同註31，卷七《臨川先生文集》，頁316-330；又同註32，十七《王安石集》，頁156-167。

（1224）撫州刻本，理宗紹定三年（1230）庚寅增注本。[39]日本宮內廳書陵部藏有南宋初年刊本《王文公文集》殘本，存七十卷。荊公詩喜好議論，傷於直率，妙於用事，以文為詩，追求工巧，宋詩宗風多有傳承者。今觀兩宋寫本、編本、刊本之多方多樣，於當代詩壇影響，豈可小覷？

3. 蘇軾《東坡集》、《王狀元集注東坡詩》、施顧《注東坡先生詩》

蘇軾（1037-1101）存詩二千九百餘首，詩思奔放、想像豐富，筆力雄健，議論風發。無論敘事言理，體物寫情，皆「有必達之隱，無難顯之情」，化俗為雅，以故為新，於唐詩風格多承傳，於宋詩多所創發與開拓；後人稱宋詩「取材廣，命意新」，蘇詩最足當之。蘇詩兼擅各體，尤長於古體與七言歌行，七律七絕亦精美明快，為北宋詩文革新之集大成者。與黃庭堅並稱蘇、黃，對於宋詩特色之建構，宋調之促成，為最重要之關鍵人物。

蘇軾才高名大，詩文落筆，「流俗翕然爭相傳誦」，「小則鏤板，大則刻石，傳播中外」。烏臺詩案期間，御史臺嘗用《元豐續添蘇子瞻錢塘集》三卷羅織罪名，指稱：「軾所為譏諷文字，傳於世者甚眾，今獨取鏤版而鬻於世者進呈」，可見蘇集已板行流傳。[40]蘇轍曾奉使契丹，所作〈神水館寄子瞻兄四絕〉其三云：「誰將家集過幽都，逢見胡人問大蘇」；王闢之《澠水燕談錄》卷七載：張舜民使遼，有范陽書肆刊刻《大蘇小集》，可見雕版印刷之無遠弗屆，流傳廣遠，《蘇集》於蘇軾生前已流傳至契丹遼國矣。崇寧大觀間，朝廷禁元祐學術，或竊攜《坡集》出城犯禁（《梁溪漫志》卷七），或甘冒不韙傳閱蘇軾文集（《續資治通鑑》卷八），蘇詩「禁愈嚴而傳愈多，往往以多相誇」。其間，書商又覷定有利可圖之商機，刊刻《蘇集》謀利。蘇軾自述：「賈人好利，每取拙文刊刻市賣」（《甌北詩話》卷五），符合商品經濟，供需相求原理。

---

[39] 宋刻朝鮮活字本：《王荊文公詩李壁注》，王水照於出版〈前言〉，論及「李壁注本的版本系統」，（上海：上海古籍出版社，1993.12），頁3-6。

[40] 朋九萬：《烏臺詩案》〈監察御史裏行何大正劄子〉、〈監察御史裏行舒亶劄子〉，四川大學中文系主編：《蘇軾資料彙編》上編，（北京：中華書局，1994.4），頁580。內山精也：〈蘇軾文學與傳播媒介——試論同時代文學與印刷媒體的關係〉，《新宋學》第一輯，2001.10，頁258-261。

　　蘇軾為北宋最有讀者魅力之文學家，無論生前或死後，詩文集經傳鈔，編輯刊刻者極多。南宋胡仔《苕溪漁隱叢話後集》卷二十八稱：「東坡文集行於世者，其名不一」；明代重刻南宋刊本《重編東坡外集》，著錄傳世之蘇軾文集凡二十四種：《南行集》、《岐梁集》、《錢塘集》、《超然集》、《黃樓集》、《眉山集》、《武功集》、《雪堂集》、《黃岡小集》、《仇池集》、《毗陵集》、《蘭臺集》、《真一集》、《岷精集》、《掖庭集》、《百斛明珠集》、《玉局集》、《海上老人集》、《東坡前集》、《後集》、《東坡備成集》、《類聚東坡集》、《東坡大全集》、《東坡遺編》。其他，尚有契丹所刻《大蘇小集》、《汝陰唱和集》、京師印本《東坡集》、陳慥所刻《蘇尚書詩集》等等。[41]陳振孫《直齋書錄解題》稱：「當坡公無恙時」，《東坡文集》杭本「已行於世」。至南宋，士人以「家有眉山之書」為榮。刊刻本又有《東坡七集》、《東坡別集》、《東坡外集》之目。要之，蘇軾文集流傳後世者，主要為《東坡七集》之版本系統。有關注釋蘇詩之刊本，宋代大抵有八種：趙夔類注本、吳興沉氏注本、漳州黃學臯補注本、宋刊五家注、宋刊五注與十注拼合本、舊題王十朋纂集《王狀元集百家注分類東坡先生詩》二十五卷本、施（元之）顧（禧）注《東坡先生詩》四十二卷本、廖群王瑩中注本。

　　今傳世東坡詩注本凡三：一為集注本、二為類注本、三為編年注本。日本所藏宋刊本蘇軾詩文集，庋藏於宮內廳書陵部、內閣文庫、金澤文庫者，尚有殘本兩種，[42]可謂琳瑯滿目，洋洋大觀矣。衢本晁公武《郡齋讀書志》卷十九稱蘇軾「所作文章才落筆，四海已皆傳誦，下至閭閻田里，外至夷狄，莫不知名」；《四庫全書簡明目錄》卷十五稱：「蘇詩衣被天下，刻本叢雜」；蘇詩之傳播方式，除刻本外，尚以刻石、稿本、題贈、傳鈔、歌唱、詩話、筆記引

41　曾棗莊：《蘇軾研究史》，第一章第六篇〈蘇軾著述生前編刻述略〉，（南京：江蘇教育出版社，2001.3），頁 62-75。

42　參考同前註，第二章第二節〈家有眉山之書──南宋蘇軾著述刊刻述略〉，頁 118-138。又，同註26，卷九《東坡集》，頁 401-421；卷十，《注東坡先生詩》，頁 451-465；劉尚榮：《蘇軾著述版本論叢》，（成都：巴蜀書社，1988），頁 1-131。嚴紹璗：《日本藏宋人文集善本鉤沈》，（杭州：杭州大學出版社，1996.12），頁 53-56。

錄，總集選錄諸形式流傳當代，影響來茲。[43]嘗試考察《全宋詩》、《全宋
文》、《全宋筆記》，梳理相關之書信，題跋，搜尋其中之讀書詩及閱讀文
獻，覆按宋人藏書目錄、諸史藝文志著錄，將不難得知蘇詩之編輯、刊刻、傳
播、接受之大凡。

4.黃庭堅《豫章黃先生文集》、《山谷黃先生大全詩注》、《山谷外集詩注》、《山谷別集詩注》

　　黃庭堅（1045-1105），與蘇軾齊名，世稱蘇黃，猶唐詩之有李杜。所作
「薈萃百家句律之長，究極歷代體製之變」，創立江西詩社宗派。作詩主張學
古通變，追求自成一家，以「少入繩墨」為初階，以「不煩繩削而自合」為極
致，提出奪胎換骨、點鐵成金、以古為新諸詩法，於「菁華極盛，體製大備」
之唐詩之後，兼顧傳承與開拓，極力新變代雄，於是注重詞句之排列，意象之
組合、修辭之運用、技巧之精化，由於有法可循，有門可入，於是天下風從，
號為「黃庭堅體」。[44]

　　黃庭堅中年時，嘗自編詩文《焦尾集》、《敝帚集》、《退廳堂錄》，惜
未傳於後。今所傳《豫章黃先生文集》三十卷，乃山谷外甥洪炎所編，於高宗
建炎二年（1128）胡直儒刊本。三十卷本時有去取，故又有李彤編《外集》十
四卷，諸孫黃𤾫編《別集》二十卷。黃庭堅傳世之詩文，多彙集於上述三集之
中。山谷集之宋刊本存於今、較完整而具特色者，當屬南宋乾道間劉仲吉編刻
麻沙本《類編增廣黃先生大全文集》五十卷。又有日本天理圖書館藏南宋孝宗
間刊本《豫章黃先生文集》殘本存十六卷，《外集》殘本存六卷，以及內閣文
庫藏宋刊本《豫章先生文集》殘本存十二卷，《外集》殘本存十一卷。其他傳
本亦夥，魏了翁〈黃太史文集序〉稱山谷黃公之文，「江、浙、閩、蜀間，亦
多善本，今古戎黃侯（申）又欲刻諸郡之妙墨亭」，可見南宋時傳本之多。[45]

[43] 王友勝：《蘇軾研究史稿》，第二章〈宋人對蘇詩文獻的整理與研究〉，（長沙：岳麓書社，2000.5），頁 28-33。

[44] 張高評：《宋詩三百名家評傳——北宋詩人八十三家》（NSC81-H0301-006-05）報告，頁 144-145。

[45] 同註 31，卷十一《豫章黃先生文集》，頁 502-508。參考劉尚榮：〈《類編增廣黃先生大全文集》初

宋人注宋詩，自蘇軾、黃庭堅二家始；王雲、任淵、洪炎、黃㽮，合稱「黃注四大家」。《四部備要》本《山谷詩集注》黃㽮跋文所謂：「先太史詩編，任子淵為之集注，板行於蜀」，時當紹興二十五年（1155）左右。任淵又編纂《山谷精華錄》八卷而注之，原本已逸。史容作《山谷外集詩注》七卷，有嘉定元年（1208）眉山刻本；史容續作補充修訂，孫史季溫於淳祐十年（1250），於福州重刊，史季溫又作《別集》注二卷。其他，為黃詩作注者，尚有陳逢寅、楊氏等人。就宋代書目而言，黃庭堅詩文多見著錄，如尤袤《遂初堂書目》、晁公武《郡齋讀書志》、趙希弁《讀書附志》、《宋史·藝文志》，寫本印本互有詳略。就雕版印刷之地域分佈言，確切地點涉及四川、江西、福建、浙江。南宋後，黃庭堅詩文集版本繁多，除《內集》、《外集》、《別集》三編、任淵、史容、史季溫注本外，又有《江西詩派》、《蘇門六君子集》、《四學士文集》、《黃陳詩集注》諸本。[46]尤其是江西詩派，以黃庭堅為宗，自哲宗元祐以來，至南宋孝宗乾道淳熙年間，江西詩風流行天下，前後約一百餘年，可謂興盛矣。南宋張戒、劉克莊、嚴羽探討唐宋詩之異同、較論唐宋詩之優劣，下開明清唐宋詩之紛爭，往往以黃庭堅及江西詩派為宋詩宋調之代表。今知悉黃庭堅詩集之編纂、刊刻、著錄之大凡，當有助於了解山谷詩之接受，及江西詩風之消長。

（三）江西詩風之嬗變

1. 陳師道《後山居士集》

陳師道（1053-1102），詩學黃庭堅，兼學王安石，欽仰蘇軾，宗法杜甫，名列「蘇門六君子」、〈江西詩社宗派圖〉中，方回《瀛奎律髓》標榜一祖（杜甫）三宗，陳師道與黃庭堅、陳與義並列為三宗，足見其詩學地位。作詩追求新奇、陌生化，頗致力樸、拙、粗、僻之美，然洗剝凝煉太過，遂成生硬

探〉，江西省文學藝術研究所編：《黃庭堅研究論文集》，（南昌：江西人民出版社，1989.9），頁214-224。嚴紹璗：《日本藏宋人文集善本鉤沈》，頁83-85。

[46] 同註32，二一《黃庭堅集》，頁196-204。

晦澀。詩由「閉門覓句」之苦吟來，其佳者每有枯淡瘦硬之妙。

陳師道詩文集，最初由門人魏衍編定，凡二十卷，《直齋書錄題解》卷十七所謂「《後山集》十四卷，《外集》六卷」是也。知當時「蜀本」陳集，詩六卷，文十四卷。另外，又有十四卷劉孝韙臨川刻本、《汝陰唱和集》一卷（在江西刊刻《江西詩社宗派詩》中）。趙希弁《讀書附志》卷下著錄「紹興二年（1132）謝克家所敘」之紹興刻本，今仍有完本傳世，舊稱「宋蜀刻大字本」（收入上海古籍出版社《善本叢書》中）。至於《後山詩注》傳世之宋刻本，最少尚存三種，可惜都是殘卷。任淵《後山詩注》六卷，傳世之宋本，分為上下者，仍稱六卷本；有每卷拆分為二者，則成十二卷本；後世傳本都是十二卷本。[47]從版本之分合多元，蜀本、江西本、紹興本之地域分佈，可略知後山詩在南北宋之流傳與接受。

2. 陳與義《增廣箋注簡齋詩集》、須溪先生評點《簡齋詩集》

陳與義（1090-1138）作詩，「務一洗舊常畦徑，意不拔俗，語不驚人，不輕出也」。方回《瀛奎律髓》倡一祖三宗，列陳與義為江西詩派三宗之一；其詩之「忌俗」，「不可有意用事」，近似江西詩風；然平生所求詩境，在衝口直致、淺語入妙，與江西詩派之標榜「蒐獵奇書，穿穴異聞」，迥不相侔。嚴羽《滄浪詩話‧詩體》列有「陳簡齋體」，謂「亦江西之派而小異者」，值得參酌。[48]

陳與義詩集最早之刻本，為紹興七年（1137）周葵吳興刊本《簡齋集》二十卷。最先為陳集作注者，為南宋光宗紹興間之胡穉，著《增廣箋注簡齋詩集》三十卷；又有《須溪先生評點簡齋詩集注》十五卷，為劉辰翁評點，陸心源訂為宋麻沙本。据評點本所引，南宋時陳詩除胡箋本外，尚有武岡本、閩本、及簡齋手定本。另外，又有元鈔本《簡齋詩外集》一卷，存古今詩五十二首，文三篇，皆胡箋本所無。[49]就版本之種類言，有詩集，有箋注，有評點；有

[47] 同註32，二三《陳師道集》，頁 235-239。

[48] 白敦仁箋校：《陳與義集校箋》〈前言〉，（上海：上海古籍出版社，1990.8），頁 2-3；

[49] 鄭騫：《陳簡齋詩集合校彙注》，〈序〉，（臺北：聯經出版事業公司，1975.10），頁 1-3；同註

手定本、舊鈔本、刊刻本；時代從紹興、經紹熙、至元代，多可窺見陳與義詩集之流傳，與各時代讀者之可能接受。

3. 范成大《石湖居士集》

范成大（1126-1193），詩風清新溫潤，典雅標致，《四庫提要》稱其「追溯蘇黃遺法，而約以婉峭，自為一家」。所作〈四時田園雜興〉，為世所傳誦，為古代田園詩之集大成者。周必大〈賢政殿大學士贈銀青光祿大夫范公成大神道碑〉稱石湖「尤工詩，大篇短章傳播四方。初倣王筠一官一集，後自裒次為《石湖集》一百三十六卷」。初，范成大自桂林入蜀，「舟車鞍馬之間有詩百餘篇，號《西征小集》」，陸游為之刊刻行世。紹熙四年（1194），范成大逝世之次年，楊萬里為《石湖集》作序，謂石湖《全集》，乃晚年手自編定。嘉泰三年（1206），《石湖集》一百三十六卷家刻本刊成。《宋史·藝文志》著錄《石湖大全集》一百三十六卷，當即范莘等所刊家刻本。[50]

4. 楊萬里《誠齋集》

楊萬里（1127-1206），與陸游、范成大齊名，為南宋中興四大詩人之一。楊詩初學江西派，後學王安石絕句，繼學晚唐人絕句、最終學古通變，注重活法妙悟，於是「萬象畢來，獻余詩材」。誠齋詩與陸游、范成大相較，內容新鮮風趣，追求藝術獨創，尤其是山水詩，其手法宋人推崇為「死蛇活弄」、「生擒活捉」；近人直喚作「真率性靈的代面」。[51]

楊萬里生前，曾自編其詩為八集，《宋史·藝文志》即分集著錄，凡詩集九種：即《江湖集》十四卷、《荊溪集》十卷、《西歸集》八卷、《南海集》八卷、《朝天集》十一卷、《江西道院集》三卷、《朝天續集》八卷、《江東集》十卷、《退休集》十四卷，共八十六卷。今北京圖書館藏有淳熙至紹興遞

31，卷第十七《增廣箋注簡齋詩集》、《須溪先生評點簡齋詩集》，頁 820-827。

[50] 同註 32，卷第二十，〈石湖居士詩集〉，頁 979-981。

[51] 錢鍾書：《宋詩選註》，〈楊萬里〉，（臺北：書林出版公司，1988.11），頁 216-221；蕭馳：《中國詩歌美學》，第七章第三節〈真率性靈的「代面」〉，（北京：北京大學出版社，1986.11），頁 159-167。

刻單集本凡七集，日本宮內廳書陵部藏有端平初年刊本《誠齋集》一百三十三卷，目錄四卷（其中十卷鈔配），最為足本。宮內廳又藏有淳熙本《誠齋先生南海集》八卷，各集皆劉煒叔端平二年（1235）家刻本。另外，見於岳珂《桯史》述《朝天序集》，尚有福建麻沙刻本。[52]除雕版印刷外，誠齋往往以詩集寄贈友人，如張鎡有〈誠齋以《南海》《朝天》兩集詩見惠因書卷末〉，姜特立有〈謝楊誠齋惠長句〉、陸游有〈楊廷秀寄《南海集》〉、〈謝江東漕楊廷秀秘監送《江東集》〉、周必大有〈奉新宰楊廷秀攜詩訪別次韻送之〉；詩集因寄贈而傳鈔，因傳鈔而有寫本藏本，如姜夔有〈送《朝天續集》歸誠齋，時在金陵〉、袁說友有〈題楊誠齋《南海集》二首〉、項安世有〈題劉都監所藏楊秘監詩卷〉、趙蕃有〈雪中讀誠齋《荊溪》諸集〉、韓淲有〈楊秘監《江東集》〉；[53]印本之外，稿本、寫本、鈔本、藏本之多元呈現，足見楊萬里諸詩集傳播、流衍，與接受之大凡。

5. 陸游《劍南詩稿》

宋室南渡後，當時稱大家者，必以陸游（1125-1210）稱冠。劉克莊曾謂：「放翁學力似杜甫」；又稱：「南渡而下，放翁故為一大宗」；朱熹〈與徐賡載書〉云：「放翁詩讀之爽然，近代唯見此人為有詩人風致」。今觀其詩，取材廣，命意新；且記聞博、善用典、工對仗，而又不失樸質清空；學晚唐，又重平淡；以曾幾為師，卻又「不嗣江西」；注重學古通變，更標榜「詩外工夫」。[54]

陸游詩集《劍南詩稿》，宋代刊本有前集，有續稿，前集由放翁生前自定，淳熙十四年（1187）刻於嚴州郡齋，陳振孫《直齋書錄解題》所著錄之《劍南詩稿》二十卷本，即此是也。《書錄解題》又著錄《續稿》六十七卷，

---

[52] 同註32，卷第二十《誠齋集》，頁991-994。

[53] 湛之（傅璇琮）編：《楊萬里范成大卷》，《楊萬里卷》（北京：中華書局，1965.6），頁2-19。

[54] 錢鍾書：《宋詩選註》，〈陸游〉，（臺北：書林出版公司，1988.11），頁230-234；程千帆、吳新雷：《兩宋文學史》，第七章第二節〈陸詩的思想和藝術〉，（上海：上海古籍出版社，1991.2），頁322-323。

為幼子子遹復守嚴州時所續刻，時在寶慶紹定間（1226-1229）。《書錄解題》
又著錄《劍南詩稿續稿》八十七卷，當是嚴州前後二刻之總稱。嚴州本《劍南
續稿》刊印前十年，陸游長子子虡於嘉定十三年（1220）刊印《劍南詩稿》八
十五卷，《遺稿》七卷，刻於九江郡齋，是為江州刻本。江州刻本八十五卷，
陸子虡〈跋〉語稱，係奉父命編次，「（先君）親加校定，朱黃塗擅，手澤存
焉」，可視為作者生前手定。宋嚴州所刊二十卷本、江州所刊八十五卷本，皆
存殘本，今存北京圖書館。另有宋羅椅《澗谷精選陸放翁詩集前集》十卷，劉
辰翁《須溪精選陸放翁詩集後集》八卷，收入《四部叢刊》中；方回《瀛奎律
髓》亦多所選錄，明劉景寅鈔出而成《別集》。[55]從刊本之雕印，選本之流傳，
足見「陸先生《劍南》之作傳天下」之盛況。

（四）理障理趣之消長

1. 邵雍《伊川擊壤集》

邵雍（1011-1077）作詩，主張「因言成詩，因詩成音」，重視自然清新，
不事雕琢，《四庫提要》稱其「意所欲言，自抒胸臆，原脫然於詩法之外」。
嚴羽《滄浪詩話》將此種不拘聲律、隨興抒寫、吟詠情性、得自然之趣者，稱
為「邵康節體」，於宋詩之平易自然，頗有影響。

邵雍曾手編《擊壤集》，收古律詩二千篇，都為十卷，十卷本久佚，北宋
建安蔡子文曾刊《康節先生擊壤集》、《內集》十二卷、《外集》三卷。1975
年江西星子縣宋墓出土兩部殘宋本，一為《邵堯夫先生詩全集》，存一至九
卷；一為《重刊邵堯夫擊壤集》，僅六卷，蓋靖康時刊本。其他，見於宋代書
目者，尚有全本兩部、大字本、舊稱宋本、殘宋刊本多部，晁公武《郡齋讀書
志》卷十九，稱其歌詩「盛行於時」，傳世之宋刊本多種，可以想見圖書之傳
播流行，「邵康節體」之接受移化。[56]

---

[55] 錢仲聯：《劍南詩稿校注》，〈前言〉，（上海：上海古籍出版社，1985.9），頁 8-9；同註 31，卷
第二十《劍南詩稿》，頁 960-963。

[56] 同註 31，卷五《伊川擊壤集》二十卷，頁 227-235。

2. 朱熹《晦庵先生朱文公文集》

朱熹（1130-1200）早歲本號詩人，其後方學道名家。南宋胡銓曾以「能詩」推薦朱熹，明胡應麟《詩藪》雜編卷五謂「南宋古體，當推朱元晦」；清李重華《貞一齋詩說》稱揚朱熹「雅正明潔，斷推南宋一大家」，以為足與陸游匹敵。陳衍《宋詩精華錄》卷三評價朱子山水詩，以為「道學中最活潑者，然詩語終平平無奇」，較欣賞「寓物說理而不腐之作」。論者稱朱子詩，雖「以才學為詩」，然「不墮理障」。世人以詩人之詩衡量理學詩派，朱子詩往往深獲好評，為理學家中最無道學氣者。[57]

朱熹生前，文集已有編輯，且刻於建陽麻沙。其後文集之編定及版本之演變如下：紹興四年（1193），朱熹自編《晦庵朱先生大全文集》前集十二卷、後集十八卷，為《天祿琳瑯書目》所著錄，向為藏書家寶重，視為善本秘籍。其後嘉定五年（1212），朱在編《文集》《前》《後》集八十八卷；嘉定十一年（1218），黃士毅類編刻朱子《文集》一百五十卷；嘉熙三年（1239），潛齋王野編刻《文集》一百卷（浙本）；淳祐三年（1243），實齋王遂編刻朱子文集《正集》百卷，《續集》十卷；淳祐十年（1250），徐幾編刻《文集》正集百卷，《續集》十一卷；景定四年（1263），余師魯編刻《文集》正集百卷、續集十一卷，別集十卷；南宋末年，新安朱氏後裔編刻《文集》前集四十卷，後集九十一集，續集十卷，別集二十四卷。要之朱子《文選》之編刻，演為三大系統：一為徽本系統，朱子自訂三十卷本；二為閩本系統，朱自在所編八十八卷本；三為浙本系統，即王野編刻之百卷本。[58]朱熹之學，遠紹孔孟，近承北宋五子，融合佛道，集理學之大成，創立閩學（考亭學派）。考察宋代朱子文集之刊本，如是之多元；雕印之頻繁，顯示閱讀需求者眾，其影響之深遠，自然可知。

---

[57] 呂肖奐：《宋詩體派論》，第九章第二節〈邵雍與朱熹〉，（成都：四川民族出版社，2002.7），頁285-297。

[58] 參考束景南：《朱熹佚文輯考》，第四編〈朱熹文集編集考〉，（南京：江蘇古籍出版社，1991.12），頁561-572。

（五）宋調之變奏

1. 劉克莊《後村先生大全集》

　　劉克莊（1187-1269）詩，今存四千餘首，江湖詩派代表，號稱「南渡之魁楚」。清代葉矯然《龍性唐詩話》卷五，以為詩歌成就可與陸游、楊萬里相當。其所以自成一家者，要在學古通變，擇善而從，不拘一格，故能度越流輩。其〈瓜圃集序〉自述學習唐宋家數歷程：「初余由放翁入，後喜誠齋，又兼取東都、南渡、江西諸老，上及於唐人，大小家數，手鈔口誦」，於是出入於唐宋之間，而歸於宋調之「才學為詩」。其詩有江湖詩派之平易，又不失典雅，職是之故。

　　劉克莊早有詩名，其《南嶽詩稿》刊入陳起《江湖集》中，因「江湖詩禍」毀版失傳。[59]其後，詩文稿陸續彙編為四集，洪天錫作劉克莊〈墓誌銘〉稱：「（《後村居士集》）《前》、《後》、《續》、《新》四集二百卷，流布海內，巋然為一代宗工」；《前集》，乃林希逸於淳祐九年（1249）所刊，即日本靜嘉堂所藏宋刊宋印本；後村《後集》、《續集》、《新集》，林希逸於咸淳六年（1270）作〈後村大全集序〉時，已稱「此書（三集）流傳遍江左矣」。至於彙刻諸集而成《大全集》一百九十六卷，則由季子山甫（季高）合成巾箱家刻本。惜此本宋槧全帙久已失傳，明代范氏天一閣曾庋藏影宋綿紙藍絲鈔本，後歸日本靜嘉堂。除山甫家刻本《大全集》外，又有《後村先生詩集大全》，未知確切卷數，今上海圖書館藏有《詩集大全》殘本十一卷（卷一至四，九至十五）應是大全集另一系統。咸淳八年（1272），劉希仁作〈大全集序〉時，略述《大全集》於南宋末年刊刻流傳情形：「後村以文章名天下，有《前集》刊於莆，既而《後》、《續》、《新》三集復刊於玉融，四方□□。板為書坊翻刻，而卷帙訛繁，非巾箱之便。」當時書坊有翻刻本，錯亂漏略嚴重，幾成毀板公案。[60]雕版流傳，致書坊為牟利翻刻，就市場經濟供需相求之原

---

[59] 張宏生：《江湖詩派研究》，第七章，四、〈論劉克莊詩〉；附錄三，〈江湖詩禍考〉，（北京：中華書局，1994.7），頁 240-249，頁 362-368。

[60] 同註31，卷第二十六《後村先生大全集》，頁 1299-1306。

理推之，可知後村詩文廣受青睞愛賞之一斑。

2. 戴復古《石屏詩集》

戴復古（1167-理宗淳祐間），「以詩鳴東南半天下」，吳子良〈石屏詩後集序〉評其詩，以為兼含清苦、豐融、豪健、閑放、古淡、工巧而有之；趙汝騰、包恢亦稱美其詩，以為尚理、精工、流麗、味遠、沖淡、警策、尚志、貴真、新奇、妥帖，蓋其詩清健輕快，兼備眾體，俊爽天然，自成一家，故清陳衍《宋詩精華錄》推崇其詩，以為「晚宋之冠」。[61]戴復古與劉克莊，並稱江湖詩人之英傑。

戴氏《石屏詩集》，宋代曾多次編選刊行。明弘治時馬金〈書石屏詩集後〉曾略述《詩集》於南宋編選流傳之概況，謂「戴屏翁以詩鳴宋季，類多閔時憂國之作。同時趙蹈中選為《石屏小集》，袁廣微選為《續集》，蕭學易選為《第三稿》，李友山、姚希聲選為《第四稿》上下卷，鞏至仲仍為《摘句》。又有欲以其詩進御而刊置郡齋者。」時在端平三年（1236），《石屏詩集》已「併入梓以全其璧」；且《石屏詩全集》「紹定間已板行」，殆即刊置郡齋，為樓鑰、吳子良等所刊者。[62]戴復古《石屏詩集》於宋季刊行之多，由此可見。

第三節　宋人選刊宋詩與宋詩體派之流衍

自《昭明文選》以來，選本成為文學批評體式之一。選集欲汰劣以存優，批評欲貶劣而褒優，所以選集和文學批評標準有相通處。梁元帝《金樓子·立言》稱選集：「欲使卷無瑕玷，覽無遺公」；梁簡文帝〈與湘東王書〉述文學批評：「辨茲清濁，使如涇渭；論茲月旦，類彼汝南。朱丹既定，雌黃有別，

61　張高評：《宋詩體派敘錄》，〈戴復古〉，（NSC82-0301-H-006-015），頁 154-156。

62　同註 31，卷第二十四，《石屏詩集》，頁 1223-1224。又金芝山點校：《戴復古詩集》，〈書考〉、〈序跋〉，（杭州：浙江古籍出版社，1992.8），頁 320-336。

使夫懷鼠知慚,濫竽自恥。」[63]無論是文學作品之指導或文學原理的建構,選集多與詩話同功。方回《瀛奎律髓》自序云:「所選,詩格也;所註,詩話也」,無論詩格詩話,性質多接近文學批評。何況篩選作品,選擇作家本身,取捨多寡之間,實無異文學批評或價值判斷。選本之為書,往往具有重大之批評價值,表現自身之批評機制;而且潛藏豐富、多樣、靈活之批評方式。[64]就宋代詩歌選本而言,尤其蘊含有學習前賢優長,追尋詩學典範,建構宋詩宗風,鼓吹詩派風尚之作用在。今考宋元書目、《宋史·藝文志》、方志經籍志,參考祝尚書《宋人別集敘錄》、《宋人總集敘錄》,知宋人所編宋詩選本,大抵在二十種以上。

　　宋人選宋詩,見於著錄者多,從可見閱讀、接受、宗法、傳播之大凡。有唐詩宋詩兼採者,如倦叟《詩家鼎臠》二卷、孫紹遠《聲畫集》八卷、劉克莊《唐宋時賢千家詩選》二十卷、何無適《詩準》四卷、方回《瀛奎律髓》四十九卷、蔡正孫《詩林廣記》二十卷、于濟蔡正孫《精選唐宋千家聯珠詩格》二十卷,要皆有刊本或鈔本傳世。其他尚有散佚不傳者,如羅某、唐某《唐宋類編》二十卷、王安石《四家詩選》十卷等書。北宋元祐以後,宋詩特色既已逐漸形成,於是宋人選宋詩乃次第編選刊行,如呂本中《江西宗派詩集》一百三十七卷、《續派》十三卷,葉適《四靈詩》四卷、陳起《江湖集》九卷、《江湖後集》二十四卷、陳思、陳世隆《兩宋名賢小集》三百八十卷、劉瑄《詩苑眾芳》一卷、曾慥《皇宋百家詩選》五十七卷、鄭景龍《續百家詩選》二十卷、陳起《增廣聖宋高僧詩選》五卷、杜本《谷音》二卷諸書皆是也。

　　兩宋前後三百多年,宋詩經歷許多生成、消長、嬗變、發展,形成不少大家名家,蔚為若干詩派詩體。自嚴羽《滄浪詩話》、方回〈羅壽可詩序〉、袁桷〈書湯西樓詩後〉、《四庫全書總目》、全祖望〈宋詩紀事序〉、宋犖《漫堂說書》,[65]或詳或略,多有論說。其中以全祖望之說提綱挈領,能立其大,較

63　郭紹虞:《照隅室雜著》,〈隨筆·詩話叢話〉,二十,(上海:上海古籍出版社,1986.9),頁272-274。

64　鄔雲湖:《中國選本批評》,〈導言〉,(上海:三聯書店,2002.7),頁4-10。

65　梁昆:《宋詩派別論》,一、〈分派法之商榷〉,(臺北:東昇出版事業公司,1980.5),頁2-5。

得理實，如云：

> 宋詩之始也，楊劉諸公最著，所謂西崑體者也。慶曆以後，歐蘇梅
> 王數公出，而宋詩一變。涪翁以崛奇之調，力追草堂，所謂江西詩派
> 者，而宋詩又一變。建炎以後，東夫之瘦硬，誠齋之生澀，放翁之輕
> 圓，石湖之精緻，四壁俱開；乃永嘉徐趙諸公，以清虛便利之調行之，
> 則四靈派也，而宋詩又一變。嘉定以降，江湖小集盛行，多四靈之徒
> 也。及宋亡，而方謝之徒，相率為迫苦之音，而宋詩又一變。（清全祖
> 望《鮚埼亭集外編》卷二十六，〈宋詩紀事序〉）

依全祖望之見，宋詩歷經四變，為派凡六，其間知名詩人有楊憶、劉筠、
王禹偁、歐陽脩、蘇軾、梅堯臣、王安石、黃庭堅、楊萬里、陸游、范成大、
四靈、江湖、文天祥、謝翱、鄭思肖、汪元量等，皆以詩鳴。外加邵雍、朱
熹、諸道學家詩，宋詩之發展與嬗變，大抵略具於是。筆者考察宋人別集、總
集編刻流傳之情形，發現與宋詩大家名家之材人代出，各領風騷，聲氣相呼
應。今翻檢祝尚書撰《宋人別集敘錄》、[66]《宋人總集敘錄》，[67]參考《宋人文
集編刻流傳叢考》，[68]從版本學、目錄學、文獻學切入，選擇雕版印刷為核心，
以討論宋詩之發展與嬗變。

宋詩在學古通變，自成一家之歷程中，先後集結若干詩人群體，相互標榜
推轂，形成許多詩派詩體，如 1、西崑體；2、東坡體；3、江西宗派；4、四靈
詩派；5、江湖詩派等等，所謂「宋調」者是。試觀宋代詩文總集如《西崑酬唱
集》、《坡門酬唱集》、《江西宗派詩集》、《四靈詩選》、《江湖集》前、
後、續集，以及黃昇《詩家鼎臠》、陳思《兩宋名賢小集》、方回編選《瀛奎
律髓》等，考察上述諸選集總集之刊本、藏本，詩人群體之文學活動在版本、

---

[66] 同註31。

[67] 祝尚書：《宋人總集敘錄》，（北京：中華書局，2004.5）。

[68] 同註32。

目錄、文獻學上，亦多有具體之呈現。

（一）北宋詩文總集與宋詩體派

1.《西崑酬唱集》與西崑體

為掃除五代以來淺薄蕪鄙之氣，宋初盛行西崑體。真宗大中祥符元年（1008）秋，楊億編成《西崑集》酬唱之作，以用典贍博，屬對精工，音韻和諧，語言濃豔為特徵。西崑體盛行，以「彩絢閎肆，雄渾奧衍」為長，與當時流行「白體」淺切粗俗之詩風，形成對照反差，足以療治淺俗蕪鄙之流弊。《六一詩話》稱：「楊大年與錢、劉數公唱和，自《西崑集》出，時人爭效之，詩體一變」，可見《西崑酬唱集》此時已付梓，有刊本；《天祿後目》著錄有寶元二年（1039）刊本二部。鄭樵《通志》卷七十，著錄《西崑酬唱集》二卷，晁公武《郡齋讀書志》卷二十、陳振孫《直齋書錄解題》卷十五、《玉海》卷五四、《文獻通考》卷二四八，《宋史·藝文志》著錄，皆作二卷。

論者稱：自真宗咸平元年（998）至仁宗明道二年（1033），為西崑詩風全盛期；明道三年（1034）至英宗治平三年（1066），為西崑衰沒期，前後主盟宋初詩壇六十八年。[69]事實上，「猶是唐賢風格」之崑體詩歌，其流風遺韻尚廣被南北兩宋，如朱弁《風月堂詩話》卷下稱：「西崑體句律太嚴，無自然態度。黃魯直深悟此理，乃獨用崑體工夫，而造老杜渾成之境」；近人鄭騫亦謂：「莫道楊劉無影響，西崑一脈到江西」，足見崑體之流風遺韻。[70]北宋詩文革新標榜「滿心而發，肆口而成」，為療治率易淺滑之弊，南北宋之際詩文曾回歸於崑體。至南宋，真德秀、魏了翁亦推重楊億之道德文章。元方回《瀛奎律髓》亦多選西崑詩作，多所肯定。

---

[69] 同註61，〈西崑派〉，頁26；又，同註31，卷第一《西崑酬唱集》，頁15-16。

[70] 參考曾棗莊：《論西崑體》，第一章〈《西崑集》行，風雅一變〉，（高雄：麗文文化公司，1993.10），頁1-10；周益忠：《西崑研究論集》，貳、〈再論西崑衰落之因緣——並說所謂崑體工夫〉，（臺北：學生書局，1999.3），頁60-66。

2.《三蘇先生文粹》、《坡門酬唱集》與東坡體

北宋孝宗頗喜三蘇詩文，朝野蔚然成風，於是邵浩編纂蘇軾兄弟與黃庭堅、秦觀、晁補之、張耒、陳師道、李廌六君子，往復唱和之作，為《坡門酬唱集》二十三卷，於紹熙元年（1190）「命工鋟木，以廣其傳」。[71]先是，則有饒州德興縣董應夢集古堂於紹興三十年（1160）刊行《重廣眉山三蘇先生文集》八十卷；《三蘇文粹》七十卷，傳存至今之宋槧尚有四部；其他《三蘇先生文粹》亦存留宋刊本四部（日本宮內廳有藏本一百卷，不殘）；《重廣分門三蘇先生文粹》一百卷，現藏日本宮內廳書陵部，宋刊殘帙藏上海圖書館。明《古今書刻》卷上稱：宋建寧坊書坊、眉州等刻有《三蘇文集》；南宋郎曄編注《經進三蘇文集事略》一百卷，大約淳熙紹熙間已刊刻行世。今尚存宋刻殘本兩部。[72]

由傳世宋槧刊本之多，推想圖書出版市場之供需相求機制，以之考察南北宋宗蘇學蘇風氣之消長，思過半矣。陸游《老學庵筆記》載有「蘇文生，吃菜羹；蘇文熟，吃羊肉」之民謠，可具體反映南北宋之交，蘇軾著述流行之一斑。有關蘇軾著述，生前已在契丹遼國廣泛流傳。至南宋，「人傳元祐之學，家有眉山之書」；《三朝北盟會編》稱：金人指名索書甚多，其中，「蘇、黃文及古文書、《資治通鑑》」諸書，由「開封府支撥見錢收買，又直取於書籍鋪」；清翁方綱《甌北詩話》卷十二謂「宋難渡後，北宋著述有流播在金源者，蘇東坡、黃山谷最盛」，於是金代「諸家俱學大蘇」；而有「蘇學行於北」之事實。[73]除外，蘇軾堂廡極大，門庭甚廣，有所謂蘇門四學士、蘇門六君子，更影響南宋及金元之蘇詩學，雕版印刷促成文化傳播速度之革命，其中自有推波助瀾之效應。（參考上文「別集」項，蘇軾部分）

---

[71] 同註 67，邵浩：《坡門酬唱集》，張叔椿〈序〉，頁 179。紹熙元年豫章原刊本，今藏臺北國家圖書館。

[72] 同註 67，頁 84-94。參考張高評：《宋詩體派敘錄》（NSC82-0301-H006-015），一、〈東坡詩派代表作家〉，頁 6-35。

[73] 同註 41，第三章〈「蘇學行於北」〉，頁 156-161。

3.《江西宗派詩集》與江西詩派

　　自黃庭堅創立江西詩社宗派，呂本中（1084-1145）作〈江西詩社宗派圖〉，劉克莊亦作〈江西詩派總序〉，可見當時詩壇確有此宗派。淳熙十一年（1184），楊萬里〈江西宗派詩序〉稱：謝幼槃之孫源有《江西宗派詩集》石刻本，「自山谷外，凡二十有五家」。江西知府程叔達憂心江西宗派詩「往往放逸」，故「彙而刻之於學官」。陳振孫《直齋書錄解題》卷十五稱：《江西詩派》一百三十卷，《續派》十三卷，馬端臨《文獻通考》著錄亦同。大抵「刻非一時，成非一手」，沈曾植所謂「有舊本，有增刻。諸家次第，見於宋人記述者，各各不同」；[74]《宋史》卷二百九，〈藝文八〉著錄「呂本中《江西宗派詩集》一百十五卷，曾紘《江西續宗派詩集》二卷」，總集其詩，刊而行之；楊萬里命書名為《江西續派》，序作於寧宗嘉泰三年（1203），足見南宋嘉泰年間，江西詩風仍興盛不衰，故《江西宗派詩集》有《續派》之編纂與刊行。

　　梁昆《宋詩派別論》，論江西詩派之消長，分為四期，前後百餘年，各有代表詩人，大抵四十家。[75]考察宋代詩話、筆記之主體詩論，或宗江西、或反江西，大抵不出此兩大統系。其中，主流詩學，為表彰江西詩人，推崇蘇軾、黃庭堅，發揚江西詩派詩學理論者，則為主宋調之詩話，如陳師道《後山詩話》、周紫芝《竹坡詩話》、朱弁《風月堂詩話》、張表臣《珊瑚詩話》、吳可《藏海詩話》、范溫《潛溪詩眼》、吳幵《優古堂詩話》、許顗《彥周詩話》、《王直方詩話》、《洪駒父詩話》、《潘子真詩話》、唐庚《唐子西語錄》、蔡絛《西清詩話》、呂本中《紫薇詩話》、《呂氏童蒙訓》、曾季貍《艇齋詩話》、陳巖肖《庚溪詩話》、趙與虤《娛書堂詩話》、葛立方《韻語陽秋》、劉克莊《後村詩話》等等。正當蘇黃詩風盛行，江西詩法風行天下之際，別有一派，以反對蘇黃、非薄江西、或修正江西相標榜，如魏泰《臨漢隱居詩話》、蔡居厚《蔡寬夫詩話》、葉夢得《石林詩話》、張戒《歲寒堂詩

---

[74] 沈曾植：〈重刊江西詩派韓饒二集序〉，同註 67，頁 75-79；頁 148-149。

[75] 同註 61，《宋詩體派敍錄》，二、〈江西詩派代表作家〉，頁 38-120。

話》、黃徹《碧溪詩話》、嚴羽《滄浪詩話》等等。更有出入諸家，折衷於唐
宋詩之優長者，如釋惠洪《冷齋夜話》、楊萬里《誠齋詩話》、陸游《老學庵
筆記》、吳子良《荊溪林下偶談》、姜夔《白石道人詩說》、范晞文《對床夜
話》、敖陶孫《敖器之詩話》等等。宋代詩話於宋調唐音，無論標榜、反對、
或折衷，都與時代風潮相呼應；其編寫雕版之情形，所謂消長榮枯，亦與市場
導向、消費心理息息相關。從宗江西與江西詩學之討論，折衷唐宋詩話之兼取
優長，亦可窺江西詩風影響之廣大。

　　江西詩人自楊萬里、陸游，范成大、尤袤、蕭德藻後，其勢漸衰，而後有
四靈派、江湖派出。（參考上文「別集」項，黃庭堅部分）

（二）南宋詩總集與宋詩體派

1.《四靈詩選》與四靈詩派

　　永嘉四靈派之起有二端：一則不滿於理學家「以道學為詩」之詩論，一則
針砭江西派「資書以為詩」之缺失，轉學晚唐，刻意求新，以詩作為陶寫性情
之具。四靈派詩，《徐照集》曾有家刻本行世，久佚。葉適為其中之倡導與領
袖，曾選編總集，稱《四靈詩選》，選詩五百篇，作為鼓吹。許棐《跋四靈詩
選》所謂「芸居（陳起）不私寶，刊遺天下」；合刊別集本凡八卷：《徐照
集》三卷、《徐璣集》二卷、《翁卷集》一卷、《趙師秀集》二卷，《直齋書
錄解題》卷二〇著錄卷數亦同。清孫詒讓有《影鈔殘宋本四靈詩集跋》，陸心
源藏有毛氏汲古閣舊藏影寫宋刊本，並作〈影宋鈔永嘉四靈詩跋〉。原汲古閣
舊藏，今藏日本靜嘉堂文庫，卷中有「宋本」、「稀世之珍」朱印。[76]

---

[76] 同註 67，頁 316-318。參考陳增杰校點：《永嘉四靈詩集》〈前言〉，（杭州：浙江古籍出版社，
　　1985.5），頁 2-12；嚴紹璗：《日本藏宋人文集善本鉤沈》，（杭州：杭州大學出版社，1996.12），
　　頁 206。

2. 《江湖集》前集、後集、續集，《詩家鼎臠》、《兩宋名賢小集》，與江湖
   詩派

　　陳起（一說陳思）初刊《江湖集》於南宋寶慶紹定間，因集中詩句觸犯忌
諱，《江湖集》慘遭劈版，詔禁士大夫作詩。見於後世著錄，《江湖集》有前
集、後集、續集，皆為宋刻。此一詩歌叢刊，載錄一百一十餘家，存詩一萬餘
首。《四庫全書總目》《江湖後集·提要》：「今檢《永樂大典》所載，有
《江湖集》、有《江湖前集》、有《江湖後集》、有《江湖續集》、有《中興
江湖集》諸名，其接次刊刻之跡，略可考見」；「其書刻非一時，版非一
律」。論者稱：《江湖前、後、續集》，流傳到明清，有宋版兩部：其一，明
末毛晉汲古閣景鈔本；其一，清曹寅藏本。此二本蓋從《江湖前、後、續集》
中選出半數，以迎合讀者購求。書商之選刻圖書，從可見《江湖集》叢書之備
受歡迎。[77]由《江湖集》之慘遭劈版，詩集版本刊刻之多樣，可見其風行一時之
概況。

　　文淵閣《四庫全書》載存不著編人之宋人總集《詩家鼎臠》二卷，《四庫
全書總目提要》卷一百八十七，集部總集類二推測，蓋南宋慶元嘉定間書肆刊
本，「如陳起《江湖小集》之類」。其書上卷列詩人五十八，下卷列三十七
人，所存詩多者十餘首，少者僅一二首，即鼎嘗一臠之意。據今人研究，《詩
家鼎臠》收錄南宋中後期詩人詩作，選詩以江湖詩派詩人為主，地籍分布以福
建、浙江居多，大抵體現晚宋詩壇宗尚晚唐詩風之傾向。當時刊本傳播，影響
及於《詩人玉屑》、《玉林詩話》、《柳溪近錄》。「鼎嘗一臠」之選詩方
式，對於《分門纂類唐宋名賢千家詩選》、《唐宋千家聯珠詩格》等宋元之際
之詩歌選本，多有啟發。[78]江湖詩派及晚唐詩風藉印刷傳媒之流布，影響反饋於
宋元之際之詩壇，亦可以想見。

---

[77] 同註 67，頁 319-328。參考胡念貽：《中國古代文學論稿》，〈南宋《江湖前、後、續集》的編纂和
　　流傳〉，（上海：上海古籍出版社，1987.10），頁 277-294。

[78] 《詩家鼎臠》二卷，商務印書館影印文淵閣四庫本，在五五一冊。《四庫》本選錄詩人 95 位，詩 178
　　首；清鈔本則存詩人 96 位，詩 180 首。參考卞東坡：〈晚宋宋詩選本《詩家鼎臠》考論〉，蔣寅、張
　　伯偉主編：《中國詩學》第十輯，（北京：人民文學出版社，2006.10），頁 20-37。

　　除外，又有宋陳思編，元陳世隆補《兩宋名賢小集》三百八十卷，「所錄宋人詩集，始於楊億，終於潘音，凡一百五十七家」。舊題陳起所刊《江湖》諸集六十餘家，亦包括其中。論者稱：「陳起與陳思絕非一人」，陳思於理宗紹定五年（1232）曾編輯刊行《寶刻叢編》，咸淳三年（1267）又刊刻《書小史》，又編纂有《海棠譜》、《書苑菁華》、《小字錄》諸書，可見陳思為專業學者又兼出版商。胡念貽撰文指出：陳思既是南宋之書商，編選宋人詩集，為將本求利，自然可以收入陳起之《江湖·前後續集》之一部分，「這在宋代，不以為嫌。陳起的《江湖集》，就收入了一些同時人的刻本」。[79]圖書行銷作為商品經濟，這是慣技。就供需相求而言，可見江湖詩集廣受歡迎愛賞，書商發現有利可圖，於是摻雜拼湊，以迎合讀者購求，此亦勢所不免。《四庫全書總目》卷一八七稱：《江湖集》「所錄不必盡工，然南渡後詩家姓氏不顯著，多賴是書以傳，其撏拾之功亦不可沒也」；編纂詩歌總集，有利於知識流通，此固不易之理。

3. 方回《瀛奎律髓》與一祖三宗

　　方回（1190-1257），生當宋末元初，四靈、江湖詩派專師晚唐，尊唐抑宋成風之際。撰有《桐江集》、《桐江續集》，又選評唐宋律詩為《瀛奎律髓》四十九卷，經由類選、圈點、評論，進行詩學批評。其書綰合詩選與詩話於一書，大抵排西崑而主江西，標榜一祖三宗，全面體現宋代江西詩派之詩學觀點；尤其在拗字、變體方面，特立兩卷討論，凸顯了江西派注重詩法、詩格（藝術技巧）。方回論詩，欣賞闊大之境界及雄渾之氣象，追求枯淡瘦勁、剝落浮華之美，標榜「格局」，以救江西流弊，又以「細潤」濟粗獷，以「圓熟」濟生硬，以「豐腴」濟枯澀。總之，除鼓吹奪胎換骨、點鐵成金等江西詩話之外，要能使創作蔚為蒼勁瘦硬風格為依歸。[80]方回《瀛奎律髓·自序》謂：

---

[79] 同註77，胡念貽：《中國古代文學論稿》，頁278-286。

[80] 李慶甲集評校點：《瀛奎律髓彙評》，〈前言〉，（上海：上海古籍出版社，1986.4），頁3-5。蕭榮華：《中國詩學思想史》，下篇宋元第五章，七、1.〈方回與江西詩學的餘波〉，（上海：華東師範大學出版社，1996.4），頁215-218。

「瀛者何？十八學士登瀛洲也。奎者何？五星聚奎也。」《瀛奎律髓》一書，實即唐宋之律詩精髓。而且書中所選，宋代之作家作品，數量遠勝過唐代，推崇表彰宋詩之意圖甚明。

杜甫其人其詩，尊奉為「詩聖」，稱揚為「詩史」，評價為「集大成」，宋詩名家大家如王禹偁、王安石、蘇軾、黃庭堅、陳師道、陳與義、陸游、文天祥、元好問、方回等，皆宗法之，蔚為宋人學詩作詩之典範。宋人對唐代詩文集之整理，成果豐碩；古籍整理，有所謂「千家註杜」之業績，而雕版刊行，藏本傳鈔者，得杜集版本 129 種，1240 卷以上，[81]可謂著述浩瀚，琳瑯滿目矣。刊刻本傳鈔本如此眾多可觀，自然影響圖書流通與知識傳播，對於詩歌選集之采擷，詩話筆記之論述，學詩作詩之典範，自多接受與觸發。《瀛奎律髓》成書於至元二十年（1283），方回五十七歲，唐詩與宋詩別集或雕版，或傳鈔，傳世版本不虞匱乏，採擷選編容易，於是選詩 3014 首，385 家，其中宋詩入選 1765 首，221 家，江西詩派作家入選尤多，宋詩比重亦超過唐詩。方回標榜宋詩，崇尚江西詩派之詩學旂向，由此可見。

方回論詩，推崇宋詩，標榜「一祖三宗」，為江西詩派辯護。「唐宋詩之爭」，自葉夢得、張戒、劉克莊、嚴羽論詩主張宗法唐詩、唐音以來，唯方回獨樹異幟，凸顯宋詩及江西詩之價值與地位，曾言：

> 嗚呼！古今詩人當以老杜、山谷、後山、簡齋四家為一祖三宗焉，餘可配饗者有數焉。（《瀛奎律髓》卷二六，陳與義〈清明〉詩批注）
>
> 老杜詩為唐詩之冠。黃、陳詩為宋詩之冠。黃、陳學老杜者也，嗣黃、陳而恢張悲壯者，陳簡齋也。流動圓活者，呂居仁也。清勁潔雅者，曾茶山也。七言律，他人皆不敢望此六公矣。（同上，卷一，陳簡齋〈與大光同登封州小閣〉）

---

[81] 張高評：〈杜集刊行與宋詩宗風──兼論印本文化與宋詩特色〉，「中國中世文學國際學術研討會」論文，北京大學古文獻研究中心、成功大學文學院、復旦大學古代文學研究中心合辦，2004.8，頁 1-35。

　　由此觀之，方回論詩，以杜甫為「一祖」，黃、陳、陳為「三宗」，[82]主要
在矯正江西末流之詩病：但學黃廷堅，不知追本溯源，祖法杜甫之偏頗。而且
藉此壯大江西陣營，擴大後學眼界。既溯源宋詩之譜系至杜甫，足見宋人詩乃
是唐詩之繼承與發揚。唐宋詩統系既一脈相傳，自不可隨意抑揚。[83]論者以為，
方回對江西詩派詩論價值之提高，體質之改造，以及師法之傳授，多具有積極
之意義與貢獻。清初吳之振極推崇《瀛奎律髓》，以為「固詩林之指南，而藝
圃之侯鯖」也。

　　《瀛奎律髓》編成時，即有刊本流傳。《天祿琳瑯書目後編・元版集
部》、《增訂四庫簡明目錄標注》，《續錄》，皆以為「元至元癸未（二十
年，1283）刊巾箱本，其板至明天順間始廢」。其他，尚有明成化三年
（1467），紫陽書院刻本《瀛奎律髓》四十九卷；清康熙四十九年（1710），
陸士泰刻本；五十一年（1712），蘇州綠蔭堂刻本《瀛奎律髓刊誤》四十九
卷；五十二年（1713），吳之振黃葉村莊刻本等等。在「唐宋詩之爭」各執一
端，交相攻詰之清初，宗唐派之馮舒、馮班、紀昀對《瀛奎律髓》各作評點刊
誤；宗宋派之吳之振、查慎行亦藉評點《瀛奎律髓》張揚己說。宗唐宗宋各自
表述，亦如唐詩宋詩之優劣高下，自由心證，[84]此中自有探察之天地，頗耐觀
玩。

　　由此觀之，雕版印刷為古籍整理、校勘、編選、纂集成果之最終呈現，可
以考察一代學風宗派之嬗變與消長。總集別集從編輯校勘諸古籍整理工作，至
「命工刊板，務在流通」之雕版行銷，促進了知識傳播之快捷與便利，頗便於
宗派門戶之形成，以及詩風文風之相激相盪。西崑派、東坡詩派、江西詩派、

82　詹杭倫：《方回的唐宋律詩學》，第四章〈方回「杜詩學」綜論〉，第六章〈方回對江西詩派的總結
　　定論〉，（北京：中華書局，2002.12），頁 63-92，頁 117-158。

83　顧易生、蔣凡、劉明今：《宋金元文學批評史》，第四編第三章第二節〈方回〉，（上海：上海古籍
　　出版社，1996.6），頁 925-930。

84　張高評：〈清初宗唐詩話與唐宋詩之爭──以「宋詩得失論」為考察重點〉，《中國文學與文化研究
　　學刊》第 1 期，（臺北：學生書局，2002.6），頁 83-158；又，〈清初宋詩學與唐宋詩之異同〉，
　　《第三屆國際暨第八屆清代學術研討會論文集》（上），（高雄：中山大學清代學術研究中心，
　　2004.7），頁 87-122。

四靈詩派、江湖詩派嬗變與消長，與各詩派總集別集整理雕印之質量相互呼應。研究文學詩歌，不能自外於版本、目錄、文獻之學，由此可見。

第四節　結論

　　本文從圖書傳播談到印刷傳媒之效應，然後據此討論宋代詩人別集在宋代之雕版刊行，宋代詩人選宋詩及其刊印流布，宋詩體派形成與宋代詩文總集雕印之互動關係，初步獲得下列觀點：

　　六朝四唐之知識傳播，以楮墨替代簡帛，簡約輕省，便利已數倍於前。迨雕版印刷崛起，「鈔錄一變而為印摹，卷軸一變而為書冊，易成、難毀、節費、便藏，四善具焉」。由於「板本大備，士庶家皆有之」，「士大夫不勞力而家有舊本」，學者之於圖書，「多且易致如此，其文詞學術當倍蓰於昔人」。因此，筆者以為：印刷傳媒之效應，足以推助宋詩特色之形成。

　　雕版印刷崛起繁榮於宋代，與寫本藏本爭輝爭勝，蔚為宋代圖書傳播之多元，助長宋詩特色之形成，提供唐宋變革之觸媒，「詩分唐宋」自當以印刷傳媒作為催化劑。本文論述宋詩別集總集在宋代之雕版印行，發現版刻質量之優劣多寡，大抵與詩壇之審美品味相當，與詩集選集傳播接受之寬廣度有關，更與宋詩之發展嬗變桴鼓相應。印刷圖書之為商品，自然切合供需相求之經濟原理。

　　大抵宋詩名家大家，如王禹偁、蘇舜欽、梅堯臣為宋詩特色之先導；歐陽脩、王安石、蘇軾、黃庭堅為宋詩宋調之建構；陳師道、陳與義、范成大、楊萬里、陸游，見江西詩風之嬗變；邵雍、朱熹詩歌，得理障理趣之消長；劉克莊、戴復二家，知宋詩宋調之變奏；凡曾影響當代，流傳後世者，其圖書傳播除寫本、鈔本外，又皆有頗多之雕版印本作為圖書傳媒。雕版詩人別集之取捨選擇，與詩風之流變走向，若合符節。

　　從宋人選刊宋代詩文總集，亦可考察宋詩體派之流衍，如《西崑酬唱集》之於西崑體，《三蘇先生文粹》、《坡門酬唱集》之於東坡體、《江西宗派詩

集》之於江西詩派、《四靈詩選》之於四靈詩派、《江湖集》前、後、續集、《詩家鼎臠》、與《兩宋名賢小集》之於江湖詩派,《瀛奎律髓》之於一祖三宗。無論詩集選集之雕版刊行,因有「易成、難毀、節費、便藏」之優長,以及化身千萬,無遠弗屆之利多,相較於寫本鈔本,印刷傳媒遂快速成為知識傳播之利器。

雕版印刷與科舉取士,齊頭並進,相資為用,落實推動宋朝「右文政策」,對於「詩分唐宋」,自然直接相關。至於聯鎖反應,因而影響到閱讀定勢、創作心態、學術風尚,和社會發展,造成「唐宋變革」,亦水道渠成。[85]

---

[85] 本文初稿,口頭發表於 2007 年 11 月 16 日–21 日,由中央大學中文系主辦之「第二屆兩岸三地人文社會科學論壇」中。會後修改潤飾,篇名改為〈宋人詩集選集之刊行與詩分唐宋〉,刊登於東華大學中文系:《東華漢學》第 7 期(2008.6),頁 85-103。

第九章 北宋讀詩詩與宋代詩學——從傳播與接受之視角切入

摘要

　　雕版印刷崛起，蔚為印刷傳媒，與寫本藏本相互爭輝，促成宋代圖書資訊普及，知識傳播多元而便捷。對於閱讀習慣、學習模式、創作方法、批評角度、審美情趣、學術風尚諸方面，勢必有所激盪與轉變。讀詩詩作為讀書詩之一支，於此頗有體現。《全宋詩》前三十冊所載讀詩詩，凡 40 家 92 題 131 首，詩人之閱讀接受，審美意識，宋人之學古通變，宋代之詩學典範，甚至宋詩之變化於唐，而出其所自得，凡宋代詩話討論之詩學議題，於此多可以即器求道，順指而得月。由此觀之，此一詩歌史料，頗可與宋代詩話筆記中之詩學相互發明。就北宋詩人之閱讀定勢而言，白居易、韓愈、晚唐詩人之詩集於宋代刊本藏本多，傳播所及，選取作為閱讀詩集者亦較多，或作為粉本，或作為悟入，或作為意新語工之觸發，宋詩之學唐變唐，此中頗有體現；閱讀李白詩集者雖亦不少，卻多作為「李杜優劣論」之表述。陶淵明與杜甫以人格美與風格美兼備，符合宋人之期待視野，被尊奉為宋代詩學之最高典範。終宋之世，陶集杜集雕印版本繁多，供需相求，理有固然。考索北宋讀詩詩，讀陶、讀杜之詩篇，亦有如實之反映。北宋讀詩詩，褒貶予奪，去取從違之間，多與圖書傳播息息相關。從中頗可考察詩人之閱讀定勢與審美接受，於宋代詩學之學古論，自有佐證發明之價值。

關鍵詞

　　印刷傳媒　讀詩詩　學古通變　陶杜典範　宋代詩學

　　文化是一種多元而有機的組合，文學表現不過是文化活動之一，必然接受
文化之制約。自從二十世紀初，西方學術分工之風氣深入學界，文學研究受其
影響，遂多侷限於自我之課題與專業；文學、史學、哲學與文獻研究間，亦楚
河漢界，不相往來，遑論學科整合，遑論回歸文化研究？以宋詩研究而言，多
就宋詩論宋詩，少較論宋詩與唐詩之源流因革，宋詩與宋代詩學之相互發明，
此《莊子‧天下》所謂「天下多得一察焉以自好，譬如耳目鼻口，皆有所明，
不能相通」，「天下之人各為其所欲焉以自為方」，如此將難能「析萬物之
理，察古人之全」，[1]研究成果之未能突破，此為主因之一。

　　有鑑於不該不遍，勢不能見學術之大全，故筆者治宋詩，提倡援用宋代詩
話筆記以相發明，徵引《宋史》、《宋會要輯稿》、《續資治通鑑長編》等史
書而相佐證；復參考學風思潮，借鏡崇儒、禪悅，稽考版本目錄，切入商品經
濟，而歸本於印刷傳媒之推助，及宋型文化之發用。筆者主張：宋詩之價值在
傳承與開拓並重，其開拓自家特色，表現在會通化成與遺妍開發二大層面，如
此而作學科整合之探討，成果遂有理有據。筆者又有感於探討宋代詩學者，多
拘守宋代之詩話筆記，少旁及其他；故本文「詳人之所略，異人之所同」，專
一梳理文學之史料，選擇《全宋詩》之讀詩詩為文本，以見圖書流通與知識傳
播之氛圍下，宋詩創作與宋代詩學之所關注，殊途同歸，由此觀之，詩歌與詩
學間自有交集，相得益彰，相互發明之處不少。

第一節　圖書傳播與北宋讀書詩之興起

（一）圖書流通與知識傳播

　　《後漢書》卷七十八〈宦者傳〉稱：蔡侯紙未發明之前，書寫工具「縑貴
而簡重，並不便於人」，基於傳播與文化目的，於是蔡倫改變造紙材料，改良

---

[1]　清‧郭慶藩注：《莊子集釋》，卷十下，〈天下第三十三〉，（臺北：河洛圖書出版社，1974），頁
　　1069。

造紙技術，而發明紙張。相較於縑帛與竹簡，紙張在書寫、閱讀、貯存、攜帶、價格方面，有諸多「便於人」之傳播功能，於是天下「莫不從用」。[2]書籍複製技術從手鈔發展為雕版印刷，無論閱讀或傳播，亦皆有其「便於人」之現實功能，故能可大可久。

在雕版印刷尚未普及之唐代，圖書傳播只有藏本和鈔寫本，知識流通雖較緩慢，然士人讀書貴專、貴精、貴通、貴深，故往往有感發、有心得。試檢索御定《全唐詩》，詩題有「讀」字者，得讀書詩 132 首。其中讀經詩 5 首，讀史詩 41 首，讀子部詩 13 首，讀詩詩 46 首，讀文集 8 首，泛寫讀書之詩 18 首。試考察唐代讀書詩，或抒閱讀感受，或寫閱讀心路，或道閱讀效益，或作為比興寄託。《全唐詩》載存 54 首讀詩詩，筆者研究發現：其中品評詩集，褒贊詩人，記錄閱讀心得者最多，猶論詩詩、論詩絕句之倫，文學批評、詩學審美之價值極高；述及閱讀對象之人格風格，有助於知人論世。唐人所作讀詩詩，時代集中在中晚唐；所閱讀之詩人詩集，亦聚焦在中唐晚唐，盛唐極少，初唐幾乎沒有。《宋史‧藝文志》稱：「唐之藏書，開元最盛，為卷八萬有奇。」讀書（詩）之寫作，跟圖書傳播之質量息息相關，由此可見一斑。中晚唐讀詩詩針對李白杜甫人格與風格之各作褒贊，對於張籍、杜牧、孟郊、賈島詩閱讀審美作風格勾勒，以及體現薛能、李賀、顧況、齊己等晚唐詩風之審美趣味。由此觀之，唐人而開宋調者，晚唐風韻為宋人所宗法者，此中頗可考求之。[3]在傭書鈔寫，尤其是手自鈔寫的唐代，以鈔書為讀書最為習見。複製圖書如此耗時費財，手到、心到、眼到如此專心注意，閱讀接受之審美對象，當然講究知人論世，以便學以致用，此自然之理則。「唐之藏書，開元最盛」，寫本謄鈔傳播較慢，迨圖書流通廣遠，已在中唐之後，此勢所必至，理有固然。寫本圖書相對於印本，實有難成、易毀、價昂，不便攜帶庋藏之缺失，頗不利於知識之高質量傳播。

2　楊巨中：《中國古代造紙史淵源》，第三章〈東漢蔡侯紙〉，（西安：三秦出版社，2001.10），頁 107-163。

3　張高評：〈唐代讀詩詩與閱讀接受〉，臺灣師大國文系《國文學報》第 42 期（2007.12），頁 177-205。

　　雕版印刷之發明，大概起於隋唐，確切時代頗多爭議。雕版印刷產生之條件，在造紙技術純熟，製墨技術精良，又得璽印鐫刻、鏤版印布之觸發，梨木、棗木、梓木、黃楊諸落葉材質選用為板片取之不盡，[4]加上大規模圖書複製之迫切性，知識傳播之講究品質，於是印本崛起，與六朝四唐以來之藏本寫本爭輝爭勝。據出土文物考證，日人藏有吐魯番所出《妙法蓮華經》一卷，當是現存世界最早之印刷品，學界斷為武則天（684-705）時代之雕版物，遠較敦煌發現之《金剛經》早一百多年。[5]至五代後唐時，宰相馮道奏請「校正九經，刻版印賣」，從此刻書不限於佛經日曆，政府提倡雕版，監本成為範式，印刷出版蔚為流行風尚。北宋葉夢得《石林燕語》卷八，稱：「唐以前，凡書籍皆寫本，未有摹印之法」，徵諸敦煌漢文遺書，九成五以上多為寫本卷子，雕版印刷實物不多，可見葉氏之說大抵可信。唐五代之後，北宋朝廷崇儒右文，大舉開科取士，每年科舉取士人數之多，在科舉史上號稱空前絕後。[6]於是促成官學、私塾、書院講學之勃興，教育既普及，讀書與著述自然形成風氣。雕版印刷因時乘勢，於是上至國子監，下至州縣多有官刻本，其他又有坊刻本，家刻本之目；然稿本、鈔本、寫本、傳錄本仍佔大多數；斯時三館秘閣珍藏，大多為鈔寫本；私人藏書家之庋藏，亦多為鈔本、寫本。朝廷既崇儒右文，於是撰述繁多，琳瑯滿目之著作，不可能立即刊行，也不可能都交付雕印。書稿或鈔本若無印本流傳，當然得「全仗抄本延其命脈」，「抄本之不可廢，其理甚為明白」[7]。要之，北宋之圖書流通，與知識傳播，關鍵在印本崛起風行，與藏本寫本相輔相成。

　　書籍之傳播流通，中唐以前大多仰賴手寫謄鈔。鈔寫謄錄圖書，既耗時費

4　李致忠：《古代版印通論》，第二章〈雕版印刷的發明〉，（北京：紫禁城出版社，2000.11），頁 8-16。

5　程煥文編：《中國圖書論集》，查啟森〈介紹有關書史研究之新發現與新觀點〉，（北京：商務印書館，1994.8），頁 57-59。

6　張希清：〈論宋代科舉取士之多與冗官問題〉，《北京大學學報》1987 年第 5 期；又，〈北宋貢舉登科人數考〉，《國學研究》第二卷，（北京：北京大學出版社，1994），頁 393-425。

7　張舜徽：《中國古書版本研究》，〈抄本〉，（臺北：民主出版社），頁 73-81。

事，又書價昂貴，傳播既不便，故流布不廣，動輒散佚。鈔本、寫本、稿本在閱讀、保存、攜帶、書價、文化傳播方面，有「不便於人」之困境。自發明雕版印書之後，圖書之複製技術大為改善，導致知識傳播產生革命性之轉變：因為圖書出版多元，發行數量龐大，不僅化身千萬，讀書容易，而且無遠弗屆，留存較多。雕版圖書之普及，造成讀書求學不再是特權階級之專利，即使普通百姓、一介寒士，也可以有能力購書，有條件藏書。宋真宗（998-1022 在位）時，國子祭酒邢昺（932-1010）謂：「今板本大備，士庶家皆有之」；資政大學士向敏中（949-1020）亦同意真宗所問「今學者易得書籍」，而稱：「士大夫不勞力而家有舊典，此實千齡之盛也。」[8]因此，印本圖書之繁榮，對學術之風尚與文學之創作，必有影響。至於如何以優異之傳播性能，與廣大群眾之需求作完美結合，乃是媒介傳播學永恆之課題。雕版印刷以「便於人」為主要目的，達成圖書流通之最佳效益，符合傳播學之原理，於是崛起、發展，漸漸印本取代寫本。雕版印刷之繁榮，加上寫本鈔本與印本並行，蔚為藏書文化之形成，上述圖書傳播方式的革新和多元，勢必影響閱讀接受之行為，更可能轉變創作審美之方向。[9]

宋代大舉開科取士，影響圖書之典藏、教育之普及、學術之風尚、文化之轉型，在在多與雕版印刷之崛起息息相關。宋真宗作〈勸學詩〉，所謂書中自有千鍾粟、書中自有黃金屋、書中自有顏如玉、書中車馬多如簇云云，可見讀書可以獵取富貴功名。張端義《貴耳集》卷下引詩，所謂「滿朝朱紫貴，盡是讀書人」；祝穆《方輿勝覽》引詩，所謂「路逢十客九青衿」，「城裏人家半讀書」，「斗絕一隅，在衣冠而獨盛；雲蒸多士，亦絃誦之相聞」，其勝處，莆陽或「十室九書堂」，永福則「百里三狀元」。日本清水茂指出：福建地處偏僻，遠離中央朝廷，在宋代竟然學者輩出，人才如林；閩學更成為道學中

---

8 宋李燾：《續資治通鑑長編》卷六十，景德二年五月戊辰朔；又，卷七十四，大中祥符三年十一月壬辰，（北京：中華書局，2004.9），頁 1333，頁 1694。

9 （法）弗雷德里克・巴比耶（Fre'de'ric Barbier）著，劉陽等譯：《書籍的歷史》（*Histoire du livre*），第二部分〈谷登堡的革命〉，第四章，3，〈手鈔業復興〉，（桂林：廣西師範大學出版社，2005.1），頁 88-89，頁 132-134。

心,主要和福建出版業的興盛有關。[10]讀書之成效如此,其中自有雕版圖書傳播流通之貢獻在,此筆者可以斷言。錢存訓評價印刷術之功能,曾概言:「印刷術的普遍應用,被認為是宋代經典研究的復興,及改變學術和著述風尚的一種原因。」[11]與筆者管見,足以相發明。此一課題,學界尚未多加關注,筆者願藉此篇作為嚆矢。

就宋代而言,文化傳播之開展,其關鍵媒介在書籍之流通。鈔書、印書、藏書、借書、購書,為知識藉以取得之途徑;而讀書、教書、著書、校書、刻書,則為知識賴以流通傳播之環節。兩者相輔相乘,蔚為兩宋文明之輝煌燦爛。換言之,寫本典藏、雕版刊行、圖書流通、知識傳播、閱讀接受,五者循環無端,傳播與接受交相反饋,遂形成宋代文化之網絡系統。其中,雕版之刊行,與寫本藏本相互爭輝,促成圖書資訊之普及,知識傳播既多元而便捷,閱讀書籍在質量上自然急遽增加。《宋會要輯稿・崇儒》四之一五稱:宋初,「三館書才數櫃,計萬三千餘卷」。《宋史・藝文志》載:歷太祖、太宗、真宗三朝(960-1022),經仁宗、英宗兩朝(1023-1067),至神宗、哲宗、徽宗、欽宗四朝(1068-1126),一百六十七年間,中央官府藏書已多達 6705 部73877 卷,成長數量為五倍有餘。[12]以上數據,只計正本,均未包含副本,且寫本與印本互有消長。由於刊本之價廉、便利、精美、悅目,頗能吸引士人之關愛與興味,於是寫本漸被漠視與取代。除朝廷訪求遺籍,士民踴躍獻書外,雕版印刷之崛起流行,促使書籍大量生產,成本降低;校勘精確,且物美價廉;傳播廣遠,而又化身千萬。[13]朝廷既標榜右文崇儒,於是雕版印刷作為文化產

---

10 祝穆:《宋本方輿勝覽》,譚其驤〈前言──論《方輿勝覽》的流傳與評價問題〉,(上海:上海古籍出版社,1991.12),頁 19-20。參考蔡毅譯本:《清水茂漢學論集》,〈印刷術的普及與宋代的學問〉,(北京:中華書局,2003),頁 96。

11 錢存訓:《中國紙和印刷文化史》(*CHINESE PAPER AND PRINTING:A Cultural History*),第一章,(四)〈印刷術在中國社會和學術上的功能〉,(桂林:廣西師範大學出版社,2004.5),頁 356-358。

12 元脫脫:《宋史》卷 202,〈藝文志一〉,(北京:中華書局,1990),頁 5033。

13 錢存訓:《中國古代書籍紙墨及印刷術》,〈印刷術在中國傳統文化中的功能〉,(一)〈印刷術對書籍製作的影響〉,(北京:北京圖書館出版社,2002.12),頁 263-266。

業，與商品經濟結合，遂蔚為印本文化，創造華夏文明之高峰。

谷登堡（G‧Baechtel, Gutenberg）在歐洲，發明印刷術，使得十五世紀出現了「第一次圖書革命」；[14]早在十一、十二世紀的東方宋朝，士人面對琳瑯滿目、數多質優的雕版書籍，閱讀習慣亦因而有所轉變：葉夢得《石林燕語》卷八稱學者對待寫本，「以傳錄之艱，故其誦讀亦精詳」；待書籍鏤版印行漸多，「學者易於得書，其誦讀亦因滅裂」。《朱子語類》卷十載朱熹之感慨：「今人所以讀書苟簡者，緣書皆有印本多了」，得失互見，優劣相成也。蘇軾批評孟浩然詩：「韻高而才短，如造內法酒手，而無材料」；黃庭堅〈與王觀復書〉其一，稱美王觀復詩「興寄高遠」，但「語生硬不諧律呂，或詞氣不逮初造意時」，批評「此病亦只是讀書未精博爾」；黃庭堅甚至標榜多讀書之效益，猶如「長袖善舞，多錢善賈」。由此可見，蘇黃與江西詩派對讀書之強調，蓋圖書為知識之載體，從可知圖書傳播對文學批評之影響。推而論之，其他因雕版印刷引發之學習模式、創作方法、審美情趣、學術風尚諸方面，亦勢必有所激盪與轉變，姑稱之為「知識爆炸」、「圖書革命」，當不為過。[15]

筆者以為，北宋圖書質量之激增，文化傳播方式之轉變，表現在講道論學之滋多，經典研究之復興，詩話筆記之流行，讀書方法之講究諸方面。以讀書方法之講究言，不乏苦口婆心、金針度人之提示，如程頤曰：「為學，貴在自得」；蘇軾云：「博觀而約取，厚積而薄發」；陳善稱：「讀書須知出入法」；胡宏謂：「學須知的、中的」；張栻主張「反復玩味」，嚴羽強調「妙悟熟參」。朱熹教學，尤其提倡「為學之道、讀書之法」，《朱子語類》卷十、卷十一，詳載「讀書法」，可以知之。如此之類，檢索宋人文集或語錄，數量將十分可觀。學者若據此文獻，借鏡學習心理學、閱讀心理學、認知心理學，以探討學習成效、讀書方法，將極具研究價值。

---

[14] 同註 9，《書籍的歷史》，第四章〈谷登堡之前的圖書時代〉，第五章〈谷登堡和印刷術的發明〉，頁 88、頁 96-117。

[15] 張高評：〈雕版印刷之繁榮與宋代印本文化之形成（上）——印本之普及與朝廷之監控〉，〈雕版印刷之繁榮與宋代印本文化之形成（下）——印本圖書對學風文教之影響〉，刊載於《宋代文學研究叢刊》第十一期、第十二期（高雄：麗文文化公司，2005.12；2006.6），頁 1-36；頁 1-44。

宋代論詩詩之質量頗可觀，其中多閱讀詩集之作。郭紹虞〈詩話叢話〉採用林昌彝《射鷹詩話》「凡涉論詩，即詩話體也」之見解，曾言：「論詩韻語，亦是詩話一體，兼論辭論事二端」；「宋人論詩精義，大抵存於論詩韻語中」；「論詩韻語中多作者甘苦之言，時有妙義」，「足以窺其論詩主恉」，「足為後世詩話家立說之張本」；「論詩韻語不免為體裁所限」，然與「討論句法，疏解典實」之詩話，可以相互發明。[16]宋人所作讀詩詩，風格屬於郭紹虞所謂「論詩韻語」，或表述論詩見解，或進行摘句批評，或論詩及人、及事，多可與宋代詩話相互補充，相得益彰。

從讀者之視角，探討文學傳播與接受，為近來兩岸學界共同關注之課題，如柯慶明、大木康、王兆鵬、楊玉成諸先生之論著，多有可參考之處。[17]本文之寫作策略則異於是，筆者別從版本、目錄，以考詩集雕版、藏鈔之傳播；從閱讀、寫作，以見詩集之接受；輔以詩話、筆記之詩學書寫，交相論證以發明宋代詩學，故與學界同道之研究視角殊途而同歸，可以相互發明。

（二）北宋讀詩詩表現之層面

北宋詩人閱讀歷代詩集詩篇之作，《全宋詩》收錄 92 題，131 首，凡 40 家，是本文所謂之「讀詩詩」。讀詩詩，為讀書詩之一種，其寫作手法不離讀後感、或讀書心得之格式。其寫作之策略，不外內容隱括，感點抒發，側面表述，小中見大，借題發揮，展現創意，以及凸顯重點特色，評述優劣得失等等。試檢索《全唐詩》，得讀書詩 134 首，其中讀經詩 5 首，讀史詩 42 首，讀

---

[16] 郭紹虞：《照隅室雜著》，〈隨筆·詩話叢話〉，（上海：上海古籍出版社，1986.9），頁 230、232、266-271。

[17] 周益忠：《宋代論詩詩研究》，臺灣師範大學國文研究所博士論文，1989；東華大學中文系曾主辦「傳播與接受」學術研討會，會後出版論文集名為《文學研究的新進階——傳播與接受》，其中柯慶明〈文學傳播與接受的一些理論思考〉（代序），以及大木康、王兆鵬、楊玉成發表論文，多值得參閱，（臺北：洪葉文化公司，2004.7）；除外，楊玉成：〈劉辰翁：閱讀專家〉，《國文學誌》第三期，彰化師大國文系，1999.6，頁 199-246；又，〈文本、誤讀、影響的焦慮——論江西詩派的閱讀與書寫策略〉，《建構與反思——中國文學史的探索學術研討會》，（臺北：學生書局，2002.7），頁 329-427。對於斯學，亦有開發之功。

諸子詩 13 首，讀詩詩 48 首，讀文集 9 首，泛寫讀書之詩 17 首，數量不算多。
其中作者如白居易，詩風下開宋詩平淡通俗一派，試檢閱所作讀書詩，讀詩詩
如〈讀張籍古樂府〉、〈讀鄧魴詩〉、〈讀李杜詩集因題卷後〉、〈讀靈徹
詩〉；讀子部詩如〈讀莊子〉二首、〈讀老子〉、〈讀禪經〉、〈讀道德
經〉；讀史部詩如〈讀漢書〉、〈讀史五首〉、〈讀鄂公傳〉，就寫作方法而
言，大抵與宋詩出入不大，不過閱讀書籍範圍有寬窄而已。

　　北宋四十家讀詩詩，92 題 131 首中，五古最多，凡 63 首；其次七律 27
首，七絕 23 首，七古 11 首，四言 4 首，五七雜言 2 首。蓋五古之為詩，源於
蘇李贈答、〈古詩十九首〉，貴在用意古雅，運筆矯健，造語以簡質渾厚為正
宗，此《書譜》所謂「思慮通審，志氣和平，不激不厲，而風規自遠」者也。
論者稱：「詩不善於五古，他體雖工，弗尚也。」讀書為高雅之事，閱讀詩篇
詩集而賦詩，詩情何等優遊雍容，詩思何等都雅肅穆？鍾嶸《詩品‧序》不云
乎：「五言居文辭之要，是眾作之有滋味者也」，[18]筆者以為：古詩之為體，或
渾樸古雅，率真自然；或敷陳充暢，縱恣自如，頗便於抒寫心得，發表見解，
故北宋諸家所作讀詩詩，特鍾情於五古，職是之故。

　　試翻檢宋代傳世書目之著錄，可以考察典籍之存亡，稽核公私之庋藏，如
王堯臣歐陽脩等主編之《崇文總目》，慶曆元年（1041）成書上奏，就集部而
言，總集類凡 146 卷，別集類收錄詩歌者計 348 部 3355 卷。[19]晁公武，紹興二
年（1132）進士，其《郡齋讀書志》著錄圖書 1400 多部，大抵包括南宋以前四
部要籍。卷十七至卷二十，共著錄詩文集及文說 317 部，8245 卷以上。上述核
算皆就正本而言，副本不計在內。《全宋詩》所存北宋讀詩詩，以詩集別集
計，歷代知名者凡 33 家，北宋當代詩集詩篇亦存 14 家，共 47 家詩集入選為閱
讀書目。除北宋現當代詩歌之閱讀徵存，具文獻學意義外，其他獲選閱讀之 33
家，代有才人，其詩大抵多曾引領風騷，各有其特色、地位，與代表性。由北

---

[18] 清‧張謙宜《繭齋詩談》卷三，施補華《峴傭說詩》，劉熙載《藝概》〈詩概〉；胡應麟《詩藪》內
篇卷二：「四言簡直，句短而調未舒；七言浮靡，文繁而聲易雜。折繁簡之衷，居文質之要，蓋莫尚
於五言。」

[19] 清‧錢侗：《崇文總目輯釋》卷五，臺北：廣文書局，《書目續編》本，1993、3 再版。

宋讀詩詩之閱讀對象，可以考察詩人之閱讀接受，審美意識，宋人之學唐變唐，宋代之詩學典範，宋詩之變化於唐，而出其所自得，亦不難從中看出。此等課題，為本文之重點，留待下文詳論。

綜觀北宋 40 家所作讀詩詩，閱讀詩集詩篇及有關詩人 47 家以上，表現方法大抵不出讀後感寫作、閱讀寫作、書評寫作，及文學鑑賞寫作之原則，[20]不過各有側重而已。今相體裁衣，因事命篇，考察北宋讀詩詩歌詠詩篇、評價詩人，其表現之層面，大抵有六：其一，勾勒形象；其二，感慨遭遇；其三，創意評唱；其四，詩人定位；其五，作品論衡；其六，尊奉典範。文學作品之召喚結構，加上讀者的期待視野，於是詩人對詩集詩篇之接受與闡釋，實無異於再次創造。[21]因此，無論詩人形象之勾勒，生平遭遇之感慨，以及詩篇之創意評唱，難免多有作者主觀之融入或投射，與史傳或詩史之記載有所出入。尤其詩壇之定位，作品之論衡，以及詩學典範之追尋，雖或見仁見智，然異中求同，未嘗沒有共識。後三者將於下節逐一論述，本節只述說前三項：

1. 勾勒形象

詩人形象，見於史傳、碑誌、文集、題跋者甚多，北宋讀詩詩，有閱讀其詩，想見其人，而用心勾勒其形象，觀照其性格者，作品就詩人形象進行再創造，最有助於知人論世之閱讀，如劉敞〈續黃子溫讀陶淵明十首〉、慕容彥逢〈讀陶淵明集〉，對淵明之性情襟抱，勾勒表出。又如田錫〈讀翰林集〉、李綱〈讀李白用奴字韻〉，特寫李白之作風性格。張方平〈讀杜工部詩〉、蘇轍〈和張安道讀杜集〉、塑造杜甫「論文開錦繡，賦命委蓬蒿」之詩人形象。韓維〈讀白樂天及其文集〉，關照白居易性格；張耒〈讀王荊公詩〉，為王安石之遭致毀譽，辨章疑似。雖或出於詩人之筆，好惡抑揚之間，自有參考價值。

---

[20] 張高評編：《實用中文寫作學》，〈閱讀與寫作〉、〈書評寫作〉、〈文學鑑賞及其寫作策略〉、〈論讀後感寫作之理論與實務〉，（臺北，里仁書局，2004.12），頁 45-206。

[21] 參考朱立元：《接受美學》，III〈文學作品論：本文的召喚結構〉，3‧3〈文學作品結構的召喚性〉，（上海：上海人民出版社，1989.8），頁 111-117。

2. 感慨遭遇

詩人例多困窮不遇，所謂「窮而後工」、「發憤著述」，往往為事實之陳述，兼含遭遇之感慨，如蘇軾〈次韻張安道讀杜詩〉，張耒〈讀杜集〉，同情杜甫「巨筆屠龍手，微官似馬曹。迂疏無事業，醉飽死遨遊」；「飄萍竟終老，到死尚為旅。高才遭委棄，誰不怨且怒」，詩筆代抱不平，無異正義之怒吼。又如李綱〈讀韓偓詩并記有感〉，遺憾韓偓「忠言雖屢貢，顛廈誠難支」；林道〈讀王黃州詩集〉，感慨王禹偁「左遷商嶺題無數，三入承明興未休」；周紫芝〈讀東坡儋耳新詩〉，無奈蘇軾「政坐詩窮關底事，雲鵬誰道總卑飛」；對於詩人平生遭遇，多有同情之理解。

3. 創意評唱

禪宗公案，於垂示、本則、頌古、著語後，往往有評贊唱誦之文，謂之評唱，大多剖析深入，發明良多。如圓悟克勤禪師《碧巖錄》，以「評唱」為其主體，針對公案和頌古作正面之詮釋，[22]頗多創意與發明。北宋之讀詩詩，有閱讀某一詩篇而作，性質與唱和無殊，要皆先呼應原唱，再作創意造語之發揮，故多有可觀。如梅堯臣〈讀問月〉、張耒〈讀太白感興擬作二首〉；范純仁〈讀老杜憶弟詩寄二弟〉，可視同對李白杜甫詩篇之創意評唱。又如王庭珪〈讀韓公猛虎行〉；李覯〈讀長恨辭〉、李覯〈讀皮襲美病中書事詩〉、釋德洪〈偶讀和靖集戲書小詩……二首〉、〈讀和靖西湖詩〉，梅堯臣〈讀月石屏詩〉、王安石〈讀梅山集次韻雪詩五首〉、〈讀眉山集愛其雪詩能用韻〉，劉敞〈讀聖俞我今五十二詩感之〉、張耒〈讀蘇子瞻韓幹馬圖詩〉等，分別針對韓愈、白居易、皮日休、林逋、歐陽脩、蘇舜欽、蘇軾、梅聖俞所作某詩，就其召喚結構，連結期待視野，遂生發許多創意作品。唱和詩講究後來居上，彼此間之優劣高下如何分曉？有待作比較與詮釋，限於篇幅，暫時從略。

圖書質量之激增，文化傳播方式之轉變，亦左右詩人創作之內容與方法，

---

[22] 杜繼文、魏道儒：《中國禪宗通史》，第六章第四節〈圓悟克勤及其碧巖錄〉，（南京：江蘇古籍出版社，1993.8），頁 424-431。

影響題材與風格，筆者所撰〈印本文化與南宋陳普詠史組詩〉，可以印證上述推論。[23]其他研究課題，如唐型文化轉變為宋型文化，宋詩大家名家之風格特色與唐詩有別，所謂「唐宋詩之異同」者，試較論唐代讀書詩，宋代讀書詩有絕佳之體現。試檢索《全唐詩》，得讀書詩 134 首，其中讀經詩 5 首，讀史詩 42 首，讀諸子詩 13 首，讀詩詩 48 首，讀文集 9 首，泛寫讀書之詩 17 首，數量不算多。其中作者如白居易，詩風下開宋詩平淡通俗一派，試檢閱所作讀書詩，讀詩詩如〈讀張籍古樂府〉、〈讀鄧魴詩〉、〈讀李杜詩集因題卷後〉、〈讀靈徹詩〉；讀子部詩如〈讀莊子〉二首、〈讀老子〉、〈讀禪經〉、〈讀道德經〉；讀史部詩如〈讀漢書〉、〈讀史五首〉、〈讀鄂公傳〉，就寫作方法而言，唐宋詩大抵出入不大，不過閱讀書籍範圍有寬窄而已。

筆者翻檢北京大學版《全宋詩》，以「讀」字為字據，檢索 72 冊有關「讀書」之詩題，大抵前三十冊為北宋詩卷，得 595 首讀書詩、第三十一冊至七十二冊，為南宋詩卷，得 1075 首，共 1670 首。南宋讀書詩數量所以遠勝北宋，一則陸游所作獨佔 241 首，主要還在於印本與寫本爭勝，終至於理宗時印本取代寫本，考諸讀書詩，可以得其消息。就北宋讀書詩而言，數量少於南宋，蓋斯時印本崛起，與寫本相互爭輝，雕版印刷尚未普及。《全宋詩》所錄，讀史詩檢得 131 題，186 首。讀史詩中有夏竦「奉和御制」之作 47 首，邵雍「觀歷代吟」28 首，並質木無文，淡乎寡味。其他百餘首讀史詩，筆者前所撰北宋詠史詩諸論文，[24]多曾引用解讀，今不再贅述。

限於篇幅，今但取《全宋詩》前三十冊為範圍，討論北宋詩人閱讀歷代詩集詩篇之作，共 92 題，131 首，凡 40 家，是本文所謂之「讀詩詩」。讀詩詩，為讀書詩之一種，其寫作手法不離讀後感、或讀書心得之格式。其寫作之策略，不外內容隱括，感點抒發，側面表述，小中見大，借題發揮，展現創意，

---

[23] 張高評：〈印本文化與南宋陳普詠史組詩〉，國立成功大學中文系、國立臺灣大學中文系主編《唐宋元明學術研討會論文集》，（臺北：大安出版社，2005.7），頁 201-241。

[24] 張高評：《自成一家與宋詩宗風》，第四章〈古籍整理與北宋詠史詩之嬗變——以《史記》楚漢之爭為例〉，第五章〈書法史筆與北宋史家詠史詩——詩家史識之體現〉，（臺北：萬卷樓圖書公司，2004.11），頁 149-247。

以及凸顯重點特色，評述優劣得失等等。本論文擬分兩個部份述說：其一，北宋讀詩詩與宋人之學唐變唐；其二，北宋讀詩詩與宋詩之典範選擇。

讀詩詩作為唐宋詩之一體，抒情言志之本質，其中自有體現，如書寫意象、抒發感慨、借題發揮等等。唯宋代讀詩詩因圖書傳播之激盪，宋型文化之影響，除抒情本色外，更多發揮〈雅〉〈頌〉以來之議論傳統，如作品論衡、詩人定位、創意評唱、典範尊奉等方面之述說，對於宋代詩學之討論，可與宋代詩話筆記相互發明論證。宋代讀詩詩表現之層面多方，限於篇幅，勢難面面照應。為免端緒過多，本文只聚焦下列兩大議題，學唐變唐與典範選擇而已。大抵以詩歌文獻為佐證，參考宋代詩學理論，以之解讀宋詩之學唐變唐，宋人之詩學典範，與夫學古通變，自成一家之種種。

第二節　北宋讀詩詩與宋人之學唐變唐

華夏文明發展至宋代，堪稱登峰造極。就詩歌而言，六朝和四唐詩人之成就，已樹立許多風格典範；因此，如何學習古人之優長，作為自我創作之觸發或借鏡，成為宋代詩學之重要課題。以蘇軾黃庭堅為首之「學古論」，強調多讀書可以有益於作文：[25]蘇軾提示讀書法，在「博觀而約取，厚積而薄發」；黃庭堅亦強調讀書貴在精博，所謂「詞意高勝，要從學問中來爾」。蘇、黃以此教人，頗影響江西詩派及其他宋人之創作與評論，所謂「以學問為詩」，所謂文人之詩者是；[26]《滄浪詩話‧詩辨》雖稱「詩有別材，非關書也」；但又說：

---

[25] 文見《蘇軾文集》卷十，〈稼說送張琥〉，（北京：中華書局，1986.3），頁 340；《黃庭堅全集》第二冊《正集》卷十八，〈與王觀復書〉其一；第三冊《別集》卷十一，〈論作詩文〉其一，（成都：四川大學出版社，2001.5），頁 470，頁 1684。黃景進：〈黃山谷的學古論〉，臺灣大學中國文學研究所主編：《宋代文學與思想》，（臺北：學生書局，1989.8），頁 259-283。

[26] 成復旺、黃保真、蔡鍾翔：《中國文學理論史》《二》，第四編第四章，第三節〈包恢與劉克莊〉，（北京：北京出版社，1987.7），頁 473-476；顧易生、蔣凡、劉明今：《宋金元文學批評史》，第二編第四章第二節〈劉克莊〉，二、〈詩非小技呈「本色」〉，（上海：上海古籍出版社，1996.6），頁 343-346。

「然非多讀書，則不能極其至。」可見讀書學古之關連與重要。[27]

　　宋人以學古通變為手段，期許「自成一家」為目的，尋求典範遂成為宋代詩人的當務之急。至於典範之選擇，則關係到文學之閱讀接受諸活動；文學閱讀接受又牽涉到認知功能、審美體驗、價值詮釋，和藝術創發問題。[28]宋人追尋典範，曾歷經漫長而曲折之旅程：白體、崑體、昌黎體、少陵體、靖節體、晚唐體、太白體，先後管領風騷，贏得許多宋詩大家名家之閱讀、學習與宗法。[29]

　　清吳之振序《宋詩鈔》，曾強調宋詩之優長，在「變化於唐，而出其所自得，皮毛落盡，精神獨存」；蓋宋人學習唐詩之優長，作為變化詩風之手段；同時標榜自得成家，作為學唐之終極目標。故宋人論詩，蘇軾提出傳神，黃庭堅強調點化，呂本中楬櫫活法，楊萬里提倡透脫；[30]諸家共相，即在致力於學古通變，盡心於自成一家。筆者研究斯學二十餘年，於宋詩所以變唐自得，頗有會心，以為其策略大抵有三：一曰遺妍開發，二曰創意造語，三曰會通化成；要皆因應「宋人生唐後，開闢真難為」之困境而生。

　　宋詩頗多不犯正位之設計，留有餘意之經營，往往就前人作品意蘊未盡處、含存遺韻處、留有餘地處、美中不足處，以及淺處、直處、粗處、窄處、反處、側處、偏處，進行穿越開鑿、拓展發明，或因出入眾作而革故鼎新，或因別識心裁而新變代雄，或因精益求精而度越流輩，復緣會通開拓而自成一家，若此之類，既與蘇軾所倡「博觀而約取，厚積而薄發」之閱讀發表有關，更與朱熹所謂「舊學商量加邃密，新知培養轉深沈」相互為用；陳衍論宋詩所

---

[27] 參考周裕鍇：《宋代詩學通論》，乙編第二章〈學養與識見〉，第三章〈師古與創新〉，（成都：巴蜀書社，1997.1），頁 136-202。

[28] 金元浦：《接受反應文論》（*THEORY OF RECEPTION-RESPONSE*），第三章〈開拓者：從文學史悖論到審美經驗——姚斯的主要理論主張〉，第四節〈走向文學解釋學〉，（濟南：山東教育出版社，1998.10），頁 136-147。

[29] 蔡啟：《蔡寬夫詩話》第四十三則，〈宋初詩風〉；嚴羽《滄浪詩話‧詩辨》；元方回《桐江續集》卷三十二〈送羅壽可詩序〉；清宋犖《漫堂說詩》、全祖望《鮚埼亭集‧外編》卷二十六〈宋詩紀事序〉。

[30] 《蘇軾文集》卷十二，〈傳神記〉；《豫章先生文集》卷十九，〈答洪駒父書〉三首其二；劉克莊：《後村先生大全集》卷九十五，〈江西詩派序〉引呂本中「活法」說；《誠齋集》卷四，〈和李天麟二首〉其一。

謂「淺意深一層說、直意曲一層說，正意反一層、側一層說」；[31]伊瑟爾
（Wolfgang Iser）等接受美學家論作品閱讀，都極重視閱讀之能動性、創造性，
以及開放性、召喚性。宋人學古通變、自成一家之道，多針對文學作品之模稜
處、矇矓處、空白處、否定處、缺憾處，進行發現、填補、推翻、改造、開
拓、建構，此文學作品之召喚結構，即所謂「遺妍開發」。[32]筆者深信，宋詩窮
變通久之策略，實為宋代印本圖書昌盛之反饋。

面對唐詩之繁榮昌盛，宋代詩人多有「影響之焦慮」，[33]渴求中斷前輩詩人
永無止境之影響，希望作品能重寫或改寫詩歌史，使自己詩歌成為新的頂峰；
於是作詩盡心於創意，致力於造語，如轉換敘述視角、鑄造陌生語詞；詩趣，
多反常合道；酬唱，多逞巧校藝；筆致，多戲言近莊；句法，則追求超常越
規。蓋創造性思維，貴在別出心裁，另闢蹊徑，講究在前賢「不到處，別生眼
目」，最有助於精益求精；求異思維著重變通性、獨創性、探索性，亦有利於
自成一家。奪胎換骨、點鐵成金、以故為新、化俗為雅、翻案出奇、活法透
脫，為宋詩追求創意造語之常法。宋人作詩慘澹經營如此，往往可以推陳出
新，化腐朽為神奇。[34]

至於會通化成，尤其為宋詩體現宋型文化之一大創作策略，其大端在破體
為文與出位之思。筆者研究發現：宋人為學作文，崇尚不同學科間之整合融
會，許多文藝創作或評論，不僅將文學與藝術看作一整體來思考，從中發掘彼
此之共相與規律，而且企圖超越自我，嘗試跳出本位，去尋求可堪利用之資

---

[31] 《朱熹詩詞編年箋注》卷四，〈鵝湖寺和陸子壽〉，（成都：巴蜀書社，2000），頁 405；陳衍：
《石遺室詩話》卷十六，第一〇則，張寅彭主編：《民國詩話叢編》本，（上海：上海書店，
2002），頁 230。

[32] 參考拙作：〈同題競作與宋詩之遺妍開發——以〈陽關圖〉〈續麗人行〉為例〉，成功大學文學院主
辦「中國近世文學國際學術研討會」論文，2005.10。

[33] 美國耶魯大學教授哈羅德・布魯姆（Hard Bloom，1930）提出「影響之焦慮」，參考金元浦：《接受
反應文論》，第八章第三節〈影響的焦慮〉，（濟南：山東教育出版社，1998.10），頁 311-314；莫
礪鋒編《神女之探尋》，斯圖爾特・薩金特（Stuart H・Sargent）：〈後來者能居上嗎？——宋人與唐
詩〉，（上海：上海古籍出版社，1994.2），頁 75-106。

[34] 有關宋代詩學之課題，可參考周裕鍇：《宋代詩學通論》，（成都：巴蜀書社，1997.1）。

源，以便作交流、借鏡、補償、化用之觸媒。[35]會通為求活路，化成方能超勝，此為宋人之共識。宋詩之破體，如以文為詩、以詞為詩、以賦為詩；宋詩之出位，則如詩中有畫、詩禪交融、以書法為詩、以史筆為詩、以理學為詩、以仙道入詩、以老莊入詩、以戲劇喻詩等等，經由「合併重整」，進行移花接木式之聯姻，相資為用，於是而有鮮活、獨特、創新之風味。凡此所列綱領，大多為宋代詩話筆記學唐變唐，自成一家之課題，至於宋詩作品之體現，則有待學界進一步論證。

清袁枚〈答沈大宗伯論詩書〉稱：「唐人學漢魏，變漢魏；宋學唐，變唐。」「使不變，不足以為唐，亦不足以為宋也。」[36]於是「詩分唐宋」，在唐詩唐音之氣象風格之外，宋詩又別闢蹊徑，形塑另類之當行本色。[37]宋詩所以為宋詩，在「變化於唐，而出其所自得」；唯「變化」與「自得」之際，印本圖書之傳播，實居媒介之關鍵。論者多認同：唐人詩文集，多經宋人輯佚、整理、校勘、雕印，始得流傳後世。[38]而宋人整理刊刻唐人詩文集，初以「學唐」「變唐」為手段；其終極目標，在新變自得，自成一家。從閱讀、接受、飽參、宗法、新變、自得，藏書文化、雕版印刷實居觸媒推助之功。試翻檢宋代文學發展史，當知宋詩特色形成之進程中，歷經學杜少陵、學陶靖節諸典範之追尋。因此，李商隱詩、白居易詩、韓愈詩，以及陶潛詩、杜甫詩之整理與刊行，亦風起雲湧，相依共榮；詩風文風之走向，與典籍整理、圖書版本流傳相互為用。[39]試考察《全宋詩》，北宋讀詩詩之所注目，亦體現此一消息。

---

[35] 張高評：《宋詩之新變與代雄》，壹、〈宋詩特色之自覺與形成〉，（臺北：洪葉文化公司，1995.9），頁 12。

[36] 袁枚：《小倉山房文集》卷十七，〈答沈大宗伯論詩書〉，（上海：上海古籍出版社，1988），頁 1502。

[37] 錢鍾書：《談藝錄》，一、〈詩分唐宋〉，（臺北：書林出版公司，1988.11），頁 1-5。

[38] 陳伯海主編：《唐詩學史稿》，第二編第二章第一節〈作為文學遺產的唐詩文獻整理工作〉，第三章第一節〈「千家注杜」與唐詩文獻學的深化〉，（石家莊：河北人民出版社，2004.5），頁 196-206，頁 236-246。

[39] 同註 24，第一章〈杜集刊行與宋詩宗風——兼論印本文化與宋詩特色〉，壹、〈古籍整理與文學風尚之交互作用〉，頁 1-11。

　　閱讀的信息，固然由作品生發提示，但閱讀引發之審美判斷，主觀差異卻很大。劉勰《文心雕龍・知音》稱：「夫篇章雜沓，質文交加，知多偏好，人莫圓該。慷慨者逆聲而擊節，醞藉者見密而高蹈，浮慧者觀綺而躍心，愛奇者聞詭而驚聽。會己則嗟諷，異我則沮棄。」閱讀者之性向是慷慨、醞藉，還是浮慧、愛奇，關係到審美品味之偏好，審美判斷之取捨。《易・繫辭》所謂「見仁見智」，正可指稱讀書（詩）之閱讀選擇。北宋讀詩詩關注之詩集詩篇，唐代詩人除杜甫外，尚有李白、王維、白居易、韓愈、柳宗元、韋應物、劉禹錫、李益、羅隱、孟郊、杜牧、李賀、韓偓、皮日休等十四家。試考察《全宋詩》中有關李白、白居易、韓愈、及晚唐諸家之閱讀接受，即可得知宋人學唐變唐之去取從違。今將上述詩人分為四大體派，經由作品論衡、詩壇定位，探討宋人之詩美意識，以及典範選擇。本文聚焦在理性知性之宋型文化體現上，詩之抒情語言，暫不討論。

（一）李白詩之接受與「李杜優劣論」

　　李白（701-762）《草堂集》，唐代曾流傳魏顥、李陽冰、范傳正三種本子，今皆不傳。後世所傳《李翰林集》二十卷，從宋初樂史增訂後，經宋敏求重編，曾鞏考次為三十卷，於是有蘇州刻本、蜀刻本、咸淳己巳刻本，以及竄亂之坊本。[40]李白詩為盛唐氣象代表之一，較能代表唐音。就宋人詩話對李白之接受言，雖多少受「李杜優劣論」影響，然推崇稱揚者亦多，如張表臣《珊瑚鉤詩話》卷一稱李白詩「務去陳言，多出新意」，媲美韓文公之文；黃徹《䂬溪詩話》卷二稱其「文章豪邁，真一代偉人，如論其心術事業，可施廊廟」。而胡仔《苕溪漁隱叢話》前集卷六引《鍾山語錄》王荊公之說，以為「白詩近俗，人易悅故也。白識見污下，十首九說婦人與酒；然其才豪俊，亦可取也。」南宋趙次公〈杜工部祠堂記〉亦以為：「李杜號詩人之雄；而白之詩，

40　萬曼：《唐集敘錄》，《李翰林集》，（臺北：明文書局，1982.2），頁 79-83。本文有關唐人詩集之版本、目錄，多參考萬曼《唐集敘錄》，下文不一一注明。

多在于風月草木之間,神仙虛無之說,亦何被於教化哉?」[41]李白詩文集之雕版流傳如此,詩話筆記中之詩學接受又如彼,若再考察《全宋文》,以北宋詩人而論,學習師法李白者,蘇軾、黃庭堅二大家最為知名,如:

> 高風絕塵亦少衰矣。(《蘇軾文集》卷六十七,〈書黃子思詩集後〉)
>
> ……所寄詩,超然出塵垢之外,甚善。……詩政欲如此作。其未至者,探經術未深,讀老杜、李白、韓退之詩不熟耳。(《黃庭堅全集》卷十九,〈與徐師川書〉其一)

對於典範之追尋,蘇軾、黃庭堅一致推崇李白、杜甫詩所代表之盛唐氣象。蘇、黃標榜李、杜,往往齊名並稱,所謂「凌跨百代,古今詩人盡廢」;讀書精熟,有益作詩,則列舉「老杜、李白詩」。然李、杜相較,蘇、黃更傾向讚揚杜甫之人格與風格:蘇軾〈李太白碑陰記〉謂「李太白,狂士也,此豈濟世之人哉!」黃庭堅〈題李白詩草〉,評李白詩,「如黃帝張樂于洞庭之野,無首無尾,不主故常」,對李白人品未作評論。蘇軾〈書唐氏六家書後〉、〈評子美詩〉;黃庭堅〈大雅堂記〉、〈老杜浣花溪圖引〉、〈題韓忠獻詩杜正獻草書〉,則更加尊杜,而不甚抑李,識見堪稱通達。接著再看《全宋詩》所載,諸家讀太白詩集,其中抑揚軒輊雖各有偏重,大體上亦相去不遠。如:

> 太白謫仙人,換酒鸂鶒裘。扁舟弄雲海,聲動南諸侯。諸侯盡郊迎,葆吹羅道周。哆目若餓虎,逸翰飛靈虯。落日青山亭,浮雲黃鶴樓。浩浩歌謠興,滔滔江漢流。下交魏王屋,長揖韓荊州。千載有英氣,藺君安可儔。(田錫〈讀《翰林集》〉,《全宋詩》卷四二,頁

---

[41] 清王琦注:《李太白全集》卷三十四,〈附錄四〉,(北京:中華書局,1977),頁 1525、1533、1539;黃徹:《䂬溪詩話》卷二,第 2 則,(北京:人民文學出版社,1986),頁 18。

473）

　　謫仙英豪蓋一世，醉使力士如使奴。當時左右悉諛佞，驚怪恇怯應逃逋。我生端在千載後，祭公只用一束芻。遺編凜凜有生氣，玩味無斁誰當吾。（李綱〈讀《李白集》用奴字韻〉，《全宋詩》卷一五四六，頁 17555）

　　介甫選四家之詩，第其質文以為先後之序。予謂子美詩閎深典麗，集諸家之大成；永叔詩溫潤藻艷，有廊廟富貴之氣；退之詩雄厚雅健，毅然不可屈；太白詩豪邁清逸，飄然有凌雲之志：皆詩傑也。其先後固自有次第，誦其詩者可以想見其為人……。（李綱〈讀《四家詩選》四首并序〉，《全宋詩》卷一五四七，頁 17573）

　　謫仙乃天人，薄遊人間世。詞章號俊逸，邁往有英氣。明皇重其名，召見如綺季。萬乘尚僚友，公卿何介蒂。脫靴使將軍，故自非因醉。乞身歸舊隱，來去同一戲。沈吟紫芝歌，緬邈青霞志。笑著宮錦袍，江山聊傲倪。肯從永王璘，此事不須洗。垂天賦大鵬，端為真隱子。神遊八極表，捉月初不死。（同上，〈讀《四家詩選》四首〉其四，頁 17573）

　　關於北宋詩人閱讀李太白詩集，見於《全宋詩》者有二家：田錫（940-1004）〈讀《翰林集》〉、李綱（1083-1140）〈讀《李白集》用奴字韻〉、以及李綱〈讀《四家詩選》四首〉諸作。田錫、李綱對李白詩之閱讀接受，形成二大共識：稱美李白為「謫仙」，概括李白個性特質為「英氣」，為「英豪」，所謂「太白謫仙人」，「謫仙英豪蓋一世」，「謫仙乃天人」，「千載有英氣」云云。李綱〈讀《四家詩選》四首并序〉特提「太白詩豪邁清逸，飄然有凌雲之志」，「詞章號俊逸，邁往有英氣」。對於李白詩作之評價，可謂明確。唯王安石編《四家詩選》，標榜杜甫詩，列於首位，依次為歐陽脩、韓愈，而以李白殿後，此中自有宋代詩學課題「李杜優劣論」[42]之微意在。李綱

---

[42] 李白研究學會編《李白研究論叢》第二輯，參考馬積高：〈李杜優劣論和李杜詩歌的歷史命運〉，

〈讀《四家詩選》四首并序〉明言:「介甫選四家之詩,第其質文以為先後之序」;「其先後固自有次第,誦其詩者可以想見其為人」;李綱之揚杜抑李,〈題老杜集〉甚至稱:「吏部徒能歎光焰,翰林何敢望藩籬?」其說蓋傳承元稹〈杜甫墓係銘〉、白居易〈與元九書〉諸說而光大之。至北宋釋惠洪《冷齋夜話》卷五〈舒王編四家詩〉,蘇轍〈詩病五事〉,益以思想品格為評判李杜優劣標準,往往優杜而劣李,以李白之壯浪縱姿,駿發豪放,任俠好義,笑傲王侯,並不切合宋人之期待視野,其狂放瀟灑並不廣為宋人接受。[43]

雖然神宗時有郭祥正其人(1035-1113),梅聖俞呼為謫仙,以為李白後身,以所作詩「真得太白體」;與蘇軾、黃庭堅相得,黃庭堅曾尊稱為「詩翁」。著有《青山集》,胡仔《苕溪漁隱叢話》、蔡正孫《詩林廣記》極稱之。[44]蘇軾詩之風格與汪洋恣肆、豪放雄奇,亦接近李白詩風,蘇詩之受李詩影響十分顯然。[45]除外追蹤發揚太白詩者蓋寡。詩美之取向,典範之選擇,不能強從也如是。

(二)白居易詩與宋詩粉本

宋初詩人徐鉉、李昉、王禹偁等,詩學白居易(772-846),號稱「白體」。其後,樂天詩學在宋代有較廣大之接受反應:北宋時,《白氏文集》最少有四種刊本,詩話、筆記、文集、題跋之討論,所在多有。[46]公私藏本,傳鈔本不知凡幾。徐復觀〈宋詩特徵試論〉以為:白居易的詩風與時代新精神相切

　　(成都:巴蜀書社,1990.12),頁 289-300。

[43] 同上,蔡鎮楚:〈論歷代詩話之李杜比較研究〉,頁 309-318。

[44] 孔凡禮點校:《郭祥正集》,〈附錄二〉,(合肥:黃山書社,1995),頁 674。又,清朱珪:〈青山集序〉,頁 677。

[45] 張浩遜:〈蘇軾和李白〉,《遼寧師大學報》1997 年第 4 期。

[46] 同註 40,《白氏文集》敘錄,頁 239-244;謝思煒:《白居易集綜論》,〈《白氏文集》的傳布及淆亂問題辨析〉、〈日本古抄本《白氏文集》的源流及校勘價值〉,(北京:中國社會科學出版社,1997.8),頁 3-56;陳友琴:《白居易資料彙編》二、〈宋金諸家評述〉,(北京:中華書局,1986.1),頁 28-182。

合，「我懷疑北宋詩人，都有白詩的底子」；白樂天詩，「不知不覺地有如繪畫的粉本；各家在此粉本上，再加筆墨工夫」；[47]宋人學樂天，愛賞接受者莫如蘇軾，〈去杭〉詩題嘗言：「平生自覺出處老少，粗似樂天；雖才名相遠，而安分寡求，亦庶幾焉。」[48]。樂天詩開示宋調許多門徑，因而北宋讀詩詩中，閱讀樂天詩集者，亦多達 5 題 12 首，如：

> ……於鑠白樂天，崛起冠唐賢。下視十九章，上躡三百篇。句句歸勸誡，首首成規箴。謇諤賀雨詩，激切秦中吟。樂府五十章，諷諫何幽深。美哉詩人作，展矣君子心。豈顧鑠金口，志過亂雅音。齪齪無識徒，鄙之元白體。良玉為砥砆，人參呼薺苨。須知百世下，自有知音者。所以《長慶集》，于今滿朝野。（釋智圓〈讀《白樂天集》〉，《全宋詩》卷一三九，頁 1559）

釋智圓（976-1022）〈讀白樂天集〉，舉李白、杜甫、錢起之為詩，「諷刺義不明，風雅猶不委」；標榜樂天詩「句句歸勸誡，首首成規箴」，〈賀雨詩〉之謇諤，〈秦中吟〉之激切，以及所作五十章之樂府，都富含幽深之譎諫。於是稱揚《白樂天集》「美哉詩人作，展矣君子心」，其詩史地位勝過〈古詩十九首〉，而傳承《詩》三百篇之優秀傳統，因而有「於鑠白樂天，崛起冠唐賢」之推崇。推崇勸誡規箴之詩教，欣賞謇諤而幽深之譎諫，在注重言志之宋代詩壇，可謂集體意識；釋智圓標舉樂天詩風之種種，大多切合宋人作詩之期待視野，[49]此即上文徐復觀所謂「白樂天詩的風格與時代新精神相合」，故「白體」深入而廣泛影響宋詩如此。在語言風格方面，樂天詩有曉暢、自然、真實、直切諸通俗之美；利病相生，其失往往在語滑、意盡、俚俗、淺

---

[47] 徐復觀：《中國文學論集續編》，〈宋詩特徵試論〉，（臺北：學生書局，1984.9），頁 30-31。

[48] 莫礪鋒：《唐宋詩論稿》，〈論蘇黃對唐詩的態度〉，（瀋陽：遼海出版社，2001.10），頁 378-380。

[49] 王水照：《王水照自選集》，〈「祖宗家法」的「近代」指向與文學中的淑世精神〉，（上海：上海教育出版社，2000.5），頁 14-17。

率，於是「良玉為砥砆，人參呼薺苨」。[50]釋智圓稱元白體所以為無識者所鄙，其故或在此。北宋詩人閱讀《白樂天集》，或隨筆發表心得感觸，或作詩尚友古人，共談得失，如：

> 才高文贍富詩名，感物傷時動有情。不識無生真自體，一塵才遣一塵生。（韓維〈讀白樂天傳及文集〉其一，《全宋詩》卷四三○，頁5285）

> 直道危言自古難，忠賢常困佞邪安。興王賞諫非無法，却為貪令自擇官。（同上，其二）

> 仲尼飢餓顏回夭，此意誰能問大鈞。何事香山白居士，每嗟衰老亦言貧。（同上，其三）

> 樂天投老刺杭蘇，溪石胎禽載舳艫。我昔不為二千石，四方異物固應無。（蘇轍〈讀樂天集戲作五絕〉其三，《全宋詩》卷八七一，頁10149）

> 樂天種竹自成園，我亦牆陰數百竿。不共伊家鬥多少，也能不畏雪霜寒。（同上，其五）

韓維（1017-1098）〈讀白樂天傳及文集〉，頌揚其「才高文贍」，富有詩名；體認其直道危言、忠賢常困；批評其感物動情，不識自體；以及興王賞諫之無法，歎老嗟貧之無謂。其中有肯定，更有質疑，確是讀後感寫作法式之一。蘇轍（1039-1112）〈讀樂天集戲作五絕〉，將自我所為與樂天相較相論，所謂尚友古人，以決損益：其三稱「我昔不為二千石」，其五稱「也能不畏雪霜寒」，或相得益彰，或切磋有無，蘇轍所作閒適詩之平淡，與白居易詩趣味相近。是否接受樂天詩風影響，待考。

---

[50] 《新唐書》卷一百十九《白居易傳‧贊》引杜牧謂「纖艷不逞，非莊士雅人所為。流傳人間，子父女母交口教授，淫言媟語入人肌骨不可去」，（臺北：鼎文書局，1987），頁4305。王明居：《唐詩風格美新探》，〈通俗──白居易、元稹的詩歌風格美〉，（北京：中國文聯出版公司，1987.10），頁198-205。

（三）韓愈詩與宋詩導源

宋人對韓愈（768-824）詩文集之整理，有所謂五百家註韓之說，學界全面稽考宋代之《韓愈文集》傳本，確認已經失傳之宋元韓集傳本大約 102 種；流傳至今之宋元韓集傳本尚存 13 種。[51]就詩文集之出版而言，《昌黎先生文集》在北宋，以祥符杭本最早。同時有蜀中刻本，有穆修刊印唐本《韓柳集》。其後又有饒本、閣本、謝克家本、李昴本、洪興祖本、潮本、泉本諸本，[52]足見當時流傳之盛。宋人出入其中，故能見得親切，用得透脫。清葉燮《原詩》稱：「宋之蘇（舜欽）、梅（堯臣）、歐（陽脩）、蘇（軾）、王（安石）、黃（庭堅），皆愈為之發其端，可謂極盛」；蓋宋代之道學與文學皆尊奉韓愈為宗主創始，故皆推崇韓詩；宋人矜才炫博之作詩習氣，散文化、議論化之寫作風尚，固受印本繁榮，博觀厚積所左右，蓋亦受韓愈「學者之詩」之影響。[53]清沈曾植亦稱：「宋詩導源於韓」；又云：「歐蘇悟入從韓，證出者不在韓，亦不背韓也，如是而後有宋詩」；[54]蓋自歐陽脩整理韓愈詩文集，於是古文體現六一風神，詩歌表現以文為詩，以議論為詩、以才學為詩。歐公既紹述梅堯臣、蘇舜欽之學韓，又經蘇軾繼踵發揚，再千變萬化，[55]故曰「歐蘇悟入從韓」。試觀李綱〈讀《四家詩選》四首其三〉，可窺宋人對韓愈詩之閱讀接受：

---

[51] 劉真倫：《韓愈集宋元傳本研究》，第一編〈集本〉，（北京：中國社會科學出版社，2004.6），頁35-338。

[52] 同註 40，《昌黎先生文集》敘錄，頁 167-169；劉琳、沈治宏：《現存宋人著述總錄‧集部別集類》，羅列《韓集舉證》等宋人對韓愈文集整理之刻本九種，（成都：巴蜀書社，1995.8），頁 224-225。

[53] 葉燮：《原詩》卷一，〈內篇上〉，《清詩話》本，（臺北：明倫出版社，1971.12），頁 570；參考葛曉音：《漢唐文學的嬗變》，〈從詩人之詩到學者之詩——論韓詩之變的社會原因和歷史地位〉，（北京：北京大學出版社，1990.11），頁 140-155。

[54] 黃濬：《花隨人聖盦摭憶》，〈沈子培以詩喻禪〉，（上海：上海書店，1998.8），頁 364。

[55] 參考謝桃坊：〈論韓詩對蘇詩藝術風格的影響〉，蘇軾研究學會編《東坡詩論叢》，（成都，四川人民出版社，1983），頁 54-67；龔鵬程：〈從杜甫韓愈到宋詩的形成〉，《宋代文學研究叢刊》第三期，（高雄：麗文文化公司，1997.9），頁 1-20。

> 昌黎文章伯，乃是聖人耦。傳道自孟軻，淵源極師友。雄詞障百
> 川，偉論掛眾口。餘事付詩篇，雅健古無有。尤工用險韻，妥貼等妍
> 醜。毅然倔強姿，揮此摩天手。立朝著大節，去作潮陽守。驅掃雲霧
> 開，約束鮫鱷走。位雖不稱德，妙譽垂不朽。譬猶觀泰山，羣嶺皆培
> 塿。又如眾星中，錯落仰北斗。籍湜何足云，齊名豈其柳。（李綱〈讀
> 《四家詩選》四首〉其三，《全宋詩》卷一五四七，頁 17573）

李綱〈讀《四家詩選》并序〉稱：「退之詩雄厚雅健，毅然不可屈」，蓋
就風格與人格二者作崇高之評價。〈讀《四家詩選》四首其三〉一詩，亦就
「文章伯」、「聖人耦」二分以歌詠韓愈，而偏重文章一邊贊誦。「傳道自孟
軻」二句，「毅然倔強姿」以下四句，就倔強姿態、立朝大節方面著墨，固
「「聖人耦」之儒者本色。「雄詞障百川」以下六句，「驅掃雲霧開」以下十
句，點染昌黎為「文章伯」、德稱泰山北斗、妙譽垂不朽種種推許，而以韓柳
齊名作結。夷考其實，韓愈之以文為詩、以議論為詩、以奇崛為詩、以雕縷為
詩、以義法為詩、對宋人尤其是歐陽脩、梅聖俞、王安石、王令、蘇軾、黃庭
堅，以及江西詩人多有影響。試再考察宋代之詩話、筆記、題跋、文集於韓詩
韓文之解讀、詮釋極夥，從中可見宋代之韓學接受與影響。陳寅恪論韓愈，曾
舉建立道統、直指人倫、改進文體三者，明其文化史之地位，蓋兼道德與文章
而言之。論者稱，宋人對韓文的評論，與宋學自身的建設密不可分：宋人對韓
愈思想之接受，促成宋學之發生；宋人對韓學之懷疑與批判，促成宋學之深化
與成熟。宋代詩話 70 餘種，宋人筆記 100 餘種，雜說 100 餘種，於韓詩、韓
文、韓學多所討論與發明。[56]筆者以為，宋人尊韓學韓，論韓闡韓，蔚為五百家
注韓之大觀，《韓集》之刊行傳鈔，自是其中之觸媒與功臣。

宋人閱讀韓愈詩集，除李綱盛推其文章儒學外，宋祁（998-1061）〈讀退之

---

[56] 夏敬觀：《唐詩說》，〈說韓愈〉，（臺北：河洛圖書出版社，1975.12），頁 75-79；陳寅恪：《金
明館叢稿初編》，〈論韓愈〉，（北京：三聯書店，2001.6），頁 319-322，頁 329-331；吳文治：
《韓愈資料彙編》，（臺北：學海出版社），頁 71-598；參考同註 51，第三編〈詩文評〉，上編「詩
話」、中編「筆記」、下編「雜說」，頁 396-552。

集〉，則以「嗜蒲葅味」，「蹙頞三年」諸形象語，譬況批判韓愈詩之險奇怪誕風格。蓋宋祁號稱西崑餘派，其詩或主博奧典雅，或尚清峭感愴，有以淺切流暢、自然工妙為其特徵者，[57]故云：

> 素瑟朱家古韻長，有誰流水辨湯湯。東家學嗜蒲葅味，蹙頞三年試
> 敢嘗。（宋祁〈讀退之集〉，《全宋詩》卷二二四，頁 2614）

李白杜甫諸家為詩學正宗，猶朱門大家之鼓素瑟，如高山流水，古韻悠長。韓愈為詩，務求險怪：造境險譎，立意奇崛，出語奇特，敘寫奇怪，光怪陸離總以聳動視聽而後已。[58]此種非比尋常之怪癖，匪夷所思之詩美，宋祁比作東家對「蒲葅」之嗜味，一般人猶豫排斥三年後，也許才敢嘗試與接受。陸游〈讀近人詩〉雖言：「琢雕自是文章病，奇險尤傷氣骨多」，然韓愈等「橫空盤硬語，妥帖力排奡」的詩風，在黃庭堅學杜學韓有成後，蔚為生新美、峭拔美、拗澀美，[59]在江西詩派極有影響力。由此可知，個人之審美好惡，不必然左右時代詩學之走向。再如：

> 萬樹殘英委泥滓，柳花成絮獨高飛。自憐纖質無人賞，宛轉還從洛
> 浦歸。（晁說之〈讀韓退之詩有作〉，《全宋詩》卷一二〇九，頁
> 13724）
> 夜讀文公猛虎詩，云何虎死忽悲啼。人生未省向來事，虎死方羞前
> 所為。昨日猶能食熊豹，今朝無計奈狐狸。我曾道汝不了事，喚作癡兒
> 果是癡。（王庭珪〈讀韓公〈猛虎行〉〉，《全宋詩》卷一四六四，頁
> 16797）

---

[57] 曾棗莊：《論西崑體》，第八章、五〈「方駕燕許之軌」的宋庠、宋祁〉，（高雄：麗文文化公司，1993.10），頁 355-365。

[58] 同註 50，王明居：《唐詩風格美新探》，〈險怪〉，頁 162-169。

[59] 王守國：〈山谷詩美學特徵論〉，江西省文學藝術研究所編《黃庭堅研究論文集》，（南昌：江西人民出版社，1989.9），頁 75-84。

晁說之（1059-1129）〈讀韓退之詩有作〉，暗喻邪佞高張，賢士無名，感慨韓愈曲高和寡，懷才不遇。王庭珪（1080-1172）〈讀韓公〈猛虎行〉〉詩，以「人生未省向來事，虎死方羞前所為」為警策，自韓詩「猛虎死不辭，但慙前所為」脫化引申而來，以警惕不知反思、執迷不悟之徒，富於警世意味。

（四）晚唐詩人與宋詩之「意新語工」

北宋詩學於學唐變唐之課題中，歐陽脩《六一詩話》對唐詩分期，首提「唐之晚年」詩觀；蘇軾評論王安石七言詩，褐槷「晚唐氣味」；黃庭堅則指稱彼等為「末世詩人」，肯定其「玩於詞以文物為工」之語言成就；於是南宋詩人楊萬里、陸游、四靈、江湖詩人，踵事增華，出入晚唐，亦促成宋詩學唐變唐之憑藉。[60]宋初魏野、寇準、林逋、九僧諸家之晚唐宗風，曾風行一時，尚不在討論之列。試檢索《全宋詩》，北宋詩人閱讀晚唐詩集詩篇而見諸賦詩者，韓偓數量居冠，杜牧第二，其他尚有羅隱、皮日休各一首。若以中唐後期並論，則孟郊三首，李賀二首，劉禹錫、柳宗元各一首。北宋詩人之期待視野，亦體現於讀詩詩之閱讀接受中。試分論如下：

1. 韓偓（842？-923？）

韓偓或受姨丈李商隱影響，年青時喜作豔情詩，《香奩集》為其代表作。晚年遭貶離京，流落江湖，傷時懷舊，作品頗見沈痛。[61]周紫芝（1082-？）與李綱所作讀詩詩，分別針對韓偓詩之兩大風格述其讀後感，如：

> 吳宮花草弄纖柔，西子粧成特地羞。笑我老情難婌媚，愛渠好句儘風流。香奩詩在人何處，斷腕名高事已休。更欲與誰論此恨，遺編讀罷

---

60 黃奕珍：《宋代詩學中「晚唐」觀念的形成與演變》，《宋代文學研究叢刊》第二期，（高雄：麗文文化公司，1996.9），頁 225-246。

61 楊世明：《唐詩史》，第四編（晚唐詩）第二章第二節，〈傷時憂生的清麗詩人〉，（重慶：重慶出版社，1996.10），頁 689-712。

一燈留。（周紫芝〈燈下讀《韓致光外集》〉，《全宋詩》卷一五〇
九，頁 17195）

　　……韓子司翰苑，實被昭宗知。忠言雖屢貢，顛廈誠難支。謫官旅
南土，召復不敢歸。當時白馬驛，從橫卿相尸。投之濁流中，至今耆舊
悲。夫子乃幸免，禍福良難期。假道寓沙陽，空門知所依。雖踰二百
載，猶傳贈僧詩。……（李綱〈讀韓偓詩并記有感〉其一，《全宋詩》
卷一五四九，頁 17592）

　　詞臣謫去墮天南，詩墨從來榜寺簷。好事不須收拾去，世間遺集有
《香奩》。（李綱〈讀韓偓詩并記有感〉其二，《全宋詩》卷一五四
九，頁 17592）

　　韓偓《香奩集·自序》稱：「柳巷青樓，未嘗糠粃；金閨繡戶，始預風
流。咀五色之靈芝，香生九竅；咽三危之瑞露，春動七情」；因此，周紫芝所
讀外集綺語豔詞，當指《香奩集》三卷而言。周紫芝之閱讀接受，在吳宮花
香、西子粧成、風流好句方面；周紫芝詩以清麗典雅為主，故《香奩集》頗合
其期待視野。李綱〈梁谿真贊〉以「萬里清風，一輪明月」自我寫照。其憂憤
國事，避地入閩，與韓偓「謫官旅南土，召復不敢歸」之際遇有類似者；李綱
之正潔耿介，其詩之感時託興，悲歌慷慨；與韓偓之志節皎皎，感時傷事前後
一揆。李綱〈讀韓偓詩并記有感〉知人論世，感同身受，凸出「忠言雖屢貢，
顛廈誠難支」二語，可謂知言。李綱〈讀韓偓詩并記有感〉其二，則就「謫去
天南」和「遺集《香奩》」相提並論，此正吳闓生〈吳汝綸評注韓集跋〉所謂
「夫志節皎皎如韓致堯，則《香奩》何足為累？」[62]宋人對韓偓之閱讀接受正有
志節和豔語兩個面向。

　　韓偓集之徵存，宋代文獻目錄多有之：《韓偓詩》一卷本，見《崇文總
目》、《新唐書·藝文志》；二卷本，見晁公武《郡齋讀書志》。《香奩集》

---

[62] 吳闓生：〈吳汝綸評注韓集跋〉，《中華典·文學典·隋唐五代文學分典》第四冊，（南京：江蘇古
籍出版社，2000.12），頁 316 引。

一卷本，見《新唐書》；二卷本，見陳振孫《直齋書錄解題》，晁氏《讀書志》未載卷數。書目文獻之著錄，可以推想韓偓詩集在宋代之傳播與接受。

2. 杜牧、羅隱、皮日休

杜牧（803-852）詩，清俊悲慨，表現批評和鑑戒之精神。羅隱（833-909）詩，譏刺世俗，委婉多諷；通俗自然，語多警策。皮日休（834？-883？）詩，關心現實，注重美刺，奧衍澀險、俚俗有味，注重舖陳排比，唱和酬酢，多影響宋人之詩美接受。[63]今翻檢《全宋詩》之讀詩詩，北宋詩人之閱讀接受，文學現象大抵與上述相去不遠，如：

> 非非是是正人倫，月夜花朝幾損神。薄俗不知懲勸旨，翻嫌羅隱一生嗔。（釋智圓〈讀羅隱詩集〉《全宋詩》卷一三七，頁1543-1544）
>
> 不遇元和得獻謨，望山東北每長噓。獨曠唐律雅風後，更注孫篇俎豆餘。霅水勝遊成悵望，杜川歸事竟躊躇。中年遽使山根折，盡寫雄襟在此書。（張方平〈讀樊川集〉，《全宋詩》卷三〇六，頁3840）
>
> 刺虎屠龍古有名，事於難處迭相矜。要知真宰爭功意，困得英雄始是能。（李覯〈讀皮襲美病中書事詩，有「可憐真宰意，偏解困吾曹」之句，偶代答之〉，《全宋詩》卷三四九，頁4330）

釋智圓〈讀《羅隱詩集》〉，十分推崇羅隱詩「正人倫，懲勸旨」之詩教功能；張方平（1007-1091）〈讀《樊川集》〉，標榜杜牧「獨曠唐律雅風後，更注孫篇俎豆餘」之貢獻；李覯（1009-1059）〈讀皮襲美病中書事詩〉，以為英雄之能事，在「事於難處迭相矜」，刺虎屠龍之有名，其故在此。案諸宋代詩學，致力「因難見巧」，[64]追求「復雅崇格」，[65]詩學之期待視野，多與閱讀

---

[63] 趙榮蔚：《晚唐士風與詩風》，第四章〈清麗俊峭，穠豔感傷〉，第五章〈末世醒語，冷峭尖刻〉，（上海：上海古籍出版社，2004.12），頁279-304，頁407-427；王錫九：《皮陸詩歌研究》，第一章第三節，二、四，（合肥：安徽大學出版社，2004.5），頁38-46，頁52-79。

[64] 同註35，貳、〈自成一家與宋詩特色〉，二、〈因難見巧，精益求精〉，頁85-89。

接受切合一致。北宋詩人之學唐變唐，於上述閱讀羅隱、杜牧、皮日休詩中頗
有體現。

　　羅隱著述豐富，見於宋人著錄者，如《崇文總目》、鄭樵《通志・藝文
志》、晁公武《郡齋讀書志》、陳振孫《直齋書錄解題》，多載《羅隱集》二
十卷，或《江東甲乙集》十卷。杜牧之《樊川文集》，《崇文總目》、《郡齋
讀書志》，著錄為二十卷。皮日休《文藪》，《崇文總目》、《新唐書・藝文
志》皆作十卷，《新唐書》又別出《詩》一卷。羅、杜、皮詩集在宋代之傳播
接受，可以想見。

3. 孟郊、李賀、柳宗元、劉禹錫

　　除羅隱、杜牧、皮日休外，中唐後期詩人如孟郊（751-814）、李賀（790-
816）、柳宗元（773-819）、劉禹錫（772-842）等，其詩集亦為北宋詩人所閱
讀，而體現好惡之抉擇。孟郊詩集，宋初有汴吳鏤本五卷、周安惠本十卷、蜀
人蹇濬本二卷，經宋敏求統編合成為十卷；《郡齋讀書志》、《直齋書錄解
題》所著錄，即是宋敏求十卷本。清黃丕烈《百宋一廛賦》所著錄之北宋槧
本，亦是此本。孟郊詩在北宋之雕印版本如是眾多，其傳播之廣，接受之多，
可以想見。蘇軾與李綱之閱讀孟郊詩，表現其愛憎抑揚，亦可見詩學之去取從
違：

　　　　夜讀孟郊詩，細字如牛毛。寒燈照昏花，佳處時一遭。孤芳擢荒
　　穢，苦語餘詩騷。水清石鑿鑿，湍激不受篙。初如食小魚，所得不償
　　勞。又似煮彭蚏，竟日持空螯。要當鬪僧清，未足當韓豪。人生如朝
　　露，日夜火消膏。何苦將兩耳，聽此寒蟲號。不如且置之，飲我玉色
　　醪。（蘇軾〈讀孟郊詩二首〉其一，《全宋詩》卷七九九，頁9249）

　　　　我憎孟郊詩，復作孟郊語。飢腸自鳴喚，空壁轉飢鼠。詩從肺腑

65　秦寰明：〈論宋代詩歌創作的復雅崇格思潮〉，《中國首屆唐宋詩詞國際學術討論會論文集》，（南
　　京：江蘇教育出版社，1994.8），頁612-636。

出，出輒愁肺腑。有如黃河魚，出膏以自煮。尚愛銅斗歌，鄙俚頗近
古。桃弓射鴨罷，獨速短蓑舞。不憂踏船翻，踏浪不踏土。吳姬霜雪
白，赤腳浣白紵。嫁與踏浪兒，不識離別苦。歌君江湖曲，感我長羈
旅。（蘇軾〈讀孟郊詩二首〉其二，《全宋詩》卷七九九，頁9249）

我讀東野詩，因知東野心。窮愁不出門，戚戚較古今。腸飢復號
寒，凍折西床琴。寒苦吟亦苦，天光為沈陰。退之乃詩豪，法度嚴已
森。雄健日千里，光鋩長萬尋。乃獨喜東野，譬猶冠待簪。韓豪如春
風，百卉開芳林。郊窮如秋露，候蟲寒自吟。韓如鏘金石，中作韶濩
音。郊如擊土鼓，淡薄意亦深。學韓如可樂，學郊愁日侵。因歌遂成
謠，聊以為詩箴。（李綱〈讀孟郊詩〉，《全宋詩》卷一五四七，頁
17575）

　　蘇軾（1037-1101）〈讀孟郊詩二首〉，以形象語貶斥孟郊詩，謂「佳處時
一遭」，「何苦將兩耳，聽此寒蟲號」，「詩從肺腑出，出輒愁肺腑」。孟郊
詩有多元風格，蘇軾不過摘取寒削太甚，訴窮嘆屈之詞、呻吟愁苦之聲，使人
不歡之詩而已。東坡此詩一出，影響宋人對孟郊詩之接受。不過，孟郊詩硬語
盤空、拗折奇險、感情真摯、好用俚語諸優長，[66]宋代主流詩人作詩多有不謀而
合者，並非一味揚棄之也。李綱〈讀孟郊詩〉，持韓愈與孟郊兩兩相較，凸顯
出孟郊苦吟窮愁之形象，於是得出「學韓如可樂，學郊愁日侵」之印象，為學
習宗法唐詩，提出去取從違之建言，亦切合宋代詩學之走向。

　　唐人詩文集能流傳至今者，多經宋人整理雕印。考察唐人詩文集在宋代之
傳播流通，從中亦可推知宋人之接受選擇。《柳宗元集》，北宋共有七本：穆
修本、京師本、晏殊本、曾丞相家本、范才叔家傳舊本、《崇文總目》著錄之
三十卷本、四明新本，柳集傳播盛況，可以概見。劉禹錫詩文集、《郡齋讀書

66　王水照：《蘇軾選集》，〈讀孟郊詩二首〉注9，（臺北：群玉堂出版公司，1991.10），頁100-
　　101；參考曾棗莊《蘇詩彙評》卷十六，引葛立方《韻語陽秋》、曾季貍《艇齋詩話》、范晞文《對牀
　　夜語》卷四、賀裳《載酒園詩話》卷一、紀昀評《蘇文忠公詩集》卷十六，（臺北：文史哲出版社，
　　1998.5），頁650-655。

志》、《崇文總目》、《直齋書錄解題》皆有著錄；清黃丕烈猶得四卷殘宋本。《李賀歌詩》，現傳四卷本，為李賀手自編定，至宋代有京師本、蜀本、會稽姚氏本、宣城本、上黨本等五種版本，可見其流傳之盛。影響所及，於是北宋詩人之閱讀定勢，亦觸及上述中晚唐詩人，如柳宗元、劉禹錫、李賀諸家：

> 長吉工樂府，字字皆雕鎪。騎驢適野外，五藏應為愁。得句乃足成，還有理致不？嘔心古錦囊，絕筆白玉樓。遺篇止如此，歎息空搔頭。（李綱〈讀李長吉詩〉，《全宋詩》卷一五四七，頁 17575）

> 七言常愛中山好，百首猶存外集多。大約晚年知性命，一時清韵入中和。森張劍戟雖無敵，隱約瑕疵惜未磨。三遠花欄俱讀盡，杜陵回首鬱嵯峨。（馮山〈讀劉賓客外集〉，《全宋詩》卷七四五，頁 8675）

> 茅屋三間書掩扉，遮藏足得訟前非。雨餘燕踏竹梢下，風動蝶隨花片飛。閑自鉤簾通野色，時因酌酒見玄機。思鄉化作身千億，底事柳侯深念歸。（鄭剛中〈讀柳子厚「若為化得身千億，散上峰頭望故鄉」之句有感〉，《全宋詩》卷一六九八，頁 19147）

李綱〈讀李長吉詩〉，推崇李賀「工樂府」；今考郭茂倩《樂府詩集》收錄李賀詩 57 首之多，足以為證。又稱其嘔心瀝血，「雕鎪」為詩，猶鏤玉雕瓊，無一字不經錘煉，故其詩新穎奇特，無塵俗氣；確有宋人意新語工、點鐵成金手段。馮山（？-1094）〈讀劉賓客外集〉，稱劉禹錫「大約晚年知性命，一時清韵入中和」；隱約指出中年多「森張劍戟」，為犀利而冷峻之諷刺。陳師道《後山詩話》以為：「蘇（軾）詩始學劉禹錫，故多怨刺」；何止蘇軾，宋代大家如王安石、黃庭堅、陳師道，亦多愛賞化用劉詩。[67]鄭剛中〈讀柳子厚「若為化得身千億，散上峰頭望故鄉」之句有感〉，就柳宗元〈與浩初上人同

---

67 蕭瑞峰：《劉禹錫詩論》，第四章〈論劉禹錫的諷刺詩〉，第九章〈論劉禹錫的歷史地位及其影響〉，（長春：吉林教育出版社，1995.9），頁 109-124；頁 234-264。

看山寄京華親故〉詩作翻案,見因機閒適,無往而不自得,予奪翻轉之間,亦
可見接受之旅向。蓋宋代王安石、蘇軾、黃庭堅、陸游、楊萬里諸詩人尊崇陶
淵明詩,柳宗元詩風近陶,故亦獲得推賞。黃庭堅〈跋書柳子厚詩〉所謂「欲
知子厚如此學陶淵明,乃為能近之耳」,[68]可以為證。

　　自北宋讀詩詩觀之,宋人之學唐變唐,蓋分別就李白、白居易、韓愈、晚
唐詩人作褒貶得失之軒輊,進行去取從違之選擇,其中自有宋代詩學接受與反
應之信息在也。

第三節　北宋讀詩詩與宋詩之典範選擇

　　宋詩典範之選擇,歷經漫長之旅程,已如上述。其後蘇軾、黃庭堅學杜
詩、尊杜甫,蘇軾更推崇陶淵明,江西門徒甚眾,陶詩杜詩遂蔚為宋詩之詩學
典範。[69]袁枚〈答沈大宗伯論詩書〉所謂「唐人學漢魏,變漢魏;宋學唐,變
唐。使不變,不足以為唐,亦不足以為宋也」;[70]確定宋人學唐、變唐,而能自
成一家,猶唐人學漢魏、變漢魏,形成唐詩唐音之本色然。

　　清吳之振《宋詩鈔‧序》稱:「宋人之詩變化於唐,而出其所自得」;學
唐變唐,又出其所自得,此非有圖書流通、印本傳播不為功。陳善《捫蝨新
話》強調「讀書須知出入法」:所謂「見得親切,此是入書法;用得透脫,此
是出書法」;「惟知出知入,乃盡讀書之法」;[71]閱讀接受之或入或出,非有豐
富圖書不為功。宋代印本寫本並行,知識流通乃日新月異,「詩分唐宋」,各
造輝煌,始成為可能。歷經漫長之入書出書、追尋與抉擇,既見得親切,又用

68　《黃庭堅全集》,《宋黃文節公全集‧正集》卷 25,〈跋書柳子厚詩〉,(成都:四川大學出版社,
　　2001),頁 656。

69　梁昆:《宋詩派別論》,〈分派法之商榷〉,(臺北:東昇出版事業公司,1980.5),頁 1-5。

70　袁枚:《小倉山房文集》卷十七,〈答沈大宗伯論詩書〉,(上海:上海古籍出版社,1988),頁
　　1502。

71　陳善:《捫蝨新話》上集卷四,〈讀書須知出入法〉,《儒學警悟》卷三十五,(香港:龍門書店,
　　1967),頁 193。

得透脫，宋人終於挑就自我之詩學典範——陶淵明與杜工部，學古通變，而自成一家詩風，與唐詩唐音平分詩國之秋色。試分論如下：

（一）陶淵明詩與人格美、風格美

宋人之學古通變，大抵以唐詩為宗法對象，偶有例外，則以師法陶淵明（365-427）為最顯著。錢鍾書《談藝錄》曾稱：「淵明在六代三唐，正以知希為貴」；「淵明文名，至宋而極」云云，舉證歷歷，可謂明確無疑。[72]宋代詩人如徐鉉、林逋、梅堯臣、宋庠、王安石、蘇軾、蘇轍、黃庭堅、秦觀、陳師道、陸游、楊萬里、朱熹諸家，要皆為尊陶、學陶、和陶、宗陶之代表；其中蘇軾所作和陶詩 124 首，尤稱經典大宗。[73]至於評詩論人，稱許贊揚陶詩、陶公者，如蘇軾、王安石、黃庭堅、陳師道、晁補之、張戒、真德秀、汪藻、許彥周、劉克莊、何汶、嚴羽、陸游、辛棄疾、朱熹諸家，多強調作品之價值、學陶之意義。[74]古籍整理方面，據郭紹虞〈陶集考辨〉考證，《陶淵明集》北宋本已有七種，今只存其一；南宋本有九種，今亡佚其四。北宋開始對《陶淵明集》進行校訂翻刻，晁公武《郡齋讀書志》稱：靖節先生集有七卷、十卷、九卷、五卷數本，可謂卷次互異，版本紛呈：

> 今集有數本：七卷者，梁蕭統編，以序、傳、顏延之誄載卷首。十卷者，北齊陽休之編，以〈五孝傳〉、《聖賢群輔錄》、序、傳、誄分三卷，益之詩，篇次差異。按《隋書經籍志》：潛《集》九卷，又云梁有五卷，錄一卷。《唐書藝文志》：潛《集》五卷，今本皆不與二《志》同。獨吳氏《西齋書目》有潛《集》十卷，疑即休之本也。休之

---

[72] 同註 37，錢鍾書：《談藝錄》，二四〈陶淵明詩顯晦〉，頁 88-91。

[73] 朱靖華：《朱靖華古典文學史論集》，〈論蘇軾的〈和陶詩〉及其評價問題〉，（長春：吉林文史出版社，2003.10），頁 133-151。

[74] 北京大學、北京師大中文系合編：《陶淵明研究資料彙編》（《陶淵明卷》），（北京：中華書局，1959）。

> 本出宋庠家云。江左名家舊書，其次第最有倫貫。……（晁公武《郡齋
> 讀書志》卷十七，《陶潛集》十卷）

晁公武於紹興二年（1132 年）登進士第，可見《郡齋讀書志》著錄之圖書
諸本，大抵可看作北宋陶潛詩文集傳播之大凡。論者指出：終宋之世，陶集版
本大約在 16 種以上。至於宋人對陶詩典範之追尋與接受，宋代詩話、筆記、題
跋等詩學亦多有體現。印刷史、藏書史、版本學、文獻學與文學之整合研究，
宋代陶詩學值得考察檢視。

陶淵明之取得典範地位，有其人格價值與風格特徵上之優長。蘇軾指稱：
陶淵明於仕與不仕間，無適而不可，一切任運自然。寓意於物，而不留意於
物，自然真率，高尚其志，蔚為宋人最高之人格理想。[75]至於陶詩之審美特徵，
亦經由蘇軾闡揚拈出：一則曰：「質而實綺，癯而實腴」；再則曰：「發纖穠
於簡古，寄至味於淡泊」；三則曰：「外枯而中膏，似淡而實美」；換言之，
陶詩涉筆生趣，所寓皆妙，誠謝薖〈讀陶淵明集〉所謂「意到語自工，心真理
亦遂」。[76]今檢索《全宋詩》，檢得北宋讀詩詩論及陶淵明者，數量高居諸家之
冠。九題二十七首中，大抵分為兩大類，其一，述說淵明詩美之特徵；其二，
頌揚淵明人格之價值，淵明兼二者而有之，於是贏得宋代詩學之典範。宋代詩
人愛賞其詩，景仰其為人，存有極廣大之讀者接受群。

1. 詩美特徵

> 淵明才力高，詩語最蕭散。矯首捐末事，闊步探幽遠。初若不相
> 屬，再味意方見。曠然閑寂中，奇趣高寒嶙。眾辭肆滂葩，艱怪露舒

---

[75] 蘇軾對歷代著名詩人文士均罕見許可，何以特別傾倒陶淵明？參考方瑜：《唐詩論文集及其他》，
六、〈抉擇、自由、創造──試論蘇東坡筆下的陶淵明〉，（臺北：里仁書局，2005.8），頁 149-
173。

[76] 程杰：〈從陶杜詩的典範意義看宋詩的審美意識〉，拙編《宋詩綜論叢編》，（高雄：麗文文化公
司，1993.10），頁 205-208。

慘。彫刻雖云工，真風在平澹。距今幾百年，有作皆媿赧。予嘗跂清
塵，忽忽氣相感。安得起從遊，絕頂與同覽。（李復〈讀《陶淵明
詩》〉，《全宋詩》卷一〇九四，頁 12407）

淵明從遠公，了此一大事。下視區中賢，略不可人意。不如歸田
園，萬事付一醉。揮觴賦新詩，詩成聊自慰。初不求世售，世亦不我
貴。意到語自工，心真理亦邃。何必聞虞韶，讀此可忘味。我欲追其
韵，恨無三尺喙。嗟嘆之不足，作詩示同志。（謝逸〈讀《陶淵明
集》〉，《全宋詩》卷一三〇三，頁 14812-14813）

吾觀靖節詩，三嘆有遺音。臥看起詠之，惜惜澹多心。欲學靖節
詩，慎勿學其語。心源如古井，衡氣光發宇。言無出言意，妙語自天
與。譬如清泠淵，月湛不可取。嶔崎阨驚湍，乃若震雷鼓。斯可言深
味，往往棄如土。（程俱〈讀陶靖節詩〉，《全宋詩》卷一四一二，頁
16262）

吏人已散門闌靜，公事才休耳目清。窗下好風無俗客，案頭遺集有
先生。文章簡要惟華袞，滋味醇釅是太羹。也待將身學歸去，聖時爭奈
正升平。（文同〈讀《淵明集》〉，《全宋詩》卷四三九，頁 5365）

李復（1052-？）〈讀陶淵明詩〉，以「蕭散」「平澹」二語概括陶詩之美
學風格；「矯首捐末事」以下十句，言其不重屬辭之末事，而較用心於意味之
幽遠，奇趣之高曠，故讀其詩有閑寂、蹇嶸、艱怪、舒慘諸審美感受。謝逸
（1068-1112）〈讀陶淵明集〉，拈出陶詩之詩美特徵在於意到語工，心真理
邃，讀之可以「忘味」。程俱（1078-1144）〈讀陶靖節詩〉，提示閱讀學習陶
詩之要領，所謂「欲學靖節詩，慎勿學其語」，因為陶詩之「妙語」來自「天
與」，「深味」出於「心源」，欲得其「遺音」必須即器以求道。猶月映萬
川，月不在萬川，必須順指乃可得月，此即所以「譬如清泠淵，月湛不可
取」。陶詩特徵既在「言無出言意」，因此，學陶詩「慎勿學其語」。陶詩之
美，在惜惜平澹，有深味，有遺音。如此閱讀陶詩、評述陶詩，大抵多可與宋
代蘇軾等人評價淵明詩相互發明。蘇軾解讀陶詩風格，則重神韻，一則曰「其

詩質而實綺，癯而實腴」，再則推崇陶詩「外枯而中膏，似淡而實美」之枯澹美；三則拈出奇句說，以為「淵明詩初看若散緩，熟看有奇句」；[77]於是黃庭堅、惠洪、秦觀、楊時、陳善、張戒、楊萬里、包恢、姜夔、敖陶孫、吳沆、朱熹諸家討論陶詩風格，多有所接受與反應。[78]至於文同（1018-1079）〈讀淵明集〉，楬櫫「文章簡要惟華袞，滋味醇醲是太羹」，意蘊與上述三家之讀詩詩百慮一致，殊途同歸，大抵不出東坡對陶詩美學之評價。

2. 人格價值

陶淵明之人格美，是陶詩蔚為宋代詩學典範之要件；唯其道德文章，堪稱師表，印合宋代詩人之期待視野，在崇陶、慕陶之文化氛圍中，擬陶、和陶之風，如風起雲湧，雲蒸霞蔚，一時之盛，遠勝各代。北宋讀詩詩之所關注，除陶詩風格美、藝術美之外，道德風範，人格典型，注目尤其多，如劉敞（1019-1068）〈續黃子溫讀陶淵明詩十首〉，其中言：

> 四海方蕩潏，匡山得三隱。若人獨秀士，逸響露深蘊。江漢東南流，滔滔未之盡。（劉敞〈續黃子溫讀陶淵明十首〉其一，《全宋詩》卷四六四，頁5628）
> 羽輕鮮知福，地重每貪禍。有以羲皇民，居然北窗臥。此意俗莫悟，將非首陽餓。（同上，其二）
> 長梧有高韻，千載不可及。五柳遺世名，于今亦獨立。悲哉市朝士，夸競常汲汲。（同上，其三）
> 子綦委天樂，窮達兩已忘。九歌爾何知，梱也安得祥。一吟責子篇，千古如相望。（同上，其四）

---

[77] 《蘇軾文集・佚文彙編》卷4，〈與子由六首〉其五，頁2514；卷67，〈評韓柳詩〉，頁2109；釋惠洪：《冷齋夜話》卷一，〈東坡得陶淵明之遺意〉，張伯偉編校：《稀見本宋人詩話四種》，（南京：江蘇古籍出版社，2002），頁14。

[78] 鍾優民：《陶學史話》，第三章〈高山仰止，推崇備至〉，（臺北：允晨文化公司，1991.5），頁51-56。

從上述詩選，可以拼湊出劉敞心目中之淵明性格與形象：淵明是位富含深蘊之隱逸秀士，其高韻逸響「千載不可及」；其遺世獨立，窮達兩忘，樂天知命，自以為羲皇上人。淵明對於進退出處之斟酌，禍福窮達之考量，「此意俗莫悟」；風流高唱既難與世人知，因此，「悲哉市朝士，夸競常汲汲」。淵明之悠然自得，無適不可，廣為宋代詩人所接受，成為閱讀之定勢。再如李之儀（？-1073-1103-？）〈讀淵明詩效其體十首〉，亦強調用舍行藏、去就得喪之論述主題，如：

> 淵明棄官歸，議者見各別。去就須有名，豈獨為卑褻。折腰分當爾，柴米豈無說。舍彼而處此，亦不苟自潔。（李之儀〈讀淵明詩效其體十首〉其二，《全宋詩》卷九六七，頁 11246）
>
> 扶疏草木長，茲時豈無情。未論身得去，想像心已清。童山久不雨，湯熱氣鬱蒸。遣懷一開卷，便覺涼風生。（同上，其三，）
>
> 用舍繫臨時，金玉與蒿萊。塵埃混瓦礫，燔燎參樽罍。何云長興公，陳迹獨歸來。一跌竟不起，念之有餘哀。（同上，其六）
>
> 我聞瘴癘地，去者無生還。吾凡三十口，歸來盡頹顏。死生非人能，得喪亦非天。張毅與單豹，要之皆偶然。（同上，其七）
>
> 吾亦愛吾廬，此亦未為得。死即瘞路傍，要是不免或。隨流認得性，有念乃吾賊。是以方丈閒，千偈終一默。（同上，其九）

李之儀讀淵明詩，就知人論世觀點反思若干課題：棄官與折腰之間，攸關出處去就之自潔與卑褻抉擇；草木有情，故唯有身去心乃清；用舍行藏，死生得喪，或繫之臨時，或出於偶然；認性隨流，有念傷生。黃庭堅〈和答子真讀陶庚詩〉所謂「樂易陶彭澤」，「樂易」二字，真可以概括李之儀對淵明人格之詮釋。相形之下，慕容彥逢（1067-1117）〈讀陶淵明集〉解讀淵明人格，形象較為生動：

> 晉末何所似，波心躍長鯨。生民畏擾攘，麌頵視欐槍。淵明當此

時，棄爵務躬耕。葛巾漉家醅，盃乾壺再傾。恢然聊寄傲，無心事將
迎。眼底不足語，筆下漫攄情。襟懷有佳趣，落紙字字清。有如碎寒
冰，貯之琉璃罃。又如湛秋水，含茲霜月明。秀氣如可掬，妙理不可
名。辭中有餘意，此致尤更精。班豪誠可厭，曹侈無足評。斯文孰比
擬，誦之清風生。（慕容彥逢〈讀《陶淵明集》〉，《全宋詩》卷一二
九三，頁 14661-14662）

　　慕容彥逢之閱讀陶集，分別從棄爵躬耕，盃乾壺傾，恢然寄傲，無心將迎
諸方面塑造隱逸形象，聚焦在「眼底不足語，筆下漫攄情」的「漫攄情」上。
再以「襟懷有佳趣，落紙字字清」，「秀氣如可掬，妙理不可名」四句點染提
醒，原來佳趣、妙理都為抒情而發，「字清」似若「可名」，「有餘意」，卻
轉若未可擬。一切任運自然，事事悠然自得，進退出處，禍福得喪，無適而不
可。昭明太子蕭統《陶淵明文集‧序》稱淵明「情不在於眾事，寄眾事以忘情
者也；吾觀其意不在酒，亦寄酒為迹焉」；所以然者，蓋淵明「把握了恬靜沖
淡的性格，用心靈注視雲天」；「除了個人的心靈的恬適之外，他別無所
求」，[79]其此之謂乎？

（二）杜甫詩與詩史、詩聖、集大成

　　杜甫（712-770）詩集在宋代之整理、刊刻、傳鈔，堪稱盛況空前，見於著
錄之杜集版本凡 129 種，總量在 1240 卷以上。南宋理宗寶慶二年（1226）董居
誼為黃氏父子《千家註杜》作序時稱：「近世鋟板，註以集名者，毋慮二百
家」，[80]從杜集之傳鈔與刊刻，可見其流傳之盛況，舉世之風靡。再就杜集刊刻
之分佈而言，亦無所不在：有蘇州刻本、洪州刻本、成都刻本、福唐刻本、建

---

79 廖蔚卿：《中古詩人研究》，〈論兩晉詩人：七，陶淵明及謝靈運對自然的領悟〉，（臺北：里仁書
　　局，2005.3），頁 176。
80 周采泉：《杜集書錄》（上下），（上海：上海古籍出版社，1986.12）；〈內篇〉卷二，引宋黃居誼
　　〈黃氏補註杜詩序〉，頁 62-63。

康刻本、建安刻本、興國刻本、浙江刻本等等；其中又分官刻本、家刻本、坊
刻本；除外，藏本、稿本、寫本、傳鈔本，不計在內。

　　杜甫詩集自北宋王洙（997-1057）蒐裒亡逸，得二十卷，1405 篇，成《杜
工部集》二十卷，王琪於嘉祐四年（1059）首先刊行於姑蘇郡齋。其後，見於
著錄者，如黃伯思《校定杜工部集》、王得臣《增註杜工部詩》、鮑慎由《註
杜詩文集》、趙子櫟《杜詩註》、蔡興宗《重編少陵先生集》、薛蒼舒《補註
杜工部集》、《杜詩補遺》、趙彥材《趙次公集註杜詩》、魯詹《杜詩傳
註》、魯訔《編次杜工部集》、徐宅《門類杜詩》等，已雲興霞蔚，版本眾
多。[81] 由於北宋王禹偁、梅堯臣、王安石、蘇軾、黃庭堅等之提倡學杜宗杜，因
而整理頻繁，雕版多本，試觀吳若校刊建康府學本、胡仔《苕溪漁隱叢話》之
述說：

> 　　右《杜集》（《杜工部集》二十卷），建康府學所刻本也。……常
> 今初得李端明本，以為善；又得撫屬姚寬令威所傳故吏部鮑欽止本，校
> 足之。末得若本，以為無恨焉。凡稱樊者，樊晃《小集》也；稱晉者，
> 開運二年官書也。稱荊者，介甫《四選》也；稱宋者，宋景文也；稱陳
> 者，陳無己也；稱刊及一作者，黃魯直、晁以道諸本也。……（吳若
> 《杜工部集·後記》，紹興三年建康府學刻本）

> 　　苕溪漁隱曰：「子美詩集，余所有者凡八家：《杜工部小集》，則
> 潤州刺史樊晃所序也。《注杜工部集》，則內翰王原叔洙所注也。《改
> 正王內翰注杜工部集》，則王寧祖也。《補注杜工部集》，則學士薛夢
> 符也。《校訂杜工部集》，則黃長睿伯思也。《重編少陵先生集並正
> 異》，則東萊蔡興宗也。《注杜詩補遺正繆集》，則城南杜田也。《少
> 陵詩譜論》，則縉雲鮑彪也。……若近世所刊《老杜事實》，及李歜所
> 注《詩史》，皆行於世。其語鑿空，無可考據，吾所不取焉。」（胡仔
> 《苕溪漁隱叢話》後集，卷八〈杜子美四〉）

---

[81] 同上註，頁 3-40。

南宋初紹興三年之建康府學《杜集》刊本，列舉參校李端明、鮑欽止、吳
若諸本；同時又採用韓晃《杜詩小集》，開運二年官書，王安石《四家詩
選》，以及宋祁、陳師道、黃庭堅、晁補之所致力之杜詩選本，可以推想北宋
學杜宗杜宗杜詩風之推助下，《杜甫詩集》傳播與接受之盛況。《苕溪漁隱叢話後
集》，刊行於南宋孝宗乾道三年（1167），胡仔所見杜甫詩集八種版本，外加
「吾所不取」之論著兩種，當是北宋以來至南宋初期三十餘年，流傳於士林，
為天下讀者賞愛，「學詩者非子美不道，雖武夫女子，皆知尊異之」的杜詩版
本。「杜詩人所共愛」，故版本琳瑯滿目如是，對於閱讀接受，必有既深且廣
之影響。

蘇軾、黃庭堅為宋詩之代表，倡導學杜、宗杜，影響江西詩派之學杜成
風，於是閱讀、學習、宗法、評論杜詩蔚為時代風潮，歷經南北兩宋猶未已。[82]
學杜宗杜之風尚，大概因宋代雕版印刷繁榮，藏本圖書豐富而推波助瀾，更與
杜甫之人格與風格備受尊崇，普遍切合宋代詩人之審美期待有關，故與陶淵明
雙雙獲選為宋代詩學之典範。[83]杜甫之人格與風格，既與宋人之生命情調諸多契
合，故自王禹偁以下，王安石、蘇軾、黃庭堅、陳師道、陳與義、陸游、文天
祥、元好問、方回諸大家，及江西詩派諸子，要皆先後推尊杜甫，奉為詩學之
宗主。[84]由於杜甫之憂患、悲憫、耿直、忠愛，在歷經喪亂、宋金對峙之南宋，
詩人感同深受，於是與主流詩人之期待視野不謀而合；杜詩之風格多樣、體兼
眾妙與宋型文化之「會通化成」合轍，[85]故蔚為宋詩之最高典範。

---

82 張秉權：《黃山谷的交游及作品》，第三章、一、B〈詩之學杜〉，（香港：中文大學出版社，
  1978），頁 122-136；曾棗莊：《三蘇研究》，〈東坡論杜述評〉，（成都：巴蜀書社，1999.10），
  頁 241-253；《唐宋文學研究》，〈天下幾人學杜甫，誰得其皮與其骨——論宋人論杜甫的態度〉，
  （成都：巴蜀書社，1999.10）頁 35-49；楊勝寬：《杜學與蘇學》，〈南宋杜學片論〉、〈從蘇黃
  論杜看宋詩風格的變化〉，（成都：巴蜀書社，2003.6），頁 86-114。

83 同註39，參、〈印本文化與宋代杜詩典範之形成〉，頁 43-62。

84 華文軒編：《杜甫卷》二、宋，（北京：中華書局，1982.1），頁 55-993；許總：《杜詩學發微》，
  〈宋人宗杜新論〉、〈論宋學對杜甫的曲解和誤解〉、〈要當擊鯨魚，豈但看翡翠——江西詩派杜詩
  學探微〉，（南京：南京出版社，1989.5），頁 25-106。，

85 張高評：〈從「會通化成」論宋詩之新變與價值〉，《漢學研究》十六卷第一期（1998.6），頁 235-
  265。

　　宋人學杜宗杜，自王安石編《四家詩選》始，標榜杜甫，尊為冠冕；作
〈杜甫畫像〉，推崇其憂國憂民，悲天憫人。其次，則蘇軾謂杜甫「一飯未嘗
忘君」，秦觀稱「杜子美之於詩，亦集詩之大成者歟？」至黃庭堅，則感慨
「安知忠臣痛至骨，世上但賞瓊琚詞」；稱頌杜甫「千古是非存史筆，百年忠
義寄江花」。陳師道則曰：「學詩當以子美為師，有規矩，故可學」。黃陳學
杜，大抵側重格律與詩法；秦觀〈韓愈論〉盛推杜甫「集詩之大成」外，又將
「集大成」與「聖」號並舉，「詩聖」之名已隱含其中。[86]迨南宋理學逐漸昌
盛，希聖希賢成為儒者志業與主潮，杜甫致君堯舜之理想，勸諫補袞之忠義，
經世濟民之宏願，以及憂患意識、悲憫情懷，要多符合詩人之期待視野，於是
形成閱讀定勢。上述有關杜甫詩之解讀，或為詩聖，或為集大成，諸說已發凡
起例於北宋讀詩詩中，如下列張方平、韓維、郭祥正諸家之讀杜詩，則頗見梗
概：

> 　　文物皇唐盛，詩家老杜豪。雅音還正始，感興出離騷。運海張鵬
> 翅，追風騁驥髦。三春上林苑，八月浙江濤。璀璨開鮫室，幽深閉虎
> 牢。金晶神鼎重，玉氣霽虹高。甲馬騰千隊，戈船下萬艘。吳鉤銛莫
> 觸，羿彀巧無逃。遠意隨孤鳥，雄筋舉六鰲。曲巖周廟肅，頌美孔圖
> 褒。世亂多羣盜，天遙隔九皋。途窮傷白髮，行在窘青袍。憂國論時
> 事，司功去諫曹。七哀同谷寓，一曲錦川遨。妻子飢寒累，朝廷戰伐
> 勞。倦遊徒右席，樂善伐干旄。舊里歸無路，危城至輒遭。行吟悲楚
> 澤，達觀念莊濠。逸思乘秋水，愁腸困濁醪。耒陽三尺土，誰為翦蓬
> 蒿。（張方平〈讀杜工部詩〉，《全宋詩》卷三〇六，頁 3836-3837）

> 　　寒燈熠熠宵漏長，顛倒圖史形勞傷。觀取杜詩盡累紙，坐覺神氣來

---

[86] 諸家評述杜甫，分見《蘇軾文集》卷十，〈王定國詩集敘〉，頁 318；《淮海集箋注》，徐培均箋
注，卷二十二，〈韓愈論〉，（上海：上海古籍出版社，2000），頁 751-752；《山谷詩集注》，黃庭
堅著，宋任淵、史容、史季溫注，黃寶華點校：《山谷詩集注》卷二十，〈書摩崖碑後〉；《山谷詩
外集補》卷四，〈次韻伯氏寄贈蓋郎中喜學老杜詩〉，（上海：上海古籍出版社，2003），頁 480，
頁 1308。

> 洋洋。高言大義經比重，往往變化安能常。壯哉起我不暇寐，滿座嘆息喧中堂。唐之詩人以百數，羅列衆制何煌煌。太陽重光燭萬物，星宿安得舒其芒。讀之踴躍精膽張，徑欲追攝忘愚狂。徘徊攬筆不得下，元氣混浩神無方。（韓維〈讀子美詩〉，《全宋詩》卷四一七，頁 5114-5115）

> 歲云暮矣多北風，怒嘷萬里吹駕鴻。……一階寄祿百無補，白髮又送年華終。鬼章雖獲萬國賀，防邊未可旌旗空。中原將帥誰第一，願如衛霍皆成功。廟堂赫赫用耆舊，孰講仁義安羌戎。我甘海隅食蚌蛤，飽視兩邑調租庸。嗚呼不獨夔子之國杜陵翁，牙齒半落左耳聾。（郭祥正〈南雄除夜讀老杜集至「歲雲暮矣多北風」之句感時撫事命題為篇〉，《全宋詩》卷七五三，頁 8782）

張方平〈讀杜工部詩〉，開宗明義即表揚杜甫：「文物皇唐盛，詩家老杜豪。雅音還正始，感興出《離騷》」，推尊杜甫為「詩豪」，杜詩為「雅音」，可以媲美正始，追配《離騷》，褒贊其詩學造詣可謂崇高矣。韓維〈讀子美詩〉，將杜詩成就之亮麗耀眼，比作太陽光芒，所謂「唐之詩人以百數，羅列衆制何煌煌。太陽重光燭萬物，星宿安得舒其芒」郭祥正（1035-1096-？）〈南雄除夜讀杜詩〉，則感時撫事，因事命篇，而稱「鬼章雖獲萬國賀，防邊未可旌旗空。中原將帥誰第一，願如衛霍皆成功」，大有杜詩憂國憂民之意識，凸出安邊以將帥功成為首務，亦猶蘇軾讀杜詩所謂「艱危思李牧」之意。這些閱讀接受，較偏重總體直覺，蘇軾蘇轍兄弟所作〈讀杜詩〉，又別具特色，如：

> 大雅初微缺，流風困暴豪。張為詞客賦，變作楚臣騷。展轉更崩壞，紛綸閱俊髦。地偏蕃怪產，源失亂狂濤。粉黛迷真色，魚蝦易豢牢。誰知杜陵傑，名與謫仙高。掃地收千軌，爭標看兩艘。詩人例窮苦，天意遣奔逃。塵暗人亡鹿，溟翻帝斬鼇。艱危思李牧，述作謝王褒。失意各千里，哀鳴聞九皋。騎鯨遁滄海，捋虎得綈袍。巨筆屠龍

手，微官似馬曹。迂疏無事業，醉飽死遊遨。簡牘儀型在，兒童篆刻勞。今誰主文字，公合抱旌旄。開卷遙相憶，知音兩不遭。般斤思郢質，鯤化陋儵濠。恨我無佳句，時蒙致白醪。殷勤理黃菊，未遺沒蓬蒿。（蘇軾〈次韻張安道讀杜詩〉，《全宋詩》卷七八九，頁 9141）

……杜叟詩篇在，唐人氣力豪。近時無沈宋，前輩蔑劉曹。天驥精神穩，曾臺結構牢。龍騰非有迹，鯨轉自生濤。浩蕩來何極，雍容去若遨。壇高真命將，蟊亂始知髦。白也空無敵，微之豈少褒，論文開錦繡，賦命委蓬蒿。初試中書日，旋聞廊廟逃。妻孥隔豺虎，關輔暗旌旄。入蜀營三徑，浮江寄一艘。投下慚人舍，愛酒類東臬。漂泊終浮梗，迂疏獨釣鼇。誤身空有賦，掩脛惜無袍。卷軸今何益，零丁昔未遭。相如元並世，惠子謾臨濠。得失將誰怨，憑公付濁醪。（蘇轍〈和張安道讀杜集〉，《全宋詩》卷八五一，頁 9853-9854）

蘇軾〈次韻張安道讀杜詩〉，作於熙寧四年（1071）三十六歲時。詩云「誰知杜陵傑，名與謫仙高。掃地收千軌，爭標看兩艘」，既推崇杜甫與李白齊名並駕，並稱揚杜甫汲取諸家優長之造詣。其後秦觀〈韓愈論〉提出杜詩「集大成」之說，以為「杜子美者，窮高妙之格，極豪逸之氣，包沖澹之趣，兼峻潔之姿，備藻麗之態，而諸家之所不及焉」，或得自東坡之啟發也。巨筆屠龍、簡牘儀型、兒童篆刻云云，[87]皆推崇杜甫之詩筆詩藝，東坡之崇杜知杜，可以概見。蘇轍〈和張安道讀杜集〉，謂「杜叟詩篇在，唐人氣力豪。近時無沈宋，前輩蔑劉曹」，稱贊杜詩為唐人之「豪」，遺憾近世缺少賞詩之知音。「白也空無敵，微之豈少褒」，將李杜並列，強調白居易對杜詩之褒美。除外，多為之感慨平生而已，是為知人論世之閱讀。至於張耒（1054-1114）〈讀杜集〉、李綱〈讀《四家詩選》四首·子美〉二詩，對杜甫之人格與風格，更

---

[87] 「集大成」之說，秦觀〈韓愈論〉外，陳師道《後山詩話》引蘇子瞻語亦謂：「杜詩、韓文、顏書、左史，皆集大成者也」，清·何文煥：《歷代詩話》，（臺北：木鐸出版社，1982），頁 309。參考程千帆、莫礪鋒、張宏生：《被開拓的詩世界》，〈杜詩集大成說〉，（上海：上海古籍出版社，1990.10），頁 1-24。

有指標性之同情與理解：

> 風雅不復興，後來誰可數。陵遲數百歲，天地實生甫。假之虹與
> 霓，照耀蟠肺腑。奪其富貴樂，激使事言語。遂令困飢寒，食糲衣掛
> 縷。幽憂勇憤怒，字字倒牛虎。嘲詞破萬家，摧拉誰得禦。又如滔天
> 水，決泄得神禹。他人守一巧，為豆不能籩。君獨備飛奔，捷蹄兼駿
> 羽。飄萍竟終老，到死尚為旅。高才遭委棄，誰不怨且怒。君乎獨此
> 忘，所惜唐遺緒。悲嗟痛禍亂，欲取彝倫敘。天資自忠義，豈媚後人
> 睹。艱難得一職，言事竟齟齬。此心耿可見，誰肯浪自苦。鄙哉淺丈
> 夫，夸己訕其主。文章不知道，安得擅今古。光焰萬丈長，猶能伏韓
> 愈。（張耒〈讀杜集〉，《全宋詩》卷一一八一，頁 13339）
>
> 杜陵老布衣，飢走半天下。作詩千萬篇，一一干教化。是時唐室
> 卑，四海事戎馬。愛君憂國心，憤發幾悲咤。孤忠無與施，但以佳句
> 寫。風騷到屈宋，麗則凌鮑謝。筆端籠萬物，天地入陶冶。豈徒號詩
> 史，誠足繼風雅。使居孔氏門，寧復稱賜也。殘膏與賸馥，霑足沾丐
> 者。嗚呼詩人師，萬世誰為亞。（李綱《讀四家詩選》四首其一，《全
> 宋詩》卷一五四七，頁 17573）

　　張耒解讀杜甫詩集，先坐實「甫生天地」，有「復興風雅」之使命在。其
幽憤之詞，牛虎之字，堪稱摧拉破萬家，「決泄得神禹」，推崇杜甫詩藝可謂
極至。「他人守一巧，為豆不能籩。君獨備飛奔，捷蹄兼駿羽」；既稱其集詩
大成，又美其超軼絕塵，為杜甫聖於詩作如此解讀。又褒贊其敘彝倫、自忠
義，而結以「文章不知道，安得擅今古？光焰萬丈長，猶能伏韓愈」。如此詮
釋，宋代杜詩學有關詩史、詩聖、集大成諸義蘊，多隱然在其中矣。[88]上節引述
廖蔚卿教授論陶淵明稱：杜甫與陶淵明不同處，在杜甫「用心靈注視人間，熱
愛人生社會，且欲將人生的責任負在肩頭，而寫出那眾多人的疾苦悲痛的容色

---

[88] 同註39，參、〈印本文化與宋代杜詩典範之形成〉，頁 43-62。

和聲音。」陶杜同為宋代詩學之典範，宋人之閱讀定勢，期待視野，自然同中存異。李綱身處南北宋之交，歷滄桑之變，對杜詩之解讀更具代表：〈讀《四家詩選・序》〉已揭示「子美詩閎深典麗，集諸家之大成」；〈四首其一〉「作詩千萬篇，一一干教化」以下十四句，堪稱對杜甫「詩史」之詮釋，以為足繼風雅。「使居孔氏門」以下六句至終篇，隱然以「詩聖」相期許。宋代杜詩學之主要課題有三：一曰集大成，二曰詩史，三曰詩聖；李綱〈讀《四家詩選》・子美〉一詩之閱讀定勢與審美接受，已大體概括。[89]由此可見，南北宋之際，學杜宗杜作為詩學之最高典範，已大抵形成，筆者藉北宋讀詩詩管窺得知。

第四節　結論

宋人生於唐後，思與唐人比肩，真是談何容易？唐人既學古通變，而蔚為唐詩之典範；宋人得其啟示，亦學唐變唐，而出其所自得，於是發展成宋詩宋調之風格，既悖離唐詩樹立之典範，又造就了古典詩歌另類之新典範。[90]宋人無不學古，學古是一種手段，是必經歷程、是進階步驟，目的在變古通今，自成一家。所以，宋人在學習古人，傳承優長方面是「證同」；證同形成有本有源，所謂「有所法而後成」；終極目標是將「證同」質變為「趨異」，所謂「有所變而後大」。唯有追新求變，才能代雄成家。因此，宋代詩人「學古」對象容有不同，要皆以形塑自家詩學典範、創造另類本色當行為依歸。

選擇典範之過程，必先嫻熟歷朝優秀詩人及其作品，其途徑可能有三：或傳鈔善本，藉鈔書完成閱讀；或整理文集，出入其中，見得親切；或閱讀藏本印本，厚積而薄發。在在關係圖書流通與古籍整理，對於宋人之典範選擇，不僅有交互之作用，相輔相成之成果，更有推波助瀾，百川歸海之效應。可見宗

---

[89] 同上註，頁43-65。

[90] 同註85，五、〈論宋詩當以新變自得為準據，不當以異同源流定優劣〉，頁254-261。

法傑出詩人，學習優秀詩篇，其中觸媒在於印本與藏本：印本「便利讀者之購求」，藏本「提供士子之借閱」，兩者交相映發，促進圖書信息暴增，知識能量空前，於是造成宋詩典範選擇之多元，以及宋詩特色之逐步生成。其中，雕版印刷作為文化產業，得商品經濟之推助，達到空前之繁榮，與寫本藏本相得益彰，尤具關鍵意義。由於朝廷崇儒右文，大開科舉取士，引發圖書傳播之發達，促成教育之普及，閱讀風氣亦獲得推助開展。《全宋詩》收錄北宋讀書詩近 600 首，南宋讀書詩 1000 餘首，實即上述現象之具體而微反應。據此，可以考察詩人之閱讀定勢，以及宋代詩學之期待視野。

筆者以《全宋詩》前三十冊為研討文獻，選取北宋讀詩詩 47 首，從傳播與接受之視角切入，分兩大方面開展論述；同時結合版本學、文獻學、印刷史、藏書史，與文學、詩學，作學科整合之研究。北宋讀詩詩表現之層面，或抒情言志，或議論批評，本文為篇幅所限，考察討論聚焦於宋人之「學古通變」與「典範選擇」二方面，其詩歌史料學之價值，可與宋代詩話詩學轉相印證與發明。今稍加歸納，獲得如下觀點：

就宋代而言，文化傳播之開展，其關鍵媒介在書籍之流通。鈔書、印書、藏書、借書、購書，是知識藉以取得之途徑；而讀書、教書、著書、校書、刻書，則為知識賴以流通傳播之環節。兩者相輔相乘，蔚為兩宋文明之輝煌燦爛。換言之，寫本典藏、雕版刊行、圖書流通、閱讀接受、知識傳播，五者循環無端，交相反饋，遂形成宋代文化傳播之網絡系統。其中，雕版之刊行，與寫本藏本相互爭輝，促成圖書資訊之普及。書籍閱讀在質量上之急遽增加，引發知識傳播更加多元而便捷。

因應商品經濟供需相求之機制，雕版印刷崛起流行，改善圖書複製技術，促使書籍大量生產，成本降低；校勘精確，且物美價廉；傳播廣遠，而又化身千萬。宋朝士人接受琳瑯滿目、量多質優的雕版書籍，對於閱讀習慣、學習模式、創作方法、批評角度、審美情趣、學術風尚，勢必有所激盪與轉變。表現於文化層面，即是經典研究之復興、教育相對之普及、詩話筆記之流行、讀書方法之講究；體現於詩歌，印本文化與藏書文化之交相反饋，直接影響詩人創作之內容、方法、主題、素材與風格。

　　讀書詩，《全唐詩》不過 134 首，《全宋詩》暴增 12 倍，凡 1670 首。讀詩詩，為讀書詩之一種，其寫作手法不離讀後感寫作、閱讀寫作、書評寫作，及文學鑑賞寫作諸範圍。本論文檢索北宋讀詩詩，得 40 家，92 題，131 首詩，文中精選 47 首作論證，研究聚焦在理性知性之宋型文化體現上。由北宋讀詩詩之閱讀對象，可藉以考察詩人之閱讀接受，審美意識，宋人之學古通變，宋代之詩學典範，甚至宋詩之變化於唐，而出其所自得，亦不難從中看出。

　　本文經由版本、目錄、文獻諸學之觸發，關注印本文化、藏書文化之影響，從傳播與接受之視角切入，企圖梳理北宋讀詩詩中之詩學觀念，以為知人論世之參考。考察北宋讀詩詩歌詠詩篇、評價詩人，其表現之層面，大抵有六：其一，勾勒形象；其二，感慨遭遇；其三，創意評唱；其四，詩壇定位；其五，作品論衡；其六，尊奉典範。文學作品之召喚結構，加上讀者的期待視野，讀詩詩中閱讀對象之詩壇定位、作品論衡，尤其是詩學典範之追尋與抉擇，皆極富研究價值。

　　宋人以學古通變為手段，期許「自成一家」為目的，尋求典範遂成為宋代詩人盡心致力的方向。至於典範之選擇，則關係到文學之閱讀接受諸活動；文學閱讀接受又牽涉到認知功能、審美體驗、價值詮釋，和藝術創發問題；且詩風文風之走向，與典籍整理，圖書版本流傳相互為用。此種學古通變之心路歷程，詩學典範之追尋抉擇，北宋讀詩詩作為論詩詩之一體，亦多有如實之體現。

　　宋人之追尋典範，白體、崑體、昌黎體、少陵體、靖節體、晚唐體、太白體，先後管領風騷，贏得許多宋詩大家名家之閱讀、學習與宗法。唐人詩最得北宋青睞者，數白居易、韓愈、及中晚唐韓偓、羅隱、杜牧、皮日休、孟郊、李賀、柳宗元、劉禹錫諸家，此於讀詩詩之閱讀定勢、詩集版本之開雕印行，可知宋人學習唐詩，追尋詩學典範之心路歷程。

　　本文從北宋讀詩詩，討論宋代詩學中之學唐變唐，從作品閱讀之能動性、創造性、開放性、召喚性切入。發現詩人選取杜甫為典範，且閱讀白居易、韓愈、晚唐詩人詩集者較多，或作為創作之粉本，或作為進階之悟入，或作為「意新語工」之觸發；閱讀李白詩集者雖亦不少，然多作為「李杜優劣論」之

表述。褒貶予奪，去取從違之間，與詩集之刊行、圖書之傳播多有關係，從中頗可考察北宋詩人之閱讀定勢與審美接受，於宋代詩學之「學古論」，自有佐證之功。

　　元祐間，蘇軾、黃庭堅學杜詩、尊杜甫，蘇軾更推崇陶淵明。陶淵明以蕭散平澹之詩美風格，悠然自得，無適不可，窮達兩忘，樂天知命之隱逸風範，贏得宋人許多推崇與接受。宋人學杜宗杜，則在「詩聖」人格美之尊重，「詩史」、「集大成」藝術成就美之頌揚推許。陶杜二家以人格美與風格美兼備，蔚為宋代詩學之典範。宋人學古通變，又出其所自得，此非有圖書流通、印本傳播不為功。檢索書目著錄，宋代陶集杜集傳寫刊刻，版本繁多，可作見證。宋代印本寫本並行，知識流通乃日新月異，「詩分唐宋」，各造輝煌，始成為可能。

　　宋詩以蘇軾、黃庭堅為代表，體現學古通變、自成一家之詩風，形成跳脫唐詩藩籬，疏離唐音窠臼之宋詩宋調特色。黃庭堅更創立江西詩派，影響後代詩壇甚巨。南北宋之際，蘇軾黃庭堅詩集詩篇，有極廣大之閱讀群，此自北宋讀詩詩閱讀蘇軾詩集凡 13 首，黃庭堅 3 首，可見一斑。當代江西詩派中人，如李彭、潘大臨、韓駒、吳可等人；以及王禹偁、林逋、王安石、梅堯臣、歐陽脩、蘇舜欽諸家詩集，亦多為時人所閱讀接受。受限於篇幅，宋代詩集之閱讀反應，未有觸及發明，他日再議。[91]

---

[91] 本文初稿發表於 2005 年 9 月，浙江大學、浙江工業大學主辦之「第四屆宋代文學國際學術研討會」。後經刪節，刊入沈松勤主編之《第四屆宋代文學國際研討會論文集》中，（杭州：浙江大學出版社，2006.10），頁 148-160。為求完璧，乃還原全文，投寄《漢學研究》，要求節縮為 20000 字左右，刊登於《漢學研究》第二十四卷第二期（總第 49 號，2006 年 12 月），頁 191-224。今再恢復舊觀，略加增訂，字數約 40000，篇幅已多一倍矣。

第十章　從資書以為詩到比興寄託──
陸游讀詩詩析論

摘要

　　《全宋詩》載存陸游讀書詩 241 首，本研究選取其中讀詩詩 101 首為文本，考察陸游閱讀陶淵明、李白、杜甫、岑參、王維、白居易、元結、許渾、韓偓，及梅堯臣、林逋、魏野、范仲淹、黃庭堅、呂本中、蘇過諸家詩之情形。陸游所作讀詩詩，其創作策略，或感物興情，或托物寓情；其寫作方式大抵以「詠懷寫志」為主，偏重唐音之「比興寄託」：或因讀抒感，摘句揮灑；或私淑追慕，興寄物外；或寄情山水，權衡出處；或砥礪士節，現身說法；或感慨消長，期待恢復，大多以讀詩詩為比興，而感物興情，寄寓遙深。至於尊崇典範，作為學古通變之圭臬，則與北宋讀詩詩先後一揆。其他，發表讀詩心得，評價詩人優劣處較少；騾括詩意、複述文本，幾乎未見，蓋已分見於《渭南文集》之讀書題跋與劄記中矣。陸游身為藏書家，讀書五年，萬卷具眼，作詩卻標榜詩家三昧、詩外工夫，活法、換骨，故雖博觀詩集詩篇，要皆作為比興之觸發、悲憤之媒介，詩學主張發憤說、言志說之體現，且供其「憂時憫己」之慨嘆而已。由此可見，陸游讀詩詩之寫作，已與兩宋其他詩人略有差異。蓋書為詩用，不為詩累，故驅遣發越如此。

關鍵詞

　　陸游　讀詩詩　比興寄托　感物興情　托物寓情

第一節　北宋讀書詩與陸游讀詩詩之嬗變

　　浙江、江蘇在宋代，不僅雕版印刷繁榮，知名藏書家更林立雲集。[1]陸游
（1125-1210）父子三代，為浙江山陰藏書世家。陸游名書齋為「書巢」，稱書
室為「老學庵」，晚年坐擁書城，讀書作詩其間。陸游所作〈放翁家訓〉曾
云：「子孫才分有限，無如之何，然不可不使讀書。貧則教訓童稚，以給衣
食，但書種不絕足矣」，[2]可見對讀書之重視。試翻檢《劍南詩稿》，陸游所作
讀書詩凡 241 首，可以想見放翁歸老山陰耕讀閒適之情。南宋孝宗、光宗年
間，藏本傳鈔、印本流通既得之容易，對於詩人寫作讀書詩，內容與思想之表
述，與中唐，北宋讀書詩之注重讀書心得、讀後感想，是否有顯著差異？此一
研究探討，與資書為詩、唐宋詩異同、詩分唐宋、活法為詩、詩外工夫諸南宋
詩學課題攸關。

　　今考察陸游《渭南文集》，詩文題跋不少，多屬讀書札記，褒貶詩人，評
價作品，十分具體可觀。如評價岑參，「以為太白、子美之後，一人而已。」
推崇溫庭筠〈南鄉子〉八闋，「語意工妙，殆可追配劉夢得〈竹枝〉，信一時
傑作也。」論斷許渾詩，「在大中以後，亦可為傑作。」另外，又提倡熟讀暗
誦，以為「乃能超然自得」；又以為百讀熟味，品藻不敢輕易。[3]同時，對於唐
宋詩集之散佚，版本之源流，亦略有考述，如〈跋唐御覽詩〉，以為散佚良

1　宿白：《唐宋時期的雕版印刷》，〈南宋的雕版印刷〉，一、〈兩浙地區〉，（北京：文物出版社，
　　1999.3），頁 84-91；兩宋江浙藏書家，較著者如徐鍇（會稽人）、江正（越州刺史）、沈思（吳興
　　人）、錢勰（杭州人）、錢繏（杭州人）、李光（上虞人）、鮑慎由（括蒼人）、陸游（山陰即紹興
　　人）、樓鑰（鄞縣人）、許棐（海鹽人）、陳振孫（安吉人）、賈似道（臨海人）、周密（湖州
　　人）。參考清葉昌熾：《藏書紀事詩》，王鍔點校本，（北京：燕山出版社，1999.12）。

2　陸游：〈放翁家訓〉，原題作〈太史公緒訓〉，明葉盛《水東日記》卷十五，〈陸放翁家訓〉，載有
　　全文，（北京：中華書局，1997.12），頁 150-157。引文，見頁 157。

3　陸游：《渭南文集》卷十五，〈楊夢錫集句杜詩序〉；卷二六，〈跋岑嘉州詩集〉；卷二七，〈跋金
　　奩集〉；卷二八，〈跋許用晦丁卯集〉；卷三九，〈何君墓表〉。文見曾棗莊主編：《全宋文》第二
　　二二冊，卷四九三三，頁 347；卷四九三五，頁 374；卷四九三六，頁 394。第二二三冊，卷四九三
　　七，頁 11；卷四九五二，頁 265，（上海：上海辭書出版社，2006.8）。

多;〈跋山谷先生三榮集〉,以為「紹興中再刻本」;〈跋齊驅集〉,以為此集刻版於宣和三年;〈跋半山集〉,提示陳輔之金陵學舍刻本已亡佚;[4]〈跋東坡集〉,示家藏三十年有焦尾本;〈跋唐盧肇集〉,言「印本之害,一誤之後,遂無別本可證」;〈跋樊川集〉稱:「唐人詩文,近多刻本,亦多經校讐」;[5]凡此種種,多可作為印刷傳媒之繁榮、對讀書接受、版本流傳諸效應之體現。印本作為傳媒,士人習焉不察,實蒙其利,更見其害如此。筆者發現,陸游記錄讀書心得,進退古今詩人,甚至考述版本源流,書籍存佚,多見諸詩文題跋;閱讀詩集詩篇,形諸吟詠,則或感性抒發,比興寄託表述。詩文異轍,分寫心得與懷抱,此其大較也。

陸游所作讀書詩,都 240 餘首,黃啟方教授曾撰〈陸游讀書詩考釋〉,陸游愈老愈貧而愈讀書之態度,孤燈夜讀,四季夜讀之情懷,以及「要足平生五車書」、「萬卷雖多當具眼」、「兩眼欲讀天下書」之氣魄,讀書詩中可見。[6]大陸學者莫礪鋒曾撰〈陸游「讀書」詩的文學意味〉一文,以為陸游讀書詩,「充滿了深沉的人生感慨和濃郁的生活氣息,且滲入了生氣勃勃的自然意象,淋漓酣暢地展示了詩人的生活側面」,「是活色生香,精力彌滿,文學意味十分濃厚的好詩」;[7]筆者以為,陸游讀書詩之所以富於文學意味,其主要之關鍵,當是「比興寄託」手法之運用。筆者發現,陸游讀詩(書)詩之寫作模式,不但與《渭南文集》之讀書札記有別,更與北宋讀書詩大相逕庭。其中自有圖書流通,印刷傳媒繁榮之激盪與反饋在。圖書傳媒對於論著模式,及創作表述,生發種種效應,亦可從中窺知。對於印刷文化史之研究,為一創新研究之議題,值得關注。一得之愚,願獻曝於大雅方家之前。

圖書質量之激增,文化傳播方式之轉變,頗左右詩人創作之內容與方法,

4　同上,《渭南文集》卷二六,〈跋唐御覽詩〉、〈跋山谷先生三榮集〉;卷二七,〈跋齊驅集〉、〈跋半山集〉;《全宋文》第二二二冊,卷四九三五、四九三六,頁 366、374、388、391。

5　同上,《渭南文集》卷二八,〈跋唐盧肇集〉;卷三０,〈跋東坡集〉、〈跋樊川集〉;又見《全宋文》第二二三冊,卷四九三七、四九三九,頁 16、42、51。

6　黃啟方:《兩宋文史論叢》,〈陸游讀書詩考釋〉,(臺北:學海出版社,1985.10),頁 453-507。

7　張高評主編:《宋代文學研究集刊》第十期,(高雄:麗文文化公司,2004 年 12 月),頁 81-94。

影響題材與風格，筆者所撰〈印本文化與南宋陳普詠史組詩〉，可以印證上述推論。[8]其他研究課題，如唐型文化轉變為宋型文化，宋詩大家名家之風格特色與唐詩有別，所謂「唐宋詩之異同」者，試較論唐代讀書詩，宋代讀書詩有絕佳之體現。

　　所謂讀書詩，指文士閱讀經、史、子、集書籍，或泛覽通說讀書情境，或專題指陳人格風格，而以詩篇表述之者。試檢索《全唐詩》，得讀書詩 132 首，其中讀經詩 5 首，讀史詩 41 首，讀諸子詩 13 首，讀詩詩 46 首，讀文集 8 首，泛寫讀書之詩 18 首，總謂之讀書詩。其中讀書詩之作者如白居易，詩風下開宋詩平淡通俗一派，試檢閱所作讀書詩，讀詩詩如〈讀張籍古樂府〉、〈讀鄧魴詩〉、〈讀李杜詩集因題卷後〉、〈讀靈徹詩〉；其他讀書詩尚有讀子部詩如〈讀莊子〉二首、〈讀老子〉、〈讀禪經〉、〈讀道德經〉；讀史部詩如〈讀漢書〉、〈讀史五首〉、〈讀鄂公傳〉，就寫作方法而言，中唐北宋詩大抵出入不大，除了閱讀書籍範圍有寬窄以外，多為品評褒贊之作，可據以補充文學史、文學批評史之不足。[9]

　　筆者翻檢北京大學版《全宋詩》，以「讀」字為字據，檢索 72 冊有關「讀書」之詩題，大抵前三十冊為北宋詩卷，得 595 首讀書詩；第三十一冊至七十二冊為南宋詩卷，得 1075 首，共 1670 首。南宋讀書詩數量所以遠勝北宋，一則陸游所作獨佔 241 首，固然是原因所在，但主要還在於印本與寫本爭勝，終至於理宗時印本取代寫本，考諸讀書詩，可以得其消息。就北宋讀書詩而言，數量少於南宋，蓋斯時印本崛起，與寫本相互爭輝，印刷傳媒尚未普及，多少影響閱讀接受。

　　北宋詩人閱讀歷代詩集詩篇之作，《全宋詩》收錄 92 題，131 首，凡 40 家，是本文所謂之「讀詩詩」。讀詩詩，為讀書詩之一種，指閱讀對象限定於某家詩集，或某一詩篇，心中別有所見，而發為詩歌者。其寫作手法不離讀後

8　張高評：〈印本文化與南宋陳普詠史組詩〉，國立成功大學中文系、國立臺灣大學中文系主編：《唐宋元明學術研討會論文集》，（臺北：大安出版社，2005.7），頁 201-241。

9　張高評：〈唐代讀詩詩與閱讀接受〉，臺灣師大國文系：《國文學報》第 42 期（2007.12），頁 177-205。

感想、或讀書心得之格式。其寫作之策略，感點抒發，比興寄託，屬於前者；品評褒贊、風格勾勒、發微闡幽、內容隱括，屬於後者。考察讀詩詩，有助於詩家人格與風格之理解。就北宋詩人之閱讀定勢而言，白居易、韓愈、晚唐詩人之詩集於宋代刊本藏本多，傳播所及，選取作為閱讀詩集者亦較多，或作為粉本，或作為悟入，或作為意新語工之觸發，宋詩之學唐變唐，此中頗有體現；閱讀李白詩集者雖亦不少，卻多作為「李杜優劣論」之表述。[10]陶淵明與杜甫以人格美與風格美兼備，符合宋人之期待視野，被尊奉為宋代詩學之最高典範。終宋之世，陶集、杜集雕印版本繁多，供需相求，理有固然。考索北宋讀詩詩，讀陶、讀杜之詩篇，亦有如實之反映。北宋讀詩詩，褒貶予奪，去取從違之間，多與圖書傳播息息相關。從中頗可考察詩人之閱讀定勢與審美接受，於宋代詩學之學古論，自有佐證發明之價值。[11]

《全宋詩》載存陸游讀書詩 241 首，此單就詩題標示而言；若再加內容涉及讀書之詩篇，則超過此數。本研究選取詩題中標明讀詩詩之 101 首為文本，考察陸游閱讀陶淵明、李白、杜甫、岑參、王維、白居易、元結、許渾、韓偓，及梅堯臣、林逋、魏野、范仲淹、黃庭堅、呂本中、蘇過諸家詩之情形。筆者發現陸游所作讀詩詩，其寫作方式為綜述、尊題、次韻、摘句、戲作、追賦，與抒感，大抵以「詠懷寫志」為主，偏重唐音之「比興寄託」。試與北宋讀詩詩作比較，尊崇典範，作為詩人學古通變，自成一家之標竿，可謂百致一慮，殊途同歸。試觀陸游讀詩詩，可窺其中消息，如〈陶淵明云三逕就荒松菊猶存蓋以菊配松也余讀而感之因賦此詩〉、〈讀陶詩〉、〈讀淵明詩〉、〈讀陶詩〉，推崇陶淵明之人格與詩風；〈讀杜詩〉、〈讀李杜詩〉，則尊奉杜甫與李白；〈夜讀岑嘉州詩集〉，則歌頌岑參邊塞詩，從軍樂；〈讀王摩詰詩愛其「散髮晚未簪，道書行尚把」之句，因用為韻，賦古風十首，亦皆物外事也〉，則愛賞王維詩；〈冬日讀白集愛其「貧堅志士節，病長高人情」之句作

[10] 唐人文集多經宋人整理刊刻，流傳後世遂多。唐代詩文集之傳抄雕版，參閱萬曼：《唐集敘錄》，（臺北：明文書局，1982.2）。

[11] 參考張高評：〈北宋讀詩詩與宋代詩學──從傳播與接受之視角切入〉，《漢學研究》第二十四卷第二期（2006 年 12 月），頁 191-224。

古風十首〉、〈讀樂天詩〉，則喜愛白居易詩；〈讀韓致光詩集〉、〈讀香奩集詩戲效其體〉，則心儀韓偓詩；〈讀許渾詩〉，則論評許渾詩。於宋代，放翁則稱揚梅堯臣詩，如〈讀宛陵先生詩〉、〈讀宛陵先生集〉；仰慕林逋魏野隱逸，如〈讀林逋魏野二處士詩〉；愛賞黃庭堅詩，有〈偶讀山谷老境五十六翁之句作六十二翁吟〉詩；評述呂本中人格風格，如〈讀呂舍人詩追次其韵五首〉；次韻蘇過詩篇，如〈讀蘇叔黨〈汝州北山雜詩〉次其韵十首〉；陳與義詩，則摘句評述。陸游詩從江西入，不從江西出，轉益多師，能入能出，今觀其讀詩詩，其詩學淵源與宗法，可謂昭然若揭。實不只如錢鍾書所指梅堯臣，朱東潤所謂江西詩派，袁行霈所稱李白、白居易、呂本中，胡明所云呂本中、李白、陶潛而已。[12]上述詩人，從陶潛、李、杜，至梅堯臣、黃庭堅、呂本中、陳與義，除寫本、鈔本、藏本外，詩家文集多經宋人整理雕版，傳播士林，其版多「多且易致」如此，最便於流傳、有利於接受。印刷傳媒作為商品經濟，供需相求；上述陸游愛賞宗法之詩人，大抵切合宋詩宋調之審美情趣，與宋詩之典範追尋，大抵合拍。若此，與北宋讀詩詩之閱讀接受，並無二致。

　　筆者所撰〈北宋讀詩詩與宋代詩學〉一文，考察北宋 40 家所作讀詩詩，無論歌詠詩篇或評價詩人，其創作方法不出讀後感寫作、閱讀寫作、書評寫作，及文學鑑賞寫作範圍。其表現之層面，大抵有六：或勾勒形象，或感慨遭遇，或創意評唱，或尊奉典範，或為詩壇定位，或為作品論衡。文學作品之召喚結構，加上讀者之期待視野，於是詩人對詩集詩篇之接受與闡釋，遂無異於再次創造。因此，無論詩人形象之勾勒，生平遭遇之感慨，以及詩篇之創意評唱，難免摻雜作者主觀之融入或投射，於是詩人形象與史傳或詩史之記載遂有所出入。[13]北宋讀書詩之梗概，由此可知一斑。試以此觀點，考察陸游讀詩詩，除典範尊崇佔 50%，比興寄託約佔 35%外，其他 15%，具北宋讀詩詩遺風者，尚有勾勒形象、品評詩人、論衡詩作、遊戲筆墨諸層面，雖落言詮，然賦詩多自鑄

---

[12] 張毅主編：《宋代文學研究》（下），第十六章〈陸游研究〉，三、〈藝術淵源〉，（北京：北京出版社，2001.12），頁 1010-1013。

[13] 參考朱立元：《接受美學》，III〈文學作品論：本文的召喚結構〉，3‧3〈文學作品結構的召喚性〉，（上海：上海人民出版社，1989.8），頁 111-117。

偉辭，評述亦別出心裁，此或因知識傳布普及，印本寫本閱讀便利，「苟無新意，可以不作」之風尚已成，因此讀書作文致力創意造語，實不止詠史詩創作追求「在作史者不到處，別生眼目」而已，讀書詩尤其盡心於獨闢谿徑，追求古所未有。

陸游讀詩詩中勾勒詩人形象者不少，如〈讀胡基仲舊詩有感〉、〈先少師宣和初有贈晁公以道詩云：「奴愛才如蕭穎士，婢知詩似鄭康成」，晁公大愛賞，今逸全篇，偶讀晁公文集泣而足之〉，分別塑造胡基仲、晁以道之人格與風格。品評詩人，肯綮生動，精神奕奕者，如〈讀杜詩偶成〉、〈讀杜詩〉、〈讀李杜詩〉、〈讀樂天詩〉、〈讀許渾詩〉，重新詮釋，另類解讀，多見畫龍點睛之筆。至於討論權衡詩作，發明幽微處不少，如〈夜讀岑嘉州詩集〉、〈讀宛陵先生詩〉、〈讀趙昌甫詩卷〉、〈讀李杜詩〉、〈讀陶詩〉、〈偶讀陳無己芍藥詩云一枝剩欲簪雙鬢未有人間第一人蓋晚年所作也為之絕倒戲作小詩〉，諸什，可媲美杜甫〈戲為六絕句〉，元好問〈論詩三十首〉。至於筆墨遊戲文字，亦自有珍品，如〈讀香奩集詩戲效其體〉、〈讀唐人樂府戲擬〈思婦怨〉〉，諸詩皆是。凡此，多傳承北宋讀詩詩之流風遺韻，又有所更張揮灑者。上述勾勒形象、品評詩人、權衡詩作、遊戲筆墨，自是陸游讀詩詩之面向，可與其他讀書詩結合，另篇探討考察。本文資料取捨，大抵以富含比興寄託者為主，其餘略焉。試考察中唐至北宋讀書詩，偶有因讀抒懷之作，然懷人、寄慨、有感、書歎之詩篇卻不多見。放翁懷才不遇，報國無門，滿腔悲憤，往往寄諸筆墨，形諸歌詠，讀詩詩猶如李白〈翰林讀書言懷呈集賢諸學士〉、韓愈〈孟生詩〉，借題發揮之作遂多。陸游〈澹齋居士詩·序〉所謂：「人之情，悲憤積於中而無言，始發為詩」，「士氣抑而不伸，大抵竊寓於詩」，陸游讀詩（書）詩之謂也。

在印本圖書昌盛，與寫本、鈔本、藏本共存共榮之南宋高宗、光宗、孝宗朝，士人對於知識傳播之媒介，有較多之選擇；閱讀之質量更高，接受之管道更廣。當書冊之傳播從官府藏本、私家藏書樓，轉變散發到士人之書齋與廳堂時，可以朝夕觀覽，寢饋於斯。書卷在前，翻檢即得，筆者以為閱讀習性、接受態度、創作手法、評述方式、編纂體例，乃至於審美情趣，必然有所因應與

改變。印刷傳媒之崛起,對宋代文學、學術、文化,產生哪些激盪?這牽涉到閱讀、接受、表述諸課題,值得廣泛深入探討。今就陸游讀書詩所示,嘗試論述一二:

　　以詩歌創作而言,歐陽脩〈試筆〉所謂:「作詩須多誦古今人詩」,王安石稱揚杜甫「讀書破萬卷,下筆如有神」;蘇軾〈稼說送張琥〉強調「博觀而約取,厚積而薄發」;黃庭堅主張讀書精博,有助於作詩,猶「長袖善舞,多錢善賈」;〈答洪駒父書〉指出:「老杜作詩,退之作文,無一字無來處」;所謂陶冶萬物、點鐵成金云云,要皆深信讀書博學有助於作詩。[14]是閱讀、接受、詩思、表述,多受書卷精博影響。其後南宋江西詩派踵事增華、變本加厲,奉奪胎換骨、以故為新、點鐵成金為作詩法則,以借鏡代創造、以流為源,遂彌離其本。劉克莊〈題韓隱君詩〉批評「今詩出於記問,博而已」,「豈非資書以為詩」?〈題何謙詩〉所謂:「以書為本,以事為料,文人之詩也」;嚴羽《滄浪詩話·詩辨》亦提出「以才學為詩」,為近代諸公所作「奇特解會」之一。由此可見,作詩驅遣書卷,賣弄學問,已成為南宋詩壇創作之一大風習,備受批評與詬病。陸游生乎其間,《劍南詩稿》卻鮮有此病:

> 近歲詩人,雜博者堆隊仗,空疏者窘材料,出奇者費搜索,縛律者少變化。惟放翁記問足以貫通,力量足以驅使,才思足以發越,氣魄足以陵暴。南渡而後,故當為一大宗。(劉克莊《後村詩話》前集卷二)

　　陸游生於江西詩風流衍、四靈、江湖詩派崛起之際,創作表現卻能入能出,神明變化。劉克莊所謂「記問足以貫通,力量足以驅使,才思足以發越,氣魄足以陵暴」,故能免於「資書以為詩」、「以才學為詩」之詩累。劉克莊特提陸游集學問、能力、才思、氣魄諸優長,故終成南宋一大家,其中自有出入書卷、活法為詩之作用在也。

---

[14] 張高評:〈印刷傳媒與宋詩之學唐變唐〉,二、〈博觀厚積與宋詩之新變自得——讀書博學與宋詩特色〉,《成大中文學報》第 16 期(2007 年 4 月),頁 10-24。

陸游（1125-1210）三代藏書，名其書齋為「書巢」，命其書室為「老學庵」。所作〈書巢記〉稱「吾室之內，或栖於櫝，或陳於前，或枕藉於床，俯仰四顧無非書者」；[15]其〈寒夜讀書三首〉其二云：「韋編屢絕鐵硯穿，口誦手鈔那計年。不是愛書即欲死，任從人笑作書顛。」放翁嗜書如命，讀書書齋，口頌手鈔之景況，可以想見。陸游自述「學語即耽書」，「萬卷縱橫眼欲枯」，往往「吟哦雜誦詠，不覺日既夕」，忘食廢餐，「日夜痛磨礪」，甚至以為「人生可意事，不如一編書，相伴過昏旦」。清葉昌熾《藏書紀事詩》卷一詠陸游父子之藏書云：「或藉于床或栖讀，四圍書似亂山堆。百錢拾得華胥紙，顛倒黃朱日幾回。」陸氏藏書、讀書、校書之情景，彷彿可見。王夫之《薑齋詩話》卷二譏評宋人作詩習氣，往往「搏合成句之出處，役心向彼掇索，而不恤己情之所自得」，「總在圈繢中求活計」；汎覽陸游所作讀書詩，並未發現有此流弊。

衡情度理，放翁從來手不釋卷，飽讀詩書；又坐擁書城，書冊觸手可得，下筆寫作讀書詩，甚易流於摘章掇句，撏撦故言，所謂「資書以為詩」、「以才學為詩」、「以文字為詩」；然鳥瞰所作讀書詩，多超脫書卷，往往活法為詩，未嘗死於句下。夷考其實，陸游作詩，從江西入手；中年以後，又極力擺脫江西派之影響。黃庭堅及江西詩人工藻繪、重出處，執著章句，操弄技法；呂本中等提倡「活法」，企圖振救之。[16] 陸游於此，則致力「書為詩用，不為詩累」，故往往能超脫自在。如云：

---

[15] 陸游：《渭南文集》，卷十八〈書巢記〉。又見《全宋文》卷四九四二，頁 100。歐小牧《陸游年譜》卷四，（北京：人民文學出版社，1981.7），頁 173；于北山《陸游年譜》，亦繫於淳熙九年（1181 年），五十八歲，（上海：上海古籍出版社，1985.11），頁 276。光宗紹熙二年（1191 年），夏秋之際，陸游命書室為「老學庵」；次年冬，有〈題老學庵壁〉，見《劍南詩稿》卷二十六。詳參于北山：《陸游年譜》，〈六月，老學庵命名，約在此時〉，頁 358、頁 363。本論文有關陸游時事，參考于北山《陸游年譜》，為省篇幅，以下不贅。

[16] 活法，見呂本中〈夏均父集序〉：「學詩當識活法。所謂活法者，規矩備具，而能出於規矩之外；變化不測，而亦不背於規矩也。是道也，蓋有定法而無定法，無定法而有定法。知是者，可以語活法矣。謝玄暉有言：好詩流轉圓美如彈丸。此真活法也。」劉克莊《後村先生大全集》卷九十五〈江西詩派序引〉，參考歐陽炯：《呂本中研究》，第五章第二節〈活法說〉，（臺北：文史哲出版社，1992.6），頁 273-287。

　　文章要法，在得古作者之意。意既深遠，非用力精到，則不能造
也。前輩于《左氏傳》、《太史公書》、韓文、杜詩，皆熟讀暗誦，雖
支枕據鞍間，與對卷無異。久之，乃能超然自得。……因以暇戲集杜
句。夢錫之意，非為集句設也，本以成其詩耳。不然，火龍黼黻手，豈
補綴百家衣者耶？（《渭南文集》卷一五，〈楊夢錫集句杜詩序〉）

　　「熟讀暗誦，乃能超然自得」；「集杜句，本以成其詩」云云，與杜甫所
謂「讀書破萬卷，下筆如有神」，可以相互發明。故放翁六十歲時（1184）作
詩，曾言：「區區圓美非絕倫，彈丸之評方誤人！」六十三歲時（1187），以
為「大巧謝雕琢，至剛反摧藏」（〈夜坐示桑甥十韻〉）；六十六歲時
（1190）強調「文章最忌百家衣」〈次韻和楊伯子主簿見贈〉；六十八歲時
（1192），提出「詩家三昧」〈九月日夜讀詩稿有感走筆作歌〉。論者以為，
陸游詩「從江西入，不從江西出」，實則是學江西而得其優長；如學江西活
法、換骨之類，即在表現求變追新，自成一家之創作精神。陸游作詩，既已謝
絕雕琢，避忌百家衣，而標榜詩家工夫，詩家三昧，故其系列讀詩詩，自然化
用書卷，超脫學問，揚棄以文字為詩，避免「資書以為詩」，「以學問為
詩」。此固江西詩風之反響，亦印刷傳媒生發之創作反饋。

　　陸游讀詩詩，較少資書為詩，又未嘗「在圈繢中求活計」，其中關鍵原
因，還在於陸游對於「詩本」、「詩材」、「詩料」等詩歌素材之認知別有會
心。《劍南詩稿》所謂「山橫翠黛供詩本，夢卷黃雲足酒材」；「吾行在處皆
詩本，錦段雖殘試剪裁」；「詩材滿路無人取，准擬歸驂到處留」；「村村皆
畫本，處處有詩材」；「詩料滿前誰領略，時時來倚水樓邊」；「詩料滿前吾
老矣，筆端無力固宜休」；陸游創作觀所謂「詩家三昧」，所謂「詩外工
夫」，注重自然風物、生活體驗，與上述詩篇中拈出詩本、詩材、詩料，可以
相互發明。[17]陸游藏書、校書、讀書，所以不為書奴、為書累，以此。除此以

---

[17] 參考淺見洋二：〈論「拾得」詩歌現象以及「詩本」、「詩材」、「詩料」問題——以楊萬里、陸游
　　為中心〉，沈松勤主編：第四屆《宋代文學國際研討會論文集》，（杭州：浙江大學出版社，
　　2006.10），頁 264-268。又，顧易生等：《宋金元文學批評史》（上），（上海：上海古籍出版社，

外，上述入出江西，致力活法換骨，作詩主張發憤、言志，亦甚有關聯，故讀詩詩中多比興寄託之作。讀書札記及詩文題跋，於進退詩人，評價作品，更加具體可觀，陸游置於《渭南文集》，此疆彼界，涇渭分明。筆者以為，同是讀書，放翁蓋依功能二分：評價定位入札記題跋，比興寄託則見諸詩歌吟詠，詳下節論述。

第二節　陸游讀詩詩之創作方式與觀其比興

雕版印刷崛起，進而作為圖書知識傳播之重要媒介，勢將激盪閱讀慣性、學習生態，以及創作方式，評述風格，此筆者之推想。陸游〈雨夜讀書二首〉稱：「風雨潎洞吞孤村，讀書擁褐不出門」；「一燈如螢雨潺潺，老夫讀書蓬戶間」；時至宋代，風雨孤村之偏遠，不礙讀書；蓬戶書齋不出門，不妨讀書；日夜四時，可以讀書；羈旅遷謫，可以讀書。除寫本、鈔本、藏本外，印刷傳媒之化身千萬，無遠弗屆，價廉物美，攜帶方便，促成宋代士人學養豐厚，多百科全書式涵養，以此。印刷傳媒影響所及，誠所謂「滿朝朱紫貴，盡是讀書人」；「城裡人家半讀書」，「路逢十客九青衿」。以福建之偏遠，朱熹閩學蔚然形成於南疆；其勝處，莆陽或「十室九書堂」，永福則「百里三狀元」。[18]學者之輩出，人才之濟濟，圖書傳播之便捷有以致之。蓋圖書傳播多元，博觀厚積如此，下筆為文，自然容易「資書以為詩」，驅遣書中典故、成語，以書卷學問為詩。更何況，以讀書為題材，描述書齋生活，環境逼仄，面向狹隘，易流於王夫之《薑齋詩話》所謂「總在圈繢中求活計」，此鍾嶸《詩品》所謂「補假」。清初宗唐詩話抨擊宋代蘇、黃及江西詩人作詩習性，以流為源，捨本逐末，多非「直尋」，率由「補假」，大率指此。陸游父子三代為

1996）；第二編第三章第二節，四、〈詩家三昧、詩外工夫〉，頁 270-279。

18　譚其驤：〈前言——論《方輿勝覽》的流傳與評價問題〉，載祝穆：《宋本方輿勝覽》，（上海：上海古籍出版社，1991），頁 19-20。參考清水茂：〈印刷術的普及與宋代的學問〉，蔡毅譯本《清水茂漢學論集》，（北京：中華書局，2003），頁 96。

山陰知名藏書世家，坐擁書城，取掇撏撦可謂容易。翻檢陸游所作讀書詩，多
跳脫書卷，興寄高遠，無異《劍南詩稿》中其他門類作品，文學意味並未稍
減。

北宋讀詩詩，或言讀詩心得，或抒讀書感想，或作內容曜括，或作得失評
述；要之，多因閱讀圖書而發，就正面直接「犯正位」之記述，因書感懷，借
題發揮之作尚有限。至南宋陸游《劍南詩稿》，感時書憤，私淑師法，緣情綺
靡，興寄之作遂多，或因讀抒感，或摘句揮灑，或竊比自況，或興寄物外，或
寄情山水，或權衡出處，或培養志節，或現身說法，或感慨消長，或期待中
興。至於尊崇典範，作為學古通變之標竿，則與北宋讀詩詩先後一揆。其他，
發表讀詩心得，評價詩人優劣處較少；曜括詩意、複述文本，幾乎未見。陸游
既宣稱「要足平生五車讀」，又強調「萬卷雖多當具眼」，作詩更標榜「詩外
工夫」，「活法」、「換骨」，故雖博觀唐宋詩集詩篇，要皆作為比興之觸
發、悲憤之媒介，以供其「憂時憫己」之慨嘆而已。

淳熙八年（1181）正月，陸游五十七歲，返回家鄉鏡湖（在今浙江紹興市
會稽山北麓）。此後三十年，或出或處，大抵居於山陰，躬耕南畝，怡然度
日，故詩風趨於平淡自然。《劍南詩稿》八十五卷中，回歸故園所佔高居七十
三卷，羅大經稱放翁「晚年和平粹美，有中原承平時氣象」，其詩風之近梅堯
臣，殆與歸回田園，倘佯山水有關。陸游〈秋思〉詩所謂：「詩情也似并刀
快，剪得秋光入卷來」。[19]所作讀書詩，自多上述情懷或風格之反映。詳言之，
陸游讀詩詩借題發揮、比興寄託處，多見於抒情、體物、詠史、品題諸方面。
其創作方式大抵有五：綜述與次韻最多，其次則摘句與戲作，又其次則尊題舖
衍，其他追賦、感慨、即景、懷人、偶成、別賦，則偶一為之。要之，針對讀
書詩題，多不即不離，若即若離，類乎《詩經》之「興而比」。為便於稱說，
將陸游讀詩詩分為兩類：其一，就內容分，或為綜述，或為尊題；就形式分，
或為次韻，或為摘句，或為戲作。為便於考證，臚列讀詩詩之篇名如下：

---

[19] 關於陸游生平事蹟與詩歌創作，可參考朱東潤：《陸游研究》，（北京：中華書局，1961 年）；張
健：《陸游》，（臺北：國家出版社，1986.8）。

　　其一為綜述，閱讀《詩經》、唐人宋人詩集，品評詩人人格，論衡詩風詩藝者，如〈夜讀岑嘉州詩集〉、〈讀程秀才詩〉、〈讀宛陵先生詩〉、〈讀王季夷舊所寄詩〉、〈讀陶詩〉、〈讀杜詩〉、〈讀林逋魏野二處士詩〉、〈讀趙昌甫詩卷〉、〈讀李杜詩〉、〈讀豳詩〉、〈讀近人詩〉、〈讀陶詩〉、〈讀樂天詩〉、〈讀許渾詩〉、〈讀宛陵先生集〉諸詩，多就詩人詩作綜觀評述，獨具慧眼處不少，可看作放翁之閱讀心得，及詩學接受，可提供文學史、詩史、詩學接受史之佐證。

　　其二為尊題，貫串 100 餘首讀詩詩，堪稱創作之共識。讀詩詩中，次韻、摘句、效體、擬作，固然因讀詩懷人引起，必然祖述原詩，憲章典範，縱然翻案戲作，亦以原題為依歸。其他，因賞詩有作，藉讀詩而詠物、懷人、書歎、追擬、有感、因賦、追賦、足成云云，要皆尊題揮灑，觸類而長。

　　其三為次韻，如〈觀音院讀壁間蘇在廷少卿兩小詩次韻二首〉、〈讀何斯舉〈黃州秋居雜詠〉次其韻十首〉、〈讀蘇叔黨〈汝州北山雜詩〉次其韻十首〉、〈讀蘇叔黨〈汝州北山雜詩〉次其韻十首〉、〈讀王摩詰詩愛其「散髮晚未簪，道書行尚把」之句，因用為韻，賦古風十首，亦皆物外事也〉、〈讀呂舍人詩追次其韻五首〉諸什，無異於同題競作，既閱讀接受其詩美，心儀其人其詩，又思比肩超勝，企圖後出轉精，蘇軾、黃庭堅、江西詩人之習氣，於此可以概見。

　　其四為摘句，愛賞前賢詩中佳句妙製，善加摘取，進行觸類引申發揮，如〈偶讀山谷老境五十六翁之句作六十二翁吟〉、〈余讀元次山〈與瀼溪鄰里〉詩意，甚愛之，取其間四句，各作一首，亦以示予幽居鄰里，峰谷互回映〉、〈余讀元次山〈與瀼溪鄰里〉詩意，甚愛之，取其間四句，各作一首，亦以示予幽居鄰里，誰家無泉源〉、〈余讀元次山〈與瀼溪鄰里〉詩意，甚愛之，取其間四句，各作一首，亦以示予幽居鄰里，夾路多修行〉、〈余讀元次山〈與瀼溪鄰里〉詩意，甚愛之，取其間四句，各作一首，亦以示予幽居鄰里，扁舟皆到門〉、〈讀舊稿有感〉、〈冬日讀白集愛其「貧堅志士節，病長高人情」之句作古風十首〉，於此可見放翁之審美情趣，及遣妍開發之成就。

　　其五為戲作，看似遊戲筆墨，實則「戲言近莊，反言顯正」，蓋神閒氣

定，從容有餘之作，如〈讀范文正瀟灑桐廬郡詩戲書〉、〈夜讀呂化光「文章
拋盡愛功名」之句戲作〉、〈讀香奩集詩戲效其體〉、〈讀唐人樂府戲擬〈思
婦怨〉〉、〈讀唐人愁詩戲作五首〉。《全宋詩》中，「戲作」獨多，蘇軾、
黃庭堅、楊萬里之外，不乏其人，固是宋詩諧趣風格之體現。

由此觀之，無論綜述、次韻、摘句、戲作、詠物，要皆不以原詩集詩篇之
美妙為已足，放翁讀詩既已「入書，見得親切」，又知出書法，「用得透
脫」，[20]推陳出新，開發遺妍，致力於活法妙悟，避免死在句下。呂本中論「活
法」所謂：「學詩當識活法。所謂活法者，規矩備具，而能出於規矩之外；變
化不測，而亦不背於規矩也。是道也，蓋有定法而無定法，無定法而有定法。
知是者，可以與語活法矣。」[21]論者稱：放翁詩從江西入，不從江西出，[22]觀所
作讀詩詩，誠然。

陸游集藏書家、文獻學家、文人、詩人於一身；中年後歸隱自放於田園山
水之間。前一種身份，表述讀書心得，載存於《渭南文集》；後一種騷人墨客
性格，表現在讀書詩之比興寄託，可謂涇渭分明，兩不相妨。詩文題跋、讀書
札記，出於理性知性斷案；詩歌吟詠閱讀詩集，則用感性抒發，比興寄託表
述。詩文分途，各寫所見所感。陸游讀詩詩少見書評論斷，卻多比興寄託，除
貫徹活法、換骨、詩外工夫、詩家三昧外，其作詩主張發憤與言志，更是關
鍵，如：

> ……蓋人之情，悲憤積於中而無言，始發為詩。不然，無詩矣。蘇
> 武、李陵、陶潛、謝靈運、杜甫、李白，激於不能自已，故其詩為百代
> 法。國朝林逋、魏野以布衣死，梅堯臣、石延年棄不用，蘇舜欽、黃庭
> 堅以廢絀死。近時，江西名家者，例以黨籍禁錮，乃有才名，蓋詩之興

---

[20] 陳善：《捫蝨新話》上集卷四，〈讀書須知出入法〉，《儒學警悟》本卷三十五，（香港：龍門書
店，1967.12），頁193。

[21] 夏均父集序。劉克莊《後村先生大全集》卷九十五〈江西詩派序〉引。

[22] 程千帆、吳新雷：《兩宋文學史》，第七章第一節〈陸游的生活經歷和創作道路〉，（上海：上海古
籍出版社，1991.2），頁301-303。

本如是。……（陸游〈澹齋居士詩序〉，《渭南文集》卷十五；《全宋文》卷四九三四，頁 350）

> 古之說詩曰言志。夫得志而形於言，……固所謂志也。若遭變遇讒，流離困悴，自道其不得志，是亦志也。然感激悲傷，憂時閔己，託情寓物，使人讀之，至於太息流涕，固難矣。至於安時處順，超然事外，不矜不挫，不誣不懟，發為文辭，沖澹簡遠，讀之者遺聲利，冥得喪，如見東郭順子，悠然意消，豈不又難哉？（同上，〈曾裘父詩集序〉，頁 354）

「綴文者，情動而辭發，觀文者，披文以入情」，此乃《文心雕龍·知音》所言：情感對於作者與讀者之分別效應。陸游〈澹齋居士詩序〉所舉蘇武、李陵以下歷代名詩人十餘輩，要皆遭遇坎壈，甚至慘遭廢絀禁錮，「悲憤積於中而無言」，「激於不能自已」，始發為詩，此《文心雕龍》所謂「情動而辭發」也。至於陸游〈曾裘父詩集序〉，詮釋「言志」說，則包舉得志與不得志兩端。詩人自道不得志，「若遭變遇讒，流離困悴」，於是「感激悲傷，憂時閔己，託情寓物，使人讀之，至於太息流涕」，以詩可以興、觀、群、怨言之，此陸游五十七歲前遭遇之夫子自道。五十七歲歸隱山陰後，自號放翁，「言志」說之另半部書精華，可作代表，所謂「安時處順，超然事外，不矜不挫，不誣不懟，發為文辭，沖澹簡遠；讀之者遺聲利，冥得喪，如見東郭順子，悠然意消」，明確提出作者表述與讀者接受之兩造效應，與《文心雕龍》所言正可以相互發明。凡此，多陸游創作之心路歷程，夫子自道，極有參考價值。

陸游六十歲時（1184），於東籬雜植草木芙蓉，考《本草》，探《離騷》，本《詩經》、《爾雅》、毛傳、郭注；同時又汎覽博取漢魏晉唐以來篇詠，間亦吟諷為謠章。由此觀之，讀書博學，向為陸游所注重，如云：

> 放翁告歸之三年，闢舍東菀地，……植千葉白芙蕖，又雜植木之品若干，草之品若干，名之曰東籬。放翁日婆娑其間，掇其香以臭，擷其

頴以玩，……於是又考《本草》以見其性質，探《離騷》以得其族類，
本之《詩》《爾雅》及毛氏、郭氏之傳，以觀其比興，窮其訓詁。又下
而博取漢魏晉唐以來，一篇一詠無遺者，反復研究古今體製之變革，間
亦吟諷為長謠短章，楚調唐律，酬答風月煙雨之態度，蓋非獨娛身目，
遣暇日而已。（《渭南文集》卷二〇，〈東籬記〉，《全宋文》卷四九
四四，頁 129）

　　由上文看來，陸游留連東籬，掇香擷頴之餘，尚考察典籍，又「觀其比
興」；博覽詩篇之餘，尚吟諷謠章。放翁強調，上述種種，「非獨娛身目，遣
暇日而已」，其中自有比興寄託之微意在。今考察陸游歸隱山陰後，所作讀詩
（書）詩，看似閒適詩、山水詩、田園詩，亦「非獨娛身目，遣暇日而已」，
其中自多藉題發揮、比興寄託之作。由此觀之，陸游之評詩、論詩或詩學主
張，同時互見於《渭南文集》與《劍南詩稿》中，綜觀並覽，足以相得益彰。
讀詩詩，只是其中一端而已。

第三節　陸游讀詩詩與比興寄託

　　自《詩》、《騷》以下，比興作為詩歌之常法，指涉多方，或指發生論之
感物興情，或指創作論之比興寄託，或指本體論之興寄興象，或指批評論之比
興論詩，[23]陸游讀詩詩，多有具體而微之表現。特別是創作論之比興寄託，陸游
讀書詩中託物興辭、託物寓情者尤多。《朱子語類》卷八十云：

　　　　比是一物比一物，而所指之事常在言外；興是借彼一物以引起此
　　事，而其事常在下句。問：《詩傳》說六義，以托物興辭為興，與舊說
　　不同。曰：「如興體不一，或借眼前物事說將起，或別自將一物說起，

---

[23] 徐中玉主編：《意境・典型・比興編》，（北京：中國社會科學出版社，1994.5），頁 215-428。

大抵只是將三、四句引起,皆是別借此物,興起其辭,非必有感有見于此物也。」[24]

朱熹對於《詩經》「六義」,有「三經三緯」說,其中「比興」二者,「比」界定為「借物言志」,「興」,則是「託物興辭」。試覆按陸游讀書詩寫作,往往不犯正位,藉題揮灑;至於描寫讀書本身,或發表讀書心得,品評書卷內容處則極少。蓋深得《詩》、《騷》託物起興,《古詩十九首》託物興辭之妙理,然後得以推致其性情,寄寓其性靈。何況,陸游讀書詩,多作於退隱耕讀山陰前後,狀寫書齋生活人文意象固有之,涉筆成趣處,靈心慧性更藉閱讀書卷生發表述。陸游讀書詩內容不質木枯窘,極富文學趣味,以此。

陸游讀詩詩 100 餘首,相較於北宋詩人所作,創作法式除傳承勾勒形象、品評詩人、論衡詩作、追尋典範外,因讀抒感、借題發揮之作較多,於是讀詩詩實無異抒情詠懷之作。不特如此,讀詩詩由於比附原作,必需尊題,於是讀詩詩又與詠史、山水、詠物、品題、詠懷結合為一,體現陸游詩家三昧、詩家工夫之創作觀,蔚為悲憤感慨之比興寄託之作。由於讀詩詩大多作於陸游投閒置散前後,於是從容悠遊之情,近似陶淵明、王維、白居易,詩風多閒淡自然。陸游讀詩詩,除追尋典範,竊比自況外,生平悲憤感慨,金剛怒目之情懷,多藉讀詩詩宣洩揮灑,經投射轉折,表現為溫柔敦厚、比興寄託之作。此類詩作,大約佔讀詩詩之三成,若加上私淑比附典範之五成,幾佔陸游讀詩詩之八成。如此比重,可見南宋讀書詩或陸游讀詩詩之轉折或特色,顯然與北宋不同,更與中唐白居易等有別。

陸游讀詩詩由北宋側重「資書為詩」,到南宋偏向比興寄託,筆者以為,此與真宗以來印本與寫本爭輝相勝,至於相得益彰有關。蓋知識傳播多元之效應,必然反饋到圖書閱讀、文本接受、文學創作、心得論述方面。陸游世代為

---

[24] 黎靖德編:《朱子語類》卷八十,〈詩一,綱領〉,「詩之興,全無巴鼻(振錄云:『多是假他物舉起,全不取其義。』)」後人詩猶有此體,如「青青陵上栢,磊磊澗中石。人生天地間,忽如遠行客。」又如「青青河畔草,綿綿思遠道」,皆是此體。(臺北:文津出版社,1986.12),頁 2069-2071。

山陰知名藏書家，面對印本、寫本、藏本之豐富，士人所在多有，於是下筆作讀詩詩時，人文自然萬象具陳，取捨之間，既然詩集詩篇俱在，固不必照本宣科，撟撢成言，但用心於「在古人不到處，別生眼目」，盡心致力於創意研發，新意經營。陸游〈贈應秀才〉詩所謂「我得茶山一轉語，文章切忌參死句」；〈示子遹〉所謂「汝果欲學詩，工夫在詩外」，這「詩外功夫」，即是廣闊豐富的人生經驗和體會。將「忌參死句」與「詩外功夫」結合，以之研讀陸游讀詩詩，思過半矣。

「比興寄託」，為漢代《詩經》學之課題，《周官・春官・大師》鄭注云：「比者，比方于物。興者，托事于物。」論者指出：比是明指一物，實言他物，是語義的選擇與替代，屬於一種「類似的聯想」；興循另一方向，言此物以引起彼物，是語義的合併與接連，屬於一種「接近的聯想」。比興之傳統，後經陳子昂、白居易等所倡導，遂為唐詩唐音特色之一。[25]其中，陳子昂感慨齊梁詩風，「彩麗競繁，興寄都絕」，故提倡「詩可以比興」；此一「比興」，即是比興寄託之意。本文參考《周官》鄭注、陳子昂詩說，借鏡《朱子語類》、《詩集傳》之論「比興」意，參考近人見解，以詮釋陸游之讀詩詩。蓋陸游主張發憤為詩，「託情寓物」以言志，詠物則致力於「觀其比興」，已見上述。今考察其讀詩詩，亦多言志之作，廣用比興之法，初則讀書有感，感物而興情；繼則託物寓情，融情於物。[26]此外，陸游詩除宗法江西詩外，又學唐詩唐音，陸游讀詩詩中多比興寄託，此或因緣之一。作品有無比興寄託，任二北曾拈出三項條件：「作者之身世、詞意之全部、詞外之本事」，作為衡量之

---

25 說本王靜芝：〈詩比興釋例〉，《中山學術文化集刊》第五集（1970.3），頁 557-580。參考周英雄：《結構主義與中國文學》，〈賦比興的語言結構〉，（臺北：東大圖書公司，1992），頁 133-153；陳伯海：《唐詩學引論》，〈正本篇・唐詩的風骨與興寄〉，（上海：東方出版中心，1996.10），頁 6-14。

26 宋・朱熹解釋「比興」稱：「比，是以一物比一物，而所指之事常在言外。興，是借彼一物以引起此事，而其事常在下句。但比意雖切而卻淺，興意雖闊而味長。」黎靖德編：《朱子語類》卷八十，〈詩一〉，答賀孫問，（北京：中華書局，1986.12），頁 2069-2070。參考李健：《比興思維研究》，第五章第一節〈感物興情：「興」的興發感動機制〉，第二節〈託物寓情——「比」的詩性創作表徵〉，（合肥：安徽教育出版社，2003.8），頁 201-224。

標準；葉嘉瑩亦提出：作者生平之為人、作品敘寫之口胳與表現之精神、作品
產生之環境背景三者，作為判斷準據。[27]彼雖論詞，可移以說詩：陸游讀詩詩所
以多比興寄託者，蓋以讀書引發興感，進而寄託寓意，與任氏、葉氏說比興寄
託切合。

　　大體說來，陸游《劍南詩稿》中之讀詩詩，既不同於中唐以來至北宋之讀
書詩，與《渭南文集》中詩文題跋，讀書札記相較，確有殊異之表現方式。可
以呼應放翁詩學所謂「悲憤積於中而無言，始發為詩」，亦可體現其「安時處
順，超然事外，不矜不挫，不誣不懟」，「遣聲利，冥得喪」之心志。要之，
陸游讀詩詩多以自然山水、人情世態為詩本、詩材、詩料，以之「託情寓
物」，可以「觀其比興」。為便於論述陸游讀詩詩中之比興寄託，下分七項予
以說明：（一）私淑追慕；（二）寄情山水；（三）興寄物外；（四）權衡進
退；（五）砥礪士節；（六）現身說法；（七）期待中興。論證如下：

（一）私淑追慕

　　孔子曾「竊比於我老彭」，司馬遷則私淑孔子，而以《春秋》書法作為
《史記》撰述之典範。李白杜甫以六朝詩人為宗師，韓愈李商隱憲章老杜詩，
作為研習之典範。宋代詩人無不學習古人之優長，作為新變自得之觸發。如白
居易、李商隱、韓愈、李白、杜甫、陶淵明、白居易、晚唐詩人，多先後作為
宋代詩人宗法之典範。今觀陸游讀詩詩之所涉獵之詩集詩人，前代有陶淵明、
李白、杜甫、王維、岑參、白居易、許渾、韓偓；當朝則有梅堯臣、林逋、魏
野、黃庭堅、呂本中、陳與義、蘇過等，作為兩宋詩人之典範者，陸游之所閱
讀接受，泰半與宋代詩人之審美情趣切合相通。陸游詩所以為宋詩代表之一，
於此可見一斑。

　　陸游讀詩詩之閱讀接受，就私淑之詩人而言，為「竊比追慕」；就宗法之

---

[27] 葉嘉瑩：《中國古典詩歌評論集》，〈常州詞派比興寄託之說的新檢討〉，（臺北：桂冠圖書公司，
1991.7），頁 196-199。

詩集詩風而言，為反饋與投射。上述十五位閱讀對象，以詩集為比興，以詩家之人格風格典範為放翁研習心得之所寄，顯而易見者有陶淵明、杜甫、岑參、梅堯臣、呂本中諸人，如：

> 菊花如端人，獨立凌冰霜。名紀先秦書，功標列仙方。紛紛零落中，見此數枝黃。高情守幽貞，大節凜介剛。乃知淵明意，不為泛酒觴。折嗅三歎息，歲晚彌芬芳。（陸游〈陶淵明云三徑就荒松菊猶存蓋以菊配松也余讀而感之因賦此詩〉，《全宋詩》卷二一七二，頁 24681）

> 我詩慕淵明，恨不造其微。退歸亦已晚，飲酒或庶幾。雨餘鉏瓜壟，月下坐釣磯。千載無斯人，吾將誰與歸。（陸游〈讀陶詩〉，《全宋詩》卷二一八〇，頁 24823）

> 淵明甫六十，遽覺前途迮。作詩頗感慨，自謂當去客。吾年久過此，霜雪紛滿幘。豈惟僕整駕，已迫牛負軛。奈何不少警，玩此白駒隙。傾身事詩酒，廢日弄泉石。梅花何預汝，一笑從渠索。顧以有限身，兒戲作無益。一床寬有餘，虛室自生白。要當棄百事，言從老聃役。（陸游〈讀淵明詩〉，《全宋詩》卷二一九七，頁 25102）

> 陶謝文章造化侔，篇成能使鬼神愁。君看夏木扶疏句，還許詩家更道不。（陸游〈讀陶詩〉，《全宋詩》卷二二三三，頁 25649）

> 城南杜五少不羈，意輕造物呼作兒。一門酣法到孫子，熟視嚴武名挺之。看渠胸次隘宇宙，惜哉千萬不一施。空回英概入筆墨，生民清廟非唐詩。向令天開太宗業，馬周遇合非公誰。後世但作詩人看，使我撫幾空嗟咨。（陸游〈讀杜詩〉，《全宋詩》卷二一八六，頁 24919）

> 千載詩亡不復刪，少陵談笑即追還。常憎晚輩言詩史，〈清廟〉〈生民〉伯仲間。（陸游〈讀杜詩〉，《全宋詩》卷二一八七，頁 24934）

> 濯錦滄浪客，青蓮澹蕩人。才名塞天地，身世老風塵。士固難推挽，人誰不賤貧。明窗數編在，長與物華新。（陸游〈讀李杜詩〉，《全宋詩》卷二二二三，頁 25504）

陸游投閒置散，以耕讀自遣，其立身處境之澹泊隱逸，與陶淵明有相似處。觀所作讀詩詩，歌頌菊花之晚芳，獨立凌霜，高情守貞、大節凜介；又稱「我詩慕淵明，恨不造其微」；稱許「陶謝文章造化侔，篇成能使鬼神愁」；特提淵明「今是昨非」之悟，感慨廢日兒戲之無益。以讀淵明詩起興比況，以寄寓晚節詩風之「與歸」。〈讀杜詩〉（七古）、〈讀杜詩〉（七絕）、〈讀李杜詩〉，推崇杜甫詩史之功，為接續千年之詩教；稱揚杜甫「才名塞天地」，感慨李白「身世老風塵」，極力稱許李杜成就為「長與物華新」，私淑宗法之心聲顯然。〈讀杜詩〉七古一首，推崇杜甫胸次浩然，可惜懷才不遇。「千萬不一施」之慨歎，亦可謂借杜甫比況自身，堪稱夫子自道。「後世但作詩人看，使我撫幾空嗟咨」二句，對照杜甫〈旅夜書懷〉：「名豈文章著，官應老病休」；〈奉贈韋左丞丈二十二韻〉自述：「自謂頗挺出，立登要路津。致君堯舜上，再使風俗淳」，可見杜甫宿願初衷在經國濟民，致君堯舜；立言不朽，「但作詩人」，並非杜甫之志業。反觀陸游之憂國憫人，志期恢復，更有過之而無不及，「此身合作詩人未？」只是自嘲，並非志業。〈讀杜詩〉七古所云，可謂借他人酒杯，澆自己胸中塊壘，此陸詩之興寄。陸游讀詩詩，其閱讀接受偏好陶淵明詩與杜甫詩，推崇有嘉，足為矜式處，則與王安石、蘇軾、黃庭堅、江西詩人之宗法，大抵一致。論者稱陸游詩「從江西入，不從江西出」，陶杜典範於陸游讀詩詩之意義，[28]由此可見。

岑參邊塞詩之豪邁偉壯，韓偓《香奩集》之組繡藻繪，許渾詩之澹遠整麗，亦多為陸游所師法，可謂轉益多師，會通諸家，如：

> 漢嘉山水邦，岑公昔所寓。公詩信豪偉，筆力追李杜。常想從軍時，氣無玉關路。至今蠹簡傳，多昔橫槊賦。零落財百篇，崔嵬多傑句。工夫刮造化，音節配韶濩。我後四百年，清夢奉巾屨。晚途有奇事，隨牒得補處。群胡自魚肉，明主方北顧。誦公天山篇，流涕思一

---

28 程杰：〈從陶杜詩的典範意義看宋詩的審美意識〉，原載《文學評論》1990 年第二期，後輯入《宋詩綜論叢編》，（高雄：麗文文化公司，1993.10），頁 199-217。

遇。（陸游〈夜讀岑嘉州詩集〉，《全宋詩》卷二一五七，頁 24330）》

渺莽江湖萬里秋，玉峰老子弄孤舟。猶勝宿直金鑾夜，凜凜常懷潑酢憂。（陸游〈讀韓致光詩集〉，《全宋詩》卷二一九三，頁 25043）

金鋪一閉幾春風，咫尺心知萬里同。麝枕何曾禳夢惡，玉壺空解貯啼紅。畫愁延壽丹青誤，賦欠相如筆墨工。一事目前差自慰，月明還似未央中。（陸游〈讀《香奩集》詩戲效其體〉，《全宋詩》卷二一九六，頁 25079）

放翁稱岑參詩為「豪偉」，以為「筆力追李杜」，追慕其橫槊賦詩，從軍玉關路，當是志業之投射。〈讀《韓致光集》〉詩之放浪，〈讀《香奩集》詩戲效其體〉之綺麗，正為其濡染晚唐，不墨守江西作見證。至於北宋詩人，則獨鍾梅堯臣詩之深遠閑淡，私淑追慕不已，如云：

歐尹追還六籍醇，先生詩律擅雄渾。導河積石源流正，維嶽崧高氣象尊。玉磬澇澇非俗好，霜松鬱鬱有春溫。向來不道無譏評，敢保諸人未及門。（陸游〈讀宛陵先生詩〉，《全宋詩》卷二一七一，頁 24673）

李杜不復作，梅公真壯哉。豈惟凡骨換，要是頂門開。鍛鍊無遺力，淵源有自來。平生解牛手，餘刃獨恢恢。（陸游〈讀宛陵先生集〉，《全宋詩》卷二二一三，頁 25350）

梅堯臣詩多感觸時勢，激昂奮發，其憂傷沈痛，往往化為含蓄幽奧，平淡高古；陸游〈讀宛陵先生詩〉稱梅詩「擅雄渾」，「源流正」，「氣象尊」；〈讀宛陵先生集〉更推崇其「凡骨換」，「頂門開」，「鍛鍊無遺」，「淵源有自」，以為梅公繼李杜，「真壯哉！」其追慕宗法為何如也！[29]

（二）寄情山水

現存《劍南詩稿》，約有四分之三為六十六歲閑居山陰農村時所作。抒寫閑居，詩風近白居易；書寫農村，則似陶淵明。陸游〈倚杖〉詩曾言：「年來詩料別，滿眼是桑麻」；「斷雲新月供詩句，蒼檜丹楓列畫圖」，故所作多樸素自然，清新平易。[30]至於陸游所作讀詩詩，因尊題故，往往比附所讀所摘詩篇詩句。若所讀為山水之詠，則放翁順帶類及，引申發揮，亦多寄情山水之作，以及歌詠隱逸之篇。此猶范成大作〈春日田園雜興〉，「借題於石湖，固不可舍田園而泛言，亦不可泥田園而他及。舍之，則非此詩之題；泥之，則失此詩之趣。」陸游讀詩詩，亦借題於閱讀詩篇，既不可捨讀詩而泛言，又不宜泥讀詩而他及，故往往因閱讀接受，而「感動性情，意與景融，辭與意會」，[31]而有所寓託，如：

> 三百里湖水接天，六十二翁身刺船。飯足便休慵念祿，丹成不服怕登仙。胸中浩浩了無物，世上紛紛徒可憐。但有青錢沽白酒，猶堪醉倒落梅前。（陸游〈偶讀山谷老境五十六翁之句作六十二翁吟〉，《全宋詩》卷二一七○，頁 24636）
>
> 石帆山下雨空濛，三扇香新翠箬篷。蘋葉綠，蓼花紅，回首功名一夢中。（陸游〈燈下讀玄真子漁歌因懷山陰故隱追擬五首〉其一，《全宋詩》卷二一七二，頁 24690）
>
> 鏡湖俯仰兩青天，萬頃玻瓈一葉船。拈棹舞，擁蓑眠，不作天仙作水仙。（同上，其三）
>
> 千錢買輕舟，不復從人借。樵蘇晨入市，鹽酪夕還舍。豈惟載春秧，亦足穫秋稼。有時醉村場，老稚相枕藉。常侵落月行，不畏惡風

---

30 袁行霈：《中國詩歌藝術研究》，〈陸游詩歌藝術探源〉，（北京：北京大學出版社，1996.6），頁 357-358。

31 南宋吳渭：《詩評》，《月泉吟社》卷首，吳文志主編：《宋詩話全編》第十冊，《吳渭詩話》，（南京：江蘇古籍出版社，1998.12），頁 10395。

嚇。無為詫軒車，此樂予豈暇。（陸游〈余讀元次山〈與瀼溪鄰里〉詩
意，甚愛之，取其間四句，各作一首，亦以示予幽居鄰里，扁舟皆到
門〉其四，《全宋詩》卷二一九二，頁 25025）

　　放翁讀前人今人詩集詩篇中山水之作，將自己心嚮山水之情，神往隱逸之
思，寄諸歌詠，〈偶讀山谷老境五十六翁之句作六十二翁吟〉稱：湖水接天，
老翁刺船，飯足便休，丹成不服，詩中有畫，知足常樂；〈燈下讀玄真子漁
歌〉，因懷故隱，而了悟「回首功名一夢中」；羨慕「不作天仙作水仙」；讀
元次山詩意，讚美田園之樂，稱「無為詫軒車，此樂予豈暇！」皆因讀詩而投
射心情，反映趨避好惡。又如下列諸詩：

　　　鏡湖有隱者，莫知何許人。出與風月遊，居與猿鳥鄰。似生結繩
代，或是葛天民。我欲往從之，煙波浩無津。（陸游〈冬日讀白集愛其
「貧堅志士節，病長高人情」之句作古風十首〉其九，《全宋詩》卷二
一九四，頁 25053）
　　　全家寄舴艋，結茅非始謀。江市得煙蓑，不博千金裘。道散俗日
薄，老聃出衰周。治身去健羨，如稼必去蟊。吾身一隙塵，斯世一客
郵。君能通其說，生死真浮休。（陸游〈讀何斯舉〈黃州秋居雜詠〉次
其韵十首〉其三，《全宋詩》卷二一九七，頁 25090）
　　　少年去國時，不忍輕出晝。晚歸補省郎，但覺慚列宿。人豈不自
揣，幸矣老雲岫。知止詎敢希，要且避嘲詬。誰將有限身，遺臭古今
宙。人誅雖或逃，陰陽將汝寇。（同上，其十）
　　　我生本江湖，歲月不可算。采藥遊名山，所歷頗蕭散。一逢巢居
翁，見謂於我館。酌泉啖松柏，每得造膝款。行道不自力，殘髮日已
短。海山故不遠，謫限何時滿。（陸游〈讀王摩詰詩愛其「散髮晚未
簪，道書行尚把」之句，因用為韵，賦古風十首，亦皆物外事也〉其
一，《全宋詩》卷二二一六，頁 35394）

　　閱讀白居易集，愛賞其中詩句，特提鏡湖隱者，與風月遊，與猿鳥鄰，是葛天民，我欲從之。讀何斯舉〈黃州秋居雜詠〉，欣喜自己知止避訏，終老而反自然，為「幸矣老雲岫」。讀王維詩，愛賞其句，稱「我生本江湖，采藥遊名山，酌泉啖松柏，每得造膝款」；凡此，皆以讀山水詩為比興，而別生高遠之寄託者。論者稱陸游所作山水詩，富於時代風雲，或情懷悲壯，氣象雄闊；或筆墨工細，圓勻熨貼，[32]今觀其讀山水詩之詩，具體而微，亦信有此妙。

（三）興寄物外

　　陸游讀詩詩往往因讀抒感，摘句揮灑。前所述寄情山水，歸心田園，猶在人間世；放翁所作，又多出塵之想，物外之思，類屈原之遠游，李白之遊仙，此陸詩風格受仙道影響者。陸游四十餘歲時入川，曾得養生之書，晚年好老莊道家之學，深體養生之道，尤喜《莊子‧養生主》庖刀解牛之順應自然，遊刃有餘，《劍南詩稿》中以「養生」為題或為文者不少。晚年更時讀道書，闢建道室名「還嬰」，蓋取還璞歸真之意。其中有道書符契、煉丹竈、汞丹、藥餌。《劍南書稿》有〈道室試筆〉、〈道室書室〉、〈道室雜題〉、〈讀仙書作〉、〈金丹〉諸作，所謂「四十餘年學養生」，「五十餘年讀道書」，「人間事事皆須命，唯有神仙可自求」，「子有金丹煉即成，人人各自具長生」云云，大抵放翁一生懷才不遇，有志難伸，乃以道室作為逋逃藪，且以追求仙鄉長生作為桃花源，以為寄託，權作樂土。[33]今觀其讀詩詩，看似山水隱逸之思，實則多為物外之想，有助於知人論世，如：

　　　　夜靜我欲歌，四座且勿喧。堯舜本得道，富貴何足捐。聖人久不作，學者墮語言。著書各專門，百家散如煙。一身有不知，況察魚與鳶。安得天下士，相與明忘筌。（陸游〈讀何斯舉〈黃州秋居雜詠〉次

---

[32] 陶文鵬、韋鳳娟：《靈境詩心──中國古代山水詩史》，第三編第五章第一節〈陸游：山水詩唱出時代最強音〉，（南京：鳳凰出版社，2004.4），頁480-491。

[33] 胡明：《南宋詩人論》，〈陸游詩歌主題瑣議〉，（臺北：學生書局，1990.6），頁98。

其韵十首〉其五，《全宋詩》卷二一九七，頁25090）

仕宦五十年，所至不黜突。取魚固捨熊，挾兔那恨鵲。退歸息厭厭，誰敢書咄咄。屋穿每茨草，驢瘦可數骨。秋風忽已屬，落葉襯殘月。脫巾坐中庭，清冷入毛髮。（陸游〈讀王摩詰詩愛其「散髮晚未簪，道書行尚把」之句，因用為韵，賦古風十首，亦皆物外事也〉其二，《全宋詩》卷二二一六，頁35394）

我愛古竹枝，每歌必三反。孤舟上荊巫，天末未覺遠。最奇扇子峽，恨不遂高遯。荊棘蜀故宮，烟水楚廢苑。至今清夜夢，百丈困牽挽。人生如寄爾，勿歎流年晚。（同上，其三）

往歲著朝衫，晨起事如彙。告歸臥孤村，枯淡有餘味。閉門絕外慕，自謂真富貴。蕭然畢吾生，地下亦增氣。里翁戀兒女，小疾輒憂畏。惟窮可賒死，我在君亦未。（同上，其四）

讀何斯舉雜詠稱：「安得天下士，相與明忘筌」，得魚忘筌，即器求道，為莊子〈齊物〉所標榜，陸游晚年好道，故有是言。放翁另撰有〈讀王摩詰詩愛其「散髮晚未簪，道書行尚把」之句，因用為韵，賦古風十首，亦皆物外事也〉，諸詩所指「物外事」，各有不同：其二，強調仕宦五十年進退出處之不易，所謂「取魚固捨熊，挾兔那恨鵲」；其三，因故宮廢苑，而興「人生如寄爾，勿歎流年晚」之覺悟；其四，對比在朝與告歸，而稱枯淡有味，絕外富貴。凡此，誠陸游〈曾裘父詩集序〉所謂「安時處順，超然事外，不矜不挫，不訑不懟」。世俗所謂「戲言近莊，反言顯正」，多與陸游崇信仙道有關，蓋以此作為精神之慰藉與解脫者。[34]又如：

萬金築華堂，千金教新音。不知憂患場，著腳日愈深。今人喜議古，後亦將議今。使汝有子孫，聞之亦何心。鄧通擅銅山，死日無一簪。未死汝勿喜，五溪多毒淫。（陸游〈讀王摩詰詩愛其「散髮晚未

---

[34] 李致洙：《陸游詩研究》，第四章第五節〈方外〉，（臺北：文史哲出版社，1991.9），頁164-171。

簪，道書行尚把」之句，因用為韵，賦古風十首，亦皆物外事也〉其
五，《全宋詩》卷二二一六，頁 35394）

往者遊青城，猶及二三老。稽首出世師，數語窮至道。妻子真弊
屣，棄去恨不早。俯仰才幾時，殘骸日衰槁。吾兒有奇骨，亦復至幽
討。金丹儻可成，白髮何足掃。（同上，其六）

行年過八十，形悴神則旺。往來江湖間，垂老猶疏放。滄波浩無
津，天遣遂微尚。剡溪掛風帆，漁浦理煙榜。奇雲出深谷，新月生疊
嶂。興懷晉諸賢，誰能續遺唱。（同上，其九）

二十遊名場，最號才智下。蹭蹬六十年，亦有筇一把。典衣租黃
犢，乘雨耕綠野。西成得一飽，敢計泥沒踝。住久鄰好深，百事通乞
假。秋高小瓮香，相喚注老瓦。（同上，其十）

〈讀王摩詰詩愛其「散髮晚未簪，道書行尚把」之句，因用為韵，賦古風
十首，亦皆物外事也〉其五，楬蘗憂患日深，未死勿喜；其六，標榜道教棄妻
子、振衰槁、墨白髮、成金丹之難能；其九，以年過八十，形悴神旺；因此，
「興懷晉諸賢」，以為唯我能續唱；其十，蹭蹬名利場六十年，晚年歸回田
園，耕讀為樂，與世無爭；西成得飽，敢計辛勞？住久鄰好，百事通假，秋高
瓮香，相喚挹注，《老子》所謂小國寡民，陶淵明所謂羲皇上人，王維道書中
世界，陸游晚年退居山陰，生活境界差堪比擬，故用為寄託焉。宋李頎《古今
詩話》曾稱：「自古工詩，未嘗無興也。睹物有感焉，則有興。」陸游觀書有
感，往往託物寓情，所謂比興寄託也。

（四）權衡進退

窮則達善其身，達則兼善天下，為《論語》儒家內聖外王之功夫。〈中
庸〉稱：「素富貴，行乎富貴；素貧賤，行乎貧賤」，亦是發揮此理。於是自
孟子以下儒學，多極講究進退出處，以為立身之大節。陸游行事風格，講究經
世致用，激昂奮發，志在恢復，發之於詩篇，多見進退出處之權衡與斟酌，誠

如陸游〈讀書〉詩所云：「自謙尚有人間志，射雉歸來夜讀書」。清朱庭珍
《筱園詩話》卷一論詩人作詩，「固有不可直言，不敢顯言，不便明言，不忍
斥言之情之境。或借譬喻，以比擬出之；或取義於物，以連類引起之。」[35]陸游
讀詩詩，因書興感於進退出處，多不宜直言、不便明言之情境，故多藉題發
揮，所謂託物寓情者是，如：

> 長安拜兔幾公卿，漁父橫眠醉未醒。烟艇小，釣車腥，遙指梅山一
> 點青。（陸游〈燈下讀玄真子漁歌因懷山陰故隱追擬五首〉其五，《全
> 宋詩》卷二一七二，頁 24690）
>
> 風雨頑洞吞孤村，讀書擁褐不出門。曆觀忠邪見肝肺，直與治亂窮
> 根原。博岩之野感帝夢，此事難以今人論。危冠長劍一見用，萬里耕桑
> 吾道尊。（陸游〈雨夜讀書二首〉其一，《全宋詩》卷二一八八，頁
> 24948）
>
> 天下不難一，孰能凝使堅。自古功已成，或散如飛烟。惟唐用房
> 魏，規模三百年。至今河潼路，過者猶泫然。（陸游〈冬日讀白集愛其
> 「貧堅志士節，病長高人情」之句作古風十首〉其二，《全宋詩》卷二
> 一九四，頁 25053）
>
> 漢禍始外戚，唐亂基宦寺。小人計已私，頗復指他事。公卿恬駭
> 機，關河入危涕。草茅豈無人，死抱經世志。（同上，其三）
>
> 仕如柳柳州，賤奏典儀曹。君恩篤始終，賜骸老東皋。歷觀親黨
> 間，如我亦已遭。世世當欲退，里門不須高。（同上，其八）

〈燈下讀玄真子漁歌〉其五，以長安拜兔公卿與漁父眠醉未醒相對映，以
見隱逸之逍遙自在。〈雨夜讀書二首〉其一，肯定讀書有助洞見忠邪，窮究治
亂，期盼美夢成真，轉佐帝業，所謂「危冠長劍一見用，萬里耕桑吾道尊」。

---

[35] 清·朱庭珍：《筱園詩話》卷一，郭紹虞編《清詩話續編》本，（臺北：木鐸出版社，1983.12），頁
2340。

〈冬日讀白集〉其二，憧憬唐朝任用房玄齡、魏徵，而「規模三百年」，陸游志在恢復，主戰用兵，其謀適不用，故詩中興寄如此。其三，以外戚禍漢、宦寺亂唐為說；卒章顯志則云：「草茅豈無人，死抱經世志」，則其經世致用之心顯然。其八，以柳宗元為典型鑑戒，稱「世世當歛退，里門不須高」，則其進退之際，實已毅然決然，不可移易。再如：

> 造請非所長，一帶每懶束。揖客雖小殊，亦未勝僕僕。正須駕柴車，歸藝東籬菊。故山甘水泉，群飲友麋鹿。百年不堪玩，萬事要自燭。小人欺屋漏，吾輩當戒獨。（陸游〈讀何斯舉〈黃州秋居雜詠〉次其韻十首〉其一，《全宋詩》卷二一九七，頁 25090）
> 倚牆有鉏耰，當戶有杼軸。雖云生產薄，桑麻亦滿目。況承先人教，藏書令汝讀。求仁固不遠，所要念念熟。喟然語兒子，勿愧藜莧腹。亦勿慕虛名，守此不啻足。（同上，其八）
> 人生天壤間，出處本異趣。釋耒入市朝，徒失邯鄲步。昔人亦有言，刻足以適屨。柰何不自反，忽已迫霜露。我躬尚不閱，況為子孫慮。歲晚故山寒，地爐可煨芋。（同上，其九）
> 舍北有漁磯，下臨清溪流。柳陰出朱橋，蓮浦橫蘭舟。蓴絲二三畝，采掇供晨羞。魚蝦雖瑣細，亦足贍吾州。人生常如此，安用萬戶侯。綠蓑幸可買，金印非所求。（陸游〈讀蘇叔黨〈汝州北山雜詩〉次其韻十首〉其五，《全宋詩》卷二一九七，頁 25091）

〈讀何斯舉〈黃州秋居雜詠〉次其韻十首〉其一，自言短於造請，懶於束帶，而樂於駕柴車，藝東籬，甘山泉，友麋鹿，其性情如此，進退出處可知；其八，桑麻滿目，耕讀傳家，求仁不遠，勿慕虛名，以為「守此不啻足」，足見退處江湖，歸回田園為適意；其九，覺悟「人生天壤間，出處本異趣」，因此，將居廟堂、入市朝，形容為「徒失邯鄲步」，為「刻足以適屨」，放翁之進退出處昭然若揭。〈讀蘇叔黨〈汝州北山雜詩〉次其韻十首〉其五，稱蓴絲供晨羞，魚蝦贍吾州，因此謂：人生常如此，「安用萬戶侯」，「金印非所

　　求」，其知足常樂，不復他求如此，則其退歸山陰，寄情山水，耕讀自樂，良
有以也。清趙翼《甌北詩話》卷六稱：放翁詩入蜀後，「其詩之言恢復者，十
之五六；出蜀以後，猶十之三四；至七十以後，正值開禧用兵，放翁方治東
籬，日吟詠其間，不復論兵事。」[36]準此，以覆按陸游讀詩詩，確有如上之變
遷。

（五）砥礪士節

　　《論語》稱：「士不可不弘毅，任重而道遠」，孟子提倡存善心養善性，
培養浩然氣節。北宋蘇舜欽〈題花山寺壁〉：「栽培剪伐須勤力，花易凋零草
易生」；王安石〈北陂杏花〉：「縱被春風吹作雪，絕勝南陌碾成塵。」陸游
〈卜算子〉（驛外斷橋邊）：「零落成泥輾作塵，只有香如故。」陸游詠梅，
多寄託高潔之志節，與王安石詠杏花，異曲同工。自蘇軾詠紅梅，獨標梅格，
黃庭堅及江西詩人多致力復雅崇格，與宋代理學之重視志節，聲息相通。[37]陸游
讀書（詩）詩於此，亦頗有感應。始則讀書有感，感物而興情；繼則以情尋
物，託物以寓情。明李東陽《麓堂詩話》所謂：「正言直述，則易於窮盡，而
難於感發。惟有所寓託，形容摹寫，反復諷詠，以俟人之自得。」陸游讀詩詩
之砥礪士節，正是感物興情與託物寓情，如：

　　　　君子亦有慕，不慕要路津。君子亦有恥，不恥賤與貧。風俗未唐
　　虞，詩書非一秦。輾轉不能瞑，臥聽雞唱晨。（陸游〈冬日讀白集愛其
　　「貧堅志士節，病長高人情」之句作古風十首〉其一，《全宋詩》卷二
　　一九四，頁25053）

　　　　成童入鄉校，所願為善士。富貴本邂逅，不遇亦已矣。生輕名義
　　重，固守當以死。堂堂七尺軀，勿使汙青史。（同上，其四）

[36] 郭紹虞：《清詩話續編》（中），《甌北詩話》卷六，（臺北：木鐸出版社，1983.12），頁1233。

[37] 秦寰明：〈論宋代詩歌創作的復雅崇格思潮〉，《中國首屆唐宋詩詞國際學術研討會論文集》，（南
　　京：江蘇教育出版社，1994.8），頁612-635。

勁風東北來，茆屋吹欲裂。出門有奇觀，湖上千峰雪。日高炊未
具，歲晚衣百結。士豈無一長，所要全大節。（同上，其五）

吾常慕昔人，石介與王令。挑燈讀其文，奮起失衰病。吾徒宗六
經，崇雅必放鄭。人衆何足云，少忍待天定。（同上，其六）

郊居四十年，草木日夜長。喬松已偃蓋，稚松出蓁莽。儒生學仁
義，敢廢自培養。鬱鬱棟樑姿，拔地當百丈。（同上，其七）

上引古風十首，其一稱：「君子亦有慕，不慕要路津。君子亦有恥，不恥
賤與貧」；其四曰：「生輕名義重，固守當以死；堂堂七尺軀，勿使汙青
史」；其五云：「士豈無一長，所要全大節」；其六謂仰慕石介與王令，讀其
文可以奮起振衰；宋儒之宗經、崇雅、放〈鄭〉，亦所以化俗崇格，砥礪士
節。其七，凸出組詩主題，云：「儒生學仁義，敢廢自培養」。讀白居易詩
集，愛賞其中「貧堅志士節，病長高人情」，因之賦詩，而生發培養志節之心
聲，足見比興寄託之一斑。又如：

古人處丘園，如彼不嫁女。終身秉大節，敢恨老環堵。嗟予晚乃
覺，乞骸歸卒伍。去就講已熟，穴居宜知雨。百尺持汲綆，道長畏天
暑。先見雖有慚，愛身亦自許。（陸游〈讀何斯舉〈黃州秋居雜詠〉次
其韵十首〉其六，《全宋詩》卷二一九七，頁25090）

吾幼從父師，所患經不明。何嘗效侯喜，欲取能詩聲。亦豈劉隋
州，五字矜長城。秋雨短檠夜，掉頭費經營。區區宇宙間，捨重取所
輕。此身儻未死，仁義尚力行。（陸游〈讀蘇叔黨〈汝州北山雜詩〉次
其韵十首〉其十，《全宋詩》卷二一九七，頁25091）

有過當相規，有善當相告。豈惟定新交，亦以篤舊好。勢利古所
羞，置之勿復道。霜霰萬木凋，孰秉歲寒操？（陸游〈讀呂舍人詩追次
其韵五首〉其二，《全宋詩》卷二二一七，頁25416）

〈讀何斯舉〈黃州秋居雜詠〉次其韵十首〉其六，強調秉持大節，講明去

就，愛身自許。〈讀蘇叔黨〈汝州北山雜詩〉〉其十，謂效劉長卿能詩，為枉費經營，為「捨重取輕」，唯所患者為經述不明，故卒章顯志云：「此身儻未死，仁義尚力行」。〈讀呂舍人詩追次其韻五首〉其二，有過相規，有善相告，羞勢利、秉寒操，可以訂新交，可以篤舊好，其存養心性，培養志節，念茲在茲，一至於此。閱讀詩篇詩集，而興寄高遠若是，與北宋或中晚唐讀書詩，會當有別。

（六）現身說法

詩人賦詩，往往現身說法，自述創作經驗，發表文藝理論，標榜詩學主張，如盛唐杜甫〈戲為六絕句〉，中唐韓愈、白居易、北宋蘇軾、黃庭堅，多有傑作。兩宋發展為論詩詩，或論詩絕句，[38]題畫詩亦多有之。陸游讀詩詩，既是閱讀有感，觸類而長之作，放翁現身說法，每每體現本源論、創作論、技巧論、批評論諸文藝學觀點。此即宋葉夢得《玉澗雜書》所謂：「詩本觸物寓興，吟詠情性，但能抒寫胸中所欲言，無有不佳。」陸游之讀詩詩頗有之，如：

> 我少則嗜書，于道本無得。譬如昌歜芰，乃自性一癖。老來百事廢，惟此尚自力。豈惟絕慶弔，乃至忘寢食。吟哦雜誦詠，不覺日既夕。文辭顧淺懦，望古空太息。世俗不可解，更為著金石。收斂固已遲，雖悔終何益。君看老農夫，法亦傳后稷。持此少自寬，陶然送餘日。（陸游〈讀舊稿有感〉，《全宋詩》卷二一九三，頁 25030）
>
> 詩思尋常有，偏於客路新。能追無盡景，始見不凡人。細讀公奇作，都忘我病身。蘭亭盡名士，逸少獨清真。（陸游〈夜讀軍仲至閩中詩有懷其人〉，《全宋詩》卷二二〇八，頁 25276）

---

[38] 周益忠：《論詩絕句》，參、〈全盛期〉，（臺北：金楓出版公司，1987.5），頁 60-103；又，《宋代論詩詩研究》，臺灣師範大學國文研究所博士論文，1989。

　　文字塵埃我自知，向來諸老誤相期。揮毫當得江山助，不到瀟湘豈
有詩。（陸游〈予使江西時以詩投政府丐湖湘一麾會召還不果偶讀舊稿
有感〉，《全宋詩》卷二二一三，頁 25354）

　　吾道運無積，何至墮畦畛。醯雞舞甕天，乃復自拘窘。外物豈移
人，子顧不少忍。鶴井與狐妖，正可付一哂。繁華夢境鬧，零亂空花
霣。可憐憨書生，尚學居易積。我昔亦未免，吟哦琢肝腎。落筆過白
雨，聚稿森束筍。幸能悟差早，念念常自憫。安得從碩儒，稽首謝不
敏。（陸游〈偶觀舊詩書嘆〉，《全宋詩》卷二二二四，頁 25520）

　　上述諸詩，多藉讀書詩自道創作經驗，〈讀舊稿有感〉，揭示文與道之關
係，詩中雖稱「于道本無得」，唯老來「尚自力」於求道；卒章顯志乃云：
「君看老農夫，法亦傳后稷」，道法不二，即法以求道，其道諒亦不遠，故作
如是比況。〈夜讀鞏仲至閩中詩有懷其人〉，強調詩思之無所不在，唯於客路
最為清新真切；同時強調：詩人之不凡，在於「能追無盡景」，梅堯臣論詩法
所謂「狀難寫之景，如在目前」，可以相發明。陸游〈示子遹〉所謂「汝果欲
學詩，工夫在詩外」；〈病中絕句〉稱：「詩思出門何處無？」〈題廬陵蕭彥
毓秀才詩卷後〉：「君詩妙處吾能識，正在山程水驛中」。〈予使江西時以詩
投政府丐湖湘一麾會召還不果讀舊稿有感〉稱：「揮毫當得江山助，不到瀟
湘豈有詩」，《文心雕龍·物色》所謂：「山林皋壤，實文思之奧府。……屈
平所以能洞監風騷之情者，抑亦江山之助乎！」此與放翁作詩，強調詩外工
夫：〈望金華山〉：「閉門覓句非詩法，只是征行自有詩」；鍾嶸《詩品》所
謂「直尋」，皆異曲同工。[39]〈偶觀舊詩書嘆〉，自道學詩作詩歷程，批評「鶴
井與狐妖」，「零亂空花霣」；自譏詩「學居易積」，為「可憐憨書生」；又
反思詩學江西，為「吟哦琢肝腎」，自述學白體、學江西、學晚唐之學唐變
唐，自成一家之歷程，堪稱現身說法。論者稱：陸游之詩，自江西派入手，其

---

[39] 張健：《文學批評論集》，〈陸游的文學理論研究〉，四、〈創作論〉，（一）〈詩材〉，（臺北：
　　學生書局，1985.10），頁 79-84。

結果自成一家，否定了曾幾、呂本中，更進一步否定了黃庭堅，[40]上述讀詩詩，可作參照佐證。又如：

> 少時喚愁作底物，老境方知世有愁。忘盡世間愁故在，和身忘卻始
> 應休。（陸游〈讀唐人愁詩戲作五首〉其一，《全宋詩》卷二二三三，
> 頁 25644）

> 清愁自是詩中料，向使無愁可得詩。不屬僧窗孤宿夜，即還山驛旅
> 遊時。（同上，其二）

> 天恐文人未盡才，常教零落在蒿萊。不為千載離騷計，屈子何由澤
> 畔來。（同上，其三）

> 我輩情鍾不自由，等閑白卻九分頭。此懷豈獨騷人事，三百篇中半
> 是愁。（同上，其四）

> 飛雪安能住酒中，閑愁見酒亦消融。山家有力參天地，不放清尊一
> 日空。（同上，其五）

自司馬遷編纂《史記》，宣稱發憤著述；韓愈謂孟郊等之卓犖，乃「不平則鳴」，歐陽脩述梅堯臣「窮而後工」，日人廚川白村有所謂「苦悶之象徵」，一切文論詩論多強調憂勞愁苦於文學創作中之效用。清帝乾隆《唐宋詩醇》，曾以「感激悲憤，忠君愛國」作為放翁詩定評；實則，陸游詩只早期、中期「感激悲傷，憂時憫己，託情寓物」，蓋「遭變遇謫，流離困悴」，自道其不得志。[41]然中晚年後，激情化為閒適，組麗轉為平淡，入出江西，跳脫活法，提倡詩家三昧，詩外工夫，於是詩思、詩材無處無時不有。陸游〈讀唐人愁詩戲作五首〉，踵事增華，於此頗有發明：其一，分少年愁、老境愁，身在愁在，忘卻始休；其二，強調「清愁自是詩中料」，若無愁，將不可得好詩；

---

[40] 參考莫礪鋒：《唐宋詩論稿》，〈陸游「詩家三昧」辨〉，（瀋陽：遼海出版社，2001.10），頁 471-493。

[41] 同註 31，頁 81-84。

其三，騷人零落，遠放蒿萊，於是有屈原等之傑作，所謂窮而後工；其四，我輩情鍾，等閒白頭，「愁」為《三百篇》之主旋律；其五，飲酒能消融閑愁，故山家不惜空罇。上述組詩，將愁之分佈、愁之發用、愁與騷人、愁與《詩經》、愁與飲酒，作層層之抒寫，可與陸游〈澹齋居士詩集〉所謂「悲憤說」相發明。[42]此正陸游仕途蹭蹬、窮愁不遇之寫照，有助於本源論、創作論、批評論、詩美學之詮釋。

（七）期待中興

陸游號稱愛國詩人，《劍南詩稿》所載，早年及中年作品，多傷時憂世語，詩中多言征伐恢復事，可惜壯志未酬，梁啟超所謂「集中十九從軍樂，亙古男兒一放翁」。其記夢詩 124 首，往往寄託「盡復漢唐故地」之願望，清趙翼《甌北詩話》卷六稱：「人生安得有如許夢？此必有詩無題，遂托之於夢耳」，論者因謂，放翁記夢詩「或寫志抒懷，或寄慨邦國」。[43]此王士禎《蠶尾集》所謂：「中原未定，夢寐思建功業」之意。何止記夢詩如此，筆者考察陸氏讀詩詩，亦多藉抒襟抱，感慨盈虛消長，如：

秋雨蕭蕭夜不眠，挑燈開卷意淒然。吾曹自欲期千載，世論何曾待百年。當日公卿笑迂闊，即今河洛汙腥膻。陰陽消長從來事，玩易深知屢絕編。（陸游〈夜讀了翁遺文有感〉，《全宋詩》卷二一五八，頁24364）

燈前忽見李夷詩，泪灑行間不自知。醉別西津如昨日，露晞漚滅已多時。（陸游〈讀王季夷舊所寄詩〉，《全宋詩》卷二一七七，頁24771）

三沐復三熏，佩玉懷明珠。何至不自珍，欲效豕負塗。傳呼雖甚

---

[42] 同註32，第三章第二節〈悲憤說〉，頁53-57。

[43] 黃啟方：《宋代詩文縱談》，〈陸游記夢詩考釋〉，（臺北：商務印書館，1997.8），頁139-221。

寵，正可誇群奴。君看魏徵孫，世世為農夫。（陸游〈讀呂舍人詩追次
其韵五首〉其五，《全宋詩》卷二二一七，頁 25416）

〈夜讀了翁遺文有感〉，大抵直斥宋金和議之非是、奸臣之誤國，為主戰
抗金者討回歷史公道，所謂「當日公卿笑迂闊，即今河洛汙腥膻」，乃絕妙之
反諷。〈讀王季夷舊所寄詩〉稱：「醉別西津如昨日，露晞漚滅已多時」；
〈讀呂舍人詩追次其韵五首〉其五云：「君看魏徵孫，世世為農夫」，感慨盈
虛消長；此與放翁詩之夢繫平戎，期望收復失地，再肇中興，有治亂循環之聯
想，如：

> 我昔遊梁州，軍中方罷戰。登城看烽火，川迴風裂面。青熒並駱
> 谷，隱翳連鄠縣。月黑望愈明，雨急滅復見。初疑雲罅星，又似山際
> 電。豈無酒滿尊，對此不能嚥。低頭愧虎韔，零落白羽箭。何時復關
> 中？卻照甘泉殿。（陸游〈夜讀唐諸人詩多賦烽火者因記在山南時登城
> 觀塞上傳烽追賦一首〉，《全宋詩》卷二一六一，頁 24415）

> 我無前輩千鈞筆，造物爭功謝不能。已分文章歸委靡，可憐意氣尚
> 憑陵。鸞旗廣殿晨排仗，鐵馬黃河夜踏冰。此事要須推大手，蟬嘶分付
> 與吳僧。（陸游〈讀前輩詩文有感〉，《全宋詩》卷二一九二，頁
> 25025）

〈夜讀唐諸人詩多賦烽火者〉，以唐詩人之賦烽火為比興，而傷時憂世，
寄寓襟抱，則於卒章顯志，所謂「何時復關中？卻照甘泉殿」。此一讀詩詩，
與放翁所作〈九月十六日夜夢駐軍河外遣使招降諸城覺而有作〉、〈五月十一
日夜且半，夢從大駕親征，盡復漢唐故地，見城邑人物繁麗……〉諸作，夢思
平戎，志期恢復，立意風格並無二致。〈讀前輩詩文有感〉，以憑陵之意氣，
高唱「鸞旗廣殿晨排仗，鐵馬黃河夜踏冰」，虛實交寫，疑幻似真，此中有其
殷望與期盼。又如：

玉關西望氣橫秋，肯信功名不自由？卻是文章差得力，至今知有呂衡州。（陸游〈夜讀呂化光「文章拋盡愛功名」之句戲作〉，《全宋詩》卷二一八二，頁24853）

一燈如螢雨潺潺，老夫讀書蓬戶間。但與古人對生面，那恨鏡裏凋朱顏。功名本來我輩事，人自蹭蹬天何慳。君看病驥瘦露骨，不思仗下思天山。（陸游〈雨夜讀書二首〉其二，《全宋詩》卷二一八八，頁24948）

我讀豳風七月篇，聖賢事事在陳編。豈惟王業方興日，要是淳風未散前。屈宋遺音今尚絕，咸韶古奏更誰傳。吾曹所學非章句，白髮青燈一泫然。（陸游〈讀豳詩〉，《全宋詩》卷二二二六，頁25543）

自《左傳》載叔孫豹論三不朽，「太上有立德，其次有立功，其次有立言」，[44]其先後位次，成為歷代追求經世致用士人之指針。除曹丕標榜「文章經國之大業，不朽之盛事」外，較少文人以「立言」相標榜。以唐宋詩人而論，杜甫〈奉贈韋左丞丈二十二韻〉、〈旅夜書懷〉，以及蘇軾、黃庭堅「奮勵有當世志」，皆以「立功」經世作為人生追求指標；杜甫「名豈文章著，官應老病休」；「致君堯舜上，再使風俗淳」；可見詩人志在立功，立言實出於不得已。陸游功名不遂，其情懷惆悵，與杜甫、蘇、黃並無二致。如〈夜讀呂化光「文章拋盡愛功名」之句戲作〉，稱「玉關西望氣橫秋，肯信功名不自由」，戲言近莊，反言顯正，可以想見其建功立業，志在恢復之襟抱。〈雨夜讀書二首〉其二，宣稱：「功名本來我輩事」，人自蹭蹬，不必怨天尤人；驥雖瘦骨，猶思天山。所謂「老驥伏櫪，志在千里；烈士暮年，壯心不已」。〈讀豳詩〉，嚮往聖賢事業，王業方興，淳風未散，卒章云：「吾曹所學非章句，白髮青燈一泫然」，經國濟民，期待中興之願望，多寄託於讀詩詩中曲折表現，所謂「興寄」者是。

---

[44] 周・左丘明著，晉・杜預注，唐・孔穎達疏：《春秋左傳注疏》，（臺北：藝文印書館，1955），《十三經注疏》本。卷三十五，襄公二十四年，〈叔孫豹論三不朽〉，頁24，總頁609。

　　黃庭堅外甥洪炎撰〈豫章黃先生文集後序〉，稱：「詩人賦詠於彼，興托在此，闡繹優遊而不迫切，其所感寓常微見其端，使人三復玩味之，久而不厭，言不足而思有餘。」筆者考察陸游讀詩詩，多讀書有感，所謂感物興情，而所感寓常微見於筆端，所謂興寄之作，與《渭南文集》因讀書有得而作之題跋札記，涇渭有別。

第四節　結論

　　翻檢陸游讀書詩，考察其中讀詩詩 100 餘首，相較於中唐到北宋之嬗變，大抵由「補假」轉折為「直尋」，從「資書為詩」變化為「比興寄託」。除陸游詩學標榜詩家三昧、詩外工夫，主張「託情寓物」之言志說，「非獨娛身目，遣暇日而已」，可以觀其比興。另外，其中自有圖書傳播，尤其是印刷傳媒生發之效應；亦有蘇黃詩風，尤其是江西詩派倡言詩法、活法之反撥。筆者以為，宋型文化特徵於北宋元祐間形成後，亦「雜然賦流形」於兩宋詩人詩作中。簡要言之，獲得下列觀點：

　　陸游父子三代，為山陰藏書名家，命其書齋為「書巢」，為「老學庵」，「俯仰四顧，無非書者」，坐擁書城如此，寫作取資書卷自易，然綜覽陸游讀書（詩），卻少「資書以為詩」、「以學問為詩」，並不在「圈繢中求活計」，不似江西詩人之工藻繪、百家衣。

　　陸游閱讀詩集而褒貶詩人，評價作品，多以題跋、札記表述，見於《渭南文集》者實多。至於讀詩詩，或託物興辭，或託情寓物，多尊題比附，觸類生發，與山水詩、詠懷詩、記夢詩、論詩詩、田園詩、閒適詩差異不大。陸游所謂「言志」，所謂「詩之興」，所謂「觀其比興」，所謂「詩家三昧」、「詩外工夫」；筆者所謂「比興寄託」者，以此。

　　蘇軾作詩，時時以法示人；黃庭堅及江西詩派更高倡詩法，作詩有門可入，有法可尋，於是天下風從，流弊亦生。呂本中等倡「活法」以救濟之，陸游作詩從江西入，不從江西出，跳脫活法，提倡「詩外工夫」、標榜「詩家三

昧」，其讀詩詩可窺其轉折之一斑。

陸游所作讀詩詩，大抵以詠懷寫志為主，偏重唐音之比興寄託。此固與放翁詩風之入出唐宋，轉折江西有關，而圖書流通、雕版印刷促成傳媒效應，可能因此而改變閱讀習性、接受角度、創作方式、審美趨向。然劉克莊推崇陸游：「記問足以貫通，力量足以驅遣，才思足以發越，氣魄足以陵暴」，故書為詩用，而不為詩累，此放翁超脫自在處。

陸游讀詩詩，其寫作方式為綜述、尊題、次韻、摘句、戲作、追賦、抒感。或尊崇典範，竊比自況；或寄情山水，歸心耕讀；或興寄物外，懷想諸賢；或權衡進退，斟酌出處；或砥礪士節，力行仁義；或談詩論藝，現身說法；或感慨盈虛，期待恢復。或感激悲傷，憂時憫己；或安時處順，超然事外，多藉讀詩詩寄託襟抱。

陸游讀詩詩，由於多用比興寄託，故其性情襟抱，可以即器以求道，覘詩知之。其竊比自況，尊崇典範，亦可窺放翁學唐變唐，自成一家之歷程。偶爾談詩論藝，現身說法，可與文集之題跋、札記相發明，尤可作為補充陸游詩文本源論、創作論、批評論、審美論之史料。[45]

---

[45] 本文初稿完成於訪問越南漢喃研究院、文化研究院、文學研究院旅程中。倉促成章，發表於 2006 年 11 月 25 日，彰化師大主辦「國科會中文學門 90-94 年研究成果發表會」中，題目原為〈陸游讀詩詩與南宋讀書詩之嬗變──從資書為詩到比興寄託〉。會後詳加增訂潤色，刊登於香港中文大學《中國文化研究所學報》第四十七期（2007.10），頁 283-312。篇目，亦改為今題。

第十一章　史書之傳播與南宋詠史詩之反饋——以楊萬里、范成大、陸游詩為例

摘要

　　宋代崇儒右文，史學繁榮，雕版流行，陸游、范成大、楊萬里南宋三大家因時乘勢詠史，除傳承六朝以來體製外，又往往藉讀書、讀史以詠史，藉樂府舊題以寫志，藉出使邊塞登臨而懷古；其他，因題畫、緣感興而詠史者亦不少。考南宋三大詩人關切之主題，以六朝隋唐以來歷史之成敗興亡為核心，旁及人物之臧否，人材之用捨，政俗之諷諭，其要歸於資鑑，與宋代史學之主潮可以相發明。至於三大家之詠史類型，以史為詠，藉古諷今較多，隱括史傳最少；別生眼目，獨闢谿徑，最有特色。本文援引陸、范、楊三大家 50 餘首詠史詩為例證，得出視角轉換、餘妍開發、翻空生奇、微辭嘲弄、歷史論衡五者，為詠史詩別生眼目之五大途徑。詠史詩之注重史學史識，會通歷史與文學而化成之，自是學人之詩，非詩人之詩，亦由此可見。

關鍵詞

　　詠史詩　別生眼目　南宋三大家　學人之詩　資鑑意識

第一節　資鑑意識與宋代史籍之整理刊行

　　以古為尚，貴古賤今，為中華文化之傳統思維與審美意識。《易·大畜》言：「君子以多識前言往行，以畜其德」；《論語·述而》載孔子言：「我非生而知之者，好古敏以求之者也」，可以為證。此種文化思維與審美意識主導下，很重視鑑往知來之歷史。《論衡·謝短篇》稱：「知古不知今，謂之陸沈；知今不知古，謂之盲瞽」；唐太宗云：「以古為鑑，可以知得失」；《大戴禮·保傅篇》所謂「明鏡所以照形也，往古所以知今也」，語所謂殷鑑不遠、前車之鑑，多是着眼於歷史之成敗、興廢、是非、進退，值得後人借鑑。蓋後之視今，猶今之視昔，歷史存在許多或然、偶然，造成所謂歷史重演，或由環境、風俗，或緣經濟，或因個人心理，或為沿襲古人行事或言語。[1]所以，「資鑑」成為閱讀歷史之最大意義。

　　傳統史學，自《左傳》《史記》以下，多以「懲惡勸善」，「述往事，知來者」為著書旨趣。宋朝標榜右文崇儒，太宗銳意文史，每日親覽史館所修《太平總類》三卷，曾言：「朕性喜讀書，開卷有益。每見前代興廢，以為鑑戒。」真宗亦云：「經史之文，有國家之龜鑑。保邦治民之要，盡在是矣。」仁宗則稱：「人臣須是知書，宰相尤須有學」；神宗朝則多用仁宗故事，於邇英殿講讀經史，於是「古今得失之迹，忠賢治安之策，固已溢黈聰而積淵慮矣！」[2]影響所及，宋代史學遂盡心致力治亂興廢之鑑戒，宋真宗勅編《冊府元龜》，「蓋取著歷代君臣德美之事，為將來取法」。司馬光編著《資治通鑑》，「窮探治亂之迹，上助聖明之鑑」；「專取關國家盛衰，繫民生休戚，善可為法，惡可為戒者以為是書。」（胡三省注《資治通鑑》序）神宗皇帝

---

[1] 陳登原：《歷史之重演》，三、四、五、六、七、八、九、十，（臺北：商務印書館，1973.5），頁29-132。

[2] 宋·江少虞：《皇宋事實類苑》卷二，〈祖宗聖訓〉，「太宗皇帝」、「真宗皇帝」，（臺北：源流出版社，1982.8），頁20-21，頁28、頁39。蘇頌：《蘇魏公文集》卷二十，〈請詔儒臣討論唐朝故事上備聖覽〉，（北京：中華書局，2004.5），頁265。

「以鑑於往事，有資於治道」，因此，御賜嘉名，可以窺見資鑑意識在宋代之流衍。[3]

由於資鑑意識濃厚，蔚為宋代史學之空前繁榮。史書編纂豐富多元，間接促成史籍在宋代雕版之繁榮。宋代官府對雕版印刷之重視，起於太宗准從李至的奏議，在國子監設官掌理，雕印經史群書。仁宗嘉祐年間（1056-1063）因南北朝諸史秘圖藏本多有闕誤，命曾鞏、劉恕、王安國等儒臣重加校訂。政和中（1111-1118）始畢其役，正史悉數由國子監鏤版頒行。於是《史記》、《漢書》、《後漢書》、《三國志》、《晉書》、《南史》、《北史》、《隋書》、《唐書》、《宋書》、《南齊書》、《梁書》、《陳書》、《魏書》、《北齊書》、《後周書》、《舊五代史》先後於杭州鏤版刊行，是為北宋監本《十七史》。[4]自是之後，至南宋紹興間，兩宋諸史監本，代有造刊，王國維〈兩宋監本考〉論之極詳。歐陽脩纂修《新唐書》、《新五代史》，薛居正《舊五代史》、司馬光《資治通鑑》、鄭樵《通志》、徐夢莘《三朝北盟會編》、袁樞《通鑑紀事本末》、李燾《續資治通鑑長編》、李心傳《建炎以來繫年要錄》等史學要籍，大多刊刻流傳，影響當代，沾溉來葉。

今日所見宋版，蜀廣都費氏進修堂刻《資治通鑑》、建安黃善夫家塾刻《史記》及《漢書》，眉山程舍人宅刻《東都事略》，皆堪稱善本名槧。以《資治通鑑》而言，宋槧百衲本中即存留七種版本，分別為南宋高宗紹興間刊本、光宗朝刊本、光宗以前刻本、甲十六行本、乙以十六行本、寧宗以後刻

---

[3] 總結歷史之盛衰、成敗、禍福、得失，為宋代資鑑史學最關注之課題，《易》與《春秋》學昌盛，同為宋代顯學可知。無論思想家、史學家、文獻學者，均有相近之共識。如程頤、程顥、司馬光、鄭樵、朱熹、呂祖謙、黃震諸家所論；歷史之借鑑，甚至，蔚為遼朝契丹治國安邦之智慧來源。參考吳懷祺：《中國史學思想通史‧宋遼金卷》，（安徽：黃山書社，2002.2），第四、五、六、七、八、九、十章，尤其是頁 160-169，頁 212-218。王德保：《司馬光與《資治通鑑》》，第二章第三節〈以史為鑑的著書目的〉，（北京：中國社會科學出版社，2002.10），頁 78-95。

[4] 時宋太宗淳化五年（994）。詳參《宋史》卷 165〈職官五〉；卷 266〈李至傳〉，（北京：中華書局，1999.12），頁 3909、頁 9177。王國維〈兩浙古刊本考〉稱：「宋有天下，國子監刊書，若史書三史、若南北朝北史、若《唐書》、若《資治通鑑》，皆下杭州鏤版。」參考《永樂大典》卷一千七百四十一引《國朝會要》，《麟臺故事》。

本、光宗以後刻本。又有乙十一行本（即涵芬樓影印宋本）、傳校北宋本，版本之多，顯示購求者眾，流傳之廣遠。[5]若論諸史刊本之類別，則黃佐《南雍志經籍考》區分《史記》舊刊本為大字、中字、小字三種，其他諸史版本，大抵近似。[6]由兩宋諸史監本品類之眾多，可以想見雕印刊行之繁榮，圖書市場之活絡，知識傳播之快速便捷，勢必影響文化之接受、資訊之運用，左右當代之學術風尚，及文風走向，這是可以斷言的。

　　雕版刊刻史籍，就監本而言，蓬勃已如上述；其他官刻本、家刻本、坊刻本之雕印史書，由於供需相求，亦競秀崢嶸。據賀次君《史記書錄》言，兩宋刊本存於今者，有北宋景祐間刊本《史記集解殘卷》等十六種。[7]《史記》全文凡五十五萬字，卷帙如此宏大浩博，居然能雕印再三，總緣帝王之喜好，圖書市場之需求。刊刻之多，自然流傳廣大、影響深遠。現存《史記》鈔本，計六朝鈔本兩種、敦煌唐鈔卷子三種、唐鈔本六種、日本所藏鈔本六種。此十七種《史記》鈔本，流傳至宋代，成為各公私藏本，可資借閱傳鈔。印本與藏本之傳播方式儘管不同，可以相得益彰，無庸置疑。北宋詠史詩、史論文多歌詠《史記》人物，論說《史記》事件，發揮「過秦」與「戒漢」之精義，蓋得《史記》版本流傳、藏書文化之觸發。[8]其他史書，除監本外，南宋地方官刻本、南宋郡、府、軍、縣學刻本、以及南宋私（家）刻本、坊刻本所在多有；即以各地區刻書而言，南宋浙江明州、衢州、湖州刊本，四川眉山等蜀刊本，多有史書雕印。雕印史籍，以正史為多，然不局限於正史。由商品經濟供需相

5　章鈺：〈胡刻通鑑正文校宋記述略〉，標點本《資治通鑑》，（臺北：明倫出版社，1975），頁 12-16。

6　參考趙萬里：〈兩宋諸史監本存佚考〉，《北京大學百年國學文粹·史學卷》，（北京：北京大學出版社，1998），頁 189-195。

7　賀次君：《史記書錄》，（上海：商務印書館，1958），頁 29-104；楊燕起、俞樟華：《史記研究資料索引和論文專著提要》，一、版本〈宋刊本〉，（蘭州：蘭州大學出版社，1989.5），頁 2-5；鄭之洪：《史記文獻研究》，第八章第二節〈《史記》的版本〉，（成都：巴蜀書社，1997.10），頁 257-261。

8　張高評：《自成一家與宋詩宗風》，〈古籍整理與北宋詠史詩之嬗變——以《史記》楚漢之爭為例〉，（臺北：萬卷樓圖書公司，2004.11），頁 149-188。

求之原理推之，史書之閱讀與接受，市場極大，影響自遠。

宋太宗極注重書籍典藏，以為「教化之本，治亂之原，苟非書籍，何以取法？」故開國以來，下詔求書，成為慣例。所謂「廣行訪募，法漢氏之前規；精校遺亡，按開元之舊目。大闢獻書之路，明張立賞科，簡編用出於四方，卷帙遂充於三館，藏書之盛視古為多。」[9]高宗南渡，雖處干戈之際，亦不忘典籍之求。朝廷右文崇儒，對於圖書廣募精校如此，故三館藏書豐富。所謂「搜訪家藏，送官參校，募工繕寫，藏之御府」者，大多是寫本；經過精校覆勘，擇善鏤板，方成印本。於是真宗以來，寫本與印本競奇爭輝，蔚為圖書傳播之熱絡和盛事。就史部著錄之書目言，《宋史‧藝文志》與《隋書‧經籍志》相較，前者數量較後者多出 2.5 倍；就《四庫全書總目提要》收錄史部圖書言，史部圖書共 564 部，21950 卷，宋人著作即佔總部數三分之一，佔總卷數四分之一以上。[10]日本學者吉川幸次郎〈宋人の歷史意識〉，談到印刷術崛起，歷史書籍購求容易，對於宋人「資鑑」意識的形成，具有促成意義。[11]日本學者尾崎康研究宋元版本，列舉北宋雕印史書，有《春秋正義》、《三史》、《三國志》、《晉書》、《南北史》、《隋書》、《國語》、《七史》、《新唐書》、《資治通鑑》等。南宋所刊，除初期覆北宋版以外，又有兩淮江東轉運司刊《三史》，江浙刊《南北朝史》、《七史》，黃善夫、劉啟元刊刻《史記》、《漢書》、《後漢書》；版式完全相同者，尚有《三國志》、《南史》、《北史》、《隋書》和《唐書》；《晉書》、《五代史記》等《十史》所謂建安刊本。[12]以上只就正史言，雕版刊行已如此之熱絡，其他史書、野史，或筆記，史

9 　苗書梅等點校，清徐松輯：《宋會要輯稿》，〈崇儒四〉，高宗紹興十三年癸亥（1143）七月九日，內降詔曰，（開封：河南大學出版社，2001.9），頁 251。

10 　高國杭：〈宋代史學及其在中國史學史上的地位〉，《中國歷史文獻研究集刊》第 4 集，（長沙：岳麓書社，1983），頁 126-135。

11 　（日）吉川幸次郎：〈宋人の歷史意識——《資治通鑑》的意義〉，《東洋史研究》第二十四卷四號，昭和四十一年（1966）3 月，頁 9-15。

12 　（日）尾崎康：《以正史為中心的宋元版本研究》，陳捷譯本，（北京：北京大學出版社，1993.7），頁 5-59。

籍刊刻更是琳瑯滿目，美不勝收。史書雕印如此繁榮，作為知識傳媒面向如此多元，資鑑意識與歷史思維必然體現在閱讀接受上。今試以南宋陸游、范成大、楊萬里三家詠史詩為例，考察史書傳播對詠史詩之影響。

由上所述，南北宋雕印刊行之史書，論數量門類已如此琳瑯滿目。何況，除印本外，稿本、傳鈔本、藏本，其實都還是寫本，尚居圖書傳播之大宗。寫本圖書數量龐大，不可能都交付雕版印刷，唯時勢所趨，「搢紳家世所藏善本，往往鋟版以為官書」；而「細民亦皆轉相模鋟，以取衣食」，於是官刻本、家刻本、坊刻本競奇爭輝，宋代蔚為雕版印刷之黃金時代。[13]一般而言，寫本開雕為印本，必須精細校讎。因為寫本或手自鈔錄，或出於書傭，由於其間「傳寫訛舛」，或闕或略，因此，有必要「參括眾本，旁據它書，列而辨之，望行刊正」。寫本經過芟繁補闕、換易覆勘，點簡詳校，擇善而從，然後交付雕版。先校定而後雕版，於是印本往往成為善本。就正史之開雕而言，如下所云：

> （太宗）淳化五年（994年）七月，詔選官分校《史記》、《前漢》、《後漢書》。既畢，遣內侍齎本就杭州鏤板。（江少虞《皇宋事實類苑》卷三十一，〈詞翰書籍・十二〉）
>
> （仁宗）嘉祐四年（1059年），仁宗謂輔臣曰：「宋、齊、梁、陳、後魏、後周、北齊書，世罕有善本，未行之學官，可委編校官精加校勘。」……至七年冬，稍稍如集，然後校正訛謬，遂為完書，模本行之。（同上，十八）
>
> （真宗）咸平三年（1000年）十月，詔選官校勘《三國志》、《晉書》、《唐書》。……五年校畢，送國子監鏤版。（程俱《麟臺故事殘本》卷二中，〈校讎〉）

---

[13] 張秀民著，韓琦增訂：《中國印刷史》，〈宋代：雕版印刷的黃金時代〉，（杭州：浙江古籍出版社，2006.10），頁40-161。

太宗朝，選官分校《史記》、《漢書》、《後漢書》；真宗朝，選官校勘
《三國志》、《晉書》、《唐書》；仁宗朝，下詔校正《南北史》，然後交付
國子監鏤版刊行。這即是促成「文籍流布」、「務廣其傳」的「朝廷教養之
意」；尤其真宗詔令所謂「敦本抑末，固靡言利」，確定監本圖書之平準書
價，助長雕版圖書之風行天下。

　　傳統之寫本、藏本，兩者相加，圖書資訊堪稱豐富而多元。就讀者之接受
反應來說，其中必有「反饋」、「回授」之現象存在。依據接受美學家伊瑟爾
（Wolfgang Iser）《閱讀活動——審美反應理論》的說法，文學作品作為審美對
象，對讀者提示一個「召喚性結構」，而「空白與否定，是文本未定性的兩個
基本結構」。讀者可以就文本已暗示、未寫出的部分，進行創造性填補；更可
以企圖打破文本的規範和視域，重構想像之空間。[14]由此類推，宋人對於寫本或
印本之史書，「得之容易」，進行博觀厚積之閱讀歷程，史書文本隱然形成一
「召喚結構」，對於詩人寫作詠史詩，提供許多空白處和否定性，以之借鏡，
以之創作，以之開發遺妍，以之別闢谿徑。圖書流通之質量愈大，閱讀活動相
對頻繁、精深；宋代史學既空前繁榮，宋代史書自然目不暇給；尤其印本圖書
之傳播，化身千萬，無遠弗屆，造成宋代詩人有更多機會閱讀史書。何況，總
結歷史之盛衰、成敗、禍福、得失，為宋代資鑑史學最關注之課題，隱然形成
士人閱讀接受之主潮。總之，宋代寫本印本之史著空前豐富，助長宋代詩人閱
讀史籍，創作詠史詩之機緣；由於詠史詩文體之規範，促使詩人更加致力別出
心裁、遺妍開發，接受美學的閱讀理論所謂「創造性的填補，想像性的聯
接」，就成了研究詠史詩最值得借鑑參考的觀點。[15]

---

[14] 金元浦：《接受反應理論》，第四章〈閱讀：雙向交互作用的動態構成〉，（濟南：山東教育出版
社，1998.10），頁 163-171。

[15] 朱立元：《接受美學》，III，〈文學作品論：本文的召喚結構〉，（上海：上海人民出版社，
1989.8），頁 111-127。

第二節　南宋三大家詠史詩之發展與新變

　　自班固、左思以〈詠史〉名篇，其後支派流衍，又有懷古、覽古、詠古、感古、讀史、覽史之名目。甚至樂府、讀書、題畫、山水、田園、感興、感懷、雜感、雜題諸什，觸類所及，亦往往借史揮灑，寄寓襟抱。筆者以為：寫作主題以歷史人物、歷史事件為核心，無論讀之、覽之，或詠之、懷之、感之，多可通名為「詠史」。此為廣義之「詠史」，與狹義之「詠史」會當有別。

　　詠史詩，自漢魏六朝以降，歷隋唐五代，至北宋詠史詩，已有許多發展和成就。[16]筆者藉探討唐宋詩之異同，考察宋詩之傳承與開拓，凸顯宋詩宗法唐詩而又新變唐詩，自成一家之特色，就詠史詩而言，曾撰成《王昭君形象之流變與唐宋詩之異同》，[17]及〈北宋詠史詩與《史記》楚漢之爭〉、〈詠史詩與書法史筆──以北宋史家詠史為例〉二文。[18]謹將一得之愚，撮舉大要，綜述如下：

　　詠史詩在宋代之發展，一方面用心於繼往，一方面更專注於開拓。就北宋詠史詩之主題言，無論王昭君形象之寫照，或有關《史記》楚漢紛爭之詠歎；無論一般詩人所詠，或專業史家所作，試以唐代詠史詩為參照系統，體現出下列文學現象：

　　以詠史詩體製之因革損益言，北宋詠史詩寫作，古詩多於近體，長篇多於短章，七言多於五言，七言古詩最多，五律五絕較少。北宋詩人詠昭君一生遭

---

[16] 參考齊益壽：〈談六朝詠史詩的類型〉，《中華文化復興月刊》十卷四期，1977 年 4 月；張浩遜：《唐詩分類研究》，第七章〈唐代的詠史懷古詩〉，（南京：江蘇教育出版社，1999.10），頁 147-168。

[17] 《王昭君形象之流變與唐宋詩之異同》，行政院國科會專題研究計畫成果報告（NSC88-2411-H-006-004），P.1-181。又，〈〈明妃曲〉之同題競作與宋詩之創意研發──以王昭君之「悲怨不幸與琵琶傳恨」為例〉，《中國學術年刊》第二十九期（春季號）2007 年 3 月，頁 85-114。

[18] 張高評：《自成一家與宋詩宗風》，（臺北：萬卷樓圖書公司，2004.11）。第四章〈古籍整理與北宋詠史詩之嬗變──以《史記》楚漢之爭為例〉，頁 149-188；第五章〈書法史筆與北宋史家詠史詩──詩家史識之體現〉，頁 189-247。

遇，十分留心「遺妍之開發」，專就六朝以來形容昭君敘事情節意猶未盡處、人所未道處，續成之，發掘之，此為宋人作詩注重學古傳承、更兼顧創新發明之自覺。北宋詩人之開發遺妍，大多注意「不經人道，古所未有」的未定點和空白處，情節的大跨度處，筆墨之外的情韻處，大加著墨，此接受美學家伊瑟爾所謂「創造性填補、想像性聯接」。基於上述創作考量，選擇古詩、長篇、七言，自較近體、短章、五言順理成章、便利馳騁。

北宋詩人詠楚漢之爭有關歷史人物與事件，如詠韓信、項羽、張良、劉邦、范增、蕭何、鴻溝等，與詠昭君詩致力於情節空白跨度之揮灑不同。時至宋代，畢竟文獻足徵，不煩拾遺補闕。由於雕版印刷發達，輔以鈔本寫本傳佈，書籍流通便捷，士子詩人得書容易，[19]對於漢初史事檢閱便得，無勞補白。筆者發現圖書易得，傳佈便捷，影響詠史詩之寫作有二：其一，致力隱括史傳，寫照傳神；其二，講究別識心裁，古人不到。北宋詩人詠楚漢人物與事跡，即有此相反相成之兩極特色。另外，六朝以來之詠史類型，尚有二種：其一，以史為詠，唱歎有情；其二，藉古諷今，託史寄意。上述四大詠史類型，就北宋詠史詩因革損益之發展言，其中自有繼往開來之成就。考察其中之派生與消長，可以得出宋代詠史詩之特色與價值。筆者探討北宋史家所作詠史詩，所得結論，大抵與上述論點近似。本文討論南宋三大家詠史詩，即以北宋詠史詩之體製、主題、類型、技法為參照系統，以考察三大家詠史詩之新變與開拓。易言之，以閱讀接受為視角，就《史記》所敘，六朝以來詩人詠史，進行

---

[19] 據賀次君《史記書錄》所述，兩宋刊本存於今者，有北宋景祐間刊本《史記集解殘卷》等十六種，（上海：商務印書館，1958），頁 29-104。易孟醇〈史記版本考索〉稱：傳增湘所見所購《史記集解》北宋刊遞修本，真偽不可知；唯南宋之《史記》刻本，據《中國古籍善本書目》列舉，中國境內現存至少尚有二十來部，（《出版工作》1987 年第一期）。安平秋：〈史記版本述要〉則稱：現存宋代以前的《史記》鈔本，都是殘本，計有十七種：六朝鈔本二，敦煌唐鈔卷子本三，唐鈔本六，日內宮內廳鈔本六。《史記》有刊刻本，始於宋代，有《集解》單刻本、《集解》《索隱》合刊本，《集解》《索隱》《正義》三家註合刻本，大體有十六種之多，見《古籍整理與研究》1987 年第一期；參考楊燕起、俞樟華：《史記研究資料索引和論文專著提要》，一、〈版本（宋刊本）〉，（蘭州：蘭州大學出版社，1989.5），頁 2-5；鄭元洪：《史記文獻研究》，第八章第二節〈《史記》的版本〉，（成都：巴蜀書社，1997.10），頁 257-261。

創造性填補，和想像性聯接。

陸游（1125-1210）、范成大（1126-1193）、楊萬里（1127-1206），號稱南宋三大詩人。坊間文學史、詩史、評論、評傳諸作，對於三大家之造詣已有許多發明，值得參考借鏡。[20]唯學界論著對於詠史詩主題之討論，目前尚付闕如。陸游於紹熙嘉泰間，曾任實錄院檢討官，與修高宗、孝宗、光宗三朝實錄及國史，著有《南唐書》十八卷。范成大於淳熙元年任參知政事，權監修國史、日曆；曾擔任國史院編修官，著作佐郎等修纂史書之官職。淳熙間，楊萬里任秘書監，掌領古今經籍圖書、國史與實錄。又兼東宮侍讀官，為太子評述歷代史事，著成《東宮勸讀錄》。由此觀之，南宋三大詩人與國史編修，皆甚有淵源與造詣。固然三大詩人不以詠史知名，然從陸、范、楊三家之詠史詩，可窺詩歌體製之派生，詠史類型之消長，印本傳播之影響，以及南北宋詩之異同，宋詩之追求新變，以為自成一家之特色，故亦值得探論。

文學之體製、類型、主題、技法，往往因時乘勢，隨代賦形。故詠史詩自班固〈詠史〉之隱括史傳，左思〈詠史〉之以史詠懷；至李白〈遠別離〉、〈俠客行〉，杜甫〈詠懷古跡五首〉之借古諷今，託史寄意；杜牧〈烏江亭〉、〈赤壁〉，李商隱〈北齊二首〉、〈龍池〉諸什之別識心裁，古所未有，前後一千年間，名目雖殊，其為歌詠歷史人物與事件則無不同。試觀李白詠史懷古詩，或稱〈古風〉，或取樂府舊題，如〈千里思〉、〈俠客行〉、〈遠別離〉；杜甫詠史懷古詩近 50 首，未嘗以「詠史」命題，更多因事命篇，

---

20 參看胡雲翼：《宋詩研究》，（成都：巴蜀書社，1993），頁 103-128；錢鍾書：《宋詩選注》，楊萬里、陸游、范成大，（臺北：書林出版公司，1990），頁 216-221，頁 230-234，頁 255-258；吉川幸次郎：《宋詩概說》，第五章〈南宋中期〉，（臺北：聯經出版公司，1977），頁 199-233；程千帆、吳新雷：《兩宋文學史》，第七章〈愛國詩人陸游及其并世名家〉，（上海：上海古籍出版社，1991），頁 299-348；胡明：《南宋詩人論》，論及楊萬里、陸游、范成大詩歌及其主題，（臺北：學生書局，1990），頁 43-143；許總：《宋詩史》，〈中流砥柱——南宋中期〉，（重慶：重慶出版社，1992），頁 646-748；孫望、常國武主編：《宋代文學史》（下），第五、六、七章，（北京：人民文學出版社，1996），頁 65-116；許總：《宋詩》，下編第五章，（桂林：廣西師範大學出版社，1999），頁 251-277；張毅主編：《宋代文學研究》（下），第十六、十七章（北京：北京出版社，2001），頁 987-1058。

以之抒情寄意。一代之所以有一代文學，大家名篇之所以能新變代雄者，未嘗
不由於獨闢蹊徑，自我作古。探究因革損益之現象，凸顯新變開拓之實際，方
能得出文學之特色與價值。因此，本文所謂「詠史詩」，概指廣義而言。

（一）體製派生與陸、范、楊三大家詠史詩

　　筆者檢索北京大學《全宋詩》第三九、四〇、四一、四二冊，陸游所作
詩，以讀史為題者 40 首，以詠史、雜感與雜興為題者各 2 首，藉樂府詠史者 9
首，藉題畫詠史者 1 首。懷古詩之作，「見古迹，思古人」，從而寄寓興亡賢
愚之感慨，陸游所作有 17 首。詠史詩之原始，為隱括史傳以為詩，其後衍化成
抒發胸臆以為詩，要皆詠史詩之流變，陸游所作有 6 首，故陸游詠史詩數量在
75 首以上。范成大所作，以讀史為題者 29 首，懷古詩有 31 首，總數約 60 首。
楊萬里所作，以讀史為題者 9 首，藉題畫詠史者 1 首，其餘則懷古詩 14 首，詠
史詩 6 首，約 30 首。由此觀之，三大家所作詠史詩約 165 首以上，陸游最多，
其次為范成大，楊萬里數量最少。蓋楊萬里作詩，主張「感物觸興，冥搜萬
象」；「萬象畢來，獻予詩才」；「興會自然，觸處生春」，[21]「由江西入，不
由江西出」。[22]所作率由直尋，多非補假，資書以為詩之作既不多，故詠史詩於
三大家中為數最少，於誠齋 4000 餘首詩中只佔 133 分之 1。此一關鍵少數，正
足以詮釋楊萬里專家詩之風格，以及詠史詩之特質。

　　詠史詩所詠者，或為歷史人物，或為歷史事件，皆為歷史之陳迹，而流播
人口，書諸簡帛者。尤其雕版印刷發達後，印本逐漸取代寫本，雖則寫本印本
同時流行，然圖書典籍因印本傳播，流通便捷，取閱更加容易。科舉取士既測
試詩賦，又需考試策論，歷史典籍可以述往知來，又足以提供經驗資鑑，故宋

---

[21] 顧易生等：《宋金元文學批評史》（上），第二編第三章第三節〈楊萬里〉，（上海：上海古籍出版
社，1996），頁 291-296。蔣長棟：〈試論誠齋體對南宋詩風轉變的貢獻〉，《蜜成猶帶百花香——第
二屆全國楊萬里學術研討會論文集》，（南昌：江西高校出版社，1999.9），頁 73-80；112-117。

[22] 張瑞君：《楊萬里評傳》，第四章、一、（三）、〈始學江西出江西〉，（南京大學出版社，
2002.3），頁 193-199。

人讀書作詩，往往涉及史傳。何況，「中國史學莫盛於宋」，[23]史學之繁榮與史部典籍之刊印相互為用，[24]遂蔚為宋代閱讀論之勃興。[25]《全宋詩》著錄許多讀書詩，其中有不少讀史詩；陸游名其書室為「書巢」，《劍南詩稿》中即載存200首讀書詩，[26]是其顯例，足見一代學風與詩風之一斑。南宋三大家共創作78首讀史詩，約佔三家詠史詩之半數，時代風會之所趨，印本傳播之影響，從「讀史詩」足以體現之。

　　詠史詩一體，以歷史文獻為閱讀素材，進行獨闢谿徑，別生眼目之發揮，是所謂資書以為詩、以才學為詩；是文人之詩，非詩人之詩；是史學與文學之會通化成，[27]思辨反省與文學審美之交融為一，故除詠史、懷古外，樂府、感興、讀書、題畫苟涉及歷史，亦不妨隨手揮灑，微見史意，如陸游〈雜題〉六首其二，推崇嚴光歸隱心切；[28]〈雜感〉十首其一，譏諷巢父、許由、嚴光諸隱士之消極避世，山棲不深；[29]〈追感往事〉五首之五，將南宋與東晉對比，諷刺私利誤國、殷憂無人，[30]與詠史詩相較，可謂貌異而心同。又如陸游〈題明皇幸

---

[23] 王國維、陳寅恪、蒙文通先後有此主張，參考蒙文通：《經史抉原》、《中國史學史》第三章〈中唐兩宋〉，（成都：巴蜀書社，1995），頁304-345；參考同註8，高國杭：〈宋代史學及其在中國史學史上的地位〉。

[24] 參考同註12，（日）尾崎康：《以正史為中心的宋元版本研究》，第一章〈北宋版研究〉，第二章〈南宋版研究〉，頁1-60。

[25] 曾祥芹等主編：《古代閱讀論》，第三編〈隋唐兩宋時期閱讀理論〉，（鄭州：河南教育出版社，1992），頁225-312。其中，黎靖德編《朱子語類》卷十、十一，〈讀書法〉上下，最具代表性。（臺北：文津出版社，1986.12），頁161-198。

[26] 參考黃啟方：《兩宋文史論叢》，〈陸游讀書詩考釋〉，（臺北：學海出版社，1985），頁451-507。

[27] 參考張高評：《會通化成與宋代詩學》，〈伍、史家筆法與宋代詩學〉，（臺南：成功大學出版組，2000），頁154-159。

[28] 羊裘老人只念歸，安用星辰動紫薇。洛陽城中市兒眼，情知不識釣魚磯。（《全宋詩》卷2176，陸游〈雜題〉六首之二，頁24763）。錢仲聯：《劍南詩稿校注》（以下簡稱《校注》），頁1720。

[29] 志士山棲恨不深，人知已是負初心。不須先說嚴光輩，直自巢由錯到今。（《全宋詩》卷2189，陸游《雜感》十首之一），頁24972。

[30] 諸公可歎善謀身，誤國當時豈一秦？不望夷吾出江左，新亭對泣亦無人。（《全宋詩》卷2198，陸游《追感往事》五首之五），頁25114，《校注》，頁2781。

蜀圖〉，歷述天寶遺事，諸如楊李弄權、八姨富貴、賊騎汹汹、神語琅琅，殺
氣橫天，明皇幸蜀，結以「老臣九齡不可作，魚蠹蛛絲金鑒篇」，[31]曲終奏雅，
歸於諷諫。楊萬里〈和姜邦傑春坊續麗人行〉，本為蘇軾〈續麗人行〉詩作
「遺妍開發」，後半連類觸及王昭君之圖畫失真，及容華誤身。此與袁枚指懷
古詩，「乃一時興會所觸」，[32]差異不大。

　　樂府詩至唐，有嶄新的發展：李白所作，除古題樂府外，又作即事命篇之
新題樂府，共約 140 餘首。杜甫亦本漢樂府「緣事而發」之精神，自創新題，
而完成 30 多首新題樂府。白居易、元稹繼踵前脩，所作新樂府，「因事立題，
體製新變」，標榜「補察時政，洩導人情」；大抵從擬古到創新，借擬古以創
新。[33]宋代詩人得此啟示，往往以故為新，借樂府舊題以抒情寄意，如陸游作
〈婕妤怨〉，題寫班婕妤之哀怨，實則暗寓仕宦之浮沉，[34]是剪裁史傳，以抒胸
臆，亦詠史之流亞也。陸游所作〈長門怨〉，[35]就陳皇后之廢居冷宮，寄託自己

---

[31] 天寶政事何披猖，使典相國胡奴王。弄權楊李不足怪，阿瞞手自裂紀綱。八姨富貴尚有禮，何至詔書
襲五郎。盧龍賊騎已汹汹，丹鳳神語猶琅琅。人知大勢危壘卵，天稔奇禍如崩牆。臺省諸公獨耐事，
歌詠功德卑虞唐。一朝殺氣橫天末，疋馬西奔幾不脫。向來諂子知幾人，賊前稱臣草間活。劍南萬里
望秦天，行殿春寒聞杜鵑。老臣九齡不可作，魚蠹蛛絲金鑒篇。（《全宋詩》卷 2160，陸游〈題明皇
幸蜀圖〉，頁 24391，《校注》，頁 544

[32] 眼見臺城作劫灰，一聲荷荷可憐哉。梵王豈是無甘露，不為君王致蜜來。（《全宋詩》卷 2297，楊萬
里〈讀梁武帝事〉P26387）。袁枚論懷古詩，見《隨園詩話》卷 6，第 54 則，（臺北：漢京文化公
司，1984），頁 187。

[33] 參考葛曉音：《詩國高潮與盛唐文化》，〈論李白樂府的復與變〉、〈新樂府的緣起和界定〉、〈論
杜甫的新題樂府〉，（北京：北京大學出版社，1998），頁 162-210。鍾優民：《新樂府詩派》，第八
章〈新樂府詩派的理論〉，（瀋陽：遼寧大學出版社，1997），頁 270-276。

[34] 妾昔初去家，鄰里持車箱。共祝善事主，門戶望寵光。一入未央宮，顧盼偶非常。稚齒不應患，傾身
保專房。燕婉承恩澤，但言日月長。豈知辭玉陛，翻若葉隕霜。永巷雖放棄，猶應重誇傷。悔不侍宴
時，一夕稱千觴。妾心剖如丹，妾骨朽亦香。後身作羽林，為國死封疆。（《全宋詩》卷 2164，陸游
〈婕妤怨〉，頁 24491，《校注》，頁 888）

[35] 「未央宮中花月夕，歌舞稱觴天咫尺。從來所恃獨君王，一日讒興誰為直？咫尺之天今萬里，空在長
安一城裏。春風時送蕭韶聲，獨掩羅巾淚如洗。淚如洗今天不知，此生再見應無期；不如南粵夙匈奴
使，航海梯山有到時。」（《全宋詩》卷 2170，陸游〈長門怨〉，頁 24642）。此詩當與陸游所作下
列樂府詩參看：「寒風號有聲，寒日慘無暉，空房不敢恨，但懷歲暮悲。今年選後宮，連娟千蛾眉；
早知獲譴速，悔不承恩遲。聲當徹九天，淚當達九泉，死猶復見思，生當長棄捐。」（《全宋詩》卷
2157，〈長門怨〉，頁 24340，《校注》，頁 369）、「憶年十七兮初入未央，獲侍步輦兮恭承寵光。

政治之失意與不遇；〈楚宮行〉，[36]假託古代之楚王酣醉章華臺，諷刺時政之殫竭民力。〈烏棲曲〉，[37]亦託言楚王，諷刺其宴安佚樂。〈古別離〉，[38]託言邂逅淮陰，以寫風雲際會，死生相盟。〈董逃行〉，[39]託「董卓作亂，卒以逃亡」之炯戒，以刺蔡京危亂，我曹受禍之憾恨。凡此樂府擬作，其要歸本於「藉古諷今，託史寄意」，實與詠史懷古無別。本文下節討論詠史詩，只就三大家詠史「別生眼目」處作闡釋論證，不及託史寄意，因史詠懷，因附記於此。

　　三大家詠史詩之體製，陸游所作近體，七絕 38 首，七律 10 首，六絕 4 首，五律五絕各 3 首，七古 8 首，五古 4 首，樂府 9 首；范成大所作詠史詩 60 首中，七律 3 首，五古七古各一，其餘皆七言絕句；楊萬里詠史詩 30 首，其中，七律 8 首，騷體詩 3 首，五律 1 首，其餘皆七言絕句。就因革損益論，三大詩人詠史詩，相較於北宋詩人所作，已有許多新變：近體多於古體，短章多於長篇，七言多於五言，七言絕句最多，五律五絕較少，六言絕句亦不多。

地寒祚薄兮自貽不祥，讒言乘之兮罪釁日彰。禍來嶠峨兮勢如壞牆，當伏重誅兮鼎耳劍鋩。長信雖遠兮匪棄路旁，歲給絮帛兮月賜稻粱。君舉玉食兮犀箸誰嘗？君御朝衣兮誰進薰香？婕妤才人兮儼其分行，千秋萬歲兮永奉君王。妾雖益衰兮尚供蠶桑，願置繭館兮組織玄黃。欲訴不得兮仰呼蒼蒼，佩服忠貞兮之死敢忘？」（《全宋詩》卷 2157，〈長信宮詞〉，頁 24340，《校注》，頁 369）、「武王在時教歌舞，那知淚灑西陵土。君已去兮妾獨生，生何樂兮死何苦！亦知從死非君意，偷生自是慚天地。長夜昏昏死實難，孰知妾死心所安。」（《全宋詩》卷 2157，〈銅雀妓〉，頁 24340，《校注》，頁 370）三首詩相互參看。

[36] 漢水方城一何壯，大路並馳車百兩。軍書插羽擁修門，楚王正醉章華上。璇題藻井窮丹青，玉笙寶瑟聲冥冥。忽聞命駕遊七澤，萬騎動地如雷霆。清晨射獵至中夜，蒼兕玄態紛可藉；國中壯士力已殫，秦寇東來遣誰射？（《全宋詩》卷 2175，陸游〈楚宮行〉，頁 24747，《校注》，頁 1505）

[37] 楚王手自格猛歖，七澤三江為范圍。城門夜開待獵歸，萬炬照空如白晝。樂聲前後震百里，樹樹棲鳥盡驚起。宮中美人謂將旦，髮澤口脂費千萬。樂聲早暮少斷時，莫怪棲鳥無穩枝。（《全宋詩》卷 2182，陸游〈烏棲曲〉，頁 24850，《校注》4／1981）

[38] 君北遊司井，我南適熊湘，邂逅淮陰市，共飲官道傍。丈夫各有懷，窮達詎可量；臨別一取醉，浩歌神激揚。勳業有際會，風雲正蒼茫。亂點劍風血，苦寒芒屨霜。死即萬鬼鄰，生當致虞唐。丹雞不須盟，我非兒女腸！（《全宋詩》卷 2182，陸游〈古別離〉，頁 24850，《校注》4／1981）

[39] 漢末盜賊如牛毛，千戈萬槊更相麈。兩都宮殿摩雲高，坐見霜露生蓬蒿。渠魁赫赫起臨洮，僵屍自照臍中膏。危難繼作如湧濤，王朝荒穢誰復薅？踰城散走墜空壕，扶老將幼山中號。昔者孽杙根株牢，眾憤不能損秋毫？誰知此亂亦不遭，名雖放斥實逃逃。平民踣死聲嗷嗷，今茲受禍乃我曹！（《全宋詩》卷 2182，陸游〈董逃行〉，頁 24861，《校注》4／2013）

由南宋三大詩人詠史內容觀之，除傳承六朝以來詠史、懷古之體製外，藉讀史以詠史，擬樂府而詠史，因題畫而詠史，緣感興以詠史，蔚為詠史詩體製之新變。其中，尤以讀書詩中之「讀史詩」質量均高，最具「新變代雄」之宋詩特色。

（二）三大家詠史詩與主題類型之嬗變

學界探討西漢史學之主潮，在「過秦」與「戒漢」二大主題。過秦與戒漢，是秦亡、楚敗、漢興諸歷史事件之反思。[40]趙宋代興，北宋史家所作詠史，往往推見至隱，探究天人，體察古今，作為當下之資鑑；一般詩人詠史，攸關楚漢紛爭之人物與事件，亦不約而同，津津樂道。[41]筆者翻檢《全宋詩》前三十冊，計得詠史懷古之作 210 餘首，其中詠楚漢之際人物凡 72 首，漢初至武帝人物，在 70 首以上，大抵發揮西漢史學「過秦」與「戒漢」之主題。北宋詠史詩歌詠秦楚至武帝 130 餘年間人物，竟高居三分之二；其餘則先秦人物約 34 首，漢武帝以降至五代人物，時代雖久長，卻只有 30 餘首，尚不足全數七分之一。[42]

試以北宋詠史詩作為參照系統，南宋三大家詠史詩取資之歷史人物，與時代分佈，以及詠史詩中所關切之主題內容，多有殊異，又有近似。筆者統計《全宋詩》所收三大詩人 165 首詠史詩，所詠歷史人物，就時代區分，以漢魏六朝最多，高居 54 首以上；其次為初盛中唐，近 40 首；其次為先秦人物，約 25 首；北宋最少，約 10 首。此與北宋詠史詩關注秦楚之際及西漢一朝，大異其趣；楚漢紛爭之詠史主題，至南宋三大家所受關愛已大異於從前。漢魏六朝治亂興亡之殷鑑，初盛中唐盛衰存亡，成敗得失之教訓，[43]最得三大詩人之青睞，

---

[40] 陳其泰：《史學與中國文化傳統》，〈「過秦」和「宣漢」：兩漢時代精神之體現〉，（北京：學苑出版社，1999），頁 75-97。

[41] 同註 8，〈詠史詩與書法史筆——以北宋史家詠史為例〉，「北宋史家詠史詩與《春秋》書法——推見至隱」，「北宋史家詠史詩與史家筆法——通變古今，探究天人」，頁 15-17，頁 27-31。

[42] 同註 8，〈北宋詠史詩與《史記》楚漢之爭〉，頁 426-427。

[43] 參考同註 3。關於治亂相乘，朝代循環諸問題，可參考楊聯陞：《國史探微》，〈國史諸朝興衰芻

實則為宋代史學盡心「資鑑」之體現。自漢魏至中唐，三大詩人所作詠史詩近百首，約占總數三分之二。其所關注與致力，足以體現三大詩人之史觀、史學、與史識，亦可供南宋史學研究之參考。先秦人物之歌詠，排名第三；北宋人物大約 10 首，屈居殿後，殆與「貴遠賤近」之尚古意識有關；[44]也許，與《春秋》書法所謂「隱桓之閒則彰，至定哀之際則微。為其切當世之文而罔褒，忌諱之辭也」，[45]不無關係。

南宋三大家詠史詩關切之主題，大抵有四大端：其一，歷史之成敗興亡；其二，人物之臧否美刺；其三，人材之用舍行藏；其四，政俗之反思諷諭。一言以蔽之，其要歸於資鑑。其中，詠史主題觸及歷史之成敗興亡者最多，在 45 首以上；其次，為人物之臧否抑揚，約 26 首；其次，為人材之用舍行藏，約 22 首；其次，為政俗之反思與諷諭，約 15 首以上。簡言之，詠歷史之興亡，對人物作臧否褒貶，發揮歷史「述往事，知來者」，作為經世致用之資鑑者佔大部分，與宋代史學意識合拍。借史寫意，寄託襟抱之詩人雅興，為數次多；至於政俗之反思與諷諭，可以抒憤懣，知得失，又其次。

史之為書，「歷記成敗、存亡、禍福、古今之道」；詠史詩既歌詠歷史人物與事件，故亦頗「述存亡之跡，稽興廢之理」，述往知來成為歷史之使命。影響所及，詠史詩於此，自有十分之體現。宋王朝藉兵變取得政權，為鞏固王位，致天下太平，宋代史學致力思考秦漢隋唐成敗興亡之所以然，司馬光所主修之《資治通鑑》可作代表；即契丹所建遼國，亦多方譯介《貞觀政要》、《五代史》、《通歷》諸書，作為治國安邦之智慧。因此，三大家詠史詩最關切之主題，亦殊途同歸，皆指向歷史之成敗興亡。其中，陸游所作最多，凡 16

論〉、〈朝代間的比賽〉，（臺北：聯經出版公司，1997.5），頁 21-42，43-59。

[44] 顧偉列：〈中國古典文學中的尚古意識及其成因〉，《上海教育學院學報》1990 年 1 期；王立：《中國古代文學十大主題》，〈中國古代文學中的懷古主題〉，三、〈世俗之性，好褒古而毀今〉，（臺北：文史哲出版社，1994），頁 127-132。

[45] 司馬遷：《史記·匈奴列傳》，〈太史公曰〉，瀧川龜太郎《史記會注考證》卷 110，（臺北：萬卷樓圖書公司，1993），頁 1201。

首，舉其著者言之，如〈哀郢二首〉、〈先主廟次唐貞元中張儼詩韻三首〉、〈屈平廟〉、〈楚城〉、〈讀史有感〉、〈項羽〉、〈曹公〉、〈讀史〉、〈冬夜讀史有感〉諸什。范成大所作亦多，凡 14 首，如〈讀史〉、〈臙脂井三首〉其三、〈開元天寶遺事四首〉其三、〈虞姬墓〉、〈宜春苑〉、〈文王廟〉、〈題夫差廟〉諸詩，洵為佳作。楊萬里所作，亦有可觀，如〈題釣臺二絕句〉、〈讀梁武帝事〉、〈過淮陰縣題韓信廟……〉其二、〈題吳江三高堂・范蠡〉、〈雪中登姑蘇臺〉、〈登鳳凰臺〉諸詩，多就歷史之興亡成敗著墨，得失功過之間，頗堪資鑑。

自《春秋》《左傳》《史記》以降，多標榜勸善懲惡，賢賢賤不肖，作為歷史之神聖使命，[46]詠史詩既為歷史與文學之化成體，於此遂多體現。南宋三大詩人詠史，於歷史人物之臧否勸懲，亦多所在意。就表彰英賢言，陸游所作，如〈籌筆驛〉、〈遊諸葛武侯書臺〉、〈讀劉賁策〉、〈讀陳蕃傳〉、〈項王祠〉、〈讀唐書忠義傳〉、〈讀史二首〉其二，多可使頑夫廉，懦夫有立志。范成大所作，如〈雷萬春墓〉、〈羑里城〉、〈藺如墓〉、〈書浯溪中興碑後〉；楊萬里所作，如〈謁昌黎伯廟〉、〈題吳江三高堂・陸魯望〉、〈延陵懷古・延陵季子〉、〈延陵懷古・東坡先生〉諸什，皆可樹之風聲，令人見賢思齊。劉知幾《史通・曲筆》稱：「史之為用，記功司過，彰善癉惡，得失一朝，榮辱千載」，三大家詠史詩有貶斥不肖，諷諭奸邪者，可與史乘同功。陸游所作，如〈讀夏書〉、〈讀阮籍傳〉；范成大所作，如〈題開元天寶遺事四首〉其二、〈讀唐太宗紀・平內難〉、〈七十二塚〉諸什，多可作為殷鑑。

賢者在位，能者在職，乃人材任用之理想；否則，野有遺賢，往往嗟歎不遇。清龔自珍〈乙丙之際著議〉曾感歎：「左無材相，又無材史，閭無材將，庠序無材士」；北宋陸游詠史，即有士不遇之喟歎，如〈銅雀妓〉、〈婕妤怨〉、〈長門怨〉、〈長信宮詞〉、〈古別離〉、〈讀史〉諸詩，及楊萬里

---

[46] 張高評：〈《左傳》敘戰與資鑑使命〉，《儒道學術國際研討會——先秦論文集》，（臺北：臺灣師範大學國文系，2002），頁 359-361。

〈舟過楊子橋遠望〉詩，多可見其志在用世，卻又懷材不遇之憾。至於隱逸江湖山林之士，北宋以來多推崇有加，南宋三大家詠史，對其人之用舍行藏，往往寄寓譏貶。陸游所作，如〈雜題〉六首其二、〈夜觀嚴光祠碑有感〉、〈雜感〉十首之一、〈讀隱逸傳〉；范成大所作，如〈釣臺〉、〈留侯廟〉、〈讀李泌事偶書〉；楊萬里所作，如〈讀釣臺二絕句〉、〈讀嚴子陵傳〉、〈釣臺〉、〈過彭澤縣望淵明祠堂〉諸什，對於人材明哲保身之隱逸，與高蹈不仕之隱逸，用舍行藏之間，作兩極化之評價，可謂時代心聲之反映。

其他，尚有對政俗之批判或褒譏，陸游報國心切，所作詠史詩，尤多此類主題，如〈夜讀東京記〉、〈楚宮行〉、〈烏棲曲〉、〈董逃行〉、〈明妃曲〉、〈讀史二首〉其一，〈讀史四首〉其二；范成大〈題日記〉、〈雙廟〉詩，或借古諷今，或慷慨陳詞，要皆反思鑑戒之意也。

上述南宋三大家詠史主題之四大端，各有側重，多切當代之世務，有感而發，有為而作，非徒託空言可比。尤其難能可貴者，為選材避熟就生，「詳人所略，異人所同」；即使同詠楚漢紛爭人物，亦自有其面目，不與北宋之詠史詩雷同。此，宋詩「另闢谿徑，獨具隻眼」之理想與追求也。

蕭馳《中國詩歌美學》論述詠史詩的發展，分為三種類型：其一，「以史為詠，正當于唱歎寫神理」，此為隱括史傳與抒情詠懷的統一；其二，「攬碎古今巨細，入其興會」，此乃詩意與哲理之有機統一；其三，「在作史者不到處，別生眼目」，此為詠史與史論融合為一，是機杼獨具之創意思維。[47]宋代詠史詩最具特色處，當在別生眼目。

詠史詩最原始的類型，班固〈詠史〉之隱括史傳，排除在上述三大類型之外，詠史詩至南宋之嬗變，可見一斑。筆者研究北宋詠史詩，無論是一般詩人詠昭君和親，楚漢紛爭，或史家詠史，「隱括史傳，寫照傳神」，自是比重極大之一大類型。故筆者參考歷代詩話、詞話及諸家論著，區分詠史詩之類型為

---

[47] 蕭馳：《中國詩歌美學》，第六章〈歷史興亡的詠歎——詠史詩藝術的發展〉，（北京：北京大學出版社，1986），頁124-144。

四：一、隱括史傳，寫照傳神；二、以史為詠，唱歎有情；三、藉古諷今，託
史寄意；四、別生眼目，獨具隻眼。[48]今試以此分類，論述南宋三大詩人詠史詩
類型之消長與演化，大抵詠歎成敗之詠史詩最多，高達 45 首以上。其次，託史
寄意之詠與別生眼目之作，不相上下，難分軒輊。數量最懸殊，絕無僅有者，
為隱括史傳一類，只見陸游所作〈拜張忠定公祠二十韻〉一首五古詩。[49]印本流
傳便捷，不煩隱括？或時勢風會，多留心成敗得失、比興寄託、史論轉化？其
中緣因，待考。

　　南宋三大詩人所作，就唐宋詩之發展而言，詠史組詩之大量創作，亦值得
提出與強調。西晉左思所作〈詠史〉八首，堪稱詠史組詩之開山。於此遂多著
力。[50]北宋詩人詠史，如：邵雍作〈題淮陰侯廟〉十首、蘇軾作〈鳳翔八觀〉、
蘇轍作〈讀史六首〉、黃庭堅作〈和陳君儀讀太真外傳五首〉、賀鑄作〈題項
羽廟三首〉、張耒作〈歲暮福昌懷古四首〉，論數量皆不如晚唐所作。然觀南
宋三大詩人所作詠史組詩，數量質量增多，呈復興之局勢。如陸游所作，有
〈讀史四首〉、〈讀史有感三首〉、〈先主廟……三首〉；范成大所作，有
〈續長恨歌七首〉、〈讀唐太宗紀・平內難〉五首、〈題開元天寶遺事四
首〉、〈臙脂井三首〉、〈讀史三首〉、〈重讀唐太宗紀・立晉王〉三首；楊
萬里所作，〈遊定林寺即荊公讀書處四首〉、〈題吳江三高堂〉三首、〈延陵
懷古〉三首，要皆同題續作，追求因難見巧。其後，南宋王十朋有〈詠史詩〉

---

[48] 同註 8，一、（二）〈北宋史家詠史類型之傳承〉，（三）〈北宋史家詠史詩之新變〉，頁 3-14。

[49] 張忠定公，即北宋名臣張詠（946-1015），字復之，號乖崖，為治蜀楷模事蹟見宋祁〈張尚書行
狀〉、錢易〈宋故樞密直學士禮部尚書贈左僕射張公墓誌銘〉、韓琦〈故樞密直學士禮部尚書贈左僕
射張公神道碑銘〉、王偁〈忠定公傳〉，《宋史》本傳卷 293，參閱張其凡整理《張乖崖集》附集卷
一，（北京：中華書局，2000），頁 143-165。

[50] 盛唐杜甫作〈詠懷古迹五首〉，中唐吳筠作〈高士詠〉五十首、〈覽古十四首〉，趙嘏作〈讀史編年
詩〉36 首，至晚唐而踵事華。如胡曾〈詠史詩〉150 首，汪遵〈詠史詩〉61 首，周曇〈詠史詩〉195
首，孫元晏〈六朝詠史詩〉75 首，可謂洋洋大觀矣。參考李宜涯：《晚唐詠史詩與平話演義之關
係》，第四章第三節〈敘事型詠史詩之研究〉，（臺北：文史哲出版社，2002），頁 91-119；莫礪
鋒：〈論晚唐的詠史組詩〉，《唐代文學研究》第九輯（桂林：廣西師範大學出版社，2002），頁
744-759；趙望秦：《唐代詠史組詩考論》，（西安：三秦出版社，2003）。

100 餘題，曾極作〈金陵百詠〉，林同作〈孝詩〉280 題，劉克莊作〈雜詠〉200 首，陳普作〈詠史〉207 題 355 首，鄭思肖作〈一百二十圖詩〉，視晚唐詠史組詩，可謂不遑多讓。由此觀之，詠史組詩於唐宋兩代之發展，大盛於晚唐及晚宋之末世，夕陽風華對於詠史組詩之創作，是否有必然關係？亦待考。

第三節　史學繁榮與南宋詠史詩之別生眼目

　　宋代史學，號稱空前繁榮。此與修史制度之完善、當代史之編修、歷史文獻之匯整、史部典籍之刊刻有關。於是史書數量空前增多，史書體例空前發展，史學範圍空前擴大。史料之編次、史書之修撰、又歸本於史官之選任與機構之設置諸修史制度。[51]蓋史學可以經世，其功良多，或垂訓借鑑、或消除異說、或控制輿論、或頌揚德政、或倡導教化，故宋代朝廷重視之。由《宋史・藝文志》著錄史書之多，反映宋代史學之昌盛；其他公私藏書目錄，如《崇文總目》、《中興館閣書目》、《中興館閣續書目》、《三朝國史藝文志》、《兩朝國史藝文志》、《四朝國史藝文志》、《中興四朝國史藝文志》；以及晁公武《郡齋讀書志》、尤袤《遂初堂書目》、陳振孫《直齋書錄解題》、鄭樵《通志・藝文略》等等，皆可見證史學之繁榮。要皆宋代積弱不振，志在資鑑興亡之體現。[52]其中，史料之編次、史書之修撰，經由寫本傳鈔、印本傳播諸觸媒轉化，推波助瀾，更促進宋代史學之繁榮昌盛，關係一代之學術與文風，不容小覷。

　　前文論及，南宋三大詩人詠史之作，以感慨興亡、詠歎成敗最多；其次，

51　陳寅恪稱：「中國史學莫盛於宋」，語見《金明館叢稿二編》，（上海：上海古籍出版社，1980），頁 240。參考高國杭：〈宋代史學及其在中國史學史上的地位〉，《中國歷史文獻研究集刊》第 4 集，（長沙：岳麓書社，1983），頁 126-135；林平：《宋代史學編年》，〈前言〉，（成都：四川大學出版社，1994.11），頁 13。

52　同上，《宋代修史制度研究》，第十一章〈餘論〉，頁 201。參考陳樂素：《宋史藝文志考證》，〈宋史藝文志研究札記〉，「史學盛」，（韶關：廣東人民出版社，2002.3），頁 703。

則表彰英賢，貶斥不肖；傷悼不遇，褒譏隱逸，又其次。就詠史類型分，前二者近「以史為詠」，後者即「託史寄意」，要皆左思〈詠史〉詩之流亞，為詠史詩之優良傳統，自為宋人所傳承與接受。此外，尚有自宋代史論所派生轉化之創意，宋代詠史詩「最工為之」的「別生眼目」特色，堪稱詠史詩之新變與開拓：

> 詩人詠史最難，須要在作史者不到處別生眼目。正如斷案，不爲胥吏所欺，一兩語中，須能說出本情。使後人看之，便是一篇史贊，此非具眼者不能。自唐以來，本朝詩人最工為之。（南宋費袞《梁谿漫志》卷七，〈詩人詠史〉）

> 傳派傳宗我替羞，作家各自一風流。黃陳籬下修安腳，陶謝行前更出頭。（楊萬里《誠齋集》卷二十六，〈跋徐恭仲省干近詩〉其三）

> 我昔學詩未有得，殘餘未免從人乞。……詩家三昧忽見前，屈賈在眼元歷歷。天機雲錦用在我，剪裁妙處非刀尺。……（陸游《劍南詩稿》卷四，〈九月一日夜讀詩稿有感走筆作歌〉）

費袞《梁谿漫志》成書，在宋光宗紹熙三年（1192 年），時當南宋前期，費袞論詠史詩，強調「見處高遠」，「在作史不到處別生眼目」，要求寄寓「大議論」，宜具有以古鑑今之作用。筆者以為，費氏論詠史詩，涉及史識、創意、史論、史用，在在皆與宋代史學之資鑑意識、宋詩之新變特色有關，當為宋代史學影響詩學，尤其是詠史詩之絕佳體現。[53]楊萬里論詩，追求推陳出新，自成一家，所謂「黃陳籬下修安腳，陶謝行前更出頭」；《景德傳燈錄》所謂「不向如來行處行」。陸游自述學詩歷程，從乞人殘餘、學詩未得，妙悟到「詩家三昧」、「屈賈在眼」，也都強調別出心裁，貴乎自得自道。今考察

---

[53] 同註 23，蒙文通：《中國史學史》，第三章〈中唐兩宋〉，頁 304-347；張高評：《會通化成與宋代詩學》，〈史家筆法與宋代詩學〉，「史識之旁通」，（臺南：成功大學出版組，2000），頁 166-175。

南宋三大家詠史詩之新變，薪傳自宋以前之「以史為詠」、「託史寄意」，將暫不討論，只論述「別生眼目」之創意特色。

三大家活躍之時代，大抵在孝宗、光宗、寧宗前後，時當印本圖書與寫本競妍爭輝期，至理宗朝而勢均力敵，平分秋色。因此，豐富多元之圖書閱讀機緣，促使詠史詩之寫作，更加追求接受美學所謂「創造性填補，想像性聯接」。筆者考察南宋三大詩家詠史詩，特別留心獨闢谿徑，別生眼目之作。發現詠史詩注重史識與別裁，方見創意與新奇。清代林昌彝《海天琴思續錄》卷一稱：「詠史詩須有議論，須有特識」；袁枚《隨園詩話》卷二謂：「讀史詩無新義，便成《廿一史彈詞》」，善哉斯言！綜要言之，楊萬里、范成大、陸游三大家詠史詩切合費袞所謂「別生眼目」之條件者，大抵有五大途徑：其一，視角轉換；其二，遺妍開發；其三，翻空生奇；其四，微辭嘲弄；其五，歷史論衡，分別論證如下，以見詠史詩之新變與開創。

（一）視角轉換

蘇軾〈題西林壁〉稱：「橫看成嶺側成峰，遠近高低各不同」云云，足見觀賞廬山，最少有七種視角；視角不同，所得隨之殊異。慣性而相同之視角，必然得出相近或相同，且了無創意之結論。因此，尋常熟見之詩題，諸家共賦的相同題材，往往較難表現新意。如果詩人能嘗試恢廓詩思、轉換視角，變更主題，調整意象，自然令人一新耳目，創意十足。如嚴光、釣臺，與隱逸、進退頗有關連，此為尋常慣性思維，南宋三大詩人所作，就主題立意、視角聚焦而言，可分兩大類型：其一、推崇隱逸江湖之高潔；其二，討論高蹈不仕之是非。先述隱逸之高潔：

> 我昔過釣臺，峭石插江淥。登堂拜嚴子，挹水薦秋菊。君看此眉宇，何地著榮辱。雒陽逢故人，醉腳加其腹。書生常事爾，乃復駭世俗。正令為少留，要非昔文叔。平生陋范曄，瑣瑣何足錄。安得太史

公，妙語寫高蹈。（《全宋詩》卷 2178，陸游〈夜觀嚴光祠碑有感〉，
頁 24790；錢仲聯校注：《劍南詩稿校注》，上海古籍出版社，1985 年
（以下簡稱《校注》）4／1674）

　　斷崖初未有人蹤，只合先生着此中。漢室也無一抔土，釣臺今是幾
春風。（《全宋詩》卷 2278，楊萬里〈題釣臺二絕句〉其一，頁
26118）

　　同學書生已冕旒，未將換與一羊裘。子雲到老不曉事，不信人間有
許由。（《全宋詩》卷 2278，楊萬里〈題釣臺二絕句〉其二，頁
26118）

　　釣石三千丈，將何作釣絲。肯離山水窟，去作帝王師？小范真同
味，玄英也並祠。老夫歸已晚，莫遣客星知。（《全宋詩》卷 2297，楊
萬里〈釣臺〉，頁 26396）

　　陸游〈夜觀嚴光祠碑有感〉，謂醉腳加故人之腹，為書生之常事，居然
驚世駭俗，實在不值得史書載錄。楊萬里〈題釣臺二絕句〉，其一稱揚釣臺
流芳，其二褒崇高蹈不仕；〈釣臺〉詩，贊同歸隱江湖。上述之隱逸主題及
高士形象，自《後漢書》嚴光本傳以來，歷代詠史詩大抵多相沿不變。唯後
人作詩，須精刻過於前人，然後可以爭勝，苟無新意，大可不必再作。試觀
下列陸游、范成大、楊萬里所作、創意變化，古所未道，頗耐人觀玩，如：

　　志士山棲恨不深，人知已是負初心。不須先說嚴光輩，直自巢由錯
到今。（《全宋詩》卷 2189，陸游《雜感》十首之一，頁 24972）

　　山林朝市兩塵埃，邂逅人生有往來。各向此心安處住，釣臺無意壓
雲臺。（《全宋詩》卷 2248，范成大〈釣臺〉，頁 25804）

　　客星何補漢中興？空有清風冷似冰。早遣阿瞞移漢鼎，人間何處有
嚴陵。（《全宋詩》卷 2282，楊萬里〈讀嚴子陵傳〉，頁 26181）

　　陸游〈雜感十首〉其一，抨擊山棲不深之嚴光輩，「負初心」，「錯到今」，論述視角已不同凡響。范成大〈釣臺〉詩，強調人生出處只要「此心安住」，在朝在野是可以等量齊觀的。楊萬里〈讀嚴子陵傳〉，有感於南宋士人或效顰嚴光，明哲保身，高蹈不仕，故出此翻案詩以諷刺之。就清高風節加以質疑，所謂「在作史者不到處別生眼目」，長於變化創新，故能與前人爭勝。

　　再如王昭君故事之演述，唐以前不論；北宋自王安石作〈明妃曲二首〉，其後歐陽脩、梅堯臣、司馬光、曾鞏、劉敞、秦觀等皆有和作，追新求變，相互爭勝。[54]陸游〈明妃曲〉，不拘於北宋名家名篇之陳迹，亦以視角獨特稱勝，如：

> 漢家和親成故事，萬里風塵妾何罪？掖庭終有一人行，敢道君王棄憔悴？雙駝駕車夷樂悲，公卿誰悟和戎非？蒲桃宮中顏色慘，雞鹿塞外行人稀。沙磧茫茫天四圍，一片雲生雪即飛。太古以來無寸草，借問春從何處歸？（《全宋詩》卷 2183，陸游〈明妃曲〉，頁 24867；《校注》4／2208）

　　以「漢家和親成故事」之既定宿命，推衍出四大詰疑：「萬里風塵妾何罪？」「敢道君王棄憔悴？」「公卿誰悟和戎非？」「借問春從何處歸？」反詰生情，既反思和戎之是非，又論定昭君命運之無奈。立意主題，多足與北宋詩人爭能。清金德瑛稱：「凡古人與後人共賦一題者，最可觀其立意關鍵」；立意未經人道，方稱擅場。

（二）遺妍開發

　　齊梁詩人柳惲作〈江南曲〉，言止而意未盡。北宋寇準（961-1023）為此，

---

[54] 張高評：〈王昭君形象之流變與唐宋詩之異同——北宋詩之傳承與開拓〉，《世變與創化——漢唐、唐宋轉換期之文藝現象》，（臺北：中央研究院中國文哲研究所，2000），頁 487-526。

曾作一詩，題曰〈追思柳惲汀洲之詠，尚有遺妍，因書一絕〉，詩云：「日落
汀洲一望時，愁情不斷如春水」，此之謂「遺妍開發」。[55]筆者以為，此種「遺
妍開發」之方式，為宋詩新變之一大途徑，就《全宋詩》所載，舉凡同題詩、
唱和詩、白戰體、讀書詩、翻案詩、雜體詩、題畫詩、詠物詩、詠史詩，多盡
心致力於此道。晚清陳衍評價宋詩，稱「大略淺意深一層說，直意曲一層說，
正意反一層說、側一層說。」，[56]要皆遺妍開發之多元層面。如范成大〈續長恨
歌七首〉：

> 金杯瀲灩曉粧寒，國色天香勝牡丹。白鳳詔書來已暮，六宮鉛粉半
> 春闌。（《全宋詩》卷 2242，范成大〈續長恨歌七首〉其一，頁
> 25749）

> 紫薇金屋閉春陽，石竹山花卻自芳。莫道故情無覓處，領巾猶有隔
> 生香。（《全宋詩》卷 2242，范成大〈續長恨歌七首〉其二，頁
> 25749）

> 聞道蓬壺重見時，瘦來全不耐風吹。無端卻作塵間念，已被仙官聖
> 得知。（《全宋詩》卷 2242，范成大〈續長恨歌七首〉其三，頁
> 25749）

> 別後相思夢亦難，東虛雲路海漫漫。仙凡頓隔銀屏影，不似當時取
> 次看。（《全宋詩》卷 2242，范成大〈續長恨歌七首〉其四，頁
> 25749）

> 人似飛花去不歸，蘭昌宮殿幾斜暉。百年只有雲容姊，留得當時舊
> 舞衣。（《全宋詩》卷 2242，范成大〈續長恨歌七首〉其五，頁

---

[55] 參考程千帆：《宋詩精選》，（南京：江蘇古籍出版社，1992），頁 7-9。柳惲〈江南曲〉，述洞庭歸
客與故人妻子之對話：「『故人何不返？春花復應晚。』不道新知樂，祇言『行路遠』」，故人妻子
聽完洞庭歸客善意的謊言後，有何反應？柳惲未言。見逯欽立：《先秦漢魏晉南北朝詩》，《梁詩》
卷八，（北京：中華書局，1995），頁 1673。

[56] 陳衍：《石遺室詩話》卷十六，（福州：福建人民出版社，1999），頁 227。

25749）

驪山六十二高樓，突兀華清最上頭。玉羽川長湘浦暗，三郎無事更神遊。（《全宋詩》卷 2242，范成大〈續長恨歌七首〉其六，頁 25749）

帝鄉雲馭若為留，八景三清好在不？玉笛不隨雙鶴去，人間猶得聽梁州。（《全宋詩》卷 2242，范成大〈續長恨歌七首〉其七，頁 25749）

白居易作〈長恨歌〉，詠李楊戀情；尚有遺妍，范成大為作〈續長恨歌七首〉。其一，特寫白鳳詔書；其二，凸顯故情無覓；其三，拈出作念塵間；其四，強調別後相思；其五，敘寫人去不歸；其六，描述高樓神遊；其七，歸結到人間梁州，主題與形象，皆將無作有，對〈長恨歌〉原典之空白，作許多發揮和創作。續作與原作，可以相得益彰。又如陸游、楊萬里所作詠史：

未央宮中花月夕，歌舞稱觴天咫尺。從來所恃獨君王，一日讒興誰為直？咫尺之天今萬里，空在長安一城裏。春風時送簫韶聲，獨掩羅巾淚如洗。淚如洗兮天不知，此生再見應無期；不如南粵匈奴使，航海梯山有到時。（《全宋詩》卷2170，陸游〈長門怨〉，頁 24642）

二袁劉表笑談無，眼底英雄不足圖。赤壁歸來應歎息，人間更有一周瑜。（《全宋詩》卷 2192，陸游〈曹公〉，頁 25028；錢仲聯：《校注》5／2524）

一箇青童一蹇驢，九年來往定林居。經綸枉被周公誤，罷相歸來始讀書。（《全宋詩》卷 2305，楊萬里〈遊定林寺即荊公讀書處四首〉其二，頁 26496）

踏月敲門訪病夫，問來還是雪堂蘇。不知把燭高談許，曾舉烏臺詩帳無。（《全宋詩》卷 2305，楊萬里〈遊定林寺即荊公讀書處四首〉其四，頁 26496）

陸游〈長門怨〉五言、七言各一首，俱借漢武帝陳皇后失寵之宮怨，寄託政治上失意之憾恨。對於〈長門賦〉及史傳多作遺妍之開發，令人如見其人，如聞其聲。〈曹公〉一首，赤壁之戰，曹公大敗；由結局開發遺妍，補足「赤壁歸來應歎息」情節，自亦順理成章。楊萬里〈遊定林寺即荊公讀書處四首〉其二，從《周官新義》生發，而稱「經綸枉被周公誤，罷相歸來始讀書」，視點別生眼目，匪夷所思。其四，補白蘇王相會之情節，坐實高談議題為烏臺詩案，亦是無中生有，想當然耳之揣測，自是細節填空所宜有。自我作古，亦有可取。

（三）翻空生奇

古典詩歌通行既久，名家名篇充斥，創作遂有時而窮。於是有反常合道之「翻案」法出，以之推陳出新、變通濟窮，既可以賦古典以新貌，又足以化臭腐為神奇。宋詩、宋文在唐代文學繁榮璀璨之後，為求學唐、變唐，自成一家，[57]翻案乃成創新出奇之常法。不甘凡近，追新求奇者，皆優為之。[58]詠史詩講究別識心裁，機杼自出，「反其意而用之」的翻案法，往往廣受青睞，如陸游所作：

> 委命仇讎事可知，章華荊棘國人悲。恨公無壽如金石，不見秦嬰繫頸時。（《全宋詩》卷 2163，陸游〈屈平廟〉，頁 24461；錢仲聯：《校注》頁 789）
>
> 莫笑書生一卷書，唐虞事業正關渠。漢廷若有真王佐，天下何須費掃除。（《全宋詩》卷 2204，陸游〈讀陳蕃傳〉，頁 25209；《校注》6

---

[57] 張高評：《宋詩之新變與代雄》，貳、〈自成一家與宋詩特色〉，（臺北：洪葉文化公司，1995），頁 67-141。

[58] 張高評：《宋詩之傳承與開拓》，〈宋代翻案詩之傳承與開拓〉，（臺北：文史哲出版社，1990），頁 13-115。

／3047）

　　天生父子立君臣，萬世寧容亂大倫。籍輩可誅無復議，禮非為我為
何人？（《全宋詩》卷 2214，陸游〈讀阮籍傳〉，頁 25370；《校注》7
／3520）

　　生本無心死可知，徐徐掩骨未為遲。一奴僅可供薪水，那得閒人荷
鍤隨。（《全宋詩》卷 2237，陸游〈夜讀劉伯倫傳戲作〉，頁 25704；
《校注》8／4486）

　　陸游〈屈平廟〉，採否定式假設：屈原如果「壽如金石」，將可「見秦嬰
繫頸」。〈讀陳蕃傳〉，亦以假設性推論反證議題，可謂反常合道。〈讀阮籍
傳〉，駁斥《世說新語‧任誕》、《晉書》卷四九本傳阮籍「禮豈為我設邪」
之言，反詰生情。〈夜讀劉伯倫傳戲作〉，亦就《世說新語》、《晉書》劉伶
本傳事迹作翻案。作詩善翻古人之意，反言表述，往往妙脫蹊徑，清新俊逸。
又如范成大之作：

　　謝蠻舞袖貴妃弦，秦國如花號國妍。不賞纏頭三百萬，阿姨何處費
金錢。（《全宋詩》卷 2244，范成大〈題開元天寶遺事四首〉其二，頁
25770）

　　宮府相圖勢不收，國家何有各身謀。縱無管蔡當時例，業已彎弓肯
罷休。（《全宋詩》卷 2245，范成大〈讀唐太宗紀‧平內難〉五首之
一，頁 25781）

　　佐命諸公趣夜裝，爭言社稷要靈長。就令昆季尸神器，未必唐家便
破亡。（《全宋詩》卷 2245，范成大〈讀唐太宗紀‧平內難〉五首之
三，頁 25781）

　　建成回馬欲馳歸，元吉行趨武德闈。若使兩人俱得去，却於何處極
兵威。（《全宋詩》卷 2245，范成大〈讀唐太宗紀‧平內難〉五首之
四，頁 25781）

范成大〈題開元天寶遺事四首〉其二，就蘇軾〈虢國夫人夜游圖〉、樂史《楊貴妃外傳》翻空生奇，反諷嘲弄，逸趣橫生。〈讀唐太宗紀·平內難〉五首，其一、其三、其四，各用「縱無」、「就令」、「若使」，假設推衍，言之成理，落想切實，翻轉出新。又如楊萬里所作詠史：

> 仲舉高談亦壯哉，白頭狼狽只堪哀。枉教一室塵如積，天下何曾掃得來。（《全宋詩》卷 2288，楊萬里〈讀陳蕃傳〉，頁 26259）

> 玉人自惜如花面，不許黃鸝鸚鵡見。若令畫史識傾城，寫徧人間屏與扇。春光嬾困扶不起，吹殘玉笙也慵理。是誰瞥見一梳雲，微月影中掃穠李。阿昉姓周不姓顧，筆端那得蓮生步。無妨正面與渠看，看了丹青無畫處。古來妍醜知幾何，媒母背面謾人多。君不見漢宮六六多少人，畫圖枉却王昭君。是時當面看寫真，却遭琵琶彈塞塵。不如九京喚起文與可，麝煤醉與竹傳神。（《全宋詩》卷 2297，楊萬里〈和姜邦傑春坊續麗人行〉，頁 26377）

> 此日淮壖號北邊，舊時南服紀淮壖。平蕪盡處渾無壁，遠樹梢頭便是天。今古戰場誰勝負，華夷險要豈山川。六朝未可輕嘲謗，王謝諸賢不偶然。（《全宋詩》卷 2301，楊萬里〈舟過楊子橋遠望〉，頁 26437）

> 老無穉子為應門，病有毗耶伴此身。相府梵宮均是幻，卻須捨宅即離塵。（《全宋詩》卷 2305，楊萬里〈半山寺三首〉其二，頁 26496）

〈讀陳蕃傳〉，從一室積塵未掃，翻叠出天下難掃，意外而層深。〈和姜邦傑春坊續麗人行〉，「是時當面看寫真，却遭琵琶彈塞塵」，乃就「背面麗人」翻案生發；與可傳神，亦就「畫圖枉却」反其意而用之，翻轉變異，死蛇活弄。〈舟過楊子橋遠望〉，尾聯：「六朝未可輕嘲謗，王謝諸賢不偶然」借六朝影射南宋；六朝有王謝諸賢，翻出南宋之王謝安在？詠史視點異於世人之嘲謗六朝，可謂反常合道。〈半山寺三首〉其二，詠歎王安石暮年虔誠向佛，

捨宅離塵；相府梵宮既然「均是幻」，捨宅離塵的意義究竟何在？也就發人深省。「踢倒當場傀儡，劈開立地乾坤」，解黏去縛，繞路說禪，詠史運用翻案，可以形成一個嶄新世界，特地乾坤。

（四）微辭嘲弄

　　《左傳》成公十四年載「君子曰」稱：「微而顯，志而晦，婉而成章，盡而不汙，懲惡而勸善」云云，是為《春秋》五例，為《左傳》《史記》以下史傳文學奉行不二之書法與史法。[59]微辭，避免直接正面說明，改用間接側面表述。將難言之隱微，運用指桑罵槐方式表出，微婉諷諭之外，其中之綿針泥刺最有「主文譎諫」之成效。《四庫全書總目・日講春秋解義》〈提要〉稱：「說《春秋》者，莫夥於兩宋」，《春秋》學、史學在宋代並稱顯學，詠史詩遂多所體現。三大詩人詠史，陸游、范成大運用「微辭嘲弄」者如下，如：

　　　　運籌陳迹故依然，想見旌旗駐道邊。一等人間管城子，不堪譙叟作降箋。（《全宋詩》卷 2156，陸游〈籌筆驛〉，頁 24305；《校注》，頁 227）

　　　　諸公可歎善謀身，誤國當時豈一秦？不望夷吾出江左，新亭對泣亦無人。（陸游《追感往事》五首之五，《校注》，頁 2781）

　　　　巨浸稽天日沸騰，九州人死若丘陵。一朝財得居平土，峻宇雕牆已遽興。（《全宋詩》卷 2204，陸游〈讀夏書〉，頁 25205；《校注》6／3037）

　　　　本意治功徒木，何心黨禍揚塵。報讎豈教行劫，作俑翻成害仁。（《全宋詩》卷 2243，范成大〈荊公墓二首〉之二，頁 25756）

　　　　堂堂列傳冠元功，紙上浮雲萬事空。我若材堪當世用，他年應只似

---

[59] 張高評：《左傳之文韜》，五、〈《左傳》敘事與言外有意──微婉顯晦之史筆與詩筆〉，（高雄：麗文文化公司，1994），頁 183-201。

諸公。（《全宋詩》卷2243，范成大〈讀史三首〉之二，頁25757）

　　陸游〈籌筆驛〉，以孔明籌筆「指揮若定失蕭曹」，與譙周以管城子作降箋相對照，高下賢愚立判，可謂絕妙反諷。〈追感往事〉五首之五，「不望夷吾出江左，新亭對泣亦無人」，連續二句否定，尖銳諷刺，沈痛憂憤，溢於言表。〈讀夏書〉，窮兵黷武之後，接以大興土木，則民不聊生可以想見，以敘為議，微婉表出。范成大所作詠史詩，如〈荊公墓二首〉其二，將報讎與行劫，作俑與害仁相提並論，以論安石一生功過，發人深思。〈讀史三首〉其二，材堪世用與富貴浮雲間，如何取捨定奪，亦多無奈之悵憾。范成大、楊萬里所作詠史，以微辭嘲弄者，尚多有之，如：

　　　　剝啄延秋屋上烏，明朝箭道入東都。宮中亦有風流陣，不及漁陽突騎粗。（《全宋詩》卷 2244，范成大〈題開元天寶遺事四首〉其四，頁25770）
　　　　弟兄相賊戰天倫，自古無如舜苦辛。掩井捐階危萬死，不聞親殺鼻亭神。（《全宋詩》卷 2245，范成大〈讀唐太宗紀・平內難〉五首之二，頁 25781）
　　　　一棺何用塚如林，誰復如公負此心。聞說群胡為封土，世間隨事有知音。（《全宋詩》卷 2253，范成大〈七十二塚〉，頁 25850）
　　　　桂折秋風露折蘭，千花無朵可天顏。壽王不忍金宮冷，獨獻君王一玉環。（《全宋詩》卷 2292，楊萬里〈讀武惠妃傳〉，頁 26318）

　　范成大〈題開元天寶遺事四首〉其四，以宮中風流陣之陰柔，與漁陽突騎之陽剛相對襯，絕妙反諷。〈讀唐太宗紀・平內難〉五首之二，借兄舜雖萬死未殺弟象之事，標榜兄弟天倫，以反諷玄武門之變兄弟相殘之悲劇。〈七十二塚〉，曹操猜疑負心，群胡引為知者，一筆兩意，諷刺皆到。楊萬里〈讀武惠妃傳〉，為李楊不倫之戀，尋獲一絕妙藉口：原來壽王獻玉環給父親明皇，是

出於「不忍金宮冷」。誠齋為「尊者諱，長者諱」，自然善用《春秋》書法中「微婉顯晦」之法。[60]以《春秋》書法入詩，楊萬里詠史有之。

（五）歷史論衡

陳寅恪稱：「中國史學莫盛於宋」，此與宋代右文政策有關。影響所及，蔚為宋代史論文之勃興。史論文淵源於《左傳》「君子曰」，《史記》「太史公曰」諸論贊，至宋代科舉試策論，拔取多材，於是諸史論贊附庸蔚為大國，成為宋代散文之一體。詠史詩既與史傳有不解之緣，於是史論入侵詠史詩，二者水乳交融，會通化成，體現詩人之史識、史才，與史學。南宋三大家所作詠史詩，出於歷史論衡者，陸游居多。蓋放翁於紹熙、嘉泰年間，曾任實錄院檢討官，與修高宗、孝宗、光宗三朝實錄及三朝史。又著有《南唐書》十八卷，宋陳振孫以為「頗有史法」，明毛晉以為「得史遷家法」，清周在浚以為「可與歐陽公《五代史》相匹」，[61]堪稱傑出史家。其留心於歷史之成敗興亡，而有所裁量論衡，固理有宜然，如下列讀史、觀史之詠史詩：

> 成敗相尋豈有常，英雄最忌數悲傷。蕪蔞豆粥從來事，何恨郵亭坐簀床。（《全宋詩》卷 2168，陸游〈讀袁公路傳〉，頁 24580；《校注》，頁 1174）
>
> 夜對遺編嘆復驚，古來成敗浩縱橫。功名多向窮中立，禍患常從巧處生。萬里關河歸夢想，千年王霸等棋枰。人間只有躬耕是，路過桑村最眼明。（《全宋詩》卷 2202，陸游〈讀史〉，頁 25178；《校注》6／2960）
>
> 讀書雨夜一燈昏，嘆息何由起九原。邪正古來觀大節，是非死後有公言。

---

60 參考楊萬里：《誠齋詩話》，第 10 則，「太史公曰」云云，《左氏傳》曰：「《春秋》之稱，微而顯，志而晦⋯⋯」此《詩》與《春秋》紀事之妙也。⋯⋯李義山云：「⋯⋯可謂微婉顯晦，盡而不汙矣。」《續歷代詩話》本，頁 139。

61 參考雷近芳：〈論陸游的史識與史才〉，《史學月刊》1992 年第 4 期，頁 39-45。

未能劇論希捫蝨，且復長歌學叩轅。它日安知無志士，經過指點放翁門。
（《全宋詩》卷2204，陸游〈雨夜觀史〉，頁25207；《校注》6／3042）

　　馬周浪迹新豐市，阮籍興懷廣武城。用捨雖殊才氣似，不妨也是一書
生。（《全宋詩》卷2230，陸游〈讀史〉，頁25600；《校注》8／4186）

　　顏良文醜知何益，關羽張飛死可傷。等是人間號驍將，太山寧比一毫
芒。（《全宋詩》卷2234，陸游〈讀史二首〉其二，頁25668；《校注》8／
4380、4381）

　　陸游所作讀書詩極多，讀史之作貴有別識心裁，見解不俗，如〈讀袁公路
傳〉，謂成敗有常，最忌悲傷，既開脫袁術，亦啟示後人。〈讀史〉一首，楬
櫫「功名多向窮中立，禍患常從巧處生」，可用來自勉勉人。〈雨夜觀史〉，
再提示「邪正古來觀大節，是非死後有公言」，既強調觀人術，亦肯定史書之
勸懲功能。〈讀史〉七絕，提出用捨雖殊，只要才氣近似，都不妨書生本色，
是亦夫子自道。〈讀史二首〉其二，將顏良文醜與關羽張飛作對比，凸顯出一
毫與太山之懸殊評價。可見所謂人間驍將，賢愚不肖間，豈是以道里計，切忌
以「等是」混淆彼此之人格價值。范成大、楊萬里詠史詩，亦有近似史論者，
亦近歷史論衡之作用，如：

　　三頌遺音和者希，丰容寧有刺譏辭。絕憐元子春秋法，都寓唐家清
廟詩。歌詠當諧琴搏拊，策書自管璧瑕疵。紛紛健筆剛題破，從此磨崖
不是碑。（《全宋詩》卷2254，范成大〈書浯溪中興碑後〉，頁
25865）

　　縱敵稽山禍已胎，垂涎上國更荒哉。不知養虎自遺患，只道求魚無
後災。夢見梧桐生後圃，眼看麋鹿上高臺。千齡只有忠臣恨，化作濤江
雪浪堆。（《全宋詩》卷2269，范成大〈題夫差廟〉，頁26012）

　　鴻溝祇道萬夫雄，雲夢何銷武士功。九死不分天下鼎，一生還負室
前鐘。古來犬斃愁無蓋，此後禽空侮作弓。兵火荒餘非舊廟，三間破屋

兩株松。（《全宋詩》卷 2301，楊萬里〈過淮陰縣題韓信廟前用唐律後
用進退格〉，頁 26443）

　　霸越亡吳未害仁，不妨報國併酬身。風雲長頸無遺恨，雪月扁舟更
絕塵。還了君王採香徑，須饒老子苧羅人。鴟夷若是真高士，張陸何堪
作近鄰。（《全宋詩》卷 2303，楊萬里〈范蠡〉，頁 26462）

　　范成大〈書浯溪中興碑後〉，提出元結〈大唐中興頌〉寓含《春秋》法，
主張歌詠當有刺譏之辭，可與《孟子》「詩亡而後《春秋》作」相發明。〈題
夫差廟〉，夾敘夾議，敘議合一，從禍胎、荒政敘起，接敘遺患、後災、夢
見、眼看，速描勾勒吳國淪亡圖，堪作禍福治亂之殷鑑。楊萬里〈過淮陰縣題
韓信廟前用唐律後用進退格〉，將楚漢爭雄，劉邦誅戮功臣，兔死狗烹，鳥盡
弓藏故事，略加隱括，寓議論於敘事之中，此太史公《史記》史筆之一，[62]不直
接道破，褒貶評價都在筆墨之外。〈題吳江三高堂‧范蠡〉，藉范蠡事迹，以
論出處進退的種種，可供仕隱情結糾葛者之資鑑。[63]

第四節　結論

　　本文探討陸游、范成大、楊萬里南宋三大家詠史詩，以北宋詠史詩，及唐
以前詠史詩作為對照系統。就詠史詩體製之派生、類型之消長、主題之演化作
考察，以見詠史詩於南宋三大詩人作品中之發展與嬗變。文章後半，凸顯詠史
詩「別生眼目」特色，考察南宋三大家詠史詩中體現之狀況。本文所述，得出
下列結論：
　　詠史詩注重史學史識之體現，注重詩人閱讀史書後開發之遺妍，是歷史與
文學之會通化成；是文人之詩，非詩人之詩。

---

[62] 白壽彝：《中國史學史論集》，〈司馬遷寓論斷于序事〉，（北京：中華書局，1999），頁 80-98。

[63] 參考王洪、張愛東、郭淑雲：《中國古代詩人的仕隱情結》，（北京：京華出版社，2001.6）。

宋代史學繁榮，雕版流行，讀書詩、讀史詩增多，詩人除傳承六朝以來詠史懷古體製外，又往往藉讀史以詠史，堪稱讀者之創造性詮釋。

陸游所作，或藉樂府舊題以抒情寄意，看似詠史，其實寫志。「抒發胸臆」，既為詠史傳統之一，藉樂府舊題詠史寫志，可視為陸游詠史特色之一。其他，又或因題畫而詠史，緣感興以詠史。由此觀之，破體為詩現象極為普遍。

南宋三大家詠史詩關切之主題，依序為歷史之成敗興亡、人物之臧否美刺、人材之用舍行藏，政俗之反思諷諭。其中，不無北宋亡國、南宋偏安、和戰之爭諸政治現實之反映在，或即當時政俗之曲折投影與體現。要之，多為宋代資鑑意識之反映。

南宋三大家之詠史類型，大抵有四：其一，隱括史傳，寫照傳神，數量絕無僅有一首。其二，以史為詠，唱歎有情；其三，藉古諷今，託史寄意；以上三者，傳承自古昔，又有所開拓。其四，別生眼目，獨闢蹊徑，此為宋人詠史特色，三大家詠史多所表現。

本文後半重點探討宋朝詩人「最工為之」的「別生眼目」詠史特色。此一詠史特色，因史學之繁榮，史識之見重，資鑑之精神，往往派生轉化為創意獨到之詩篇，其特色為反常、辯證、開放、多元。

就南宋三大家 50 餘首詩作歸納，詠史詩追求「別生眼目」之途徑有五：其一，視角轉換；其二，遺妍開發；其三，翻空生奇；其四，微辭嘲弄；其五，歷史論衡。南宋詩之傳承與開拓，於此可見。[64]

---

[64] 本文初稿，發表於 2003 年 12 月，成功大學中文系主辦，臺灣大學中文系合辦之「六朝唐宋學術研討會」，原題作〈南宋詠史詩之新變──以三大詩人詠史為例〉。會後稍加修飾，收入《遨遊在中古文化的場域──六朝唐宋學術研討會論文集》中，（臺北：里仁書局，2004.11），頁 243-280。為配合全書體例，復從史書之傳播切入討論，再大幅增訂，乃改為今題。

第十二章　印刷傳媒與宋代詠史詩之新變
——以晚宋陳普詠史組詩為例

摘要

　　雕版印刷之崛起，造成印本購求容易，知識傳播便捷，對於文學創作、文學評論、及其他經史哲思，必有所激盪與迴響。宋詩之學唐變唐，自成一家，印本寫本之爭流消長，提供豐富之圖書信息，作為閱讀接受之觸發，對於宋詩特色之生成，宋詩宋調與唐詩唐音之同源異轍，印本繁榮自是其中轉化之關鍵與觸媒。本文選擇創作歷程較受圖書閱讀、版本流傳諸因素影響之詠史詩，作為論證之視角；時代圈定印本業已取代寫本之宋末元初，詩人則討論理學家陳普，關注其身處閩學薈粹，書院林立，刻書繁榮，藏書豐富之福建地區，講學宗法朱熹「格物致知」一派，以此背景考察其詠史組詩 362 首，作為研究之文本。分詩篇自注、資書以為詩、翻案生新、連章逞巧四方面，舉例闡說；從而可見雕版印刷影響詩歌體製、語言、技法、風格之一斑。文學研究，可以整合版本學、目錄學、文獻學而一之，本文權作嚆矢。

關鍵詞

　　印本文化、陳普、詠史、組詩、宋詩特色

第一節　印本文化與宋詩特色

（一）宋詩之困境與印本之崛起

　　知識傳播之媒介，由甲骨而鐘鼎，自簡帛而楮墨，自寫本而印本，愈進而愈簡約輕省，功效數倍於前代。尤其是雕版印刷崛起，作為知識傳媒，相較於漆書竹簡，論功計效，「不但什百，而且千萬矣」。

　　雕版印刷之發明，大概起於盛唐前後，確切時代頗多爭議。據出土文物考證，日人藏有吐魯番所出《妙法蓮華經》一卷，當是現存世界最早之印刷品，學界斷為武則天（684-705）時代之雕版物，遠較敦煌發現之《金剛經》早一百多年[1]。至五代後唐時，宰相馮道奏請「校正九經，刻版印賣」，從此刻書不限於佛經日曆。政府提倡雕版，監本成為範式；由於刻書印賣有利可圖，於是有官刻本、坊刻本、家刻本，「細民亦皆轉相模鋟，以取衣食」，印刷出版蔚為流行風尚。發展至南宋，天下未有一路不刻書。宋代，可謂雕版印刷的黃金時代。

　　北宋開國以來，右文崇儒，科舉取士人數快速暴增。以北宋貢舉為例，「平均每年取士人數之多，在科舉史上是空前的，也是絕後的」。[2]科舉考試促成書院講學之風潮，影響閱讀接受之行為，助長雕版印刷之繁榮，同時推波助瀾了圖書流通之便捷，引發出知識信息之革命。真宗更下詔勸學，有所謂「書中自有黃金屋，書中自有千鍾粟，書中自有顏如玉」之言。蘇轍〈寄題蒲傳正學士閬中藏書閣〉所謂「讀破文章隨意得，學成富貴逼身來」，可見知識之神秘力量，與現實之榮顯利益。

---

[1]　長澤規矩也：《和漢書之印刷及其歷史》。另有南朝鮮慶州佛國寺發現漢譯本《無垢淨光大陀羅尼經咒》，學界以為乃長安至天寶年間（704-751）之印刷品。兩者皆較斯坦因於敦煌發現唐咸通九年（868）之《金剛經》印刷品為早。參考程煥文編：《中國圖書論集》，查啟森：〈介紹有關書史研究之新發現與新觀點〉，（北京：商務印書館，1994 年 8 月），頁 57-59。曹之：《中國印刷術的起源》，（武昌：武漢大學出版社，1994 年 4 月）。

[2]　張希清：〈論宋代科舉取士之多與冗官問題〉，《北京大學學報》1987 年第 5 期；又，〈北宋貢舉登科人數考〉，《國學研究》第二卷（1994 年 7 月）。

太宗（939-997）注重訪求圖書，「遺編墜簡，宜在詢求」，「補正闕漏，用廣流布」。真宗（968-1022）時，「版本大備，士庶家皆有之」，「學者易得書籍」，「士大夫不勞力而家有舊典」，已見雕版印刷發達之便利。仁宗皇祐年間（1049-1054），圖書流通雖以寫本為主，然官方文化機構整理典籍，訪佚校勘，鏤版印行，推廣不遺餘力。靖康之難（1127），監本書版盡為金人劫掠毀棄。高宗紹興年間（1139-1151）下詔重刻經史群書，「監中闕書，次第鏤版」，於是雕版書逐漸成為公家藏書主體。論者指出，南宋為雕版印刷全面發展時期：中央和地方官府、書院、寺觀、私家、書坊，多有刻本。由於監本平準圖書價格，故印本較寫本價廉，書價約為寫本書十分之一而已。[3]物美價廉之印本圖書，就商品經濟而言，尤其有利可圖。論者稱：高宗紹興十七年（1147）刊刻《小畜集》30 卷，每售出一部，即有 233％之高利潤。《漢雋》全書凡十卷，每售一部利潤高達 70％。圖書出版業既以低成本、高效率獲得利潤；因此能刺激買氣，活絡出版市場。[4]職是之故，宋代雕版數量之多，技藝之高，印本流傳範圍之廣，不僅是空前的，甚至有些方面明清兩代也很難與之相比。[5]王重民《中國目錄學史》，從藏書目錄考察南宋寫本書與刻本書之消長，略云：

> 後人一致認為《遂初堂書目》著錄了不同的刻本是一特點，並且開
> 創了著錄版本的先例。但尤袤是以鈔書著名的，而且在他的時代，刻本

[3] 印本書價與寫本之比，參考錢存訓：《中國古代書籍紙墨及印刷術》，〈中國發明造紙和印刷術早於歐洲的原因〉，（北京：北京圖書館出版社，2002.12），頁 243；陳植鍔：《北宋文化史述論》，第一章第五節〈教育改革對宋學的推動〉，（北京：中國社會科學出版社，1992.3），頁 139-141。至於雕版印刷諸刊本的書價，可參考曹之：《中國印刷術的起源》，第十章第四節〈宋代書業貿易之發達〉，「宋代的書價」，（武昌：武漢大學出版社，1994.3），頁 434-436；袁逸：〈中國歷代書價考〉，《編輯之友》1993 年 2 期。

[4] 曹之：《中國印刷術的起源》，〈宋代的書價〉，（武漢：武漢大學出版社，1994 年 3 月），頁 434-436；袁逸：〈中國歷代書價考〉，《編輯之友》，1993 年 2 期。

[5] 宿白：《唐宋時期的雕版印刷》，〈南宋的雕版印刷〉，（北京：文物出版社，1999 年 3 月），頁 84。

書的比量似乎還沒有超過寫本書。而且，《遂初堂書目》內記版本的僅限於九經、正史兩類。由於著錄簡單，連刻本的年月和地點都沒有表現出來。只有到了趙希弁和陳振孫的時代，刻本書超過了寫本書，他們對於刻本記載方才詳細。當然，尤袤的開始之功是應該肯定的。[6]

晁公武（約 1105-1180）《郡齋讀書志》、尤袤（1127-1194）《遂初堂書目》、趙希弁（1249 年在世）《郡齋讀書志‧附志》、陳振孫（1183-1249）《直齋書錄解題》，為現存南宋四大私家藏書目錄。由四大藏書著錄觀之，南宋前期印本書以經史兩類為主，後期子集兩類急遽增加，集部激增尤著。[7]北宋元祐以來，寫本與印本互有消長，迨尤袤撰《遂初堂書目》時，刻本書之數量尚未超過寫本書；但至趙希弁及陳振孫著錄書目時，刻本書之數量已超過了寫本書。咸淳間（1265-1274），廖瑩中世綵堂校刻《九經》，取校 23 種版本，清一色為印本，無一寫本。從此之後，刻本書籍取代寫本，幾乎壟斷了圖書市場。寫本與印本之消長，影響圖書流通與知識傳播，這是可以斷言的。

雕版印刷在宋代之繁榮昌盛，提供宋詩學唐變唐之便利和契機，終而自成一家，與唐詩分庭抗禮，平分詩國之秋色。唐詩之輝煌燦爛，誠如清沈德潛《唐詩別裁集‧凡例》所謂「菁華極盛，體製大備」。因為「能事有止境，極詣難角奇」，所以，蔣士銓〈辯詩〉感歎「宋人生唐後，開闢真難為」。當年王安石身處北宋詩文革新之際，早已看清「世間好語言，已被老杜道盡；世間俗語言，已被樂天道盡」的困境。[8]面對這種困境，明袁中道從宋人之詩歌創作，得出宋人消極與積極的因應之道，以及解決良方：

> 宋元承三唐之後，殫工極巧，天地之英華，幾洩盡無餘。為詩者處

---

6 王重民：《中國目錄學史》，第三章第五節，（北京：中華書局，1984 年），頁 120。

7 同注 5，〈南宋刻本書的激增和刊書地點的擴展──限於四部目錄書的著錄〉，頁 107-110。

8 《陳輔之詩話》引王安石語，《宋詩話輯佚》本，胡仔：《苕溪漁隱叢話》前集卷十四，（臺北：長安出版社，1978 年 12 月），頁 90。

窮而必變之地，寧各自出手眼，各為機局，以達其意所欲言，終不肯雷
同剿襲，拾他人殘唾，死前人語下。於是乎情窮，而遂無所不寫；景
窮，而遂無所不收。（袁中道《珂雪齋文集》卷十一，〈宋元詩序〉）

　　宋人面對唐詩之高峰，消極工夫是「不肯雷同剿襲，拾他人殘唾，死前人
語下」；積極策略是「處窮必變」、「自出手眼，各為機局」。其策略多方，
要以追新求變，自成一家為依歸。宋代詩學之課題，如點鐵成金、奪胎換骨、
以故為新、化俗為雅，以及提倡句法、捷法，標榜活法、透脫，體現翻案、白
戰、破體、出位諸現象，大抵多以傳承繼往為手段，而以開來拓新為極致，一
舉而解決承繼傳統和建立本色之雙重使命。上述每一術語與課題所謂雷同、剿
襲、他人殘唾、前人語下、鐵、胎、故、俗，以及相對應之死法、辨體、本
位，其參照系統為唐詩，即是促成宋人追新求變，自成一家之古典詩歌本色與
典範。有了雕版印刷之繁榮，知識傳播之便捷，詩人隨心所欲閱讀接受大量信
息，讀書破萬卷成為可能，自然左右文學的創作風格，以及文學批評之趨向和
類型，這應該是合理的推想，當然有待進一步之論證！

（二）雕版印刷與宋詩特色之生成

　　知識跨越時空，無遠弗屆流傳，大概與書寫之形制，傳播之媒介，圖書之
流通，以及商品經濟之繁榮密切相關。從甲骨文、鍾鼎文，經竹簡、帛書，到
紙墨寫本，知識傳播已歷經無數進步與飛躍；相形之下，寫本之輕巧便利，實
造就唐代文學之輝煌，唐型文化之豪華。[9]五代以後，雕版印刷運用於圖書典籍
之刊刻，加上北宋右文崇儒，有心推廣印本，科舉考試、書院講學，佛道說
法，作詩習文又皆需求豐富圖書，於是因時乘勢，雕版印刷與古籍整理、圖書
流通、知識傳播結合，供需相求，遂形成「印本文化」（又稱「雕版文化」）
之繁榮昌盛。

---

[9]　參考程煥文編：《中國圖書論集》，二、〈簡帛文化〉；三、〈寫本文化〉，頁62-150。

　　相較於寫本卷軸，雕版圖書有「易成、難毀、節費、便藏」四善，以及化
身千萬，無遠弗屆諸優長，於是快速發展，成為知識傳播之新寵。尤其宋版書
之殊勝，在內容充實，外觀講究，「書法精妙，鑴工精良，紙質堅潤，墨色如
漆，蝶裝黃綾，美觀大方」，前人多所稱道。[10]在「天下未有一路不刻書」的情
形下，南北兩宋刻書之多，雕鏤之廣，版印之精，流通之寬，都是盛況空前
的。知識的傳播媒介，從寫本轉為印本，不僅書籍製作速度加快，書籍複本流
通數量增多，而且對知識信息之傳播交流，圖書文獻之保存積累，都有革命性
之成長。[11]李約瑟（Joseph Needham）、卡德（T・F・Carter）等西方學者一致
指出：中國印刷術西傳，促使教育平民化；於是促成了中古歐洲文藝復興、宗
教改革、與資本主義之興起。因此，西諺有云：「印刷術為文明之母」，誠哉
斯言！[12]雕版印刷與商品經濟之密切結合，促使宋代文化蔚為華夏文明之登峰造
極。宋型文化與唐型文化不同，雕版印刷之繁榮，促成知識革命，形成尚理、
重智、沈潛、內斂之士風與習性，為其中重要關鍵。

　　反饋（feedback），原是電子學術語，原指「被控制的過程對控制機構的反
作用」，這種反作用足以影響過程和結果。應用在生理學或醫學上，指生理或
病理之效應，反過來影響引起效應之原因。[13]美學、文藝學借鏡「反饋」學說，
指稱原因和結果由於相互作用，形成反應回路，因而主客易位。印本圖書與文

---

[10]　明・胡應麟：《少室山房筆叢》卷四〈經籍會通四〉，（上海：上海書店，2001.8），頁 45；張秀
　　　民：《中國印刷史》，第一章〈宋代：雕版印刷的黃金時代〉，「宋版特色」，（杭州：浙江古籍出
　　　版社，2006.10），頁 133。

[11]　同註 9，程煥文：〈中國圖書文化的演變及其意義〉，頁 15-16；李致忠〈宋代刻書述略〉、張秀民
　　　〈南宋刻書地域考〉，頁 196-236。

[12]　李約瑟著，范庭育譯：《大滴定——東西方的科學與社會》，二、〈中國科學對世界的影響〉，（臺
　　　北：帕米爾書店，1987 年 3 月），頁 66。

[13]　反饋，原是控制論術語，在環境因素的影響下，系統把信息輸送出去，又把信息所產生的效應輸送回
　　　來，從而影響信息的再輸出。輸出和送回之間，彼此相互作用，這樣的過程叫做「反饋」。說本胡繩
　　　主編：《中國大百科全書・哲學》，「反饋」，（北京、上海：中國大百科全書出版社，1987.10），
　　　頁 196-197。美學、文藝學借鏡其說，指稱「不斷地根據效果來調節活動」，形成「反應回路」的意識
　　　作用，參考余秋雨：《觀眾心理學》，第三章〈反饋流程〉，（臺北：天下文化，2006.1），頁 67-
　　　68。

學創作、詩話筆記間，由於審美品味、閱讀接受，和商品經濟關係，亦交相作用，互為因果。雕版印刷之繁榮與宋代文學之發展，兩者共存共榮，彼此影響，也自然形成一個反饋系統。唐代文學之輝煌燦爛，清代蔣士銓曾感慨「宋人生唐後，開闢真難為」。宋人面對此種困境，因應策略，首在汲取古人、尤其是唐人之優長，作為自我生存發展之養料；既以學古學唐為手段，復以變古變唐為轉化，終以自成一家為目的。從學習優長，到變古變唐，到自成一家，每一歷程都牽涉到大量閱讀書籍，方能因積學儲寶，出入古今，而斟酌損益，新變超勝。

　　羅大經《鶴林玉露》卷六〈文章性理〉稱：「凡作文章，須要胸中有萬卷書為之根柢，自然雄渾有筋骨，精明有氣魄，深醇有意味，可以追古作者」；此黃庭堅〈與王觀復書〉其一所謂「長袖善舞，多錢善賈」；蘇軾〈稼說送張琥〉所謂「博觀而約取，厚積而薄發」，皆可見讀書貴在精博之意。印本圖書與寫本爭輝，對於讀書精博，胸中萬卷，自有推助促成之功。因此，筆者以為：雕版印刷之崛起與繁榮，是宋代文明登峰造極之推手，是宋型文化孕育之功臣，是「詩分唐宋」之重要觸媒，是「唐宋詩之爭」公案中之關鍵證人。就宋詩特色之形成來說，其中自有雕版印刷之推波助瀾，圖書流通之交相反饋諸外緣關係在。循是可以想見，宋詩之外，詞、文、賦、四六、文學評論，及其他宋代文學門類，及宋代經學、史學、理學、佛學禪宗、道家道教，標榜會通、集成、新變、代雄者，要皆與雕版印刷之繁榮，圖書之流通有關。北宋以來，印本與藏本寫本並行，圖書信息量必然超越盛唐中晚唐與五代；至南宋末理宗度宗時，印本逐漸取代寫本，對於閱讀接受、學習定向、文學創作與批評理論，甚至文化轉型，多有影響。

　　古籍整理、雕版印刷、圖書流通、閱讀接受、知識傳播，五者循環無端，交相反饋，形成宋代印本文化之網絡系統。就宋詩追蹤典範，擷取優長，到新變代雄，自成一家之歷程而言，近程目標是學古學唐，表現方式有三：其一，編輯唐人別集；其二，評注唐詩名家；其三，宋人選編唐詩。其次，為閱讀唐詩，撰成詩話筆記，推崇唐詩宗風，分享讀詩心得。於是有關唐人之別集、評注、詩選、詩格，皆先後雕印，攸關唐代詩學論述之詩話筆記亦次第刊行，雕

版印刷提供宋人閱讀、學習、接受、宗法唐詩之諸多便利途徑。[14]宋人作詩之學唐變唐，宋代詩話筆記之提倡學唐變唐，得印本圖書流通之便利，方能功德圓滿，水到渠成。又其次，詩話筆記提倡學唐變唐，藉雕版印刷之流傳，又反饋到詩歌之創作中，詩學中豐厚的信息量，影響到宋詩之語言、風格、意象、主題，和技法。所謂「有所法而後成，有所變而後大」，宋詩以師法唐詩之優長為過程、為手段，以新變代雄、自成一家為終極目標，傳承與開拓一舉完成，在在皆以唐詩為參照系統，此拜雕版印刷之賜，印本購求容易，圖書流通便利，有以致之。同時宋人刊刻現當代詩家別集者多，詩人年譜、詩集評注亦隨之編著；於是又有宋代詩派詩選之編纂，宋人選評宋詩諸總集之雕印。[15]宋人之學古變古，學唐變唐，終能超脫本色，而自成一家者，其中若無雕版印刷之觸媒推助，恐難以奏其效而竟其功。

　　宋詩不同於唐詩者，在廣用詩思出位與破體為文。筆者以為，無論出位或破體，非有豐厚之圖書信息不為功。而崛起宋代之印本文化，改變知識流通的慣性，可以提供宋詩創作者無盡藏之圖書資源與豐厚之知識信息量。在雕版印刷盛行，印本購求容易；公私藏書豐富多元，閱讀信息量暴增，知識能量無限廣大之南宋文化界，進行文學創作和評論，勢不得不勤於閱讀，妙於飽參。因此，宋代大家名家之詩，多少有嚴羽《滄浪詩話·詩辨》所謂「以文字為詩，以議論為詩、以才學為詩」之傾向，劉克莊所謂「以書為本，以事為料」文人之詩，不止是蘇軾、黃庭堅、江西詩人而已。原因無他，雕版印刷之影響詩壇文壇，甚至經學、史學、思想界，乃勢所必至，理有固然，且無時不在，無遠弗屆也。職是之故，學界討論宋代文學，及其他宋代學術，自不能忽略雕版印刷、印本文化之因緣與激盪。[16]

14　唐人詩文集多經宋人整理傳世，詳參萬曼：《唐集敘錄》，（臺北：明文書局，1982 年 2 月）。

15　宋人編纂刊刻當代詩文別集、詩歌總集，可參祝尚書：《宋人別集敘錄》，（北京：中華書局，1999
　　年 11 月）；祝尚書：《宋人總集敘錄》，（北京：中華書局，2004 年 5 月）。

16　張高評：《自成一家與宋詩宗風》，收錄所作二文：〈杜集刊行與宋詩宗風——兼論印本文化與宋詩
　　特色〉、〈古籍整理與北宋詠史詩之嬗變——以《史記》楚漢之爭為例〉，嘗試將版本學、目錄學、
　　文獻學與文學作一整合研究，（臺北：萬卷樓圖書公司，2004.11）頁 1-65；頁 149-188。

　　為體現宋代之文化活動實況，學界研究宋代之文學與學術，若能嘗
試整合版本學、目錄學、文獻學而一之，則研究視角獨特，成果必定新穎
可觀。此中天地，無限遼闊。綜觀詩歌創作之類型中，較受圖書閱讀、版
本流傳諸因素影響者，莫如詠史詩與讀書詩；[17]今姑以南宋陳普詠史詩作
為考察文本，以論證上述觀點。博雅方家，不吝指正。

第二節　圖書流通與陳普詠史詩之特色

（一）圖書傳播與詠史詩

　　陳寅恪曾稱：「中國史學莫盛於宋」，試觀宋代史書數量空前增多，官修
私撰史家空前輩出，史書體例空前發展，史學範圍空前擴大，以及方志體裁之
充實完備，區域史學之普遍繁榮，即不難想像其盛況。[18]案諸《宋史・藝文志》
及其他公私藏書目錄，如《崇文總目》、《中興館閣書目》、《中興館閣續書
目》、《三朝國史藝文志》、《兩朝國史藝文志》、《四朝國史藝文志》、
《中興四朝國史藝文志》；以及晁公武《郡齋讀書志》、尤袤《遂初堂書
目》、陳振孫《直齋書錄解題》、鄭樵《通志・藝文略》等等，皆可見證史學
之繁榮。北宋官府藏書數量，約 6705 部，73877 卷；南宋偏安，搜羅亡佚，雕
版刊行，藏書亦近六萬卷。宋代刻書業興盛，不僅前人著作陸續開雕傳世，以
供研讀借鏡；即當代作品亦多印刷成書，因得流傳後世。宋代之版刻，對於書
籍之流布，知識之傳播，貢獻極大。王世貞《朝野異聞錄》載：權相嚴嵩被抄
家時，發現家藏宋版書 6853 部，可見明代宋版書流傳之一斑。宋版書存世於今

---

[17] 張高評：〈北宋讀詩詩與宋代詩學——從傳播與接受之視角切入〉，《漢學研究》24 卷 2 期（2006 年
　　12 月），頁 191-223。

[18] 陳寅恪：《金明館叢稿二編》，（上海：上海古籍出版社，1980 年），頁 240。參考高國杭：〈宋代
　　史學及其在中國史學史上的地位〉，《中國歷史文獻研究集刊》第 4 集，1983 年；何忠禮、徐吉軍：
　　《南宋史稿》，第十四章〈史學的空前繁榮〉，（杭州：杭州大學出版社，1999 年 4 月），頁 610-
　　625。

者，日本阿部一郎教授考察，全世界約有 2120 種，3230 部以上。由宋代之藏書目錄，明代宋版書之流傳，以及當代海內外宋版書之著錄，可以推想宋代圖書流傳之盛況。[19]

在雕版印刷盛行，印本購求容易；公私藏書豐富多元，閱讀信息量暴增，知識能量無限廣大之南宋文化界，進行文學創作和評論，勢不得不勤於閱讀，妙於飽參，方有助於觸發和創造。詠史詩之寫作，必先積儲歷史傳記於胸中，以供取捨剪裁，以資褒貶抑揚。因此，圖書版本之流傳，必然影響創作或評論之內涵與指向。宋代雕版印刷促進圖書流傳、知識革命，誠如蘇軾〈李氏山房藏書記〉所謂「日傳萬紙，學者之於書，多且易致」；於是書肆印本充斥，書多而價廉，提供公私藏書豐富來源。三館（崇文院）與秘閣，為宋代國家館閣藏書機構，他如國子監、御史臺，地方如府、州、郡，亦多有豐富藏書。兩宋私家藏書，動輒數萬卷，北宋如宋敏求、司馬光、李公擇等；南宋如葉夢得、李清照夫婦、陸游、岳珂、晁公武、尤袤、陳振孫、鄭樵、周密、廖瑩中等，多可提供借閱參考。[20]圖書信息量如此豐富而多元，因此，宋代文士之學養，多如百科全書式之富厚精博，東坡所謂「文詞學術，當倍蓰於昔人」，雖有待論證，然印本文化與藏書文化交相映發，勢必影響宋代之文學創作、編著，及評論，甚至其他經、史、哲、思，這是可以斷言的。

所謂「詠史詩」，泛指登古蹟、思古人、讀古史、說古事，關涉興亡得失、裨益勸懲經世者多屬之。弔古、覽古、懷古、讀史詩，皆涵概在內，此就詠史之廣義言之。自東漢班固首作〈詠史〉，其後支派流衍，綿延不絕。以筆者考察，詠史詩之源流，類型大抵有四：其一，隱括史傳，不出己意，以班固〈詠史〉為代表；其二，以史為詠，唱歎有情，以杜牧李商隱所作為代表；其

---

[19] 楊渭生等：《兩宋文化史研究》，第十一章〈宋代的刻書與藏書〉，二、〈版本的流傳〉，（杭州：杭州大學出版社，1998 年 12 月），頁 485-487。。陳堅、馬文大：《宋元版刻圖釋》、〈宋代版刻述略〉，（北京：學苑出版社，2002 年），頁 21。

[20] 清・葉昌熾：《藏書紀事詩》卷一，王鍔點校本，（北京：北京燕山出版社，1999.12），頁 18、26、32、40、44、51、53、65、73、75、79。徐凌志主編：《中國歷代藏書史》，第四章第二節（宋遼金時期）〈私家藏書〉，（南昌：江西人民出版社，2004.7），頁 165-192。

三，借古諷今，托史寄意，以左思〈詠史〉，李清照〈夏日絕句〉為代表；其四，別生眼目，創意超勝，[21]則為宋代詩人所專擅。前三種類型，為六朝四唐所精工，且源遠流長，蔚為詠史詩之基本模式。至於體現「未經人道，別具隻眼」之卓絕史識，則專屬宋代詠史詩之創發與本色。其中之流變與從違，大概與雕版印刷之發達，圖書流通之快捷，寫本與印本之消長爭輝有關。筆者推想，宋代史學之昌盛，對詠史詩之創作自有促進激盪之作用。

詠史詩以隸括本事為下，以別出心裁為上；猶讀書之於作詩，宜講究「書為詩用，不為詩累」，以消納書卷為上，賣弄學問為下。在史籍刊行，圖書信息得來容易而多元情況下，詠史詩所追求者，當較他體為有創意，較難能可貴者。宋代詩學標榜「不經人道，古所未有」，南宋詠史詩尤其盡心致力於此，陳普《詠史》組詩 362 首有具體而微之體現。

陳普（1244-1315），字尚德，號懼齋，福州寧德人。宋亡，不仕。隱居授徒，學者稱石堂先生。著有《石堂先生遺集》二十二卷，《全宋詩》第六十九冊卷 3645-3651 錄存其詩七卷，其中《詠史》組詩見於卷 3650、卷 3651 之中。《宋元學案》卷六十四潛庵學案，列為韓翼甫（恂齋）門人，論者稱：「石堂之學實本輔氏，輔氏之學出於考亭，真知實踐，崇雅黜浮」；又謂：「今誦先生之集，得深養厚，粹乎溫如，的然程朱正脈」，[22]則其理學宗仰，昭然可知。試觀《全宋詩》載存所作〈朱文公〉、〈程朱之學〉四首、〈文公書廚〉、〈大學〉、〈中庸〉五首、〈論語〉十四首，以及〈孟子〉一〇五首諸作，[23]可知其論學旂向，大抵歸屬程朱理學一派。論者指出：建陽刻書大族與朱熹閩學關係密切，邵武軍、南劍州官刻本、家刻本與建陽刻書相得益彰，福建書院林

21 張高評：《自成一家與宋詩宗風》，第五章〈書法史筆與北宋史家詠史詩〉，（臺北：萬卷樓圖書公司，2004 年 11 月），頁 194-214。

22 宋·陳普：《石堂先生遺集》二十二卷，明閱文振編，傳鈔明嘉靖丙申（十五年）寧德縣刊本，明·陳襄序、明·程世鵬書後，國家圖書館藏本，《國立中央圖書館善本序跋集錄》，集部一，頁 649、頁 651。

23 分見《全宋詩》卷 3646，頁 43730-43734；卷 3649，頁 43774-43788，（北京：北京大學出版社，1998 年 12 月）。

立促成刻書業之繁榮，閩北莆田私家藏書崢嶸輩出，既消費購書又產出著述；
這些外緣條件，都跟福建（尤其是閩北）成為官刻本、坊刻本的刻書中心有
關。陳普身處其間，著書立說，閱讀詠史自然深受影響。[24]

　　陳普籍里、居所，以及講學書院，皆不出福建地區。朱熹講學福建，其
〈嘉禾縣學藏書記〉曾云：「建陽板本書籍，上自六經，下及訓傳，行四方
者，無遠不至」；建陽縣與建安縣，為福建刻書中心，亦為宋代出版業重鎮。
福建刻本號稱閩本、建本、或建安本；建陽麻沙鎮所出，為麻沙本，數量尤
多，唯品質較不精。據學界考述，南宋建安建陽兩縣之書坊，有姓名可考者即
有三十三家之多。[25]其中，崇安劉珙在豫章郡齋刻胡安國《春秋傳》、延平葉筠
刊刻葉夢得《春秋傳》、黃善夫、蔡夢弼各刊《史記》，蔡琪、劉之問、劉元
起皆雕印《漢書》、劉仲立印行《前後漢書》，魏仲立刊刻《唐書》，建本精
刊《資治通鑑》、建陽刊本《兩漢會要》、李大異刊刻《皇朝大詔令》、建陽
刻本《唐鑑》、南劍州州學刻本《唐史論斷》，泉州郡齋刻本《資治通鑑綱
目》、鄭性之刊刻《宋九朝編年備要》、邵武刻本《伊洛淵源錄》、勤有堂刻
印《古列女傳》、建陽刻本《宋名臣言行錄》、永福縣學刻本《宋宰輔編年
錄》等等，[26]都是福建刊刻之史部典籍。其他，福州刊刻佛藏道藏，影響深遠；
泉州、漳州、邵武亦皆有書坊刊行典籍。

　　論者稱：宋代刻書，北宋初年以蜀刻為最盛；北宋後期，浙刻最為精美；
南宋時代，則閩刻數量高居全國之首。葉德輝《書林清話》卷三，〈宋坊刻書
之盛〉稱：宋代出版營利書籍知書商，數福建首屈一指；私宅家塾之出版品，
福建仍居甚多。[27]由此觀之，福建雕版印刷繁榮，學者對於印本購求，圖書流

---

[24] 方彥壽：《建陽刻書史》，第三章〈宋代建陽刻書業的繁榮〉，（北京：中國社會出版社，
2004.1），頁 32-44。

[25] 同上註，頁 53-111。

[26] 方彥壽：《福建古書之最》，〈福建刻印的古書之最〉，列舉福建最早之刻本書，經史子集四部古書
凡 80 餘種，「知名的刻書家和書堂最多」，列舉 30 多家書坊刻書。（北京：中國社會出版社，
2003.4），頁 1-245。

[27] 同注9，張秀民：〈南宋刻書地域考〉，頁 232-235。參考註 19，楊渭生等：《兩宋文化史研究》，頁
485-486。

通，自有客觀環境之優勢。朱熹講學福建，門人廖謙曾云：「今之言學者滿天下，家誦《中庸》、《大學》、《語》、《孟》之書，人習《中庸》、《大學》、《語》、《孟》之說」，[28]《四書》在當時之廣為傳誦，自是拜受雕版印刷流傳便捷之推助。日本清水茂教授的研究，注意到印刷術的普及，對宋代學術的影響：福建遠離中原，地處邊陲，宋代卻學者輩出、人才如林，甚至成為道學重鎮——閩學之發祥地；其原因「應該和福建出版業的興盛，有重要關聯」。[29]陳普之學術傳承，詠史組詩於體製內涵之表現，與福建地區出版業之興盛自有關係。

　　再就私家藏書而言，與雕版印刷之繁榮亦有關連。南宋私家藏書之地域分布，福建二十二家位居第三，僅次於浙江四十三家、江西二十七家。[30]自北宋藏書家黃晞（建安人）、黃伯思（邵武人）、方漸（莆田人）、吳與（漳浦人）、吳秘（建甌人）以來，南宋福建藏書家以鄭樵（莆田人）、鄭寅（莆田人）、廖瑩中（邵武人）最有名。[31]就福建之地域關係推論，上述私家藏書，陳普極有機會涉獵閱讀，是否因地利之便，善加利用？待考。何況，陳普論學宗程朱「道問學」一路，「尊德性」之餘，較推重知識學問：宗學問思辨之訓，思辨總以學問為礎石；行格物致知之教，致知實為格物之終極目標。[32]更何況寫作詠史詩，或隱括本事，不出己意；或以史為詠，藉唱歎寫神理；或攬碎古今鉅細，入其神會；或在作史者不到處，別生眼目，在在與豐富之圖書資訊，便捷之知識傳播，息息相關。

---

[28] 黎靖德編纂：《朱子語類》卷一百十六，〈朱子十三·訓門人四〉，（北京：中華書局，1988.8），頁2793。

[29] 清水茂著，蔡毅譯：《清水茂漢學論集》，〈印刷術的普及與宋代的學問〉，（北京：中華書局，2003.10），頁95-98。

[30] 袁同禮：〈宋代私家藏書概略〉，《圖書館學季刊》第2卷第2期；又，周少川：《藏書與文化》，第三章第三節〈私家藏書在其他地域的分布〉，（北京：北京師範大學出版社，1999年4月），頁189-191。

[31] 清·葉昌熾：《藏書紀事詩》卷一，王鍔、伏亞鵬點校本，（北京：燕山出版社，1999年12月）。

[32] 參考明·楊應詔：《閩南道學源流》卷十六，明嘉靖四十三年刊本；清·李清馥：《閩中理學淵源考》卷四十，《四庫珍本二集》。

《全宋詩》卷 3650、3651 存錄陳普〈詠史〉組詩 362 首，未有標題。今翻檢國家圖書館《善本序跋集錄》，明閔文振編《石堂先生遺集》二十二卷，跋語略云：「先生詠史之作題曰《詩斷》，信乎推心窮迹，昭道比義，繩以《春秋》之法，歸諸天理之公，其詞嚴，其論正，其指深，其意遠，視古今諸家詠史大有間矣。謂詩之斷，不亦然乎？」[33]今《全宋詩》所錄〈詠史〉二卷，是否即是閔氏所謂《詩斷》？待考。陳普身處閩學薈粹、書院林立、刻書繁榮、藏書豐富之福建地區，時逢寫本與印本爭輝，印本逐漸取代寫本之晚宋，講學宗法朱熹「問學致知」一派，據此寫作詠史詩，於是體製、語言、技巧、風格，與唐詩或北宋詩相較，遂有許多轉折與嬗變。約而言之，有兩大端：其一，就體製言，分詩篇自注、連章逞巧；其二，就技巧言，分資書以為詩，翻案生新；論證如下：

（二）詠史詩體製之轉折：詩篇自注、連章逞巧

1. 詩篇自注

古人專門之學，必有法外傳心，及筆削之功所不及者，於是別出「自注」之例。清章學誠《文史通義》有〈史注〉篇，謂其例發自《史記・太史公自敘》，指出「自注」之效用，可以明述作之本旨，見去取之從來；讀者經由「自注」文字，作者「聞見之廣狹，功力之疏密，心術之誠偽，灼然可見於開卷之頃」，[34]今學術論著之注釋本之。

案諸詠史之作，貴在史識別裁；何況印本繁榮、圖書豐富之南宋，詠史詩追求「在作史者不到處，別生眼目」，[35]更注重史識別裁之體現，於是詩人「法外傳心，筆削之功」，有賴詩篇自注之表述。考察陳普所作《詠史》組詩 362首，詩篇自注幾佔九成，正是版本大備，「士大夫不勞力而家有舊典」的特定

---

[33] 同註 22，頁 650。

[34] 章學誠：《文史通義》內篇五，〈史注〉，（臺北：華世出版社，1980 年 9 月），頁 153-154。

[35] 南宋・費袞：《梁谿漫志》卷七，〈詩人詠史〉，《四庫全書》本，第八六四冊，（臺北：商務印書館），頁 738。

時空情境，促使陳普詠史詩之體製作如此之轉折與新變。試觀陳普二卷之《詠史》組詩，出於詩篇自注者，或以明述作之本旨，或以見去取之從來，其例實多。陳普所作詠史詩，不脫程朱理學「以文明道」習氣。朱熹之文道觀主張：「文便是道」，「文自道中流出」，既標榜重道輕文，又認為文道一體，[36]陳普以理學家而作詠史詩，顯然受其影響，故《詠史》組詩中之自注，「明述作之本旨」者最多，如：

> 天生瞽瞍非無意，帝降娥皇更有心。萬點歷山烟雨泪，後來化作幾曾參。自注：「不瞽瞍不足以教萬世父子，不象不足以教萬世兄弟，不羑里、陳蔡不足以教萬世處窮達，不顏回不足以教萬世處生死，不伯夷、叔齊不足以立天地之常經，不伊、周、泰伯不足以盡古今之通義。凡此數項大節目，若天所為。」（《全宋詩》卷三六五〇，陳普〈有虞氏〉，頁 43790）

> 性習由來繫正邪，古今誰不道蓬麻？無人說與吹簫相，竇薄淮劉本一家。自注：「淮南厲王之死，薄昭之誅，吳太子之死，吳楚之亂，梁武王之驕恣，淮南王、衡山王之叛，戾太子之稱兵，皆以無良師傅與任使姦人同國而然。周勃、灌嬰懲呂氏，選有節行者傅之，竇廣國弟兄遂為賢戚。燕王旦求人宿衛，武帝曰：『生子當置齊魯禮義之鄉』，乃置之燕，果有爭心。然則性習邪正之說，漢之君臣非獨賈生知之也。使當時能充其說，先之天子太子，而概之貴戚諸侯王，漢其三代矣。明於此而暗於彼，得之一家而失之天下，可謂猷之不遠矣。」（《全宋詩》卷三六五〇，陳普〈文帝五首〉其二，頁 43800）

> 甫出車延玉座傾，黃金無復贖娉婷。騷人更望胡人返，不識松楸拱渭陵。自注：「王昭君詩人模寫多矣，大率述其嫁胡之悲哀，而未及詳當時之事也。暇日看史，見其本末，猶有可言。妄得數首，句法不能及

---

[36] 莫礪鋒：《朱熹文學研究》，第三章第二節〈朱熹的文道觀〉，（南京：南京大學出版社，2000 年 5 月），頁 109-116。

前輩，聊備其未備云耳。」（《全宋詩》卷三六五〇，陳普〈王昭君五首〉其五，頁 43809）

龍虎鴉雛總可人，當陽傾蓋便蘭金。荊州尺寸都相付，始是當年子敬心。自注：「……由此觀之，魯肅之心，愛玄德君臣，而欲其有成也久也。羽恨孫權不讓，每加無禮。而肅常撫之，豈非愛雲長之才，抱公瑾之負，故然乎。不幸子敬死，呂蒙繼之，遂為曹氏圖羽。羽死，而玄德遂失荊州，漢之大勢去而曹氏之計成。然則肅遲數年不死，則羽不亡，非獨劉氏之福，曹氏成否未可知也。……此事前輩皆未之考。」（《全宋詩》卷三六五一，陳普〈魯肅〉，頁 43826）

陳普〈有虞氏〉詩之旨趣，讀其自注而益明，蓋父子兄弟之教，窮達生死之道，以及天地之常經，古今之通義，皆理學中人念茲在茲之課題，陳普詠史自不能忘情，故藉詩明道如此。陳普詠史，頗提性習邪正，以論道德事功，如〈文帝五首〉其二，泛舉文帝朝之死誅、叛亂、驕恣、稱兵，皆以「無良師傅與任使姦人同國使然」，無異一篇史論。自東晉石崇〈王明君〉，歌詠昭君出塞，「述其嫁胡之悲哀」，歷代模寫不絕，流傳至今者，大抵六朝詩 14 首，《全唐詩》題詠 67 首；《全宋詩》所收，北宋 45 首，南宋 96 首詩，共 222 首；[37]確實皆「未及詳當時之事」，陳普「暇日看史，見其本末」，發現其中「猶有可言」，於是作〈王昭君五首〉，「聊備其未備云爾」，這種遺妍之開發，又是另類的「述作本旨」。陳普 360 餘首《詠史》組詩之自注，篇幅最大，字數最多，達 860 餘言者，首推〈魯肅〉一首，以資書為詩之語言，詩篇自注之體製，遂行其「格物致知」之史論提出。篇末強調：「此事前輩皆未之考」，從可見其述作之旨趣。

綜觀《詠史》二卷之自注，其內容指涉，大要歸於「明述作之本旨」。蓋詩人隱約其辭，詠史又往往意在言外，別有懷抱，陳普詠史安排詩篇自注，於

---

[37] 筆者國科會專題研究計畫：《王昭君形象之流變與唐宋詩之異同》（NSC88-2411-H-006-004），附錄一、二、五、六，頁 101-110，頁 116-134。

是詩心妙旨，褒貶筆削，讀者即器求道，遂呼之欲出。詠史組詩之主題思想，如鑑戒六朝、會通史論、史識獨到、《春秋》書法、經世資鑑；以理學入詩，藉詩篇自注，標榜道德事功、正誼明道；闡發天理綱常、心術本領，甚至實踐格物致知，詠史詩中固已體現，然參看自注文字，益加相得益彰。擬另撰一文論述，暫不詳說。

詩篇自注，除「明述作之本旨」外，又同時可以「見去取之從來」；詩人「聞見之廣狹，功力之疏密」，乃至於史識之高下，匠心之工拙，詩篇得自注之提示與表述，亦不難考察。陳普詠史，大凡翻案生新則自注，資書為詩則自注，會通史論則自注，格物致知則自注，辨證疑似、微言妙旨則自注，亦擬於他篇開展論證。今略舉數例，以明《詠史》組詩之體式。詠史有翻案生新、資書以為詩之例者，如：

> 詩書禮樂敢忘欽，自是而翁力不任。莫把溺冠輕議論，要觀過魯太牢心。自注：「高帝所溺冠，皆腐儒也；所嫚罵，皆不才也。洛陽陸賈、酈生，趣一時之利，皆腐儒耳。張良則不嫚矣，其取用糾合，不過以就一時之功，不謂人才止於是也。張良畫八難，皆武王之事，則自謂不能叔孫制禮，使度己所能行為之。此皆知有向上層之事，但自以平生放蕩，氣習已成，不可鞭策。帝王之得天下，己非所敢比儗；帝王之禮樂，亦非己之所能故就其下以聽命。此高帝之實心，不以告人，惟張良默會之耳。」（《全宋詩》卷三六五〇，陳普〈漢高帝八首〉其二，頁43795）

> 曹操亡年德劇衰，孫權晚節亂如絲。豫州幸自無頗僻，亦為區區怒費詩。自注：「建安十八年，操立為魏公，殺皇后伏氏。二十一年，進爵為王，以讒殺尚書崔琰，收毛玠付獄，丁儀用事，譖出何夔諸人，群下側目。二十三年，少府耿紀、司直韋晃與金禕共起兵討之，不克，死。二十四年，為趙雲所敗，失漢中，殺楊脩；關羽收襄陽，殺于禁、龐德，操流涕議遷都避之。二十五年卒。後主建興七年，孫權稱帝於武昌，臨釣臺，飲酒大醉，以水洒群臣。八年，發兵浮海求夷亶二洲，亡

卒十八。九年，徙虞翻於蒼梧，遣使之遼東求馬，為人所俘。十一年，遣使將兵齎珍寶拜公孫淵為燕王，斬其使，獻首於魏。時年六十。夏，自將攻新城，為滿寵所敗。十二年，自伐魏，無功。延熙元年，呂壹作威福，伏誅，遣人告諸大將。四年，伐魏無功，太子登卒。五年，立子和為太子，霸為魯王，愛霸與和無異，是儀數諫不聽。八年，全公主、楊竺、全寄譖太子及其母王夫人，夫人憂死，太子寵日衰。陸遜切諫，權不悅。遜甥顧譚諫，徙交州。遜被責，憤恚卒。太子傅吳粲請使魯王鎮夏口，出楊竺等，怒殺之。十三年，廢和，殺霸，殺將軍朱據，族誅陳正、陳象，杖尚書屈晃一百，立子亮為太子，母潘氏為皇后。十五年，復和為南陽王，居長沙。四月卒。建安二十四年，先主取漢中，秋自立為漢中王。辛丑年，蜀中傳獻帝被害，群下共勸上尊號。費詩諫勿稱王，不悅，左遷之，遂即帝位於武擔之南。」（《全宋詩》卷三六五一，陳普〈蜀先主十二首〉其十二，頁 43820）

〈漢高帝八首〉其二，就高祖溺儒冠、辱儒生事作翻案，謂「所溺冠，皆腐儒也，所嫚罵，皆不才也」，此一觀點，前人未道，經陳普拈出論證，頗見特識。〈蜀先主十二首〉其十二，自注剪裁歷史，編年紀事，據事直書，不諱不飾，以詠歎先主劉備，舉曹操、孫權作反襯，以大醇小疵論斷劉備，先揚後抑，稱其「幸自無頗僻」，卻為區區進諫而遷「怒費詩」。自注不殫其煩，引述史傳，編年繫事，原原本本，信而有徵。自注文字精博如此，詳備如此，若無豐富圖書，何所據而言然？

就史書雕版刊行而言，北宋以來景祐刊《三史》、監本《十七史》；南宋以來，兩淮江東轉運刊《三史》、眉山刊《七史》、江浙刊《南北朝七史》；南宋中期，建安刊《十史》（《史記》、《漢書》、《後漢書》、《三國志》、《晉書》、《南史》、《北史》、《隋書》、《唐書》、《五代史記》）；其他，就地緣關係論，建陽書坊尚刊刻《春秋傳》、《兩漢會要》、

《唐鑑》、《唐史論斷》、《伊洛淵源錄》、《資治通鑑綱目》。即如《資治通鑑》之雕版，由後人所輯宋槧百衲本觀之，宋代最少流傳有七種版本。[38]若非身處書院林立、閩學薈粹之福建地區，促成雕版印刷繁榮，建安刊刻史書流傳，購求容易，流通便利，陳普《詠史》自注，何所取材，以之援引經典、以之據事類義、以之摭拾鴻采？何能資書以為詩，令讀者即器求道，以得「法外傳心」之秘？印本文化對文學創作之激盪，文學作品之體製與形式因此而有轉折，亦由此可見一斑。清翁方綱《石洲詩話》卷四稱：「宋人之學，全在研理日精，觀書日富，因而論事日密」；持以論陳普詠史組詩，良然。

2. 連章逞巧

　　組詩，或稱連章之作，指詩人從不同角度、不同側面、不同層次，針對同一主題，創作兩首以上之詩篇；組詩間有內容之統攝性，各章又有相對之獨立性。郭曾炘《讀杜札記》稱：「連章律詩，創始於少陵」；七律連章，更是杜甫所獨創。[39]筆者以為，連章之作注重多層次、多側面之敘寫，葉嘉瑩先生所謂「自一本發為萬殊，又復總萬殊歸於一本」；[40]可為炫學逞巧、挑戰典範、追求創發，揮灑才情者，提供一競技場與演藝臺。連章組詩藝術結構之多樣化與靈活性，頗為處窮必變，追新求奇之宋人所喜愛。試翻檢《全宋詩》，一題二首以上之詩，所在多有，可以知之。

　　「一切好詩，到唐已被做完！」這是兩宋詩人普遍面對的困境和挑戰，宋人覺悟到處窮必變，於是以學古變古為手段，從事閱讀、接受、添增、改換，或翻轉變異，或精益求精，於是創前未有，而自成一家。陳衍《石遺室詩話》卷十六論宋詩，所謂「淺意深一層說、直意曲一層說、正意反一層、側一層

---

[38] （日）尾崎康著，陳捷譯：《以正史為中心的宋元版本研究》，（北京：北京大學出版社，1993 年 7 月）。

[39] 郭曾炘：《讀杜札記》，〈陪鄭廣文遊何將軍山林十首〉，炘按，（上海：上海古籍出版社，1984 年 3 月），頁 34；參考馬承五：〈試論杜甫七律組詩的連章法〉，《草堂》1985 年 2 期。

[40] 葉嘉瑩：《杜甫〈秋興八首〉集說》，〈章法及大旨〉，（上海：上海古籍出版社，1988 年 2 月），頁 49。

說」，這種求異思維、創造性思考，[41]是宋人企圖跳脫唐詩典範的因應策略，猶齊天大聖孫悟空企圖跳脫如來佛之手掌心一般。宋詩大家名家如此，詠史詩標榜別識心裁，「在作史者不到處，別生眼目」，尤其如此。

　　陳普生當宋末元初，浸淫於刻本琳瑯滿目，藏書豐富多元之福建，又身當印本繁榮，逐漸取代寫本之氛圍中。詩人沈思翰藻之際，前人名篇妙句往往紛至沓來，如何避免雷同因襲，而有所創新發明？寫作詠史詩是一大挑戰，創作連章組詩更是因難見巧，展現才學的一種嘗試。考察陳普《詠史》組詩，一組三首者 10 題，一組四首者 12 題，五首者 6 題，七首 1 題，八首、十首各 2 題，一組十二首者 1 題，共 34 題 162 首，佔陳普《詠史》組詩 360 餘首幾近二分之一。若一組二首之詩凡 31 題，亦計在內，則比重超過二分之一以上。觀陳普《詠史》詩之自注，知詠史必不能「但敘事而不出己意」作驪括，因為印本圖書購求容易，史傳昭然，書卷俱在，無勞鈔錄。若夫以史為詠，唱歎有情；以古諷今，托史寄意，則已讓六朝四唐詩人專美於前，宋人及陳普苟不欲俯仰隨人，恰可因印本文化之優勢，發揮創意造語，留心於「在作史者不到處，別生眼目」，逞才出巧，以求超勝。今觀陳普《詠史》組詩，頗力行實踐程朱理學「格物致知」工夫，以寫作其《詠史》組詩，故多刻抉入裡，未經人道之語。

　　陳普連章組詩一組三首者凡十題，分別題詠李斯、韓信、張釋之、董仲舒、魏相、蔡邕、袁紹、晉武帝、羊祜、五王等人。如詠〈韓信〉組詩：

　　　良日登壇計策行，酸醎甘苦共盃羹。不須握手師陳豨，脩武高眠已合烹。自注：「登壇之日，君臣之位已定。雖時禮義未明，然項羽以弒逆亡，高帝以縞素興。韓信目之，則三綱不明，死有餘罪，尚何言哉？」（《全宋詩》卷三六五〇，陳普〈韓信三首〉其一，頁 43798）

　　　群龍共帝牧羊兒，縞素能開四百基。蒯徹亦生天地裏，欲將口舌奪

---

[41] 張高評：〈創造思維與宋詩特色——以創造性模仿、求異思維為例〉，《宋代文學研究叢刊》第十四期，（高雄：麗文文化公司，2007.6），頁 217-229。

民彝。自注：「高帝、韓信之君臣，與義帝、沛公、項羽之君臣，其輕重厚薄為何如。信與高帝，若子之於父，手足之於頭目也。高帝知人見事無所失，信能以臣道事之，則金匱玉室，與漢終始矣。蒯徹反覆深切，而終不行，則天命人心已可見。惜乎其不能深思而疾改也。」（《全宋詩》卷三六五〇，陳普〈韓信三首〉其二，頁 43798）

　　蹀血中原不用驕，論功何似禹乘橇。始終兩漢無留葛，誰與塵編慰寂寥。自注：「高明深厚，則為禹之不矜伐；淺薄無學，則為信之矜功負德。古今人品度量之相絕如此，蓋亦不思不學而已。」（《全宋詩》卷三六五〇，陳普〈韓信三首〉其三，頁 43798）

陳普《詠史》組詩，喜談天命綱常、道德事功，而歸本於大一統意識，其妙處誠所謂「自一本發為萬殊，又復總萬殊歸於一本」。如第一首，論斷韓信之身死族滅，以為「脩武高眠已合烹」，無須等到「握手師陳狶」時。陳普以為：劉、韓既為君臣，韓信自當為王馳驅，解救漢王滎陽之圍，豈可高眠脩武，無視君王之危急？故自注稱：「三綱不明，死有餘罪」。筆者研究《史記‧淮陰侯列傳》發現：歷代詠韓信之見殺，追本溯源，多以為「胎禍於躡足附耳，露疑於奪符襲車」，[42]再加上羞伍絳灌，自信伐功，在在都是危機死門。以「脩武高眠已合烹」斷定韓信敗症，姑不論其當否，至少是見人所未見，言人所未言。第二首，持高帝角度立論，以為韓信與高帝，「若子之於父，手足之於頭目」的君臣厚重關係，蒯徹不當三番兩次「欲將口舌奪民彝」，違背「天地人心」，而勸導韓信背叛劉邦，自立為王。這些論斷，為漢王朝之一統辯護，不見得正確可取，但卻有其特別可觀處。第三首詩，批評韓信功蓋天下，卻「矜功負德」，徒留遺憾在兩漢，千古英雄「誰與慰寂寥」？此一視角，多與人同，論點不出《史記》「太史公曰」，了無新意。創發求異之難能

---

[42] 梁玉繩：《史記志疑》卷三十二〈淮陰侯列傳〉，「斬之長樂鐘室」附案，（臺北：新文豐出版公司，1984 年 6 月），頁 1263-1264。

可貴，由此可見。[43]

陳普連章組詩一組四首者十二題，分別題詠豫讓、張良、張湯、公孫弘、關羽、荀彧、曹丕、明帝、張華、王導、慕容恪、劉裕等人，如〈張良四首〉：

> 乳口搖牙向白蛇，一朝電拂博浪沙。下邳不得編書讀，惟幄何妨佐漢家。（《全宋詩》卷三六五○，陳普〈張良四首〉其一，頁43797）
>
> 撩亂龍蛇掌上爭，罷來閒掉四先生。一棚兒女皆烟散，留得松風萬古清。（《全宋詩》卷三六五○，陳普〈張良四首〉其二，頁43797）
>
> 本是山東忠孝門，卯金社稷暫相煩。君王良會青雲意，長樂鍾中無一言。（《全宋詩》卷三六五○，陳普〈張良四首〉其三，頁43798）
>
> 太公行輩赤松流，伍叔孫通了不羞。好謝君王深體識，不將身後累留侯。自注：「子房素志已畢而不去者，遇合之情有不忍也。漢廷群臣，本非其伍，而子房無所不可。故高帝擊黥布時，與叔孫通共傅太子，且處其下。然則韓信羞與噲伍，小人之量也。子房卒於惠帝六年，漢事尚堪付託。呂后萬歲之問，高帝歷舉數人，而不及子房。蓋知子房素志，生前遇合聊可相從，身後之事不足以辱之矣。」（《全宋詩》卷三六五○，陳普〈張良四首〉其四，頁43798）

張良佐漢定天下，事蹟詳見《史記·留侯世家》及其他相關紀傳。陳普所作詠史組詩，四章分詠四意，次第分劃，釐然可見；交相發明，分殊總歸一本。拆分組合，有其獨立靈活性，又不失交相映發之統一性。〈張良四首〉，開展多層次、多面向之敘寫，頗富連章之妙。第一首詩，翻案逞巧，以為張良運籌帷幄，足以佐漢家定天下，不在研讀下邳杞上老人所授《太公兵法》。第二首詩，推崇張良為太子存廢事獻策，迎致商山四皓，終得息爭安劉，其節操

---

[43] 參考張高評：〈《史記·淮陰侯列傳》與《春秋》書法〉，香港嶺南大學：《嶺南學報》復刊第九輯（2018.11），頁15-38。

有如「松風萬古清」。第三首詩，針對漢高誅除異己，斬殺韓信於長樂鍾室，張良竟「無一言」之表述，枉費「本是忠孝門」，「良會青雲意」！微言刺譏，多見於言外。第四首詩，讚揚張良能屈伸、知進退，和光同塵，確為道流人傑。高帝所以「不將身後累留侯」者，蓋「知子房素志，生前遇合聊可相從，身後之事不足以辱之」，設身處地，擬言代言，凸顯君臣遇合之良難。一組四詩，多采多姿，變化盡致。要之，從多角度，多層次、多側面揮灑，具有分離獨立與綜合統一之雙重效應。又如〈項羽〉五首，羅列於下，以便參照：

　　齊王元在籍軍中，萬馬朱幩照海紅。垓下相逢摧掩袂，更何面目見江東。自注：「齊王，謂韓信。垓下之戰，信自將三十萬與羽對，斬首八萬。強顏使武涉往說，復不見從，益可羞矣。羽垓下相對，極力一戰，猶能却信兵。及信再進，遂不可支吾而大敗，平生未嘗有此衄也。其夜悲歌，曲調氣萎，而明日死。」（《全宋詩》卷三六五○，陳普〈項羽〉其一，頁43796）

　　試手襄城意未怡，赤城稍覺味如飴。必亡定死終無救，斷自朱殷海岱時。自注：「高洋不殺人，則無以為樂，項羽資性殆似之。襄城無遺類，初起之一快也。方咸陽得志之日，已自為天下伯王時也矣。區區婦人之仁，稍出以留天下心可也，乃復滅青齊，何哉？其為天下，皆棄不予，蓋決於此時，不但以弒義帝也。沐猴而冠，可謂一言之蔽之矣。」（《全宋詩》卷三六五○，陳普〈項羽〉其二，頁43796）

　　牧羊義帝實妨賢，猶有三綱共畏天。樹楚擊秦宜奮發，惡名何事苦爭先。自注：「羽不知顧忌，於環視不敢下手之中而勇猛為之，故不義惟項氏為最。東萊呂氏曰：『項羽弒義帝，是為高帝做了不好事。』」（《全宋詩》卷三六五○，陳普〈項羽〉其三，頁43797）

　　倚強恃力却誣天，一樣人心萬萬年。廣武十條逃得過，烏江政自不須船。自注：「漢楚劉項之際，所謂君臣，皆一時瓦合，非有根株磐石之固。智力相乘，惟利是務，視信義無復有也。能一朝推戴之則為君，叛殺之即為賊；一言為約，守之則為義，背之則為不義。至其末也，存

亡起滅，亦往往而由之。可見禮義之心極亂不能忘，而天地鬼神之照臨無時不在也。」（《全宋詩》卷三六五○，陳普〈項羽〉其四，頁43797）

梟性狼心亦有常，青齊仍復似咸陽。遺黎到處無餘類，欲為何人作霸王？（《全宋詩》卷三六五○，陳普〈項羽〉其五，頁43797）

項羽事蹟，詳見《史記》〈項羽本紀〉及〈高祖本紀〉、〈淮陰侯列傳〉諸傳記中。陳普所詠，以五詩分詠五事，各有側重，各有層面：第一首詩，截取垓下之戰一場景，將昔日軍中同僚，翻成今日敵對主帥，特提「更何面目見江東」一句，義蘊深婉，暗諷項羽不能知人善任，自取其敗。第二首詩，直斥項羽殘暴不仁，嗜殺成性，所以走向「必亡定死終無救」之悲劇。項羽負約不信、矯殺擅劫、暴掠殺降、詐阬陰弒，其悲劇性格，已大失天下之心，導致不可救藥，此王安石〈烏江亭〉詠史詩意，[44]而追本究源，史事歷歷，較荊公詩形象生動。第三首詩，抨擊項羽放逐義帝而弒之，惡名爭先，不義為最。義帝為天下「樹秦擊楚」之精神領袖，項羽私心欲稱帝，以為「妨賢」而弒之。以下犯上，做出錯誤示範，卻又怨恨王侯畔己，而自立為王。陳普詠史指責項羽「惡名何事苦爭先？」可謂絕妙反諷。第四首詩，剪裁〈項羽本紀〉、〈高祖本紀〉史意，謂項羽「倚強恃力」，專逞武勇，「欲以力征經營天下」，導致身卒國亡。至死不悟，竟自信「天亡我，非用兵之罪也！」〈高祖本紀〉敘漢王數說項羽十罪，所謂「廣武十條」；其反覆責備者，大抵在「信義」二字。陳普作假設翻案謂：如果項羽恪守禮義信約，能得天下擁戴之心，將不復存在烏江渡船之事。詠史特提「廣武十條」，所謂擒賊擒王，能得關鍵。第五首詩重申第二首詩旨趣，反復唱歎，批判項羽梟性狼心，所到靡有孑遺。既然「遺黎到處無餘類」，如此經營天下，試問：「欲為何人作霸王」乎？〈項羽本紀〉載外黃小兒言：「大王至，又皆阬之，百姓豈有歸心」，可謂一語成讖，與本詩參看，有助解讀。結合三篇史傳，剪裁若干史事，纂組成章，既富多樣

---

[44] 王安石：〈烏江亭〉：「百戰疲勞壯士哀，中原一敗勢難迴。江東子弟今雖在，肯為君王卷土來？」

性與靈活性，又不失獨立性與統一性，所謂「自一本發為萬殊，又復總萬殊歸於一本」，此組詩逞巧出奇處。又如〈謝安十首〉組詩，列舉其中五首：

地陷天傾不廢棋，謝安阮籍好同時。江東殘局危亡勢，似太元初尚可為。自注：「魏晉風俗，以樗蒲弈棋寓遺落世事之意，宰相不廢棋，非小過也。孝武亦中主，天下事尚可為。惟安石負盛名，而以宴游導君，此中原所以絕望，晉室所以遂衰而不復起也。清談之俗，至謝安遂不可救，中原之望，至謝安遂絕。晉至謝安遂淪胥以亡，讀史不可不知也。」（《全宋詩》卷三六五一，陳普〈謝安十首〉其一，頁 43840）

軍中如意揮諸將，依約東山嘯詠兄。不遣君王湛酒色，市朝猶足肆王甥。自注：「謝萬身為元戎，笑詠自高，忽蔑諸將，以致傾敗，父兄之教也。王國寶擾亂朝廷，蓋乘孝武與琅琊王道子嗜酒狎邪而入。使安石能清其君心，去其左右讒諂，國寶即擾亂，尸之市朝可也；不能，則正言以去亦可也。遊談之俗，付之悠悠，亂朝敗國，卒成大禍，迹其馴致，有自來矣。」（《全宋詩》卷三六五一，陳普〈謝安十首〉其二，頁 43840）

封胡羯末皎琳琅，歲久渾無憶洛陽。江左家居照江水，謝安元為宋齊梁。自注：「安石欲作新宮，王彪之固執不從，猶有志存興復之士。彪之死，遂作之，則見其遂安於江左，而無復中原之念，苟於其身，而不為後來之慮矣。孝武信重浮屠，立精舍於殿內，引諸沙門居之，安石執政之八年也。其後窮奢極費，姅姆僧尼交通請謁，賄賂公行，官爵濫雜，刑獄繆亂，無所不至矣。」（《全宋詩》卷三六五一，陳普〈謝安十首〉其六，頁 43841）

諸賢一一是琅球，一入清談即鬼幽。何但簡文如惠帝，冶城安石亦斯流。自注：「清談之人，雖有高下，裁作此樣聲氣，面目便是。管輅所謂鬼幽、鬼躁。鬼者，去陽入陰，渾無生氣，雖生而已為死人也；幽者，晦昧黑暗，不可復明之謂；躁者，利欲之心實急於中，外似靜而中實急也。二者大體皆以去陽入陰，故皆曰鬼也。竹林七賢何晏、夏侯

玄、王衍、殷浩、王濛、謝萬、簡文帝，悉是此樣人。謝安亦不免焉，
冶城數語，與居喪不廢絲竹是也。」（《全宋詩》卷三六五一，陳普
〈謝安十首〉其九，頁 43841）

夷甫登朝日月昏，爭知安石亦深源。當時赤子何無祿，直自高曾誤
到孫。自注：「王衍、殷浩誤蒼生，安石亦不免焉。」（《全宋詩》卷
三六五一，陳普〈謝安十首〉其十，頁 43842）

謝安（320-385）號稱「江左風流宰相」，事蹟詳見《晉書·謝安傳》、
《資治通鑑》，以及《世說新語》諸篇中。[45]晉孝武帝太元八年（383），前秦
苻堅率百萬大軍伐晉，謝安運籌帷幄，指揮謝玄等贏取淝水之戰大捷，人服其
識鑑與沈靜。陳普題詠謝安，大抵就清談誤國，謝安相業終愧古人發論，組詩
十首，每首一意，所謂「一本發為萬殊，又復總萬殊歸於一本」，即指此等。
第一首詩，強調謝安位居相國時，雖地陷天傾，殘局勢危，然天下事尚有可
為。歎惜安石負盛名，而以清談隨風，宴游導君，遂斷絕中原之仰望。第二首
詩，推究清談嘯詠，嗜酒狎邪，為亂朝敗國之所自；諷刺謝安身為輔弼，未能
清君心、去讒諂。第六首詩，貶責謝安宴安江左，無復中原之念；苟且其身，
不為後來之慮，形象表述東晉偏安之士人心態。第九首詩，抨擊清談陷溺人
材，促使「琅琭」淪為「鬼幽」，賢君良相渾無生氣，晦昧不明，不只簡文帝
不免，謝安亦墮入斯流。呂祖謙〈晉論〉所謂「賢者以游談自逸，愚者以放誕
為娛，庶政陵遲，風俗大壞」，數語道著清談之流弊，[46]可以互參。自王衍
（256-311）、殷浩（？-356）祖尚浮虛，遺誤蒼生，至謝安（320-385）棋酒消

---

[45] 謝安之瀟灑風流，參考羅宗強：《玄學與魏晉士人心態》，第四章第三節，一、〈追求寧靜的精神天
地〉，（杭州：浙江人民出版社，1991 年 7 月），頁 294-299。北宋官刻本有《晉書》、《資治通
鑑》，南宋則有江浙刊《南北朝七史》，福州建安刊本《晉書》、建陽精刊本《資治通鑑》六種。至
於《世說新語》，流傳最早之刻本有三，皆為南宋刻本：其一，日本尊經閣叢刊影印高宗紹興八年董
棻刻本；其二，孝宗淳熙十五年陸游刻本；其三，清初徐乾學傳是樓所藏淳熙十六年湘中刻本。上述
史書諸本流傳是否影響詠史？待考。不過，作為詠史素材之閱讀圖書豐富，得之容易如此。

[46] 侯外廬等著：《中國思想通史》第三卷《魏晉南北朝思想》，第二章第一節〈清談思想的歷代評
價〉，（北京：人民出版社，1995 年 10 月），頁 26-38。

磨、遺落世事，清談玄風流衍百餘年，終使「神州陸沈，百年丘墟」；位居三
公之王衍，雅稱「江左風流宰相」之謝安，不能不任其責。此第十首詩所以感
慨蒼生不幸，所謂「當時赤子何無祿，直自高曾誤到孫」也！其他五詩，亦皆
一詩一意，大抵從不同角度，不同側面，發揮求異思維，評述謝安其人其事。
陳普〈謝安十首〉之觀點，大抵參酌西晉裴頠（267-300）之「崇有論」，針對
魏晉玄學「口稱玄虛，時俗放蕩」之「貴無論」，進行批判與非議；[47]理學家如
陳普，史學家如司馬光，於此頗有共識。就陳普詠謝安組詩而言，能自鑄偉
詞，發揮別識心裁者多；其創意造語，多不同流俗與定論，頗富宋學「六經注
我」之精神。其詠史之體式，為詩篇隨後綴以自注，兩者交相映發，往往相得
益彰，其中自有印本流傳，圖書傳播之烙痕在。

　　由此觀之，連章組詩，最當探其用意關鍵。於史傳之蓋棺論定處，名篇之
精彩絕倫處，苟知避同趨異，追生求新，進而翻轉變化，別闢蹊徑，則斯篇可
與古人比肩爭勝。苟無新意，不必撰作，此固詠史組詩自我期許之規準，亦雕
版印刷、印本文化影響下，詠史連章宜有之期待、轉折與拓展。

（三）詠史詩技法之嬗變：資書以為詩、翻案生新

1. 資書以為詩

　　自王安石、蘇軾、黃庭堅作詩宗法杜甫，遵奉「讀書破萬卷，下筆如有
神」為創作策略，於是蘇軾標榜博觀厚積，儲其材用；黃庭堅鼓吹讀書精博，
猶「長袖善舞，多錢善賈」；江西詩學主張奪胎換骨、點鐵成金、以故為新、
飽餐、活法，所謂出入眾作、遍考諸家，何一不是百慮一致、殊途同功於讀書
博學？[48]尤其江西詩人作詩論詩，強調「無一字無來處」，故使事用典，已開啟
以學問為詩、資書以為詩之風習。

---

[47] 裴頠「崇有論」，對魏晉玄學「貴無」思想，有較明確之批判，參考許抗生等：《魏晉玄學史》，
　　（西安：陝西師範大學出版社，1989 年 7 月），第四章第二節〈裴頠的「崇有論」思想〉，頁 279-
　　293。

[48] 張高評：〈印刷傳媒與宋詩之學唐變唐──博觀約取與宋刊唐詩選集〉，《成大中文學報》第十六期
　　（2007.4），頁 10-14。參考本書第四章第二節，（一）〈讀書博學與宋詩之新變自得〉。

　　嚴羽《滄浪詩話‧詩辨》稱:「夫詩有別材,非關書也;詩有別趣,非關
理也。然非多讀書,多窮理,則不能極其至。」費袞《梁谿漫志》卷七,亦
謂:「作詩當以學,不當以才。若不曾學,則終不近詩」,善哉斯言!清崔旭
《念堂詩話》引朱彝尊詩稱:「詩篇雖小技,其源本經史。必也萬卷儲,始足
供驅使」;書卷與學問,對詩歌創作之利病,「資書以為詩」與「文人之詩」
評價之高低,「以議論為詩」與「以才學為詩」之優劣,自《滄浪詩話》以至
清代宗唐宗宋詩話,學界頗多爭議。[49]筆者發現,雕版印刷之繁榮發達,印本圖
書購求之價廉容易;公私藏書之豐富多元,士子借閱接受圖書之便利,此一文
化界之客觀事實,一直未被學界關注。苟知南宋印本購求容易,藏本借閱便
利,圖書流通無遠弗屆,蔚為知識之爆炸與革命,於是可悟以議論為詩、以學
問為詩、資書以為詩,乃勢所必至,理有固然,實為宋型文化具體而微之反
映。

　　今翻檢《全宋詩》陳普《詠史》卷上、卷下,詩篇自注者十之九;自注,
每多剪裁史料,排比事蹟作為佐證。蓋詠史詩針對歷史人物或事件,進行歌
詠,歷史傳記文獻為其載體。無論隱括史傳、以史為詠,託史寄意,甚或別生
眼目,雖或不即史、不黏傳,然亦不離、不脫史傳,故詩篇自注中往往繁稱博
引,轉相印證,一則信而有徵,再則可收相得益彰之效。如下列諸詩所示,非
有印本刊行,豐富圖書作左券觸發,恐難撰成此種類型之詠史詩,如:

　　　　漢高禮義入陵夷,械到蕭何更有誰?惟有子房雲外客,不稱名字冠
　　當時。自注:「蕭何為漢功臣第一,信不虛。高帝之智,固不但以關中
　　給餉饋而已。帝往往疑之者,見其材雄,恐其有異心也。特以無高風爽
　　氣,無深服帝之心者。」(《全宋詩》卷三六五〇,陳普〈蕭張二首〉
　　其一,頁 43797)

49　參考張高評:〈清初宗唐詩話與唐宋詩之爭〉,《中國文學與文化研究學刊》第一期,(臺北:學生
　　書局,2002 年 6 月),頁 83-158;〈清初宋詩學與唐宋詩之異同〉,《第三屆國際暨第八屆清代學術
　　研討會論文集》,(高雄:中山大學中文系,2004 年 3 月),頁 87-122。

少年賈誼空多口，老大申公繆一行。曾識當年二君子，閉門不受叔孫生。自注：「高帝以倨肆無禮取天下，風氣以成，子孫不能易。故高帝曰：『度吾所能行。』文帝曰：『卑之無甚高論。』宣帝曰：『漢家自有制度。』皆不害所謂自知者也。賈生、申公誠不知時務也矣。賈生為人大抵躁率飄忽，不知樂天知命、操心養氣之學，故一不得志，則悲愁、怨嘆發於言詞，感致異物。梁王墜馬死，誼至愧恨哭泣而死。是於聖賢君子之學，悉未嘗有聞也。」（《全宋詩》卷三六五〇，陳普〈兩生〉，頁43799）

〈蕭張二首〉其一之自注，實隱括《史記‧蕭相國世家》旨趣，作為詠史中之觸媒。詩以不稱名字之雲外客張良，反襯漢高械繫蕭何之隱曲，詩篇並未和盤托出；而是經由自注點醒：「特以無高風爽氣，無深服帝之心者」，詩篇與自注相輔相成，無中生有之詠史本旨乃顯。〈兩生〉詩，詠賈誼申公，斥賈「空多口」，譏申「繆一行」，再憑空杜撰叔孫通「閉門不受」之情事，詩趣隱而不彰，鬱而不發。陳普詠史，蓋依據《史記》〈賈誼列傳〉、〈儒林列傳〉，論斷賈、申二生「誠不知時務也矣」；又據〈屈賈列傳〉傳意，特筆批判賈誼「聖賢君子之學，悉未嘗有聞」，試參照本詩自注，則詩趣昭然若揭。如此作詩，真袁枚《續詩品‧博習》所謂：「萬卷山積，一篇吟成」，是劉克莊〈跋何謙詩〉所謂「以書為本，以事為料」的「文人之詩」，其佳妙者往往「書為詩用，不為詩累」，此正宋調不同於唐音，文人之詩殊異於風人之詩處，[50]於晚宋理學詩人陳普《詠史》組詩多所呈現。又如：

出嫁氍裘得幾時，昭陽柘館貯歌兒。蛾眉莫怨毛延壽，好怨陳湯斬郅支。自注：「元帝好德，不留心女色，故昭君隱掖庭不得見。成帝自為太子，以好色聞，即位，采良家女以備後宮，卒廢許后、班姬，寵趙

---

[50] 顧易生、蔣凡、劉明今：《宋金元文學批評史》上，第二編第四章第二節，二、〈詩非小技呈「本色」〉，（上海：上海古籍出版社，1996年6月），頁344-347。

飛燕姊妹，以絕繼嗣，成王氏之篡。飛燕本公主家歌者，帝見而悅之。昭君之嫁單于，則以陳湯、甘延壽斬郅支單于，呼韓邪心懼來朝，願婿漢自親，而以昭君予之。正月來朝，二月到胡庭，五月而元帝崩，其薄命蓋在於此。機關樞紐之所發，以陳湯、甘延壽之故也。原按：以上詩三首，多有重句，然意各有寓，故不敢芟除。」（《全宋詩》卷三六五〇，陳普〈王昭君五首〉其三，頁43808）

呼韓骨冷復雕陶，夜夜穹廬朔月高。為問琵琶絃底話，得無一語訴腥臊？自注：「昭君嫁單于，呼韓邪已老，三年而死。生一男，曰伊屠知牙斯。舊閼氏子雕陶莫皋立，為復株絫若鞮單于，復納昭君，生二女，曰須卜居次、當于居次。」（《全宋詩》卷三六五〇，陳普〈王昭君五首〉其四，頁43809）

　　陳普〈王昭君五首〉，其三與其四，論點別出心裁，獨具隻眼，讀者細心閱讀詩篇之自注，即器求道，法外傳心可得。自注文字，大抵囊括《漢書》卷九〈元帝紀〉、卷七十〈陳湯傳〉、卷九十四〈匈奴傳〉，《後漢書》卷一百十九〈南匈奴傳〉之本事，再附會《西京雜記》部分情節，有如是豐實之史料文獻佐助，遂便於「以史為詠，正當於唱歎寫神理」。筆者以為，以書卷入詩不為大病，顧運用、消納、轉化何如耳。杜甫〈奉贈韋左丞丈二十二韻〉不云乎：「讀書破萬卷，下筆如有神」，胸中有萬卷書，則筆下無塵俗氣；讀書多，則知得失取捨，方能去陳、出新、自得、入妙。黃庭堅稱：「詩詞高勝，要從學問中來」，閱讀書卷有益於作詩，其間當無疑義。再如：

　　荊楚留連似失時，涪城歡飲類狐疑。軍中劉曄誇言語，豈識英雄為義遲。自注：「陶謙死、不敢受徐州；用孔文舉、陳元龍之言而復受。劉琮降曹操，不以告；荀彧勸攻琮，而顧劉表託孤之義，不忍取之，將其眾去。操軍迫近，荊楚士從之如雲，眾十餘萬，輜重數千兩；或勸宜速行取江陵，而以人心依依不忍舍去，日行十里，幾至危殆。法正東來，勸取劉璋，疑而未決，用龐士元之言而後行。既至涪城，劉璋來

會；張松、法正、士元勸於會間取璋，可坐得益州，不從其言，與璋歡
飲百餘日，彼此無疑。在葭萌，士元、元龍陳三策，以徑襲成都為上，
誘執關頭為次，還退白帝城連引荊州徐還圖之為下；不得已，從其中
計。凡此，皆劉曄之所謂遲。然聞司馬徽、徐庶之言，詣隆中，片語斷
金，若決江河，謂之遲不可也。遲於利而不遲於義，乃所謂敏耳。郭嘉
謂袁紹遲而多疑，當矣。劉曄謂玄德有度而遲，不知玄德者也。」
（《全宋詩》卷三六五一，陳普〈蜀先主十二首〉其六，頁 43819）

　　濮陽火裏又潼關，幾度鯨牙虎口間。銅雀臺前閑極目，驚魂猶繞白
狼山。自注：「諸葛〈出師表〉曰：『曹操智計殊絕人，然困於南陽，
險於烏巢，危於祁連，逼於黎陽，幾敗桓山，殆死潼關，然後偽定一時
爾。』」（《全宋詩》卷三六五一，陳普〈曹操七首〉其四，頁 43824）

　　〈蜀先主十二首〉其六，排比劉備「荊楚留連」、「涪城歡飲」二場景，
拈出「似失時」、「類狐疑」話頭，駁斥劉曄「玄德有度而遲」之誇言，辨正
為「遲於利而不遲於義，乃所謂敏耳」。詠史之徒空空言，往往說服無方，於
是詩篇自注，備列考證，援引《三國志・蜀志》傳記，枚舉陶謙死亡、劉琮降
曹操、法正東來、誘執關頭諸事件，昭昭明明，不殫煩瑣，要在信而有徵。以
學問為詩材，此文人之詩，自蘇軾、黃庭堅倡導，江西詩人附和發皇，蔚為宋
詩之本色、宋調之宗風。宋型文化理性、知性、沈潛、內斂、反思、會通諸特
質，詠史詩多所體現。〈曹操七首〉其四，仿杜甫〈聞官軍收河南河北〉、李
白〈峨眉山月歌〉詩風，連下四個歷史場景之地名，令人有實臨之感受；再加
之以鯨牙、虎口、極目、驚魂諸形象語言，曹操之倉惶困頓遂狀溢目前。自注
摘錄諸葛亮〈後出師表〉原文，詩境或就困、險、危、逼、敗、死諸字作隳括
生發而成。陳普《詠史》組詩之「資書以為詩」，大抵類此。
　　鍾嶸《詩品・序》稱：「觀古今勝語，多非補假，皆由直尋」；又謂：
「吟詠性情，何貴用事？」此受魏晉南北朝才性論影響，而有此說，其流極乃
有《滄浪詩話》「詩有別才，非關書也；詩有別趣，非關理也」之說。然嚴羽
立即作一轉語：「然非多讀書，多窮理，則不能極其至」。考察古典詩歌之發

展與流變，實有直尋性情與補假用事兩大類型，於是有如酒、如荔枝、如牡丹、如三彩陶之唐詩本色，又有似茶、似橄欖、似梅菊、似青花瓷之宋詩風格。[51]吾人篤信錢鍾書「詩分唐宋」之說，[52]方有可能論衡「唐宋詩之爭」的歧見。此中一大關鍵，即是「補假」之利病得失如何？考諸前賢論斷，多有持平之見，如云：

> 　　古人不朽之作，類多率爾造極，不可攀躋，鍾仲偉有「吟詠性情，何貴用事」之語；嚴滄浪亦言：「詩有別才，非關學；詩有別趣，非關理。」此專為《三百篇》及漢魏言之則可，若我輩生古人之後，古人既有格有律，其敢曰不學而能乎？且詩兼賦、比、興，必熟通於往古來今之故，上下四方之迹，而多識於鳥獸草木之名。既不能無所取材，又敢曰何貴用事乎？……蓋鍾、嚴所言，專以性靈說詩，未為過也。乃言性靈，而必以不用事、不關學為說，則非矣。……然則以學古用事為詩，則性靈自具；以不關學、不用事為詩，雖有性靈，蓋亦罕矣。（清・梁章鉅《退庵隨筆》卷二十）
>
> 　　夫語由直尋，不貴用事，無可訾議也。然何以能直尋，而不窮於所往？則推見至隱故也。何以能推見至隱？則關學故也。故滄浪又曰：「非多讀書、多窮理則不極其至。」故言非一端已也。「有別才」云云，言其始事；「多讀書」云云，其終事也。守記室之說，一人傳作不越一二篇，傳誦不越一二句，漢高〈大風〉之作，斛律金〈勅勒〉之歌，豈不橫絕古今？請益問更端，則謝不敏矣。（清・陳衍《鍾嶸詩品平議》卷中）[53]

---

[51] 參考張高評：《宋詩之新變與代雄》，（臺北：洪葉文化公司，1995 年 9 月），第一章第二節〈唐宋詩殊異論與宋詩的價值〉，頁 4-10。

[52] 錢鍾書：《談藝錄》，（臺北：書林出版公司，1988 年 11 月），一、〈詩分唐宋〉，頁 1-5。

[53] 引自張伯偉：《鍾嶸詩品研究》，（南京：南京大學出版社，1999 年 6 月），外篇、二、《詩品・序》集評，頁 234-235。

「古今勝語，皆由直尋」；「吟詠情性，何貴用事」，《詩品》此一命題，確為六朝文風之反應。唐詩唐音固然傳承此一本色，然開拓宋詩宋調特色之杜甫韓愈，卻非盡然如此。即號稱最富盛唐氣象之李白，詩風亦不盡然「直尋」，不過「補假」之作而「天然去雕飾」罷了。筆者以為：古今勝語，或由直尋，或緣補假，顧所用何如耳。前文引錄梁章鉅、陳衍之說，折衷兩端，可以息爭。梁章鉅稱：作詩重直尋，不貴用事，「專為《三百篇》及漢魏言之則可」，「我輩生古人之後」，典型在夙昔，「其敢曰不學而能乎？」此言甚得理實。宋人生唐後，面對唐詩之輝煌燦爛，其典範優長豈可視而不見、迴避不學？尤其在宋代雕版印刷繁榮，圖書流通便捷，勢不能不博覽飽參，積學以待用。陳衍之說謂：若作詩直尋，不窮究既往，是由於能推見至隱；能推見至隱，則亦關乎問學讀書。職是之故，宋末元初之陳普寫作《詠史》組詩，體製上出現詩篇自注、資書為詩、翻案生新、連章逞巧諸轉折，與他朝詩人之詠史詩頗不相同，其中自有印本文化之效應在。

2. 翻案生新

翻案，原為法律術語，本指推翻既已定讞之罪案。宋人借用禪宗公案說法，作為文學創作論，引申而有解黏去縛、絕處逢生、推陳出新、反常合道之意蘊。此種翻案手法，普遍存在於宋詩與宋文之中，為不甘凡近，追新求奇，營造文學之密度與張力者，提供靈丹妙方，其效應可以化臭腐為神奇，賦古典以新貌。南宋魏慶之《詩人玉屑》卷一載錄「誠齋翻案法」，卷七「反其意而用之」、卷八「不沿襲」，可知已由創作經驗提煉為創作理論。[54]翻案之法，為宋代詩學之重要課題，或由老吏舞文啟發文章翻駁，或由禪思影響詩思而來，此乃宋人之奇特解會。且看下列三則文獻：

禪學盛而至於唐，南北宗分。北宗以樹以鏡譬心，而曰：「時時勤

---

[54] 張高評：《宋詩之傳承與開拓》，上篇〈宋代翻案詩之傳承與開拓〉，（臺北：文史哲出版社，1990年3月），頁13-16。

> 拂拭，不使惹塵埃。」南宗謂：「本來無一物，自不惹塵埃。」高矣！
> 後之善為詩者，皆祖此意，謂之翻案法。（元·方回《桐江集》卷一，
> 〈名僧詩話序〉）

> 學人能以一棒打盡從來佛祖，方是個宗門大漢子；詩人能以一筆掃
> 盡從來窠臼，方是個詩家大作者。可見作詩除去參禪，更無別法也。
> （清·徐曾《而庵詩話》，《清詩話》本，四一則）

> 文有翻意者，翻公案意也。老吏舞文，出入人罪，雖一成之案，能
> 翻駁之。文章家得之，則光景日新。且如馬嵬詩，凡萬首，皆刺明皇寵
> 貴妃，只有工拙耳。最後一人（鄭畋〈馬嵬坡〉）乃云：「終是聖明天
> 子事，景陽宮井又何人？」便翻盡從來窠臼。……（明·董其昌《畫禪
> 室隨筆》卷三，〈評文〉）

　　禪家的機鋒轉語，翻進一層；與宋詩翻案注重淺意深一層說、直意曲一層
說、正意反一層、側一層說，舊意新一層，奇一層說，[55]其間頗多相通相融之
處。禪家教人自我作主，教人自得，不可俯仰隨人，肯定「自性自足」、「自
成佛道」之自力精神；宋人作詩要求一筆掃盡從未陳腐俗套，切忌隨人作計，
期許自成一家。由此言之，禪家的轉語，對宋詩的翻案，自有啟發。董其昌評
文則以為，文章家翻案受老吏舞文翻駁啟發，詩文能妙於翻案者，則可以「翻
盡從來窠臼」，而有「光景日新」之成效，故文家詩人長優為之。

　　詠史詩之寫作，最注重史識，最標榜別識心裁。南宋費袞《梁谿漫志》卷
七所謂「在作史者不到處，別生眼目」者，最為難能可貴。不過，別識心裁，
獨具隻眼，又談何容易？清代女詩人席佩蘭〈論詩絕句〉有云：「清思自覺出
新裁，又被前人道過來。卻便借他翻轉說，居然生面別能開」；[56]宋代詠史詩妙
用翻案，早窺此秘。試考察陳普《詠史》組詩，即可瞭然：

---

[55] 借用陳衍：《石遺室詩話》卷十六，第一〇則，「宋詩人工於七言絕句而能不襲用唐人舊調」條，張
　　寅彭主編：《民國詩話叢編》本第一冊，（上海：上海書店，2002年12月），頁230。

[56] 清·孫原湘：《天真閣詩集》後附席佩蘭：《長真閣詩集》卷四，〈論詩絕句四首〉其四。

長平霜骨白皚皚，廉藺羞顏似濕灰。白起殺心如未謝，二家隨璧獻
章臺。自注：「長平喪師時，廉藺皆在。」（《全宋詩》卷三六五○，
陳普〈廉頗藺相如〉，頁 43793）

揚旌北向顧南州，牧馬東行向北愁。亂世姦雄還自嘆，景升直與本
初謀。自注：「謀討呂布，則懼袁紹亂其北，馬騰、韓遂擾其西；遂討
呂布，則慮劉表、張繡乘其後；欲征劉備，則懼袁紹襲許；欲擊烏桓，
則懼劉備教劉表乘之。使袁紹、劉表有孫策、劉備之略，操雖智，豈能
遂吞群雄？惟二人不才，荀彧、郭嘉、荀攸見其肺腑，使操行險僥倖，
而無所不成，豈非倖哉？」（《全宋詩》卷三六五一，陳普〈曹操七
首〉其二，頁 43823）

　　《史記》卷八十一〈廉頗藺相如列傳〉載：長平之戰（260 B.C.），趙括紙
上談兵，軍敗身死，秦將白起阬殺趙軍四十五萬人。陳普〈廉頗藺相如〉詩自
注稱：「長平喪師時，廉藺皆在」，讀書可謂得間。詠史或由此生發，進而作
假設性翻案，謂長平之戰，喪師辱國，廉頗藺相如身為大將上卿未嘗共赴國
難，理當「羞顏似濕灰」。假設秦將白起當年「殺心未謝」，廉藺二人必定身
家不保。「隨璧獻章臺」云云，無中生有，形象生動，與杜牧〈赤壁〉詩：
「東風不與周郎便，銅雀春深鎖二喬」，有異曲同工之妙。實則長平之戰時，
「藺相如病篤」，「廉頗免」，未嘗有二家獻秦情事。陳普假設白起殺心未
謝，遂推衍出許多情節來，將無作有，創意無限。〈曹操七首〉其二，一二句
「揚旌北向顧南州，牧馬東行向北愁」，活繪出曹操多疑多慮之個性特質。[57]三
四句再從疑懼生發，作主客之翻案。據自注：本是曹操疑慮袁紹劉表等擾亂乘
襲，卻妙脫谿徑，主客易位，從對面設想，說成「景升直與本初謀」，似乎劉

---

[57] 相傳曹操性多疑，懼死後遭人挖掘，故造七十二疑冢，在漳河上。南宋・范成大使金詩，有〈七十二
　　冢〉：「一棺何用塚如林，誰復如公負此心？」宋俞應符亦有題詩云：「生前欺天絕漢統，死後欺人
　　設疑冢。」明・董其昌《畫禪室隨筆》卷三，〈評文〉第 43 則：「曹孟德疑冢七十二，古人有詩云：
　　『直須發盡疑冢七十二』，已自翻矣。後人又云：『以操之奸，安知不慮及於是，七十二冢必無真
　　骨。』此又翻也。」（南京：江蘇教育出版社，2005.12），頁 212。

表袁紹業早已串通共謀，要聯合起來擾亂曹操的統一大業，疑慮妄想，形象妙肖，活繪曹操善疑本性。文意一經翻轉，遂遠濫調近境，無俗態凡響。陳普《詠史》組詩，出於假設式翻案者，尚有下列諸詩，如：

> 亂離揀得一枝棲，得路爭知却是迷。曹操若逢諸葛亮，暮年當作漢征西。自注：「曹操作西園校尉及屯酸棗時，其所志願未必不正，如後來之云云也。遭值世亂，才長功大，遂為奸人。然其不殺劉備、脂習、禰衡，畏也；不殺徐翁、毛暉，厚待陳宮母子，關羽亡去不追，義也。陳琳辱其兄，張繡殺其子，袁紹、呂布諸將皆仇敵，棄瑕收用，無所留難。知人聽言，務本節儉，思孔融而召之，及被其戲侮，十有餘年而後殺之。使文若始見即以道義輔之，以文若之才略，足使操征伐四克，而復日聞道德之言。則以操之英決，當知義重於利，道德重於功名，逆亂之心老死不發矣。」（《全宋詩》卷三六五一，陳普〈荀彧〉其一，頁43824）

> 河岱諸人無一賢，鄄城戰格與雲連。雲長翼德如文若，玄德翱翔早十年。自注：「關羽、張飛，勇而不智，劉備失徐州，亦羽飛二人不能守。使二人在下邳，如文若在鄄城，使備不失徐，如操不失兗，則事未可知。要之，曹操初興，隨得荀彧、程昱、棗祗、董昭輩，皆智士；玄德創業，僅有羽飛趙雲二三勇士。及操已成天下，無措手處，始得孔明龐法諸公，所以不同。或曰：呂布襲下邳，出於不料；操擣下邳，乘其未集也。曰：使荀彧與呂布同處，豈肯信而不虞，操襲下邳，方有袁紹之憂，不能久也。使文若、孔明守下邳，其却之有餘矣。」（《全宋詩》卷三六五一，陳普〈荀彧〉其四，頁43825）

> 符氏無良妄自尊，鮮卑羌豎正鯨吞。到頭棋酒消磨晉，莫道桓沖果失言。自注：「淮淝之事，古今共偉。研幾之士猶有可言，謝石、謝琰，謂之不經事少年可也。謝玄破秦之後，展轉衰謝，而以為弘毅任重之才，亦未然。使符堅不以驕矜多欲，失慕容垂、姚萇之心，付兵二人，分道而來，持重而進，桓沖之憂豈為過哉？用兵者，恃我無可敗之

道，不計夫敵之堅脆。今以游聲妓之宰相，溺浮屠酒色之君，與氐羌、
鮮卑群雄為敵國，桓冲之憂豈過哉？」（《全宋詩》卷三六五一，陳普
〈謝安十首〉其四，頁43841）

　　陳普詠荀彧，稱曹操遭逢亂世，才長功大，遂為奸人，蓋緣於荀彧輔弼失
職。假如荀彧（文若）輔君，能如諸葛亮輔佐先主劉備後主劉禪般，勉以道義
賢良，則曹操為國家討賊立功封侯，所謂「暮年當作漢征西」也。[58]此即自注所
云：「使文若始見，即以道義輔之，以文若之才略，足使操征伐四克，而復日
聞道德之言；則以操之英決，當知義重於利，道德重於功名，逆亂之心老死不
發矣！」假設，指事實不然，將無作有，最便於揮灑推拓，創意造語。〈荀
彧〉四首其四，將魏蜀君臣易位，進行假設翻案，謂英主如劉備，臣下關羽張
飛卻「勇而不智」，未可相得益彰；梟雄如曹操，卻多如荀彧之智士。假設關
張等有荀彧之才幹，那肯定「玄德翱翔早十年」，歷史豈不改寫？假設翻案，
將虛作實，以無為有，由於落想天外，往往形成一個「嶄新世界，特定乾
坤」，作一轉語，往往創意無限。又如〈謝安十首〉其四，謂淝水之戰
（383），東晉贏來僥倖，實苻堅驕矜多欲，無良自敗。否則，「以游聲妓之宰
相（謝安），溺浮屠酒色之君（簡文帝），與氐羌、鮮卑群雄為敵國」，勝負
可以不卜而知。桓冲之憂，不可謂杞憂，更不可視為失言，此就當時苻秦與東
晉朝廷之實況論之。陳普於此詩之論斷，乃假設式翻案：如果「苻堅不以驕矜
多欲」失去民心，則「到頭棋酒消磨晉」，將成為歷史之必然；桓冲之憂，將
不為過；桓冲之諫，將不為失言。善用翻案，往往刻抉入裡，深折透關有如此
者。陳普詠史詩，運用翻案手法，往往有新奇、意外、層深、自得之妙，除上
述之外，尚多有之，如：

　　茂陵無奈太倉陳，槐里家傳本助秦。萬落千村荊杞滿，隴西桃李亦

---

[58] 曹操：〈讓縣自明本志令〉：「後徵為都尉，遷典軍校尉，意遂更欲為國家討賊立功，欲望封侯作征
西將軍，然後題墓道言：『漢故征西將軍曹侯之墓』，此其志也。」（建安十五年）

成薪。自注：「漢武疲四夷，凡為之驅馳者，皆助桀也。廣、陵，衛霍所忌，而必欲求用，殺身亡家，則固其所。山西氣習，君子不道。太史公以桃李不言，下自成蹊贊之，亦非君子之言。廣，秦將李信之後；陵，廣子當戶遺腹子也。」（《全宋詩》卷三六五○，陳普〈李廣李陵二首〉其一，頁43801）

白頭上峽歷群蠻，展轉亡張又失關。取得益州竟何益？不如賣履看人間。自注：「老而後誇荊益，天也。早得十年，則可觀矣。備少孤貧，與母販履為業。」（《全宋詩》卷三六五一，陳普〈蜀先主十二首〉其二，頁43818）

李廣「才氣無雙」，廣陵祖孫「數奇」不遇，陳普〈李廣李陵二首〉其一，感慨李廣李陵祖孫之際遇，弄巧成拙，諷諭獨深。運用翻案處有二：其一，參閱《史記》〈平準書〉、〈李將軍列傳〉、〈匈奴列傳〉，漢武帝連年征戰，窮兵黷武，李氏子孫為將，為王馳驅，討伐匈奴，無異助紂為虐。陳普詩稱：「槐里家傳本助秦」，反常合道，絕妙諷刺。三四句承上戰爭殺伐，順敘荊杞滿村，蓋轉化《老子》第三十章：「大軍之後，必有凶年」意。復次，再就〈李將軍列傳·太史公曰〉褒崇李廣作翻案，謂「隴西桃李亦成薪」，既呼應自注評判《史記》論贊所謂「非君子之言」，且以形象語解讀〈李將軍列傳〉，敘陵降族誅後：「自是之後，李氏名敗，而隴西之士居門下者，皆用為恥焉！」成敗毀譽瞬間升降如此，出以翻案，密度張力更足。〈蜀先主十二首〉其二，遺憾劉備老年白頭始取益州，已錯失時機，無濟於事。此李商隱〈籌筆驛〉所謂「管樂有才真不忝，關張無命欲何如」詩意。據此推論：「取得益州竟何益？不如賣履看人間！」，劉備取得益州，其利益竟然不如賣履之利潤！運用翻案之滑稽突梯，反諷嘲弄，筆鋒辛辣，由此可見一斑。其他翻案之作，如：

卞莊已睨關於菟，菟論方規逐五胡。莫把亂華罪夷狄，鮮卑臣節過猗盧。自注：「江統所言，侍御史郭欽言於武帝之世矣，不能行。時劉

淵在并州已強，齊萬年雖破，而匈奴郝度元與馮翊北地馬蘭羌、盧水胡
反叛洛陽，氐楊茂披據仇池，當時行統言，則一呼而起矣。老莊奔淫之
俗已成，賈庶人之焰已熾，諸王之相噬已有形，就如統策，盡逐諸戎，
晉室能不亂哉？以慕容廆招拓拔氏、段氏觀之，夷狄之人皆吾人也。符
氏、姚氏、劉淵、慕容垂有以服其心，皆吾之蕭曹韓彭也。有道則守在
四夷，不道則一卒足以亡秦，何必五胡能扛晉鼎哉？」（《全宋詩》卷
三六五一，陳普〈江統〉，頁 43838）

晉家事勢若崩河，忘却吳松好月波。莫把李膺誇二陸，思鱸羨鶴不
曾多。自注：「元康之末，永寧、永康之間，袵席歌舞之中，無故而罹
滅身赤族之禍者，非一人一家矣。晉祿無可食之道，司馬冏又非可與共
濟之人，顧榮、張翰遲留不去，欲何伺乎？禍迫而後拂衣，賢於陸機則
可，方之韋忠、董養為已晚矣。」（《全宋詩》卷三六五一，陳普〈張
翰〉，頁 43838）

〈江統〉詩，一二句使事用典，[59]以文字為詩，消納書卷以為詩材。謂晉室
諸王或自相殘殺，或坐觀成敗，可謂自作孽，不可活，實不必等待五胡亂華，
已自亂自敗矣。縱然晉武帝採行江統之策略：「盡逐諸戎」，晉室亦不得不
亂，故陳普批判江統之奏言為「蕘論」，自見褒貶。由此觀之，亂華者為晉
室，不得推諉歸咎於夷狄，夷狄有道如鮮卑，其臣節往往有可取者。三四句出
以翻案，翻轉歷史對於五胡亂華之蓋棺論定，有出奇、創新、意外，自得之
妙。《世說新語·識鑒》載張翰因秋風思吳中蓴鱸，遂命駕便歸，《晉書·張
翰傳》亦云：「俄而齊王敗，時人皆謂為見機」，張翰之見機、明智，知所進
退，傳為千古佳話。然陳普《詠史》〈張翰〉一詩，卻故作翻案，以李膺借指
張翰，認為「莫把李膺誇二陸，思鱸羨鶴不曾多」。翻案詩，推翻成說定論，
別出心裁，必須持之有故，言之成理，方能服口服心。陳普自注提出論證：

---

[59] 《史記·張儀列傳》：卞莊子欲刺虎，館豎子止之曰：「兩虎方且食牛，食甘必爭，爭則必鬥，鬥則
大者傷，小者死，從傷而刺之，一舉必有雙虎之名。」卞莊子以為然。

「晉祿無可食之道，司馬冏又非可與共濟之人，顧榮張翰遲留不去，欲何伺乎？禍迫而後拂衣，賢於陸機則可，方之韋忠、董養為已晚矣！」以「不曾多」作轉語，翻駁《世說》、《晉史》所謂見機、明智之說，持之有故，亦是《春秋》責備賢者之意。

據此推想，陳普創作《詠史》組詩，既以「鑑戒六朝」為重點（見另篇），則《晉書》、《南北史》、《三國志》、《世說新語》、《資治通鑑》等圖書典籍必先經眼詳讀，而且慎思明辨，方能纂組史料，羅列翔實之自注，進而提煉出卓識偉論，以之作詠史之翻案依據，此非雕版印刷繁榮、圖書流通便捷、印本文化當今之宋代不能。陳普生當宋末元初，地處刻書發達，藏書豐富之閩南，故其詠史詩呈現若是之風貌。印本文化影響詠史詩，甚至翻案手法，一則可以擺脫蹈襲剽竊，再則可以療治熟腐淺滑，三則可以遠離濫調近境，無俗態凡響；四則可以解黏去縛，避免著實執死；[60]此與詠史詩標榜史識超拔，「在作史者不到處，別生眼目」目標理想一致，故宋人詠史運用翻案獨多。陳普《詠史》之翻案，特其顯例而已。

筆者以為：翻案法之大行其道，是「一切好詩，到唐已被做完」困境下，宋人企圖「翻出如來掌心」[61]的權變和轉機。大凡上乘的翻案之作，是「站在巨人的肩膀上」，往往足以跟巨人比肩；是一種用鑽石切割鑽石，以創意挑戰卓越的策略和方法。所謂翻案，是以原案為基座，為墊腳、為跳板，進行翻轉變異、推陳出新、別出心裁之設計，或刻抉入裡，或反常合道，或推倒扶起，或死蛇活弄，往往能妙脫蹊徑，展現新奇，在在都以原案作參照觸媒，進行生發變通。黃宗羲所謂「讀書不多，不能證斯語之變化」；所謂「踢倒當場傀儡，闢開另地乾坤」，差堪比擬翻案之效用。語云：「胸有詩書氣自華」，知識與學問二者，是詩人運用翻案的憑藉，雕版印刷提供士人購求印本之便利，圖書流通迅速、藏本借閱容易，多有助於翻案法之運用。何況，詩人面對大家名家

---

[60] 同注 54，頁 114。

[61] 「一切好詩」云云，語見魯迅：〈致楊霽雲〉，《魯迅全集》第 12 卷，〈書信〉，1934 年 12 月 20 日，（北京：人民文學出版社，1991 年），頁 612。

作品，翻案法為「盛極難繼」、「處窮必變」的宋人，提供絕佳之轉機與契機，驗諸陳普詠史詩及其他宋人名篇佳作，要皆如此。

第三節　結論

　　陳普生當宋末元初，印本圖書流通已取代寫本鈔本；又地處福建閩北，刻書業林立，藏書家眾多；且受朱熹「道問學而尊德性」、格物致知之教影響，尚知識、重學問。時、空、閩學與書林人物因緣際會，讀書與博學主張蔚然成風，以之寫作詠史詩，為追求「在古人不到處，別生眼目」，勢必如《滄浪詩話·詩辨》所云：「非多讀書多窮理，則不能極其至。」西諺有云：「印刷術為文明之母」，印本文化流衍對文學創作與評論，究竟生發如何之影響？為筆者新近關注之系列課題。詠史詩與讀書詩當有較具體之反應，本文特其中之一。

　　本文討論陳普詠史詩，受圖書傳播、印本文化影響激盪，在注重讀書博學的氛圍中，體製、語言、風格、技法方面所生發之轉折。暫分詩篇自注、資書以為詩、翻案生新、連章逞巧四端論證之，結論已分見上述各項之煞尾中，茲不再贅。蓋印本崛起，與寫本爭輝，圖書傳播便捷，知識信息量豐沛而多元，勢必引發閱讀、接受、積學、發表之變革。蘇軾〈稼說送張琥〉所謂「博觀而約取，厚積而薄發」，可借喻指稱從閱讀到發表之策略與效應。李約瑟等西方學者指出：活字印刷術在歐洲的傳播，促成了文藝復興、宗教改革，與資本主義的興起。因為，中國西傳的印刷術，使教育平民化了。試以此對照雕版印刷在宋代之流傳，其影響詩壇、文壇及學術界，其效應是否可以類推？抑或不能相提並論？此一課題，值得關注。

　　陳普身處閩學薈粹、書院林立、刻書繁榮、藏書豐富之福建地區，時逢寫本與印本爭輝，印本逐漸取代寫本之晚宋，講學宗法朱熹「問學致知」一派，以此而寫作詠史詩，可以看出晚宋詠史詩之嬗變與轉折來。本文推想寫本、藏本等圖書流通，以及雕版印刷對陳普《詠史》組詩生發的可能影響。其他，尚

有屬於內容思想、史學史識者，擬分六大層面闡釋解讀：

鑑戒六朝：陳普《詠史》組詩自李膺范滂郭林宗，至梁武帝高歡侯景，共180 首詩，多詠六朝之王侯將相、士人儒生，數量佔總量七分之五以上，考察其成敗興廢，探究其進退出處，可作為身處亂世安身立命之龜鑑。

會通史論：以自注體式，發揮其歷史評論，大抵纂組相關史事，排比相異或相通之觀點，會通化成衍為詩文。於是自注之史論與詠史詩同題共作，明暗相生，虛實相成，會通詩文，相得益彰。筆者以為：此乃宋型文化之體現，若非印本圖書購求容易，將無緣閱讀豐富之歷史文獻，勢不能成此史論。

史識獨到：「在作史者不到處，別生眼目」，為南宋詠史詩追求之特色；歷史文獻嫻熟默識在先，方能不為不襲；知前人未嘗道處，方能「爭出新意，各相雄長」。陳普《詠史》組詩尚論古人，出於別識創意者不少，頗可寶貴。詠史追求別識創意，影響所及，褒貶人物，進退公卿，軒輊史事，亦往往逞巧出奇，恥與人同。所謂獨創成就，不隨人後，陳普《詠史》之褒美貶惡有之。

《春秋》書法：北宋歐陽脩以來所倡「正統」論，《公羊》學所謂「大一統」，胡安國《春秋傳》借古喻今之資鑑，[62]《春秋》書法所謂「誅心」之論，陳普《詠史》組詩中多所體現。

經世資鑑：史學所以經世，不在空言著述，陳普《詠史》組詩於詠王昭君、漢光武、楊太后、杜預、周處、魏徵、房玄齡處，多特提強調之。既有助於解讀歷史，與北宋以來史論文相較，頗有相互發明之價值。[63]

朱學流衍與以理學為詩：陳普於《宋元學案》列入潛庵（輔廣）學案，屬朱子理學一系。今考《詠史》組詩及自注所云，或倡道德事功，或示正誼明道，或強調天理綱常，或關注心術本領，或標榜格物致知，顯然是「以理學入

---

62 沈玉成：《春秋左傳學史稿》，第八章第三節，一、〈胡安國：更自覺的借古喻今〉，（南京：江蘇古籍出版社，1992.6），頁 221-223。

63 韓流：《澗泉日記》卷下稱：「史法須是識治體，不可只以成敗、是非、得失立論。」又云：「古人之史，非是備遺忘，要務多，以美觀也。因今勸後，因後明前，經制述作二者是大。」南宋重事功與經世之學，浙東學派為代表，參考吳懷祺《中國史學思想史》第八章第五節〈事功之學與經世之學〉，（合肥：安徽人民出版社，1996.12），頁 250-255。

詩」。宋詩創作之致力「出位」，陳普《詠史》組詩可見。

　　限於篇幅字數，上述六個子題，本文未及考察探論，姑記於此。擬別撰一長文，他日再暢談一得之愚。[64]

---

[64] 本文初稿，發表於 2005 年 3 月，成功大學中文系、臺灣大學中文系合辦「唐宋元明學術研討會」，題目為〈印本文化與南宋陳普詠史組詩〉。會後潤飾，輯入《知性與情感的交會——唐宋元明學術研討會論文集》，（臺北：大安出版社，2005.7），頁 201-242。其後，又稍加增訂，篇題改為：〈印刷傳媒與宋代詠史詩之新變——以遺民陳普詠史組詩為例〉，刊登於國立中山大學中文系：《文與哲》第11 期（2007.12），頁 313-356。

第十三章　印刷傳媒之崛起與宋詩特色之形成

摘要

　　雕版印刷有「易成、難毀、節費、便藏」之長處，又有化身千萬，無遠弗屆之優勢。因此，足與寫本（含藏本、稿本、鈔本）競妍爭輝。論其利用厚生，便利士人，徵存、傳播、發揚宋朝以前及當代文獻典籍，繼往開來，貢獻極大。對於宋代士人而言，雕版印刷改變知識傳播之方式和質量，進而影響閱讀之態度、方法，和環境，乃至於詩思之發想、創作之習性、評述之體式、審美之觀念，和學術之風尚，對宋代之文風士習頗多激盪。因應右文崇儒政策，科舉考試、書院講學、教育普及、著書立說，皆因印刷傳媒之推助，而有加乘之效果。由此觀之，印刷傳媒堪稱為唐宋變革之催化劑，宋代之為近世特徵之促成者。本文側重探討四部典籍之刊行與兩宋文明昌盛之可能關係，考察宋代印刷傳媒繁榮、圖書流通便捷，對於「詩分唐宋」之可能影響，有別於目錄版本學之論述，亦不同於書籍紀傳體之研究。對於學界探討唐宋變革、宋型文化、詩分唐宋、宋詩特色諸課題，或有參考觸發之價值。

關鍵詞

　　印刷傳媒　四部典籍　圖書流通　宋詩特色　詩分唐宋

第一節　雕版印刷之崛起與「唐宋變革」

日本京都學派內藤湖南（1866-1934）、宮崎市定（1901-1995），先後研究中國歷史分期，提出「唐宋變革」說，「宋代近世」說。[1]一時陳寅恪、鄧廣銘、傅樂成、繆鉞、錢鍾書研究歷史和詩歌，皆受其影響。考京都學派所謂「唐宋變革」之分野，宋代之為「近世」之特徵，學界歸納京都學派之說，其項目如：政治、科舉、文官、黨爭、平民、經濟、兵制、法律、學術、科技、文藝；特別強調宮崎市定補充：知識普及，和印刷術發明。[2]筆者以為，印刷術發明，助長知識普及，促成科舉取士、落實右文、崇儒之政策。印刷圖書之為傳媒，對於宋朝以前及當代的文獻典籍，頗能作較完整而美好的保存，從而有助於流傳與發揚，對於文化傳承，貢獻極大。對於宋代士人而言，雕版印刷改變知識傳播的方法和質量，進而影響閱讀的態度和環境、創作的習性和法度、評述的體式、審美的觀念，和學術的風尚，對宋代之文風士習頗多激盪，是唐宋變革的催化劑，宋代之為近世特徵之促成者。影響如此深遠，然學界於此關注並不多。

（一）印刷傳媒與「變革的推手」

紙張的輕薄短小，配合雕版印刷之「日傳萬紙」，對於知識流通，圖書傳播，必然產生推波助瀾之效應。就宋代而言，標榜右文崇儒，雕版印刷對於科舉考試有何影響？對於書院講學、教育普及、學風思潮、創作方式、評述法度、審美情趣、文風士習，生發何種效應？就歷史而言，內藤湖南、宮崎市定

---

[1]　內藤湖南、宮崎市定之「宋代近世說」，蓋以唐宋之際「轉型論」為核心，自然推導出「宋代文化頂峰論」及「自宋至清千年一脈論」，說見王水照主編《日本宋學研究六人集》，〈前言〉，淺見洋二《距離與想像──中國詩學的唐宋轉型》，（上海：上海古籍出版社，2005.12），頁2-5。

[2]　參考錢婉約：《內藤湖南研究》，（北京：中華書局，2004.7）；張廣達：〈內藤湖南的唐宋變革說及其影響〉，《唐研究》第十一卷，（北京：北京大學出版社，2005），頁5-71；柳立言：《何謂「唐宋變革」？》，《中華文史論叢》2006年1期（總八十一輯），頁125-171。

提出「唐宋變革」、「宋代近世」說，雕版印刷是否為其中之催化劑？是否如谷登堡（Gutenberg Johann，1397-1468）發明活字印刷一般，形成「變革的推手」？就文化類型而言，王國維稱美天水一朝之文化，「前之漢唐，後之元明，皆所不逮」；「近世學術，多發端於宋人」；陳寅恪亦有「華夏民族之文化，歷數千載之演進，造極於趙宋」之說；[3]傅樂成則提出唐型文化與宋型文化之分野，[4]文化演變之不同，印刷傳媒居於何種地位？就詩歌而言，繆鉞《詩詞散論》標榜「唐宋詩異同」，[5]錢鍾書《談藝錄》強調「詩分唐宋」，[6]雕版印刷是否即是其中之關鍵觸媒？谷登堡活字版流行，印刷傳媒在西方之繁榮發達，促成宗教革命、文藝復興，號稱「變革的推手」；在宋代，印刷傳媒與寫本、藏本競奇爭輝，是否亦生發類似之激盪？目前學界對此一創新課題，尚未多加關注。

　　錢存訓為研究書史及印刷史之權威，參與李約瑟《中國科技史》之修纂，負責「印刷術」之撰稿。[7]有關近代中外學者對於印刷史之研究，錢氏歸納為三個主流，從而可見印刷史探討之大凡，權作本文研究現況之述評。下列兩個主流研究，為目前學界致力最多者：

　　　　近代中外學者對於印刷史的研究，大概可歸納為三個主流：一是傳
　　統的目錄版本學系統，研究範圍偏重在圖書的形制、鑑別、著錄、收藏
　　等方面的考訂和探討。另一個系統可說是對書籍作紀傳體的研究，注重
　　圖書本身發展的各種有關問題，如歷代和地方刻書史、刻書人或機構、

3　王國維：〈宋代之金石學〉，《靜安文集續編》，（上海：上海書店，1983），頁 70；陳寅恪：〈鄧
　　廣銘《宋史·職官志》考證序〉，《金明館叢稿》，（臺北：里仁書局，1982），頁 245-246。

4　傅樂成：〈唐型文化與宋型文化〉，原載《國立編譯館館刊》一卷四期（1972.12）；後輯入《漢唐史
　　論集》，（臺北：聯經出版公司，1977.9），頁 339-382。

5　繆鉞：《詩詞散論》，〈論宋詩〉，（臺北：開明書店，1977）。

6　錢鍾書：《談藝錄》，一、〈詩分唐宋〉，（臺北：書林出版公司，1988.11），頁 1-5。

7　錢存訓，英國李約瑟東亞科技史研究所研究員，中國印刷史博物館顧問，編著有《書於竹帛》、《中
　　國科學技術史：紙和印刷》、《中國書籍、紙墨及印刷史論文集》、《中美書緣》等有關圖書目錄
　　學、書史、印刷史、中西文化交流史之論著。

活字、版畫、套印、裝訂等專題的敘述和分析。[8]

　　傳統目錄版本學之研究，以及圖書本身發展之研究，學界論著繁夥，貢獻良多。[9]探討日本、韓國、越南之漢籍雕版，研究主題與焦點，亦不出上述兩大系統。至於探索印刷傳媒之影響與效應，所謂「印刷文化史」之研究，則關注不多，值得開發。[10]錢存訓先生曾對印刷文化史探討之層面和方法略作提示：

> 近年以來，更有一個較新的趨向，可稱為印刷文化史的研究，即對印刷術的發明、傳播、功能和影響等方面的因果加以分析，進而研究其對學術、社會、文化等方面所引起的變化和產生的後果。這一課題，是要結合社會學、人類學、科技史、文化史和中外交通史等專業，才能著手的一個新方向。至於印刷術對中國傳統文化和社會有沒有產生影響？對現代西方文明和近代中國社會所產生的影響，又有什麼相同或不同？印刷術對社會變遷有怎樣的功能？這些都是值得提出和研究的新課題。[11]

　　試想：宋代之知識傳播，除傳統之寫本（含稿本、鈔本、藏本）作為持續穩定之媒介外，宋代士人更多選擇「易成、難毀、節費、便藏」，化身千萬，

8　錢存訓：《中國紙和印刷文化史》，第一章〈緒論〉，四、〈中國印刷史研究的範圍和發展〉，（桂林：廣西師範大學出版社，2004.5），頁 20-21。

9　參考宋原放：《中國出版史料》（古代部分）第二卷，〈中國古代出版史料及有關論著要目〉，（武漢：湖北教育出版社，2004.10），頁 576-591。

10　有關印刷文化史之研究，管見所及，有錢存訓：《中國紙和印刷文化史》，第十章（四）〈印刷術在中國社會和學術上的功能〉，頁 356-358；又，《中國古代書籍紙墨及印刷術》，〈印刷術在中國傳統文化中的功能〉，（北京：北京圖書館出版社，2002.12），頁 262-271；（日）清水茂著，蔡毅譯：《清水茂漢學論集》，〈印刷術的普及與宋代的學問〉，（北京：中華書局，2003.10），頁 88-99。（美）露西爾·介（Lucile Chia）：〈留住記憶：印刷術對宋代文人記憶和記憶力的重大影響〉，《中國學術與中國思想史》（《思想家》II），（南京：江蘇教育出版社，2002.4），頁 486-498；（日）內山精也：《傳媒與真相──蘇軾及其周圍士大夫的文學》，〈「東坡烏臺詩案」考──北宋後期士大夫社會中的文學與傳媒〉、〈蘇軾文學與傳播媒介〉，（上海：上海古籍出版社，2005.8），頁 173-292。

11　同註 8。

無遠弗屆之雕版印刷（印本圖書）。圖書傳播之多元，尤其是印刷傳媒之激盪，究竟生發何種文化上之效應？學界論著用心致力於此者實不多見。相對於谷登堡發明活字印刷術，基本影響為書價的降低，和書籍的相對平凡化。另外，還影響到閱讀實踐的改變，加強了一種古老的變革，諸如「不同的稿本不再被採用，著作法規也在逐漸改變，文學領域進行重新組織（有關作者、文本和讀者）。印刷的發展和通俗化，改變了閱讀的環境。正如蒙田所云：「為了醉心於狂熱的閱讀而沉浸書中，任由自己或遐想，或創新，或遺忘」。[12]法國年鑑學派大師費夫賀（Lucien Febvre）與印刷史學者馬爾坦（Henri-Jean Martin）合著《印刷書的誕生》（*The Coming of the Book*）強調：「印刷帶動文本的大規模普及」；「這顯然是種變遷，且變的腳步還頗快」，同時提出印刷書促成文化變遷結果之種種推測：

> 大眾究竟需要書商與印刷商提供他們哪類書刊？印刷究竟令傳統的中世紀文本，普遍到何種程度？這些舊時代的傳承物，又被印刷術保存住多少？印刷機驟然突破了既有的智識作品保存媒介，是否也助長了新的文類？或者情況正好相反，是早期的印刷機大量印刷了許多傳統的中世紀書籍，才讓這些作品的壽命意外地延長數十年，一如米什萊（Michelet，Jules，1798-1874）所言？我們將試著找出這些問題的答案。[13]

士人的閱讀期待和印刷書籍之品類，是否相互為用？印刷書之為傳媒，對於宋代教育之相對普及，影響程度如何？唐代及前代典籍因雕版流傳後世者，存留多少？印刷傳媒引發知識革命，是否催生新興的文類？或者更加保固傳統

---

[12] （法）弗雷德里克·巴比耶（Frederic Barbier）著，劉陽等譯：《書籍的歷史》（*Histoire DU Livre*），第六章，4，〈閱讀〉，（桂林：廣西師範大學出版社，2005.1），頁132-133。

[13] 費夫賀（Lucien Febvre）、馬爾坦（Henri-Jean Martin）著，李鴻志譯：《印刷書的誕生》（*The Coming of the Book*），一、〈從手鈔本到印刷書〉，（桂林：廣西師範大學出版社，2006.12），頁248-249。

文體,而蔚為歷代文學創作之典範?凡此推想,覆案宋詩、宋代文學、及宋代詩學之研究,多可作為對照、觸發。雕版印刷在宋代之崛起繁榮,是否也有類似西方之穀登堡效應?錢存訓所提「對印刷術的發明、傳播、功能和影響等方面的因果加以分析,進而研究其對學術、社會、文化等方面所引起的變化和產生的後果」,這一系列的創新研究課題,正是筆者草撰本書之企圖。篳路藍縷,印刷史料文獻不足,論徵確指存在若干困難。此創新研究課題,必然面對許多空白和質疑,請學者方家多多指正。

(二)宋代印本崛起,與寫本藏本競妍爭輝

《後漢書・蔡倫傳》稱:紙張發明普及之前,「縑貴簡重,並不便於人」,蔡倫「造意為紙」,天下莫不從用,於是替代簡帛,知識傳播進入寫本時代。鈔寫作為圖書複製,知識傳播的媒介,較之簡帛雖有長足進步,仍然難愜人意。為追求愛日省力,便易於人,乃有雕版印刷之發明:隋唐以來,先民借鏡石刻傳拓、璽印鐫刻、漏版印布之技法,結合造紙製墨傳統工藝,乃發展為雕版印刷之刊刻圖書。[14]

自五代長樂老馮道主持刊印《九經》暨《五經文字》、《九經字樣》,[15]歷經宋朝之崇尚文治,官府民間同步提倡雕版印刷,促使印刷術成為知識傳播之利器,導致宋代文化與文明的昌盛。雕版印書作為知識革命之技術,其最大效益在複製圖書之數量多,速度快,誠如沈括所云:「若止印三二本,未為簡易;若印數十百千本,則極為神速」,[16]雕版與活字印刷之複製圖書,製作過程儘管有別,然生發之傳媒效率並無不同。於是大量複製,造成廣泛傳播,多元而豐富閱讀,普遍而隨機接受,無遠弗屆,影響深遠。蓋雕版圖書每次約印百

---

[14] 李致忠:《古代印版通論》,第二章〈雕版印刷的發明〉,(北京:紫禁城出版社,2000.11),頁 8-16。

[15] 《五代會要》卷八〈經籍〉:「後唐長興三年二月,中書門下奏請依石經文字刻九經印板。……周廣順三年(953)六月,尚書左丞兼判國子監事田敏進印板九經書,《五經文字》、《九經字樣》各二部,共一百三十冊。」

[16] 沈括:《夢溪筆談》卷十八,〈技藝〉,胡道靜新校注本,(香港:中華書局,1987.4),頁 184。

部，將本求利，他日需要再刷百部，可持續印刷不已。印本圖書之流通，引發許多傳播和接受的問題，大抵而言，雕印之品類面向，與消費大眾之需求消長相當，民生日用、科舉考試、學術思潮、文學風尚，在在改變傳播之格局，左右傳播之心態。因此，雕版印刷於宋代之繁榮，可能因此形成了印本文化，塑造了宋型文化，遂與唐型文化分道揚鑣。

雕版印刷之流行，在複製圖書方面，數量多，品質佳；在知識傳播方面，接受便易，而又品類多元，基於因應朝廷右文政策、科舉取士大規模錄用人材；中央至地方官學、童蒙教育與書院講學之蓬勃發展，圖書消費市場需求極大，[17]因此，除傳統之手寫謄鈔已緩不濟急，雕版印刷之高質量複印圖書，具有易成、難毀、節費、便藏諸優點，更有化身千萬，無遠弗屆之特質。凡此，皆頗能滿足士人之期待。官刻本、家刻本、坊刻本既琳瑯滿目，於是「板本大備，士庶家皆有之」；市人轉相摹刻，日傳萬紙，「學者之於書，多且易致如此」，於是所謂「印本文化」逐漸形成。[18]筆者以為，印本與寫本爭輝，蔚為宋代文化之登峰造極，宋型文化因印刷傳媒之加乘，遂與唐型文化漸行漸遠，而呈現獨特不同之風貌。[19]上述觀點，只是筆者閱讀所及，「想當然耳」之推論，尚待更多印刷文獻之論證，以及觀點之闡發。

宋代雕版印刷之繁榮昌盛，官刻、家刻、坊刻崢嶸競秀，蔚為圖書市場之熱絡。影響所及，造成宋代公私藏書豐富，書目編纂亦隨之繁多，一代圖書庋藏及流通之大凡，可由版本學、目錄學窺見一斑。[20]印本圖書崛起，與寫本（含

---

[17] 兩宋科舉取士：計進士 42390 人，諸科 15054 人，特奏名 33742 人，計 91186 人，詳何忠禮《兩宋登科人數考索》，《宋史研究集刊》第二集，1988 年。張希清考證：宋朝每年經由科舉入仕之人數，平均為 361 人，約為唐朝的 5 倍，元代的 30 倍，明代的 4 倍，清代的 3、4 倍。可以說，宋代科舉取士之多，在中國歷史上是「空前絕後」的！詳參張希清：〈論宋代科舉取士之多與冗官問題〉，《北京大學學報》1987 年 5 期；傅璇琮、謝灼華：《中國藏書通史》第五編第一章〈宋代藏書的社會文化背景〉，（寧波：寧波出版社，2001），頁 288-296。

[18] 張高評：〈雕版印刷之繁榮與宋代印本文化之形成——印本之普及與朝廷之監控〉（上），《宋代文學研究叢刊》第十一期，（高雄：麗文文化公司，2005.12），頁 1-34。參閱本書第四章。

[19] 所謂唐型文化，參考傅樂成：《漢唐史論集》，〈唐型文化與宋型文化〉，（臺北：聯經文化公司，1977.9），頁 339-382。

[20] 曹之：《中國印刷術的起源》，第十章，一、〈宋代私人藏書之盛〉；二、〈宋代書目之多〉，（武

稿本、鈔本、藏本）並行流通，於是「刻書以便士人之購求，藏書以便學徒之借讀」，刻書藏書之雙重便利，寫本藏本與雕版印刷之競秀爭流，勢必造成宋代之知識革命。[21]此種圖書傳播方式，也自然衝擊創作生態與學術風尚。宋代詩人之創作，自編或他編之詩集，藉助雕版印行流通者多，[22]傳播既便捷，「奇文共賞，疑義相析」，鼓舞之砥礪之，於是文學名家大家風起雲湧，才人代出。「破體」現象，與「出位之思」，蔚為宋代文學之創作傾向之一，源流正變之乘除消長，造成文體之移位與重組，[23]其中自有印本文化、寫本文化，與藏書文化之交相作用在。

需要強調的是，雕版印刷由運用、推廣、至流行、繁榮，是因勢漸進的，不是突然發達的，其中以寫本鈔本之傳統方法複製圖書，仍然佔重要比例。宋初太祖太宗朝詔求遺書，往往借善本謄鈔庋藏；整理古籍或著書立說，進呈御覽，其良善者，朝廷給紙筆「重別寫進」一部，因此，所藏「良善」圖書，自是鈔本。無論經、史、子、集，撰成之書稿；或當下書寫傳播之文字，皆是寫本。另外，寫本之大宗，尤在崇文院、祕閣等官方所藏寫本，為搜訪遺佚，而「借本抄填之」；為補足劫餘，往往「重寫書籍，選官詳覆校勘」；或「請降舊本，令補寫之」。《宋會要輯稿》〈崇儒〉卷四載：宣和五年（1123）詔令：「搜訪士民家藏書籍，悉上送官，參校有無，募工繕寫，藏之御府」。淳熙六年（1179）六月尋訪四川圖書，遍查各路州軍官書目錄，「如有所闕，即令本司鈔寫，赴祕書省收藏」；如此而收藏者，自然以寫本居多。至於民間藏本，亦以寫本為主，今人袁同禮曾言：「宋代私家藏書，多手自繕錄，故所藏之本，鈔本為多」。論者謂：宋代私人藏書家可考者約 500 人以上，其中以鈔

昌：武漢大學出版社，1994.3），頁 376-413。

[21] （美）艾朗諾：〈書籍的流通如何影響宋代文人對文本的觀念〉，《第四屆宋代文學國際研討會論文集》，（杭州：浙江大學出版社，2006.10），頁 98-114。

[22] 有關宋人文集之編纂、傳鈔、雕印，可參考祝尚書：《宋人別集敘錄》（上、下），（北京：中華書局，1999.11）。

[23] 吳承學：《中國古典文學風格學》，第八章〈從破體為文看古人審美的價值取向〉，（廣州：花城出版社，1993.12）；葉維廉：《比較詩學》，〈「出位之思」：媒體及超媒體的美學〉，（臺北：東大圖書公司，1983.2），頁 195-234。

書著稱者泰半。[24]宋代圖書閱讀，知識傳播，手鈔寫本之地位，仍然不可忽視。

　　印刷傳媒之於圖書流通，在傳統之寫本圖書外，提供士人多一項選擇。其「節費、便藏」之特色，以及化身千萬、無遠弗屆之優勢，最有助於知識之傳播，有功於圖書之保全流佈，可以避免散佚殘缺。日本在平安朝後期（983 年以後），宋刊本開始東傳日本，日本宮內廳書陵部尚珍藏 144 種宋元版（刻本）漢籍。其傳播方式，或以貴族知識分子，或以禪宗僧侶，或以商品經濟。[25]以宋代域外漢籍之傳播而言，日本宮內廳書陵部禦藏宋人宋刊有《太平御覽》、《畫一元龜》、《花果卉木全芳備祖》、《景文宋公集》、《誠齋集》、《玉堂類稿》、《太平聖惠方》、《魏氏家藏方》、《嚴氏濟生方》、《和荊局方》等十種。內閣文庫漢籍，則有「重要文化財」宋人宋刊《周易新講義》、《廬山記》、《史略》、《東坡集》殘本、《類編增廣潁濱先生大全集》、《豫章黃先生文集》、《平齋文集》、《梅亭先生四六標準》等九種。其他又有足利本「日本國寶」宋刊《周易注疏》、《尚書正義》、《禮記正義》、《六家本文選》等等。[26]漢籍之傳播，當時宋朝若非以雕版印刷複製圖書，光靠鈔本寫本流布，厚重圖書將如何漂洋過海，遠渡東瀛？即使流傳，恐不如是之量多完好與多元。

　　自宋朝立國，高麗遣使往來不斷，成宗、宣宗崇儒尚文，漢籍在東國傳鈔

24　曹之：《中國古籍版本學》，第二編第一章，三、〈宋元寫本〉，（武昌：武漢大學出版社，1992.5），頁 111-116；袁同禮：〈宋代私家藏書概略〉，《圖書館季刊》二卷一期；葉昌熾《藏書紀事詩》，潘美月《宋代藏書家考》，（臺北：學海出版社，1980）；方建新：《宋代私家藏書補錄》、《北宋私家藏書再補錄》、《南宋私家藏書再補錄》，分刊《文獻》1988 年 1-2 期、《古文獻研究》（1989）、《宋史研究集刊》（1988）。

25　安平秋：〈中日合作複製日本國宮內廳書陵部藏宋元版漢籍之現狀〉，嚴紹璗：〈漢籍東傳日本的軌跡與形態〉，漢學研究中心、高校古委會主辦「第三次兩岸古籍整理研究學術研討會」，2001 年 4 月 18-19 日，臺北市。

26　嚴紹璗：《漢籍在日本的流布研究》，下篇第六、第七、第八章，（南京：江蘇古籍出版社，1992.6），頁 212-240；頁 257-262。又嚴紹璗《日本藏漢籍珍本追蹤紀實》，其中敘錄宮內廳書陵部宋人寫本 1 種，宋刊本 72 種；日本國會圖書館宋刊本 7 種，日本國家文書館宋刊本 11 種，東京國立博物館唐寫本 6 種，宋刊本 4 種；足利圖書館宋刊本 6 種，金澤文庫宋刊本 2，宋寫本 1；靜嘉堂文庫宋刊本 27 種，天理圖書館宋刊本 7 種，御茶之水宋刊本 8 種，真福寺 5 種，東福寺 14 種，（上海：上海古籍出版社，2005.5）。

及刊刻者漸多，至高麗後期，此風未歇。下至朝鮮時期，漢籍傳入更多：考其來源，或為趙宋朝廷贈送，或為商賈攜入，或為麗、鮮兩朝使臣購買，不一而足。漢籍既經流入，無論官私，或傳鈔、或刊刻，從而廣泛傳播於東國，影響深遠。高麗、朝鮮兩朝，傳入之宋人四部典籍，計經部 91 種，史部 65 種，子部 136 種，集部 123 種，共 415 種。麗、鮮兩朝圖書之傳播與接受，大抵具有實用性和通俗性之特徵，其中有不少雕版印書，形成域外兩宋漢集之珍本。[27]

至於印刷圖書南傳至越南，始於北宋景德二年（1005），至元代成宗元貞元年（1295），三百年間共六次頒賜《大藏經》給越南，其間未聞越南有仿刻之事。考諸歷史，遲至陳英宗興隆四年（1296），安南始有翻雕刊行《大藏經》之舉。下至明正統年間（1443-1459）越黎兩度派遣紅蓼人梁如鵠來華傳習雕版技藝，於是刻書業始盛。[28]最近學界倡議東亞漢籍版本學（印本）之研究，域外漢籍之傳播，已引發若干關注。漢籍傳播所以無遠弗屆至東瀛與東國，乃至域外越南，[29]其中雕版印書之易成、難毀、便利、快捷，最有助於圖書流通，知識傳播。

大概雕版印刷之為知識傳媒，相較於寫本（鈔本），有諸多「便於民」之優勢，因此，才能藉「海上書籍之路」[30]渡海東去，澤被域外，留存許多宋刊善本珍本，甚至於孤本於天壤之間。

---

[27] 鞏本棟：〈宋人撰述流傳麗、鮮兩朝考〉，張伯偉編《域外漢籍研究集刊》第一輯，（北京：中華書局，2005.5），頁 323-386。

[28] 劉玉珺：〈越南古籍刊刻述論〉，參考同上註，頁 269-271。

[29] 陳正宏：〈東亞漢籍版本學序說──以印本為中心〉，張伯偉主編：《域外漢籍研究集刊》第二輯，（北京：中華書局，2006.5），頁 21-28。鞏本棟：〈論域外所存的宋代文學史料〉，《清華大學學報》2007 年第 1 期（第 22 卷），頁 32-45。

[30] 王勇等著：《中日「書籍之路」研究》，王勇：〈絲綢之路與「書籍之路」──試論東亞文化交流的獨特模式〉，（北京：北京圖書館出版社，2003.10），頁 1-14。

第二節　四部典籍之刊行與兩宋文明之昌盛

　　印刷傳媒於宋代之崛起，以至於「未有一路不刻書」，其盛況可以想見。圖書複製之方式，除傳統之寫本（鈔本、藏本）外，更有量多、質優、價廉、便利之印本，對於知識之傳播流布，必然產生激盪與迴響。由於印刷史料文獻不足徵，往往形成「事出有因，查無實證」之無奈，不得已，筆者乃據四部典籍之刊刻雕印，參酌商品經濟供需相求之原理，覆按兩宋文明之昌盛，推想印刷傳媒之熱絡，對於經學復興、史學繁榮，悅禪、慕道、崇儒之可能效應；進而論斷印刷傳媒、圖書流通對於詩分唐宋，甚至唐宋變革之可能影響。姑提出下列議題，以待方家論證：

（一）經籍之雕印與經學之復興

　　五代後唐之時，馮道主持《九經》之刊刻印刷，對儒家經典之傳播，貢獻良多。趙宋開國後，經籍之收集、整理、校勘、雕印，更不遺餘力。開寶五年（972），校勘印刷《尚書》、《經典釋文》；雍熙二年（985），刊刻《五經正義》，次年又刻印《說文解字》。端拱元年（988），國子監校勘刻印《易經》、《書經》；淳化五年（994），又陸續刊印《七經義疏》；至道二年（996），判監李至等校訂刻印《周禮》、《儀禮》、《穀梁》、《論語》等書。咸平元年（998），刻印《詩經》、《書經》；咸平三年（1000），國子監邢昺主持校訂刻印《論語》、《孝經》、《爾雅》等書。於是「經史正義皆具，書版大備」。[31]「詩書史傳子集垂法後世」之文，經雕版流傳，儒者講求「明體達用」之學，方有據依。宋學之發皇，因北宋經籍之刊行，藏本之流通，相得益彰，形成絕佳之觸媒與推助，自是一大關鍵。論者稱：宋代「儒學

---

[31] 羅樹寶：《中國古代印刷史》，第六章第二節〈宋代政府的印刷〉，（北京：印刷工業出版社，1993.3.），頁118-119。

所以復興，諸經鐫印，蓋其一因」，[32]其說得之。

宋代實施右文，國子監印書，對於私人提供紙墨、工費，可以代為印刷，曾大力倡導。朝廷對於州縣學校、各地書院往往頒賜《九經》，便利經籍之普及、促進教育之發展。如《宋會要輯稿》所云，經書頒賜，崇儒右學，志在推廣。宋代號稱儒學復興，經書雕版當是關鍵觸媒。

> 太宗端拱二年（己丑，989），五月三十日，康州言：「願給《九經》書，以教部民之肄業者。」從之。
>
> 至道二年（丙申，996），七月六日，賜嵩山書院額及印本《九經》書疏，從本道轉運使之請也。
>
> 大中祥符三年（庚戌，1010），二月，賜英州文宣王廟板本《九經》。
>
> 仁宗天聖六年（戊辰，1028），八月，江陰軍言：「重修至聖文宣王廟，頗有舉人習業，舊無《九經》書，欲乞支賜。」從之。
>
> 真宗咸平四年（辛丑，1101），六月，詔諸路郡縣有學校聚徒講誦之所，賜《九經》書一部。
>
> 淳熙八年（辛丑，1181），十一月二十九日，詔南康軍復白鹿洞書院，所有陳乞經書具數行下，令國子監印給。以知南康軍朱熹言：「太宗皇帝嘗因江州守臣周述之奏，詔以國子監《九經》賜廬山白鹿洞書院。……望降敕命，仍舊以白鹿洞書院為額，仍詔國子監印造太上皇帝御書石經，及板本《九經》注疏、《論語》、《孟子》等書給賜。」（《宋會要輯稿·崇儒二》〈郡縣學〉）

阪本太郎《日本簡史》曾稱：「印刷術，是普及教育，普及文化的有力手

---

[32] T·F·Carter：著，向達譯：《現存最古印本及馮道雕印群經》，第十章，〈中國雕版印刷術之全盛時期〉（The Invention of Printing in China and Its Spread Westward），原載《圖書館學季刊》第五卷第三、四期合刊，1932.12。

段」；由此觀之，宋代號稱儒學復興，經典再詮釋時代，所以有此創新和變革，筆者以為，群經先後雕版，廣為流傳，當是其中之關鍵觸媒。至於印刷傳媒在宋代儒學復興，經典再詮釋系列活動中，究竟生發何種效應？促成何種影響？多值得探討。

就經學之發展來說，宋代以《春秋》經傳最稱顯學，故本文姑舉《春秋》經傳之雕印為例。元馬端臨《文獻通考・經籍考》著錄《春秋》類百餘種，《宋書・藝文志》著錄專著約二百四十種，清朱彝尊《經義考》著錄約四百種以上；《四庫全書》《春秋》類著錄，宋人著述 38 部，689 卷；佔歷代《春秋》類著錄總數 114 部 1838 卷三分之一比重。其中有藏本寫本，更多的是刊印本。《四庫全書總目》卷二十九，《日講春秋解義》稱：「說《春秋》者，莫夥於兩宋」，實乃信而有徵之言。

南宋偏安，外患頻仍，於是《春秋》經傳版刻傳世者不少，如南宋國子監刊本《附音春秋穀梁傳注疏》、淳熙三年（1176）阮仲猷種德堂刊本《春秋經傳集解》、淳熙四年撫州公使庫本《春秋公羊經傳解詁》、淳熙間撫州公使庫刊配補本《春秋經傳集解》、慶元六年紹興府刊宋元遞修本《春秋左傳正義》、嘉定四年胡槻江右計台刊本《春秋繁露》、嘉定九年興國軍學刊本《春秋經傳集解》、寶祐三年臨江郡庠刊本《春秋集注》、德祐元年衛宗武華亭義塾刊本《春秋集注》、南宋鶴林於氏家塾棲雲閣刊元修本《春秋經傳集解》、建安劉叔剛一經堂刊本《附釋音春秋左傳注疏》、紹熙間潛府劉氏家塾刊本《春秋經傳集解》、紹熙二年余仁仲萬卷堂刊本《春秋公羊經傳解詁》、紹熙間余仁仲萬卷堂家塾刊本《春秋穀梁傳集解》、隆興淳熙間胡安國《春秋傳》原刊本、乾道四年（1168）刊本《春秋傳》；又有南宋杭州地區刊本《春秋經傳》、南宋四川地區刊本《春秋經傳集解》、宋龍山書院刻本《纂圖互注春秋經傳集解》、元初相台嶽浚荊谿家塾刻群經本《春秋經傳集解》。[33]

---

[33] 參考李致忠：《宋版書敘錄》，（北京：書目文獻出版社，1994.6），頁 160-224。陳堅、馬文大：《宋元版刻圖釋》，〈宋代版刻述略〉，（北京：學苑出版社，2002），頁 9-20。同註 31，《中國古代印刷史》，頁 117-147。

　　另外，南宋州縣政府所刻，淮南東路高郵局，紹興四年（1134）刻劉覺《春秋經解》十五卷；紹熙四年（1193），刻龍學孫公《春秋經解》十五卷。福建路南劍州，開禧元年（1205），葉筠刻《石林春秋傳》二十卷。臨江軍學於紹定六年（1233），刊刻張洽《春秋注解》十一卷，德祐元年（1275），衛宗武華亭義塾亦刻張洽《春秋注解》；袁州軍學於淳祐三年（1243），刻印《程公說春秋分紀》九十卷。至於私宅家塾刻書，則如嶽珂刊《九經》，廖瑩中世彩堂《春秋經傳集解》三十卷。上述宋代刊本，乃千年之劫餘。然由《春秋》經傳版本之繁多，可以推想當時圖書傳播之廣被，以及影響之深遠。《春秋》經傳刊本如此，其他經籍雕版情形，亦相去不遠。

（二）史籍刊刻與史學之繁榮

　　宋代史學，號稱空前繁榮。試將《宋史・藝文志》與《隋書・經籍志》史部書目作比較，知宋代史書部卷，較《隋書》多 2.5 倍。《四庫全書總目提要》收錄史部書籍凡 564 部，21950 卷，宋人史著佔《提要》總部數三分之一，總卷數亦佔四分之一以上。[34]宋代史學繁榮，此與修史制度之完善、當代史之編修、歷史文獻之匯整、史部典籍之刊刻有關。於是史書數量空前增多，史書體例空前發展，史學範圍空前擴大。史料之編次、史書之修撰、又歸本於史官之選任與機構之設置諸修史制度。[35]蓋史學可以經世，其功良多，或垂訓借鑑、或消除異說、或控制輿論、或頌揚德政、或倡導教化，故宋代朝廷重視之。

　　由《宋史・藝文志》著錄史書之多，反映宋代史學之昌盛；其他公私藏書目錄，如《崇文總目》、《中興館閣書目》、《中興館閣續書目》、《三朝國史藝文志》、《兩朝國史藝文志》、《四朝國史藝文志》、《中興四朝國史藝文志》；以及晁公武《郡齋讀書志》、尤袤《遂初堂書目》、陳振孫《直齋書

---

[34] 參考高國杭：〈宋代史學及其在中國史學史上的地位〉，《中國歷史文獻研究集刊》第 4 集（長沙：嶽麓書社，1983 年），頁 126-135。

[35] 陳寅恪稱：「中國史學莫盛於宋」，語見《金明館叢稿二編》，（上海：上海古籍出版社，1980），頁 240。蔡崇榜《宋代修史制度研究》，第一章〈緒論〉，（臺北：文津出版社，1991.6），頁 3-7。

錄解題》、鄭樵《通志・藝文略》等等，皆可見證史學之繁榮。要皆宋代積貧
積弱，志在資鑑興亡之體現。其中，史料之編次、史書之修撰，經由寫本傳
鈔、印本傳播諸觸媒轉化，推波助瀾，更促進宋代史學之繁榮昌盛，[36]關係一代
之學術與文風，不容小覷。

宋代官府對雕版印刷之重視，起於太宗准從李至的奏議，在國子監設官掌
理，雕印經史群書。仁宗嘉祐年間（1056-1063）因南北朝諸史秘圖藏本多有闕
誤，命曾鞏、劉恕、王安國等儒臣重加校訂。政和中（1111-1118）始畢其役，
正史悉數由國子監鏤版頒行。於是《史記》、《漢書》、《後漢書》、《三國
志》、《晉書》、《南史》、《北史》、《隋書》、《唐書》、《宋書》、
《南齊書》、《梁書》、《陳書》、《魏書》、《北齊書》、《後周書》、
《舊五代史》先後於杭州鏤版刊行，是為北宋監本《十七史》。[37]自是之後，至
南宋紹興間，兩宋諸史監本，代有造刊，王國維〈兩宋監本考〉論之極詳。歐
陽脩纂修《新唐書》、《新五代史》，薛居正《舊五代史》、司馬光《資治通
鑑》、鄭樵《通志》、徐夢莘《三朝北盟會編》、袁樞《通鑑紀事本末》、李
燾《續資治通鑑長編》、李心傳《建炎以來繫年要錄》等史學要籍，大多刊刻
流傳，影響當代，沾溉來葉。

今日所見宋版，蜀廣都費氏進修堂刻《資治通鑑》、建安黃善夫家塾刻
《史記》及《漢書》，眉山程舍人宅刻《東都事略》，皆堪稱善本名槧。以
《資治通鑑》而言，宋槧百衲本中即存留七種版本，分別為南宋高宗紹興間刊
本、光宗朝刊本、光宗以前刻本、甲十六行本、乙以十六行本、寧宗以後刻
本、光宗以後刻本。又有乙十一行本（即涵芬樓影印宋本）、傳校北宋本，版
本之多，顯示購求者眾，流傳之廣遠。[38]若論諸史刊本之類別，則黃佐《南雍志

---

[36] 同上，《宋代修史制度研究》，第十一章〈餘論〉，頁 201。

[37] 時宋太宗淳化五年（994）。詳參《宋史》卷 165〈職官五〉；卷 266〈李至傳〉，（北京：中華書
局，1999.12），頁 3909、頁 9177。王國維〈兩浙古刊本考〉稱：「宋有天下，國子監刊書，若史書
三史、若南北朝北史、若《唐書》、若《資治通鑑》，皆下杭州鏤版。」參考《永樂大典》卷一千七
百四十一引《國朝會要》，程俱《麟臺故事》殘本，卷二中〈書籍〉，張富祥《校證》本，（北京：
中華書局，2004.4），頁 251-281。

[38] 章鈺：〈胡刻通鑑正文校宋記述略〉，標點本《資治通鑑》，（臺北：明倫出版社），頁 12-16。

經籍考》區分《史記》舊刊本為大字、中字、小字三種,其他諸史版本,大抵
近似。[39]由兩宋諸史監本品類之眾多,可以想見雕印刊行之繁榮,圖書市場之活
絡,知識傳播之快速便捷,勢必影響文化之接受、資訊之運用,左右當代之學
術風尚,及文風走向,這是可以斷言的。

雕版刊刻史籍,就監本而言,蓬勃已如上述;其他官刻本、家刻本、坊刻
本之雕印史書,由於供需相求,亦競秀崢嶸。姑以《史記》為例,據賀次君、
安平秋、張玉春之研究,《史記》在宋代以前,只有鈔本;傳世之鈔本,都是
殘本,計有十七種。至北宋方有刊刻本,而兩宋刊本存於今者,有北宋景祐間
刊本《史記集解殘卷》、南宋黃善夫家刻《史記三家注》等十六種。[40]《史記》
全文凡五十五萬字,卷帙如此宏大浩博,居然能雕印再三,總緣帝王之喜好,
圖書市場之需求。刊刻之多,自然流傳廣大、影響深遠。現存《史記》鈔本,
計六朝鈔本兩種、敦煌唐鈔卷子三種、唐鈔本六種、日本所藏鈔本六種。此十
七種《史記》鈔本,流傳至宋代,成為各公私藏本,可資借閱傳鈔。印本與藏
本之傳播方式儘管不同,可以相得益彰,無庸置疑。北宋詠史詩、史論文多歌
詠《史記》人物,論說《史記》事件,發揮「過秦」與「宣漢」之精義,蓋得
《史記》版本流傳、藏書文化之觸發。[41]其他史書,除監本外,南宋地方官刻
本、南宋郡、府、軍、縣學刻本、以及南宋私(家)刻本、坊刻本所在多有;
即以各地區刻書而言,南宋浙江明州、衢州、湖州刊本,四川眉山等蜀刊本,
多有史書雕印。雕印史籍,以正史為多,然不局限於正史。由商品經濟供需相
求之原理推之,史書之閱讀與接受,市場極大,影響自遠。宋代史學之主潮,
注重「資鑑」之歷史意識,實緣於印刷術之出現,書籍之傳播,日本學者吉川

---

39 參考趙萬里:〈兩宋諸史監本存佚考〉,《北京大學百年國學文粹・史學卷》,(北京:北京大學出
版社,1998),頁189-195。

40 賀次君:《史記書錄》,(上海:上海商務印書館,1958),頁 29-104;安平秋:〈《史記》版本述
要〉,《古籍整理與研究》一九八七年一期,(上海:上海古籍出版社);張玉春:《史記版本研
究》,(北京:商務印書館,2001.7);鄭之洪:《史記文獻研究》,第八章第二節〈《史記》的版
本〉,(成都:巴蜀書社,1997.10),頁 257-261。

41 張高評:《自成一家與宋詩宗風》,〈古籍整理與北宋詠史詩之嬗變——以《史記》楚漢之爭為
例〉,(臺北:萬卷樓圖書公司,2004.11),頁 149-188。

幸次郎等早有洞見。[42]

（三）佛經道藏之刊印與悅禪、慕道、崇儒之學風

　　促成雕版印刷之發明與普及，除造紙製墨、雕刻拓印技術之有機配合外，民生日用之社會需求，當是強而有力之推助；特別是佛教在信仰傳播上之熱切需求，更是強大之誘因。鈔佛經、塑佛像，以超渡福報親人，為李唐以來佛教信眾之狂熱需求。試觀敦煌所藏寫本，98％以上為佛教典籍，《妙法蓮華經》、《大般若經》、《金剛經》等均有大量複本，可以為證。其他出土文獻關於雕版印刷早期實物，以佛教經典與秘宗咒語印本居多，如成都龍池坊卞家刊本《陀羅尼經咒》（757 年後），陝西西安張家坡等地，亦先後出土兩件梵文經咒，一件漢文經咒印刷品。印刷史上更重要發現為咸通九年（868）印本《金剛經》，以及韓國慶尚北道慶州佛國寺發現新羅景德王十年（751），雕版之《無垢淨光大陀羅尼經》；日本稱德天皇寶龜元年（770），雕印百萬塔《陀羅尼》經。[43]尤其是漢文大藏經之雕印，動輒 5000 卷以上，板片常達 10 萬多塊，書寫、校對、雕版、印刷、流通，需動員千人以上，歷時十餘年以上。可見佛教大藏經之雕版印行，對於雕版人才之培育、刻書中心之形成、印刷技術之改良、出版事業之發展等，多有促成之功。[44]

　　宋型文化與唐型文化不同，宋學與漢學風格迥異，筆者以為，此與寫本文化轉變為印本文化有關。三教合一之風氣始於中唐，歷經晚唐、五代，至北宋、南宋，踵事增華，變本加厲，不但蔚為禪悅士風，朝野崇奉道家道教，理

---

[42] 參考日本學者吉川幸次郎：〈宋人の歷史意識——「資治通鑑」の意義〉，五、六，《東洋史研究》第二十四卷第四號（昭和四十一年三月，1966.3），頁 9-14；宋代雕印史籍，參考日本尾崎康：《以正史為中心的宋元版本研究》，陳捷譯本，（北京：北京大學出版社，1993.7）。

[43] 參考庄司淺水：《印刷文化史》，七、わが國の印刷文化，昭和 32 年（1957）10 月，頁 38-40；京都府印刷工業協同組合委員會編撰：《京都印刷一千年史》，昭和 45 年（1970 年）10 月，頁 31-33；李際寧：《佛經版本》，上編，〈早期刻印本佛典〉，「中國版本文化叢書」，（南京：江蘇古籍出版社，2002.12），頁 20-25。

[44] 蕭東發：〈漢文大藏經的刻印及雕版印刷術的發展——中國古代印刷史專論之二〉，《北京大學百年國學文萃・語言文獻卷》，（北京：北京大學出版社，1998.4），頁 615-622。

學心學儒學競秀爭妍，同時影響宋代文學創作，往往融入禪思、禪語、禪機、禪境，而別開生面；又往往以仙道入詩，而採擷道教語言，展示煉功養生。文學評論則或以禪喻詩、以禪衡詩，大談翻案、飽參、活法、妙悟、意境、雲門三關、不犯正位；或標榜奪胎換骨、點鐵成金、轉凡成聖、學詩如學仙。宋代詩論詩歌，追求「出位之思」，[45]此或以雕版印刷為觸媒、拜圖書流通便捷之賜，始有可能。《禮記・學記》所謂「藏焉、脩焉、息焉、遊焉」，唯有雕版印本購求容易，士人方能朝夕寢饋其中，沈潛優遊，深造有得。其中佛藏、道藏雖卷帙龐大，仍然多次刊刻印行，供需相求，尤見推轂之功。

漢文大藏經，曾反復雕印、多次出版，每部卷帙皆在 5000 卷以上。自宋太祖開寶四年（971），雕印蜀本大藏經（《開寶藏》5048 卷）以來，終宋之世，又先後刊刻《契丹藏》5790 卷、《崇寧萬壽藏》6434 卷、《毗盧大藏》6117 卷、《思溪圓覺藏》5480 卷、《思溪資福藏》5740 卷、《越城藏》7000 卷、《磧砂藏》6362 卷、《普寧藏》6017 卷等藏經。元代至清代，續有七部藏經雕刻。傳世藏經十六部，兩宋開雕九部，部數過半，盛況可以想見。[46]理宗淳祐十二年冬（1252），杭州靈隱寺僧普濟取釋道原《景德傳燈錄》、駙馬都尉李遵勗《天聖廣燈錄》、釋維白《建中靖國續燈錄》、釋道明《聯燈會要》、釋正受《嘉泰普燈錄》，撮其要旨，匯為一書，名為《五燈會元》，於寶祐元年刊竣，世稱寶祐本。沈晦六百年後，於清光緒二十八年（1902）覆刻。由集成匯編本之編刻，可知圖書市場之求全求備。近年發現之宋刻本佛經，有山西陵川《大般若波羅蜜經》、蘇州瑞光寺《妙法蓮華經》、江西瑞昌縣宋墓《金光明經》、山西《佛說北斗七星經》等零本佛經。其他，又有專刻零本佛經之書肆，如南宋杭州睦親坊之沈八郎，眾安橋南街東之開經書舖賈官人宅、棚前南

---

[45] 錢鍾書〈中國詩與中國畫〉首倡「出位之思」，指一種媒體欲超越其本身的表現性能，而進入另一種媒體的表現狀態的美學，饒宗頤《畫鶃》謂之「藝術換位」，葉維廉《比較詩學》謂之「媒體及超媒體的美學」，參考張高評：〈宋詩之新變與代雄〉，〈自成一家與宋詩特色〉，（臺北：洪葉文化事業公司，1995.9），頁 94-112。

[46] 參考李富華、何梅：《漢文佛教大藏經研究》，第三、四、五、六、七、八章，（北京：宗教文化出版社，2003.12），頁 69-374。

街西經坊之王念三郎家等，可以想見當時之禪風佛影。

諸本大藏經開雕，時間橫跨南北兩宋，刻書地點分佈於成都、汴京、燕京、福州、湖州、解州、吳縣、杭州各都市，[47]可見四川、福建、浙江、江蘇、山西、京城開封、北方契丹，皆有藏經之雕印。佛教圖書傳播之無遠弗屆，深入士林人心，形成禪悅風氣，兩宋大藏經九次開雕印行，總卷數高達 53988 卷，燈錄諸作編纂刊行，零本佛經雕印，自有關係。《大藏經》九部，在南北宋之前後刊刻傳播，直接促成佛教禪宗在宋代之流行。從「不立文字」之禪，轉化為「不離文字」之禪，固然跟圖書傳播有關，且兩宋時代之禪宗，如法眼宗、雲門宗、臨濟宗、曹洞宗；以及論宗門語默，所謂如來禪、祖師禪、分燈禪、公案禪、文字禪、默照禪、看話禪等，應該都與佛教禪籍之傳播與接受有密切關係。[48]

元·馬端臨《文獻通考》卷三十八〈子·道家〉，稱引歷代道家著錄：《宋三朝志》43 部 250 卷，《宋兩朝志》8 部 15 卷，《宋四朝志》9 部 32 卷，《宋中興志》47 家 52 部 187 卷。卷五十一、五十二〈子·神僊〉、〈子·神僊家〉稱引道教著錄：《宋三朝志》97 部 625 卷，《宋兩朝志》413 部，《宋四朝志》20 部，《宋中興志》396 家，447 部，1321 卷。《宋史》卷二百五〈藝文四〉，著錄道家類 102 部，359 卷；神仙類 394 部，1216 卷。由此觀之，道教典籍遠較道家多，大抵在八與一之比例。就《道藏》之編纂而言，宋太宗敕編《道藏》3337 卷，王欽若整理道教經典 4359 卷，編成《寶文統錄》；張君房《大宋天宮寶藏》4565 卷（後撮其精要，輯成《雲笈七籤》122 卷）、徽宗《政和萬壽道藏》5481 卷、《大金玄都寶藏》6455 卷，多先後雕版印行。[49]圖書流通自然影響傳播接受。

清·徐松輯《宋會要輯稿》，有〈崇儒〉一門類，下分編纂書籍、校勘經

---

[47] 宿白：《唐宋時期的雕版印刷》，〈南宋的雕版印刷〉，（北京：文物出版社，1999.3），頁 88。

[48] 參考楊曾文：《宋元禪宗史》，（北京：中國社會科學出版社，2006.10）；周裕鍇：《禪宗語言》，（杭州：浙江人民出版社，1999.12）。

[49] （日）福井康順等監修、朱越利譯：《道教》第一卷，〈道教經典〉，（上海：上海古籍出版社，1990.6），頁 75-78。

籍、獻書升秩、說書除職諸項。[50]宋代朝廷之崇儒「右文」，由此可見一斑。上述經籍雕印，亦足資佐證。至於兩宋理學家、心學家、道學家，今所謂宋學之代表，如邵雍《伊川擊壤集》、周敦頤《元公周先生濂溪集》、司馬光《溫國文正司馬公文集》、王安石《臨川先生文集》、程頤、程顥《河南程氏文集》、蘇軾《東坡集》、劉子翬《屏山集》、胡宏《五峰胡先生文集》、朱熹《晦翁先生朱文公文集》、張栻《南軒先生文集》、薛季宣《艮齋先生薛常州浪語集》、呂祖謙《東萊呂太史文集》、陳傅良《止齋先生文集》、樓鑰《攻媿先生文集》、陸九淵《象山先生文集》、楊簡《慈湖先生遺書》、陳亮《龍川先生文集》、葉適《水心先生文集、別集》、真德秀《西山先生真文忠公文集》、魏了翁《鶴山先生大全文集》、包恢《敝帚稿略》、王柏《魯齋王文憲公文集》、金履祥《仁山集》，[51]亦多有文集雕印，學說思想乃得以傳布發揚。

至於編纂理學文選為總集，便利閱讀參悟者，宋代亦有胡安國編《二程文集》、朱熹、張栻、林用中編撰《南嶽倡酬集》、真德秀《文章正宗》、佚名《十先生奧論》前集、後集、續集，金履祥《濂洛風雅》等寫本或印本之總集。圖書傳播如是多元，思想家有此知識觸發，乃得以博觀約取、厚積而薄發，理學、道學、宋學之推展形成，印刷傳媒自有催化作用。

第三節　宋代印刷傳媒、圖書流通與詩分唐宋

對於雕版印刷崛起，成為複製圖書之新寵，蔚為知識傳播之利器，近代中外學者之相關研究，錢存訓先生歸納為三個主流：一是傳統的目錄版本學系統，二是書籍紀傳體之形究，三是印刷文化史之研究，已見上述。印刷文化史之研究，堪稱研究之新課題，係針對雕版印刷之發明、傳播、功能和影響，作

---

[50] 原清徐松輯：《宋會要輯稿·崇儒》，苗書梅等點校，（開封：河南大學出版社，2001.9），頁 261-309。

[51] 兩宋理學家（道學家、宋學家）文集之雕印、傳鈔，可參考祝尚書：《宋人別集敘錄》（上、下），（北京：中華書局，1999.11）。

因果之分析，進而探討印刷傳媒對學術、社會、文化等層面，引發之變化和產生之後果。論者指出，印刷術的普遍應用，被認為是宋代經典研究的復興，及改變學術和著述風尚的一種原因。關於印刷文化史之研究，研究成果不多，其中精彩可觀者，如日本清水茂強調：印刷書籍之普及，影響學術之發展與演變；[52]美國露西爾‧介指出：「印刷術之廣泛運用，促使宋代文人之閱讀、記憶、學習改變方法」；[53]日本內山精也證明：「印刷傳媒對於文人之作品傳播、創作心態等，都極具影響力。」[54]筆者擬借鏡參考上述視點，以探討宋詩特色、詩分唐宋諸問題。

唐宋詩之異同，一方面是文學本身之自然衍化，再方面是宋人自覺之學古通變；其三，則是典範選擇與圖書傳播之相互為用使然。如葉適所言，述說宋調與唐音之消長，宗唐與宗宋之嬗變，其中自有寫本、印本、與藏本圖書之傳播因緣在：

> 慶曆、元祐以來，天下以杜甫為師，始黜唐人之學，而江西宗派章焉。然而格有高下，技有工拙，趣有淺深，材有大小。……故近歲學者，已復稍趨於唐而有獲焉。曷若斯遠淹玩眾作，凌暴偃謇，情瘦而意潤，貌枯而神澤，既能下陋唐人，方於宗派，斯又過之。（葉適《水心文集》卷十二，〈徐斯遠文集序〉，《宋詩話全編》第七冊，《葉適詩話》第六則，頁 7396）

葉適所論文壇詩風，從蘇黃提倡學杜、宗杜，蔚為江西詩派宗風，而唐音消歇不振，此自《蔡寬夫詩話》、《東觀餘論》討論《子美集》、《子美詩

---

[52] 清水茂著，蔡毅譯：《清水茂漢學論集》，〈印刷術的普及與宋代的學問〉，（北京：中華書局，2003.10），頁 88-99。

[53] 鞏本棟主編：《中國學術與中國思想史》，（南京：江蘇教育出版社，2002.4）。（美）露西爾‧介（Lucile Chia）：〈留住記憶：印刷術對於宋代文人記憶和記憶力的重大影響〉，頁 486-498。

[54] 內山精也：《傳媒與真相——蘇軾及其周圍士大夫的文學》，〈蘇軾文學與傳播媒介——試論同時代文學與印刷媒體的關係〉，（上海：上海古籍出版社，2005.8），頁 272-292。

集》刊本，可推其中消息。[55]迨江西詩派標榜詩法，致遠恐泥，於是四靈江湖詩人興起，以學唐宗唐為天下倡，唐音復盛。其中之消長盛衰，按諸出版史料、藏書目錄、文獻傳播，以及宋人之學古通變，要皆聲氣相通，桴鼓相應。唐宋詩之異同，詩之分唐宋，可於此中求之。[56]今再就會通化成、學唐變唐、詩話之傳寫刊刻三方面論述之：

（一）會通化成與「梅迪奇效應」

就《春秋》學而言，宋儒研究之焦點指趣，為《公羊》《穀梁》之微言大義，以及《左傳》之資鑑勸懲，其要旨在發明孔子聖經之書法。其中北宋《春秋》學家如孫復、胡瑗、孫覺、王晢、崔子方、劉敞、王安石、蘇軾、蘇轍；南宋如胡安國、葉夢得、朱熹、呂祖謙、陳傅良、呂本中、李明復諸家可作代表。[57]以宋代經學而言，《春秋》學既號稱顯學；刊刻寫本既流傳廣遠，[58]士人研讀接受，耳濡目染，自然深受影響，於是形成以《春秋》書法論詩作詩之風氣。[59]推而廣之，宋代之歷史纂述，如歐陽脩《新唐書》、《新五代史》，司馬光《資治通鑑》等，亦多以《春秋》書法敘事傳人。理學家談論內聖外王，亦

---

55 胡仔：《苕溪漁隱叢話》前集卷九引《蔡寬夫詩話》，《後集》卷六引《東觀餘論》，（臺北：長安出版社，1978.12），頁 59，頁 38。

56 張高評：〈印刷傳媒與宋詩之新變自得──兼論唐人別集之雕印與宋詩之典範追尋〉，高雄：中山大學中文系《文與哲》學報第十期（2007 年 6 月），頁 227-270。

57 沈玉成、劉寧：《春秋左傳學史稿》，第八章第二節、第三節（南京：江蘇古籍出版社，1992.6），頁 202-241。

58 《五經》、《七經》、《九經》於宋代刊刻情況，參考曹之：《中國古籍版本學》，第四章，一，〈國子監刻書〉；二，〈公使庫刻書〉，（武昌：武漢大學出版社，1992.5），頁 192-205；蔡春編：《歷代教育筆記資料──宋遼金元部分》，〈書話〉，「雕版印書」、「監本五經板」、「刻本經籍」，（北京：中國勞動出版社，1991.11），頁 384-385，頁 387。

59 張高評：《會通化成與宋代詩學》，貳，〈《春秋》書法與宋代詩學──以宋人筆記為例〉；參，〈會通與宋代詩學──宋詩話「以《春秋》書法論詩」〉，（臺南：成功大學出版組，2000.8），頁 55-128。張高評：〈詠史詩與書法史筆──以北宋史家詠史為例〉，《宋代文學研究叢刊》第十期，2004 年 12 月，頁 39-81。又，張高評：《自成一家與宋詩宗風》，第四章〈古籍整理與北宋詠史詩之嬗變〉，第五章〈書法史筆與北宋史家詠史詩〉，（臺北：萬卷樓圖書公司，2004.11），頁 149-247。

往往以微言大義，對《春秋》作創意之詮釋，以為「學《春秋》可以盡道」，有助於內聖外王理想政治之實現。[60]凡此，或印本文化之發用，圖書傳播之效應，勢所必至，理有固然。

宋代史學繁榮，既稱空前，史書文獻之整理既有如彼之成就，印本圖書流傳既如此便捷，於是宋人以史家筆法論詩作詩，科舉進策與資鑑意識，蔚為史論文之勃興，遂亦順理成章。如歐陽脩《新唐書》、《新五代史》，司馬光《資治通鑑》、李燾《續資治通鑑長編》、朱熹《資治通鑑綱目》等史著，以及《太平御覽》、《冊府元龜》類書之編纂，要皆歸於資鑑。《全宋詩》載存許多敘事詩、詠史詩、弔古詩、讀書詩，其中出入史書、史事，以及歷史人物者尤多，無論興寄或資鑑，多與宋代史籍刊佈流傳有關，尤其是印刷傳媒之崛起。[61]

《全宋詩》中，多見以禪入詩、以禪為詩之作；及〈讀藏經〉之題詠與序跋；詩話、筆記多討論以禪喻詩，則佛藏之刊行與流傳，對宋詩特色之形成必有直接或間接之影響。版本學與宋詩、詩學之整合研究，此一課題，值得繼續探討。筆者以為：宋詩、宋詞、宋文、宋賦，多受道家道教之沾溉，而生發「出位」「會通」之現象。[62]對於宋詩之異於唐詩，宋代文學不同於唐代文學，

---

[60] 王東：〈宋代史學與《春秋》經學：兼論宋代史學的理學化傾向〉，《河北學刊》1988.6；錢穆：《朱子新學案》，〈朱子之《春秋》學〉，（臺北：三民書局，1971）；楊向奎：〈宋代理學家的《春秋》學〉，《史學史研究》1989 年；李曉東等：〈經學與宋明理學〉，《中國哲學史研究》1987；章權才：《宋明經學史》，第五章，〈論胡安國《春秋傳》〉，第六章，五、〈論朱熹《春秋》學〉，（韶關：廣東人民出版社，1999.9），頁 151-181；頁 203-209；趙伯雄：《春秋學史》，第六章、第七章〈宋元明《春秋》學〉（上、下），（濟南：山東教育出版社，2004.4），頁 419-522。

[61] 同註 57，肆，〈和合化成與宋詩之新變──以宋詩特色談「以史筆為詩」之形成〉；伍，〈史家筆法與宋代詩學──以宋人詩話筆記為例〉，頁 129-194。史書在宋代的校勘，參考曾貽芬、崔文印：《中國歷史文獻學史述要》，〈宋代對歷史文獻的校勘〉，（北京：商務印書館，2000.4），頁 274-301；史書在宋代之刊刻，參考劉節：《中國史學史稿》，十四，〈宋元以來史籍刊刻的經過〉，（臺北：弘文館出版社，1986.6），頁 259-267，頁 269-274。即以《史記》一書而言，宋代即有景祐刊本、紹興刊本、乾道刊本、慶元刊本等八種以上刊本，參考同註 37，38。

[62] 參考李生龍：《道家及其對文學的影響》，第七章〈道家思想與宋代文學〉，（長沙：嶽麓書社，1998.3），頁 326-348；楊建波：《道教文學史論稿》，第三章〈兩宋道教學〉，（武漢：武漢出版社，2001.10），頁 241-354；劉介民：《道家文化與太極詩學──《老子》、《莊子》藝術精神》，

印本圖書流通，亦居關鍵因素。

《易傳》稱：雲從龍，風從虎，言其同聲相求，同氣相應；如影可以隨形，推波可以助瀾。同理可推，雕版刊印、圖書流通、知識傳播，對於學術激盪、文風走向，必有影響與感應。由此觀之，佛經、禪藏、[63]《老子》、《莊子》、道藏[64]之整理刊行，從五代到南宋既是熱門類科，反映於詩學與創作，遂體現「以禪為詩」、「以禪入詩」、「以禪喻詩」、「以禪論詩」、「以老莊入詩」、「以仙道入詩」諸課題。其中之受容與反饋，各又如何？值得研究。

宋代詩學極注重詩法，就學養與識見言，學理之儲積，必須博覽群書；藝術之薰陶，得力於遍考前作；就師古與創新言，標榜「出入眾作，自成一家」，其中通變代雄，牽涉到藝術傳統之認同與超越；點鐵成金，關係到陳言俗語之點化與活化；奪胎換骨，致力於詩意原型之因襲與轉易；推而至於句法、捷法、活法、無法諸命題，所謂「規矩備具，而能出於規矩之外；變化不測，而亦不背於規矩」；[65]筆者深信，上述詩學課題，皆與雕版印刷之繁榮，圖書傳播之便捷，士人得書讀書容易有關。試考察宋代詩話之鏤版、筆記之刊行、詩話總集之整理雕印，唐詩選、宋詩選之編輯刊刻，其中之去取從違，無論提示詩美、宣揚詩藝、強調詩思、建構詩學，要皆可經鏤版，而流傳廣大長遠，「與四方學者共之」。朱熹〈鵝湖寺和陸子壽〉所謂：「舊學商量加邃密，新知培養轉深沈」，舊學之商量，新知之培養，此非有豐富之圖書傳播不為功。由此觀之，宋代詩話、筆記、詩選之雕版刊行，對圖書流通、知識傳播最有影響；對於宋詩特色之生成，亦自有推波助瀾之效用。蓋博覽群書，遍考前作，出入諸家，認同傳統，固然離不開圖書版本；即點化陳俗、轉化原型，

（佛山：廣東人民出版社，2005.8）。

[63] 佛經禪藏在宋代之刊刻，參考方豪：〈宋代佛教對中國印刷及造紙之貢獻〉，《大陸雜誌》四十一卷第四期（1970.8）。宋代雕印佛經，達到空前絕後之程度。參考程千帆、徐有富：《校讎廣義・版本編》，第四章〈雕印本的品類〉，頁142-147。

[64] 道藏之整理，參考於乃義：〈古籍善本書佛、道教藏經的版本源流及鑑別知識〉，《四川圖書館學報》1979年第3期。

[65] 參考周裕鍇：《宋代詩學通論》，乙編，詩法篇，（成都：巴蜀書社，1997.1），頁146-248。

甚至超常越規，透脫自在，也無一不與圖書典籍之閱讀與運用有關。

（二）宋刊唐宋別集總集與宋詩之學唐變唐

雕版印刷，為朝廷右文崇儒政策之體現，其圖書選擇，攸關宋人之學古通變，自得成家，大抵與兩宋之文風思潮相呼應，此亦商品經濟供需相求之必然效驗。《易》為憂患之學，《春秋》為經世之書，故兩宋經學之刊行，唯《易》與《春秋》為顯學。

陳寅恪稱：「中國史學莫盛於宋」，表現在國史之記述，舊史之整理，大部編年史《資治通鑑》、李燾《續資治通鑑長編》之完成等等，或重直書實錄，或重經世資鑑，大多雕版成書，刊印流傳。就宗教思想而言，佛教藏經在宋代雕版印刷，存留九種版本；道藏亦鏤版刊行，宋人之崇佛、禪悅、好道，印本圖書之出版，自有迴響。試觀宋代詩學講究通變、言意；詩話筆記標榜《春秋》書法，史家筆法，於是詩歌創作亦往往以《春秋》書法入詩，以史家筆法入詩。佛教，尤其禪宗之影響宋代詩話，蔚為以禪喻詩、以禪論詩，創作則以禪語入詩、以禪思為詩思，及以禪學入詩諸現象。道家道教影響宋代詩學與詩歌，如自然、平淡、樸拙、清空、超脫等之體現，奪胎換骨、點鐵成金之借用與轉化，凡此種種，皆是經學、史學、佛道思想影響於詩學詩歌，信而有徵者。

宋人詩集、文集之刊行，宋代詩話筆記之雕印，以及宋人為學唐變唐，而整理唐人別集；為學古通變，妙悟自得，亦編選唐人詩、選刊宋人詩，其中自有宋人典範之追尋，自成一家之期待在也。吾人皆知宋型文化不同於唐型文化，筆者以為：其中重大關鍵在印刷傳媒之影響，促成圖書流通之便捷，知識傳播之快速，蔚然引發許多「異場域之碰撞」，形成若干「梅迪奇效應」，[66]不

---

[66] 所謂「異場域碰撞」，指不同領域的交會，是一種跨學科之思考技術；異場域之碰撞所爆發的驚人創新，稱為梅迪奇效應（The media effect）。梅迪奇是中古歐洲義大利佛羅倫斯一位銀行家，曾經資助科學家、詩人、畫家、哲學家、雕刻家經費，促成和金融家、建築師濟濟一堂，彼此交會、切磋、觸發、激盪，於是打破彼此範疇和文化藩籬，其中之創新觀念，促成了文藝復興。參考 Frans Johnsson 著，劉真如譯：《梅迪奇效應》，（臺北：商周出版，2005.10）。

同文類、殊異學科間之會通整合，形成創意開發之無限。因雕版印刷流行，知識傳播快速而多元，促成許多「會通交融」之機會，生發許多「新奇組合」之創意，對於宋詩面對唐詩之盛極難繼，處窮必變，印本之流通傳播，提供了許多開發之生機。論述如下：

學界研究確認，唐人詩文集，傳流後世者，多經宋人整理刊行。陸游〈跋樊川集〉曾云：「唐人詩文，近多刻本，亦多經校讐」，[67]筆者更發現：宋人整理雕印前代詩文集，是講究選擇的，一言以蔽之，多與宋人追求詩歌典範的歷程合拍。如宋詩歷經學白、學晚唐、學韓、學杜、學陶之過程，於是《白氏文集》、李商隱、李賀、賈島詩集，先後雕印之版本較多；尤其宋代有千家注杜，著錄之宋版杜集尚有 129 種；五百家注韓，宋元韓集尚有 102 種；《陶淵明集》兩宋版本大約在 16 種以上。《滄浪詩話‧詩體》所列白體、晚唐體、昌黎體，宋人之版本目錄多有體現。清沈曾植稱：「宋詩導源於韓」；徐復觀謂：「北宋詩人都有白詩的底子」；故陶淵明詩、杜工部詩為蘇黃及江西詩派所宗法追慕，奉為典範學習。自北宋元祐後至南宋，江西詩風席捲天下，舉世宗杜學陶。就商品經濟供需相求之原理推之，流行風潮即是市場導向，雕版印刷與文學風尚，固相互為用，相得益彰也。試考察北宋詩人之閱讀定勢，白居易、韓愈、晚唐詩人較受青睞，陶淵明、杜甫詩奉為宗法典範，即可推想此中消息。[68]

就宋人選唐詩而言，其中自有學習唐詩優長，追尋詩學典範，建構宋詩宗風，鼓吹詩派風尚之意義在。如李昉等奉勅編撰《文苑英華》一千卷，見宋人之師古學唐；王安石編選《四家詩選》、《唐百家詩選》，見宋詩之宗杜；洪邁編選《萬首唐人絕句》體現江湖之詩風；周弼《三體唐詩》，見宋人之宗法三唐；孫紹遠《聲畫集》，見宋人「詩畫相資」之出位會通；劉克莊《分門纂類唐宋時賢千家詩選》，見南宋「唐宋兼采」之詩風旂向；其他，如趙孟奎

---

67 陸游：《渭南文集》卷三〇，〈跋樊川集〉，吳文治《宋詩話全編》本引，頁 5772。

68 張高評：〈北宋讀詩詩與宋代詩學——從傳播與接受之視角切入〉，《漢學研究》第 24 卷第 2 期（2006 年 12 月），頁 191-223。

《分門纂類唐歌詩》，元好問《唐詩鼓吹》，要皆標榜唐詩，宗法中晚唐，所謂「學唐變唐，而出其所自得」，上述唐詩總集之編選刊刻，可作如是觀。[69]宋人以學唐為手段，為變唐為過程，以自成一家為目標，編選刊印唐人別集總集，自有市場之導向與價值。詩歌總集之版本刊印，可詳祝尚書《宋人總集敘錄》。

再就宋人選宋詩而言，亦可見宋詩體派之流衍。考《四庫全書》集部總集類，宋人編選刊刻之詩選總集，有《西崑酬唱集》、《三蘇先生文粹》、《坡門酬唱集》、《江西宗派詩集》、《四靈詩選》、《江湖集》前集、後集、續集、《兩宋名賢小集》、《瀛奎律髓》，從可見西崑體、東坡體、江西詩派、四靈詩派、江湖詩派，以及江西詩派標榜「一祖三宗」之詩學取向。祝尚書《宋人總集敘錄》，於此頗有著錄。乃至於宋詩別集之編纂刊行，從可見宋詩大家名家之風起雲湧，「江山代有才人出」：如王禹偁之《小畜集》、《小畜外集》，蘇舜欽之《蘇子美集》，梅堯臣《宛陵先生文集》、歐陽脩《歐陽文忠公集》、邵雍《伊川擊壤集》、王安石《臨川先生文集》、《王荊文公詩李壁注》、蘇軾《東坡集》、《王狀元集注東坡詩》、施顧《注東坡先生詩》；黃庭堅《豫章先生文集》、《山谷黃先生大全詩注》、《山谷外集詩注》、《山谷別集詩注》；陳師道《後山居士集》、陳與義《增廣箋注簡齋詩集》、《須溪先生評點簡齋詩集》；楊萬里《誠齋集》、范成大《石湖居士集》、陸游《劍南詩稿》、朱熹《晦庵先生朱文公文集》、劉克莊《後村先生大全集》、戴復古《石屏詩集》等等，生前或稍後，或手訂雕版，或弟子、家族、學侶代為勘定刊印。[70]宋詩之大家名家創作，雖或當下傳鈔，畢竟影響有限；若經雕版印刷，以印製精美之圖書形態面世，其傳播流通之廣大、快速、深入，

[69] 張高評：〈印刷傳媒與宋詩之學唐變唐——博觀約取與宋刊唐詩選集〉，《成大中文學報》第 16 期（2007 年 3 月），頁 1-44。

[70] 參考祝尚書：《宋人總集敘錄》，（北京：中華書局，2004.5）；《宋人別集敘錄》（上、下），（北京：中華書局，1999.11）；又，王嵐：《宋人文集編刻流傳叢考》，（南京：江蘇古籍出版社，2003.5），亦頗有發明。張高評：〈宋人詩人選集之刊行與詩分唐宋——兼論印刷傳媒對宋詩特色之推助〉，國立中央大學中文系「第二屆兩岸三地人文社會科學論壇」（典範移轉——學科的互動和整合），論文集第三冊，2007 年 11 月 18 日，頁 1-31。

絕非手鈔謄寫所可比擬。圖書傳播既便捷如此，於是「奇文共賞，疑義相析」，必然影響詩話筆記之載錄與體現。詩話筆記所載錄之內容與詩歌創作指向，交相映發，於是共同激盪宋詩特色之形成。

（三）宋詩話之傳寫刊行與宗唐宗宋

〈宋代詩話之傳寫刊刻與詩分唐宋〉研究計畫，為筆者國科會三年期執行中之計畫，研究構想略謂：宋人治學，志在博覽群書，遍考前作；出入諸家，而又回歸傳統，在在離不開圖書版本，如點化陳俗，轉換原型，甚至超常越規，透脫自在，也無一不與圖書典籍之閱讀與運用有關。宋代詩人追求學古變古，學唐變唐，終能超脫本色，而自成一家詩風者，其中若無雕版印刷之觸媒推助，恐難以奏其效而竟其功。詩話筆記之撰寫與編纂，一則記錄讀書心得，再則分享創作經驗，三則提出詩學主張，四則評論詩人詩作，此其大要也。蘇軾〈稼說送張琥〉所謂：「博觀而約取，厚積而薄發」，可藉以說明詩話編寫之過程與策略。因此，詩話（含筆記）之編寫，與圖書傳播、知識流通，關係十分密切。詩話從搜集資料，到去取從違，到編寫校讎，到雕版印行，若非通都大邑、經濟繁榮、文化發達、藏書豐富、書坊林立地區，何從借鈔、購書，又何從刪汰繁蕪，使菁華必出？又如何編著，而可成為「文章之衡鑑，著作之淵藪」？若非公家私人藏書，刻書中心書籍流通頻繁，而品類眾多，又何能「出入眾作，而自成一家」？

北宋真宗以來，提倡雕版印刷，所謂「士大夫不勞力而家有舊典」；「善本鋟板，所在各自版行」，加上公藏鈔本，民間藏書家庋藏豐富多元，自然有利於詩話筆記之編印刊行。就詩話總集而言，有佚名《唐宋分門名賢詩話》二十卷、阮閱《詩話總龜》一百卷、計有功《唐詩紀事》八十二卷、胡仔《苕溪漁隱叢話》前後集一百卷、魏慶之《詩人玉屑》二十卷、蔡正孫《詩林廣記》前後集二十卷，皆曾雕版印行，對當時之文風思潮自有激盪。其他，又有見諸著錄，後世亡佚者，如李頎《古今詩話錄》七十卷、佚名《唐宋名賢詩話》二十卷、任舟《古今類總詩話》五十卷等等，可參郭紹虞《宋詩話考》。就錢鍾

書「詩分唐宋」之說言之，宋代詩話之傳寫刊刻，其消長因革，大抵與唐音宋調之辯證有關。自北宋元祐間，宋詩特色形成後，宗唐或宗宋之爭隱然成為詩學討論之重要課題。大較而言，宋代詩話編寫內容，有推崇蘇軾、黃庭堅，發揚江西詩派詩學理論者，則為主宋調之詩話，如陳師道《後山詩話》、周紫芝《竹坡詩話》、朱弁《風月堂詩話》、張表臣《珊瑚詩話》、吳可《藏海詩話》、范溫《潛溪詩眼》、吳幵《優古堂詩話》、許顗《彥周詩話》、《王直方詩話》、《洪駒父詩話》、《潘子真詩話》、唐庚《唐子西語錄》、蔡絛《西清詩話》、呂本中《紫薇詩話》、《呂氏童蒙訓》、曾季貍《艇齋詩話》、陳巖肖《庚溪詩話》、趙與虤《娛書堂詩話》、葛立方《韻語陽秋》、劉克莊《後村詩話》等等。

正當蘇黃詩風盛行，江西詩法風行天下之際，別有一派，以反對蘇黃、非薄江西、或修正江西相標榜，如魏泰《臨漢隱居詩話》、蔡居厚《蔡寬夫詩話》、葉夢得《石林詩話》、張戒《歲寒堂詩話》、黃徹《䂬溪詩話》、嚴羽《滄浪詩話》等等。更有出入諸家，折衷於唐宋詩之優長者，如釋惠洪《冷齋夜話》、楊萬里《誠齋詩話》、陸游《老學庵筆記》、吳子良《荊溪林下偶談》、姜夔《白石道人詩說》、范晞文《對床夜語》、敖陶孫《敖器之詩話》等等。宋代詩話於宋調唐音，無論標榜、反對、或折衷，都與時代風潮相呼應；其編寫雕版之情形，所謂消長榮枯，亦與市場導向、消費心理息息相關。胡仔《苕溪漁隱叢話》為綜合性質之詩話匯編；方深道《集諸家老杜詩評》、計有功《唐詩紀事》，則為專輯性質之詩話彙編。上述宋代詩話，或鈔本流傳，絕大部分都經雕版印行，沾溉當代，影響後世。[71]要之，詩話之編寫刊印，與流行風潮有關；流行風潮左右消費心理，消費心理決定市場導向。詩話其書既經雕印，即是商品，既是商品則涉及成本、價格、利潤、市場競爭、投資風

---

[71] 有關宋代詩話之主要內容，及編寫刊印情況，可參郭紹虞：《宋詩話考》，（北京：中華書局，1979.8）；張連第、漆緒邦等編著：《中國歷代詩詞曲論專著提要》，（北京：北京師範學院出版社，1991.10）；蔣祖怡主編：《中國詩話辭典》，〈詩話內容評析〉，（北京：北京出版社，1996.1）；李裕民：《宋史新探》，〈宋詩話叢考〉，（西安：陝西師範大學出版社，1999.1），頁341-362。

險諸問題。於是供需相求之詩話雕版，固與詩學之閱讀接受、創作反饋垺鼓相應，亦與審美趣味、流行風潮合拍，消長盈虛之間，自然相輔相乘，相得益彰。

由是可推：宋代之雕印經籍，促成儒學復興；史書刊刻，蔚為史學昌盛；佛藏道藏開雕印行，影響士大夫禪悅之風與好道之習；唐人詩文集之整理刊行，與宋詩典範之追求交相呼應，推而至於宋人別集總集之刊印，亦與宋詩之發展嬗變聲氣相通。宋詩追求「出位」，致力學科整合，經學、史學、哲學往往滲透於詩歌詩學；又注重不同文體間之會通化成，時時體現「破體」為文現象，蔚為「新奇組合」之文體變革。推而至於宋詩派別之流衍，宋詩大家名家之蠭出，宋詩之發展與嬗變，種種創造性思考，多有得於印本之多元，圖書之豐富，知識傳播之便捷。凡此，多與雕版印刷之繁榮消息相通。

宋詩所以不同於唐詩，就內涵與思想而言，「詩思」之差異是其中一大關鍵。所謂「詩思」，指詩人對客觀世界或外在環境影響感發之反應與構思。以鍾嶸《詩品‧序》準之，唐詩之妙，率由「直尋」；宋詩之美，或出於「補假」。前者向外馳求，以天地、自然、社會、人生為詩材、為詩胎；後者返內探索，以圖書、學問、知識、語文，藉為取資與觸發。前者較重形象、感性，後者較重思辨、理性。王夫之《薑齋詩話》曾批評宋人「除卻書本子，則更無詩」，「總在圈繢中求活計」，率指宋詩此種本色。平情而論，據此苛責宋人作詩習氣，蓋有意無意間忽略雕版印刷之發達，印本文化之蓬勃；以及由此而衍生之學古、閱讀、熟參、出入諸問題。錢鍾書討論「詩畫相資」，曾提及「出位之思」（Andersstreben）；錢鍾書等所謂「出位」，專指「詩中有畫，畫中有詩」，筆者權衡宋型文化「會通化成」之特色，引申發揮，類推詮釋詩禪交融，以仙道入詩、以理學入詩、以老莊入詩、以《春秋》書法為詩、以史家筆法為詩方面。「出位之思」之實踐，攸關不同學科間之整合融會，屬於「新奇組合」之創造思維。因此，宋代文學之「出位之思」，客觀外緣方面，必然受雕版印刷、印本文化之激盪，推波助瀾之餘，始有可能進行「出入眾作」、

「學古通變」、「會通化成」,而「自成一家」。[72]黃庭堅稱:「詩詞高勝,要從學問中來!」蓋多讀書,則胸次高;博學多識,文章有根據;且所見既多,自知得失,下筆知所取捨,作詩方能去陳、出新、自得、入妙。[73]凡此,若無雕版印刷崛起,印本與寫本爭輝,甚至印本取代寫本諸風潮與外緣,則兩宋詩人失去圖書傳播之憑藉與觸發,將何所據依而「出位之思」?何所博觀而「會通化成」?

就宋詩之創作而言,「出位之思」是立足於詩歌,又跳出詩歌本位,將詩思伸展到其他學科,汲取化用其優長與特色,作為詩歌創作之參考與借鏡。由此可見,「出位之思」牽涉到學科整合,而「會通化成」、「自成一家」自是它的效應與結晶。上文提及宋代詩人盡心「出位之思」的超越,分別與繪畫、禪宗、老莊、仙道、儒學進行「會通化成」;在詩法方面亦致力超越本色,將詩思之觸角伸展到《春秋》書法、史家筆法、書道藝術,與雜劇藝術。本文擬以經籍之雕印、史籍之刊刻,以及佛經道藏之刻印情形,論證《春秋》書法、史家筆法、以禪入詩、以仙道入詩諸「出位之思」,所以能改造宋詩體質,促使宋詩疏離唐詩之本色,而蔚為「詩分唐宋」之所以然。筆者以為,雕版印刷之繁榮,印刷傳媒之便捷流通,自是其中一大關鍵。

第四節　結論

知識傳播之載體,由甲骨,而鐘鼎,而簡帛,而寫卷,愈進而愈便於人。迨五代而雕印經書,宋初以來右文崇儒,於是複製圖書之技術,除謄寫鈔錄外,再添加鏤板印刷,印刷傳媒之繁榮昌盛,蔚為印本文化。論者稱兩宋三百年間,刻書之多,地域之廣,規模之大,版印之精,流通之廣,都堪稱前所未

---

72 參考拙作〈從「會通化成」論宋詩之新變與價值〉,《漢學研究》十六卷一期(1998.6);《會通化成與宋代詩學》,(臺南:成功大學出版組,2000.8);〈自成一家與宋詩特色〉,《宋詩之新變與代雄》,頁67-141。

73 參考胡仔《苕溪漁隱叢話前集》卷四十七,吳喬《圍爐詩話》卷二,方東樹《昭昧詹言》卷一。

有，後世楷模，號稱雕版印刷之黃金時代。如此舖天蓋地的圖書傳播方式，是否與中古歐洲谷登堡之活字印刷效應類似？對宋代之學風與士習是否有所激盪？對於詩壇、文苑、學界、教育界之閱讀接受、撰述發表，是否生發影響與反饋？值得關切與探討。

雕版印刷崛起發展於宋代，形成印本文化，與寫本（藏本、稿本、鈔本）競妍爭輝，對於知識傳播挹注一般洪流。至南宋高宗年間，印本與寫本之為圖書傳媒，勢均力敵；至寧宗、理宗時（1195-1264 在位），刻本數量已超過寫本；至度宗咸淳間（1265-1274），印本書籍已席捲圖書市場，成為知識傳播之主流與新寵。本文呼應錢存訓先生之提倡，關注寫本與印本圖書對於知識傳媒之消長，企圖對宋代之印刷文化史作研究，以討論印本圖書之傳播、功能和影響為核心。獲得下列觀點：

印刷傳媒因應宋朝右文崇儒之政策，由提倡、推廣而繁榮昌盛；雖「天下未有一路不刻書」，然以傳統之寫本複製圖書，仍佔重要比例。國子監、到各級學校、書院，士人讀書，藏書家校書，仍以謄寫鈔錄為主。所謂「書市之中，無刻本則抄本價十倍」之現象，印本崛起後，仍然存在。

雕版印刷有「易成、難毀、節費、便藏」之長處，又有化身千萬，無遠弗屆之優勢。因此，足與寫本（藏本、稿本、鈔本）競妍爭輝，然論利用厚生，便利士人，印刷傳媒當居首功。印刷圖書之為傳媒，對於宋朝以前及當代的文獻典籍，頗能作較完整而美好之保存，從而有助於流傳與發揚，對於文化傳承，貢獻極大。或稱為知識革命，實不為過。

印本普及流傳，相對於宋以前，士人閱讀圖書增多一大便利。筆者推想：四部典籍持續刊行後，蔚為兩宋文明之昌盛：經籍之雕印，造成經學之復興；史籍刊刻，助長史學之繁榮；思想義理圖書之刊印，蔚為宋學之創發；佛經道藏之雕版，促使宋人悅禪、慕道、崇儒之風尚。篇幅所限，舉證論說，容後再議。

宋代知識傳播之媒介，除傳統之寫本（藏本、稿本、鈔本）外，印刷傳媒異軍突起，加入圖書流通市場。士人因為置書容易，博觀厚積蔚為時代風氣，於是破體為文、出位之思，成為宋代文學特色之一；師古與創新，出入眾作與

自成一家，舊學商量與新知培養，規矩法度與透脫自在間，「會通化成」之創意，「新奇組合」之生機，始終是宋代詩學之主要課題，此或與印刷傳媒之影響有關。

宋人為學古通變，往往整理雕印唐人別集，選刊唐人詩作，同時刊刻宋人別集與詩選；所選所刊，往往與宋人典範之追尋，文風之趨向合符。詩話筆記之為圖書，或紀錄讀書心得，或分享創作經驗，或提出詩學主張，或評論詩人詩作，若非圖書流通便捷，會通諸家，其勢不能。因此，詩話之編寫刊印，與寫本（藏本、稿本、鈔本）、印本之圖書傳播，關係密切。

對於宋代士人而言，雕版印刷改變知識傳播的方法和質量，進而影響閱讀之態度、方法、環境，以及創作之習性、評述之體式、審美之觀念，和學術之風尚，對宋代之文風士習頗多激盪。因應右文崇儒政策，科舉考試、書院講學、教育普及、著書立說，皆緣印刷傳媒之推助，而有加乘之效果。

由此觀之，印刷傳媒堪稱唐宋變革之催化劑，宋代之為近世特徵之促成者。學界探討唐宋變革、宋型文化、唐宋詩異同、唐宋詩之爭、宋詩特色、詩分唐宋諸課題，印刷傳媒對於文風士習之影響，或可作為考察之切入口，研究之觸發點。[74]

---

[74] 本論文初稿發表於 2007 年 3 月，成功大學中文系主辦「2007 東亞漢文學與民俗文化國際學術研討會」。會後修訂，刊登於《成大中文學報》第十八期（2007 年 10 月），頁 39-76。

第十四章　結論

　　古典詩歌之長河，發源於《詩》、《騷》，興起於漢魏六朝，繁榮於四唐，而新變於兩宋。清葉燮《原詩》所謂「唐詩則枝葉垂蔭，宋詩則能開花，而木之能事方畢。自宋以後之詩，不過花開而謝，花謝而復開。」唐詩之輝煌，「菁華極盛，體製大備」，蔚為詩歌發展之顛峰與典範。宋人生唐後，用心於變異，致力於創新，別擇謹嚴，刻抉深入，破體整合，出位化成，於是蔚為古典詩歌之另一高峰，開創出另類之風格與特色。宋陳巖肖《庚溪詩話》稱：「本朝詩人與唐世相抗，其所得各不同，而俱自有妙處」；明曹學佺序宋詩，以為「取材廣而命意新，不勦襲前人一字」；清吳之振《宋詩鈔》推崇「宋人之詩變化於唐，而出其所自得」，於是繆鉞提示「唐宋詩異同」，錢鍾書標榜「詩分唐宋」。再回顧南宋以來「唐宋詩之爭」諸公案，自可論證宋詩之體性風格已然與唐詩「相異而真」，足與唐詩分庭抗禮，平分詩國之秋色與春光。

　　宋人無不學古學唐，然以學習優長為手段，為過程，而以深造有得，自成一家為目的，為理想。宋詩所以能與唐詩爭勝，本書中所謂變異、創新、別擇、刻抉、破體、出位、相抗、取材、新意、變唐、自得云云，在在牽涉到學古與通變之課題。而此一課題之關鍵，在圖書流通與閱讀接受兩個層面上。宋朝崇儒右文，圖書傳媒除寫本、藏本外，印本由於「易成、難毀、節費、便藏」，而且化身千萬，無遠弗屆，廣受歡迎，快速成為知識傳播之新寵。於是「板本大備，士庶家皆有之」，「士大夫不勞力而家有舊典」，蘇軾〈李氏山房藏書記〉乃推測：「學者之於書，多且易致如此，其文詞學術，當倍蓰於昔人。」清翁方綱《石洲詩話》卷四亦斷言：「宋人之學，全在研理日精，觀書日富，因而論事日密」。

　　現當代學者專攻印刷史之錢存訓更提示：「印刷術的普遍應用，被認為是

宋代經典研究的復興，以及改變學術和著述風尚的一種原因」；李約瑟（Joseph Needham, 1900-1995）：《中國科學技術史》（*Science and Civilization in China*），〈植物學〉篇云：「宋代在文學、哲學、工業化生產、企業萌芽、海內外貿易、科舉取士、科學技術之巨大變化和進步，大概沒有一個不是和印刷術這一主要發明相聯繫的。」

李弘祺研究宋代教育，發現「印刷術的發明及廣泛使用，無疑導致了中國知識份子態度的變遷」。由蘇軾、翁方綱、錢存訓、李約瑟、李弘祺諸家之論述，可知印刷傳媒之崛起，對於閱讀接受、文詞創作、經典研究、學術流變、著述風尚，乃至於士人心態、教育改革，乃至於文學、哲學之新變與精進，多有激盪與影響。基於上述認知，印刷術作為「變革之推手」；「印刷傳媒之效應，可能推助宋詩特色之形成」，遂成為本書主要之研究構想。

印本之崛起，與寫本、藏本競奇爭輝，繼之勢均力敵，終而取代寫本，成為圖書傳播之主流。在天下未有一路不刻書之盛況下，在「學者之於書，多且易致如此」之氛圍中，究竟雕版印刷對於宋詩之學古通變，是否有所促成？對於宋詩追求典範，又自成一家之特色，是否有所推助？對於形塑宋詩體性風格，遂與唐詩「相異而真」，是否有所催化？所謂「詩分唐宋」，及蔚為南宋以來至晚清之「唐宋詩之爭」，印刷傳媒居中扮演何種腳色？再推廣來說，日本京都學派內藤湖南、宮崎市定探討中國史分期，提出唐宋變革、宋代近世說，影響到陳寅恪之宋代文明造極論、傅樂成之唐型文化與宋型文化說，雕版印刷之為圖書傳媒，與上述問題有無干係？討論上述宏觀議題時，印刷傳媒是否可作為切入視點？是否可據以作為闡釋解讀之試金石？以上種種，大抵都是印刷文化史研究之範圍，這是新興的研究課題，問津者不多，值得嘗試投入探索。錢存訓先生建議：這一課題必須結合社會學、人類學、科技史、文化史，和中外交通史，才能著手。看來，這是一項體大思精的學術工程。今（2008）年元月，我應邀參加日本文部省「文獻資料與東亞海域文化交流」研討會，擔任基調演講，講題為：「海上書籍之路與日本之圖書傳播」，以五山時期、江戶時期為例，即是上述課題之嘗試。

筆者有鑑於此，乃嘗試選擇「印刷傳媒與宋詩特色研究」為研究主軸，旁

及圖書傳播與詩分唐宋問題，完成本書四十餘萬言之論著。研究文本，以北京大學《全宋詩》為主，參考宋代詩話、筆記諸詩學資料，佐以《宋會要輯稿》、《續資治通鑑長編》、《宋史》諸印刷史料，並借鑑版本學、目錄學、傳播學、閱讀學、接受反應文論，以考察印刷傳媒對宋代詩人「閱讀與接受」之可能影響。全書分十四章，除緒論結論外，大抵分為五大領域：其一，宋代廣用雕版印刷，較之谷登堡活字印刷，引發哪些傳播、閱讀、接受、反應各方面之傳媒效應。其二，詩集選集之雕印刊行，促成宋詩之學古會通，新變自得。其三，北宋南宋讀詩（書）詩之考察，見唐音宋調之嬗變，資書為詩到比興寄託之衍化。其四，從史書之刊刻流布，討論南宋詠史詩之反饋與轉折；關注史學史識，其要歸於資鑑。其五，宋代印本與寫本爭輝，刊行四部典籍，造就兩宋文明之登峰造極。印刷術被譽為「神聖的藝術」，又號稱「文明之母」；雕版印刷在宋代的發展，學界推崇為「黃金時代」。相較於活字印刷術在西方扮演「變革之推手」，印刷傳媒在兩宋發揮之影響，是否亦促成知識革命？助長「詩分唐宋」文風之形成？諸如此類之問題意識，始終為本書所關注。本書之亮點與精華，亦在於斯。

　　《文心雕龍・知音》，闡述文學作品與讀者鑑賞之關係，由於讀者「知多偏好，人莫圓該」，是以同一作品可能因慷慨、蘊藉、浮慧、愛奇之審美性格不同，接受反應亦隨之差異。好惡取捨之間，誠所謂「會己則嗟諷，異我則沮棄」。宋姚寬《西溪叢語》討論唐人選李白、杜甫詩，列舉《河嶽英靈集》、《中興間氣集》、《唐詩類選》、《極玄集》，對於李白、杜甫詩，或選或不選，以為「彼必各有意也」，誠然。本書考察宋人選唐詩、選宋詩，宋刊唐人宋人別集，或作為學唐變唐之觸發，或作為新變自得之借鏡，愛憎取捨之間；亦不異劉勰與姚寬所言。抑有進者，宋人雕印刊行上述別集詩選，審美趨向雖「彼必各有意」，然多統歸於宋詩於陶、杜之典範追尋，以及追求自成一家之苦心孤詣中。

　　宋詩特色之形成，歷經宋詩大家名家之典範追尋、學唐變唐，然後新變自得，最後才自成一家，方能與唐詩比肩並駕，蔚為「詩分唐宋」之格局與體性。其中自有圖書傳播，尤其是雕版印刷之影響在。顧所謂宋詩特色，如尚理、重

智、深沉、明白;所謂以意勝,美在氣骨,幽韻冷香、回味雋永,如綺疏雕檻、異卉名葩、曲澗尋幽、情境冷峭云云,以及所謂博觀厚積、破體出位、會通化成、意新語工諸宋代詩學,乃至於讀書(詩)詩中之學古論、興寄說,詠史詩中之別生眼目、詩篇自注云云,要皆以唐詩為對照系統,經過比較論證所得。要之,關鍵在質之精粗,量之多寡,概念表述之顯晦、詳略、偏全,以及私言或公論、個案或通例而已。相較於唐詩,所謂宋詩特色,可以一言以蔽之,曰「新變自得」,絕非有無之判,或者優劣之分;誠所謂「自古有之,於今為烈」罷了!筆者探討宋詩特色,往往作如此之強調與聲明,今附記於此。

宋詩宋調何以展現如此之體格性分?蓋就學養與識見言,學理之儲積,必須博覽群書;文藝之薰陶,得力於遍考前作;就師古與創新言,標榜「出入眾作,自成一家」,其中通變代雄,牽涉到文藝傳統之認同與超越;點鐵成金,關係到陳言俗語之點化與活化;奪胎換骨,致力於詩意原型之因襲與轉易;推而至於句法、捷法、活法、無法諸命題,所謂「規矩備具,而能出於規矩之外;變化不測,而亦不背於規矩」;上述詩學課題,皆與雕版印刷之繁榮,圖書傳播之便捷,公私藏書之豐富,士人得書讀書容易有關。試考察唐詩選、宋詩選、唐詩別集、宋詩別集之編輯刊刻,詩話、筆記總集與專著宗江西、反江西之去取從違,無論提示詩美、宣揚詩藝、強調詩思、建構詩學,除躬自鈔錄外,要皆可經鏤版,而流傳廣大長遠,「與四方學者共之」。由此觀之,宋代圖書之雕版刊行,對宋詩特色之生成,以及錢鍾書標榜之「詩分唐宋」——唐音宋調之分立,自有推助激盪之效用。

宋代號稱雕版印刷之黃金時代,李約瑟《中國科學技術史》略云:宋代在文學、哲學等方面之新變與精進,都與「印刷術這一主要發明相聯繫」,誠哉斯言!本書《印刷傳媒與宋詩特色研究》,已從印刷傳媒視角,論證繆鉞「唐宋詩異同」,錢鍾書「詩分唐宋」之命題。亦間接闡說內藤湖南「唐宋變革」論、「宋代近世」說,王水照「宋清千年一脈論」諸命題之可以成立。因此,王國維、陳寅恪諸家對宋代文明登峰造極之灼見,亦獲得詮釋與印證。推而至於探討宋代經學之復興,史學之繁榮,理學之昌盛,文學之新變;鄰壁之光,他山之石,亦堪借鏡焉。有志之士,盍興乎來!

國家圖書館出版品預行編目（CIP）資料

印刷傳媒與宋詩特色研究：兼論圖書傳播與詩分唐宋/張高
　評著. -- 初版. -- 臺北市：元華文創股份有限公司，
　2025.02
　　面；　公分
　　ISBN 978-957-711-427-3(平裝)
　　1.CST: 印刷術 2.CST: 中國史
477.092　　　　　　　　　　　　　　113020034

印刷傳媒與宋詩特色研究——兼論圖書傳播與詩分唐宋

張高評　著

發 行 人：賴洋助
出 版 者：元華文創股份有限公司
聯絡地址：100 臺北市中正區重慶南路二段 51 號 5 樓
公司地址：新竹縣竹北市台元一街 8 號 5 樓之 7
電　　話：(02) 2351-1607　　傳　　真：(02) 2351-1549
網　　址：www.eculture.com.tw
E-mail：service@eculture.com.tw
主　　編：李欣芳
責任編輯：立欣
行銷業務：林宜葶

排　　版：菩薩蠻電腦科技有限公司
出版年月：2025 年 02 月 初版
定　　價：新臺幣 630 元

ISBN：978-957-711-427-3 (平裝)

總經銷：聯合發行股份有限公司
地　　址：231 新北市新店區寶橋路 235 巷 6 弄 6 號 4F
電　　話：(02)2917-8022　　　　傳　　真：(02)2915-6275